普通高等教育"十一五"国家级规划教材
21世纪高等院校自动化专业系列教材

计 算 机 控 制 系 统

第 3 版

李正军　编著

机 械 工 业 出 版 社

本书是"十一五"国家级规划教材。本书理论联系实际，突出工程应用，全面系统地介绍了计算机控制系统的各个重要组成部分，是在编者三十多年教学与科研实践经验的基础上，吸收了国内外计算机控制系统设计中所用的最新技术编写而成的。书中还介绍了编者在计算机控制领域的最新研究成果。

　　全书共分 10 章，主要内容包括：计算机控制系统的组成和发展趋势、计算机控制系统设计基础、HMI 与打印机接口技术、过程输入输出通道、数字控制技术、计算机控制系统的控制规律、计算机控制系统的软件设计、现场总线与工业以太网控制网络技术、计算机控制系统的电磁兼容与抗干扰设计、基于现场总线与工业以太网的新型 DCS 的设计及其计算机控制系统的设计方法。全书内容丰富，体系先进，结构合理，理论与实践相结合，尤其注重工程应用技术。

　　本书可作为高等院校各类自动化、电子与电气工程、计算机应用、信息工程、自动检测等专业的本科教材，同时可以作为相关专业的研究生教材，也可供从事计算机控制系统设计的工程技术人员参考。

　　本书配套授课电子课件，需要的教师可登录 www.cmpedu.com 免费注册、审核通过后下载，或联系编辑索取（QQ：308596956，电话：010-88379753）。

图书在版编目（CIP）数据

计算机控制系统/李正军编著．—3 版．—北京：机械工业出版社，2015.9
（2017.1 重印）
　　21 世纪高等院校自动化专业系列教材
　　ISBN 978-7-111-51412-1

　　Ⅰ. ①计…　Ⅱ. ①李…　Ⅲ. ①计算机控制系统—高等学校—教材
Ⅳ. ①TP273

中国版本图书馆 CIP 数据核字（2015）第 202814 号

机械工业出版社（北京市百万庄大街 22 号　邮政编码 100037）
策划编辑：时　静　责任编辑：时　静　张利萍
版式设计：赵颖喆　责任校对：陈立辉
责任印制：李　洋
三河市国英印务有限公司印刷
2017 年 1 月第 3 版第 2 次印刷
184mm×260mm · 27 印张 · 669 千字
3001—5500 册
标准书号：ISBN 978-7-111-51412-1
定价：59.8 元

21 世纪高等院校自动化专业系列教材
编 审 委 员 会

出 版 说 明

自动化技术是一门集控制、系统、信号处理、电子和计算机技术于一体的综合技术，广泛用于工业、农业、交通运输、国防、科学研究以及商业、医疗、服务和家庭等各个方面。自动化水平的高低是衡量一个国家或社会现代化水平的重要标志之一，建设一个现代化的国家需要大批从事自动化事业的人才。高等院校的自动化专业是培养国家所需要的专业面宽、适应性强，具有明显的跨学科特点的自动化专门人才的摇篮。

为了适应新时期对高等教育人才培养工作的需要，以及科学技术发展的新趋势和新特点，并结合最新颁布实施的高等院校自动化专业教学大纲，我们邀请清华大学、南开大学、上海交通大学、西安交通大学、东北大学、华中科技大学、山东大学、北京科技大学等名校的知名教师、专家和学者，成立了教材编写委员会，共同策划了这套面向高校自动化专业的教材。

本套教材定位于普通高等院校自动化类专业本科层面。按照教育部颁发的《普通高等院校本科专业介绍》中所提出的培养目标和培养要求、适合作为广大高校相关专业的教材，反映了当前教学与技术发展的主流和趋势。

本套教材的特色：

1. 作者队伍强。本套教材的作者都是全国各院校从事一线教学的知名教师和相关专业领域的学术带头人，具有很高的知名度和权威性，保证了本套教材的水平和质量。

2. 观念新。本套教材适应教学改革的需要和市场经济对人才培养的要求。

3. 内容新。近20年，自动化技术发展迅速，与其他学科的联系越来越紧密。这套教材力求反映学科发展的最新内容，以适应21世纪自动化人才培养的要求。

4. 体系新。在以前教材的基础上重构和重组，补充新的教学内容，各门课程及内容的组成、顺序、比例更加优化，避免了遗漏和不必要的重复。根据基础课教材的特点，本套教材的理论深度适中，并注意与专业教材的衔接。

5. 教学配套的手段多样化。本套教材大力推进电子讲稿和多媒体课件的建设工作。本着方便教学的原则，一些教材配有习题解答和实验指导书，以及配套学习指导用书。

机械工业出版社

第3版前言

本书是在《计算机控制系统》第2版的基础上修改而成的。

第3版教材中，首次采用了先进的 ARM Cortex-M3 和 M4 嵌入式控制器作为背景机，讲述计算机控制系统的设计。删除了第2版教材中较为繁琐的或一些过时的教学内容，如矩阵键盘的详细设计、采样定理的详细证明、AD574A-D 转换器、DAC1208D-A 转换器等。由于目前现场总线技术已经作为一门独立的课程，考虑到教学学时的限制，删除了 CAN 总线和 PROFIBUS-DP 总线的详细设计；更新了现场总线与工业以太网的最新发展技术，如工业以太网技术、netX 网络控制器等；增加了监控与数据采集系统（SCADA）、复杂流程工业控制系统、嵌入式控制系统（ECS）的介绍，并引入了第四次工业革命——工业 4.0 的概念；为了学习的方便与知识的系统化，将"总线技术与 MODBUS 通信协议"一章修改为"计算机控制系统设计基础"，增加了微处理器和微控制器的存储空间配置结构的介绍、常用译码电路和 PLD 可编程逻辑器件译码电路的应用设计、I/O 接口电路的扩展技术；增加了旋转编码器在 HMI 人机接口中的应用设计；在过程输入输出通道的设计中，增加了传感器、变送器、执行器的介绍，同时，增加了模拟信号放大技术与最新的带可编程接口的 A-D 和 D-A 转换器的详细设计；对计算机控制系统的软件设计进行了重点修改，如计算机控制系统软件设计中的关键技术、OPC 技术、Web 技术，同时增加了双机热备技术的论述及 IIR 数字滤波器的算法和程序设计；考虑电磁兼容与抗干扰技术在计算机控制系统的设计中越来越重要，增加了"计算机控制系统的电磁兼容与抗干扰设计"一章；根据编者承担的国家重点科研公关课题的最新研究成果，增加了基于现场总线与工业以太网的新型 DCS 的设计实例，并给出了主控卡与各种测控板卡的实物图，这一章与"计算机控制系统的软件设计"合在一起，将给读者一个非常直观的认识，非常有助于读者对计算机控制系统设计的整体理解和学习。

本书是编者教学和科研实践的总结，书中实例均是取自编者近几年的计算机控制系统的科研攻关课题。对本书中所引用的参考文献的作者，在此一并向他们表示真诚的感谢。由于编者水平有限，加上时间仓促，书中不妥之处在所难免，敬请广大读者不吝指正。

编　者

第 2 版前言

本书是在《计算机控制系统》第 1 版的基础上修改而成的。

第 2 版教材中，删除和修改了第 1 版教材中比较繁琐的或非重点讲解的内容，如 Σ-Δ 型 A-D 转换器的详细工作原理、显示器接口设计、离散状态空间设计、基于工业以太网和现场总线技术的新型控制系统等，并对部分内容进行了更正。

在计算机控制系统的分类中，增加了对网络控制系统（NCS）的介绍，对计算机控制系统采用技术和发展趋势的部分内容做了修改；增加了 MODBUS 通信协议和人机接口 HMI 触摸屏的内容介绍；增加了计算机控制系统的软件设计，包括计算机控制系统软件的组成和功能、实时多任务系统、现场控制层的软件系统平台、新型 DCS 系统组态软件的设计、组态软件数据库系统设计、组态软件驱动程序设计、组态软件可视化环境设计、OPC 技术、Web 浏览与控制技术、应用程序设计；增加了现场总线与工业以太网控制网络技术，包括现场总线技术概述、现场总线与企业网络、现场总线简介、CAN 与 PROFIBUS 现场总线及其应用技术、工业以太网技术；增加了计算机控制系统设计实例，如 PMM2000 电力网络仪表的系统设计等。

编　者

第1版前言

随着现代化工业生产过程复杂性与集成度的提高，计算机控制系统已发展到了一个崭新的阶段。计算机控制系统利用计算机的软件和硬件代替自动控制系统中的控制器，它以自动控制理论和计算机技术为基础，综合了计算机、自动控制和生产过程多方面的知识。当前，计算机控制系统已成为许多大型自动化生产线不可缺少的重要组成部分。这就要求从事自动控制的工程技术和研发人员不仅要掌握生产工艺流程和自动控制理论的基础知识，而且还必须掌握计算机控制系统的有关硬件、软件、控制规律、数据通信、现场总线网络技术和数据库等方面的专门知识和技术，从而达到设计和应用计算机控制系统的目的。

本书为"十一五"国家级规划教材，全面系统地讲述了计算机控制系统的基础知识、系统设计及应用技术。

全书共分9章。第1章为绪论，介绍了计算机控制系统的概念、组成、分类和发展趋势；第2章介绍了计算机控制系统的总线技术，包括STD总线、PCI总线、IEEE-488总线、RS-232和RS-485总线及MODBUS通信协议；第3章简要介绍了人机接口技术，包括键盘的设计、LED和LCD显示技术、触摸屏技术与打印机接口技术；第4章重点介绍了过程输入输出通道接口技术，包括信号和采样、模拟开关、模拟量输入通道、模拟量输出通道、数字量输入通道、数字量输出通道、电流/电压转换和过程通道的抗干扰与可靠性设计；第5章讲述了数字控制技术；第6章详述了计算机控制系统的控制规律，包括PID控制、数字PID算法、串级控制、前馈-反馈控制、数字控制器的直接设计方法、大林算法、史密斯预估控制、模糊控制和模型预测控制；第7章介绍了计算机控制系统的软件设计，包括计算机控制系统软件的组成和功能、实时多任务系统、现场控制层的软件系统平台、新型DCS系统组态软件的设计、组态软件数据库系统设计、组态软件驱动程序设计、组态软件可视化环境设计、OPC技术、Web浏览与控制技术和应用程序设计；第8章重点讲述了现场总线与工业以太网控制网络技术，包括现场总线技术概述、现场总线与企业网络、典型现场总线简介、CAN与PROFIBUS-DP现场总线及其应用技术、工业以太网技术；第9章介绍了计算机控制系统的设计方法和设计实例，最后介绍了PMM2000电力网络仪表的系统设计。本教材取材于作者多年的教学内容以及近几年发表的科研论文和国家重点科研攻关项目，并参考了有关专著和技术资料。

本教材得以公开出版，得到了机械工业出版社计算机分社的大力支持，上海交通大学的席裕庚教授审阅了编写大纲，同时得到了山东大学控制科学与工程学院领导及有关同志的大力支持。在本书的编写过程中，我的学生张明、王丛先、刘俊杰、赖园园、陈亮、韩英昆、周旭、杨洪军、薛凌燕等协助我做了书稿的校对工作，并绘制了全部插图。对书中所引用的参考文献的作者，在此一并向他们表示诚挚的感谢。

由于编者水平有限，书中错误和不妥之处敬请广大读者不吝指正。

编　者

目　录

第 1 章　绪　　论

随着现代化工业生产过程复杂性与集成度的提高，计算机控制系统得到了迅速的发展。计算机控制系统是自动控制系统发展中的高级阶段，是自动控制系统中非常重要的一个分支。计算机控制系统利用计算机的软件和硬件代替自动控制系统中的控制器，它以自动控制理论和计算机技术为基础，综合了计算机、自动控制和生产过程等多方面的知识。由于计算机控制系统的应用，许多传统的控制结构和方法被代替，工厂的信息利用率大大提高，控制质量更趋稳定，对改善人们的劳动条件起着重要作用，因此，计算机控制技术受到越来越广泛的重视。当前，计算机控制系统已成为许多大型自动化生产线不可缺少的重要组成部分。生产过程自动化的程度以及计算机在自动化中的应用程度已成为衡量工业企业现代化水平的一个重要标志。

1.1　计算机控制系统的概念

1.1.1　常规控制系统

工业生产过程中的自动控制系统因被控对象、控制算法及采用的控制器结构的不同而有所区别。从常规来看，控制系统为了获得控制信号，要将被控量 y 与给定值 r 相比较，得到偏差信号 $e = r - y$。然后，利用 e 直接进行控制，使系统的偏差减小直到消除偏差，被控量接近或等于给定值。对于这种控制，由于控制量是控制系统的输出，被控量的变化值又反馈到控制系统的输入端，与作为系统输入量的给定值相减，所以称为闭环负反馈系统，其结构如图 1-1 所示。

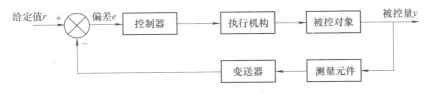

图 1-1　闭环控制系统结构

从图 1-1 可以看出，该系统通过测量传感器对被控对象的被控量（如温度、压力、流量、成分、位移等物理量）进行测量，再由变送器将测量元件的输出信号变换成一定形式的电信号，反馈给控制器。控制器将反馈信号对应的工程量与系统的给定值比较，再根据误差产生控制信号来驱动执行机构进行工作，使被控参数的值与系统给定值相一致。该类负反馈控制是自动控制的基本形式，大多数控制系统具备这种结构。

控制系统的另一种结构如图 1-2 所示，该系统为开环控制系统。

该系统与闭环控制系统的区别在于它不需要被控对象的反馈信号。它的控制是直接根据给定信号去控制被控对象工作的，这种系统本质上不具备自动消除被控参数偏差给定值带来的误差，控制系统中产生的误差全部反映在被控参数上，它与闭环控制系统相比，控制结构简单，但性能较差，常用在某些特殊的控制领域。

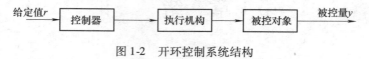

图 1-2　开环控制系统结构

1.1.2　计算机控制系统

计算机控制系统由工业控制计算机主体（包括硬件、软件与网络结构）和被控对象两大部分组成。从图 1-1 和图 1-2 所示控制系统可以看出，自动控制系统的基本功能是信号的传递、处理和比较。这些功能是由传感器的测量变送装置、控制器和执行机构来完成的。控制器是控制系统中最重要的部分，它从质和量的方面决定了控制系统的性能和应用范围。

若把图 1-1 和图 1-2 中的控制器用计算机系统来代替，这样就构成了计算机控制系统，其典型结构如图 1-3 所示。

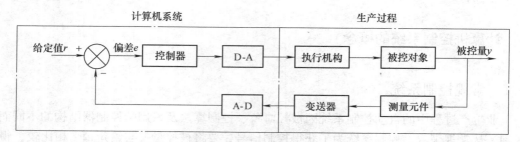

图 1-3　计算机控制系统的典型结构

计算机控制系统在结构上也可以分为开环控制系统和闭环控制系统两种。

控制系统中引入计算机，就可以充分利用计算机强大的计算、逻辑判断和记忆等信息处理能力。运用微处理器或微控制器的丰富指令，就能编制出满足某种控制规律的程序，执行该程序，就可以实现对被控参数的控制。

在计算机控制系统中，计算机处理的输入和输出信号都是数字化量。因此，在这样的控制系统中，需要有将模拟信号转换为数字信号的模/数（A-D）转换器，以及将数字控制信号转换为模拟输出信号的数/模（D-A）转换器。

计算机控制系统执行控制程序的过程如下：

- 实时数据采集：对被控参数在一定的采样间隔进行测量，并将采样结果输入计算机。
- 实时计算：对采集到的被控参数进行处理后，按一定的预先规定的控制规律进行控制率的计算，或称决策，决定当前的控制量。
- 实时控制：根据实时计算结果，将控制信号送往控制的执行机构。
- 信息管理：随着网络技术和控制策略的发展，信息共享和管理也介入到控制系统中。

上述测量、控制、运算、管理的过程不断重复，使整个系统能够按照一定的动态品质指标进行工作，并且对被控参数或控制设备出现的异常状态及时监督并迅速做出处理。

2

前面所讲的计算机控制系统的一般概念中，计算机直接连接着工业设备，不通过其他介质来间接进行控制决策。这种生产设备直接与计算机控制系统连接的方式，称为"联机"或"在线"控制。如生产设备不直接与计算机控制系统连接，则称为"脱机"或"离线"控制。

如果计算机能够在工艺要求的时间范围内及时对被控参数进行测量、计算和控制输出，则称为实时控制。实时控制的概念与工艺要求紧密相连，如快速变化的压力对象控制的实时控制时间要比缓慢变化的温度对象的实时控制时间快。实时控制的性能通常受一次仪表的传输延迟、控制算法的复杂程度、微处理器或微控制器的运算速度和控制量输出的延迟等影响。

1.2 计算机控制系统的组成

计算机控制系统由两大部分组成：一部分为计算机及其输入输出通道；另一部分为工业生产对象（包括被控对象与工业自动化仪表）。

1.2.1 计算机控制系统的硬件

计算机控制系统的硬件主要包括：微处理器或微控制器、存储器（ROM/RAM）、数字I/O接口通道、A-D与D-A转换器接口通道、人机接口设备（如显示器、键盘、鼠标等）、网络通信接口、实时时钟和电源等。它们通过微处理器或微控制器的地址总线、数据总线和控制总线（亦称系统总线）构成一个系统，其硬件框图如图1-4所示。

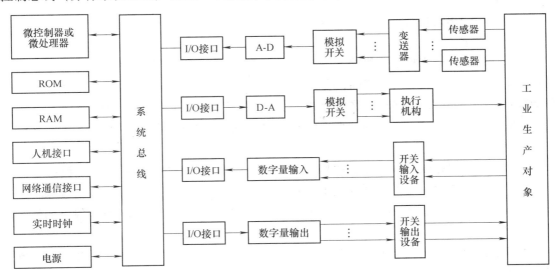

图1-4 计算机控制系统硬件框图

1. 主机（计算机）

主机由CPU和存储器构成。它通过过程输入通道发送来的工业生产对象的生产工况参数，按照人们预先安排的程序，自动地进行信息的处理、分析和计算，并做出相应的控制决策或调节，以信息的形式通过输出通道，及时发出控制命令。主机中的程序和控制数据是人们预先根据被控对象的特征编制的控制算法。计算机控制系统执行控制程序和系统程序，完成事先确定的控制任务。

2. 常规外部设备

常规外部设备可分为输入设备、输出设备和存储设备，并根据控制系统的规模和要求来配置。

常用的输入设备有键盘、鼠标等，主要用来输入程序和数据等。

常用的输出设备有显示器、打印机等。输出设备将各种数据和信息提供给操作人员，使其能够了解过程控制的情况。

存储设备用来存储数据库和备份重要的数据，主要有磁盘等。

3. 输入输出通道

计算机的输入输出通道，又称过程通道。工业生产对象的过程参数一般是非电物理量，必须经过传感器（又称一次仪表）变换为相应的电信号。为了实现计算机对生产过程的控制，必须在计算机和生产过程之间设置信息的传递和变换的连接通道，这就是过程输入输出通道。它是生产过程控制特殊要求的。

过程通道一般可分为模拟量输入通道、模拟量输出通道、数字量输入通道、数字量输出通道。

测量变送单元、电动和气动的执行单元以及电力拖动的交流和直流驱动装置也是计算机控制系统设计人员应该掌握的基本知识。

常用开关输入设备有接近开关、行程开关、断路器（合/分/报警状态）、电容补偿柜（电容器的投切状态）、按钮等。

常用开关输出设备有指示灯、电磁阀、电动机（起/停）等。

4. 外部设备

过程通道是不能直接由主机控制的，必须由"接口"来传送相应的信息和命令。计算机控制系统的接口，根据应用不同，有各种不同的接口电路。从广义上讲，过程通道属于过程参数和主机之间的作用接口。这里所讲的接口是指通用接口电路，一般有并行接口、串行接口和管理接口（包括中断管理、直接存取 DMA 管理、计数/定时等）。

5. 运行操作台

每个计算机的标准人机接口是用来直接与 CPU 对话的。程序员使用该人机设备（运行操作台）来检查程序。当主机硬件发生故障时，维修人员可以利用此设备判断故障。生产过程的操作人员必须了解控制台的使用细节，否则会引起严重后果。当然该控制台的软保护也是很重要的。

生产过程的操作人员与计算机控制系统进行"对话"以了解生产过程状态，有时还要进行参数修改和系统维护，在发生事故时还要进行人工干预等。

计算机控制系统的运行操作台应该具备如下功能：

- 要有屏幕或数字显示器，以显示过程参数、状态、画面和报警。
- 要有一组简单功能键进行控制操作。
- 要有一组数字键进行数据操作。
- 采用硬保护和软保护措施，保证键盘的误操作不致引起严重的后果。

6. 网络通信接口

当多个计算机控制系统之间需要相互传递信息或与更高层计算机通信时，每一个计算机控制系统就必须设置网络通信接口。如一般的 RS-232C、RS-485 通信接口；TCP/IP 以太网接口；现场总线接口等。计算机控制系统的网络结构可以分为两大类：一类为对等式网络结构（Peer-to-Peer）；另一类为客户/服务器结构（Client/Server）。这种分类主要是按照各网络节点之间的关系确定。

7. 实时时钟

计算机控制系统的运行需要一个时钟，用于确定采样周期、控制周期及事件发生时间等。常用的实时时钟电路有美国 Dallas 公司的 DS12C887 等。

8. 工业自动化仪表

它是被控对象与过程通道发生联系的设备，有测量仪表（包括传感器和变送器）、显示仪表（包括模拟和数字显示仪表）、调节设备、执行机构和手动-自动切换装置等。手动-自动切换装置在主机故障或调试程序时，可由操作人员从自动切换到手动，实现无扰动切换，确保生产安全。

1.2.2 计算机控制系统的软件

计算机控制系统的硬件是完成控制任务的设备基础，而计算机的操作系统和各种应用程序是履行控制系统任务的关键，通称为软件。软件的质量关系到计算机运行和控制效果的好坏，影响硬件性能的充分发挥和推广应用。计算机控制系统软件的组成如图 1-5 所示。

1. 计算机控制系统软件的分类

计算机控制系统的软件按照其职能可分为系统软件、应用软件和支持软件三部分。

（1）系统软件

计算机控制系统的系统软件用于组织和管理计算机控制系统的硬件，为应用软件提供基本的运行环境，并为用户提供基本的通信和人机交互方法。系统软件一般由计算机厂家提供，不需要计算机控制系统的设计人员进行设计和维护。系统软件分为操作系统、系统通信、网络连接和管理及人机交互四部分，其中操作系统按照任务的实时性表现分为通用操作系统和实时操作系统两种，实时操作系统可满足工控任务的实时性需求，因此一般被应用在工业控制领域中。系统通信和网络等部分为设计人员提供了设计基础，设计人员在系统软件的基础上定制应用软件，完成控制任务。

（2）应用软件

计算机控制系统的应用软件是面向生产过程的程序，用于完成计算机监测和控制任务。应用软件一般由计算机控制系统的设计人员编写，针对特定生产过程定制。

应用软件可分为检测软件、监督软件和控制软件三类，检测软件作为计算机控制系统与生产过程之间的桥梁，一般用于生产过程中信息的采集和存储，完成信息的获取工作；监督软件用于对信息进行分析，并对事故和异常进行处理；控制软件是系统的核心部分，依据控制策略完成对生产过程的调整和控制。控制软件按照应用场合可分为运动控制、常用控制、现代控制、智能控制和网络与现场总线五种，分别对应多种控制算法和控制策略。

（3）支持软件

计算机控制系统的支持软件是系统的设计工具和设计环境，用于为设计人员提供软件的设计接口，并为计算机控制系统提供功能更新的途径。支持软件包括程序设计语言、程序设计软件、编译连接软件、调试软件、诊断软件和数据库六部分，用户使用程序设计语言和程序设计软件设计计算机控制软件，通过编译连接和调试进行软件测试。数据库软件为程序提供必要的运行支持，并为软件的更新和维护提供参考依据。

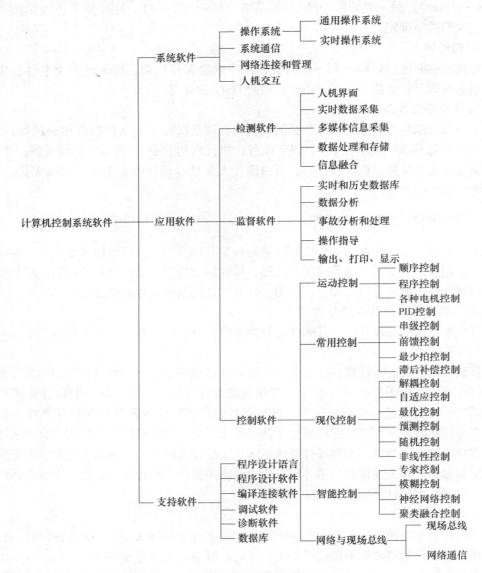

图 1-5　计算机控制系统软件的组成

2. 计算机控制系统软件的开发与运行环境

计算机控制系统软件对操作系统有特定的要求，其中稳定性和实时性是主要要求。计算机控制系统要求操作系统长时间无故障运行，对系统异常和恶意程序具备较好的处理能力，并可长时间运行无需更新系统补丁。除此之外，操作系统还需要对实时性较高的任务提供支持，以确保控制任务的正常进行。目前计算机控制系统采用 Windows、Linux 和定制系统三

6

种操作系统。

（1）Windows 操作系统

Windows 操作系统由微软公司发布，经过长时间更新和维护后的版本具有较高的稳定性。用于工业控制领域的操作系统一般采用低版本 Windows 系统以获得较完备、稳定的系统功能，避免未知漏洞和频繁的系统更新。Windows 操作系统一般应用在冶金、石油、电力等大型工控场合，目前计算机控制领域采用的 Windows 操作系统以 Windows XP、Windows Server 2003 和 Windows 7 三个版本为主，服务器上使用 Windows Server 2003 系统便于发挥服务器的性能，微型计算机上的 Windows XP 和 Windows 7 系统具备较高的稳定性。

（2）Linux 操作系统

Linux 操作系统基于 POSIX 和 UNIX 开发，具备开源、免费和稳定的特点。Linux 操作系统采用 GPL 协议，用户可以通过网络或其他途径免费获得，Linux 操作系统中一些商业化版本经过实践检验具备较稳定的运行特性，逐渐被计算机控制系统采用。Linux 操作系统一般应用在金融、政府、教育和商业场合，目前被计算机控制领域广泛采用的 Linux 操作系统包括 RHEL（Red Hat Enterprise Linux）、Debian stable release 和 Ubuntu，其中 RHEL 多作为服务器的操作系统，Debian 和 Ubuntu 系统在微型计算机上使用较多。

（3）定制操作系统

特殊用途下的计算机控制系统基于特有的操作系统开发，达到了从系统软件到应用软件的深度定制。定制操作系统一般基于 Linux 系统开发，根据生产过程需要对系统的功能和策略进行修改和删减，以满足生产过程的需要。定制操作系统一般用于过程控制、通信和嵌入式等领域，以 VxWorks、QNX 和 RT-Linux 为代表的嵌入式实时操作系统在多个计算机控制领域中有出色表现，定制操作系统在安全性和效率上具有独特优势。

3. 计算机控制系统软件开发技术

计算机控制系统的软件开发技术可分为软件设计规划、软件设计模式、软件设计方法和软件开发工具四个类别。

（1）软件设计规划

软件设计规划包括软件开发基本策略、软件开发方案和软件过程模型三部分，软件开发中的三种基本策略是复用、分而治之、优化与折中。复用即利用某些已开发的、对建立新系统有用的软件元素来生成新的软件系统；分而治之是指把大而复杂的问题分解成若干个简单的小问题后逐个解决；软件的优化是指优化软件的各个质量因素，折中是指通过协调各个质量因素，实现整体质量的最优。其中软件开发基本策略是软件开发的基本思想和整体脉络，贯穿软件开发的整体流程中。

软件开发方案是对软件的构造和维护提出的总体设计思路和方案，经典的软件工程思想将软件开发分成需求分析、系统分析与设计、系统实现、测试及维护五个阶段，设计人员在进行软件开发和设计之前需要确定软件的开发策略，并明确软件的设计方案，对软件开发的五个过程进行具体设计。

软件过程模型是在软件开发技术发展过程中形成的软件整体开发策略，这种策略从需求收集开始到软件寿命终止针对软件工程的各个阶段提供了一套范形，使工程的进展达到预期的目的。常用的软件过程模型包括生存周期模型、原型实现模型、增量模型、螺旋模型和喷泉模型五种。

（2）软件设计模式

为增强计算机控制系统软件的代码可靠性和可复用性，增强软件的可维护性，在计算机软件的发展过程中，代码设计经验经过实践检验和分类编目，形成了软件设计模式。软件设计模式一般可分为创建型、结构型和行为型三类，所有模式都遵循开闭原则、里氏代换原则、依赖倒转原则和合成复用原则等通用原则。常用的软件模式包括单例模式、抽象工厂模式、代理模式、命令模式和策略模式。软件设计模式一般适用于特定的生产场景，以合适的软件设计模式指导软件的开发工作可对软件的开发起到积极的促进作用。

（3）软件设计方法

计算机控制系统中软件的设计方法主要由面向过程方法、面向数据流方法和面向对象方法，分别对应不同的应用场景。面向过程方法是计算机控制系统软件发展早期被广泛采用的设计方法，其设计以过程为中心，以函数为单元，强调控制任务的流程性，设计的过程是分析过程和用函数代换的流程化思想，在流程特性较强的生产领域具备较高的设计效率。面向数据流方法又称为结构化设计方法，其主体思想是用数据结构描述待处理数据的组织形式，用算法描述具体的操作过程，强调将系统分割为逻辑功能模块的集合，并确保模块之间的结构独立，减少了设计的复杂度，增强了代码的可重用性。面向对象的设计方法是计算机控制系统软件发展到一定阶段的产物，采用封装、继承、多态等方法将生产过程抽象为对象，将生产过程的属性和流程抽象为对象的变量和方法，使用类对生产过程进行描述，使代码的可复用性和可扩展性得到了极大提升，降低了软件的开发和维护难度。

（4）软件开发工具

计算机控制系统软件的开发过程中常用到的软件开发工具有程序设计语言、程序编译器、集成开发环境、数据库软件和分布式编程模型等。

编程语言是用来定义计算机程序的标准化形式语言，可分为机器语言、汇编语言和高级语言三种，机器语言是用二进制代码表示的计算机能直接识别和执行的一种机器指令的集合，它是计算机的设计者通过计算机的硬件结构赋予计算机的操作功能。机器语言具有灵活、直接执行和速度快等特点，但其代码由二进制指令构成，可读性差，不具备平台间可移植性。汇编语言具备和机器语言相同的实质，采用标识符对机器语言进行标记，增强了机器语言的可读性。高级语言是高度封装了的编程语言，是较接近自然语言和数学公式的编程，基本脱离了机器的硬件系统，用人们更易理解的方式编写程序。高级语言并不是特指某一种具体的语言，而是包括了很多编程语言，如目前流行的 Fortran、Pascal、C、C++、Java、C#和 PHP 等。

程序编译器是把高级语言代码翻译为计算机可以执行的低级语言代码的程序，编译器对代码执行预处理、编译和链接，并对代码进行分析和优化，生成精简、高效的可执行程序。C++语言常用的程序编译器有 gcc/g++ 和 Microsoft C/C++ 编译器，Java 语言常用的程序编译器是 javac。随着软件开发技术的发展，编译器一般都被包含在集成开发环境中。

集成开发环境是用于提供程序开发环境的应用程序，一般包括代码编辑器、编译器、调试器和图形用户界面工具。集成开发环境集成了代码编写功能、分析功能、编译功能、调试功能等，将通用设置实施到设计人员的代码中，使用户可以将注意力集中到编程逻辑上，提高了编码的效率。常用的集成开发环境有 Microsoft Visual C++、Microsoft Visual Studio、Eclipse、Keil μVision4 等。

数据库软件是一种操纵和管理数据库的大型软件，用于建立、使用和维护数据库。它实现逻辑数据的抽象处理，并对数据库进行统一的管理和控制，以保证数据库的安全性和完整性。数据库软件为计算机控制系统软件提供数据访问接口，为计算机控制系统提供数据支持。数据库可分为网状数据库、关系数据库、树状数据库和面向对象数据库，常用的数据库有 Oracle、MS SQL Server、MySQL 和 Visual Foxpro 等。

分布式编程模型是计算机控制系统软件发展的最新成果，它为分布式计算机控制系统的设计和编程提供可参考的解决方案，常用的分布式编程模型是 DCOM 模型和 Web 编程模型。DCOM 是一种跨应用和语言共享二进制代码的网络编程模型，DCOM 技术在工控领域拓展为 OPC 技术，为分布式计算机控制系统的实现提供了新的途径。Web 发布系统是分布式计算机控制系统的拓展和补充，Web 编程模型分为客户端模型和服务器模型，客户端模型用于展现信息内容，设计技术主要有 HTML 语言、脚本技术和插件技术等；服务端模型用于构建策略与结构，设计技术主要有 PHP、ASP、Servlet 等。

4. 计算机控制系统软件的技术指标

计算机控制系统软件的技术指标分为功能指标和非功能指标，功能指标是软件能提供的各种功能和用途的完整性，非功能指标包括软件的各种性能参数，包括安全性、实时性、鲁棒性和可移植性四种。

（1）完整性

软件的完整性包括需求完整性、概念完整性和数据完整性。需求完整性指软件开发的需求分析阶段对软件的整体需求进行完整分析，做出相应设计，避免因需求变更导致的繁重工作。概念完整性指设计人员对生产过程的所有因素进行全面考虑，设计用户需要的完整功能，并确保在软件优化和折中时关键功能不被舍弃。数据完整性指软件使用的过程中数据始终保持一致性和可靠性。

（2）安全性

软件的安全性是软件在受到恶意攻击的情形下依然能够继续正确运行，并确保软件在授权范围内被合法使用的特性。软件的安全性指标要求设计人员在软件设计的整体过程中加以考虑，使用权限控制、加密解密、数据恢复等手段确保软件的整体安全性。

（3）实时性

软件的实时性是计算机控制领域对软件的特殊需求，实时性表现为软件对外来事件的最长容许反应时间，根据生产过程的特点，软件对随机事件的反应时间被限定在一定范围内。计算机控制系统软件的实时性由操作系统实时性和控制软件实时性两部分组成，一般通过引入任务优先级和抢占机制加以实现。

（4）鲁棒性

软件的鲁棒性即软件的健壮性，是指软件在异常和错误的情况下依然维持正常运行状态的特性。软件的鲁棒性的强弱由代码的异常处理机制决定，健全的异常处理机制在异常产生的根源处响应，避免错误和扰动的连锁反应，确保软件的抗干扰性。

（5）可移植性

软件的可移植性指软件在不同软硬件平台之间迁移的能力，通常表现为软件在不同操作系统之间迁移的工作量。软件的可移植性由编程语言的可移植性和代码的可移植性构成，编程语言的可移植性由编程语言自身特性决定，以 C ++ 和 Java 为代表的跨平台编程语言具有较好的可移植性，以汇编语言为代表的专用设计语言不具备可移植性。代码的可移植性由设计人员的设计习惯决定，设计优良的代码尽可能地削弱平台相关性，以期获得良好的可移植性。

5. 常用的工控组态软件

工控组态软件是指在数据采集和过程控制中使用的专用软件，即在自动控制系统监控层一级的软件平台和开发环境下，为用户提供快速构建工业自动控制、系统监控功能的一种软件工具。工控组态软件广泛支持实时数据库、实时控制、SCADA、通信及网络、开放数据库互连接口、I/O 设备等，随着计算机技术和自动控制技术的发展，监控组态软件还将会不断被赋予新的内容。

目前，国外常用的工控组态软件有德国 Siemens 公司的 WinCC、美国 Wonderware 公司的 Intouch 和 Intellution 公司的 FIX 系列等；国内主要有三维力控公司的 eForceCon、亚控公司的 KingView 组态王、紫金桥公司的 RealInfo 等。这些组态软件大都运行于 32 位 Windows平台上，提供对工业控制设备中的各种资源的编辑和配置功能，并提供多种数据设备驱动程序，使用脚本语言进行二次开发。工控组态软件使生产过程中的数据以图形和报表的形式进行显示和储存，为生产流程的调整和优化提供了事实依据。

1.3 计算机控制系统的分类

计算机控制系统与其所控制的生产对象密切相关，控制对象不同，控制系统也不同。根据应用特点、控制方案、控制目标和系统构成，计算机控制系统一般可分为以下几种类型。

1.3.1 数据采集系统（DAS）

20 世纪 70 年代，人们在测量、模拟和逻辑控制领域率先使用了数字计算机，从而产生了集中式控制。数据采集系统（Data Acquisition System，DAS）是计算机应用于生产过程控制最早的一种类型。把需要采集的过程参数经过采样、A-D 转换变为数字信号送入计算机。计算机对这些输入量进行计算处理（如数字滤波、标度变换、越限报警等），并按需要进行显示和打印输出，如图 1-6 所示。

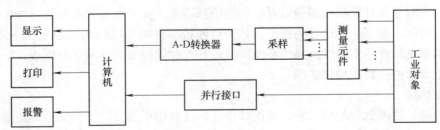

图 1-6　数据采集系统

这类系统虽然不直接参与生产过程的控制，但其作用还是较为明显的。由于计算机具有速度快、运算方便等特点，在过程参数的测量和记录中可以代替大量的常规显示和记录仪表，对整个生产过程进行集中监视。数据采集系统主要是对大量的过程参数进行巡回检测、数据记录、数据计算、数据统计和处理、参数的越限报警及对大量数据进行积累和实时分析。这种应用方式，计算机不直接参与过程控制，对生产过程不直接产生影响。

1.3.2 直接数字控制（DDC）系统

直接数字控制（Direct Digital Control，DDC）系统是计算机在工业生产中应用最普遍的一种方式。它是用一台计算机对多个被控参数进行巡回检测，检测结果与给定值进行比较，并按预定的数学模型（如 PID 控制规律）进行运算，其输出直接控制被控对象，使被控参数稳定在给定值上，如图 1-7 所示。

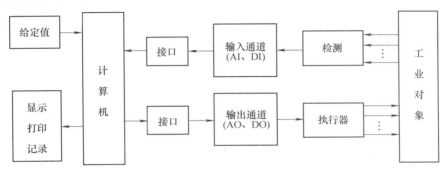

图 1-7　直接数字控制系统

DDC 系统有一个功能齐全的操作控制台，给定、显示、报警等集中在这个控制台上，操作方便。DDC 系统中的计算机不仅能完全取代模拟调节器，实现多回路的 PID（比例 P、积分 I、微分 D）调节，而且不需要改变硬件，只通过改变程序就能有效地实现较复杂的控制，如前馈控制、串级控制、自适应控制、最优控制、模糊控制等。

DDC 系统是计算机用于工业生产过程控制的一种最典型的系统，在热工、化工、机械、建材、冶金等领域已获得广泛应用。

1.3.3 监督控制（SCC）系统

在 DDC 系统中是用计算机代替模拟调节器进行控制，对生产过程产生直接影响的被控参数给定值是预先设定的，并存入计算机的内存中，这个给定值不能根据生产工艺信息的变化及时修改，故 DDC 系统无法使生产过程处于最优工况。

在监督控制（Supervisory Computer Control，SCC）系统中，计算机按照描述生产过程的数学模型计算出最佳给定值送给模拟调节器或 DDC 计算机，模拟调节器或 DDC 计算机控制生产过程，从而使生产过程始终处于最优工况。SCC 系统较 DDC 系统更接近生产变化的实际情况，它不仅可以进行给定值控制，而且还可以进行顺序控制、自适应控制及最优控制等。

监督控制系统有两种不同的结构形式：一种是 SCC + 模拟调节器控制系统；另一种是 SCC + DDC 系统。

1. SCC + 模拟调节器控制系统

该系统结构形式如图 1-8 所示。

在此系统中，计算机对被控对象的各物理量进行巡回检测，并按一定的数学模型，计算出最佳给定值送给模拟调节器。此给定值在模拟调节器中与测量值进行比较后，其偏差值经模拟调节器计算后输出到执行机构，以达到控制生产过程的目的。这样，系统就可以根据生产工况的变化，不断地改变给定值，以实现最优控制。当 SCC 计算机出现故障时，可由模拟调节器独立完成操作。

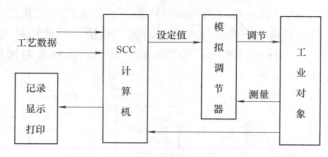

图 1-8　SCC + 模拟调节器控制系统

2. SCC + DDC 系统

该系统结构形式如图 1-9 所示。

该系统实际是一个两级计算机控制系统，一级为监督级 SCC，其作用与 SCC + 模拟调节器控制系统中的 SCC 一样，用来计算最佳给定值，送给 DDC 级计算机直接控制生产过程。SCC 与 DDC 之间通过接口进行信息联系。当 DDC 级计算机出现故障时，可由 SCC 级计算机代替，因此，大大提高了系统的可靠性。

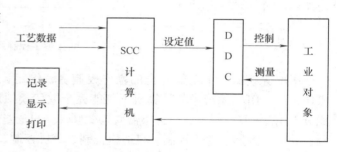

图 1-9　SCC + DDC 系统

总之，SCC 系统比 DDC 系统具有更大的优越性，它能始终使生产过程在最优状态下运行，从而避免了不同的操作者用各自的办法去调节控制器的给定值所造成的控制差异。SCC 的控制效果主要取决于数学模型，当然还要有合适的控制算法和完善的应用程序。因此对软件要求较高。用于 SCC 的计算机应有较强的计算能力和较大的内存容量以及丰富的软件系统。

1.3.4　集散控制系统（DCS）

20 世纪 80 年代，由于微处理器的出现而产生了集散控制系统（Distributed Control System，DCS），又称分布式控制系统。它以微处理器为核心，实现地理上和功能上的控制，同时通过高速数据通道把各个分散点的信息集中起来，进行集中的监视和操作，并实现复杂的控制和优化。DCS 的设计原则是分散控制、集中操作、分级管理、分而自治和综合协调。

世界上许多国家，包括中国都已大批量生产各种型号的集散控制系统。虽然它们型号不同，但其结构和功能都大同小异，均是由以微处理器为核心的基本数字控制器、高速数据通道、CRT 操作站和监督计算机等组成，其结构如图 1-10 所示。

集散控制系统较之过去的集中控制系统具有以下特点：

1. 控制分散、信息集中

采用大系统递阶控制的思想，生产过程的控制采用全分散的结构，而生产过程的信息则全部集中并存储于数据库，利用高速公路或通信网络输送到有关设备。这种结构使系统的危险分散，提高了可靠性。

2. 系统模块化

在集散控制系统中，有许多不同功能的模块，如 CPU 模块、AI 和 AO 模块、DI 和 DO 模块、通信模块、CRT 模块、存储器模块等。选择不同数量和不同功能的模块可组成不同规模和不同要求的硬件环境。同样，系统的应用软件也采用模块化结构，用户只需借助于组

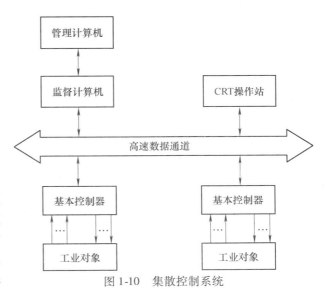

图 1-10　集散控制系统

态软件，即可方便地将所选硬件和软件模块连接起来组成控制系统。若要增加某些功能或扩大规模，只要在原有系统上增加一些模块，再重新组态即可。显然，这种软、硬件的模块化结构提高了系统的灵活性和可扩展性。

3. 数据通信能力较强

利用高速数据通道连接各个模块或设备，并经通道接口与局域网络相连，从而保证各设备间的信息交换及数据库和系统资源的共享。

4. 友好而丰富的人机接口

操作员可通过人机接口及时获取整个生产过程的信息，如流程画面、趋势显示、报警显示、数据表格等。同时，操作员还可以通过功能键直接改变操作量，干预生产过程、改变运行状况或做事故处理。

5. 可靠性高

在集散控制系统中，采用了各种措施来提高系统的可靠性，如硬件自诊断系统、通信网络、高速公路、电源以及输入输出接口等关键部分的双重化（又称冗余），还有自动后援和手动后援等。并且由于各个控制功能的分散，使得每台计算机的任务相应减少，同时有多台同样功能的计算机，彼此之间有很大的冗余量，必要时可重新排列或调用备用机组。因此集散控制系统的可靠性相当高。

1.3.5　监控与数据采集（SCADA）系统

监控与数据采集（Supervisory Control And Data Acquisition，SCADA）系统包含两个层次的功能：数据采集和监控。目前，对 SCADA 系统没有统一的定义，一般来讲，SCADA 系统特指分布式计算机控制系统，主要用于测控点比较分散、分布范围较广的生产过程或设备的监控。

SCADA 系统比较流行的定义是：SCADA 系统是一类功能强大的计算机远程监督控制与数据采集系统。它综合利用了计算机技术、控制技术、通信与网络技术，完成了对测控点分

散的各种过程或设备的实时数据采集、本地或远程的控制，以及生产过程的全面实时监控，并为安全生产、调度、优化和故障诊断提供必要和完整的数据及技术支持。

SCADA 系统包括三个组成部分：

1）分布式的数据采集系统。

2）过程监控与管理系统。

3）通信网络。

SCADA 系统的结构如图 1-11 所示。

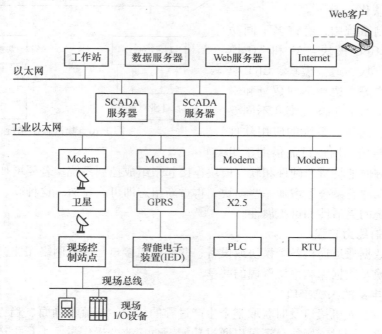

图 1-11　SCADA 系统的结构

SCADA 系统这三个组成部分的功能不同，但三者的有效集成，则构成了功能强大的 SCADA 系统，完成了对整个过程的有效监控。

SCADA 系统可广泛应用于城市排水泵站远程监控、城市煤气管网远程监控、电力行业调度自动化等领域。

1.3.6　现场总线控制系统（FCS）

20 世纪 80 年代发展起来的 DCS 尽管给工业过程控制带来了许多好处，但由于它们采用了"操作站—控制站—现场仪表"的结构模式，系统成本较高，况且各厂家生产的 DCS 标准不同，不能互联，给用户带来了极大的不方便和使用维护成本的增加。

现场总线控制系统（Fieldbus Control System，FCS）是 20 世纪 80 年代中期在国际上发展起来的新一代分布式控制系统结构。它采用了不同于 DCS 的"工作站—现场总线智能仪表"结构模式，降低了系统总成本，提高了可靠性，且在统一的国际标准下可实现真正的开放式互连系统结构，因此它是一种具有发展前途的真正的分散控制系统，其结构如图 1-12 所示。

14

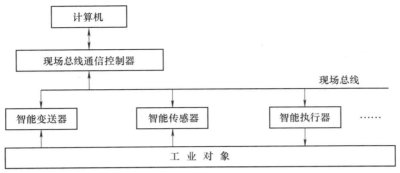

图 1-12　现场总线控制系统

1.3.7　工业过程计算机集成制造系统（流程 CIMS）

随着工业生产过程规模的日益复杂与大型化，现代化工业要求计算机系统不仅要完成直接面向过程的控制和优化任务，而且要在获取生产全部过程尽可能多的信息基础上，进行整个生产过程的综合管理、指挥调度和经营管理。由于自动化技术、计算机技术、数据通信等技术的发展，已完全可以满足上述要求，能实现这些功能的系统称之为计算机集成制造系统（Computer Integrated Manufacture System，CIMS），当 CIMS 用于流程工业时，简称为流程 CIMS 或 CIPS（Computer Integrated Processing System）。流程工业计算机集成制造系统按其功能可以自下而上地分为若干层，如过程直接控制层、过程优化监控层、生产调度层、企业管理层和经营决策层等，其结构如图 1-13 所示。

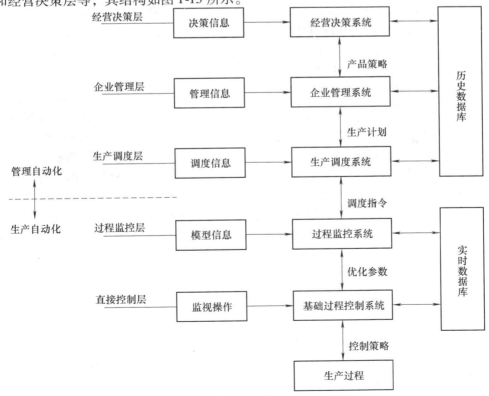

图 1-13　流程工业计算机集成制造系统

15

这类系统除了常见的过程直接控制、先进控制与过程优化功能之外，还具有生产管理、收集经济信息、计划调度和产品订货、销售、运输等非传统控制的诸多功能。因此，计算机集成制造系统所要解决的不再是局部最优问题，而是一个工厂、一个企业及至一个区域的总目标或总任务的全局多目标最优，亦即企业综合自动化问题。最优化的目标函数包括产量最高、质量最好、原料和能耗最小、成本最低、可靠性最高、对环境污染最小等指标，它反映了技术、经济、环境等多方面的综合性要求，是工业过程自动化及计算机控制系统发展的一个方向。

1.3.8 网络控制系统（NCS）

随着计算机网络的广泛使用和网络技术的不断发展，控制系统的结构正在发生变化。传统的控制模式往往通过点对点的专线将传感器信号传送到控制器，而后，再通过点对点的专线将控制信号传送到执行器。此类结构模式下的控制系统往往布线复杂，使得系统成本增加，降低了系统的可靠性、抗干扰性和灵活性，扩展不方便。特别是随着地域的分散以及系统的越来越复杂，采用传统布线设计的控制系统成本高、可靠性差、故障诊断和维护难等弊端更加突出。为了解决这些问题，将网络引入到控制系统中，采用分布式控制系统来取代独立控制系统，使得众多的传感器、执行器和控制器等系统的主要功能部件通过网络相连接，相关的信号和数据通过通信网络进行传输和交换，从而避免了彼此间专线的敷设，而且可以实现资源共享、远程操作和控制，提高系统的诊断能力，方便安装与维护，并能有效减少系统的重量和体积、增加系统的灵活性和可靠性。

通过网络形成的反馈控制系统称为网络控制系统（Network Control System，NCS）。在该类系统中，被控制对象与控制器以及控制器与驱动器之间是通过一个公共的网络平台连接的。这种网络化的控制模式具有信息资源能够共享、连接线数大大减少、易于扩展、易于维护、高效率、高可靠性及灵活等优点，是未来控制系统的发展模式。根据网络传输媒介的不同，网络环境可以是有线、无线或混合网络。

尽管网络控制系统相比传统控制系统有许多优点，由于网络的介入，网络控制系统中信息的传输通过通信网络进行，而网络的带宽总是有限的，因此，数据包在网络传输过程中不可避免地出现碰撞以及排队等待。在共享的数据网络中，除传送闭环控制系统的控制信息之外，还需要传送许多与控制任务无关的其他信息，因此，资源竞争和网络拥塞等现象在网络控制系统中是不可避免的。而这些现象会导致数据传输的延迟，这种延迟称为网络时滞。由于网络类型的不同，网络时滞可能是常数、时变的，甚至是随机的。由于网络时滞的存在，网络控制系统的控制指令往往不能够及时执行，从而导致系统性能变差，严重的甚至会影响系统的稳定性。因此，基于传统的控制理论给出的控制设计和分析难以应用到网络控制系统中，必须针对网络控制系统的特点给出控制设计与系统分析的新思想、新概念、新方法，研究开发适合于网络环境的先进控制策略。

网络控制系统是一种空间分布式系统，通过网络将分布于不同地理位置的传感器、执行机构和控制器连接起来，形成闭环的一种全分布式实时反馈控制系统。控制器通过网络与传感器和执行机构交换信息，并实现对远程被控对象的控制。NCS 不仅指传感器、执行器和控制器之间利用通信网络取代传统的点对点专线进行连接而形成闭环的控制系统，更广泛意义上的 NCS，还包括通过 Internet、企业信息网络所能实现的对工厂车间、生产线以及工程现场设备的远程控制、信息传输以及优化等。

典型 NCS 结构如图 1-14 所示。

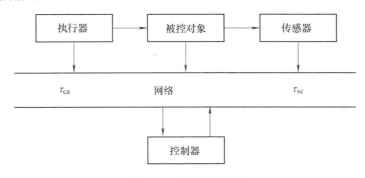

图 1-14　典型 NCS 结构

其中 τ_{sc} 表示数据从传感器传输到控制器的时延，τ_{ca} 表示数据从控制器传输到执行器的时延。

1.3.9　复杂流程工业控制系统

随着工业、农业、能源、电力、交通运输业、计算机技术和通信技术的发展，工业控制系统变得越来越复杂，复杂工业控制系统大量涌现。

复杂工业控制系统包括结构、环境、功能和过程的复杂化，系统的物质流、能量流、信息流交互作用复杂，多层次、多结构、网络化、大数据特征使得系统运行机理不明确。

传统复杂流程工业控制系统的金字塔式人工调控方式如图 1-15 所示。

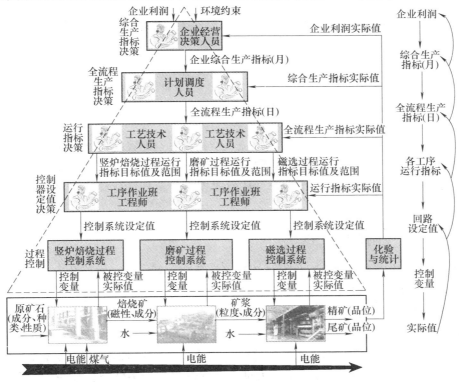

图 1-15　传统复杂流程工业控制系统的金字塔式人工调控方式

金字塔式人工调控造成复杂工业系统产品质量低、能耗高，不符合现代工业发展的要求。目前，复杂流程工业控制系统的结构朝着多层次发展，复杂流程工业控制系统运行控制与管理的多层次结构如图1-16所示。

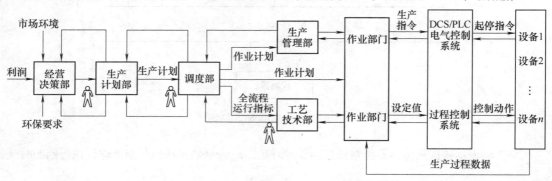

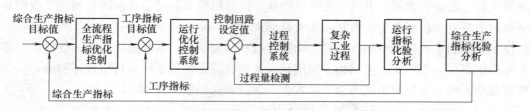

图1-16　复杂流程工业控制系统运行控制与管理的多层次结构

在多层次机构中需要解决以下问题：
① 能量流的建模。
② 物质流的建模。
③ 物质流和能量流的交互作用。
④ 信息化的作用（即自动化）对物质流、能量流时空配置的定量影响。

复杂流程工业控制系统过程调控的手段是控制各个控制回路的设定值，使得在信息流的控制下，能量流和物质流形成最优耦合，从而实现全厂运行的优化，提高产品质量，节能减排。

1.3.10　嵌入式控制系统（ECS）

20世纪90年代以来，计算机控制系统向着信息化、智能化、网络化方向发展，促进了嵌入式控制系统（Embedded Control System，ECS）的诞生。

嵌入式系统的一般定义是：以应用为中心，以计算机技术为基础，并且软硬件可裁剪，适用于应用系统对功能、可靠性、成本、体积、功耗有严格要求的计算机系统。

嵌入式系统符合目前发展现状的定义是：硬件以一个高性能的微处理器或微控制器（目前通常是32位处理器或微控制器）为基础，软件以一个多任务操作系统为基础的综合平台。这个平台的处理能力是以往的单片机所无法比拟的，它涵盖了软件和硬件两个方面，因此称之为"嵌入式系统"。

嵌入式系统层次结构模型如图 1-17 所示。

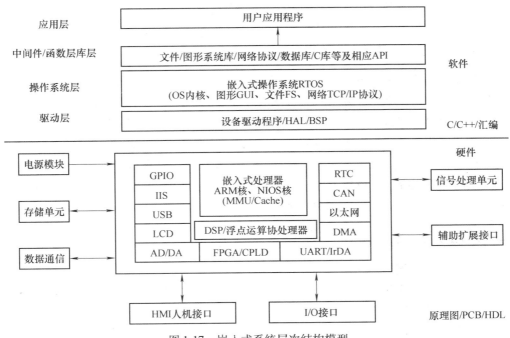

图 1-17 嵌入式系统层次结构模型

嵌入式控制系统是嵌入式系统与控制系统紧密结合的产物,即应用于控制系统中的嵌入式系统。

嵌入式控制系统具有以下特点:

① 面向具体控制过程,它具有很强的专用性,必须结合实际控制系统的要求和环境进行合理的裁剪。

② 适用于实时和多任务的体系,系统的应用软件与硬件一体化,具有软件代码小、自动化程度高、响应快等特点,能在较短的时间内完成多个任务。

③ 先进的计算机技术、半导体技术和电子技术与各个行业的具体应用相结合的产物。

④ 系统本身不具备自开发能力,设计完成之后用户通常不能对其中的程序功能进行修改,必须有一套开发工具和环境才能进行开发。

嵌入式控制系统的核心是嵌入式微控制器和嵌入式操作系统。嵌入式微控制器具备多任务的处理能力,且具有集成度高、体积小、功耗低、实时性强等优点,有利于嵌入式控制系统设计的小型化,提高软件的诊断能力,提升控制系统的稳定性。嵌入式操作系统具备可定制、可移植、实时性等特点,用户可根据需要自行配置。总之,嵌入式控制系统适应当前信息化、智能化、网络化的发展,必将获得广阔的发展空间。

1.4 计算机控制系统采用的技术和发展趋势

计算机控制系统是测量技术、计算机技术、通信技术和控制理论的结合。由于计算机具有大量存储信息的能力、强大的逻辑判断能力及其快速运算的能力，使计算机控制能够解决常规控制所不能解决的难题，能够达到常规控制达不到的优异的性能指标。计算机控制系统的发展与数字化、智能化、网络化为特征的信息技术发展密切相关，其发展前景是非常广阔的。

1.4.1 采用可编程序控制器（PLC）

可编程序控制器（Programmable Logic Controller，PLC），是用于控制生产过程的新型自动控制装置。近年来，由于开发了具有智能 I/O 模块的 PLC，它可以将顺序控制和过程控制结合起来，实现对生产过程的控制，并具有很高的可靠性。目前，PLC 的应用非常广泛，在冶金、机械、石化、过程控制等工业领域中均得到广泛的应用，它可以代替传统的继电器完成开关量控制，如输入、输出、定量、计数等。不仅如此，高档的 PLC 还可以和上位机一起构成复杂的控制系统，完成对温度、压力、流量、液位、成分等各参数的自动检测和过程控制。

1.4.2 采用新型的控制系统

1. 广泛使用智能调节器

智能调节器不仅可以接收 4～20mA 电流信号，还具有 RS-232 或 RS-485 通信接口，可与上位机一起组成分布式测控网络系统。

2. 采用新型的 DCS 和 FCS

发展以现场总线（Fieldbus）和工业以太网技术等先进网络通信技术为基础的 DCS 和 FCS 控制结构，采用先进的控制策略，向低成本综合自动化系统的方向发展，实现计算机集成制造/工程系统（CIMS/CIPS）。

1.4.3 实现最优控制

在生产过程中，为了提高产品的质量和产量，节约原材料、降低成本，常会要求生产过程处于最佳工作状况。最优控制就是恰当地选择控制规律，在控制系统的工作条件不变以及某些物理条件的限制下，使得系统的某种性能指标取得最大值或最小值，即获得最好的经济效益。

1.4.4 自适应控制

在最优控制系统中，当被控对象的工作条件发生变化时，就不再是最优状态了。若系统本身工作条件变化的情况下，能自动地改变控制规律，使系统仍能处于最佳工作状态，其性能指标仍能取得最佳，这就是自适应控制。自适应控制包括性能估计（系统辨识）、决策和修改三部分。

1.4.5 人工智能

人工智能是用计算机来模拟人工所从事的推理、学习、思考、规划等思维活动，来解决需人类专家才能处理的复杂问题。其中具有代表性的两个尖端领域是专家系统和机器人。

1. 专家系统

专家系统即计算机专家咨询系统，是一个具有大量专门知识的计算机程序系统，它将各领域专家的知识分类，以适当的形式存放于计算机中，根据这些专门知识系统，可以对输入的原始数据做出判断和决策，以回答用户的咨询。

2. 机器人

机器人是一种能模拟人类智能和肢体工作的装置，它不仅能提高工业质量和生产效率，降低成本，而且能完成有害地区的工作，从而具有实用价值。机器人可以分为两类：工业机器人和智能机器人。工业机器人中常见的又有遥控机器人、程序机器人和示教再现机器人。其中应用最多的是示教再现机器人，它是一种程序可变的自动机构，多半为计算机控制一只机械手，在人对它示教时，就把机械手应完成的动作编成程序存起来，再启动后，它便按此程序再现示教动作，改变操作则要重新示教。工业机器人能准确、迅速、精力集中和不知疲倦地执行交给它的任务。

智能机器人有感知、推理、绘画等能力。它们具有创造力和洞察力，能够理解环境，在不同的环境下，采取相应的决策来完成自己的任务。行走机器人能随时分辨环境，定出自己下一步的走法。人们不易到达的地方，机器人捷足先登，如海底机器人、宇宙空间机器人等。随着科学技术的发展，它们正在逐步成熟起来。

1.4.6 模糊控制

在自动控制领域中，对于难以建立数学模型、非线性和大滞后的控制对象，模糊控制（Fuzzy Control）技术具有很好的适应性。模糊控制是以模糊集合论、模糊语言变量及模糊逻辑推理为基础的一种计算机数字控制。模糊控制是一种非线性控制，属于智能控制的范畴。

1.4.7 预测控制

由于工业对象通常是多输入、多输出的复杂关联系统，具有非线性、时变性、强耦合与不确定性等特点，难以得到精确的数学模型。面对理论发展和实际应用之间的不协调，20世纪70年代中期在美、法等国的工业过程控制领域内，首先出现了一类新型计算机控制算法，如动态矩阵控制、模型算法控制。这类算法以对象的阶跃响应或脉冲响应直接作为模型，采用动态预测、滚动优化的策略，具有易于建模、鲁棒性强的显著优点，十分适合复杂工业过程的特点和要求。它们在汽轮发电机、蒸馏塔、预热炉等控制中的成功应用，引起了工业过程控制领域的极大兴趣。

预测控制作为先进过程控制的典型代表，它的出现对复杂工业过程的优化控制产生了深刻影响，在全球炼油、化工等行业数千个复杂装置中的成功应用以及由此取得的巨大经济效益，使之成为工业过程控制领域中最受青睐的先进控制算法。不仅如此，由于预测控制算法具有在不确定环境下进行优化控制的共性机理，使其应用跨越了工业过程，而延伸到航空、机电、环境、交通、网络等众多应用领域。

总之，计算机控制系统除采用上述成熟的控制系统和控制技术之外，会逐步研究和发展更多的先进控制技术。由于先进控制算法的复杂性，先进控制的实现需要足够的计算能力作为支持平台。开发各种控制算法的先进控制软件包，形成工程化软件产品，成为先进控制技术发展的一个重要研究方向。

1.4.8　第四次工业革命——工业 4.0

工业 4.0 即第四次工业革命，是指利用物联信息系统（Cyber Physical System，CPS）将生产中的供应、制造、销售信息数据化、智慧化，最后达到快速、有效、个人化的产品供应。它是德国政府提出的一个高科技战略计划，获得德国联邦教研部与联邦经济技术部联手资助，旨在提高德国工业在全球的竞争力。目前，中国已经与德国合作，工业 4.0 进入了中德合作的新时期。

在工业 4.0 的规划中，控制方式由集中式控制向分散式增强型控制转变，其目标是建立一个高度灵活的个性化和数字化的产品与服务的生产模式。传统工业中的行业界限将会消失，从而产生更多新的活动领域和行业合作。

"工业 4.0"项目主要分为三大主题：

一是"智能工厂"，重点研究智能化生产系统及过程，以及网络化分布式生产设施的实现。

二是"智能生产"，主要涉及整个企业的生产物流管理、人机互动以及 3D 技术在工业生产过程中的应用等。该计划将特别注重吸引中小企业参与，力图使中小企业成为新一代智能化生产技术的使用者和受益者，同时也成为先进工业生产技术的创造者和供应者。

三是"智能物流"，主要通过互联网、物联网、务联网，整合物流资源，充分发挥现有物流资源供应方的效率，而需求方，则能够快速获得服务匹配，得到物流支持。

习　题

1. 计算机控制系统由哪几部分组成？
2. 简述计算机控制系统的发展分类。
3. 什么是 DDC 系统？什么是 SCC 系统？
4. 集散控制系统的特点是什么？
5. 什么是网络控制系统？
6. 什么是 SCADA 系统？
7. 什么是嵌入式控制系统？
8. 工业 4.0 是指什么？

第2章　计算机控制系统设计基础

2.1　微处理器与微控制器

计算机控制系统的实现涉及许多专门知识，包括计算机技术、自动控制理论、过程控制技术、自动化仪表、网络通信技术等。因此，计算机测控系统的发展与这些相关学科的发展息息相关，相辅相成。众所周知，美国在 1946 年生产出了世界上第一台电子计算机，20 世纪 50 年代中期便有人开始研究将计算机用于工业控制。1959 年，世界上第一套工业过程控制系统在美国德克萨斯州的一个炼油厂正式投运。该系统控制了 26 个流量、72 个温度、3 个压力、3 个成分。控制的主要目的是使反应器的压力最小，确定反应器进料量的最优分配，并根据催化作用控制热水流量以及确定最优循环。

在工业过程计算机控制方面所进行的这些开创性的工作引起了人们的广泛注意。工业界看到了计算机将成为提高自动化程度的强有力工具，制造计算机的厂商看到了一个潜在的市场，而工控界则看到了一个新兴的研究领域。然而，早期的计算机采用电子管，不仅运算速度慢、价格昂贵，而且体积大，可靠性差，计算机平均无故障时间（Mean Time Between Failures，MTBF）只有 50 ~ 100h。这些缺点限制了计算机测控系统在工业上的发展与应用。随着半导体技术的飞速发展，大规模及超大规模集成电路的出现，计算机运算速度加快、可靠性提高。特别是近几年高性能、低价格微处理器、嵌入式微控制器及数字信号处理器的制造商越来越多，可选择背景机的数据运算宽度从 8 位到 64 位应有尽有，给设计者带来了广阔的选择空间。但由于有众多的选择，有时候又不知选什么背景机，选哪一个厂家的。

目前可以选择的微处理器与微控制器有单片机、DSP、ARM 和 PowerPC 等，制造公司主要有 Intel、Freescale、Renesas、NEC、ATMEL、NXP、TI、Microchip、TOSHIBA、Samsung、ST、ADI 和 STC 等。其中 ARM 的性价比是非常高的，也是现在最常用的微控制器。

ARM 处理器是 Acron 计算机有限公司面向低预算市场设计的第一款 RISC 微处理器，更早称作 Acron RISC Machine。ARM 处理器本身是 32 位设计，但也配备 16 位指令集。1985 年，Acron 公司设计了第一代 32 位、6MHz 的处理器，20 世纪 90 年代，Acron 公司正式改组为 ARM 计算机公司，随后，ARM32 位嵌入式 RISC 处理器扩展到世界范围，占据了低功耗、低成本和高性能的嵌入式系统应用领域的领先地位。

嵌入式的设备中最常用的 ARM 系列产品主要有 ARM7 系列、ARM9 系列、ARM9E 系列、ARM10E 系列、ARM11 系列、Xscale 系列、Cortex 系列。ARM 公司既不生产芯片也不销售芯片，它只出售芯片技术授权。

目前微处理器与微控制器的同步总线结构分为两种：一种是源于 Motorola 公司的微处理器 M6800 的；另一种是源于 Intel 公司的微处理器 8085 的。这两种同步总线结构的地址总线、数据总线是没有区别的，但其控制总线与外围芯片或存储器芯片的接口是不同的。一些外围芯片制造商为了使自己的产品既能与 Motorola 总线结构接口，又能与 Intel 总线结构接口，在其产品中定义了一个引脚，通常用 MOTEL 表示，意为 Motorola 和 Intel 总线兼容之意，在某些产品中也常用 MODE 表示。通常，MOTEL 接地，表示与 Intel 总线兼容；MOTEL 接 5V，表示与 Motorola 总线兼容。两总线的对应关系如下：

Motorola CPU 信号	Intel CPU 信号
AS	ALE
DS、E 或 $\phi2$	$\overline{RD}$
R/$\overline{W}$	$\overline{WR}$

在我国，常用的总线结构为 Intel 总线结构。即使为 Intel 总线结构，不同公司生产的微处理器和微控制器其存储空间配置也不尽相同，不同的领域、不同的需要，选择的微处理器和微控制器也各不相同。为了讲述其共性，下面以 Intel 公司的产品为例，介绍目前微处理器和微控制器的三种存储空间配置结构，本书中的背景机均是基于这样三种存储空间配置结构的。

2.1.1 Von. Noreaman 存储空间配置结构

8088CPU 的低 8 位地址线 A7～A0 和数据总线是复用的，高 4 位地址线 A19～A16 和状态线 S6～S3 复用，因此需进行地址分离，形成外围器件及存储器直接可用的地址总线。

1. 三总线的构成

8088 三总线的构成如图 2-1 所示。

8088CPU 在图 2-1 中工作于最大模式。U2 和 U3 为 74HC373 八 D 锁存器，用来分离高 4 位地址 A19～A16 和低 8 位地址 A7～A0，U4 为 8288 总线控制器，将来自 8088CPU 的$\overline{S0}$、$\overline{S1}$、$\overline{S2}$进行译码，形成控制线。U3 为 8284 时钟发生器驱动器，将 14.31818MHz 频率 3 分频后，形成 4.77MHz 时钟 CLK 送至 8088CPU 的 CLK 和 8288 的 CLK。

2. 存储空间配置

8088CPU 的程序存储器和数据存储器统一编址，有专门的输入输出指令，所用控制总线中的信号为$\overline{MEMR}$、$\overline{MEMW}$、$\overline{IOR}$、$\overline{IOW}$。

（1）存储器操作

程序存储器和数据存储器的寻址空间为 $2^{20}=1M$ 地址单元，寻址范围为 00000H～FFFFFH。所用指令为外部存储器传送指令，控制信号为存储器读信号$\overline{MEMR}$和存储器写信号$\overline{MEMW}$。

① 存储器写操作。

例如：MOV   ［BX］，AL   ；存储器写指令，BX 内容为地址，AL 内容为
                              ；写入的数据。

在执行该指令时，BX 的内容与 DS 或 ES 段寄存器的内容一起形成物理地址，送往地址总线 A19～A0，AL 的内容送往数据总线 D7～D0，由于是存储器写操作，所以控制总线中的$\overline{MEMW}$信号有效，变为低电平，此时$\overline{MEMR}$为高电平，在$\overline{MEMW}$信号的控制下，AL 中的数据通过数据总线被送往由地址总线 A19～A0 指定的存储单元。

② 存储器读操作。

例如：MOV   AL，［BX］   ；存储器读指令，BX 内容为地址，AL 内容
                              ；为读取的外部存储单元的数据。

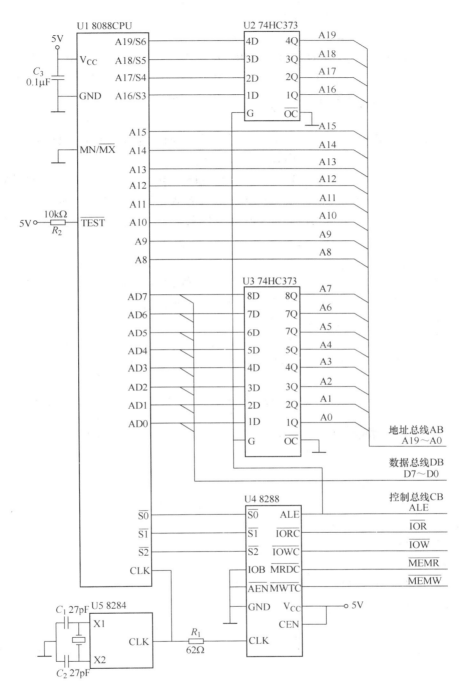

图 2-1　8088CPU 三总线构成图

　　在执行该指令时，BX 的内容与 DS 或 ES 段寄存器的内容一起形成物理地址，送往地址总线 A19 ~ A0，由于是存储器读操作，所以控制总线中的 $\overline{\text{MEMR}}$ 信号有效，为低电平，此时 $\overline{\text{MEMW}}$ 信号为高电平，在 $\overline{\text{MEMR}}$ 信号的控制下，通过数据总线 D7 ~ D0 将由地址总线 A19 ~

A0 指定存储单元的内容送入寄存器 AL。

（2）输入输出操作

外围设备的操作有专门的 I/O 指令，采用地址总线的低 16 位 A15 ~ A0，寻址空间为 2^{16} = 64K 个端口，寻址范围为 0000H ~ FFFFH。所用指令全为外部输入输出（I/O）指令，控制信号为输入输出读信号 $\overline{\text{IOR}}$ 和输入输出写信号 $\overline{\text{IOW}}$。

① 输出操作。

例如：OUT   DX，AL   ；外部输出指令，DX 内容为端口地址，AL
                         ；内容为写入的数据。

在执行该指令时，DX 的内容送往地址总线 A15 ~ A0，AL 的内容送往数据总线 D7 ~ D0，由于是输出操作，所以控制总线中的 $\overline{\text{IOW}}$ 信号有效，变为低电平，此时 $\overline{\text{IOR}}$ 为高电平，在 $\overline{\text{IOW}}$ 信号的控制下，AL 中的数据通过数据总线被输出到由地址总线 A15 ~ A0 指定的端口。

② 输入操作。

例如：IN   AL，DX   ；外部输入指令，DX 内容为端口地址，AL 内容
                         ；为读取的外部端口的数据。

在执行该指令时，DX 的内容被送往地址总线 A15 ~ A0，AL 的内容送往数据总线 D7 ~ D0，由于是输入操作，所以控制总线中的 $\overline{\text{IOW}}$ 信号有效，变为高电平，此时 $\overline{\text{IOR}}$ 为高电平，在 $\overline{\text{IOR}}$ 信号的控制下，通过数据总线 D7 ~ D0 将由地址总线 A15 ~ A0 指定端口的内容送入寄存器 AL。

类似 8088CPU 的这种存储空间配置结构称为冯·诺依曼（Von Noreaman）结构。

2.1.2　Harward 存储空间配置结构

1. 三总线的构成

AT89 系列三总线的构成如图 2-2 所示。

在图 2-2 中，U1 为 AT89 系列单片微控制器，U2 为 74HC373 八 D 锁存器，用来从 P07 ~ P00 中分离低 8 位地址 A7 ~ A0。

2. 存储空间配置

MCS-51 系列及其兼容单片微控制器程序存储器和数据存储器分别编址，没有专门的输入输出指令，外部端口的操作与数据存储器统一编址，每一个端口作为数据存储器的一个映像单元，所用控制总线中的信号为 $\overline{\text{PSEN}}$、$\overline{\text{RD}}$、$\overline{\text{WR}}$。

程序存储器的寻址空间为 2^{16} = 64K 地址单元，寻址范围为 0000H ~ FFFFH。

当进行外部程序存储器读操作时，所用控制信号为程序选择性能信号 $\overline{\text{PSEN}}$。

（1）读取内部程序存储器和外部程序存储器所用指令

① MOVC A，@ A + PC

PC 为当前程序计数值，将累加器 A 的内容与当前 PC 值相加，所指程序存储单元的内容送累加器 A。

② MOVC A，@ A + DPTR

DPTR 为数据地址指针，将累加器 A 的内容与 DPTR 相加，所指程序存储单元的内容送累加器 A。

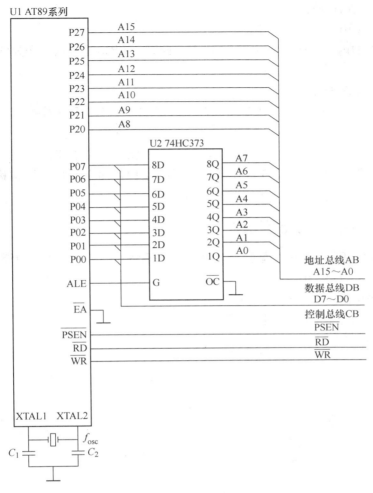

图 2-2　AT89 系列三总线构成图

数据存储器的寻址空间为 2^{16} ＝64K 地址单元，寻址范围为 0000H ~ FFFFH。外部输入输出端口与数据存储器统一编址。

当进行外部数据存储器读写操作或进行外部输入输出端口操作时，所用控制信号为外部数据存储器读信号 $\overline{RD}$ 和外部数据存储器写信号 $\overline{WR}$。

（2）读取外部数据存储器时所用指令

① MOVX　A，@ Ri；（i ＝0，1）

Ri 所指外部 RAM 的内容送累加器 A。此时，$\overline{RD}$ 信号有效，变为低电平，$\overline{WR}$ 信号为高电平。

② MOVX　A，@ DPTR

DPTR 内容所指外部 RAM 的内容送累加器 A。此时，$\overline{RD}$ 信号有效，变为低电平，$\overline{WR}$ 信号为高电平。

当进行外部端口的读操作时，也用以上指令，每一个端口为外部 RAM 的一个映像单元。

（3）写外部数据存储器时所用指令

① MOVX　@Ri，A　；（i＝0，1）

将累加器 A 的内容送往 Ri 所指外部 RAM。此时，$\overline{WR}$ 信号有效，变为低电平，$\overline{RD}$ 信号为高电平。

② MOVX　@DPTR，A

将累加器 A 的内容送往 DPTR 所指外部 RAM。此时，$\overline{WR}$ 信号有效，变为低电平，$\overline{RD}$ 信号为高电平。

当进行外部端口的写操作时，也用以上指令，每一个端口作为外部 RAM 的一个映像单元。

类似于 MCS-51 系列及其兼容单片微控制器的这种存储空间配置结构称为哈佛（Harward）结构。

2.1.3　Preston 存储空间配置结构

Intel 公司 MCS-96 系列单片微控制器典型产品有 8×C196KB、8×C198、8×C196KC、8×196MC/MH、8×C196MD 等。

1. 三总线的构成

80C196KC 三总线的构成如图 2-3 所示。

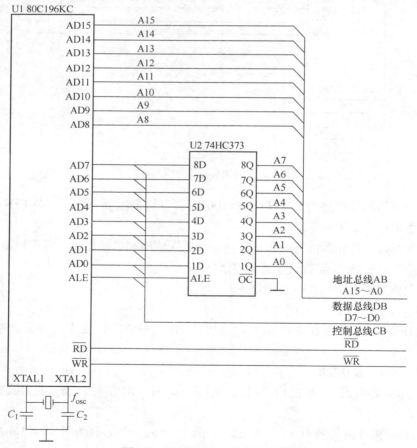

图 2-3　80C196KC 三总线构成图

在图 2-3 中，U1 为 80C196KC，工作于 8 位总线宽度，因此 AD15 ~ AD8 直接输出高 8 位地址，U2 为 74HC373 八 D 锁存器，用来从 AD7 ~ AD0 中分离低 8 位地址 A7 ~ A0。

2. 存储空间的配置

MCS-96 系列单片微控制器程序存储器和数据存储器统一编址，没有专门的输入输出指令，外部端口作为数据存储器的映像单元。当为 8 位总线宽度时，所用控制信号只有 $\overline{RD}$、$\overline{WR}$；当为 16 位总线宽度时，所用控制信号为 $\overline{RD}$、$\overline{WRH}$（高字节写信号）、$\overline{WRL}$（低字节写信号）。

对 80C196KB、80C196KC 来讲，整个存储器空间为 $2^{16} = 64K$ 地址单元，寻址范围为 0000H ~ FFFFH，其中包括特殊功能寄存器和寄存器文件。

（1）读操作（包括输入端口）所用指令

LDB   AL，〔BX〕

BX 内容为地址，将 BX 内容所指字节地址单元的内容送累加器 AL。

LD   AL，〔BX〕

BX 内容为地址，将 BX 内容所指字地址单元的内容送累加器 AX。

此时，控制信号 $\overline{RD}$ 为低电平，$\overline{WR}$（或 $\overline{WRH}$、$\overline{WRL}$）为高电平。

（2）写操作（包括输出端口）所用指令

STB   AL，〔BX〕

BX 内容为地址，将累加器 AL 中的一字节数据写入 BX 内容所指的字节地址单元中。

此时控制信号 $\overline{RD}$ 为高电平，$\overline{WR}$ 或 $\overline{WRL}$ 为低电平。

ST   AX，〔BX〕

BX 内容为地址，将累加器 AX 中的一个字数据写入 BX 内部所指的字地址单元中。

此时，控制信号 $\overline{RD}$ 为高电平，$\overline{WR}$（$\overline{WRL}$、$\overline{WRH}$）变为低电平。

类似于 MCS-96 系列单片微控制器的这种存储空间配置结构称为普林斯顿（Preston）结构。

2.2 译码电路的设计

2.2.1 简单译码集成电路

在组成一个计算机控制系统时，CPU 为了访问存储器和区分不同的外设，需要给存储器和外设分配地址，因此需要译码。实现译码的电路方式很多，本节主要介绍低密度译码集成电路。

1. 常用简单译码集成电路

常用的简单译码集成电路有 74HC138、74HC139、74HC154、CD4514/4515、74HC688，另外，还有 74HC00 四 2 输入与非门、74HC04 六反相器、74HC08 四 2 输入与门、74HC14 施密特六反相器、74HC30 八输入与非门、74HC32 四 2 输入或门、74HC688 比较器等。

2. 应用举例

这里以 AT89S52 CPU 为例介绍译码器的应用方法。

译出八个连续的输入口，地址要求为 8000H、8001H、…、8007H，使用 74HC138 三-八译码器。

硬件电路设计如图 2-4 所示。

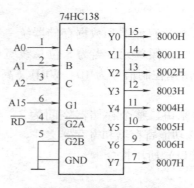

图 2-4　74HC138 译码实例

74HC138 的数据端 A、B、C 接至 AT89S52 CPU 的地址线 A0、A1、A2，使能 G1 接地址线 A15。

G2A 接读信号$\overline{RD}$，G2B 接地，常有效，74HC138 译码情况如下：

G1	$\overline{G2A}$	C	B	A	输出	口地址
A15	$\overline{RD}$	A2	A1	A0		
1	0	0	0	0	Y0 = 0	8000H
1	0	0	0	1	Y1 = 0	8001H
⋮						
1	0	1	1	1	Y7 = 0	8007H
其余				未选中		

在这里，没有用到地址线 A3 ～ A14，所以有地址重叠。

上述译码方法所译出的八个端口只能读，原因是$\overline{RD}$信号参与了译码。但这种译码方法是经常用到的；如果某一测控系统需多个输入口或输出口，所译出的片选信号可直接送至外设，不需再与$\overline{RD}$或$\overline{WR}$信号组合，不仅节省了芯片，而且减轻了读/写控制信号的负载。

2.2.2　可编程逻辑器件

自 20 世纪 60 年代以来，数字集成电路已经历了从 SSI、MSI 到 LSI、VLSI 的发展过程。20 世纪 70 年代初以 1K 位存储器为标志的大规模集成电路（LSI）问世以后，微电子技术得到迅猛发展，集成电路的集成规模几乎以平均每 1 ～ 2 年翻一番的惊人速度迅速增长。集成技术的发展也大大促进了电子设计自动化（EDA）技术的进步，20 世纪 90 年代以后，由于新的 EDA 工具不断出现，使设计者可以直接设计出系统所需要的专用集成电路，从而给电子系统设计带来了革命性的变化。过去传统的系统设计方法是采用 SSI、MSI 标准通用器件和其他元件对电路板进行设计，由于一个复杂电子系统所需的元件往往种类和数量都很多，连线也很复杂，因而所设计的系统体积大、功耗大、可靠性差。先进的 EDA 技术使传统的"自下而上"的设计方法，变为一种新的"自顶向下"的设计方法，设计者可以利用计算机对系统进行方案设计和功能划分，系统的关键电路可以采用一片或几片专用集成电路（ASIC）来实现，因而使系统的体积、重量减小，功耗降低，而且具有高性能、高可靠性和保密性好等优点。

专用集成电路（Application Specific Integrated Circuit, ASIC）是指专门为某一应用领域或为专门用户需要而设计、制造的 LSI 或 VLSI 电路，它可以将某些专用电路或电子系统设计在一个芯片上，构成单片集成系统。ASIC 可分为数字 ASIC 和模拟 ASIC，数字 ASIC 又分为全定制和半定制两种。

全定制 ASIC 芯片的各层（掩膜）都是按特定电路的功能专门制造的。设计人员从晶体管的版图尺寸、位置和互连线开始设计，以达到芯片面积利用率高、速度快、功耗低的最优性能，但其设计制作费用高、周期长，因此只适用于批量较大的产品。

半定制是一种约束性设计方式。约束的主要目的是简化设计、缩短设计周期和提高芯片成品率。目前半定制 ASIC 主要有门阵列、标准单元和可编程逻辑器件三种。

门阵列（Gate Array）是一种预先制造好的硅阵列（称母片），内部包括几种基本逻辑门、触发器等，芯片中留有一定的连线区。用户根据所需要的功能设计电路，确定连线方式，然后再交生产厂家布线。

标准单元（Standard Cell）是厂家将预先配置好、经过测试，具有一定功能的逻辑块作为标准单元存储在数据库中，设计人员在电路设计完成之后，利用 CAD 工具在版图一级完成与电路一一对应的最终设计。和门阵列相比，标准单元设计灵活、功能强，但设计和制造周期较长，开发费用也比较高。

可编程逻辑器件（Programmable Logic Device, PLD）是 ASIC 的一个重要分支。与上述两种半定制电路不同，PLD 是厂家作为一种通用型器件生产的半定制电路，用户可以通过对器件编程使之实现所需要的逻辑功能。PLD 是用户可配置的逻辑器件，它的成本比较低，使用灵活，设计周期短，而且可靠性高，承担风险小，因而很快得到普遍应用，发展非常迅速。

目前世界各著名半导体器件公司，如 Xilinx、Altera、Lattice、AMD 和 Atmel 等公司，均可提供不同类型的 CPLD、FPGA 产品，众多公司的竞争促进了可编程集成电路技术的提高，使其性能不断完善，产品日益丰富。可以预计，可编程逻辑器件将在结构、密度、功能、速度和性能等各方面得到进一步发展，并在现代电子系统设计中得到更广泛的应用。

1. 可编程逻辑器件的分类

可编程逻辑器件有许多品种，有些器件还具有多种特征，因此目前尚无严格的分类标准。下面只介绍几种常用的分类方法。

（1）按集成密度分类

可编程逻辑器件从集成密度上可分为低密度可编程逻辑器件（LDPLD）和高密度可编程逻辑器件（HDPLD）两类。

LDPLD 主要指早期发展起来的 PLD，它包括 PROM、PLA、PAL 和 GAL 四种，其集成密度一般小于 700 门/片。这里的门是指 PLD 等效门。

HDPLD 包括 EPLD、CPLD 和 FPGA 三种，其集成密度大于 700 门/片。

（2）按编程方式分类

可编程逻辑器件的编程方式分为两类：一类是一次性编程（One Time Programmable，OTP）器件；另一类是可多次编程器件。OTP 器件只允许对器件编程一次，编程后不能修改，其优点是集成度高、工作频率和可靠性高、抗干扰性强。可多次编程器件的优点是可多次修改设计，特别适合于系统样机的研制。

可编程逻辑器件的编程信息均存储在可编程元件中。根据各种可编程元件的结构及编程方式，可编程逻辑器件通常又可以分为四类：

1）采用一次性编程的熔丝（Fuse）或反熔丝（Antifuse）元件的可编程器件。

2）采用紫外线擦除、电可编程元件，即采用 EPROM、UVCMOS 工艺结构的可编程器件。

3）采用电擦除、电可编程元件。其中一种是 E^2PROM，即采用 E^2CMOS 工艺结构的可编程器件；另一种是采用快闪存储单元（Flash Memory）结构的可编程器件。

4）基于静态存储器 SRAM 结构的编程器件。

（3）按结构特点分类

目前常用的可编程逻辑器件都是从与或阵列和门阵列发展起来的，所以可以从结构上将其分为两大类：

① 阵列型 PLD。

② 现场可编程门阵列 FPGA。

阵列型 PLD 的基本结构由与阵列和或阵列组成。简单 PLD（PROM、PLA、PAL 和 GAL）、EPLD 和 CPLD 都属于阵列型 PLD。

FPGA 具有门阵列的结构形式，它是由许多可编程逻辑单元（或称逻辑功能块）排成阵列组成的，这些逻辑单元的结构和与或阵列的结构不同，所以也将 FPGA 称为单元型 PLD。

除了以上分类法以外，有些地方将可编程逻辑器件分为简单 PLD、复杂 PLD 和 FPGA 三大类，也有人将可编程逻辑器件分为简单 PLD 和复杂 PLD（CPLD）两类，而将 FPGA 划入 CPLD 的范围之内。总之，可编程逻辑器件种类繁多，其分类标准不是很严格。但尽管如此，了解和掌握可编程逻辑器件的结构特点，对于可编程逻辑器件的设计实现和开发应用都十分重要。

2. PLD 电路的表示方法

因为 PLD 内部电路的连接规模很大，用传统的逻辑电路表示方法很难描述 PLD 的内部结构，所以对 PLD 进行描述时采用了一种特殊的简化方法。

PLD 的输入、输出缓冲器都采用了互补输出结构，其表示法如图 2-5 所示。

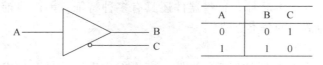

A	B	C
0	0	1
1	1	0

图 2-5　PLD 器件输入缓冲器

图 2-6 是"与"门表示法，用三个输入项来代表传统画法中的三个不同的输入，这种多输入的"与"门结构在 PLD 中被称为乘积项。

图 2-7 是 PLD 器件的连接方法。实点连接表示永久连接，"×"符号加在交叉点上表示

可编程的连接，无实点也无"×"的表示不连接。

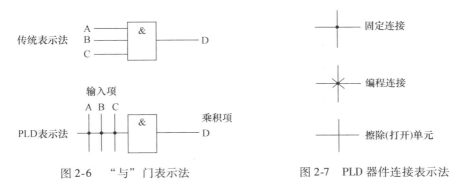

图 2-6　"与"门表示法　　　　图 2-7　PLD 器件连接表示法

2.2.3　通用阵列逻辑器件

　　通用阵列逻辑（Generic Array Logic，GAL）器件是美国 Lattice 公司研制的一种电可擦除的、可重编程的新型 PLD 器件。该公司创建于 1983 年，以设计、开发和生产高性能的、理想的产品系列而进入可编程逻辑市场，GAL 是一种理想的 PAL 器件系列，主要表现在以下几个方面：

　　1）GAL 器件是用超高速的、电可擦除的 CMOS（Electrically Erasable CMOS，E^2CMOS）工艺制造的。因而具有在任何加工过程中最大程度的可试验性、极好的技术特性以及随时可擦除性，这些特点使 GAL 成为试制样机的理想器件。

　　2）GAL 器件至少有任何 TTL 兼容的可编程逻辑器件那样快的速度。

　　3）GAL 器件具有 CMOS 工艺低功耗的特点。

　　4）GAL 器件利用输出逻辑宏单元（Output Logic Macro Cells，OLMC），使用户能配置所需的输出。由于将所有这些特点融合在一个产品系列中，使得 GAL 成为 TTL/74HC 随机逻辑、低密度门阵列，所有 PAL 器件及其他各种 PLD 器件的理想替代器件。因而，使用 GAL 器件有利于降低系统造价，缩小产品体积，减少功耗，获得较高可靠性，并大大地简化系统设计。

　　常用的通用阵列逻辑 GAL 器件有 GAL16V8 及 GAL20V8 两个集成电路。

　　E^2CMOS 的 GAL 器件，将高性能的 CMOS 工艺过程与电可擦除的浮动栅技术相结合，把可编程存储工艺用于阵列逻辑，给设计者提供可重配置的逻辑功能，以及在大大降低功耗的情况下双极型器件的性能。

　　GAL16V8 为 20 引脚，可替代的 PAL 器件类型如图 2-8 所示；引脚名称见表 2-1。

表 2-1　GAL16V8 引脚名

I0 ~ I15	输　入	$\overline{OE}$	输 出 使 能
CK	时钟输入	V_{CC}	电源（5V）
B0 ~ B5	双向	GND	地
F0 ~ F7	输出		

　　GAL16V8 和 GAL20V8 器件的编程操作，可利用容易得到的硬件和软件开发工具来完成。而且厂家保证至少可进行 100 次擦除/写入周期操作，同时数据在器件上可保持 20 年以上。

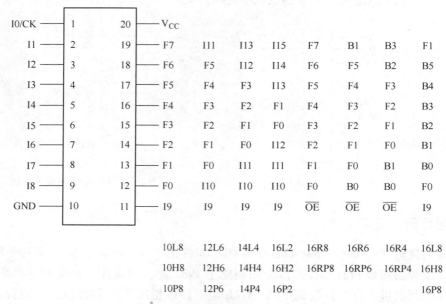

图 2-8　GAL16V8 引脚图及可替换的 PAL 器件类型

2.2.4　边界扫描技术

边界扫描测试技术主要解决芯片的测试问题。

20 世纪 80 年代后期，对电路板和芯片的测试出现了困难。以往在生产过程中，对电路板的检验是由人工或测试设备进行的，但随着集成电路密度的提高，集成电路的引脚也变得越来越密，测试变得很困难。例如，TQFP 封装器件，引脚的间距仅有 0.6mm，这样小的空间内几乎放不下一根探针。

边界扫描测试（Boundary-Scan Testing，BST）是针对器件密度及 I/O 口数增加、信号注入和测取难度越来越大而提出的一种新测试技术。它是由联合测试活动组织（JTAG）提出来的，后来 IEEE 对此制定了测试标准，称为 IEEE1194.1 标准。

BST 结构不需要使用外部的物理测试探针来获得功能数据，它可以在器件（必须是支持 JTAG 技术的 ISP 可编程器件）正常工作时进行。器件的边界扫描单元能够迫使逻辑追踪引脚信号，或是从引脚、器件核心逻辑信号中捕获数据。强行加入的测试数据串行地移入边界扫描单元，捕获的数据串行移出并在器件外部同预期的结果进行比较。边界扫描测试方法如图 2-9 所示。

该方法提供了一个串行扫描路径。它能捕获器件核心逻辑的内容，或者测试遵守 IEEE 规范的器件之间的引脚连接情况。

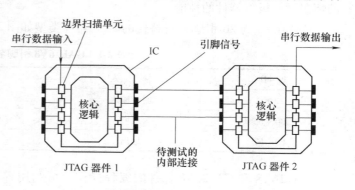

图 2-9　边界扫描测试方法

通过 JTAG 测试端口实现对 ISP 器件的在系统编程，可以很容易地完成电路测试。

标准的边界扫描测试只需要四根信号线，即 TDI（测试数据输入）、TDO（测试数据输出）、TMS（测试模式选择）和 TCK（测试时钟输入），能够对电路板上所有支持边界扫描的芯片内部逻辑和边界引脚进行测试。应用边界扫描技术能够增强芯片、电路板甚至系统的可测试性。

当器件工作在 JTAG BST 模式时，使用 4 个 I/O 引脚和一个可选引脚 TRST 作为 JTAG 引脚。这 4 个 I/O 引脚分别是 TDI、TDO、TMS 和 TCK，其引脚功能见表 2-2。

表 2-2　JTAG 引脚说明

引　脚	名　　称	功　　能
TDI	测试数据输入	指令和测试编程数据的串行输入引脚，数据在 TCK 的上升沿时刻移入
TDO	测试数据输出	指令和测试编程数据的串行输出引脚，数据在 TCK 的下降沿移出。如果数据没有正在移出时，该引脚处于三态
TMS	测试模式选择	该输入引脚是一个控制信号，它决定 TAP 控制器的转换。TMS 必须在 TCK 的上升沿之前建立。在用户状态下 TMS 应是高电平
TCK	测试时钟输入	时钟输入到 BST 电路，一些操作发生在上升沿，而另一些操作发生在下降沿
TRST	测试复位输入	低电平有效，用于异步、初始化或复位边界扫描电路

JTAG BST 需要下列寄存器：

指令寄存器——用来决定是否进行测试或访问数据寄存器操作。

旁路寄存器——这个 1 bit 寄存器用来提供 TDI 和 TDO 的最小串行通道。

边界扫描寄存器——由器件引脚上的所有边界扫描单元构成。

边界扫描技术有着广阔的发展前景，现在已经有多种器件支持边界扫描技术。

2.2.5　GAL 器件译码应用举例

1. Fast-Map 软件介绍

Fast-Map 是最为流行的 PLD 开发软件之一。它主要包括一个名为 FM. EXE 的可执行文件。Fast-Map 的特点是直观、简单，对于初学者容易掌握，但它只允许使用逻辑表达式描述设计，也没有仿真功能。

Fast-Map 是专门用作 GAL 器件开发的软件。它可将用户编写的 PLD 设计源文件汇编成三个文件：

- 列表文件，扩展名为 . LST。它包括设计源文件和 PLD 引脚配置图。
- 熔丝图文件，扩展名为 . PLT。它是供设计者阅读的编程模式图，用它可以验证设计。
- JEDEC 文件，扩展名为 . JED。它存放对 PLD 编程的数据。

Fast-Map 可在 IBM PC XT/AT 及其兼容机上运行，操作系统为 PC DOS 或 MS DOS2. 0 以上版本。

（1）PLD 设计源文件的格式

运行 Fast-Map 以前，首先要编制一个 PLD 设计源文件，并用任意一种文本编辑程序把它送入计算机。PLD 设计源文件是描述设计要求的文本文件，扩展名用 . PLD。

① 第1行为器件型号，必须大写。

② 第2~4行任意，一般为设计题目、设计者姓名和日期等。这三行信息如果不需要，也要留出相应的空行。

③ 第5行以后为引脚名表。引脚名最多为8个字符。引脚名之间至少留一个空格。不用的引脚用 NC、地线用 GND、电源用 VCC 表示。引脚名按器件引脚号递增的顺序排列，不能重复，也不能遗漏。

④ 引脚名表后面是方程部分。

⑤ 逻辑方程下面是关键字 DESCRIPTION。它不能省略，且必须大写，前面也不允许有空格。关键字下面的字符为任意，也可以不要。

另外还要注意：

① 注释前要加一个分号。

② 一个 PLD 设计源文件最多 200 行。

③ PLD 设计源文件的最后一行必须以回车键为结束符。

④ Fast-Map 对大小写字母区别对待。

（2）Fast-Map 的语法规则

① Fast-Map 允许使用下列三种形式的逻辑方程：

SYMBOL = EXPRESSION

SYMBOL：= EXPRESSION

SYMBOL. OE = EXPRESSION

其中 SYMBOL 为输出引脚名，允许加前缀"/"；EXPRESSION 为逻辑表达式，OE 为输出允许。

第一种方程表示，在任何时刻，由 SYMBOL 指定的引脚总是取 EXPRESSION 的值；第二种方程表示，只有在时钟脉冲上升沿到来时，由 SYMBOL 指定的引脚才取 EXPRESSION 的值；第三种方程表示，仅当 EXPRESSION 的值为真时，由 SYMBOL 指定的引脚才输出有效电平，否则就保持高阻状态，而且这里的 EXPRESSION 只允许包含一个"与"项。

② 允许在逻辑表达式中使用的逻辑运算符：

*   "与"

+   "或"

/   "非"

注意：逻辑表达式只能是"与—或"式；"/"只能在单个引脚名前。

③ 输出与反馈极性的确定。

当输出引脚名的极性在引脚名表和逻辑方程中一致时，由该引脚名指定的输出为高电平有效，否则为低电平有效。

输出反馈的极性仅取决于引脚名表中采用的极性，与逻辑方程中采用的极性无关。

（3）Fast-Map 的使用

用任意一种编辑程序将准备好的 PLD 设计源文件送入计算机，并存入磁盘（源文件的扩展名建议用. PLD）。然后，就可以调用 Fast-Map 对设计源文件进行汇编。方法如下：

在 DOS 提示符下键入 FM，并回车，屏幕上就出现下列文字：

Welcome to Fast-Map Programmable Logic Device Assembler

Please enter filename（. PLD ASSUMED） —

这时就可在光标处键入你要汇编的 PLD 设计源文件名（用 . PLD 作扩展名时扩展名可省略）。文件名输入后，Fast-Map 先对设计源文件进行扫描，找出可能存在的语法错误。当发现设计源文件有语法错误时，屏幕上就出现有关提示并停止运行。这时需要键入命令：

＜Ctrl＞＜c＞

以便退出系统，重新调用文本编辑程序对设计源文件进行修改。重复上述过程，直到通过扫描为止。

当通过扫描时，屏幕上就出现如下所示的菜单：

FastMap Menu-Current Source File→bgates. PLD

1）Create Document File（source pluspinout）

2）Create Fuse Plot File（human readable fuse map）

3）CreateJedec File（programmer fuse map）

4）Get a new Source File

5）Exit from Fast-Map

Please enter number corresponding to desired operation

接下来，可根据需要键入有关数字，即可执行相应的操作。例如：键入"1"，将生成一份扩展名为 . LST 的列表文件，它包括设计源文件和 PLD 引脚配置图；键入"2"，将生成一份扩展名为 . PLT 的熔丝图文件；键入"3"，将生成一份扩展名为 . JED 的 JEDEC 文件；键入"4"，汇编另一个 . PLD 设计源文件；键入"5"，返回 DOS 系统。

2. GAL 器件译码应用举例

（1）采用 GAL16V8 进行基本逻辑门译码

基本逻辑门包括："与"门（AND），"或"门（OR），"与非"门（NAND），"或非"门（NOR），"异或"门（XOR），"异或非"门（NXOR）及"非"门（NOT）。将前 6 种基本门集成在一块 GAL16V8 的芯片中。由于"非"门的实现可直接由 GAL 器件的输出端完成，故省略了"非"门的功能。该设计要求有 12 个输入端，6 个输出端（见图 2-10），所以 2 个输出逻辑宏单元（OLMC）的引脚必须作为专用输入端，其他 6 个输出引脚作为专用组合逻辑输出端，编程软件可以自动处理此项工作。另外，GAL16V8 具有可编程极性的功能，可定义高电平输出有效或低电平输出有效，芯片引脚定义如图 2-11 所示。

源文件如下：

GAL16V8

THE BASIC LOGIC GATES

May   1   2003

DESIGNERLiZhengJun

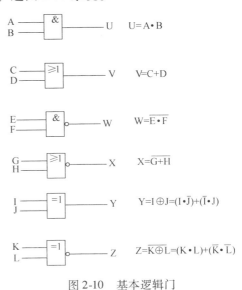

图 2-10　基本逻辑门

B C D E F G H I J GND

K L Z Y X W V U A V_{CC}

; LOGIC EQUATIONS

$U = A * B$; $/X = G + H$

$V = C + D$; $Y = I * /J + /I * J$

$/W = E * F$; $Z = K * L + /K * /L$

$/X = G + H$; $X = !(G\#H)$

$Y = I * /J + /I * J$; $Y = I \oplus J$

$/Z = K * /L + /K * L$; $Z = \overline{K \oplus L}$

DESCRIPTION

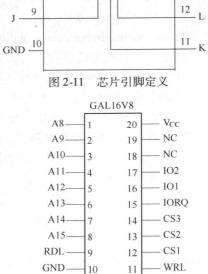

图 2-11　芯片引脚定义

（2）采用 GAL16V8 进行地址译码

地址要求（存储空间配置为普林斯顿结构）：

CS1 27C64 的片选信号，地址范围：2000H ~ 3FFFH

CS2 62256 的片选信号，地址范围：4000H ~ 8FFFH

CS3 AT29C512 的片选信号，地址范围：C000H ~ FFFFH

IORQ　输入输出端口译码信号，地址范围：0200H ~ 02FFH

IO1　输入口，地址范围：0300H ~ 03FFH

IO2　输出口，地址范围：0400H ~ 04FFH

上述地址译码较为复杂，使用低密度门的译码集成电路难以实现，采用 GAL16V8 器件进行上述地址译码较为简单。

GAL16V8 引脚排列重新定义如图 2-12 所示。

源文件如下：

GAL16V8

ADDRESS DECODER

May 1 2003

DESIGNERLiZhengJun

图 2-12　GAL16V8 地址译码电路

A8	A9	A10	A11	A12	A13	A14	A15	RDL	GND
WRL	CS1	CS2	CS3	IORQ	IO1	IO2	NC	NC	V_{CC}

（用 WRL 代替 $\overline{WR}$，用 RDL 代替 $\overline{RD}$）

$CS1 = A15 + A14 + /A13$

$CS2 = /A15 * A14 + A15 * /A14$

$CS3 = /A15 + /A14$

$IORQ = A15 + A14 + A13 + A12 + A11 + A10 + /A9 + A8$

$/IO1 = /A15 * /A14 * /A13/ * /A12 * /A11 * /A10 * A9 * A8 * /RDL$

$/IO2 = A15 * /A14 * /A13 * /A12 * /A11 * A10 * /A9 * A8 * /WRL$

DESCRIPTION

根据地址写出状态方程有很多种方法，下面介绍一种较直观的方法。

以 CS1 为例：

CS1 地址范围：2000H ~ 3FFFH

地址线 A15 ~ A0 对应状态如下：

A15	A14	A13	A12	A11	A10	A9	A8	A7	A6	A5	A4	A3	A2	A1	A0	地址
0	0	1	0	0	0	0	0	0	0	0	0	0	0	0	0	2000H
								⋮								⋮
0	0	1	1	1	1	1	1	1	1	1	1	1	1	1	1	3FFFH

固定　　　　　　　　　任意取值

CPU 的 16 位地址 A15 ~ A0 分为两部分：

- A15 A14 A13，高 3 位地址线固定为 001。
- A12 ~ A0，低 13 位地址线从 00000000000 ~ 1111111111 任意取值。

地址为固定的部分应参与译码，地址任意变化的部分不参与译码。由此得出，要使 CS1 为低电平，其状态方程为

$$CS1 = A15 + A14 + /A13$$

换句话说，也只有 A15 = 0、A14 = 0、A13 = 1 时，CS1 才为 0。

遵循上述原则，不难写出其他状态方程。

GAL 器件的应用相当广泛，可以构成译码器、优先级编码器、多路开关、比较器、移位寄存器、计数器、总线仲裁器等，具体使用可参阅有关资料。

2.3 I/O 接口电路的扩展技术

在计算机控制系统的设计中，采用 TTL 电路或 CMOS 电路锁存器、三态缓冲器等，可以构成各种类型的简单输入/输出口。这种 I/O 接口一般均通过数据总线扩展，具有电路简单、成本低、配置灵活方便等特点，因此在计算机控制系统的设计中得到广泛的应用。

2.3.1 用锁存器扩展简单的输出口

1. 常用的锁存器

常用的锁存器有 74HC74 双 D 正沿锁存器，74HC174 六 D 锁存器，74HC175 四 D 锁存器，74HC273、74HC373、74HC573 和 74HC574 八 D 锁存器。

2. 用锁存器扩展输出口实例

在用锁存器扩展输出口时，因背景机的存储空间配置不同，所用三总线中的控制信号也不同。

对于冯·诺依曼存储空间配置结构，由于有专门的输入输出指令，所用控制信号为专用输入输出写信号，如 $\overline{IOW}$。

对于哈佛与普林斯顿存储空间配置结构，由于没有专门的输入输出指令，I/O 端口被视为外部存储器的一个映像单元，所用控制信号为外部存储器写信号，如 $\overline{WR}$。

AT89S52 通过 74HC573 八 D 锁存器扩展 8 位并行输出口的接口电路如图 2-13 所示。

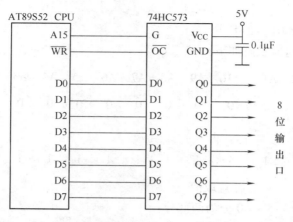

图 2-13　AT89S52 CPU 与 74HC573 的接口电路

在图 2-13 中，所用译码方式为线选译码方式，地址有重叠。当 A15 为高电平时，选通 74HC573，A14 ~ A0 低 16 位地址线未用，为无关位。A15 地址线为有关位，高电平有效，把无关位定义为低电平，因此，输出口地址为 8000H。

程序设计如下：

```
MOV     DPTR,#8000H    ;口地址送 DPTR
MOV     A,#55H         ;输出的 8 位数据 55H 送 A
MOVX    @DPTR,A        ;输出数据
```

2.3.2　用三态缓冲器扩展简单的输入口

1. 常用的三态缓冲器

常用的三态缓冲器有 74HC125 四总线缓冲器、74HC240 八反相缓冲器、74HC244 八缓冲器、74HC245 八总线收发器。

2. 用三态缓冲器扩展输入口实例

在用三态缓冲器扩展输入时，因背景机的存储空间不同，所用三总线中的控制信号也不同。

对于冯·诺依曼存储空间配置结构，所用控制信号为 $\overline{IOR}$。

对于哈佛和普林斯顿存储空间配置结构，所用控制信号为 $\overline{RD}$。

AT89S52 通过 74HC245 三态缓冲器扩展 8 位并行输入口的接口电路如图 2-14 所示。

在图 2-14 中，74HC32 为双输入或门电路，用于译码。将 74HC245 的方向控制端 DIR 接地，代表 B→A，口地址为 7FFFH。

程序设计如下：

```
MOV     DPTR,#7FFFH   ;口地址 7FFFH 送 DPTR
MOVX    A,@DPTR       ;读数据
```

采用 74HC245 扩展输入口，比用 74HC240、74HC244 布线方便。

用数据总线扩展 I/O 时，应确保两个方面：

① 输入口：只能用三态缓冲器，或具有三态输出的锁存器，否则，数据总线被争用。

② 输出口：只能用锁存器，否则，不能保留所输出的数据。二者绝不可互换使用。

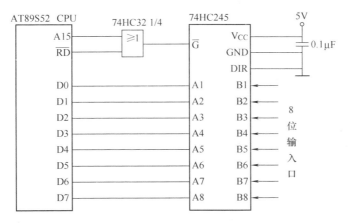

图 2-14　AT89S52 CPU 与 74HC245 的接口电路

2.3.3　用移位寄存器扩展 I/O 接口

MCS51 系列及其兼容单片微控制器和 MCS96 系列单片微控制器的串行口工作在方式 0 时，使用移位寄存器集成电路可以扩展一个或多个 8 位并行 I/O 接口。如果应用系统中不占用串行口，则可用来扩展并行 I/O 口，如果串行口已被占用，可用一般 I/O 端口进行信号模拟。这种扩展方法不会占用片外 RAM 地址，并节省硬件开销，但速度较慢。

1. 用移位寄存器扩展输入口

采用并入串出的 8 位移位寄存器 74HC165 扩展输入口。

采用 74HC165 扩展 8 位输入口的接口电路如图 2-15 所示。

2. 用移位寄存器扩展输出口

采用串入并出的 8 位移位寄存器 74HC164 扩展并行输出口。

采用 74HC164 扩展 8 位输出口的接口电路如图 2-16 所示。

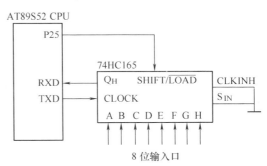

图 2-15　利用移位寄存器扩展输入口

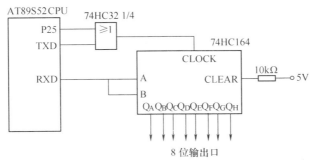

图 2-16　用移位寄存器扩展 8 位输出口

从图 2-16 可以看出：

P25 = 0，允许发送；

P25 =1，禁止发送。

程序从略。

3. 用带输出允许的移位寄存器扩展输出口

采用 74HC164 移位寄存器扩展输出口时，有一个不足，就是在执行完一次发送操作之前，Q_A、Q_B、$\cdots$、Q_H 输出端上的数据是变化的，这在某些场合是不允许的，比如驱动继电器动作，就不可以。

解决不足的办法是采用带有输出允许的移位寄存器（如 CD4094）。

采用 CD4094 扩展 8 位输出口的接口电路如图 2-17 所示。

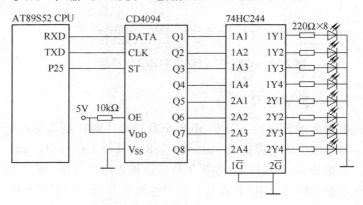

图 2-17　用 CD4094 扩展 8 位输出口

图 2-17 中用 CD4094 驱动八个发光二极管，为了提高驱动能力，采用了 74HC244 三态缓冲器，由 P25 控制 CD4094 的移位输出。

2.4　内部总线

在计算机控制系统的设计中，除选择一种微处理器、微控制器自行设计硬件系统或选用现有的智能仪表、DCS 等系统外，设计者还可以根据不同的需要，选择微型计算机系统（如 PC 或工控 PC），再配以 I/O 扩展板卡，即可构成硬件系统。I/O 扩展板卡是插在微型计算机系统中总线上的满足控制系统需要的电路板。工控 PC 采用的结构是无源底板，在无源底板上具有多个 ISA 或 PCI 总线插槽，CPU 板卡为 ALL-IN-ONE 结构，采用工业级电源及特制的机箱，可靠性高，可连续 24h 运行，又与一般 PC 兼容。

在计算机控制系统中，一般将总线分为内部总线和外部总线两部分。

内部总线是计算机内部各功能模板之间进行通信的通道，又称为系统总线，它是构成完整计算机系统的内部信息枢纽。由于 ISA 总线已淘汰，下面仅介绍比较流行的 PCI 总线及 PC104 总线。

2.4.1　PCI 总线

1. 概述

（1）PCI 总线版本

制订 PCI 总线的目标是建立一种工业标准的、低成本的、允许灵活配置的、高性能局部总线结构。它既为今天的系统建立一个新的性能价格比，又能适应将来 CPU 的特性，可以在多种平台和结构中应用。

PCI 局部总线是一种高性能、32 位或 64 位地址/数据线复用的总线，其作用是在高度集成的外设控制器器件、扩展板和处理器系统之间提供一种内部联接机制。

本节叙述的 PCI 总线规范为其 2.0 版的内容。PCI 总线 2.0 版包括 PCI 局部总线部件和扩展板的协议、电气、机械和配置规范。其中电气规范适用于 5.0V 和 3.3V 信号环境。

PCI 规范 1.0 版只提供了部件级的内联机制，已为 2.0 版替代。2.0 版中的设备设计规范保持了 1.0 版中的规范。

PCI 局部总线规范定义了 PCI 硬件环境。与 PCI SIG 小组联系，可获取关于 PCI 系统设计指南和 PCI BIOS 规范的更多信息资料，以及如何加入 PCI SIG，怎样得到更多资料。

（2）开发的动机

面向图形的操作系统（如 Windows 和 OS/2），已在标准 PC I/O 结构中的处理器和显示外设间产生了瓶颈。消除这个瓶颈要靠高带宽设备的外设功能打通对系统处理器的阻塞。当使用了局部总线这种设计后，在获得图形用户界面（GUI）和其他高带宽功能（如全动态视频、SCSI、LANS 等）的同时，许多性能都得到了提高。

采用局部总线设计所带来的好处已促进几种变型局部总线的实现。建立一种 I/O 系统总线的公开标准的好处已在 PC 业界显现出来。为了简化设计，降低成本，并增加局部总线及扩展板的选择余地，建立一种新的局部总线标准势在必行。

（3）PCI 总线应用

PCI 局部总线已形成工业标准被公布。它的高性能总线体系结构，满足了不同系统的需求，低成本的 PCI 总线构成的计算机系统，达到了新的性能价格比的水平。因此，PCI 总线被应用于多种平台和体系结构中，PCI 局部总线的多种应用如图 2-18 所示。

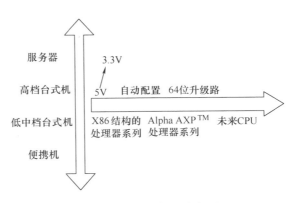

图 2-18 PCI 局部总线应用

由图 2-18 可知，PCI 总线的应用范围从便携机到服务器，但集中在高档台式机中。便携机使用 3.3V 电源供电，台式机也迅速从 5V 转向 3.3V。PCI 总线 3.3V 与 5V 供电方式的转换，为计算机系统设计提供了新的标准。

PCI 总线的组件、扩展板接口与处理器无关，在多处理器系统结构中，数据能够高效地在多个处理器之间传输。与处理器无关这一特性，使 PCI 总线具有最好的 I/O 功能，最大限度地使用各类 CPU/RAM 的局部总线操作系统，使用各类高档图形设备、各类高速外部设备，如 SCSI、FDDI、HDTV、3D 等。

PCI 总线特有的配置寄存器，为用户提供了方便。系统嵌入自动配置软件，在加电时自动配置 PCI 扩展卡，为用户提供了简单的使用方法。

（4）PCI 总线计算机系统

用 PCI 总线构建一计算机系统的结构框图，如图 2-2 所示。CPU/Cache/DRAM 通过一个 PCI 桥连接。外设板卡，如 SCSI 卡、网络卡、声卡、视频卡、图像处理卡等高速外设，挂接在 PCI 总线上。基本 I/O 设备，或一些兼容 ISA 总线的外设，挂接在 ISA 总线上。ISA 总线与 PCI 总线之间由扩展总线桥连接。典型的 PCI 总线一般仅支持 3 个 PCI 总线负载，由于特殊环境需要，专门的工业 PCI 总线可以支持多于 3 个 PCI 总线的负载。外插板卡可以是 3.3V 或 5V，两者不可通用。3.3V、5V 的通用板是专门设计的。在图 2-19 所示系统中，PCI 总线与 ISA 总线，或者 PCI 总线和 EISA 总线，PCI 总线和 MCA 总线是并存在同一系统中，使在总线换代时间里，各类外设产品有一个过渡期。不久，仅有 PCI 总线的计算机系统将会出现。

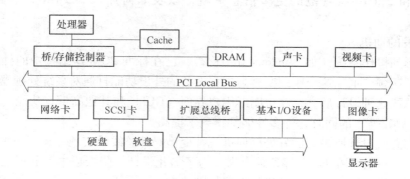

图 2-19 PCI 计算机系统框图

2. PCI 引脚

为了管理数据和寻址、接口控制、仲裁以及系统运行，PCI 接口对单个目标设备需要至少 47 个引脚，对主控设备最少需要 49 个引脚。引脚的说明可参考有关资料。

2.4.2 PC104 总线

PC104 是一种专门为嵌入式控制而定义的工业控制总线，是 ISA（IEEE996）标准的延伸。PC104 有两个版本：8 位和 16 位，分别与 PC 和 PC/AT 总线相对应。IEEE 协会将 PC104 定义为 IEEE-P996.1，其实际上就是一种紧凑型的 IEEE-P996。它的信号定义和 PC/AT 基本一致，但电气和机械规范完全不同，是一种优化的、小型的、堆栈式结构的嵌入式控制系统。它与普通 PC 总线控制系统的主要不同如下：

① 小尺寸结构：标准模块的机械尺寸是 3.6ft×3.8ft，即 96mm×90mm。

② 堆栈式连接：PC104 总线模块之间总线的连接是通过上层的针和下层的孔相互咬合相连，有极好的抗振性。

③ 低功耗：一般 4mA 总线驱动即可使模块正常工作，典型模块的功耗为 1~2W。

PC104 的模块通常有 CPU 模块、数字 I/O 模块、模拟量采集模块、网络模块等功能模块，这些模块可以连接在一起，各模块之间连接紧固，不易松动，更适合在强烈振动的恶劣环境下工作。PC104 模块一般支持嵌入式操作系统，如 Linux、Windows CE 等嵌入式操作系统。

目前生产 PC104 卡或模块的公司有研华、研祥、磐仪等公司，其中，研华 PC104 主板 PCM-3343 如图 2-20 所示。

研华 PCM-3343 主板包含 4 个 USB2.0 接口、2个音频接口、4 个串口、1 个 PC104 接口、1 个百兆网口、1 个 24bitLVDS 接口、1 个 TTL LCD 接口，支持的操作系统有 Windows XP，Linux 等。

另外还有 PC104plus 总线，它为单列三排 120 个总线引脚，有效信号和控制线与 PCI 总线完全兼容。

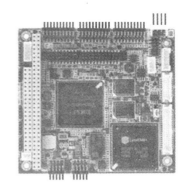

图 2-20　研华 PC104 主板 PCM-3343

2.5　外部总线

外部总线主要用于计算机系统与系统之间或计算机系统与外部设备之间的通信。外部总线又分为两类：一类是各位之间并行传输的并行总线，如 IEEE-488；另一类是各位之间串行传输的串行总线，如 USB、RS-232C、RS-485 等。

2.5.1　IEEE-488 总线

1. IEEE-488 总线概述

IEEE-488 是美国惠普（Hewlett-Packard，HP）公司 1970 年开发的测量仪器接口总线，命名为惠普 HP-IB。IEEE 以惠普 HP-IB 为基础，制定了 IEEE-488 标准接口总线（General Purpose Interface Bus，GP-IB）。各类外设，如打印机、绘图仪、磁盘驱动器、数字转换器、电压表、电源、信号发生器等都可以使用这种总线。

IEEE-488 总线上连接的设备有三种：控者、讲者和听者，它们之间用一条 24 线的无源电缆互连，如图 2-21 所示。

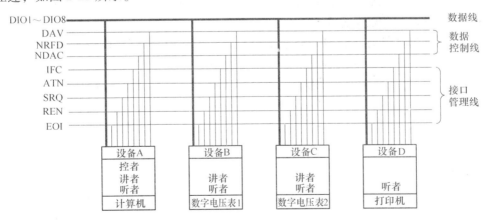

图 2-21　IEEE-488 总线的连接

总线上的设备有三种工作方式：

- "受话"方式（听者）：从数据总线上接收数据，同一时刻允许有几个听者同时工作，计算机、打印机、绘图仪等都可作为受话者。

- "送话"方式（讲者）：向数据总线发送数据，一个系统可以有多个送话者，但每一时刻只允许一个送话者工作，磁带机、数字电压表、频谱分析仪和微型计算机等都可作为送话者。
- "控制"方式（控者）：控制总线上的其他设备，例如对其他设备寻址，允许送话者使用总线等，控者通常由微型计算机担任。一个系统可以有不止一个控者，但每一时刻只允许一个工作。

IEEE-488 总线各引线定义见表 2-3。

表 2-3　IEEE-488 总线的引线分配

引　线	名　称	说　明	引　线	名　称	说　明
1	DIO1	数据输入/输出	13	DIO5	数据输入/输出
2	DIO2		14	DIO6	
3	DIO3		15	DIO7	
4	DIO4		16	DIO8	
5	EOI	结束或识别	17	REN	远程选择
6	DAV	数据有效	18	GND	地
7	NRFD	未准备好接收数据	19	GND	
8	NDAC	未接收完数据	20	GND	
9	IFC	接口清除	21	GND	
10	SRQ	服务请求	22	GND	
11	ATN	注意	23	GND	
12	GND	屏蔽地	24	GND	

不论何时，总线上只能有一个控者工作，这个控者选择讲者和听者，让讲者与听者进行通信。每一时刻也只能有一个讲者在工作，却可以有许多个听者同时收听，其数据传送速率受动作最慢的听者控制。一种设备可以具备几种工作方式的功能，但不一定要包括所有的功能。

2. IEEE-488 总线的信号分配

IEEE-488 总线电缆是一条 24 线的无源电缆线，包括 16 根信号线和 8 根地线。其中 16 根信号线分成三组：8 根双向数据总线、3 根数据字节传送控制总线和 5 根接口管理总线，均为低电平有效。总线传输方式是按位并行、字节串行、三线握手、双向异步。

满足 IEEE-488 总线标准的接口芯片有 MC68488、8291A 等。

需要说明的是，随着微处理器技术与数据通信技术的迅速发展，串行通信已越来越多地用在计算机控制系统中。相比之下，IEEE-488 等并行总线的应用范围则小些。

2.5.2　USB 接口

1. USB 接口的定义

USB（Universal Serial Bus）即通用串行总线，是连接计算机系统与外部设备的一种串口总线标准，也是一种输入输出接口的技术规范。USB 总线接口从 USB1.0、USB1.1、USB2.0 发展到现在的最新版本 USB3.0，在发展过程中新旧版本都保持着良好的兼容性，这也是 USB 迅速发展成为计算机标准扩展接口的重要原因。目前，Windows 系统自带 USB 驱动程序以识别 USB 外部设备，使用起来非常方便。

USB 不同版本的主要区别在最大传输速率上，目前最常用的是 USB2.0 和超高速 USB3.0。下面以 USB2.0 A 型插头为例，介绍其引脚功能。USB2.0 A 型插座和插头示意图如图 2-22 所示。

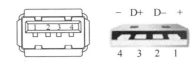

图 2-22　USB2.0 A 型插座和插头示意图

各引脚功能介绍如下：

VBUS：引脚 1，为 USB 接口的 5V 电源。

D−：引脚 2，为 USB 差分负信号数据线。

D+：引脚 3，为 USB 差分正信号数据线。

GND：引脚 4，为 USB 接口的地线。

2. USB 接口的特点

USB 接口具有以下特点：

① 可热插拔。用户可以在计算机正常工作的情况下任意连接或断开 USB 设备。

② 高速串行数据通信。USB 总线接口通信采用的是串行通信的方式，具有高速传输能力。其中 USB2.0 采用的是半双工通信方式，而 USB3.0 采用的是全双工通信方式，大大加快了传输速度。

③ 数据传输模式多样。USB 接口支持 4 种传输模式：控制传输、中断传输、同步传输和块传输。不同的 USB 设备可根据自身特点选择不同的传输模式。

④ 连接灵活。一个 USB 控制器理论上可以连接多达 127 个外设。

3. USB 接口的应用

随着计算机技术的不断发展，新的计算机外设大量涌现，USB 接口以其显著的优势迅速在计算机接口领域占据了主导地位。目前 USB 接口已成为台式机、笔记本电脑、平板电脑的标准接口，并且越来越多的外部设备采用了 USB 接口，例如鼠标、键盘、打印机、数字电视、U 盘、移动硬盘、手机、数据采集卡等。

2.5.3　串行通信基础

在串行通信中，参与通信的两台或多台设备通常共享一条物理通路。发送者依次逐位发送一串数据信号，按一定的约定规则为接收者所接收。由于串行端口通常只是规定了物理层的接口规范，所以为确保每次传送的数据报文能准确到达目的地，使每一个接收者能够接收到所有发向它的数据，必须在通信连接上采取相应的措施。

1. 串行异步通信数据格式

无论是 RS-232 还是 RS-485，均可采用串行异步收发数据格式。

串行异步收发（UART）通信的数据格式如图 2-23 所示。

若通信线上无数据发送，该线路应处于逻辑 1 状态（高电平）。当计算机向外发送一个字符数据时，应先送出起始位（逻辑 0，低电平），随后紧跟着数据位，这些数据构成要发送的字符信息。有效数据位的个数可以规

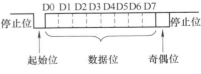

图 2-23　串行异步通信数据格式

定为 5、6、7 或 8。奇偶校验位视需要设定，紧跟其后的是停止位（逻辑 1，高电平），其位数可在 1、1.5、2 中选择其一。

2. 连接握手

连接握手过程是指发送者在发送一个数据块之前使用一个特定的握手信号来引起接收者的注意，表明要发送数据，接收者则通过握手信号回应发送者，说明它已经做好了接收数据的准备。

连接握手可以通过软件，也可以通过硬件来实现。

3. 确认

接收者为表明数据已经收到而向发送者回复信息的过程称为确认。

确认报文可以是一个特别定义过的字节，例如一个标识接收者的数值。发送者收到确认报文就可以认为数据传输过程正常结束。如果发送者没有收到所希望回复的确认报文，它就认为通信出现了问题，然后将采取重发或者其他行动。

4. 差错检验

数据通信中的接收者可以通过差错检验来判断所接收的数据是否正确。冗余数据校验、奇偶校验、校验和、循环冗余校验等都是串行通信中常用的差错检验方法。

（1）冗余数据校验

发送冗余数据是实行差错检验的一种简单办法。发送者对每条报文都发送两次，由接收者根据这两次收到的数据是否一致来判断本次通信的有效性。

（2）奇偶校验

串行通信中经常采用奇偶校验来进行错误检查。校验位可以按奇数位校验，也可以按偶数位校验。

（3）校验和

另一种差错检验的方法是在通信数据中加入一个差错检验字节。对一条报文中的所有字节进行数学或者逻辑运算，计算出校验和。将校验和形成的差错检验字节作为该报文的组成部分。接收端对收到的数据重复这样的计算，如果得到了一个不同的结果，就判定通信过程发生了差错，说明它接收到的数据与发送数据不一致。

2.5.4 RS-232C 串行通信接口

1. RS-232C 端子

RS-232C 的连接插头早期用 25 针 EIA 连接插头座，现在用 9 针的 EIA 连接插头座，其主要端子分配见表 2-4。

表 2-4 RS-232C 主要端子

端 脚		方 向	符 号	功 能
25 针	9 针			
2	3	输出	TXD	发送数据
3	2	输入	RXD	接收数据
4	7	输出	RTS	请求发送
5	8	输入	CTS	为发送清零
6	6	输入	DSR	数据设备准备好
7	5		GND	信号地
8	1	输入	DCD	
20	4	输出	DTR	数据信号检测
22	9	输入	RI	

（1）信号含义

① 从计算机到 MODEM 的信号。

DTR——数据终端（DTE）准备好：告诉 MODEM 计算机已接通电源，并准备好。

RTS——请求发送：告诉 MODEM 现在要发送数据。

② 从 MODEM 到计算机的信号。

DSR——数据设备（DCE）准备好：告诉计算机 MODEM 已接通电源，并准备好了。

CTS——为发送清零：告诉计算机 MODEM 已做好了接收数据的准备。

DCD——数据信号检测：告诉计算机 MODEM 已与对端的 MODEM 建立连接了。

RI——振铃指示器：告诉计算机对端电话已在振铃了。

③ 数据信号。

TXD——发送数据。

RXD——接收数据。

（2）电气特性

RS-232C 的电气线路连接方式如图 2-24 所示。

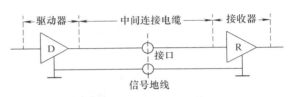

图 2-24　RS-232C 的电气连接

接口为非平衡型，每个信号用一根导线，所有信号回路共用一根地线。信号速率限于 20kbit/s 内，电缆长度限于 15m 之内。由于是单线，线间干扰较大。其电性能用 ±12V 标准脉冲。值得注意的是 RS-232C 采用负逻辑。

在数据线上：传号 Mark = -15 ~ -5V，逻辑"1"电平；

空号 Space = 5 ~15V，逻辑"0"电平。

在控制线上：通 On = 5 ~15V，逻辑"0"电平；

断 Off = -15 ~ -5V，逻辑"1"电平。

RS-232C 的逻辑电平与 TTL 电平不兼容，为了与 TTL 器件相连必须进行电平转换。

由于 RS-232C 采用电平传输，在通信速率为 19.2kbit/s 时，其通信距离只有 15m。若要延长通信距离，必须以降低通信速率为代价。

2. 通信接口的连接

当两台计算机经 RS-232C 口直接通信时，两台计算机之间的联络线可用图 2-25 和图 2-26 表示。虽然不接 MODEM，图中仍连接着有关的 MODEM 信号线，这是由于 INT 14H 中断使用这些信号，假如程序中没有调用 INT 14H，在自编程序中也没有用到 MO-DEM 的有关信号，两台计算机直接通信时，只连接 2、3、7（25 针 EIA）或 3、2、5（9 针 EIA）就可以了。

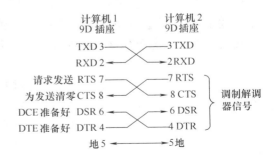

图 2-25　使用 MODEM 信号的 RS-232C 接口

3. RS-232C 电平转换器

为了实现采用 5V 供电的 TTL 和 CMOS 通信接口电路能与 RS-232C 标准接口连接，必须进行串行口的输入/输出信号的电平转换。

目前常用的电平转换器有 MOTOROLA 公司生产的 MC1488 驱动器、MC1489 接收器、TI 公司的 SN75188 驱动器、SN75189 接收器及美国 MAXIM 公司生产的单一 5V 电源供电、多路 RS-232 驱动器/接收器，如 MAX232A 等。

MAX232A 内部具有双充电泵电压变换器，把 5V 变换成 ±10V，作为驱动器的电源，具有两路发送器及两路接收器，使用相当方便。引脚如图 2-27 所示，典型应用如图 2-28 所示。

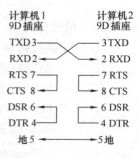

图 2-26　不使用 MODEM 信号的 RS-232C 接口

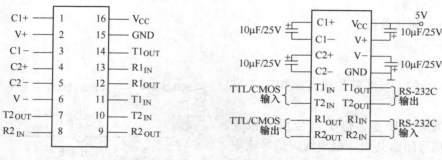

图 2-27　MAX232A 引脚图　　　　图 2-28　MAX232A 典型应用

单一 5V 电源供电的 RS-232C 电平转换器还有 TL232、ICL232 等。

2.5.5　RS-485 串行通信接口

由于 RS-232C 通信距离较近，当传输距离较远时，可采用 RS-485 串行通信接口。

1. RS-485 接口标准

RS-485 接口采用二线差分平衡传输，其信号定义如下。

当采用 5V 电源供电时：

- 若差分电压信号在 −2500 ~ −200mV 之间，为逻辑 "0"。
- 若差分电压信号在 200 ~ 2500mV 之间，为逻辑 "1"。
- 若差分电压信号在 −200 ~ 200mV 之间，为高阻状态。

RS-485 的差分平衡电路如图 2-29 所示。其一根导线上的电压是另一根导线上的电压值取反。接收器的输入电压为这两根导线电压的差值 $V_A - V_B$。

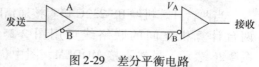

图 2-29　差分平衡电路

RS-485 实际上是 RS-422 的变型。RS-422 采用两对差分平衡线路；而 RS-485 只用一对。差分电路的最大优点是抑制噪声。由于在它的两根信号线上传递着大小相同、方向相反的电流，而噪声电压往往在两根导线上同时出现，一根导线上出现的噪声电压会被另一根导线上出现的噪声电压抵消，因而可以极大地削弱噪声对信号的影响。

差分电路的另一个优点是不受节点间接地电平差异的影响。

RS-485 价格比较便宜，能够很方便地添加到一个系统中，还支持比 RS-232 更长的距离、更快的速度以及更多的节点。

RS-485 更适用于多台计算机或带微控制器的设备之间的远距离数据通信。

应该指出的是，RS-485 标准没有规定连接器、信号功能和引脚分配。要保持两根信号线相邻，两根差动导线应该位于同一根双绞线内。引脚 A 与引脚 B 不要调换。

2. RS-485 收发器

RS-485 收发器种类较多，如 MAXIM 公司的 MAX485，TI 公司的 SN75LBC184、SN65LBC184，高速型 SN65ALS1176 等。它们的引脚是完全兼容的，其中 SN65ALS1176 主要用于高速应用场合，如 PROFIBUS-DP 现场总线等。下面仅介绍 SN75LBC184。

SN75LBC184 为具有瞬变电压抑制的差分收发器，SN75LBC184 为商业级，其工业级产品为 SN65LBC184。引脚如图 2-30 所示。

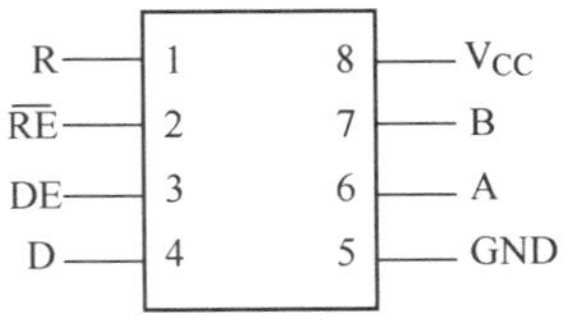

引脚介绍如下：

R：接收端。

$\overline{RE}$：接收使能，低电平有效。

DE：发送使能，高电平有效。

D：发送端。

A：差分正输入端。

B：差分负输入端。

V_{CC}：5V 电源。

GND：地。

图 2-30 SN75LBC184 引脚图

3. 应用电路

RS-485 应用电路如图 2-31 所示。

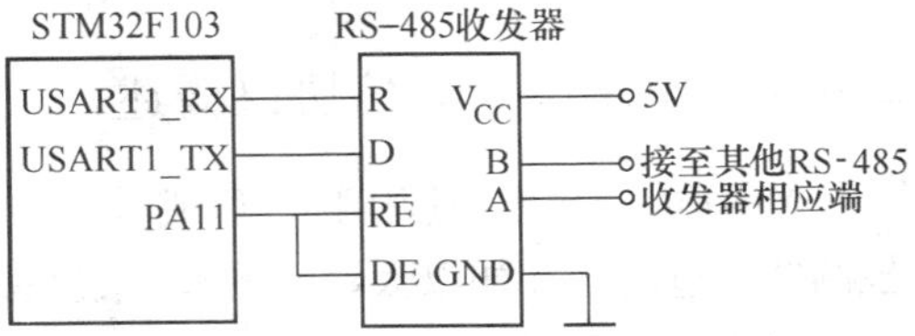

在图 2-31 中，RS-485 收发器可为 SN75LBC184、SN65LBC184、MAX485 等。当 PA11 为低电平时，接收数据；当 PA11 为高电平时，发送数据。

如果采用 RS-485 组成总线拓扑结构的分布式控制系统，在双绞线终端应接 120Ω 的电阻。

图 2-31 RS-485 应用电路

4. RS-485 网络互联

利用 RS-485 接口可以使一个或者多个信号发送器与接收器互联，在多台计算机或带微控制器的设备之间实现远距离数据通信，形成分布式测控网络系统。

在大多数应用条件下，RS-485 的端口连接都采用半双工通信方式。有多个驱动器和接收器共享一条信号通路。图 2-32 为 RS-485 端口半双工连接的电路图。其中 RS-485 差动总线收发器采用 SN75LBC184。

图 2-32 中的两个 120Ω 电阻是作为总线的终端电阻存在的。当终端电阻等于电缆的特征阻抗时，可以削弱甚至消除信号的反射。

特征阻抗是导线的特征参数，它的数值随着导线的直径、在电缆中与其他导线的相对距离以及导线的绝缘类型而变化。特征阻抗值与导线的长度无关，一般双绞线的特征阻抗为 100～150Ω。

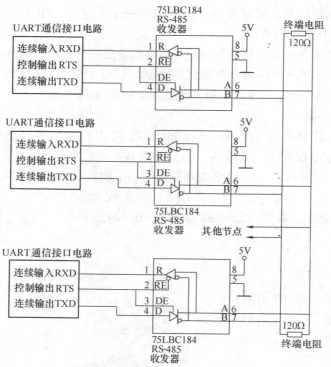

图 2-32 RS-485 端口的半双工连接

RS-232C 和 RS-485 之间的转换可采用相应的 RS-232/RS-485 转换模块。

2.6 MODBUS 通信协议

2.6.1 MODBUS 通信协议概述

MODBUS 协议是应用于 PLC 或其他控制器上的一种通用语言。通过此协议，控制器之间、控制器通过网络（如以太网）和其他设备之间可以实现串行通信。该协议已经成为通用工业标准。采用 MODBUS 协议，不同厂商生产的控制设备可以互连成工业网络，实现集中监控。

此协议定义了一个控制器能识别使用的消息结构，而不管它们是经过何种网络进行通信的。它描述了控制器请求访问其他设备的过程，如何响应来自其他设备的请求，以及怎样侦测错误并记录。它制定了消息域格式和内容的公共格式。

当在 MODBUS 网络上通信时，此协议要求每个控制器必须知道它们的设备地址，识别按地址发来的消息，决定要产生何种动作。如果需要响应，控制器将生成反馈信息并用 MODBUS 协议发出。在其他网络上，包含了 MODBUS 协议的消息转换为在此网络上使用的帧或包结构，这种转换也扩展了根据具体的网络解决节点地址、路由路径及错误检测的方法。

1. MODBUS 网络上传输

标准的 MODBUS 接口使用 RS-232C 和 RS-485 串行接口，它定义了连接器的引脚、电缆、信号位、传输波特率、奇偶校验。控制器能直接或通过调制解调器组网。

控制器通信使用主-从技术，即仅某一设备（主设备）能主动传输（查询），其他设备

（从设备）根据主设备查询提供的数据做出响应。典型的主设备有主机和可编程仪表。典型的从设备为可编程序控制器。

主设备可单独和从设备通信，也能以广播方式和所有从设备通信。如果单独通信，从设备返回一消息作为响应，如果是以广播方式查询的，则不做任何响应。MODBUS 协议建立了主设备查询的格式：设备（或广播）地址、功能代码、所有要发送的数据、一个错误检测域。

从设备响应消息也由 MODBUS 协议构成，包括确认要动作的域、任何要返回的数据和一个错误检测域。如果在消息接收过程中发生一错误，或从设备不能执行其命令，从设备将建立一错误消息并把它作为响应发送出去。

2. 其他类型网络上传输

在其他网络上，控制器使用"对等"技术通信，任何控制器都能初始化和其他控制器的通信。这样在单独的通信过程中，控制器既可作主设备也可作从设备。

2.6.2 两种传输方式

控制器能设置为两种传输模式（ASCII 或 RTU）中的任何一种在标准的 MODBUS 网络通信。用户选择想要的模式，包括串口通信参数（波特率、校验方式等），在配置每个控制器的时候，在一个 MODBUS 网络上的所有设备都必须选择相同的传输模式和串口参数。

RTU 模式如图 2-33 所示。

所选的 ASCII 或 RTU 方式仅适用于标准的 MODBUS 网络，它定义了在这些网络上连续传输的消息段的每一位，以及决定怎样将信息打包成消息域和如何解码。

| 地址 | 功能代码 | 数据长度 | 数据1 | … | 数据n | CRC高字节 | CRC低字节 |

图 2-33 RTU 模式

当控制器设置为在 MODBUS 网络上以 RTU（远程终端单元）模式通信时，消息中的每个 8bit 字节包含两个 4bit 的十六进制字符。这种方式的主要优点是：在同样的波特率下，可比 ASCII 方式传送更多的数据。

代码系统：　　　8 位二进制，十六进制数 0~9，A~F；

　　　　　　　　消息中的每个 8 位域都由两个十六进制字符组成。

每个字节的位：1 个起始位；

　　　　　　　　8 个数据位，最低有效位先发送；

　　　　　　　　1 个奇偶校验位，无校验则无；

　　　　　　　　1 个停止位（有校验时），2 个 bit（无校验时）。

错误检测域：　　CRC（循环冗余检测）。

2.6.3 MODBUS 消息帧

两种传输模式中（ASCII 或 RTU），传输设备可以将 MODBUS 消息转为有起点和终点的帧，这就允许接收的设备在消息起始处开始工作，读地址分配信息，判断哪一个设备被选中（广播方式则传给所有设备），判知何时信息已完成。部分的消息也能被侦测到，并且能将错误设置为返回结果。

使用 RTU 模式，消息发送至少要以 3.5 个字符时间的停顿间隔开始。在网络波特率下

设置多个字符时间（比如图 2-34 中的 T1-
T2-T3-T4），这是最容易实现的。传输的
第一个域是设备地址，可以使用的传输字
符是十六进制的 0 ~ 9、A ~ F。网络设备
不断侦测网络总线，包括停顿间隔时间。

起始位	设备地址	功能代码	数据	CRC校验	结束符
T1-T2-T3-T4	8bit	8bit	n个8bit	16bit	T1-T2-T3-T4

图 2-34　RTU 消息帧

当第一个域（地址域）接收到时，每个设备都进行解码以判断是否是发给自己的。在最后
一个传输字符之后，一个至少 3.5 个字符时间的停顿标注了消息的结束，一个新的消息可在
此停顿后开始。

　　整个消息帧必须作为一连续的流传输。如果在帧完成之前有超过 1.5 个字符的停顿时
间，接收设备将刷新不完整的消息并假定下一字节是一个新消息的地址域。同样地，如果一
个新消息在小于 3.5 个字符时间内接着前一消息开始，接收的设备将认为它是前一消息的
延续。这将导致一个错误，因为在最后的 CRC 域的值不可能是正确的。一个典型的消息帧
如图 2-34 所示。

1. 地址域

　　消息帧的地址域包含两个字符（ASCII）或 8bit（RTU）。允许的从设备地址是 0 ~ 247
（十进制）。单个从设备的地址范围是 1 ~ 247。主设备通过将从设备的地址放入消息中的地
址域来选通从设备。当从设备发送响应消息时，它把自己的地址放入响应的地址域中，以便
主设备知道是哪一个设备做出的响应。

　　地址 0 用作广播地址，以使所有的从设备都能识别。

2. 功能域

　　消息帧中的功能代码域包含了两个字符（ASCII）或 8bit（RTU）。允许的代码范围是十
进制的 1 ~ 255。当然，有些代码是适用于所有控制器的，有些只适用于某种控制器，还有
些保留以备后用。

　　当消息从主设备发往从设备时，功能代码域将告知从设备需要执行哪些动作。例如去读
取输入的开关状态，读一组寄存器的数据内容，读从设备的诊断状态，允许调入、记录、校
验在从设备中的程序等。

3. 数据域

　　数据域是由两位十六进制数构成的，范围为 00H ~ FFH。根据网络传输模式，这可以是
由一对 ASCII 字符组成或由一 RTU 字符组成的。

4. 错误检测域

　　标准的 MODBUS 网络有两种错误检测方法，错误检测域的内容与所选的传输模式有关。

（1）ASCII

　　当选用 ASCII 模式作字符帧时，错误检测域包含两个 ASCII 字符。这是使用 LRC（纵向
冗余检测）方法对消息内容计算得出的，不包括开始的冒号符及回车换行符。

（2）RTU

　　当选用 RTU 模式作字符帧时，错误检测域包含一 16bit 值（用两个 8 位的字符来实现）。
错误检测域的内容是通过对消息内容进行循环冗余检测方法得出的。CRC 域附加在消息的
最后，添加时先是低字节然后是高字节。故 CRC 的高位字节是发送消息的最后一个字节。

5. 字符的连续传输

当消息在标准的 MODBUS 系列网络上传输时，每个字符或字节以从左到右（最低有效位～最高有效位）的方式发送。

2.6.4 错误检测方法

标准的 MODBUS 串行网络采用两种错误检测方法。奇偶校验对每个字符都可用，帧检测（LRC 或 CRC）应用于整个消息。它们都是在消息发送前由主设备产生的，从设备在接收过程中检测每个字符和整个消息帧。

使用 RTU 模式，消息包括了一基于 CRC 方法的错误检测域。CRC 域检测整个消息的内容。

CRC 域是两个字节，包含一个 16 位的二进制数。它由传输设备计算后加入到消息中。接收设备重新计算收到消息的 CRC，并与接收到的 CRC 域中的值比较，如果两值不同，则有错误。

CRC 添加到消息中时，低字节先加入，然后加入高字节。

2.6.5 MODBUS 的编程方法

由 RTU 模式消息帧格式可以看出，在完整的一帧消息开始传输时，必须和上一帧消息之间至少有 3.5 个字符时间的间隔，这样接收方在接收时才能将该帧作为一个新的数据帧接收。另外，在本数据帧进行传输时，帧中传输的每个字符之间必须不能超过 1.5 个字符时间的间隔，否则，本帧将被视为无效帧，但接收方将继续等待和判断下一次 3.5 个字符的时间间隔之后出现的新一帧并进行相应的处理。

习 题

1. 微处理器与微控制器有哪几种存储空间配置结构？
2. 什么是 PLD 器件？
3. 什么是边界扫描技术？
4. PLD 译码电路设计。

使用 GAL16V8 对冯·诺依曼结构的 CPU 的地址线 A15～A0 及 $\overline{MEMR}$、$\overline{MEMW}$、$\overline{IOR}$、$\overline{IOW}$ 控制线进行译码，地址要求如下（低电平有效）：

F0：0000H～3FFFH

F1：8F00H～8FFFH

F2：F800H～F87FH（输入口）

F3：FF00H～FF7FH（输出口）

（1）画出 GAL16V8 译码配置电路图。

（2）写出 GAL16V8 的状态方程（采用 Fast-Map 汇编格式）。

5. 扩展 I/O 接口电路应注意什么？
6. 什么是 PCI 总线？
7. 什么是 PC104 总线？
8. RS-232 和 RS-485 串行通信接口有什么不同？
9. 什么是 MODBUS 通信协议？简述 MODBUS-RTU 传输方式。

第3章　HMI 与打印机接口技术

在计算机控制系统中，为了实现人机对话或某种操作，需要借助人机接口（Human Machine Interface，HMI；或 Man Machine Interface，MMI），通过设计一个过程运行操作台（或操作面板）来实现。由于生产过程各异，要求管理和控制的内容也不尽相同，所以操作台（面板）一般由用户根据工艺要求自行设计。

操作台（面板）的主要功能如下：
- 输入和修改源程序。
- 显示和打印中间结果及采集参数。
- 对某些参数进行声光报警。
- 启动和停止系统的运行。
- 选择工作方式，如自动/手动（A/M）切换。
- 各种功能键的操作。
- 显示生产工艺流程。

为了完成上述功能，操作台一般由数字键、功能键、开关、显示器和各种输入输出设备组成。

键盘是计算机控制系统中不可缺少的输入设备，它是人机对话的纽带，它能实现向计算机输入数据、传送命令。

3.1　独立式键盘接口设计

3.1.1　键盘的特点及确认

1. 键盘的特点

键盘实际上是一组按键开关的组合。通常，按键所用开关为机械弹性开关，均利用了机械触点的合、断作用。一个按键开关通过机械触点的断开、闭合过程的波形如图 3-1 所示。由于机械触点的弹性作用，一个按键开关在闭合时不会马上稳定地接通，在断开时也不会一下子断开。因而在闭合与断开的瞬间均伴

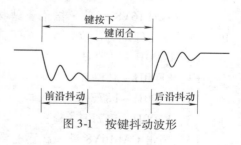

图 3-1　按键抖动波形

随着有一连串的抖动，抖动时间的长短由按键的机械特性决定，一般为 5～10ms。

按键的稳定闭合期长短则是由操作人员的按键动作决定的，一般为零点几秒到几秒的时间。

2. 按键的确认

一个按键的电路如图 3-2 所示。当按键 S 按下时，$V_A = 0$，为低电平；当按键 S 未按下时，$V_A = 1$，为高电平。反之，当 $V_A = 0$ 时，表示按键 S 按下；当 $V_A = 1$ 时，表示按键 S 未

按下。

键的闭合与否，反应在电压上就是呈现出高电平或低电平，如果高电平表示断开的话，那么低电平则表示闭合，所以对通过电平的高低状态的检测，便可确认按键按下与否。

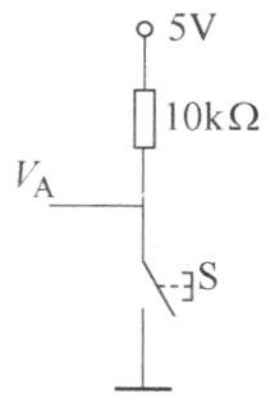

3. 消除按键的抖动

消除按键抖动的方法有两种：硬件方法和软件方法。

（1）硬件方法

采用 RC 滤波消抖电路或 RS 双稳态消抖电路。

（2）软件方法

如果按键较多，硬件消抖将无法胜任，因此，常采用软件的方法进行消抖。第一次检测到有键按下时，执行一段延时 10ms 的子程序后，再确认该键电平是否仍保持闭合状态电平，如果保持闭合状态电平则确认为真正有键按下，从而消除了抖动的影响，但此种方法占用 CPU 的时间。

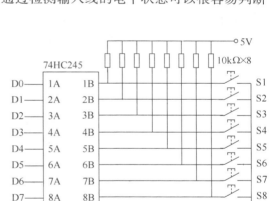

图 3-2 按键电路

3.1.2 独立式按键扩展实例

独立式按键就是各按键相互独立，每个按键各接一根输入线，一根输入线上的按键工作状态不会影响其他输入线上的工作状态。因此，通过检测输入线的电平状态可以很容易判断哪个按键被按下了。

独立式按键电路配置灵活，软件结构简单。但每个按键需占用一根输入口线，在按键数量较多时，输入口浪费大，电路结构显得很复杂，故此种键盘适用于按键较少或操作速度较高的场合。下面介绍 1 种独立式按键的接口。

采用 74HC245 三态缓冲器扩展独立式按键的电路如图 3-3 所示。

在图 3-3 中，KEYCS 为读键值口地址。按键 S1～S8 的键值为 00H～07H，如果这八个按键均为功能键，为简化程序设计，可采用散转程序设计方法。

图 3-3 采用 74HC245 扩展独立式按键

3.2 矩阵式键盘接口设计

矩阵式键盘适用于按键数量较多的场合，它由行线和列线组成，按键位于行、列的交叉点上。如图 3-4 所示，一个 4×4 的行、列结构可以构成一个含有 16 个按键的键盘。很明显，在按键数量较多的场合，矩阵式键盘与独立式按键键盘相比，要节省很多的 I/O 口。

3.2.1 矩阵式键盘的工作原理

按键设置在行、列线交点上，行、列线分别连接到按键开关的两端，行线通过上拉电阻接到 5V 上。平时无按键动作时，行线处于高电平状态，而当有按键按下时，行线电平状态将由与此行线相连的列线电平决定。列线电平如果为低，则行线电平为低；列线电平如果为高，则行线电平亦为高。这一点是识别矩阵式键盘按键是否被按下的关键所在。由于矩阵式键盘中行、列线为多键共用，各按键均影响该键所在行和列的电平。因此各按键彼此将相互发生影响，所以必须将行、列线信号配合起来并做适当的处理，才能正确地确定闭合键的位置。

3.2.2 按键的识别方法

矩阵式键盘结构如图 3-4 所示。

矩阵式键盘按键的识别方法，分两步进行：

第一步，识别键盘有无键被按下。

第二步，如果有键被按下，识别出具体的按键。

识别键盘有无键被按下的方法是：让所有行线均置为零电平，检查各列线电平是否有变化，如果有变化，则说明有键被按下，如果没有变化，则说明无键被按下。（实际编程时应考虑按键抖动的影响，通常总是采用软件延时的方法进行消抖处理。）

识别具体按键的方法（亦称之为扫描法）是：逐行置零电平，其余各行置为高电平，检查各列线电平的变化，如某列电平由高电平变为零电平，则可确定此行此列交叉点处的按键被按下。

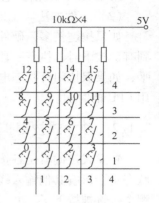

图 3-4　矩阵式键盘结构

3.2.3 键盘的编码

对于独立式按键键盘，由于按键的数目较少，可根据实际需要灵活编码。对于矩阵式键盘，按键的位置由行号和列号唯一确定，所以分别对行号和列号进行二进制编码，然后将两值合成一个字符，高 4 位是行号，低 4 位是列号，这将是非常直观的。

无论以何种方式编码，均应以处理问题方便为原则，而最基本的是键所处的物理位置即行号和列号，它是各种编码之间相互转换的基础，编码相互转换可通过查表的方法实现。

3.3　旋转编码器接口设计

3.3.1 旋转编码器的工作原理

旋转编码器是一种将轴的机械转角转换成数字或模拟电信号输出的传感器件，按照工作原理可分为增量式和绝对式两类。

下面以 ALPS 公司的 EC11J152540K 型旋转编码器为例进行介绍，其外形如图 3-5 所示。

该旋转编码器为双路输出的增量式旋转编码器，定位数为 30，脉冲数为 15，并且带有按开关。旋转编码器旋转一周共有 30 个定位，每旋转两个定位将产生一个脉冲，旋转时将输出 A、B 两相脉冲，根据 A、B 间正交 90° 的相位差（顺时针旋转时 A 相滞后于

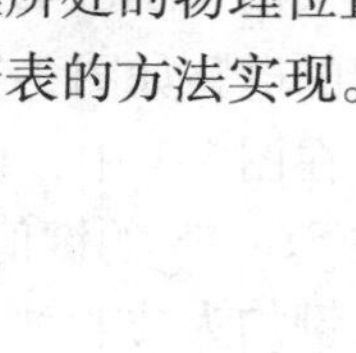

图 3-5　EC11J152540K
型旋转编码器

B 相，逆时针时 A 相超前于 B 相），可以判断出旋转编码器的旋转方向。

另外，当旋转编码器的按开开关未按下时，它的 4 和 5 引脚内部断开；按下时，4 和 5 引脚内部接通。

3.3.2　旋转编码器的接口电路设计

通过对旋转编码器的输出信号进行相应的处理和检测，可利用旋转编码器实现 KEY1、KEY2、KEY3 三个按键的功能，除其自带的按开开关 KEY1 外，规定旋转编码器逆时针旋转一个定位表示 KEY2 按键按下一次，顺时针旋转 1 个定位表示 KEY3 按键按下一次。利用旋转编码器来实现按键功能具有结构紧凑和操作方便等优点。

旋转编码器与 STM32F407 的接口电路如图 3-6 所示。

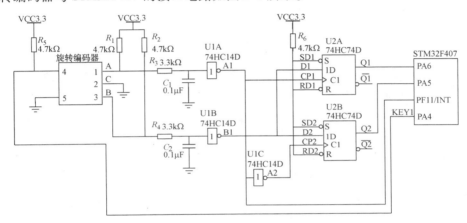

图 3-6　旋转编码器与 STM32F407 的接口电路

在图 3-6 中，旋转编码器 A、B 两相输出，经过 RC 滤波消除抖动，由 74HC14 施密特触发反相器反相后，连接至 74HC74 双 D 型上升沿触发器。D 触发器 U2A 的 Q1 输出、U2B 的 Q2 输出，分别连接至 STM32F407 微控制器的 IO 口 PA6、PA5，作为旋转编码器鉴相信号，通过检测其电平状态来判断旋转编码器的旋转方向以及按键 KEY2、KEY3 的状态。

旋转编码器 A 相脉冲反相后的信号 A1，连接至控制器的外部中断引脚 PF11，作为外部中断触发信号，进行上升沿和下降沿的中断检测。

旋转编码器 4 引脚接上拉电阻至 3.3V，接至微控制器的 IO 口 PA4，通过检测其电平状态来判断按键 KEY1 的状态。

3.3.3　旋转编码器的时序分析

旋转编码器旋转时将输出相位互差 90°的 A、B 两相脉冲，每旋转一个定位，A、B 两相都将输出一个脉冲边沿，下面分不同情况对旋转编码器的工作时序进行分析。

1. 旋转编码器顺时针旋转时的时序分析

当旋转编码器顺时针旋转时，A 相脉冲滞后于 B 相，由于 Q1 与 Q2 的初始状态不确定，以下分析中假定 Q1 初始状态为低电平，Q2 初始状态为高电平。

当旋转编码器顺时针旋转多个定位时，CP1、CP2 将交替出现上升沿，因此 D 触发器

U2A 输出 Q1 与 U2B 输出 Q2 会分别进行更新。多定位顺时针旋转时序如图 3-7 所示。

在图 3-7 中，t_1 时刻 CP2 为上升沿，D2 为低电平状态，所以 D 触发器 U2B 的输出 Q2 将更新为低电平；t_2 时刻 CP1 为上升沿，D1 为高电平状态，所以 D 触发器 U2A 的输出 Q1 将更新为高电平；t_3 时刻 CP2 为上升沿，D2 为低电平状态，D 触发器 U2B 的输出 Q2 更新后仍为低电平。

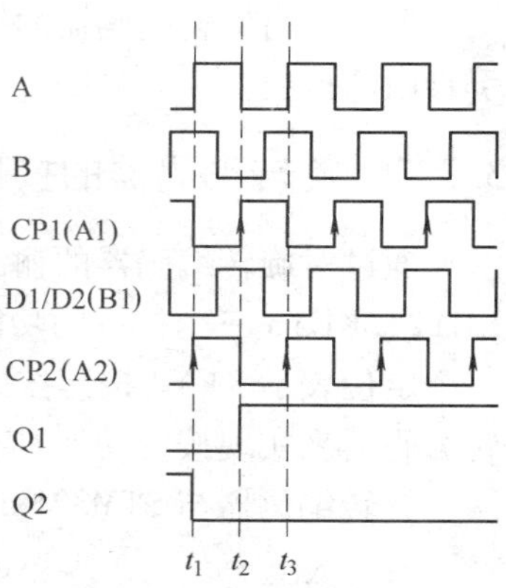

所以顺时针旋转多个定位时，在 CP1 的上升沿 Q1 更新为高电平；在 CP2 的上升沿 Q2 更新为低电平。

而顺时针旋转 1 个定位时，A 相仅输出一个脉冲边沿，若 A 相输出上升沿，则 CP1 为上升沿，Q1 更新为高电平，而 Q2 电平状态保持不变；若 A 相输出下降沿，则 CP2 为上升沿，Q2 更新为低电平，而 Q1 电平状态保持不变。

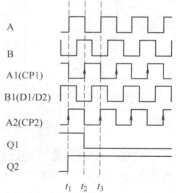

图 3-7　多定位顺时针旋转时序

2. 旋转编码器逆时针旋转时的时序分析

当旋转编码器逆时针旋转时，A 相脉冲超前于 B 相，由于 Q1 与 Q2 的初始状态不确定，以下分析中假定 Q1 初始状态为高电平，Q2 初始状态为低电平。

当旋转编码器逆时针旋转多个定位时，CP1、CP2 将交替出现上升沿，因此 D 触发器 U2A 输出 Q1 与 U2B 输出 Q2 会分别进行更新。多定位逆时针旋转时序如图 3-8 所示。

在图 3-8 中，t_1 时刻 CP2 为上升沿，D2 为高电平状态，所以 D 触发器 U2B 的输出 Q2 将更新为高电平；t_2 时刻 CP1 为上升沿，D1 为低电平状态，所以 D 触发器 U2A 的输出 Q1 将更新为低电平；t_3 时刻 CP2 为上升沿，D2 为高电平状态，所以 D 触发器 U2B 的输出 Q2 更新后仍为高电平。

所以逆时针旋转多个定位时，在 CP1 的上升沿 Q1 更新为低电平；在 CP2 的上升沿 Q2 更新为高电平。

而逆时针旋转 1 个定位时，A 相仅输出一个脉冲边沿，若 A 相输出上升沿，则 CP1 为上升沿，Q1 更新为低电平，而 Q2 电平状态保持不变；若 A 相输出下降沿，则 CP2 为上升沿，Q2 更新为高电平，而 Q1 电平状态保持不变。

图 3-8　多定位逆时针旋转时序

3.3.4　旋转编码器的软件设计

旋转编码器软件设计分为旋转编码器旋转检测程序设计和按开开关检测程序设计两部分。

1. 旋转编码器旋转检测程序设计

旋转编码器旋转检测包括顺时针旋转和逆时针旋转检测。

STM32F407 通过外部中断引脚 PF11 检测中断边沿触发信号，在 EXTI15_10 的中断程序中，通过通用 IO 口 PA5、PA6 读取旋转编码器鉴相信号，从而确定其旋转方向及按键 KEY2、KEY3 的状态。

当旋转编码器顺时针或逆时针旋转 1 个定位时，D 触发器的输出 Q1 与 Q2 中总有一个保持原电平状态不变，而另一个则进行电平状态更新，因此仅通过判断 Q1 或 Q2 中一个输出的电平状态无法确定旋转编码器的旋转方向。

而在外部中断触发信号 A1 的上升沿，CP1 为上升沿，Q1 将被更新；在 A1 的下降沿，CP2 为上升沿，Q2 将被更新。微控制器接收到外部中断信号时，在上升沿（下降沿）中断中，读取刚被更新的 D 触发器输出 Q1（Q2）的电平状态，则能够确定旋转编码器的旋转方向。

旋转编码器旋转检测中断程序流程图如图 3-9 所示。

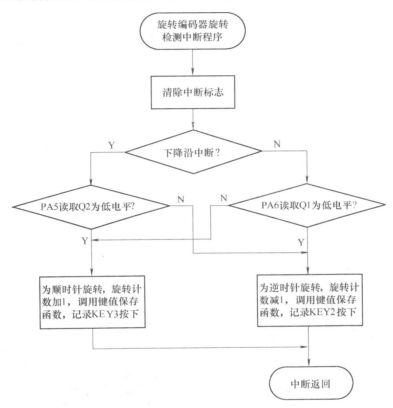

图 3-9　旋转编码器旋转检测中断程序流程图

在图 3-9 中，当在 PF11 外部中断引脚上检测到中断触发信号时，旋转编码器旋转检测中断程序开始执行。

清除中断标志后，判断中断触发边沿类型，若发生下降沿中断，则通过 PA5 读取 D 触发器的输出 Q2 电平，若为高电平表示旋转编码器逆时针旋转，若为低表示顺时针旋转。

若发生上升沿中断，则通过 PA6 读取 D 触发器 U2A 的输出 Q1 电平，若为高电平表示旋转编码器顺时针旋转，若为低表示逆时针旋转。

然后根据旋转方向执行相应的处理程序。若为顺时针旋转，则旋转计数值加 1，并将 KEY3 按键按下状态存入按键操作状态 FIFO 缓冲区，以供系统读取。若为逆时针旋转，则旋转计数值减 1，并将 KEY2 按键按下状态存入按键操作状态 FIFO 缓冲区，以供系统读取。执行完相应处理后，中断返回。

按照以上程序流程即可设计出旋转编码器旋转检测程序。

2. 旋转编码器按开开关检测程序设计

旋转编码器按开开关检测包括长按和短按检测。

在 STM32F407 的按键扫描程序中，通过调用按开开关检测程序，读取 IO 口 PA4 的电平状态，以确定按键 KEY1 的状态。

旋转编码器按开开关检测程序流程图如图 3-10 所示。

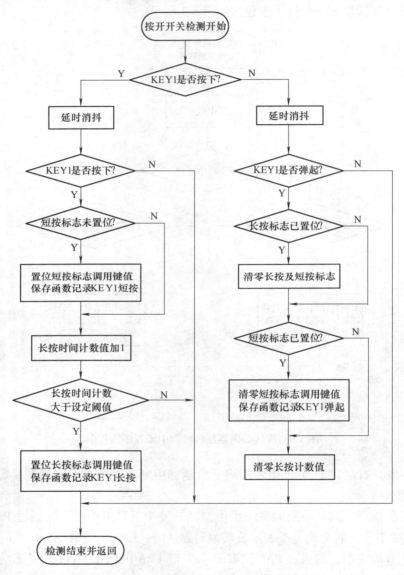

图 3-10 旋转编码器按开开关检测程序流程图

在图 3-10 中，当旋转编码器按开开关按下时，在软件延时消抖后，重新确认是否按下，若仍为按下状态，则在短按标志未置位的情况下将其置位，并将 KEY1 短按状态存入按键操作状态 FIFO 缓冲区，然后将长按计数加 1，并在计数值大于设定阈值情况下置位 KEY1 长按标志，并保存此按键状态，否则直接返回。

若检测到按开开关未按下，则在软件延时消抖后，重新确认是否按下，若仍为未按下状态，则在长按标志置位情况下清零长按短按标志，在短按标志置位的情况下，清零短按标志并保存 KEY1 短按弹起状态，最后清零长按计数值，否则直接返回。

按照以上程序流程即可设计出旋转编码器按开开关检测程序。

3.4 显示技术的发展及其特点

3.4.1 显示技术的发展

20 世纪是信息大爆炸的时代。1960～1990 年信息的平均年增长率为 20%，到 2020 年将达到每两个半月翻一番的惊人速度。大量的信息通过"信息高速公路"传送着，要将这些信息传送给人们必然要有一个下载的工具，即接口的终端。研究表明，在人们经各种感觉器官从外界获得的信息中，视觉占 60%，听觉占 20%，触觉占 15%，味觉占 3%，嗅觉占 2%。可见，近 2/3 的信息是通过眼睛获得的。所以图像显示成为信息显示中的最重要的方式。

进入 20 世纪以来，显示技术作为人机联系和信息展示的窗口已应用于娱乐、工业、军事、交通、教育、航空航天、卫星遥感和医疗等各个方面，显示产业已经成为电子信息工业的一大支柱产业。在我国，显示技术及相关产业的产品占信息产业总产值的 45% 左右。

电子显示器可分为主动发光型和非主动发光型两大类。前者是利用信息来调制各像素的发光亮度和颜色，进行直接显示；后者本身不发光，而是利用信息调制外光源而使其达到显示的目的。显示器件的分类有各种方式，按显示内容、形状可分为数码、字符、轨迹、图表、图形和图像显示器；按所用显示材料可分为固体（晶体和非晶体）、液体、气体、等离子体和液晶体显示器。但是最常见的是按显示原理分类，其主要类型如下：

- 发光二极管（LED）显示。
- 液晶显示（LCD）。
- 阴极射线管（CRT）显示。
- 等离子显示板（PDP）显示。
- 电致发光显示（ELD）。
- 有机发光二极管（OLED）显示。
- 真空荧光管显示（VFD）。
- 场发射显示（FED）。

只有 LCD 是非主动发光显示，其他皆为主动发光显示。

3.4.2 显示器件的主要参数

1. 亮度

亮度（L）的单位是坎德拉每平方米（cd/m^2）。对画面亮度的要求与环境光强度有关，例如，在电影院中，电影亮度有 $30～45cd/m^2$ 就可以了；在室内看电视，要求显示器画面亮度应大于 $70cd/m^2$；在室外观看则要求画面亮度达到 $300cd/m^2$。所以对高质量显示器亮度的

要求应为 $300\mathrm{cd/m^2}$ 左右。

2. 对比度和灰度

对比度（C）是指画面上最大亮度（L_{max}）和最小亮度（L_{min}）之比，即

$$C = \frac{L_{max}}{L_{min}}$$

好的图像显示要求显示器的对比度至少要大于 30，这是在普通观察环境光下的数据。灰度是指图像的黑白亮度层次，人眼所能分辨的亮度层次为

$$n \approx \frac{2.3}{\delta}\log C$$

式中，δ 是人眼对亮度差的分辨率，一般取 $0.02\sim 0.05$；C 是对比度。

若取 $\delta = 0.05$，当 $C = 50$ 时，$n = 78$。

3. 分辨力

分辨力是指能够分辨出电视图像的最小细节的能力，是人眼观察图像清晰程度的标志，通常用屏面上能够分辨出的明暗交替线条的总数来表示，而对于用矩阵显示的平板显示器常用电极线数目表示其分辨力。

只有兼备高分辨力、高亮度和高对比度的图像才可能是高清晰度的图像，所以上述三个指标是获得高质量图像显示所必不可少的。

4. 响应时间和余辉时间

响应时间是指从施加电压到出现图像显示的时间，又称上升时间。从切断电源到图像显示消失的时间称为下降时间，又称余辉时间。

5. 显示色

发光型显示器件发光的颜色和非发光型显示器件透射或反射光的颜色称作显示色。显示色分为黑白、单色、多色和全色四大类。

6. 发光效率

发光效率是发光型显示器件所发出的光通量与器件所消耗功率之比，单位为流明每瓦（lm/W）。

7. 工作电压与消耗电流

驱动显示器件所施加的电压为工作电压（V），流过的电流称为消耗电流（A）。工作电压与消耗电流的乘积就是显示器件的消耗功率。外加电压有交流电压与直流电压之分，如 LCD 必须用交流供电，而 OLED、LED 等则用直流供电。

在计算机控制系统中，常用的显示器有发光二极管（LED）显示器、液晶显示器（LCD）。根据不同的应用场合及需要，选择不同的显示器。

3.5 LED 显示器接口设计

发光二极管（Light Emitting Diode，LED）是一种电-光转换型器件，是 PN 结结构。在 PN 结上加正向电压，产生少子注入，少子在传输过程中不断扩散，不断复合而发光。改变所采用的半导体材料，就能得到不同波长的发光颜色。

Losev 于 1923 年发现了 SiC 中偶然形成的 PN 结中的发光现象。

早期开发的为普通型 LED，是中、低亮度的红、橙、黄、绿 LED，已获广泛使用。近期开发的为新型 LED，是指蓝光 LED 和高亮度、超高亮度 LED。

LED 产业重点一直为可见光范围 $380 \sim 760nm$，约占 LED 总产量的 90% 以上。

LED 的发光机理是电子、空穴带间跃迁复合发光。

LED 的主要优点：

- 主动发光，一般产品亮度 $> 1cd/m^2$，高的可达 $10cd/m^2$。
- 工作电压低，约为 2V。
- 由于是正向偏置工作，因此性能稳定，工作温度范围宽，寿命长（$10^5 h$）。
- 响应速度快。对于直接复合型材料为 $16 \sim 160MHz$；对于间接复合型材料为 $10^5 \sim 10^6 Hz$。
- 尺寸小。一般 LED 的 PN 结芯片面积为 $0.3mm^2$。用于通信的 LED 芯片面积只有可见光的 1/50。

LED 的主要缺点是电流大，功耗大。

3.5.1 LED 显示器的结构

LED 数码显示器是由发光二极管组成的，分为共阴极和共阳极两种，其结构如图 3-11 所示。

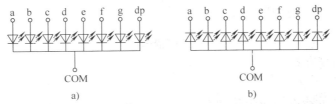

图 3-11 LED 显示器结构图

a）共阴极 b）共阳极

图 3-11a 为共阴极接法，图 3-11b 为共阳极接法。

LED 数码显示器的外形图如图 3-12 所示。

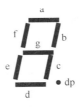

图 3-12 LED 数码显示器的外形图

在图 3-12 中，每一段与数据线的对应关系如下。

数据线：	D7	D6	D5	D4	D3	D2	D1	D0
LED 段：	dp	g	f	e	d	c	b	a

共阴极 LED 数码显示器将所发光二极管的阴极连在一起，作为公共端 COM，如果将 COM 端接低电平，当某个发光二极管的阳极为高电平时，对应字段点亮。同样，共阳极

LED数码显示器将所有发光二极管的阳极连在一起，作为公共端COM，如果COM端接高电平，当某个发光二极管的阴极为低电平时，对应字段点亮。a、b、c、d、e、f、g为7段数码显示，dp为小数点显示。共阴极和共阳极LED数码显示器的字模见表3-1。

表3-1　LED显示器字模表

显 示 字 符	共 阳 极	共 阴 极	显 示 字 符	共 阳 极	共 阴 极
0	C0H	3FH	b	83H	7CH
1	F9H	06H	c	C6H	39H
2	A4H	5BH	d	A1H	5EH
3	B0H	4FH	E	86H	79H
4	99H	66H	F	8EH	71H
5	92H	6DH	P	8CH	73H
6	82H	7DH	U	C1H	3EH
7	F8H	07H	Y	91H	31H
8	80H	7FH	H	89H	6EH
9	90H	6FH	L	C7H	76H
A	88H	77H	"灭"	FFH	00H

3.5.2　LED显示器的扫描方式

LED显示器为电流型器件，有两种显示扫描方式。

1. 静态显示扫描方式

（1）显示电路

每一位LED显示器占用一个控制电路，如图3-13所示。

在图3-13中，每一个控制电路包括锁存器、译码器、驱动器，DB为数据总线。当控制电路中包括译码器时，通常只用4位数据总线，由译码器实现BCD码到七段码的译码，但一般不包括小数点，小数点需要单独的电路；当控制电路中不包括译码器时，通常需要8位数据总线，此时写入的数据为对应字符或数字的字模，包括小数点。CS0、CS1、…、CSn为片选信号。

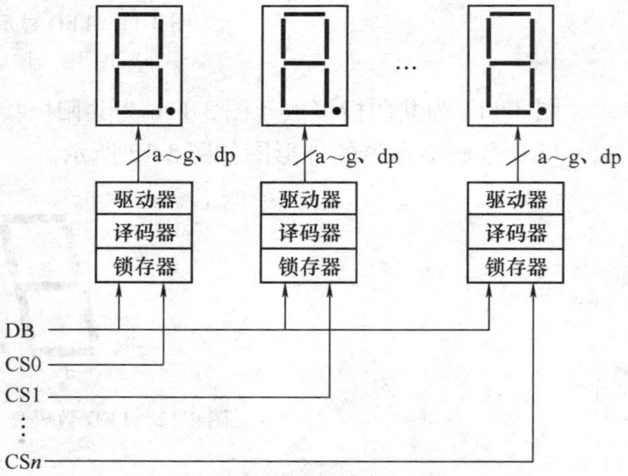

图3-13　静态扫描显示

（2）程序设计

被显示的数据（一位BCD码或字模）写入相应口地址（CS0～CSn）。

2. 动态显示扫描方式

（1）显示电路

所有LED显示器共用a～g、dp段，如图3-14所示。

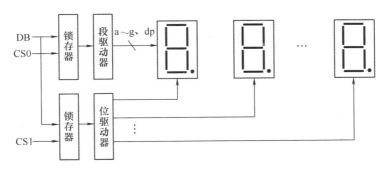

图 3-14 动态扫描显示

在图 3-14 中，CS0 控制段驱动器，驱动电流一般为 5～10mA，对于大尺寸的 LED 显示器，段驱动电流会大一些；CS1 控制位驱动器，驱动电流至少是段驱动电流的 8 倍。根据 LED 是共阴极还是共阳极接法，需改变驱动回路。

动态扫描显示是利用人的视觉停留现象，20ms 内将所有 LED 显示器扫描一遍，在某一时刻，只有一位亮，位显示切换时，先关显示。

（2）程序设计

以六位 LED 显示器为例，设计方法如下：

① 设置显示缓冲区，被显示的数放于对应单元。

② 设置显示位数计数器 DISPCNT，表示现在显示哪一位。DISPCNT 初值为 00H，表示在最低位。每更新一位显示其内容加 1，当加到 06H 时，回到初值 00H。

③ 设置位驱动计数器 DRVCNT。

初值为 01H，对应最低位。

某位为 0，禁止显示。

某位为 1，允许显示。

④ 确定口地址。

段驱动口地址：CS0。

位驱动口地址：CS1。

⑤ 建立字模表。

SEGTB:	DB	3FH	; 0
	DB	06H	; 1
	DB	5BH	; 2
	DB	4FH	; 3

DB	66H	; 4
DB	6DH	; 5
DB	7DH	; 6
DB	07H	; 7
DB	7FH	; 8
DB	6FH	; 9
DB	77H	; A
DB	7CH	; B
DB	39H	; C
DB	5EH	; D
DB	79H	; E
DB	71H	; F

⑥ 显示程序流程图。显示程序流程图如图 3-15 所示。

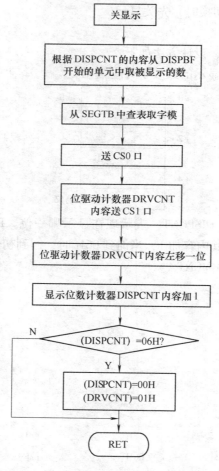

图 3-15　显示程序流程图

3.6 段型 LCD 显示器接口设计

3.6.1 LCD 的发展过程

1888 年奥地利植物学家 F. Reinetzer 首先观察到液晶现象。它在测定有机物熔点时，发现某些有机物熔化后会经历一个不透明浑浊的液态阶段，继续加热，才成为透明的各向异性液态。1889 年，德国物理学家 O. Lehmann 观察到同样的现象，并发现呈浑浊状液体的中间具有和晶体相似的性质，故称为"液晶"。这是世界上首次被发现的一种热致液晶：胆甾醇苯甲酸酯，在（60±15）℃的温度下呈乳白色黏状液体。由于历史条件所限，当时并没有引起很大重视，只是把液晶用在压力和温度的指示器上。

现在，液晶已形成一个独立的学科。液晶知识涉及多门学科，如化学、电子学、光学、计算机、微电子、精细加工、色度学、照明等。要全面、深入了解液晶显示器件必须对上述提及的领域有一定的了解。

3.6.2 LCD 的特点

1. 液晶显示的优点

（1）低压、微功耗

极低的工作电压，只要 $2\sim3V$，工作电流只有几个微安，即功耗只有 $10^{-6}\sim10^{-5}W/cm^2$。这是任何别的显示器件做不到的。

（2）平板结构

液晶显示器的基本结构是两片导电玻璃，中间灌有液晶的薄形盒。这种结构的优点如下：

- 开口率高，最有利于用作显示窗口。
- 显示面积做大、做小都较容易。
- 便于自动化大量生产，生产成本低。
- 器件很薄，只有几个毫米厚。

（3）被动显示型

液晶本身不发光，靠调制外界光达到显示目的，即依靠对外界光的不同反射和透射形成不同对比度来达到显示目的。

（4）显示信息量大

液晶显示中，各像素之间不用采取隔离措施或预留隔离区，所以在同样显示窗口面积内可容纳更多的像素，利于制成高清晰度电视。

（5）易于彩色化

一般液晶为无色，所以可采用滤色膜很容易实现彩色。液晶所能重视的彩色可与 CRT 显示器相媲美。

（6）长寿命

只要液晶的配套件不损坏，液晶本身由于电压低，工作电流小，所以几乎不会劣化，寿命很长。

（7）无辐射、无污染

CRT 显示中有 X 射线辐射，PDP 显示中有高频电磁辐射，而液晶显示中不会出现这类问题。

2. 液晶显示的缺点

（1）显示视角小

由于大部分液晶显示的原理依靠液晶分子的各向异性，对不同方向的入射光、反射率是不一样的，所以视角较小，只有 30°~40°，随着视角的变大，对比度迅速变坏。

（2）响应速度慢

液晶显示大多是依靠在外加电场的作用下，液晶分子的排列发生变化，所以响应速度受材料的粘滞度影响很大，一般均为 100~200ms。

（3）非主动发光，暗时看不清

虽然可以用加背光源解决此问题。如亮度、对比度达到主动发光显示器件（如 CRT）程度，则低功耗的优点也就不存在了。

由于液晶显示是一种功耗极低的器件，近年来应用特别广泛。从电子表到计算器，从智能传感器到智能仪器仪表，从笔记本电脑到液晶电视等均利用了液晶显示技术。常用的液晶显示器有段形、字符形和图形显示模块几种显示方式，本节仅介绍计算机控制系统中常用的段形液晶显示器及其与计算机的接口设计。

3.6.3　LCD 的基本结构及工作原理

液晶是一种介于流体与固体之间的热力学的中间稳定相，其特点是在一定的温度范围内既有液体的流动性和连续性，又有晶体的各向异性，其分子呈长棒形，长宽之比较大，分子不能弯曲，是一个刚性体，中心一般有一个桥链，分子两头有极性。

LCD 器件的结构如图 3-16 所示。由于液晶的四壁效应，在定向膜的作用下，液晶分子在正、背玻璃电极上呈水平排列，但排列方向互为正交，而玻璃间的分子呈连续扭转过渡，这样的构造能使液晶对光产生旋光作用，使光的偏振方向旋转 90°。

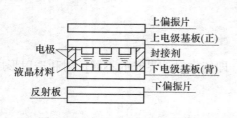

图 3-16　液晶显示器基本构造

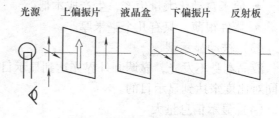

图 3-17　液晶显示工作原理

图 3-17 显示了液晶显示器的工作过程。当外部光线通过上偏振片后形成偏振光，偏振方向成垂直方向，当此偏振光通过液晶材料之后，被旋转 90°，偏振方向成水平方向，此方向与下偏振片的偏振方向一致，因此此光线能完全穿过下偏振片而到达反射板，经反射后沿原路返回，从而呈现出来透明状态。当在液晶盒的上、下电极加上一定的电压后，电极部分的液晶分子转成垂直排列，从而失去旋光性。因此，从上偏振片入射的偏振光不被旋转，当此偏振光到达下偏振片时，因其偏振方向与下偏振片的偏振方向垂直，因而被下偏振片吸收，无法到达反射板形成反射，所以呈现出黑色。根据需要，将电极做成各种文字、数字或

点阵，就可获得所需的各种显示。

3.6.4　LCD 的驱动方式

液晶显示器的驱动方式由电极引线的选择方式确定，因此，在选择好液晶显示器之后，用户无法改变驱动方式。

液晶显示器的驱动方式一般有静态驱动和时分割驱动两种。由于直流电压驱动 LCD 会使液晶体产生电解和电极老化，从而大大降低 LCD 的使用寿命，所以现用的驱动方式多属交流电压驱动。

1. 静态驱动方式

静态驱动回路及波形如图 3-18 所示。图中 LCD 表示某个液晶显示字段，当此字段上两个电极的电压相位相同时，两电极之间的电位差为零，该字段不显示，当此字段上两个电极的电压相位相反时，两电极之间的电位差不为零，为两倍幅值的方波电压，该字段呈现出黑色显示。

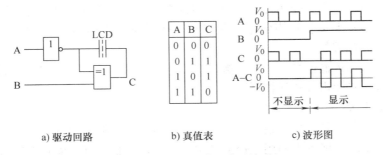

a) 驱动回路　　　　　b) 真值表　　　　　c) 波形图

图 3-18　静态驱动回路及波形

液晶显示的驱动与 LED 的驱动有很大的不同，对于 LED，当在 LED 两端加上恒定的导通或截止电压时便可控制其亮或暗。而 LCD，由于其两极不能加恒定的直流电压，因而给驱动带来复杂性。一般应在 LCD 的公共极（一般为背极）加上恒定的交变方波信号，通过控制前极的电压变化而在 LCD 两极间产生所需的零电压或两倍幅值的交变电压达到 LCD 亮、灭的控制。目前已有许多 LCD 驱动集成芯片，这些芯片已将多个 LCD 驱动电路集成到一起，使用起来跟 LED 驱动芯片一样方便，而且形式非常相似。

2. 时分割驱动方式

当显示字段增多时，为减少引出线和驱动回路数，必须采用时分割驱动法。

时分割驱动方式通常采用电压平均化法，其占空比有 1/2、1/8、1/16、1/32 等，偏压有 1/2、1/3、1/4、1/5 等。

液晶显示器除段形液晶显示器外，还有点阵液晶显示器，可显示汉字、图形、曲线等。

3.7　触摸屏技术及其在工程中的应用

3.7.1　触摸屏的发展历程

触摸屏是一种与计算机交互最简单、最直接的人机交互界面，诞生于 1970 年，是一项由 Elo Touch Systems 公司首先推广到市场的新技术。它早期多应用于工控计算机、POS 机终端等工业或商用设备中。20 世纪 70 年代，美国军方首次将触摸屏技术应用于军事用途，此后该项技术逐渐向民用转移。1971 年，美国 Sam Hurst 博士发明了世界上第一个触摸传感器，并在 1973 年被美国《工业研究》评选为当年年度 100 项最重要的新技术产品之一。1991 年，触摸屏进入中国，当时中国只是代理国外的红外式触摸屏和电容式触摸屏产品。直到 1996 年，中国自主开发了第一台触摸自助一体机。随着计算机技术和网络技术的发展，触摸屏的应用范围已变得越来越广泛。

3.7.2 触摸屏的工作原理

触摸屏的基本原理是用手指或其他物体触摸安装在显示器前端的触摸屏时，所触摸的位置由触摸屏控制器检测，并通过接口（如 RS-232 串行口）送到 CPU，从而确定输入的信息。

触摸屏系统一般包括触摸屏控制器和触摸检测装置两个部分。其中，触摸检测装置一般安装在显示器的前端，主要作用是检测用户的触摸位置，并传送给触摸屏控制器；触摸屏控制器从触摸检测装置上接收触摸信息，并将其转换成触点坐标传送给 CPU。它同时能接收 CPU 发来的命令并加以执行。

按照工作原理和传输信息的介质，触摸屏可分为 4 类：电阻式触摸屏、电容式触摸屏、红外线式触摸屏和表面声波式触摸屏。

1. 电阻式触摸屏

电阻式触摸屏技术是触摸屏技术中最古老的，也是目前成本最低、应用最广泛的触摸屏技术。尽管电阻式触摸屏不太耐用，透射性也不好，但它价格低，而且对屏幕上的残留物具有免疫力，因而工业用触摸屏大多为电阻式触摸屏。

电阻式触摸屏利用压力感应进行控制，其主要组成部分是一块与显示器表面非常配合的电阻薄膜屏，这是一种多层的复合薄膜，它以一层玻璃或硬塑料平板作为基层，表面涂有一层透明氧化金属导电层，上面再盖有一层外表面硬化处理、光滑防擦的塑料层，其内表面也涂有一层涂层，在其之间有许多细小的（小于 1/1000 英寸）透明隔离点把两层导电层隔开绝缘，电阻式触摸屏结构图如图 3-19 所示。

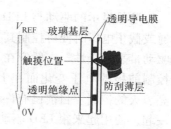

图 3-19　电阻式触摸屏结构图

当手指触摸到触摸屏时，平时因不接触而绝缘的透明导电膜在手指触摸的位置有一个接触点，因其中一面导电层接通 Y 轴方向的 V_{REF} 均匀电压场，使得侦测层的电压由零变为非零，这种接通状态被控制器侦测到后，进行 A-D 转换，并将得到的电压值与 V_{REF} 相比即可得到触摸点的 Y 轴坐标，同理得出 X 轴的坐标，这就是电阻式触摸屏最基本的原理。其中 A-D 转换器可以采用 ADI 公司的 AD7873，它是一款 12 位逐次逼近型 ADC，具有同步串行接口以及用于驱动触摸屏的低导通电阻开关，采用 2.2~5.25V 单电源供电。

2. 电容式触摸屏

电容式触摸屏是利用人体的电流感应进行工作的。用户未触摸电容式触摸屏时，面板四个角因是同电位而没有电流；当用户触摸电容式触摸屏时，用户手指和工作面形成一个耦合电容，由于工作面上接有高频信号，手指吸收走一个很小的电流。这个电流分别从触摸屏四个角上的电极中流出，并且理论上流经这四个电极的电流与手指到四角的距离成比例，控制器通过对这四个电流比例的精密计算，得出触摸点的位置。

3. 红外线式触摸屏

红外触摸屏是在紧贴屏幕前密布 X、Y 方向上的红外线矩阵，通过不停扫描判断是否有红外线被物体阻挡。当有触摸时，触摸屏将被阻挡的红外对管的位置报告给主机，经过计算判断出触摸点在屏幕的位置。

4. 表面声波式触摸屏

表面声波式触摸屏的原理是基于触摸时在显示器表面传递的声波来检测触摸位置。声波在触摸屏表面传播，当手指或其他能够吸收表面声波能量的物体触摸屏幕时，接收波形中对应于手指挡住部位的信号衰减了一个缺口，控制器由缺口位置判定触摸位置的坐标。

3.7.3　工业常用触摸屏产品介绍

工业用触摸屏相对一般用触摸屏具有防火、防水、防静电、防污染、防油脂、防刮伤、防闪烁和透光率高等优点。

目前工业中使用较广泛的触摸屏的生产厂家主要有西门子、施耐德、欧姆龙、三菱、威纶通等品牌，下面介绍两款常用的触摸屏。

1. 西门子 TP700

西门子 TP700 触摸屏外形如图 3-20 所示，其主要特点如下：

- 宽屏 TFT 显示屏，带有归档、脚本、PDF/Word/Excel 查看器、Internet Explorer、Media Player 等。
- 具有众多通信选件：内置 PROFIBUS 和 PROFINET 接口。
- 由于具有输入/输出字段、图形、趋势曲线、柱状图、文本和位图等要素，可以简单、轻松地显示过程值，带有预组态屏幕对象的图形库可全球使用。

图 3-20　西门子 TP700

2. 威纶通 MT8101iE1

威纶通 MT8101iE1 触摸屏外形如图 3-21 所示，其主要特点如下：

- TFT 显示屏，对角尺寸为 10in（1in = 2.54cm），分辨率为 800×480，128MB Flash，128MB RAM。
- 内置 USB 接口、以太网接口、串行接口（包括 RS-232 和 RS-485）。

图 3-21　威纶通 MT8101iE1

- 主板涂布保护处理，能防腐蚀。

3.7.4　触摸屏在工程中的应用

触摸屏在工程应用中，一般是与 PLC 连接。触摸屏与 PLC 进行连接时，使用的是 PLC 的内存，触摸屏也有少量内存，仅用于存储系统数据，即界面、控件等。触摸屏与 PLC 通信一般是主从关系，即触摸屏从 PLC 中读取数据，进行判断后再显示。触摸屏与 PLC 通信一般不需要单独的通信模块，PLC 上一般都集成了与触摸屏通信的端口。

触摸屏与 PLC 连接后，省略了按钮、指示灯等硬件，PLC 不需要任何单独的功能模块，只要在 PLC 控制程序中添加内部按钮，并将触摸屏上的组态触摸按钮与其对应就可以了。

触摸屏与 PLC 连接的系统结构图如图 3-22 所示。

其中，触摸屏采用西门子公司的 SmartIE 系列，通过以太网连接到西门子 S7-300 PLC。

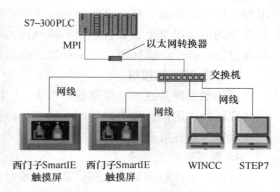

图 3-22　触摸屏与 PLC 连接的系统结构图

3.8　打印机接口电路设计

在计算机控制系统中，打印机是重要的外设之一。随着计算机本身性能的不断完善和用户要求的提高，打印机技术正在往高速度、低噪声、字迹清晰美观、彩色化、图形化方向发展。

打印机的种类很多，从与计算机的接口方法上，可以分为并行打印机和串行打印机；从打印方式上，有打击式打印机和非打击式打印机之分；从打印字符的形式上，有点阵式和非点阵式之分。

3.8.1　标准 Centronics 接口

并行打印机接口通常按 Centronics 标准定义插头插座引脚，Centronics 标准中各引脚和信号之间的对应关系见表 3-2。

表 3-2　Centronics 标准

引脚号	信　号	方向（对打印机）	说　明
1	STROBE	入	选通脉冲为低电平时，接收数据
2	DATA1	入	数据最低位
3	DATA2	入	
4	DATA3	入	
5	DATA4	入	
6	DATA5	入	
7	DATA6	入	
8	DATA7	入	
9	DATA8	入	数据最高位
10	ACKNLG	出	低电平时，表示打印机准备接收数据
11	BUSY	出	高电平时，表示打印机不能接收数据
12	PE	出	高电平时，表示无打印纸
13	SLCT	出	高电平时，表示打印机能工作
14	AUTO FEED XT	出	低电平时，在打印一行后会自动走纸
15	不用	入	
16	逻辑地		
17	机架地		
18	不用		
19 ~ 30	地		
31	INIT	入	低电平时，打印机复位

74

引脚号	信　号	方向（对打印机）	说　　明
32	$\overline{ERROR}$	出	低电平时，表示出错
33	地		
34	不用		
35	不用		
36	$\overline{SLCTIN}$	入	通过 4.7kΩ 电阻接 5V 低电平时，打印机才能接收数据

3.8.2　应用实例

在计算机控制系统中，常用的有并行和串行接口的针式打印机，下面介绍并行打印机与计算机的接口。

并行打印机与计算机的接口如图 3-23 所示。

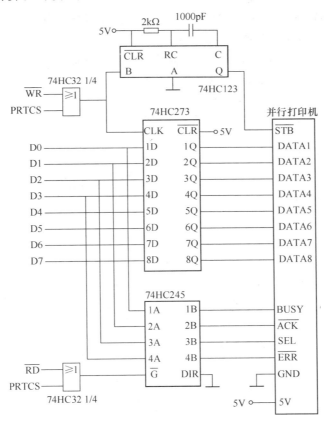

图 3-23　并行打印机与计算机的接口

在图 3-23 中，PRTCS 为打印机扩展口地址，由 CPU 地址线译码得到，写控制信号$\overline{WR}$、读控制信号$\overline{RD}$可以接 CPU 对应的控制信号，74HC123 单稳态触发器可以展宽$\overline{WR}$写控制信号，达到$\overline{STB}$写选通信号的宽度要求。

如果不考虑$\overline{ACK}$、SEL 和$\overline{ERR}$信号，只考虑 BUSY 信号，程序设计较为简单。

习　题

1. 键盘的特点是什么? 如何确认按键按下和释放?

2. 什么是 HMI? 简述其功能。

3. 自选一种微控制器,设计一个旋转编码器的接口电路,并编写顺时针旋转和逆时针旋转的检测程序。

4. 电子显示器可分为哪两大类? 简述其发光原理。

5. 按显示原理分类,电子显示器的主要类型有哪些?

6. 显示器件的主要参数分别有哪些?

7. LED 显示器的扫描方式有哪两种? 简述其工作原理。

8. LCD 显示器的驱动方式有哪两种? LCD 与 LED 显示器件的主要区别是什么? LCD 显示器件为什么不能采用直流驱动?

9. 若有一个 4 位 LED 显示器,试采用某一语言,编写高位 0 不显示的处理程序,假设 4 位数放于 DPBUF 开始的 4 个单元,低位在前。

10. 触摸屏一般分为几类? 简述电阻式触摸屏的工作原理。

11. 设计一打印机接口电路,并编写打印子程序。

第4章 过程输入输出通道

当计算机用作测控系统时，系统总要有被测量信号的输入通道，由计算机拾取必要的输入信息，对于测量系统而言，如何准确获取被测信号是其核心任务；而对测控系统来讲，对被控对象状态的测试和对控制条件的监察也是不可缺少的环节。

系统需要的被测信号，一般可分为开关量和模拟量两种。所谓开关量输入，是指输入信号为状态信号，其信号电平只有两种，即高电平或低电平。对于这类信号，只需经放大、整形和电平转换等处理后，即可直接送入计算机系统。对于模拟量输入，由于模拟信号的电压或电流是连续变化信号，其信号幅度在任何时刻都有定义，因此对其进行处理就较为复杂，在进行小信号放大、滤波量化等处理过程中需考虑干扰信号的抑制、转换精度及线性等诸多因素；而这种信号又是测控系统中最普通、最常碰到的输入信号，如对温度、湿度、压力、流量、液位、气体成分等信号的处理等。

对被测对象状态的拾取，一般都离不开传感器或敏感器件，这是因为被测对象的状态参数往往是一种非电物理量，而计算机只是一个能识别和处理电信号的数字系统，因此利用传感器将非电物理量转换成电信号才能完成测量和控制的任务。

然而，利用传感器转换后得到的电信号，尤其是模拟信号，往往是小信号，需经放大后才能进行有效的处理。对于多路输入情况，如多路参数巡回检测等，则需采用多路切换技术。另外，测控系统要对外部设备进行控制，则需要开关量及模拟量输出。本章主要介绍传感器、变送器、执行器、模拟信号放大技术、多通道模拟信号测量技术、A-D 和 D-A 转换技术及电流/电压（I/V）转换技术。

4.1 传感器

传感器的主要作用是拾取外界信息。如同人类在从事各种作业和操作时，必须由眼睛、耳朵等五官获取外界信息一样，否则就无法进行有效的工作和正确操作。传感器是测控系统中不可缺少的基础部件。

4.1.1 传感器的定义和分类及构成

1. 传感器的定义和分类

传感器的通俗定义可以说成"信息拾取的器件或装置"。传感器的严格定义是：把被测量的量值形式（如物理量、化学量、生物量等）变换为另一种与之有确定对应关系且便于计量的量值形式（通常是电量）的器件或装置。它实现两种不同形式的量值之间的变换，目的是计量、检测。因此，除叫传感器（Sensor）外，也有叫换能器（Transducer）的，两者难以明确区分。

从量值变换这个观点出发，对每一种（物理）效应都可在理论上或原理上构成一类传感器。因此，传感器的种类繁多。在对非电量的测试中，有的传感器可以同时测量多种参量，而有时对一种物理量又可用多种不同类型的传感器进行测量。因此，对传感器的分类有很多种方法。可以根据技术和使用要求、应用目的、测量方法、传感材料的物性、传感或变换原理等进行分类，见表4-1。

表4-1　传感器分类

传感器分类	传感原理	传感器名称	典型应用
电参数式变换器		移动电位器触点改变电阻	电位器	位移、压力
	电阻式	改变电阻丝或片的几何尺寸	电阻丝应变片 半导体应变片	位移、力 力矩、应变
		利用电阻的温度物理效应（电阻温度系数）	热丝计	气流流速、液体流量
			电阻温度计	温度辐射热
			热敏电阻	温度
		利用电阻的光敏物理效应	光敏电阻	光强
		利用电阻的湿度物理效应	电阻湿度计	湿度
	电容式	改变电容的几何尺寸	电容式压力计	位移、压力
			电容式微音器	声强
		改变电容介质的性质和含量	电容式液面计	液位、厚度
			含水量测量仪	含水量
	电感式	改变磁路几何尺寸、导磁体位置来改变变换器电感	电感变换器	位移、压力
		利用压磁物理效应	压磁计	力、压力
		改变互感	差动变压器	位移、压力
	频率式	利用改变电的或机械的固有参数来改变谐振频率	涡流传感器	压力
			振弦式压力传感器	压力
			振筒式气压传感器	气压
			石英晶体谐振式传感器	压力
	光纤式	光线在光导纤维中折射传播	光纤式传感器	微位移、核辐射、力、电
	气体式	利用材料的物理化学反应	气体式传感器	速度
电量变换器	电动势	温差热电动势	热电偶	温度、热流
			热电堆	热辐射
		电磁感应	感应式变换器	气体浓度
		霍尔效应	霍尔片	磁通、电流
		光电效应	光电池	光强
	电荷	光致电子发射	光发射管	光强、放射性
		辐射电离	电离式	离子计数、放射性
		压电效应	压电传感器	力、加速度

2. 传感器的构成

传感器一般是由敏感元件、传感元件和其他辅助件组成的，有时也将信号调节与转换电路、辅助电源作为传感器的组成部分，如图 4-1 所示。

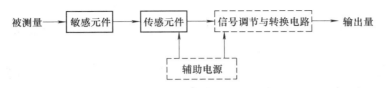

被测量 → 敏感元件 → 传感元件 → 信号调节与转换电路 → 输出量
辅助电源

图 4-1　传感器组成框图

敏感元件是直接感受被测量（一般为非电量），并输出与被测量成确定关系的其他量（一般为电量）的元件。敏感元件是传感器的核心部件，它不仅拾取外界信息，还必须把变换后的量值传输出去。

传感元件又称变换器或转换器（Converter），一般说来，它不直接感受被测量，而是将敏感元件的输出量转换为电量输出的元件。

图 4-1 中的信号调节与转换电路把传感元件输出的电信号经过放大、加工处理，输出有利于显示、记录、检测或控制的电信号。信号调节和转换电路或简或繁，视传感元件的类型而定，常见的电路有电桥电路、放大器、阻抗变换器等。

目前，利用先进的集成电路工艺技术，将敏感元件、传感元件，甚至外围电路集成于一体，构成所谓集成传感器。它具有体积小、寿命长、可靠性高、功能强等优点，日益受到重视，是传感器研究开发的一个重要方向。

4.1.2　传感器的基本性能

利用传感器设计开发高性能的测量或控制系统，必须了解传感器的性能，根据系统要求，选择合适的传感器，并设计精确可靠的信号处理电路。

1. 准确度

传感器的准确度表示传感器在规定条件下允许的最大绝对误差相对于传感器满量程输出的百分数，可表示为

$$A = \frac{\Delta A}{Y_{\mathrm{F \cdot S}}} \times 100\% \tag{4-1}$$

式中，A 为传感器的准确度；ΔA 为测量范围内允许的最大绝对误差；$Y_{\mathrm{F \cdot S}}$ 为满量程输出。

工程技术中为简化传感器的准确度的表示方法，引用了准确度等级概念。准确度等级以一系列标准百分比数值分档表示。如压力传感器的准确度等级分别为 0.05、0.1、0.2、0.3、0.5、1.0、1.5、2.0 等。

传感器设计和出厂检验时，其准确度等级代表的误差指传感器测量的最大允许误差。

2. 稳定性

1）稳定度：一般指时间上的稳定性。它是由传感器和测量仪表中随机性变动、周期性变动、漂移等引起示值的变化程度。

2）环境影响：室温、大气压、振动等外部环境状态变化给予传感器和测量仪表示值的影响，以及电源电压、频率等仪表工作条件变化给示值的影响统称环境影响，用影响系数来表示。

3. 输入输出特性

1）灵敏度：传感器的灵敏度指到达稳定工作状态时，输出变化量与引起此变化的输入

变化之比，用 S 表示，即 $S = dy/dx$。它是静态特性曲线上各点的斜率。传感器静态特性曲线如图 4-2 所示。

2）分辨率：指传感器示值发生可察觉的极微小变化时所需被测量的最小变化值，用 ΔxS 表示。

3）线性度（也称非线性误差）：线性度用来说明输出量与输入量的实际关系曲线偏离直线的程度。通常用如下的最简单的线性度表示法：首先校正测量装置的零点和对应于最大输入量 x_m 的最大示值 y_m 点，得 O 点及 M 点。将连接 O 点和 M 点的直线作为基准直线，也称理论直线，传感器线性度特性曲线如图 4-3 所示。

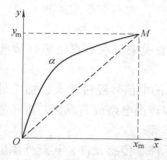
图 4-2　传感器静态特性曲线

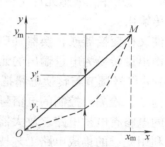
图 4-3　传感器线性度特性曲线

4）重复性：重复性是指在同一工作条件下，输入量按同一方向在全测量范围内连续变动多次所得到特性曲线的不一致性。重复性所反映的是测量结果的偶然误差的大小，而不表示与真值之间的差别。有时重复性虽然很好，但可能远离真值。

5）滞环：它说明一个传感器的正向（上升）特性和反向（下降）特性不一致的程度。滞环并非一定是测量仪表的不足之处，数字仪表经常利用滞环特性如施密特触发器的回差以提高其抗干扰性能。

6）动态特性：动态特性是指传感器对于随时间变化的输入量的响应特性。

4.1.3　传感器的应用领域

现代信息技术的三大基础是信息的采集、传输和处理技术，即传感技术、通信技术和计算机技术，它们分别构成了信息技术系统的"感官"、"神经"和"大脑"。信息采集系统的首要部件是传感器，且置于系统的最前端。在一个现代测控系统中，如果没有传感器，就无法监测与控制表征生产过程中各个环节的各种参量，也就无法实现自动控制。在现代技术中，传感器实际上是现代测控技术的基础。

传感器的应用领域主要如下：

1. 生产过程的测量与控制

在工农业生产过程中，对温度、压力、流量、位移、液位和气体成分等参量进行检测，从而实现对工作状态的控制。

2. 安全报警与环境保护

利用传感器可对高温、放射性污染以及粉尘弥漫等恶劣工作条件下的过程参量进行远距离测量与控制，并可实现安全生产。可用于监控、防灾、防盗等方面的报警系统。在环境保护方面可用于对大气与水质污染的监测、放射性和噪声的测量等方面。

3. 自动化设备和机器人

传感器可提供各种反馈信息，尤其是传感器与计算机的结合，使自动化设备的自动化程度大大提高。在现代机器人中大量使用了传感器，其中包括力、扭矩、位移、超声波、转速和射线等许多传感器。

4. 交通运输和资源探测

传感器可用于交通工具、道路和桥梁的管理，以保证提高运输的效率与防止事故的发生。还可用于陆地与海底资源探测以及空间环境、气象等方面的测量。

5. 医疗卫生和家用电器

利用传感器可实现对病患者的自动监测与监护，可进行微量元素的测定，食品卫生检疫等。

4.1.4 基准电压源和恒流源

在传感器电路中，经常使用基准电压源和恒流源。因为传感器应用领域不同，使用的基准电压源或恒流源也不同。

1. 基准电压源

基准电压源电路是输出电流变化时，保持输出电压不变的电路。由于集成技术的发展，市场上已有各种规格的稳压器，适合各种不同的需要。而且由恒压源还可以构成不同的恒流源。典型的恒压源之一是带隙器件。

带隙基准器件能在 $10\mu A \sim 10mA$ 范围内工作。如果要设计一个低电源系统，低到 $10\mu A$ 左右的操作是很重要的，并且宽的工作电流范围允许该基准器件工作于宽的电源电压范围。

带隙器件可获得 1.2V、2.5V、5V 的工作电压，使用 1.2V 的基准器件并使用运放放大其输出，允许设计出从 1.2V 到电源电压的任意电压。

常用基准电压源见表 4-2。

表 4-2　基准电压源

基准电压典型值/V	型　　号	电压温度系数典型值 α_T ($10^{-6}/℃$)	最大工作电流 I_{RM}/mA
1.2	LM113，LM313	100	10
	TC94，TC9491	50	20
	LM385 - 1.2	20	10
	MP5010（分四档）	10 ~ 100	10
	ICL8069（分四档）	10 ~ 100	5
	AD589（分七档）	10 ~ 100	10
2.5	MC1403（分三档）	10 ~ 100	10
	AD580（分七档）	10 ~ 40	10
	LA336-2.5	20	10
	LM368-2.5	11	30
	LM385-2.5	20	10
	TC05	50	20
	μPC1093	≤40	15

基准电压典型值/V	型　号	电压温度系数典型值 α_T（10^{-6}/℃）	最大工作电流 I_{RM}/mA
5	MC1404（分两档）	10	10
	LM336-5.0	30	10
	MAX672	2	10
	REF-05	0.7	20
6.95	LM129，LM329	20	15
	LM199，LM399	0.3	10
	LM3999	2	10
10	AD581（分六档）	5～30	10
	MAX673	2	10
	LM169，LM369	10	27
	REF-01	20	21
	REF-10	3	20
2.5V、5V、7.5V、10V（可编程），或在2.5～10V内设定	AD584	5～10	10

下面以 LM336-2.5 为例介绍介绍基准电压源的应用。

LM336-2.5 型基准电压源是美国国家半导体公司生产的 2.5V 并联调整式带隙基准电压源，其主要特点如下：

- LM336-2.5 属于三端精密 2.5V 基准电压源。
- 工作电流范围宽，从 300μA 直到 10mA。
- 由于它采用并联调整式电路，因此可作为正电压基准或负电压基准。

LM336-2.5 采用 TO-92 型塑料封装或 TO-46 型圆金属壳封装，其电路符号如图 4-4 所示。三个引出端依次为正端（＋）、负端（－）、调整端（ADJ）。

LM336-2.5 典型应用电路如图 4-5 所示。

图 4-4　LM336-2.5 电路符号　　　　图 4-5　LM336-2.5 典型应用电路

2. 恒流源

恒流源电路是当输出电压变化时，能保持输出电流不变的电路。

下面介绍 BB 公司生产的集成双路恒流源 REF200。

REF200 引脚图如图 4-6 所示。

REF200 是一个单片集成电路，内含三个单元：两个 100μA 的电流源和一个镜像电流源。各个单元之间绝缘隔离，完全独立。该恒流源是一个两端口器件，可以吸收电流。每个部分都可以独立使用和激光微调，因此精度很高。

该芯片可以引出 50μA、100μA、200μA、300μA 和 400μA 的电流。外加电路可获得各种电流。有关电路的详细情况可查阅数据手册的应用部分。

REF200 是塑封 8 脚微型双列直插和 SOIC 封装。

主要应用场合如下：

- 传感器激励。
- 偏置电路。
- 偏移电流回路。
- 低压参考。
- 充电泵电路。
- 混合微型电路。

双路 100μA 的恒流源电路如图 4-7 所示。

在图 4-7 中，R_1 和 R_2 为负载，每一路为 100μA 的恒流源。

采用 REF200 形成的 200μA、300μA 和 400μA 单路恒流源如图 4-8a、b、c 所示。

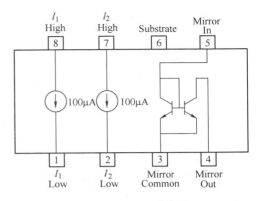

图 4-6　REF200 引脚图

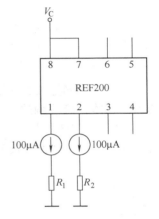

图 4-7　双路 100μA 的恒流源电路

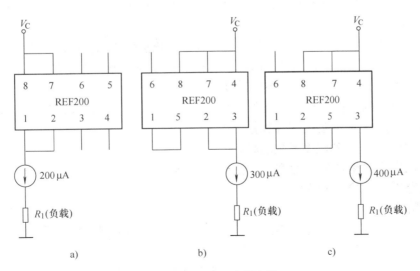

图 4-8　REF200 应用电路

在图 4-8 中，所有 V_C 电源的最小电压为 4V。

83

4.1.5 温度传感器

温度是表征物体冷热程度的物理量。它与人类生活关系最为密切，是工业控制过程中的四大物理量（温度、压力、流量和物位）之一，也是人类研究最早、检测方法最多的物理量之一。

温度是表征物体冷热程度的一种状态量，各种不同的物体有着不同的温度范围。从总体来说，温度分布范围极宽，加上被测对象的繁杂多样，虽然，测量温度的传感器种类很多，但至今没有一种温度传感器能够覆盖整个温度范围，而又能满足一定的测量精度，只能根据不同的温度范围和不同的被测对象，适当地选择不同的传感器。不同类型的温度传感器是由各种材料随温度变化而改变某种特性来间接测量的，即不同类型的温度传感器具有不同的工作机理。例如，物体随温度变化导致该物体的电阻、电容、热电动势、频率或磁性能的变化，温度与它们之间存在线性或非线性关系，因而通过测量电阻、电动势或频率等达到测量温度的目的。随着新学科和新技术的发展，人们揭示了新的机理或效应，新型温度传感器就会应运而生。根据统计，温度传感器数量约占各种传感器使用数量的一半左右。温度传感器种类也是最多的。

温度传感器测量被测介质温度的方式可分为两大类：接触式和非接触式。测温时使传感器与被测物体直接接触的称为接触式温度传感器。这类传感器种类较多，如热电偶、热电阻、PN结等。传感器与被测物体不接触，而是利用被测物体的热辐射或热对流来测量的称为非接触式温度传感器，如红外测温传感器等，它们通常用于高温测量，如炼铁炼钢炉内温度测量。

1. 热电阻

热电阻材料一般有两类：贵金属和非贵金属。能用于温度测量的主要有铂热电阻（贵金属类）和镍、铜热电阻（非贵金属类）。它们都具有制成热电阻的必要特性：稳定性好、精度高、电阻率较高、温度系数大和易于制作等，在工程中常用的是铂和铜两种热电阻。

（1）铂电阻

众所周知，铂是一种贵金属，易于提纯，物理和化学性质都很稳定，耐氧化，并在相当宽的温度范围内有相当好的稳定性，因此，有极好的复现性能，在1927年就把铂电阻作为复现温标的基准器，当前仍是作为精密温度计的一种主要传感器。

制作测温电阻的材料铂，当其纯度≥99.999%时是最佳的材料，它有以下的优点：

① 纯度越高，电阻 – 温度特性越稳定。

② 纯度越高，电阻的温度系数越高。

目前，国内主要生产的两种型号的铂电阻 $R_0 = (46 \pm 0.046)\Omega$ 和 $R_0 = (100 \pm 0.10)\Omega$，适用的温度范围是 $-200 \sim 650℃$。

（2）铜电阻

由于铂电阻价格高，故在测温准确度要求不太高和测温范围较小时采用铜电阻作为测温元件。

与铂电阻相比，铜电阻的显著优点是价格相当低，也易于提纯。

（3）热电阻测量接线方式

由于热电阻随温度变化而引起的变化值较小，例如，铂电阻在零温度时的阻值 $R_0 = $

100Ω，铜电阻在零温度时 $R_0 = 50\Omega$，因此，在传感器与测量仪器之间的引线过长会引起较大的测量误差。在实际应用时，通常使热电阻与仪表或放大器采用两线、三线或四线制的接线方式。两线制的引线电阻：铜电阻不得超过 R_0 的 0.2%，铂电阻不超过 R_0 的 0.1%。采用三线制、四线制可消除连接线过长而引起的误差。

① 二线制接法。二线制接法如图 4-9 所示，该电路是最简单的测量方式，也是误差较大的接线方式。

R_2 和 R_3 是固定电阻，电阻值较大，且 $R_2 = R_3$。R_1 是为保持电桥平衡而选用的调零电位器，R_1 为热电阻，R_4、R_5 为导线等效电阻。

假设 $R_4 = R_5 = r$，，R_1 与 R_t 电阻值相对 R_2、R_3 电阻值较小，可以认为 $I_1 = I_2 = I$（恒流源）。

$V_{AC} = I_1(R_4 + R_t + R_5) = I(r + R_t + r) = IR_t + 2Ir$

$V_{BC} = I_2R_1 = IR_1$

因此，$\qquad V_O = V_{AB} = V_{AC} - V_{BC} = IR_t + 2Ir - IR_1 = I(R_t - R_1) + 2Ir$ $\qquad$ (4-2)

当 r 不为零时，可能产生较大的误差。

② 三线制接法。三线制接法如图 4-10 所示，该电路是最实用的精确测量方式。

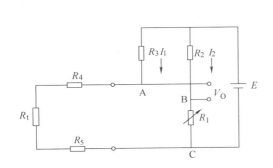

图 4-9 热电阻二线制接法

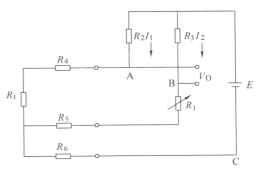

图 4-10 热电阻三线制接法

R_4、R_5 和 R_6 为导线电阻。假设 $R_4 = R_5 = R_6$，$I_1 = I_2 = I$。（恒流源）

$$V_{AC} = I_1(R_4 + R_t) + (I_1 + I_2)R_6 = I(r + R_t) + (I + I)r = IR_t + 3Ir$$
$$V_{BC} = I_2(R_1 + R_5) + (I_1 + I_2)R_6 = I(R_1 + r) + (I + I)r = IR_1 + 3Ir \qquad (4\text{-}3)$$
$$V_O = V_{AB} = V_{AC} - V_{BC} = IR_t + 3Ir - IR_1 - 3Ir = I(R_t - R_1)$$

式（4-3）与导线电阻没有关系，实现了精确测量。

③ 四线制接法。四线制接法如图 4-11 所示，R_1、R_2、R_3 和 R_4 为引线电阻和接触电阻，且阻值相同。R_3、R_4 是电压检测电路一侧的电阻，R_1、R_2 是恒流源一侧电阻。这种电路在测量电压时，漏电流很小，它是高阻抗电压不可缺少的部分。测量误差主要由 R_3 和 R_4 的电压降引起，该误差远小于铂（Pt）电阻测温计电压降引起的误差，可忽略不计。R_1 和 R_2 因为是与恒流源串联连接，故也可忽略。

该电路用于温度的精确测量，但一般情况下极少使用。

若要求较高的精度，可采用 REF200 恒流源电路。

采用 REF200 恒流源的三线制接法如图 4-12 所示。

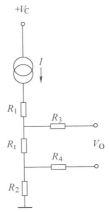

图 4-11 热电阻四线制接法

在图 4-12 中, r 为导线电阻, 每一回路电流
为 $100\mu A$, 输出 $V_0 = 100\mu A \cdot R_t$。当需要更大的
电流时, 可用两片 REF200 恒流源。

2. 热敏电阻

热敏电阻是电阻值随着温度的变化而显著变
化的一种半导体温度传感器。目前使用的热敏电
阻大多属陶瓷热敏电阻。按其阻值随温度变化的
特性可分为三类:

1) 负温度系数 (NTC) 热敏电阻, 其热敏电
阻的阻值随温度上升呈指数减小。

2) 正温度系数 (PTC) 热敏电阻, 其热敏电
阻的阻值随温度上升显著地非线性增大。

3) 临界温度电阻式 (CTR) 热敏电阻, 具有
正或负温度系数特性, 它存在一临界温度, 超过临界温度, 阻值会急剧变化。

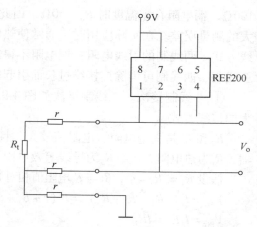

图 4-12 采用 REF200 的三线制接法

按上述分类的热敏电阻的基本特性见表 4-3。

表 4-3 热敏电阻的基本特性

类型 \ 参数	0℃电阻值	α/ (%/℃)	时间常数	耗散因素/ (mW/℃)	适用温度范围/ ℃
NTC	$10\Omega \sim 10M\Omega$	$-1 \sim -6$	$0.5 \sim 3$	$0.5 \sim 10$	$-130 \sim 1300$
PTC	$10\Omega \sim 100M\Omega$	$6 \sim 50$	$3 \sim 10$	$2 \sim 20$	$-50 \sim 150$
CTR	$1k\Omega \sim 1M\Omega$	$-30 \sim 100$	$0.5 \sim 3$	$0.5 \sim 10$	$0 \sim 150$

根据使用条件, 热敏电阻可以分为直热式、旁热式和延迟用热敏电阻三种。直热式热敏
电阻是利用电阻体本身通过电流来取得热源而改变电阻值的。旁热式热敏电阻则尽量减小自
加热所产生的电阻变化, 而用管形热敏电阻中央或珠形热敏电阻外部加热器的加热电流来改
变电阻值。延迟用热敏电阻是利用电阻自加热来改变电阻值, 进而电流随着时间而变的现象
(即瞬变现象) 制成的。按工作温度范围的不同, 又可分为常温热敏电阻 ($-55 \sim 315℃$)、
低温热敏电阻 ($< -55℃$) 和高温热敏电阻 ($> 315℃$)。

(1) NTC 热敏电阻

负温度系数热敏电阻是用一种或一种以上的锰、钴、
镍、铁等过渡金属氧化物按一定配比混合, 采用陶瓷工艺
制备而成的。热敏电阻材料中的金属氧化物属于陶瓷材料
范畴, 其导电机理类似于半导体, 载流子浓度与温度有关。

NTC 热敏电阻的特点是体积小, 热惯性小, 输出电阻
变化大, 适合于长距离传输, 典型应用电路如图 4-13
所示。

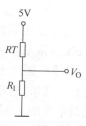

图 4-13 NTC 热敏电阻应用电路

其输出为

$$V_0 = \frac{R_1}{R_1 + RT} \times 5V$$

式中, R_1 为固定电阻; RT 为热敏电阻。

86

（2）PTC 热敏电阻

具有正温度特性的热敏电阻是以具有正温度系数的典型材料钛酸钡烧结体为基体，掺入微量的稀钍类元素（如二氧化钇等）作施主杂质，使其成为半导体。

热敏电阻的 PTC 效应与很多因素有关，因此也出现了许多物理模型。其中之一是表面势垒模型。其导电机理是因为多晶材料的晶粒间界处势垒随温度而变化。

（3）CTR 热敏电阻

CTR 也是一种具有负温度系数的热敏电阻，它与 NTC 不同的是，在某一温度范围内，电阻值急剧发生变化，CTR 热敏电阻主要用作温度开关。

3. 集成温度传感器

集成电路温度传感器是把温度传感器（如热敏晶体管）与放大电路等后续电路，利用集成化技术制作在同一芯片的功能器件。这种传感器输出信号大，与温度有较好的线性关系、小型化、成本低、使用方便、测温精度高，因此，得到广泛使用。

集成温度传感器按输出量不同可分为电压型和电流型两种。其中，电压型的灵敏度一般为 $10mV/℃$，电流型的灵敏度为 $1μA/℃$。这种传感器还具有绝对零度时输出电量为零的特性，利用这一特性可制作绝对温度测量仪。

由于感温元件与全部其他电路都集中在一个小芯片上，所以传感器的功耗及自热效应，以及在工作温度范围内电路元件的热稳定性，是影响这种传感器性能的重要因素，必须在设计、工艺和封装上采用适当措施加以克服。集成电路温度传感器的工作温度范围是 $-50 \sim 150℃$，其具体数值因型号和封装形式不同而异。

（1）常用集成温度传感器

几种集成温度传感器的特性见表 4-4。它们除了作测温元件外，还常用于温度补偿元件和温度控制元件。

表 4-4　几种集成温度传感器

型　号	测温范围/℃	输出形式	温度系数	封　装	厂　名	其　他
XC616A	-40 ~ 125	电压型	10mV/℃	TO-5（4 端）	NEC	内含稳压及运放
XC616C	-25 ~ 85	电压型	10mV/℃	8 脚 DIP	NEC	内含稳压及运放
LX6500	-55 ~ 85	电压型	10mV/℃	TO-5（4 端）	NS	内含稳压及运放
LX5700	-55 ~ 85	电压型	10mV/℃	TO-46（4 端）	NS	内含稳压及运放
LM3911	-25 ~ 85	电压型	10mV/℃	TO-5（4 端）	NS	内含稳压及运放
REF - 02	-55 ~ 125	电压型	2.1mV/℃	TO-5（8 端）	PMI	
LM35	-35 ~ 150	电压型	10mV/℃	TO-46 及 TO-92	NS	
LM135	-55 ~ 150	电压型	10mV/℃	3 端	NS	
LM235	-40 ~ 125	电压型	10mV/℃	3 端	NS	
LM335	-10 ~ 100	电压型	10mV/℃	3 端	NS	
AD590	-55 ~ 150	电流型	1μA/℃	TO-52（3 端）	AD	
LM134	-55 ~ 125	电流型	1μA/℃	TO-5（8 端）	NS	
	0 ~ 70					

（2）电压型集成温度传感器的应用

三端电压输出型集成温度传感器是一种精密的、易于定标的温度传感器，它们是 LM135、LM235、LM335 等，其基本测温电路如图 4-14 所示。将测温元件的两端与一个电阻串联，加上适当的电压可以得到灵敏度为 $10mV/℉$，直接正比于绝对温度的输出电压 V_0。

传感器的工作电流由电阻 R 和电源电压决定，因此

$$V_0 = V_{CC} - IR$$

如果这些传感器通过外接电位器的调节，可完成温度定标，以减小因工艺偏差而产生的误差，其接法如图 4-15 所示。例如，在 25℃ 下，调节电位器使输出电压为 2.98V，经如此标定后，传感器灵敏度达到设计值 10mV/˚K 的要求，从而提高测温精度。

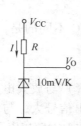

图 4-14　基本测温电路

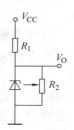

图 4-15　温度定标电路

（3）电流型集成温度传感器的应用

电流型集成温度传感器，在一定温度下，它相当于一个恒流源，因此，它具有不易受接触电阻、引线电阻、噪声的干扰，能实现长距离（如 200m）传输的特点，同样具有很好的线性特性。美国 AD 公司的 AD590 就是电流型集成温度传感器。

AD590 的典型应用电路之一如图 4-16 所示。

在图 4-16 中，采用 DC ±9V 电源供电。

当绝对温度为 0K 时，电流为 0μA，每升高 1K，电流升高 1μA。

当摄氏温度为 0℃ 时，电流为 273μA，此时让 $V_0 = 0V$，则有

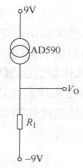

图 4-16　AD590 典型应用电路之一

$$R_1 = \frac{0 - (-9)}{0.273} k\Omega \approx 33 k\Omega$$

当摄氏温度为 50℃ 时，则有

$$V_0 = (0.273 + 0.05) mA \times 33 k\Omega + (-9) V = 10.659 V - 9V = 1.659 V$$

AD590 的典型应用电路之二如图 4-17 所示。

在图 4-17 中，A 点为虚地，则有

$$I_1 = 12V/50k\Omega = 0.24mA$$

又因 $I_3 = I_1 + I_2$，则

$$I_3 = 0.273mA + \Delta I_3$$

所以

$$0.273mA + \Delta I_3 = 0.24mA + I_2$$
$$I_2 = 0.033mA + \Delta I_3$$

ΔI_3 为温升（对应 0K）所产生的电流（单位 mA），则输出 $V_0 = I_2 R_1 = (0.033 + \Delta I_3) R_1$（单位 V）。

4. 热电偶

热电偶是温度测量中使用最广泛的传感器之一，其测量

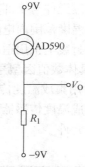

图 4-17　AD590 典型应用电路之二

温区宽，一般在 $-180 \sim 2800℃$ 的温度范围内均可使用；测量的准确度和灵敏度都较高，尤其在高温范围内，有较高的精度。因此，国际实用温标规定，在 $630.74 \sim 1064.43℃$ 的温区范围内，用热电偶作为复现热力学温标的基准仪器，热电偶在一般的测量和控制系统中，常用于中高温区的温度检测。

把两种不同的导体或半导体连接，构成如图 4-18 所示闭合回路，若使两个节点保持不同温度，将产生热电动势，即塞贝克（Seebeck）效应。

热电偶符号如图 4-19 所示，有时简称 TC。

图 4-18　热电偶工作原理　　　　　　　　图 4-19　热电偶符号

AB 两端热电动势 $E_{AB}(t,t_0) = e_{AB}(t) - e_{AB}(t_0)$。

热电动势由两部分组成：接触电动势和温差电动势。

接触电动势产生的原因是：当两种导体接触时，由于二者电子密度不同，电子密度大的导体的电子向另一导体扩散的速率高，结果丢失电子多的导体带正电荷，得到电子的导体带负电荷，这样就形成接触电动势，其大小取决于两种导体的性质和接触点的温度。

温差电动势产生的原因是由同一导体两端因温度不同（如 $t > t_0$）而产生的。高温端的电子能量比低温端的电子能量大，因此从高温端流向低温端的电子数目比低温端流向高温端的多，结果丢失电子的高温端带正电荷，得到电子的低温端带负电荷。

令冷端温度 t_0 固定，则总电动势只与热端温度 t 呈单值函数。

$$E_{AB}(t,t_0) = e_{AB}(t) - C = F(t)$$

输出灵敏度一般为 $\mu V/℃$ 级。

当 $t_0 = 0℃$ 时，$C = 0$，不用冷端补偿。

当 $t_0 \neq 0℃$ 时，$C \neq 0$，需用冷端补偿。

根据热电偶中间温度定则，有

$$E(t,0) = E(t,t_0) + E(t_0,0) \tag{4-4}$$

式中，$E(t,0)$ 为被测温度对应热电动势；$E(t,t_0)$ 为实测温度对应热电动势；$E(t_0,0)$ 为补偿热电动势。

常用的热电偶有 K、E、J、T、B、R、S 等。测温范围一般由热电偶的线径决定，线径越粗所能测量的温度越高，见表 4-5。

表 4-5　常用热电偶

热电偶种类	极线径/mm	正常温度/℃	过热温度/℃
K	0.65	650	850
	1.00	750	950
	1.60	850	1050
	2.30	900	1100
	3.20	1000	1200

热电偶种类	极线径/mm	正常温度/℃	过热温度/℃
E	0.65	450	500
	1.00	500	550
	1.60	550	650
	2.30	600	750
	3.20	700	800
J	0.65	400	500
	1.00	450	550
	1.60	500	650
	2.30	550	750
	3.20	600	750
T	0.32	200	250
	0.65	200	250
	1.00	250	300
	1.60	300	350
B	0.50	1500	1700
R S	0.50	1400	1600

　　热电偶在使用中的一个重要问题是如何解决自由端温度补偿，因为热电偶的输出热电动势不仅与工作端的温度有关，而且也与自由端的温度有关。平常使用时，热电偶两端输出的热电动势对应的温度值只是相对于自由端温度的一个相对温度值，而自由端的温度又常常不是零度。因此该温度值已叠加了一个自由端温度。

　　为了直接得到一个与被测对象温度（工作端温度）对应的热电动势，热电偶使用时常采取冷端补偿的办法，如利用冰水混合物作为冷端补偿，由于采用冰溶将冷端维持在0℃，那么利用输出的电动势可直接在分度表上查得被测的温度值。

　　另外，也可以用AD590来进行温度补偿，如图4-20所示。

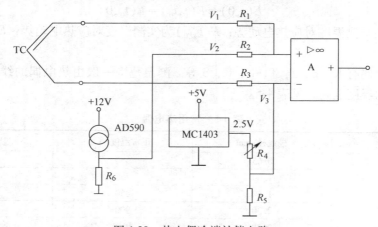

图4-20　热电偶冷端补偿电路

在图 4-20 中，电阻 R_6 的选取可根据不同的热电偶来选择。例如，当为 K 型热电偶时，电阻 R_6 的计算方法如下：

由于 K 型热电偶的 Seebeck 系数为 $40.2\mu V/K$，则取 $R_6 = 40.2\Omega$。

由此得到补偿电压的温度灵敏系数也为 $40.2\mu V/K$，正好对冷端实现完全补偿。

调节电阻 R_4，在 0℃ 时，使 $V_3 = 40.2\Omega \times 0.273mA = 10.98mV$，使 $V_1 + V_2 = V_3$。

在计算机测控系统中，往往采用另一种冷端补偿方法。即单独让一路 A-D 测量冷端温度 t_0，从而实现冷端补偿，方法如下：

在取得热电偶输出电压信号后，将所测量的冷端温度 t_0（如用 AD590）按热电偶的分度表计算出对应的毫伏数，与已经取得的热电偶毫伏数相加，此时再查热电偶分度表，即可得到测量温度 t，完成了热电偶的冷端补偿。此种方法非常简单，在整个测量系统中，只需测量出一个冷端温度 t_0，就可以完成对多路且不同种类的热电偶实现冷端补偿。

4.1.6 湿度传感器

湿度是指空气中含有湿空气的量，通常用绝对湿度、相对湿度和露点来表示：

- 绝对湿度：单位体积内所含有的湿空气的质量，其定义为

$$P_V = M_V / V$$

式中，M_V 为待测空气中水蒸气的质量；V 为待测空气的总体积。

但一般在工业上使用时，常用相对湿度的概念来描述空气的含湿量。

- 相对湿度：气体中的水蒸气分压与同温度下饱和水蒸气压的比值，亦即指空气中的含湿度与该状态下空气中所能包含的最大含湿量之比，相对湿度通常用百分数来表示，记作 %RH。
- 露点：保持压力一定而降低待测气体的温度至某一数值时，待测气体中水蒸气的含量达到饱和并开始结露（或结霜），此时的温度称为露点（霜点）。

目前，湿度传感器常用于化纤、造纸、仓库、育种、机房、家电等各个领域，并随着精密加工和制造技术对环境要求的提高，人们对居室环境要求的进一步需求等而得到更广泛的应用。

1. 毛发湿度计

这是一种利用毛发肠衣等物在受潮后伸长的原理制作的湿度计，在不同湿度下，毛发有不同程度的伸缩，将其长度信号转换提取，即可得到湿度。这种湿度计对低湿（<10% RH）和高湿（>90% RH）的测量精度较低，且滞后性较强，不能在有风或有氨气和酸蒸气等腐蚀性环境下使用。但这种湿度计结构简单，使用方便，可用于一般情况下的常湿区内湿度测量或在该区内的恒定湿度控制。

2. Licl 湿敏元件

这种传感器是利用潮解性盐类在受潮时电阻发生改变的特点制作的。因此，其对湿度变化的敏感主要表现在其阻值的变化上，这种传感器由离子导电型元件组成，所以其供电电源应用交流而不可用直流以防极化。

3. 高分子湿度传感器

利用高分子材料制成的湿敏元件，主要是利用它的吸湿性和膨润性。常用的有电容式和电阻式两类。

（1）电容式

电容式湿敏元件主要是利用高分子薄膜在吸湿后，介电常数发生变化从而导致电容发生改变的特点制成的。由于高分子薄膜可以做得极薄，所以元件可以很快地吸湿和脱湿，这就决定了其滞后误差小和响应速度快的特点，且易于实现小型化和轻量化。

（2）电阻式

电阻式湿敏元件主要是利用高分子材料吸湿后电阻发生变化的特点制成的，它除具备电容式测湿元件的诸多优点外，还可以用单个元件测量 0~100% RH 范围的湿度，而且，经过适当调配的高分子材料感湿膜，在 30%~90% RH 的范围内，有 3.6kΩ~6.6MΩ 的电阻值，这个数据范围对电路的设计和测量较为方便。

目前，电阻式高分子材料湿度传感器在大型房间空间设备、大型温室湿度调节、复印机等领域有较多的应用。

湿度测量可以选择湿度变送器，输出为 4~20mA 或 RS-485 数字接口。

另外，市场上已经出现 I^2C 接口输出的温湿度传感器。

如 Sensirion 公司生产的 I^2C 接口输出的温湿度传感器 SHT20、SHT7X 系列等。

SHT20 数字温湿度传感器如图 4-21 所示，SHT71 通用型温湿度传感器如图 4-22 所示。

图 4-21　SHT20 数字温湿度传感器

图 4-22　SHT71 通用型温湿度传感器

Honeywell 公司也生产出 HIH4000 系列、HIH5030/5031 系列湿度传感器。

4.1.7　流量传感器

流量是工业生产过程及检测与控制中一个很重要的参数，凡是涉及具有流动介质的工艺流程，无论是气体、液体还是固体粉料，都与流量的检测与控制有着密切的关系。

流量有两种表示方式：一种是瞬时流量即单位时间所通过的流体容积或质量；一种是累积流量，即在某段时间间隔内流过流体的总量。

检测流量的装置是多种多样的。从检测方法上说，可分为两大类：一类是直接检测，即从流量的定义出发，同时检测流体流过的体积（或重量）和时间；另一类是间接检测，即检测与流量或流速有关的其他物理参数并算出流量值。直接检测可以得到准确的结果，所得数据是在某一时间间隔内流过的总量。在瞬时流量不变的情况下，用这种方法可求出平均流量，但这种方法不能用来检测瞬时流量。一般流量检测装置是以间接检测为基础，然后用计算方法确定被测参数与流量之间的关系数据。

按流量计检测的原理，可分为差压流量计、转子流量计、容积流量计、涡轮流量计、漩涡流量计、电磁流量计和超声波流量计等。由于目前使用的流量计有上百种，测量原理、方法和结构特性各不相同，正确地予以分类是比较困难的。一般来说，一种测量原理是不能适用于所有情况的，必须充分地研究测量条件，根据仪表的价格、管道尺寸、被测流体的特性、被测流体的状态（气体、液体或蒸汽）、流量计的测量范围以及所要求的准确度来选择流量计。

1. 差压流量传感器

在工业过程的测量与控制中，应用最广泛的是差压式流量计，在所有测量液体、气体和蒸汽流量的场合，绝大多数都选用了差压式流量计。这种流量计是用节流装置或其他检测元件与差压计配套使用来测量流量的，是一种比较成熟的产品，20世纪50年代以前，国外就广泛应用，由于它具有结构简单、使用寿命长、适应性强和价格较低等优点，因而占有很大的市场比例，在各种流量计中约占第一位。

产生差压的装置有许多种，如孔板、文丘里管、喷嘴、靶式流量计、皮托管和均速管等。目前，上述节流装置在我国和国际上都已标准化，它们在完全符合国家已定的设计、安装和使用规程的各项条件时，流量和差压之间的关系可不经个别校准，而在规定的误差范围内，直接用计算方法确定。

所有差压式流量计所依据的基本原理都是伯努利的能量守恒方程。当流体通过设置在管道中的节流件时，造成流束局部收缩，其流速提高，压力减小。这个节流件两侧的压差与通过的流量有关，流量越大，压差越大，所以可以利用此压差来测量流量。

图4-23示出了节流孔板的工作原理。装在管道中的孔板是一片带有圆孔的薄板，孔的中心位于管子的中心线上。假定流体是不可压缩的，其黏性可以忽略不计，而且是稳流的，那么，对于通过截面1和截面2的流体，可由伯努利方程和连接方程来表示，即

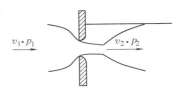

图 4-23　节流孔板的工作原理

$$\frac{1}{2}\rho v_1^2 + p_1 = \frac{1}{2}\rho v_2^2 + p_2 \tag{4-5}$$

$$\rho A_1 v_1 = \rho A_2 v_2 \tag{4-6}$$

式中，v_1、v_2 为截面1、截面2处的平均流速；p_1、p_2 为截面1、截面2处的压力；A_1、A_2 为截面1、截面2处的横截面积；ρ 为流体密度。

p_1、p_2 一般称为静压，$\frac{1}{2}\rho v_1^2$、$\frac{1}{2}\rho v_2^2$ 称为动压。

从式（4-5）和式（4-6）可求出流体体积流量 Q，即

$$Q = A_2 v_2 = \frac{A_2}{\sqrt{1-m^2}}\sqrt{\frac{2(p_1-p_2)}{\rho}} = \frac{A_2}{\sqrt{1-\beta^4}}\sqrt{\frac{2(p_1-p_2)}{\rho}} \tag{4-7}$$

式中，$m = \beta^2 = A_2/A_1$，是节流前后横截面积之比；β 为横截面1和2是圆形时的直径比 d/D。

式（4-7）是在理想情况下推导出来的，在实际应用中必须加上各种修正。从图4-23可以看出，流体经过节流机构以后，截面缩小了，由于流体存在惯性，所以缩小了的流束的最小横截面 A_2 应该是在距节流机构稍微往下远一点的地方，即 A_2 应比节流机构的开口面积 A_0 要小，这个现象叫作缩流。又由于流体存在黏性的影响，因此，必须对实用的节流机构在实际测定时加修正系数 α，同时，考虑到流体的可压缩性，也必须对式（4-7）进行可压缩性

修正，由此，式（4-7）可表示为

$$Q = \alpha \varepsilon A_0 \sqrt{\frac{2(p_1 - p_2)}{\rho}} \qquad (4\text{-}8)$$

式中，α 为流量系数；ε 为膨胀修正系数或称压缩系数，通常在 0.9～1.0 之间。

由式（4-8）可知，只要把节流机构前后的差压 $p_1 - p_2$ 取出来，就可以测出流量，流量与压差是非线性的平方根关系。

2. 涡轮流量计

涡轮流量计是比较精确的一种流量检测装置。当被测流体通过装在管道内的涡轮叶片时，涡轮受流体的作用而旋转，并将流量转换成涡轮的转数。在很宽的量程范围内（量程比可达 20：1～10：1），涡轮的转速和流体的流量成正比。涡轮的转速可以用装在外部的电磁检测器或其他类似的检测器，先转换成电信号，然后，再经前置放大器放大，由计算机进行计数，根据单位时间内的脉冲数和累计脉冲数就能反映出单位时间的流量和累积流量。

由于涡轮流量计输出的是脉冲信号，易于远距离传送和定时控制，并且抗干扰性强，因此，可以用于纯水、轻质油（汽油、煤油、柴油）、黏度低的润滑油及腐蚀性不大的酸碱溶液。在要求保证准确度（一般在 ±0.5% 以内）、脉冲信号输出、进行密闭输送的场合可采用涡轮流量计。

3. 数字式气流传感器

在空气流量的测量中，Honeywell 公司现在已生产出 HAF 系列数字式气流传感器，具有多种安装方式。

Honeywell 公司的 Zephyr™ 数字式气流传感器 HAF 系列 – 高准确度型为在指定的满量程流量范围及温度范围内读取气流数据提供一个数字接口。它们的绝热加热器和温度感应元件可帮助传感器对空气流或其他气流做出快速响应。

Zephyr 传感器设计用来测量空气和其他非腐蚀性气体的质量流量。它们采用标准流量测量范围，经过了全面校准，并利用一个设计在电路板上的"专用集成电路"（ASIC）进行温度补偿。

HAF 系列在 0～50℃ 的温度范围内进行温度补偿，在 –20～70℃ 的温度范围内工作。最先进的基于 ASIC 的补偿方式能以 1ms 的响应时间提供数字（I²C）输出。

这些传感器利用热传输（转移）原理来测量气流的质量流量。它们由一个微桥型"微电子和微机电系统"（MEMS）组成，其热电阻由铂和氮化硅薄膜沉积而成。MEMS 感应片处在一个精确的、经过计算确定的气流通道中，以提供重复的气流响应。

Zephyr 传感器为客户提供增强的可靠性、数字化的精确性、可重复的测量结果以及对传感器选项进行客户化定制以满足很多特定应用需求的能力。坚固的外壳与稳定的基片相结合，使这些产品极为稳健。它们是按照 ISO 9001 标准设计和制造的。

例如：HAFUHM0020L4AXT 是一种霍尼韦尔 Zephyr™ 气体质量流量传感器，如图 4-24 所示。

测量区域为单向气流，采用长接口，歧管安装，流量范围为 0～20 SLPM（即标准公升每分钟流量值），使用标准

图 4-24　HAFUHM0020L4AXT
气体质量流量传感器

I^2C 输出（地址为 0x49），供电可采用 DC 3～10V 电源电压。

Zephyr™ 系列传感器有多种可选安装方式，如图 4-25 所示。

Zephyr™ 系列传感器可以应用于以下领域：

（1）医疗

- 麻醉机。
- 心室辅助装置（心脏泵）。
- 医院诊断（光谱、气相色谱）。
- 喷雾器。
- 制氧机。
- 患者监测系统（呼吸监测）。
- 睡眠呼吸机。
- 肺活量计。
- 呼吸机。

（2）工业

- 空气-燃料比。
- 分析仪器（光谱、气相色谱）。
- 燃料电池。
- 气体泄漏检测。
- 煤气表。
- 暖通空调（HVAC）系统过滤器。
- 暖通空调（HVAC）系统上的变风量（VAV）系统。

图 4-25　Zephyr™ 系列传感器的多种可选安装方式

另外，Sensirion 公司也推出了 SDP500 系列数字式动态测量差压传感器，基于 CMOSens 传感器技术，将传感器元件、信号处理和数字标定集成于一个微芯片，具有较好的长期稳定性和重复性以及较宽的量程比，能够以超高精度，无漂移地测量空气和非腐蚀性气体的流量。

SDP510 是 SDP500 系列中的一款，工作电压为 3.3V，测量范围为 ±500Pa（标定范围为 0～500Pa，测量范围中未标定部分无法确保其精度），分辨率为 9～16 位可调（默认 12 位），提供 I^2C 数字接口，可以方便地将测量数据传输至控制器，完成流量的精确测量。SDP510 与 STM32F103 的接口电路如图 4-26 所示。

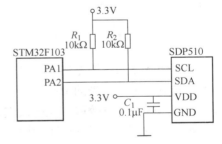

图 4-26　SDP510 与 STM32F103 的接口电路

4.1.8　热释电红外传感器

热释电红外传感技术是 20 世纪 80 年代迅速发展起来的一门新型学科。热释电红外传感原理是基于：任何高于绝对温度的物体都会发出电磁辐射——红外线，但各种不同温度的物体所辐射的电磁能及能量随波长的分布是不同的。

物体的表面温度越高，它辐射的能量就越强。人体红外辐射的光谱在 7～14μm，其中心波长在 9～11μm 附近。

根据不同物体及不同温度体发出的红外光谱的不同，可对不同目标进行红外检测和判别，如温度的测定、火灾的预警、不同物体的识别、活动目标（人）的保安和防范、防盗等。为了区分人体（37℃左右）辐射的红外线和周围物体辐射的红外线，特别是近红外辐射，常在热释电传感探测元件前加一红外滤光片，以抑制人体以外的红外辐射干扰。

热释电红外传感器件（PIR）有多种，但大都是由高热电系数的锆钛酸铅系陶瓷，以及钽酸锂、硫酸三甘钛等配合滤波镜片窗口所组成的。利用这种传感器件，就可以非接触方式对物体辐射出的红外线进行检测，察觉红外线能量的变化，将其转换成相应的电信号。

PIR 传感器的品种较多，可按外形结构和内部构成的不同及性能分类。从封装、外形来分，有塑封式和金属封装（立式的和卧式的）等。从内部结构分，有单探测元、双元件、四元件及特殊形等。PIR 传感器的外形如图 4-27 所示。

图 4-27　PIR 传感器的外形

从工作波长来分，有：

- $\lambda = 1 \sim 20\mu m$，适用于温度检测，如 LN-206 型等。
- $\lambda = (4.35 \pm 0.15)\ \mu m$，适用于火焰检测，如 MS-1 型等。
- $\lambda = 7 \sim 14\mu m$，是日常生活中常用的，如用于自动门、防盗报警、节能自动灯等，如 P228、LN084 等。

用于人体探测的热释电红外传感器，应采用双（探测）元或四元的器件，接收的红外线波长为 $6.5 \sim 14\mu m$。要求器件的灵敏度高，噪声系数低，使用温度范围广。

热释电红外传感器为被动式红外线传感技术，它是利用红外光敏器件将活动生物体发出的微量红外线转换成相应的电信号，并进行放大、处理对被监控的对象实施控制。它能可靠地将运动着的生物体（人）和飘落的物体加以区别。同时，它还具有监控范围大、隐蔽性好、抗干扰性强和误报率低等特点。因而，被动式红外技术在自动控制、自动门启闭、接近开关、自动照明、遥控遥测等方面，特别是在保安、防火、报警方面越来越受到重视和采用。

4.1.9　光电传感器

光电传感器的作用是将光信息转换为电信号，它是一种利用光敏器件作为检测元件的传感器。光电传感器对光的敏感主要是利用半导体材料的电学特性受光照射后发生变化的原理，即利用的是光电效应。光电效应通常分为两类：

- 外光电效应：在光线作用下，物体内的电子受激逸出物体表面向外发射的现象。利用这类效应的传感器主要有光电管、光电倍增管等。
- 内光电效应：受光照射的物体电导率发生变化或产生光电动势的效应。它也可分为光电导效应（即电子吸收光子能量从键合状态转换为自由状态，从而引起电阻率变化）和光生伏特效应（物体在光线作用下产生一定方向的电动势）。

常用的光敏元件有光敏电阻、光敏二极管和光敏晶体管。

光电传感器可广泛用于报警、转速测量、电能计量、包装生产线等自动化领域。

4.1.10　气敏传感器

气敏传感器是一种检测气体浓度、成分并把它转换成电信号的器件或装置，可用于工厂和车间的各种易燃易爆或对人体有害气体的检测、工业装置的废气成分检测、一般家庭的可燃性气体泄漏检测等。

为了适应各种被测的气体，气敏传感器的种类很多，主要有金属氧化物半导体式、接触燃烧式、热传导式、固体电解式、伽伐尼电池式、光干涉式以及红外线吸收式等。目前，工厂和家庭中最常用的气敏传感器主要是半导体式和接触燃烧式。

半导体气敏元件是利用被测气体与半导体表面接触时，其电学特性（例如电导率）发生变化，以此来检测特定气体的成分或气体的浓度。

半导体气敏传感器主要用于检测低浓度的可燃性气体和毒性气体，如 CO、H_2S、NO_x、Cl_2 及 CH_4 等碳氢系气体，其测量范围为几 ppm ~ 几千 ppm。气敏传感器的应用领域见表 4-6。

表 4-6　气敏传感器应用领域

应 用 场 合	检 测 气 体	可用敏感元件类型
家用气体报警	碳氢化合物	半导体气敏元件
石油钻井、化工厂、制药厂、冶炼厂	碳氢化合物、硫化氢、含硫的化合物	接触燃烧式、半导式
煤矿	甲烷、CO、其他可燃性气体	接触燃烧式、半导式
地铁	碳氢化合物	接触燃烧式
停车场	CO	半导体气敏元件
汽车发动机控制、工业锅炉、内燃机控制	O_2、调节空燃比	半导体 TiO_2 氧敏元件、电动势型
冷藏、食品	NH_3	接触燃烧式
火灾、事故预报	烟雾、司机呼出酒精	接触燃烧式、半导式

4.1.11　霍尔传感器

霍尔传感器是目前国内外应用最为广泛的一种磁敏传感器，它利用磁场作为媒介，可以检测很多的物理量，如微位移、加速度、转速、流量、角度等的测量，也可用于制作高斯计、电流表、功率计、乘法器、接近开关、无刷直流电动机等。它可以实现非接触测量，而且在很多情况下，可采用永久磁铁来产生磁场，不需附加能源。因此，这种传感器广泛应用于自动控制、电磁检测等各个领域中。

霍尔传感器有霍尔元件和霍尔集成电路两种类型。霍尔元件是分立型结构，霍尔集成电路是把霍尔元件、放大器、温度补偿电路及稳压电源等做在一个芯片上的集成电路结构，与前者相比，霍尔集成电路具有微型化、可靠性高、寿命长、功耗低以及负载能力强等优点。

1. 霍尔元件

霍尔元件赖以工作的物理基础是霍尔效应。在一块长为 L、宽度为 W、厚度为 d 的长方形半导体上，两垂直侧面各装上电极，如果在长度方向（X 轴）通入控制电流 I，在厚度方向（Z 轴）施加磁感应强度为 B 的磁场时，那么在垂直于电流和磁场的方向上（Y 轴）将会产生电动势（或称霍尔电动势），这种现象称为霍尔效应。

霍尔效应的产生是由于运动电荷受磁场中洛伦兹力作用的结果。霍尔电动势 V_H 可由下式表示：

$$V_H = K_H \cdot I \cdot B \qquad \text{(4-9)}$$

式中，K_H 称为霍尔元件的灵敏度，它与元件材料的性质和几何尺寸有关。由上式可以看出，霍尔电动势是正比于控制电流 I 和磁感应强度 B 的，因此，只要它们发生变化，霍尔电动势也随之发生改变。

霍尔元件是一种四端型器件，目前，国内外生产的霍尔元件采用的材料有锗（Ge）、硅（Si）、锑化铟（InSb）、砷化铟（InAs）和砷化镓（GaAs）等。比较常用的霍尔元件有三种结构：单端引出线型、卧式型、双端引出线型。

2. 霍尔集成电路

霍尔集成电路的外形结构与霍尔元件完全不同，它们的引出线形式由电路功能所决定。根据电路和霍尔元件的工作条件不同，分为线性型和开关型两种。

线性型霍尔集成电路的特点是输出电压与外加磁感应强度 B 呈线性关系，它有单端输出和双端输出（差动输出）两种形式，外形结构有三端 T 型和八脚双列直插型。

常用的霍尔集成电路有 CS 系列开关型 CS6837 和 CS6839。

4.1.12 应变式电阻传感器

应变式电阻传感器是目前用于测量力、压力、重量等参数最广泛的传感器之一，它具有悠久的历史，但新型应变片仍在不断出现。它是利用应变效应制造的一种测量微小变化量（机械）的理想传感器。

应变式传感器的原理是：当导体或半导体在受到外界力的作用时，会产生机械变形，从而导致阻值的变化。导体和半导体的电阻 $R\left(\rho\dfrac{L}{A}\right)$ 与电阻率 ρ 及其几何尺寸（L 为长度，A 为截面积）有关。当导体或半导体受外力作用时，电阻率及几何尺寸的变化均会引起电阻的变化。通过测量阻值的大小，就可以反映外界作用力的大小。

1. 变换电路

由于机械应变一般均很小，从而电阻应变式的电阻变化范围也很小，直接测出这一微小变化较困难，一般利用桥式测量电路来精确测量出这些小的电阻变化。

桥式测量电路有四个电阻。其中任何一个电阻均可以是应变片，如图 4-28 所示。电桥平衡，即电桥输出 V_0 为零时的条件是：$R_1 R_3 = R_2 R_4$。

当 $R_1 R_3 \neq R_2 R_4$，即电桥不平衡时，电桥输出

$$V_O = \frac{R_1 R_3 - R_2 R_4}{(R_1 + R_2)(R_3 + R_4)}E \qquad \text{(4-10)}$$

根据电桥使用恒流源还是恒压源，可以将电桥接成不同的形式以便使输出电压呈现线性。

2. 电桥调零电路

由于被测应变片的性能差异以及引线的分布电容的容抗等原因，会影响电桥的初始平衡条件和输出特性，因此必须对电桥预调平衡，电桥调零电路如图 4-29 所示。

调节 RP 改变 AB 和 BC 的阻值比，使电桥满足平衡条件。

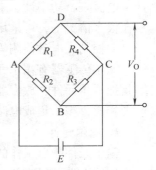

图 4-28　桥式测量电路

4.1.13 压力传感器

1. 压力单位

许多领域都要用到压力这个概念，一般来说，不同领域使用的压力单位不相同。下面为几种常用压力单位的换算。

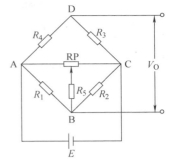

图 4-29 电桥调零电路

$$1kgf/cm^2 = 100kPa = 0.1MPa$$

$$1Pa = 1N/m^2$$

$$一个标准大气压 = 760mmHg = 1.01325 \times 10^5 Pa$$

$$一个工程大气压 = 0.980665 \times 10^5 Pa$$

$$1mmH_2O = 0.00980665kPa$$

2. 压力传感器

从压力计的构造来看，常用的压力计可分为机械式压力计和电学式压力传感器两大类。

（1）机械式压力计

机械式压力计有液柱式、砝码式、弹性式等几类。

① 液柱式：这是一种传统的压力计，其原理是使压力与液柱所产生的力相平衡，用此时的液柱高度测量压力，常用的有 U 形管式、单管式、浮子式等多种，主要用于表压、差压及压力电传送或压力标准等场合，如风压表、水压表等。

② 砝码式：将砝码放置于连通管的一端加压，而在另一端为一密封的压力室，从而测出其中的压力。这种压力计多用于作为标准压力发生器。

③ 弹性式：在压力作用下，流体的容器将产生微小的变形，可用机械的方法将这种形变放大，然后进行检测。这种方式与电学式的应变片所用方法在基本结构上是相同的。这种弹性压力传感器占整个机械式压力传感器的90%以上，其中最多的是波登管。

（2）电学式压力传感器

电学式压力传感器的主要工作原理是：利用某种方法，将受力的弹性体的变形变换成电信号（或再加以放大等处理），从而输出一个与压力相对应的电学量。电学式压力传感器从其工作原理来分主要有：电阻式（应变）金属箔、金属丝、半导体式、磁式、电容式、差动变压器式、压电式、表面弹性波式和光电式等多种，下面做一简要介绍。

① 金属应变片式：利用金属丝的伸缩与电阻变化，可测范围为 $0.5 \sim 100kgf/cm^2$，精度为 $0.5\% \sim 2\%$。

② 静电容式：检测两个物体之间的静电容变化，测量出它们之间的距离变化，从而得到对应的压力值，常用测量范围为 $10 \sim 10000mmH_2O$，准确度在 0.2% 左右。

③ 差动变压器式：移动线圈中的强磁性铁心，就会引起电感的变化，从而使流过线圈的电流发生变化。可测范围可达 $10000mmH_2O$，准确度在 0.5% 左右。

④ 表面弹性波式：频率随石英晶振应力变化而变化。一般用于 $1 \sim 50kgf/cm^2$ 范围内表压的测量。

⑤ 半导体压力传感器：扩散硅压力传感器，以单晶硅的压阻效应为基础，采用集成电路制造工艺技术，在单晶硅片的正面刻出电阻，并组成惠斯顿电桥，其灵敏度高，动态响应

好，测量精度高，稳定性好，温区宽，可测范围在 10kPa ~ 60MPa，温度 − 10 ~ 50℃，如 SHY811BF 型机车压力变送器：可测范围 0 ~ 1MPa，精度等级 1 级，电源电压 15V，0 ~ 5V 的直流输出。

3. 数字式压力传感器

GE 公司已经推出 NPA 系列数字式表贴压力传感器，该系列产品尺寸小巧、内部集成了电路放大和数字化模块，可以简化传感器的周边电路设计，提高系统的可靠性和稳定性。

例如：NPA-700B-001G 是 GE 公司的一款数字式压力传感器，采用 14 引脚 SOIC 表贴封装，带有 2 个倒扣压力接口，测量范围为 0.36 ~ 1psi（7kPa），其输出为已校准的 I^2C 数字输出，可以使用 I^2C 接口很方便地将测量数据传输到控制器，完成压力测量及数据读取过程。

Honeywell 公司也可以提供 I^2C 接口或 SPI 接口的数字式压力传感器，如 SSC 系列、HSC 系列等。

4.1.14 CCD 图像传感器

图像传感器是采用光电转换原理，用来摄取平面光学图像并使其转换为电子图像信号的器件，图像传感器必须具有两个作用：一是把光信号转换为电信号；二是将平面图像上的像素进行点阵取样，并把这些像素按时间取出。

由于 CCD（Charge Coupled Devices，电荷耦合器件）图像传感器具有尺寸小、工作电压低（DC 7 ~ 12V）、寿命长、坚固耐冲击以及电子自扫描等优点，促进了各种视频系统和自动化办公设备的普及和微型化。加之无图形扭折、信息容易处理的突出特点，非常适用于工业自动化检测和机器上的视觉系统，而且便于与计算机接口实现各种高速图像处理。CCD 是一种无增益器件，它具有存储电荷的能力，因而能完成有源器件不能实现的功能。

4.1.15 位移传感器

1. 位移传感器的定义和分类

位移传感器是把物体的运动位移转换成可测量的电学量的一种装置。按照运动方式可分为线位移传感器和角位移传感器；按被测量变换的形式可分为模拟式和数字式两种；按材料可分为导电塑料式、电感式、光电式、金属膜式、磁致伸缩式等。

小位移通常用应变式、电感式、差动变压器式、涡流式、霍尔传感器来测量，大位移通常用感应同步器、光栅、容栅、磁栅等传感器测量。常用的位移传感器有 Omega 公司的 LD640 Series、LD650 Series，KEYENCE 公司的 GT2-A12、GT2-P12 等。下面以直线式位移传感器为例介绍位移传感器的工作原理。

2. 直线位移传感器的工作原理

直线位移传感器也叫作电子尺，其作用是把直线机械位移量转换成电信号。通常可变电阻滑轨放置在传感器的固定部位，通过滑片在滑轨上的位移来测量不同的阻值。传感器滑轨连接稳态直流电压，滑片和始端之间的电压与滑片移动的长度成正比。直线位移传感器外形如图 4-30 所示。

图 4-30 直线位移传感器外形

3. 位移传感器的应用领域

生活中位移传感器的应用非常广泛，火车轮缘高度、宽度、轮辋厚度等方面的检测，各种液罐的液位计量和控制等领域都离不开位移传感器。

4.1.16 加速度传感器

1. 加速度传感器的定义及原理

加速度传感器是能感受加速度并转换成可用输出信号的传感器。加速度传感器按运动方式可分为线加速度传感器和角加速度传感器；按材料可分为压电式、压阻式、电容式和伺服式。目前多数加速度传感器是根据压电效应的原理工作的，其原理是利用压电陶瓷或石英晶体的压电效应，在加速度计受振时，质量块加在压电元件上的力也随之变化。当被测振动频率远低于加速度计的固有频率时，则力的变化与被测加速度成正比。

2. 常用加速度传感器

常用的加速度传感器有 ADXL345、MMA7260 等。下面以 ADXL345 为例介绍加速度传感器的原理及应用。

ADXL345 是一款完整的三轴加速度测量系统，可选择的测量范围有 $\pm 2g$、$\pm 4g$、$\pm 8g$ 或 $\pm 16g$。ADXL345 引脚如图 4-31 所示。

各引脚功能介绍如下：

V_{DD}：数字接口电源电压。

GND：接地端。

VS：电源电压。

$\overline{CS}$：当采用 I^2C 通信模式时，片选引脚上拉至 V_{DD}；采用 SPI 通信模式时，片选引脚由总线主机控制。

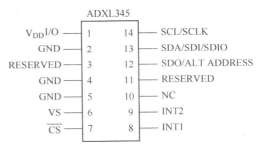

图 4-31　ADXL345 引脚

INT1：中断 1 输出。

INT2：中断 2 输出。

SDO/ALT ADDRESS：串行数据输出（SPI 4 线）/备用 I^2C 地址选择（I^2C）。

SDA/SDI/SDIO：串行数据（I^2C）/串行数据输入（SPI 4 线）/串行数据输入和输出（SPI 3 线）。

SCL/SCLK：串行通信时钟。SCL 为 I^2C 时钟，SCLK 为 SPI 时钟。

ADXL345 既能测量运动或冲击导致的动态加速度，也能测量静止加速度，例如重力加速度，因此器件可作倾角测量仪使用。此外，ADXL345 还集成了一个 32 级 FIFO 缓存器，用来缓存数据以减轻处理器的负担。

3. 加速度传感器的应用领域

加速度传感器广泛应用于手柄振动和摇晃、汽车制动起动检测、地震检测、工程测振、地质勘探、振动测试与分析以及安全保卫振动侦察等多种领域。

4.1.17 PM2.5 传感器

PM2.5 传感器采用激光散射原理，即令激光照射在空气中的悬浮颗粒物上产生散射，同时在某一特定角度收集散射光，得到散射光强随时间变化的曲线。微控制器采集数据后，通过傅里叶变换得到时域与频域间的关系，随后经过一系列复杂算法得出颗粒物的等效粒径及单位体积内不同粒径的颗粒物数量。PM2.5 传感器的工作原理框图如图4-32 所示。

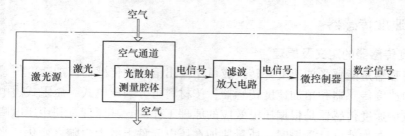

图 4-32　PM2.5 传感器的工作原理框图

国内外已经有很多公司生产此类产品。

例如 PH-PM2.5（S）就是一款数字式通用颗粒物浓度传感器。它可以用于获得单位体积内空气中 0.3 ~ 10μm 悬浮颗粒物的个数，即颗粒物浓度，并以数字接口形式输出，同时也可输出每种粒子的质量数据。本传感器可嵌入各种与空气中悬浮颗粒物浓度相关的仪器仪表或环境改善设备，为其提供及时准确的浓度数据。

4.2　变送器

变送器在自动检测和控制系统中，用于对各种工艺参数，如温度、压力、流量、液位、成分等物理量进行检测，以供显示、记录或控制。

4.2.1　变送器的构成原理

1. 模拟式变送器的构成原理

模拟式变送器从构成原理上可分为测量部分、放大器和反馈部分，在放大器的输入端还加有零点调整和零点迁移环节。

测量部分负责检测被测参数，并将其转换成放大器可以接受的信号，该信号与调零信号求取代数和，再与反馈信号在放大器的输入端进行比较，比较的差值由放大器放大，并转换成统一的标准信号输出。

2. 智能式变送器的构成原理

智能式变送器由以微处理器（CPU）为核心的硬件电路和由系统程序、功能模块构成的软件两部分组成。

智能式变送器的硬件电路主要包括传感器组件、A-D 转换器、微处理器、存储器和通信电路等部分；采用 HART 协议通信方式的智能式变送器还包括 D-A 转换器。

智能式变送器的软件部分中，系统程序用于对硬件部分进行管理，使变送器能完成基本功能；功能模块则提供各种用户需求的功能，供用户组态时有选择地调用。

4.2.2　差压变送器

差压变送器主要用来测量差压、流量、液位等参数，其输入信号为压力接口上的压差信号，输出为 DC 0～10mA 或 DC 4～20mA 电流信号。智能式差压变送器，其输出为数字信号，对于采用 HART 协议通信方式的智能式变送器，输出为 FSK 信号。

按照检测元件的不同，差压变送器可分为膜盒式差压变送器、电容式差压变送器、扩散硅式差压变送器等。以横河 EJA110A 型差压变送器为例，其外形如图 4-33 所示。

图 4-33　横河 EJA110A 型差压变送器

1. 膜盒式差压变送器

膜盒式差压变送器以膜盒或膜片作为检测元件，由测量部分、杠杆系统、放大器和反馈机构组成，基于力矩平衡原理来工作。

被测差压信号经过测量部分转换成相应的输入力，与反馈力一起作用于杠杆系统，使杠杆产生微小位移，再经过放大器转换成标准统一信号输出，输出信号通过反馈机构再转换成反馈力。当输入力与反馈力对杠杆系统产生的力矩达到平衡时，系统达到稳定状态，此时变送器的输出信号反映了被测差压的大小。

膜盒式差压变送器的杠杆系统分为单杠杆、双杠杆、矢量机构三种，根据放大器及反馈机构的不同分为气动单元组合仪表和电动单元组合仪表，具有结构复杂、静压误差较大等缺点，常用型号如横河 P10Y/11DM。

2. 电容式差压变送器

电容式差压变送器以电容式压力传感器为检测元件，由测量部分和放大部分组成，其工作原理如下：

输入差压信号作用于电容式压力传感器的中心感压膜片，从而使感压膜片（即可动电极）与两固定电极组成的差动电容的电容量发生变化，该电容变化量由电容/电流转换电路转换成电流信号送至放大器的输入端，与调零信号求取代数和后，再同反馈信号比较，其差值经放大器放大后，作为变送器的输出。

电容式差压变送器具有精度高、稳定性好、标准化程度高、易于装配及使用等特点。

3. 扩散硅式差压变送器

扩散硅式差压变送器以扩散硅压阻传感器为检测元件，由测量部分与放大转换部分组成，其工作原理如下：

输入差压信号作用于测量部分的扩散硅压阻传感器，压阻效应使硅材料上的扩散电阻（应变电阻）发生变化，从而使这些电阻组成的电桥产生不平衡电压信号，该信号由放大转换部分的前置放大器放大后，与调零信号求取代数和，送入电压/电流转换器转换为电流信号，作为变送器输出。

此类差压变送器具有低功耗、机械稳定性好等特点，与硅集成电路工艺有较好的兼容性。

4. 智能式差压变送器

智能式差压变送器种类较多，结构各有差异，但总体结构上有相似性，常用型号如 Honeywell ST3000、Rosemount 3051C 等。下面以 Honeywell 公司 ST3000 差压变送器为例进行介绍。

ST3000 差压变送器的检测元件采用复合型扩散硅压阻传感器，在单个芯片上集成了差压测量、温度测量、静压测量三种感测元件，其工作原理如下：

被测差压作用于正、负压侧隔离膜片通过填充液传递到复合传感器，使传感器的扩散电阻阻值产生相应变化，导致惠斯顿电桥的输出电压发生变化，该电压变化与复合传感器检测出的环境温度和静压参数经 A-D 转换器送入微处理器。微处理器从 E^2PROM 中取出预先存入的各种补偿数据（如差压、温度、静压特性参数和输入输出特性等），对这三种数字信号进行运算处理，然后得到与被测差压相对应的 4~20mA 直流电流信号和数字信号，作为变送器的输出。

ST3000 差压变送器采用复合传感器和综合误差自动补偿技术，有效克服了扩散硅压阻传感器对温度和静压变化敏感以及存在非线性的缺点，提高了变送器的测量精度。

4.2.3　温度变送器

温度变送器与测温元件配合使用来测量温度或温差信号，分为模拟式温度变送器和智能式温度变送器两大类。在结构上又分为测温元件和变送器连成整体的一体化结构，以及和测温元件另配的分体式结构。

温度变送器的输入信号为来自热电偶的直流毫伏电压信号或热电阻的电阻信号。目前，国内外主流变送器为 DDZ-Ⅲ 型温度变送器，输出为 DC 4~20mA 电流信号。智能式温度变送器，其输出为数字信号，对于采用 HART 协议通信方式的智能式变送器，输出为 FSK 信号。以横河 YTA110 型温度变送器为例，其外形如图 4-34 所示。

图 4-34　横河 YTA110 型温度变送器

1. 典型模拟式温度变送器

典型模拟式温度变送器由输入部分、放大器和反馈部分组成。测温元件一般不包括在变送器内，而是通过接线端子与变送器相连，其工作原理如下：

检测元件把被测温度转换为变送器的输入信号，经输入回路变换成直流毫伏电压信号，与调零信号的代数和同反馈电路产生的反馈信号比较，差值送入放大器放大，得到变送器的输出信号。

模拟式温度变送器具有快速响应的优点，常用型号如施耐德 RMTJ40BD。

2. 一体化温度变送器

一体化温度变送器由测温元件和变送器模块两部分组成，由变送器模块把测温元件的输出信号转换成统一标准信号，它将变送器模块安装在测温元件接线盒或专用接线盒内，可以直接安装在被测温度的工艺设备上，具有体积小、重量轻、现场安装方便以及输出抗干扰能力强、便于远距离输出等优点。其测温元件分为热电偶、热电阻两种类型，常用型号如上仪三厂 SBWZ-4470。

3. 智能式温度变送器

智能式温度变送器采用 HART 协议通信方式或现场总线通信方式，具有通用性强、使用灵活方便等特点，可实现对不同分度号热电偶、热电阻的非线性补偿，热电阻的引线补偿，热电偶冷端补偿，零点、量程自校正，以及参数超限报警、输入输出回路断线报警等功能，其种类较多，常用型号如横河 YTA320。

4.3　执行器

执行器是自动控制系统中不可缺少的重要组成部分，它接收来自控制器的控制信号，通过执行机构将其转换成推力或位移，推动调节机构动作，以改变调节机构阀芯与阀座之间的流通面积，从而调节被控介质的流量。

生产电动执行器的国外知名厂家有美国 Honeywell 公司、美国 Emerson 公司、德国 EMG 公司等，国内厂家有上仪十一厂、川仪执行器分公司等。以 Honeywell 公司 HercuLine 2000 系列执行器为例，其外形如图 4-35 所示。

执行器由执行机构和调节机构组成，执行机构是其推动部分，调节机构是其调节部分。按其使用能源类型可分为气动执行器、电动执行器和液动执行器三类。

图 4-35　HercuLine 2000 系列执行器

4.3.1　执行机构

1. 电动执行机构

电动执行机构接收来自控制器的 DC 0 ~ 10mA 或 DC 4 ~ 20mA 电流信号，并将其转换为相应的角位移（输出力矩）或直线位移（输出力），去操纵阀门、挡板等调节机构。

电动执行机构由伺服放大器、伺服电动机、位置发送器和减速器四部分组成。伺服放大器将输入信号与位置反馈信号比较所得差值，进行功率放大后，驱动伺服电动机转动，再经减速器减速，带动输出轴产生位移，该位移通过位置发送器转换成相应的位置反馈信号。当输入信号与位置反馈信号差值为零时，系统达到稳定状态，此时输出轴稳定在与输入信号对应的位置上。

2. 气动执行机构

气动执行机构根据控制器或阀门定位器输出的 0.02 ~ 0.1Mpa 标准气压信号，产生相应的输出力和推杆直线位移，推动调节机构的阀芯动作。

气动执行机构具有正作用和反作用两种形式。当输入气压信号增加时，推杆向下运动称为正作用；反之，当输入信号增加时，推杆向上运动称为反作用。

气动执行机构主要有薄膜式和活塞式两类。其中，气动薄膜式执行机构，因结构简单、价格低廉、运行可靠、维护方便而得到广泛应用；气动活塞式执行机构输出推力大、行程长，但价格较高。下面以正作用薄膜式执行机构为例说明其工作原理。

气动薄膜式执行机构由膜片、阀杆和平衡弹簧等组成。当标准气压信号进入薄膜气室时，在膜片上产生一个向下的推力，使阀杆下移。当弹簧的反作用力与薄膜上产生的推力平衡时，系统达到稳定状态，此时阀杆稳定在与输入气压信号相对应的位置上。

4.3.2　调节机构

调节机构也称为调节阀、控制阀，通常由上阀盖、下阀盖、阀体、阀座、阀芯、阀杆等零部件组成。它是一个局部阻力可变的节流元件。在执行机构输出力（力矩）作用下，阀芯在阀体内移动，改变了阀芯与阀座之间的流通面积，即改变了调节机构的阻力系数，从而对被控介质的流量进行调节。

4.3.3　执行器的选用

执行器的合理选用直接影响着控制系统的控制品质、安全性和可靠性。根据生产工艺、工况条件和系统要求，执行器的选择包括确定执行器的结构形式、调节阀流量特性及调节阀口径。

1. 执行器结构形式

执行器的执行机构部分，考虑到气动和电动执行机构应用的广泛性，着重对二者的选用给予分析说明。气动执行器结构简单、动作平稳可靠、输出推力大、安全防爆系数高，但动作时间长，信号不适合远传；电动执行器能源取用方便、信号传输速度快、传输距离远，但价格较高，适用于防爆要求不高的场合。选择时，应根据实际要求进行综合考虑。

同时需要考虑执行机构的输出力（力矩）应大于它所受的负荷力（力矩）。另外，对于气动执行机构，必须确定气动执行器的气开、气关作用方式。

对于调节机构的选择，要充分考虑流体性质（如黏度、腐蚀性等）、工艺条件（如温度、压力、流量等）和系统要求，根据各种调节机构的特点和使用场合，进行综合考虑。

2. 调节阀流量特性

调节阀流量特性要兼顾控制品质、工艺管路情况和负荷变化情况。

在负荷变化情况下，要保证系统的控制品质，就必须使系统总的放大系数保持不变。被控对象的系数往往随工况和负荷的变化而变化，因此需要通过合理选择调节阀的流量特性，以调节阀的放大倍数来补偿被控对象的非线性。

同时，配管阻力会引起调节阀理想流量特性的畸变，因此实际应用中应先根据系统的特点确定阀门预期的工作流量特性，然后根据工艺管道情况选择理想流量特性，以保证畸变后的工作流量特性仍能满足要求。

另外，直线流量特性的调节阀小开度时流量相对变化值大，调节过于灵敏，易引起振荡，不宜用在负荷变化大的场合。等百分比流量特性的调节阀放大系数随阀门行程的增大而增大，流量相对变化值恒定，适用于负荷变化幅度较大的场合。

3. 调节阀口径

调节阀口径选择得合适与否，会直接影响到系统的控制品质。口径选择过小，会使流经调节阀的介质达不到所需的最大流量。在干扰较大的情况下，系统会因介质流量（即控制量）的不足而失控。口径选择过大，不仅会浪费设备投资，而且会使调节阀经常处于小开度工作，导致调节性能变差，引起系统振荡，降低阀门寿命。

4.3.4 阀门定位器

在气动执行器中，为防止阀杆引出处的泄漏，填料通常会压紧，与阀杆间的摩擦力往往较大；另外，具有高黏度等特性的被控介质，对阀芯的作用力会产生影响。上述情况将影响执行机构与输入信号间的定位关系。为此，需在执行机构前加装阀门定位器。

阀门定位器是气动调节阀的辅助装置，可分为电/气阀门定位器、气动阀门定位器和智能式阀门定位器。它将控制器的控制信号，比例放大后输出至执行机构，使阀杆产生位移，阀杆位置信号通过机械机构再反馈到阀门定位器，当位置反馈信号与控制信号相平衡时，阀杆停止动作，调节阀的开度与控制信号相对应，由此构成一个负反馈闭环系统。

使用阀门定位器，可以增加执行机构的输出功率，减少控制信号的传递滞后，加快阀杆的移动速度，还可以提高控制信号与执行机构输出位移间的线性度。

4.4 模拟信号放大技术

在接到一个具体的测控任务后，需根据被测控对象选择合适的传感器，从而完成非电物理量到电量的转换，经传感器转换后的量，如电流、电压等，往往信号幅度很小，很难直接进行模/数转换，因此，需对这些模拟电信号进行幅度处理和完成阻抗匹配、波形变换、噪声抑制等要求，而这些工作需要放大器完成。

模拟量输入信号主要有以下两类：

第一类为传感器输出的信号，如：

- 电压信号：一般为 mV 信号，如热电偶（TC）的输出或电桥输出。
- 电阻信号：单位为 Ω，如热电阻（RTD）信号，通过电桥转换成 mV 信号。
- 电流信号：一般为 μA 信号，如电流型集成温度传感器 AD590 的输出信号，通过取样电阻转换成 mV 信号。

对于以上这些信号往往不能直接送 A-D 转换，因为信号的幅值太小，需经运算放大器放大后，变换成标准电压信号，如 0~5V，1~5V，0~10V，−5~5V 等，送往 A-D 转换器进行采样。有些双积分 A-D 转换器的输入为 −200~200mV 或 −2~2V，有些 A-D 转换器内部带有程控增益放大器（PGA），可直接接受 mV 信号。

第二类为变送器输出的信号，如：

- 电流信号：0~10mA（0~1.5kΩ 负载）或 4~20mA（0~500Ω 负载）。
- 电压信号：0~5V 或 1~5V 等。

电流信号可以远传，通过一个标准精密取样电阻就可以变成标准电压信号，送往 A-D 转换器进行采样，这类信号一般不需要放大处理。

4.4.1 运算放大器及其应用

1. 通用型运算放大器

（1）μA741

μA741 是美国 Fairchild 公司的产品，由于其性能完善，如差模电压范围和共模电压范围宽、增益高，不需加外补偿，功耗较低，负载能力强，有输出保护等，因此具有较广泛的应用，其引脚图如图 4-36 所示。

μA741 的兼容产品有 Motorola 公司的 MC1741 等。

μA741 为负电源调零。

（2）LM124/224/324

LM124 系列是一种单片高增益四运算放大器，可在较宽电压范围内的单电源或双电源下工作，其电源电流很小且与电源电压无关，四个运放一致性好；其输入偏流电阻是温度补偿的，也不需外接频率补偿，可做到输出电平与数字电路兼容。

LM124 为军用级，LM224 为工业级，LM324 为商业级产品。

引脚如图 4-37 所示。

由 LM324 构成的基准电压电路如图 4-38 所示。

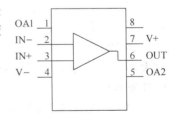

图 4-36　μA741 引脚图

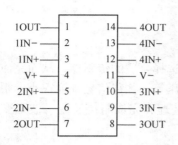

图 4-37 LM124/224/324 引脚图

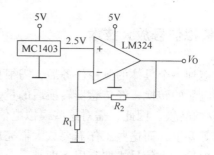

图 4-38 基准电压电路

输出 $V_O = \left(1 + \dfrac{R_2}{R_1}\right) \times 2.5\mathrm{V}$

当 $R_1 = R_2$ 时，$V_O = 5\mathrm{V}$。

由 LM324 构成的施密特触发器如图 4-39 所示。

2. 高精度运算放大器

（1）OP07

输入失调电压 $10\mu\mathrm{V}$，温度漂移 $200\mathrm{nV/℃}$，偏置电流 $700\mathrm{pA}$，转换速率 $300\mathrm{mV/\mu s}$，消耗电流 $2.5\mathrm{mA}$，$\pm 22\mathrm{V}$ 电源，输入电压 $\pm 22\mathrm{V}$。引脚如图 4-40 所示。

OP07 可用于热电偶和热电阻信号放大测量等。

超低噪声、高精度运算放大器还有 OP27 和 OP37，引脚与 OP07 兼容。OP27 和 OP37 的改进型为 OPA27 和 OPA37。

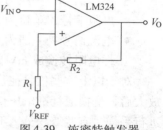

图 4-39 施密特触发器

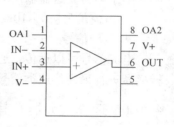

图 4-40 OP07 引脚图

（2）OPA27/OPA37

OPA27/37 是一种超低噪声、高精度单片运算放大器，是精密 OP27/37 的改进型产品。芯片内部经激光修正，电压偏置保持长时间稳定，具有极好的电源噪声抑制、共模抑制和低失调、低噪声特性。

OPA27 内部已补偿到单位增益稳定；OPA37 无补偿，需要闭环增益大于 5 时才能保持稳定。这两种改进产品可以完全代替工业标准的 OP27/37。

OPA27/37 可广泛地应用于专业级音响设备、精密仪器放大器、传感器放大器、数据采集、测试设备和高性能射线仪器等领域。

OPA27/OPA37 的典型应用电路如图 4-41 所示。

由图 4-41 可以看出，OPA27/OPA37 为正电源调零。

3. 斩波稳零运算放大器

斩波稳零运算放大器是采用先进的 CMOS 工艺制成的大规模模拟集成电路，其特点是超低失调和超低漂移，高增益、高输入阻抗。

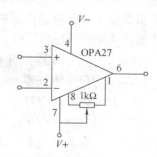

图 4-41 OPA27 典型应用电路

该运算放大器适用于电桥信号放大、测量放大、生物医学工程检测等领域。典型产品如 ICL7650，其引脚如图 4-42 所示。

108

ICL7650 的差动放大电路如图 4-43 所示。

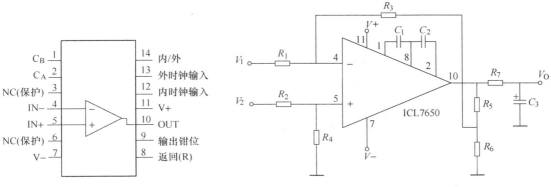

图 4-42　ICL7650 引脚图　　　　　图 4-43　ICL7650 差动放大电路

一般取 $R_1 = R_2$，$R_3 = R_4$，则输出 $V_O = \dfrac{R_3}{R_1}\left(1 + \dfrac{R_5}{R_6}\right)(V_2 - V_1)$。

其中 R_5 可以是可调电位器，用于调节放大倍数，R_7 和 C_3 构成滤波电路。电容 C_1 和 C_2 取高品质低漏电电容，一般为 $0.1\mu F$。

4. 高输入阻抗运算放大器

（1）CA3140

CA3140 为 MOSFET 输入运算放大器，输入失调电压为 2mV，温度漂移 $6\mu V/℃$，偏置电流 10pA，转换速率 $9V/\mu s$，消耗电流 4mA，$\pm 18V$ 电源，高输入阻抗 $1.5T\Omega$。

CA3140 引脚如图 4-44 所示，典型应用电路如图 4-45 所示。

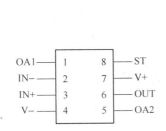

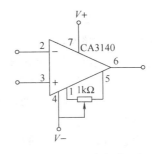

图 4-44　CA3140 引脚图　　　　　图 4-45　CA3140 典型应用电路

（2）TL082/084

TL082/084 是一种价格低廉的通用 JFET 输入的运算放大器。其中 TL082 为双运放，TL084 为四运放。由于采用高压 JFET 管作为输入级，因而具有高阻抗、低偏置电流的特点，先进的电路设计使运放具有较宽的带宽和较高的压摆率。

该器件可广泛地应用在高阻抗放大、定时、采样/保持、峰值检测、D-A 转换和隔离容性负载等领域。

TL082 的引脚如图 4-46 所示，TL084 的引脚可参考图 4-37。

低功耗 JFET 运算放大器有 TL062，引脚与 TL082 兼容，消耗电流为 $400\mu A$；TL064 引脚与 TL084 兼容，消耗电流为 $800\mu A$。它们的工作电源为 $\pm 18V$。

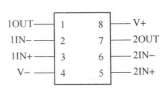

图 4-46　TL082 引脚图

（3）LF347

输入失调电压 5mV，温度漂移 $10\mu V/℃$，偏置电流 50pA，转换速率 $13V/\mu s$，消耗电流 7.2mA，$\pm18V$ 电源。

LF347 的引脚可参考图 4-37。

LF347 的输入端采用 JFET-BJT，一般用于保持电路等。

5. 轨到轨（rail to rail）运算放大器

一般的运放输出的电压幅度是达不到电源电压的，会有 1V 左右的压差，而轨到轨（rail to rail）的运放不一样，电源是多少，输出的最大幅度就能达到多少，还有是它的差分输入电压也能达到电源电压。

如 OPA2251、OPA2735、TLV2252A、TLC2252A、TLV2262A、TLC2262A、TLV2452 等运算放大器。

6. 运算放大器的选取原则

目前市场上集成运放品种繁多，为便于选用，下面介绍其选用方法。

一般来讲，选择器件的原则是：在满足所需电气特性的前提下，尽可能选择价格低廉、市场供应资源充足（如果需大量使用）的器件，即选用性能价格比高、通用性强的器件。

1）如果没有特殊的要求，一般可选用通用性运放，因为这类器件直流性能较好，种类也较多，且价格也比较低。

在通用运放系列中，又有单运放、双运放、四运放等多种，对于多运放器件，其最大特点是内部对称性好，因此，在考虑电路中需使用多个放大器（如有源滤波器）或要求放大器对称性好（如测量放大器）时，可选用多运放，这样也可减少器件，简化线路，缩小体积和降低成本。

2）如果被放大信号输出阻抗很大，则可选用高输入阻抗的运算放大器组成放大电路，另外像采样/保持电路、峰值检波、优质对数放大器和积分器以及生物信号放大及提取、测量放大器电路等也需使用高输入阻抗集成运放。

3）如果系统对放大电路要求低噪声、低漂移、高精度，则可选用高精度、低漂移的低噪声集成运放，如在毫伏级或更微弱信号检测、精密模拟运算、高精度稳压源、高增益直流放大、自控仪表等场合。

4）对于视频信号放大、高速采样/保持、高频振荡及波形发生器、锁相环等场合，则需选用高速宽带集成运放。

5）对于需低功耗使用场合，如便携式仪表、遥感遥测等场合，可选用低功耗运放；对需高压输入输出场合，可选用高压运放；对于需增益控制场合，可选用程控运放；其他如宽范围压控振荡、伺服放大和驱动、DC-DC 变换等场合，可选用跨导型、电流型等对应的集成运放。

在选用运放时需要注意，盲目选用高档的运放不一定就保证检测系统的高质量，因为运放的性能参数之间常互相矛盾和制约。如果经过耐心挑选，也可能从低档型号中挑出具有所需某项性能参数的合适运放。

4.4.2 测量放大器

在许多检测技术应用场合，传感器输出的信号往往较弱，而且其中还包含工频、静电和电磁耦合等共模干扰，对这种信号的放大就需要放大电路具有很高的共模抑制比以及高增益、低噪声和高输入阻抗，习惯上将具有这种特点的放大器称为测量放大器或仪表放大器。

下面以 BB 公司生产的 INA118 为例，介绍集成测量放大器的应用。

INA118 是一个低功耗、低成本的通用测量放大器。使用时只需外接一只增益电阻，就可实现 1～10000 之间的任意增益，而且有 ±40V 的输入保护电压。

它可广泛应用于：便携式放大器，热电偶、热电阻测量放大器，数据采集放大器和医用放大器。

INA118 采用 8 引脚塑料 DIP 和 SO 封装，引脚如图 4-47 所示。

INA118 的应用和其他测量放大器一样，因输入阻抗很高（约 $10^{10}\Omega$），其在作为前置放大器时，应注意：输入回路应给器件提供必要的偏置电流（约 5nA）。在用其设计各类放大器时，可采用干电池供电。尤其在医用放大器的设计和便携式放大器的设计中特别有用。

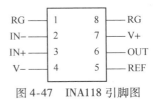

图 4-47　INA118 引脚图

INA118 的典型应用如图 4-48 所示。

在图 4-47 中，第 5 脚（REF）为调零端，调节范围 ±10mV，该引脚使用时，一般接地，R_G 为增益电阻，增益范围在 1～10000 之间。

增益　$G = 1 + \dfrac{50\mathrm{k}\Omega}{R_G}$

电源 V + 和 V − 对地之间应接电容 C_1 和 C_2，取值在 1～10μF 之间。

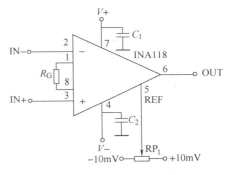

图 4-48　INA118 典型应用

4.4.3　程控增益放大器

1. PGA202/203

PGA202/203 是一个单片增益可控的双端输入测量放大器。其中 PGA202 编程增益为 ×1、×10、×100 和 ×1000，PGA203 编程增益为 ×1、×2、×4 和 ×8。二者都可通过 CMOS/TTL 逻辑电平选择控制，很容易和单片机接口。

该器件可广泛应用于自动量程可控电路、数据采集系统、动态范围扩展系统和远距离测量仪器当中。

PGA202/203 外形采用 14 脚 DIP 陶瓷和塑料封装结构，其引脚如图 4-49 所示。

PGA202/203 的内部电路结构主要由前端与逻辑电路、基本差分放大电路和高通滤波电路等组成，具有失调电压调整端、滤波器输出端、反馈输出和参考输出端，能够灵活组成各类放大电路。

PGA202/203 的基本放大接法如图 4-50 所示。为了避免影响共模抑制，最好将所有地线一点接地。增益的选择是靠改变 A0、A1 的逻辑电平实现的，见表 4-7。

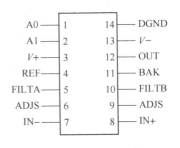

图 4-49　PGA202/203 引脚图

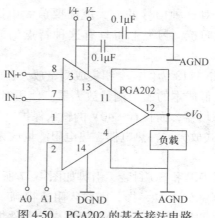

图 4-50　PGA202 的基本接法电路

表 4-7　增益选择

逻 辑 输 入		PGA202		PGA203	
A1	A0	增　　益	误差（％）	增　　益	误差（％）
0	0	1	0.05	1	0.05
0	1	10	0.05	2	0.05
1	0	100	0.05	4	0.05
1	1	1000	0.10	8	0.05

在图 4-50 中，DGND 为与计算机接口的数字地，AGND 为模拟地。

2.　PGA204/205

PGA204/205 是一个低成本、通用型测量放大器。PGA204 的编程增益为 1、10、100 和 1000。PGA205 的编程增益为 1、2、4 和 8。PGA204/205 的高精度、低成本使它可在许多领域得到广泛应用。

PGA204/205 采用 16 引脚 DIP 塑料封装，其引脚如图 4-51 所示。

PGA204/205 的内部电路结构除了有三个运放组合放大电路之外，还有数字选择、反馈网络及输入保护电路。它是一个典型的差分输入测量放大器。

PGA204/205 的基本接法如图 4-52 所示。RP_1 是用来调整失调电压的，增益的选择是靠 A0、A1 的逻辑电平完成的。逻辑电平与增益的关系见表 4-8。

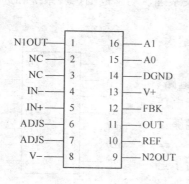

图 4-51　PGA204/205 引脚图

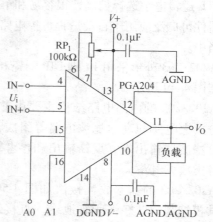

图 4-52　PGA204 的基本接法电路

112

表 4-8　增益选择

数 字 逻 辑		增　　益	
A1	A0	PGA204	PGA205
0	0	1	1
0	1	10	2
1	0	100	4
1	1	1000	8

4.5　采样和模拟开关

4.5.1　信号和采样定理

1. 信号类型

在计算机控制系统中，常用的信号有三种类型：

（1）模拟（连续）信号

在时间上连续取值、在幅值上连续取值的信号，一般用十进制表示。所谓连续就是连续变化不发生突变，这种是控制对象需要的信号。

（2）离散模拟信号

在时间上断续取值、在幅值上连续取值的信号。这种是在信号变换过程中需要的中间信号。

（3）数字（离散）信号

在时间上断续取值、在幅值上断续取值的信号，通常用二进制代码形式表示。这是计算机需要的信号。

计算机前后的信息转换如图 4-53 所示。

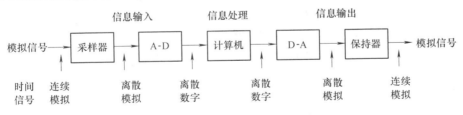

图 4-53　计算机前后的信息转换

2. 采样过程的数学描述

离散系统的采样形式如下：

- 周期采样，就是以相同的时间间隔进行采样，即 $t_{k+1} - t_k =$ 常量（T）（$k = 0$，1，2，…）。T 为采样周期。
- 多阶采样：在这种形式下，（$t_{k+r} - t_k$）是周期性重复，即 $t_{k+r} - t_k =$ 常量，$r > 1$。
- 随机采样：采样周期是随机的，不固定的，可在任意时刻进行采样。

以上三种形式，以周期采样用得最多。

所谓采样，是指按一定的时间间隔 T 对时间连续的模拟信号 $x(t)$ 取值，得到 $x^*(t)$ 或 $x(nT)$（$n=\cdots,\ -1,\ 0,\ 1,\ 2,\ \cdots$）的过程。我们称 T 为采样周期；称 $x^*(t)$ 或 $x(nT)$（$n=\cdots,\ -1,\ 0,\ 1,\ \cdots$）为离散模拟信号或时间序列。请注意，离散模拟信号是时间离散、幅值连续的信号。因此，对 $x(t)$ 采样得 $x^*(t)$ 的过程也称为模拟信号的离散化过程。模拟信号采样或离散化的示意图如图 4-54 所示。

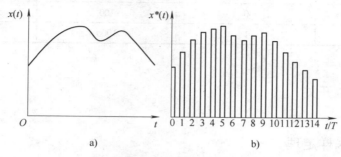

图 4-54　模拟信号采样示意图

a）模拟信号　b）离散模拟信号

4.5.2　采样/保持器

模拟信号经过采样变成了时间上离散的采样信号（频域中表现为无穷多个周期频谱），经过低通滤波和 A-D 变成了数字上也离散的数字信号。相反地，数字信号经过 D-A 变成了数值上连续的信号，再经过低通的保持作用，仅保留基频滤去高频变成了时间上也连续的模拟信号，从而完成了信号恢复过程。

由于 D-A 的输出信号只是幅值上连续而时间上离散的离散模拟信号，所以时间上还需要做连续化处理。保持器就是把离散模拟信号通过时域中的保持效应变成时间上连续的模拟信号。

1. 采样/保持器的工作原理

采样/保持器主要由模拟开关、保持元件 C、缓冲放大器组成，如图 4-55 所示。

当控制信号为低电平时（采样阶段），开关 S 闭合，输入信号通过电阻向电容 C 充电，要求充电时间越短越好，以使电容电压迅速达到输入电压值。

当控制信号为高电平时（保持阶段），开关 S 断开，A-D 转换器根据电容 C 上的电压进行转换，电容维持稳定电压的时间越长越好。

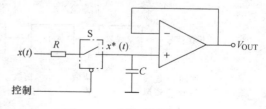

图 4-55　采样/保持器电路

2. 常用采样/保持器

常用的采样/保持器有 AD582、AD583、LF198/398 等。

下面以 LF398 为例介绍采样/保持器的原理及应用。

LF198/LF298/LF398 是由场效应晶体管构成的采样/保持电路，它具有采样速度高、保持电压下降速度慢以及精度高等特点。

保持电容 C_H 的选取取决于保持时间的长短。当 $C_H=0.01\mu F$，C_H 上的电压到达 0.01% 精度时，需 $25\mu s$，C_H 上的电压下降率为 $3mV/s$。若 A-D 转换时间为 $100\mu s$，C_H 上的电压下

降约 $0.3\mu V$。

LF398 的应用如图 4-56 所示。

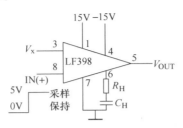

图 4-56　输出保持采样输入平均值的电路

4.5.3　模拟开关

在用计算机进行测量和控制中，经常需要有多路和多参数的采集和控制，如果每一路都单独采用各自的输入回路，即每一路都采用放大、采样/保持、A-D 等环节，不仅成本比单路成倍增加，而且会导致系统体积庞大，且由于模拟器件、阻容元件参数特性不一致，对系统的校准带来很大困难；并且对于多路巡检如 128 路信号采集情况，每路单独采用一个回路几乎是不可能的。因此，除特殊情况下采用多路独立的放大、A-D 和 D-A 外，通常采用公共的采样/保持及 A-D 转换电路，而要实现这种设计，往往采用多路模拟开关。

1. 模拟开关的参数

多路开关的作用主要是用于信号切换，如在某一时刻接通某一路，让该路信号输入而让其他路断开，从而达到信号切换的目的。在多路开关选择时，常要考虑下列参数：

1）通道数量：通道数量对切换开关传输被测信号的精度和切换速度有直接的影响，因为通道数目越多，寄生电容和泄漏电流通常也越大，尤其是在使用集成模拟开关时，尽管只有其中一路导通，但由于其他模拟开关尽管断开，只是处于高阻状态，仍存在漏电流对导通的那一路产生影响；通道越多，漏电流越大，通道间的干扰也越多。

2）泄漏电流：如果信号源内阻很大，传输的是个电流量，此时就更要考虑多路开关的泄漏电流，一般希望泄漏电流越小越好。

3）切换速度：对于需传输快速变化信号的场合，就要求多路开关的切换速度高，当然也要考虑后一段采保和 A-D 的速度，从而以最优的性能价格比来选取多路开关的切换速度。

4）开关电阻：理想状态的多路开关其导通电阻为零，而断开电阻为无穷大，而实际的模拟开关无法达到这个要求，因此需考虑其开关电阻，尤其当与开关串联的负载为低阻抗时，应选择导通电阻足够低的多路开关。

另外，多路开关参数的漂移性及每路电阻的一致性也需要考虑。

2. 常用模拟开关

（1）CD4051

CD4051 为单端 8 通道低价格模拟开关，引脚如图 4-57 所示。

其中 INH 为禁止端，当 INH 为高电平时，八个通道全部禁止；当 INH 为低电平时，由 A、B、C 决定选通的通道，COM 为公共端，真值表见表 4-9。

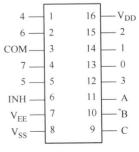

图 4-57　CD4051 引脚图

表 4-9　CD4051 通道

输　入				接 通 通 道
INH	C	B	A	
0	0	0	0	0
0	0	0	1	1
0	0	1	0	2
0	0	1	1	3
0	1	0	0	4
0	1	0	1	5
0	1	1	0	6
0	1	1	1	7
1	×	×	×	禁止

V_{DD} 为正电源，V_{EE} 为负电源，V_{SS} 为地，要求 $V_{DD} + |V_{EE}| \leqslant$ 18V。例如，采用 CD4051 模拟开关切换 0～5V 电压信号时，电源可选取为：$V_{DD} = 12V$，$V_{EE} = -5V$，$V_{SS} = 0V$。

CD4051 可以完成 1 变 8 或 8 变 1 的工作。

（2）MAX354

MAX354 是 MAXIM 公司生产的 8 选 1 多路模拟开关，引脚如图 4-58 所示，真值表见表 4-10。

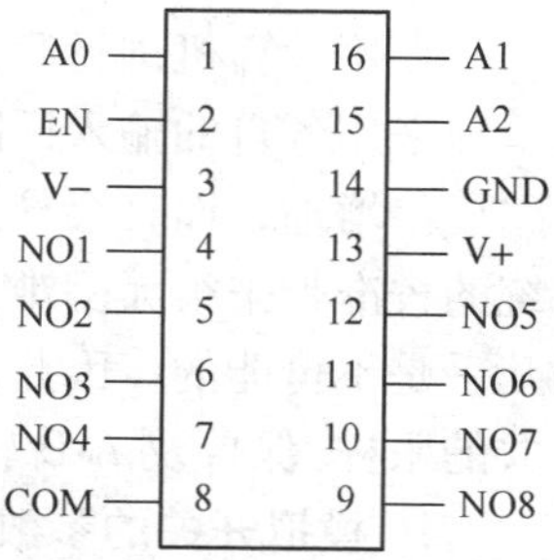

图 4-58　MAX354 引脚图

表 4-10　MAX354 真值表

输　入				接 通 通 道
EN	A2	A1	A0	
1	0	0	0	NO1
1	0	0	1	NO2
1	0	1	0	NO3
1	0	1	1	NO4
1	1	0	0	NO5
1	1	0	1	NO6
1	1	1	0	NO7
1	1	1	1	NO8
0	×	×	×	禁止

MAX354 的最大接通电阻为 350Ω，具有超压关断功能，低输入漏电流，最大为 0.5nA，无上电顺序，输入和 TTL、CMOS 电平兼容。

另外美国 ADI 公司的 ADG508F 与 MAX354 引脚完全兼容。

（3）CD4052

CD4052 为低成本差动 4 通道模拟开关，引脚如图 4-59 所示，真值表见表 4-11。

其中 X、Y 分别为 X 组和 Y 组的公共端。

116

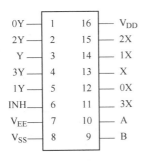

图 4-59　CD4052 引脚图

表 4-11　CD4052 真值表

输　入			接 通 通 道
INH	B	A	
0	0	0	0X、0Y
0	0	1	1X、1Y
0	1	0	2X、2Y
0	1	1	3X、3Y
1	×	×	禁止

（4）MAX355

MAX355 是 MAXIM 公司生产的差动 4 通道模拟开关，引脚如图 4-60 所示，真值表见表 4-12。

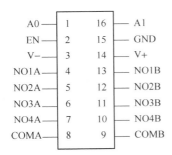

图 4-60　MAX355 引脚图

表 4-12　MAX355 真值表

输　入			接 通 通 道
EN	A1	A0	
1	0	0	NO1A、NO1B
1	0	1	NO2A、NO2B
1	1	0	NO3A、NO3B
1	1	1	NO4A、NO4B
0	×	×	禁止

其中 COMA、COMB 分别为 A 组和 B 组的公共端。

MAX355 除为差动 4 通道外，其他性能参数与 MAX354 相同。

另外，美国 ADI 公司的 ADG509F 与 MAX355 引脚完全兼容。

3. 多路开关的选用

在多路开关进行选用时，常要考虑许多因素，如需多少路？要单端型还是差动型？开关电阻多大？控制电平多高？另外还要考虑开关速度及开关间互扰等诸多方面。

4.5.4　32 通道模拟量输入电路设计实例

在计算机控制系统中，往往有多个测量点，需要设计多路模拟量输入通道，下面以 32 通道模拟量输入电路为例介绍其设计方法。

1. 硬件电路

32 通道模拟量输入电路如图 4-61 所示。

在图 4-61 中，采用 74HC273 八 D 锁存器，74HC138 译码器，CD4051 模拟开关扩展了 32 路模拟量输入通道 AIN0 ~ AIN31。

2. 通道控制字

32 路模拟量输入的通道控制字如图 4-62 所示。

117

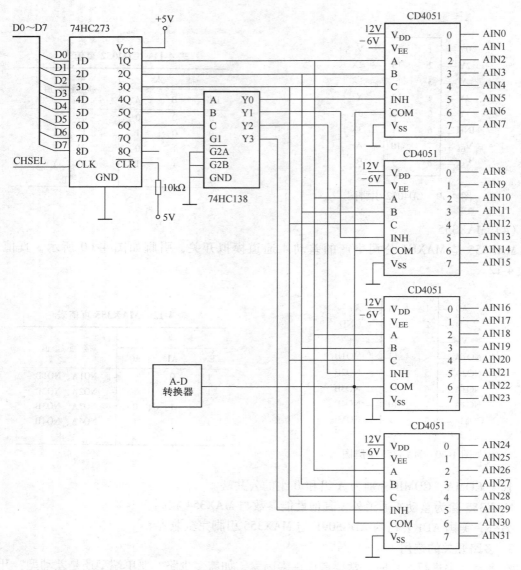

图 4-61　32 通道模拟量输入电路

3. 程序设计

假设选中 AIN12 通道，则通道控制字为 4CH。

（1）背景机为 AT89C52CPU

```
MOV   DPTR,#CHSEL
MOV   A,#4CH
MOVX  @ DPTR,A
```

（2）背景机为 80C88CPU

```
MOV   DX,CHSEL
MOV   AL,4CH
OUT   DX,AL
```

118

D7	D6	D5	D4	D3	D2	D1	D0	选中通道	控制字
	1	0	0	0	0	0	0	AIN_0	40H
	1	0	0	0	0	0	1	AIN_1	41H
	1	0	0	0	0	1	0	AIN_2	42H
	1	0	0	0	0	1	1	AIN_3	43H
	1	0	0	0	1	0	0	AIN_4	44H
	1	0	0	0	1	0	1	AIN_5	45H
	1	0	0	0	1	1	0	AIN_6	46H
	1	0	0	0	1	1	1	AIN_7	47H
	1	0	0	1	0	0	0	AIN_8	48H
	1	0	0	1	0	0	1	AIN_9	49H
未	1	0	0	1	0	1	0	AIN_{10}	4AH
用	1	0	0	1	0	1	1	AIN_{11}	4BH
为	1	0	0	1	1	0	0	AIN_{12}	4CH
0	1	0	0	1	1	0	1	AIN_{13}	4DH
	1	0	0	1	1	1	0	AIN_{14}	4EH
	1	0	0	1	1	1	1	AIN_{15}	4FH
	1	0	1	0	0	0	0	AIN_{16}	50H
	1	0	1	0	0	0	1	AIN_{17}	51H
	1	0	1	0	0	1	0	AIN_{18}	52H
	1	0	1	0	0	1	1	AIN_{19}	53H
	1	0	1	0	1	0	0	AIN_{20}	54H
	1	0	1	0	1	0	1	AIN_{21}	55H
	1	0	1	0	1	1	0	AIN_{22}	56H
	1	0	1	0	1	1	1	AIN_{23}	57H
	1	0	1	1	0	0	0	AIN_{24}	58H
	1	0	1	1	0	0	1	AIN_{25}	59H
	1	0	1	1	0	1	0	AIN_{26}	5AH
	1	0	1	1	0	1	1	AIN_{27}	5BH
	1	0	1	1	1	0	0	AIN_{28}	5CH
	1	0	1	1	1	0	1	AIN_{29}	5DH
	1	0	1	1	1	1	0	AIN_{30}	5EH
	1	0	1	1	1	1	1	AIN_{31}	5FH
	G1	C	B	A	C	B	A		

74HC138　　　　　　CD4051

图 4-62　通道控制字

4.6　模拟量输入通道

4.6.1　模拟量输入通道的组成

模拟量输入通道根据应用要求的不同,可以有不同的结构形式。图 4-63 是多路模拟量输入通道的组成框图。

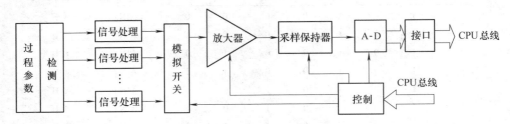

图 4-63　模拟量输入通道的组成框图

从图 4-63 可看出，模拟量输入通道一般由信号处理、模拟开关、放大器、采样保持器和 A-D 转换器组成。

根据需要，信号处理可选择的内容包括小信号放大、信号滤波、信号衰减、阻抗匹配、电平变换、非线性补偿、电流/电压转换等。

多个信号源（如 16 个）来的数据，如果要共用一个模拟量通道输入微型计算机进行处理，就要用模拟多路转换器按某种顺序把输入信号换接到 A-D 转换器。

如果要把传感器来的信号从毫伏电平按比例地放大到典型的 A-D 转换器输入电平（如满度为 10V），就要选用一个具有适当闭环增益的运算放大器。如果多个信号源来的信号幅值相差悬殊，则可以设计一个可编程序放大器，由计算机控制它的闭环增益。当模拟信号传输很长的距离时，信号源和 A-D 转换器之间的地电位差（即共模干扰）会给系统带来麻烦（即使传送距离短，有时也会出现这样的问题）。为此，需采用测量放大器或隔离放大器。

当被测信号变化较快时，往往要求通道比较灵敏，而 A-D 转换都要花一定的时间才能完成转换过程。这样就会造成一定的误差。这是因为转换所得的数字量不能真正代表发出转换命令的那一瞬间所要转换的数据电平。用采样—保持器对变化的模拟信号进行快速"采样"，并在转换过程中"保持"该信号。

4.6.2　A-D 转换器的工作原理

在计算机控制系统中，大多采用低、中速的大规模集成 A-D 转换芯片。对于低、中速 A-D 转换器，这类芯片常用的转换方法有计数比较式、双斜率积分式和逐次逼近式三种。计数比较式器件简单、价格便宜，但转换速度慢，较少采用。双斜率积分式精度高，有时也采用。由于逐次逼近式 A-D 转换技术能很好地兼顾速度和精度，故它在 16 位以下的 A-D 转换器件中得到了广泛的应用。近几年，又出现了 16 位以上的 Σ-Δ A-D 转换器、流水线型 A-D 转换器和闪速型 A-D 转换器。

4.6.3　A-D 转换器的技术指标

1. 分辨率

分辨率越高，转换时对输入模拟信号变化的反应就越灵敏。分辨率通常用数字量的位数来表示，如 8 位、10 位、12 位、16 位等。分辨率为 8 位，表示它可以对满量程的 $1/2^n = 1/256$ 的增量做出反应。所以，n 位二进制数最低位具有的权值就是它的分辨率。

$$分辨率 = \frac{1}{2^n} 满量程，n 为 A-D 转换器的位数。$$

120

2. 量程

量程即所能转换的电压范围，如 2.5V、5V 和 10V。

3. 精度

有绝对精度和相对精度两种表示方法。常用数字量的位数作为度量绝对精度的单位，如精度为最低位 LSB 的 ±1/2 位，即（±1/2）LSB。如果满量程为 10V，则 10 位绝对精度为 4.88mV。若用百分比来表示满量程时的相对误差，则 10 位相对精度为 0.1%。注意，精度和分辨率是两个不同的概念：精度是指转换后所得结果相对于实际值的准确度，而分辨率指的是能对转换结果发生影响的最小输入量。如满量程为 10V 时，其 10 位分辨率为 9.77mV。但是，即使分辨率很高，也可能由于温度漂移、线性不良等原因而并不具有很高的精度。

4. 转换时间

逐次逼近式单片 A-D 转换器转换时间的典型值为 $1.0 \sim 200\mu s$。

5. 电源灵敏度

当电源电压变化时，将使 A-D 转换器的输出发生变化。这种变化的实际作用相当于 A-D 转换器输入量的变化，从而产生误差。

通常 A-D 转换器对电源变化的灵敏度用相当于同样变化的模拟输入值的百分数来表示。例如，电源灵敏度为 $0.05\%/\% \Delta Us$ 时，其含义是电源电压变化为电源电压 Us 的 1% 时，相当于引入 0.05% 的模拟输入值的变化。

6. 对基准电源的要求

基准电源的精度将对整个系统的精度产生影响，故选片时应考虑是否要外加精密参考电源等。

4.7 8 位 A-D 转换器及其接口技术

8 位 A-D 转换器种类较多，一般采用逐次逼近式的原理，有单路和多路输入之分。下面以 NS（National Semiconductor）公司生产的 8 路 8 位 A-D 转换器 ADC0808/0809 为例介绍 8 位 A-D 转换器的接口技术。

4.7.1 ADC0808/0809 介绍

ADC0808/0809 8 位逐次逼近式 A-D 转换器是一种非常经典的单片 CMOS 器件，包括 8 位的模/数转换器、8 通道多路转换器和微处理器或微控制器兼容的控制逻辑。8 通道多路转换器能直接连通 8 路单极性模拟信号中的任何一个。

1. ADC0808/0809 的引脚功能

ADC0808/0809 的片内带有锁存功能的 8 路模拟多路开关，可对 8 路 $0 \sim 5V$ 输入模拟电压信号分时进行转换。片内还具有多路开关的地址译码和锁存电路、比较器、256R 电阻 T 形网络、树状电子开关、逐次逼近寄存器 SAR、控制与时序电路等。输出具有 TTL 三态锁存缓冲器，可直接连到单片机数据总线上。

ADC0808/0809 芯片引脚如图 4-64 所示。

各引脚功能介绍如下：

IN0 ~ IN7：8 路输入通道的模拟量输入端口。

D0 ~ D7：8 位数字量输出端口。

START、ALE：START 为启动控制输入端口，ALE 为地址锁存控制信号端口。这两个信号端可连接在一起，当通过软件输入一个正脉冲时，便立即启动 A-D 转换。

EOC、OE：EOC 为转换结束信号脉冲输出端口，OE 为输出允许控制端口。这两个信号端亦可连接在一起，表示 A-D 转换结束。OE 端的电平由低变高，打开三态输出锁存器，将转换结果的数字量输出到数据总线上。

V_{REF}（ + ）、V_{REF}（ - ）、V_{CC}、GND：V_{REF}（ + ）和 V_{REF}（ - ）为参考电压输入端；V_{CC} 为主电源输入端，GND 为接地端。一般 V_{REF}（ + ）与 V_{CC} 连接在一起，V_{REF}（ - ）与 GND 连接在一起。

CLOCK：时钟输入端。

ADD A、ADD B、ADD C：8 路模拟开关的 3 位地址选通输入端，以选择对应的输入通道，其对应关系见表 4-13。

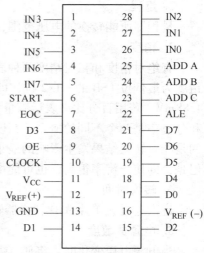

图 4-64　ADC0808/0809 引脚图

表 4-13　地址码与输入通道对应关系

地　址　码			对应的输入通道
ADD C	ADD B	ADD A	
0	0	0	IN0
0	0	1	IN1
0	1	0	IN2
0	1	1	IN3
1	0	0	IN4
1	0	1	IN5
1	1	0	IN6
1	1	1	IN7

2. ADC0808/0809 的工作过程

8 位 A-D 转换器对选送至输入端的信号 IN_i 进行转换，转换结果 D（$D = 0 \sim 2^8 - 1$）存入三态输出锁存缓冲器。它在 START 上收到一个启动转换命令（正脉冲）后开始转换，$100\mu s$ 左右（64 个时钟周期）后转换结束。转换结束时，EOC 信号由低电平变为高电平，通知 CPU 读结果。启动后，CPU 可用查询方式（将转换结束信号接至一条 I/O 线上）或中断方式（EOC 作为中断请求信号引入中断逻辑）判断 A-D 转换过程是否结束。

三态输出锁存缓冲器用于存放转换结果 D，输出允许信号 OE 为高电平时，D 由 D7 ~ D0 上输出；OE 为低电平输入时，数据输出线 D7 ~ D0 为高阻态。ADC0808/0809 的转换时序如图 4-65 所示。

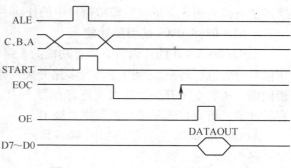

图 4-65　ADC0808/0809 的转换时序

4.7.2 8位 A-D 转换器与 CPU 的接口

8位 A-D 转换器与 CPU 的接口可以采用直接方式，或通过三态缓冲器等进行连接。下面以 ADC0809 为例，介绍 8 位 A-D 转换器与 CPU 的直接连接方式。

1. 直接连接

当 A-D 转换器具有三态输出锁存缓冲器时，可直接与 CPU 相连，如图 4-66 所示。

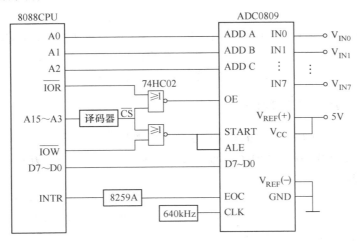

图 4-66 8位 A-D 转换器 ADC0809 与 CPU 直接连接电路

在图 4-66 中，$V_{IN0} \sim V_{IN7}$ 为 8 路 0~5V 的模拟量输入，8088CPU 的地址线 A15 ~ A3 经过译码器译码产生一片选信号 $\overline{CS}$，$\overline{CS}$ 与控制信号线 $\overline{IOW}$ 逻辑组合接至 ADC0809 的 START 和 ALE 引脚，在 8088CPU 低 3 位地址线 A2 ~ A0 的配合下，用于选择某一模拟量输入通道，并启动 A-D 转换，当 A-D 转换结束后，发出转换结束信号 EOC，通过 8259A 中断控制器向 8088CPU 申请中断。片选信号 $\overline{CS}$ 和控制信号线 $\overline{IOR}$ 相组合接至 ADC0809 的输出允许信号 OE 端，在中断服务程序中读取 A-D 转换结果。

8位 A-D 转换器采用三态缓冲器与 CPU 的接口电路限于篇幅就不介绍了。

2. A-D 转换器硬件接口应注意的问题

（1）数字输出的方式

A-D 转换器的输出基本有两种方式：一种是具有可控的三态门，此时输出线允许与微型计算机系统的数据总线直接相连，并在转换结束后，利用读信号 $\overline{RD}$ 控制三态门，将数据送上总线；另一种是数据输出寄存器不具备可控的三态门电路，或者根本无三态门电路，而是数据输出寄存器直接与引脚相连，此时，A-D 的数据输出线不允许与 CPU 直接相连，必须通过 I/O 通道与 CPU 交换信息。有时为了方便，带锁存器的 A-D 转换也可以用 I/O 通道与 CPU 相连。

（2）片选、启动及读写信号的设置

一般来说，A-D 转换过程是在片选信号选中的基础上，先发一个启动脉冲，然后待转换结束后再读入数据。因此，硬件设计时一定要注意这些信号的选取，以保证 A-D 转换器的正常工作，这些信号主要是由三-八译码器的通道号以及微处理器的 $\overline{IOR}$、$\overline{IOW}$ 等信号经过适当的逻辑电路连接而成的。

（3）时钟 CLK 的产生

A-D 转换器控制逻辑所需要的时钟可以用下面三种方法产生：

- 使用转换器内部时钟。
- 用外接电阻电容产生，其频率 $f = 1/(RC)$。
- 由定时电路供给。

（4）参考电平

A-D 转换器的参考电平一般由外接电源供给，为了提高转换精度，常用单独的稳压电源供给。在单极性输入信号时，V_{REF}（+）接正电源，V_{REF}（-）接地；而在双极性输入信号时，V_{REF}（+）接正电源，V_{REF}（-）接负电源。

4.7.3　8 位 A-D 转换器的程序设计

根据 A-D 转换器与 CPU 连接方式以及控制系统本身要求的不同，实现 A-D 转换所需的软件也不同。常用的控制方式有程序查询方式、定时采样方式和中断方式。

1. 程序查询方式

程序查询方式就是首先由 CPU 向 A-D 转换器发出启动脉冲，然后读取转换结束信号，根据转换结束信号的状态，判断 A-D 转换是否结束，如结束，可以读取 A-D 转换结果，否则再继续查询，直至 A-D 转换结束。

这种方法程序设计比较简单，且可靠性高，但实时性差，把微型机大量的宝贵时间都消耗在"查询"上，因此它只能用在实时性要求不太高，或者控制回路比较少的控制系统中。但由于大多数控制系统对于这点时间都是允许的，因此，这种方法是三种方法中用得最多的一种。

2. 定时采样方式

定时采样方式是向 A-D 发出启动脉冲后，先进行软件延时，此延时时间取决于 A-D 转换器完成 A-D 转换所需要的时间（如 ADC0809 为 100μs），经过延时后可读取数据。

在这种方式中，有时为了确保转换完成，不得不把延时时间适当延长，因此，它比查询方式转换速度都慢，故应用较少。

3. 中断方式

在前两种方式中，无论 CPU 暂停与否，实际上对控制过程来说都是处于等待状态，等待 A-D 转换结束后再读入数据，因此速度比较慢。

为了充分发挥计算机的效率，有时采用中断方式。在这种方式中，CPU 启动 A-D 转换后，即可转而处理其他事情（如执行主程序）。一旦 A-D 转换结束，则由 A-D 转换器发一转换结束信号到 8088CPU 的 INTR 引脚，CPU 响应中断后，便读入数据。这样，在整个系统中，CPU 与 A-D 转换器是并行工作的，所以提高了工作效率。为此，有时在多回路数据采集系统中采用中断方式。

值得注意的是，尽管中断方式有很多优点，但是，如果 A-D 转换的时间很短（如几微秒至几十微秒），中断方式便失去优越性。因为转去执行中断服务的准备工作，如断点保护以及现场保护等，都要花去不少时间。因此，在设计数据采集系统中，A-D 转换到底采用什么方式要根据具体情况确定。

124

4.8 12位低功耗A-D转换器AD7091R

AD7091R是一款12位逐次逼近型模数转换器，该器件采用2.7～5.25V单电源供电，内置一个宽带宽采样保持放大器，可处理7MHz以上的输入频率。

转换过程与数据采集利用$\overline{CONVST}$信号和内部振荡器进行控制。AD7091R在实现1MSPS吞吐速率的同时，还可以利用其串行接口在转换完成后读取数据。

AD7091R采用先进的设计和工艺技术，可在高吞吐速率下实现极低的功耗，片内包括一个2.5V的精密基准电压源，器件不执行转换时，可进入省电模式以降低平均功耗。

4.8.1 AD7091R引脚介绍

AD7091R具有10引脚的LFCSP和MSOP封装，引脚如图4-67所示。

AD7091R引脚介绍如下：

V_{DD}：电源输入端。V_{DD}范围为2.7～5.25V，对地接一个10μF和0.1μF的去耦电容。

REF_{IN}/REF_{OUT}：基准电压输入/输出端。对地接一个2.2μF的去耦电容。用户既可使用内部2.5V基准电压，也可使用外部基准电压。

V_{IN}：模拟量输入端。单端模拟输入范围为0V至V_{REF}。

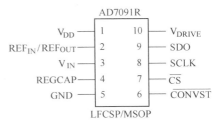

图4-67 AD7091R

REGCAP：内部稳压器输出的去耦电容端。对地接一个1μF的去耦电容，此引脚的电压典型值为1.8V。

GND：电源地。

$\overline{CONVST}$：转换开始端。在输入信号下降沿使采样保持器进入保持模式，并启动转换。

$\overline{CS}$：片选端。低电平有效逻辑输入。$\overline{CS}$处于低电平时，串行总线使能。

SCLK：串行时钟端。此引脚用作串行时钟输入。

SDO：串行数据输出端。转换输出数据以串行数据流形式提供给此引脚。各数据位在SCLK输入的下降沿逐个输出，数据MSB位在前。

V_{DRIVE}：逻辑电源输入。此引脚的电源电压决定逻辑接口的工作电压。对地接一个10μF和0.1μF的去耦电容。此引脚的电压范围为1.65～5.25V。

EPAD：裸露焊盘。底部焊盘不在内部连接。为提高焊接接头的可靠性并实现最大散热效果，应将裸露焊盘接到基板的GND。

4.8.2 AD7091R的应用特性

1. 内部/外部基准电压

AD7091R允许选用内部或外部基准电压源。内部基准电压源提供2.5V精密低温漂基准电压，内部基准电压通过REF_{IN}/REF_{OUT}引脚提供。如果使用外部基准电压，外部施加的基准电压应在2.7～5.25V范围内，并且应连接到REF_{IN}/REF_{OUT}引脚。

2. 模拟输入

AD7091R 是单通道 A-D 转换器，在对谐波失真和信噪比要求严格的应用中，模拟输入应采用一个低阻抗源进行驱动，高阻抗源会显著影响 ADC 的交流特性。不用放大器来驱动模拟输入端时，应将源阻抗限制在较低的值。

3. 工作模式

AD7091R 具有两种不同的工作模式：正常模式和省电模式。正常工作模式旨在用于实现最快的吞吐速率。在这种模式下，AD7091R 始终处于完全上电状态，A-D 转换在 $\overline{\text{CONVST}}$ 的下降沿启动，并且引脚要保持高电平状态直到转换结束。省电工作模式旨在用于实现较低的功耗。在这种模式下，AD7091R 内部的模拟电路均关闭，但串行口仍然有效，在一次 A-D 转换完成之后会测试 $\overline{\text{CONVST}}$ 引脚的逻辑电平，如果为低电平，则芯片进入省电模式。

4.8.3 AD7091R 的数字接口

AD7091R 串行接口由四个信号构成：SDO、SCLK、$\overline{\text{CONVST}}$ 和 $\overline{\text{CS}}$。串行接口用于访问结果寄存器中的数据以及控制器件的工作模式。SCLK 引脚信号用于串行时钟输入，SDO 引脚信号用于数据的传输，$\overline{\text{CONVST}}$ 引脚信号用于启动转换过程以及选择 AD7091R 的工作模式，$\overline{\text{CS}}$ 引脚信号用于实现数据的帧传输。$\overline{\text{CS}}$ 的下降沿使 SDO 线脱离高阻态，$\overline{\text{CS}}$ 的上升沿使 SDO 线返回高阻态。

转换结束时，$\overline{\text{CS}}$ 的逻辑电平决定是否使能 BUSY 指示功能。此功能影响 MSB 相对于 $\overline{\text{CS}}$ 和 SCLK 的传输。启用 BUSY 指示功能时，需将 $\overline{\text{CS}}$ 引脚拉低，SDO 引脚可以用作中断信号，指示转换已完成。这种模式需要 13 个 SCLK 周期：12 个时钟周期用于输出数据，还有一个时钟周期用于使 SDO 引脚退出三态状态，其时序如图 4-68 所示。不启用 BUSY 指示功能时，应确保转换结束前将 $\overline{\text{CS}}$ 拉高，这种模式只需 12 个 SCLK 周期传送数据，其时序如图 4-69 所示。

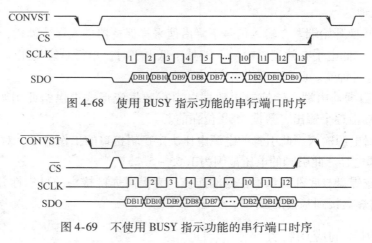

图 4-68　使用 BUSY 指示功能的串行端口时序

图 4-69　不使用 BUSY 指示功能的串行端口时序

4.8.4 AD7091R 与 STM32F103 的接口

1. 硬件电路设计

用 BUSY 指示功能时，AD7091R 使与 STM32F103 的连接方式如图 4-70 所示，不使用 BUSY 指示功能时，把连接到 SDO 引脚的上拉电阻去除即可。

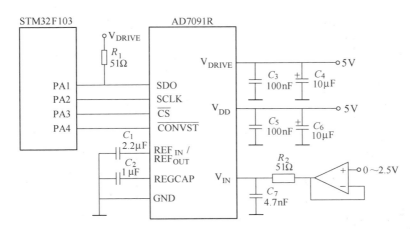

图 4-70 AD7091R 与 STM32F103 的连接电路图

2. 软件设计

软件设计步骤如下：

① 给$\overline{\text{CONVST}}$引脚一个下降沿，启动 A-D 转换，等待 650ns 以确保转换完成。

② 设置$\overline{\text{CS}}$引脚的逻辑电平。如果设置为低电平，使用 BUSY 指示功能；如果设置为高电平，则不使用 BUSY 指示功能。

③ 根据 SCLK 的时钟，传输转换结果。

④ 重复这四步，直到满足程序处理需要。

除上面介绍的 AD7091R 单通道 A-D 转换器之外，ADI 公司还分别推出了 AD7091R-2 双通道、AD7091R-4 四通道、AD7091R-8 八通道三款同类型的 12 位 A-D 转换，这里就不做一一介绍了。

4.9 22 位 Σ-Δ 型 A-D 转换器 ADS1213

ADS1213 为具有 22 位高精度的 Σ-Δ 型 A-D 转换器，它包括一个增益可编程的放大器（PGA）、一个二阶的 Σ-Δ 调制器、一个程控的数字滤波器以及一个片内微控制器等。通过微控制器，可对内部增益、转换通道、基准电源等进行设置。

ADS1213 具有 4 个差分输入通道，适合直接与传感器或小电压信号相连，可应用于智能仪表、血液分析仪、智能变送器、压力传感器等。

它包括一个灵活的异步串行接口，该接口与 SPI 接口兼容，可灵活地配置成多种接口模式。ADS1213 提供多种校准模式，并允许用户读取片内校准寄存器。

4.9.1 引脚介绍

ADS1213 具有 24 引脚 DIP、SOIC 封装及 28 引脚 SSOP 多种封装，引脚如图 4-71 所示。

ADS1213 引脚介绍如下：

$A_{IN}3N$：通道 3 的反相输入端；可编程增益模拟输入端；与 $A_{IN}3P$ 一起使用，用作差分模拟输入对的负输入端。

127

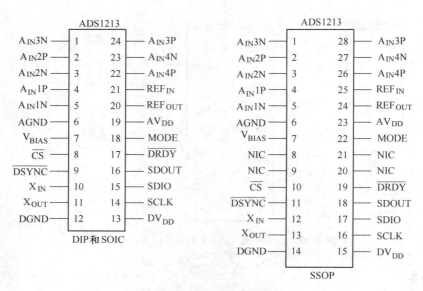

图 4-71　ADS1213 引脚图

$A_{IN}2P$：通道 2 的同相输入端；可编程增益模拟输入端；与 $A_{IN}2N$ 一起使用，用作差分模拟输入对的正输入端。

$A_{IN}2N$：通道 2 的反相输入端；可编程增益模拟输入端；与 $A_{IN}2P$ 一起使用，用作差分模拟输入对的负输入端。

$A_{IN}1P$：通道 1 的同相输入端；可编程增益模拟输入端；与 $A_{IN}1N$ 一起使用，用作差分模拟输入对的正输入端。

$A_{IN}1N$：通道 1 的反相输入端；可编程增益模拟输入端；与 $A_{IN}1P$ 一起使用，用作差分模拟输入对的负输入端。

AGND：模拟电路的地基准点。

V_{BIAS}：偏置电压输出端。此引脚输出偏置电压，大约为 1.33 倍的参考输入电压，一般情况下为 3.3V，用以扩展模拟量的输入范围，由命令寄存器（CMR）的 BIAS 位控制引脚是否输出。

$\overline{CS}$：片选信号。用于选择 ADS1213 的低电平有效逻辑输入端。

$\overline{DSYNC}$：串行输出数据的同步控制端。当 $\overline{DSYNC}$ 为低电平时，芯片不进行操作；当 $\overline{DSYNC}$ 为高电平时，调制器复位。

X_{IN}：系统时钟输入端。

X_{OUT}：系统时钟输出端。

DGND：数字电路的地基准。

DV_{DD}：数字供电电压。

SCLK：串行数据传输的控制时钟。外部串行时钟加至此输入端以存取来自 ADS1213 的串行数据。

SDIO：串行数据输入输出端。SDIO 不仅可作为串行数据输入端，还可作为串行数据的输出端，引脚功能由命令寄存器（CMR）的 SDL 位进行设置。

128

SDOUT：串行数据输出端。当 SDIO 作为串行数据输出引脚时，SDOUT 处于高阻状态；当 SDIO 只作为串行数据输入引脚时，SDOUT 用于串行数据输出。

$\overline{DRDY}$：数据状态线。当此引脚为低电平时，表示 ADS1213 数据寄存器（DOR）内有新的数据可供读取，全部数据读取完成时，$\overline{DRDY}$引脚将返回高电平。

MODE：SCLK 控制输入端。该引脚置为高电平时，芯片处于主站模式，在这种模式下，SCLK 引脚配置为输出端；该引脚置为低电平时，芯片处于从站模式，允许主控制器设置串行时钟频率和串行数据传输速度。

AV_{DD}：模拟供电电压。

REF_{OUT}：基准电压输出端。

REF_{IN}：基准电压输入端。

$A_{IN}4P$：通道 4 的同相输入端；可编程增益模拟输入端；与 $A_{IN}4N$ 一起使用，用作差分模拟输入对的正输入端。

$A_{IN}4N$：通道 4 的反相输入端；可编程增益模拟输入端；与 $A_{IN}4P$ 一起使用，用作差分模拟输入对的负输入端。

$A_{IN}3P$：通道 3 的同相输入端；可编程增益模拟输入端；与 $A_{IN}3N$ 一起使用，用作差分模拟输入对的正输入端。

4.9.2 片内寄存器

芯片内部的一切操作大多是由片内的微控制器控制的，该控制器主要包括一个算术逻辑单元（ALU）及一个寄存器的缓冲区。在上电后，芯片首先进行自校准，而后以 340Hz 的速率输出数据。

在寄存器缓冲区内，一共有 5 个片内寄存器，见表 4-14。其中指令寄存器和命令寄存器控制了转换操作的进行；数据输出寄存器（DOR）中存储了最新的转换结果；零点校准寄存器（OCR）和满刻度校准寄存器（FCR）用于校正转换的结果，它们可以通过校准操作载入，也可以由串行接口直接写入。串行接口的通信控制由指令寄存器控制，

表 4-14　ADS1213 的片内寄存器

英 文 简 称	名 称	大 小
INSR	指令寄存器	8 位
DOR	数据输出寄存器	24 位
CMR	命令寄存器	32 位
OCR	零点校准寄存器	24 位
FCR	满刻度校准寄存器	24 位

在正常操作状态下，任何的通信操作都是由写 INSR 进行初始化的，该操作决定了芯片的下一操作的类型。

1. 指令寄存器（INSR）

指令寄存器是一个 8 位的只读寄存器，它控制了串行接口的读、写操作，以及对哪一寄存器的哪一字节进行的操作。每个串行通信操作，都是由对 INSR 的写操作进行初始化的。它指出了一个串行通信周期内，操作的类型、操作起始寄存器的地址以及操作进行的字节数。因此它对通信周期的开始，起了一个指导作用，当所规定的字节数已传送完毕后，一个通信周期就结束了，而另一个新的通信周期等待一个新的 INSR 操作进行初始化。其中该寄存器中每位的意义如下：

$R/\overline{W}$	MB1	MB0	0	A3	A2	A1	A0

$R/\overline{W}$：读/写控制位。对一个读操作该位必须是
"0"，对一个写操作该位为"1"。

MB1～MB0：字节控制位。这两位的取值不同，用来
控制读/写操作的字节数见表4-15。

A3～A0：地址控制位。这四位用来选择读/写操作的
寄存器的位置，见表4-16，而且接口仍然将继续读/写下
一高字节（低字节）寄存器的内容，其顺序由命令寄存
器中的BD位决定，并一直继续到MB1、MB0中的内容被改变。

表4-15　字节数设置

MB1	MB0	字　节　数
0	0	1 位
0	1	2 位
1	0	3 位
1	1	4 位

表4-16　寄存器位置设置

A3	A2	A1	A0	寄存器的字节位置
0	0	0	0	数据输出寄存器的第2字节
0	0	0	1	数据输出寄存器的第1字节
0	0	1	0	数据输出寄存器的第0字节
0	1	0	0	命令寄存器的第3字节
0	1	0	1	命令寄存器的第2字节
0	1	1	0	命令寄存器的第1字节
0	1	1	1	命令寄存器的第0字节
1	0	0	0	零点校准寄存器的第2字节
1	0	0	1	零点校准寄存器的第1字节
1	0	1	0	零点校准寄存器的第0字节
1	1	0	0	满刻度校准寄存器的第2字节
1	1	0	1	满刻度校准寄存器的第1字节
1	1	1	0	满刻度校准寄存器的第0字节

2. 命令寄存器（CMR）

命令寄存器是一个可读可写的32位寄存器，用来控制ADS1213的操作方式，包括前置
放大器的增益、增强模式率、输出数据的速率等。对于一个新的设置方式，将在SCLK的下
降沿处，也即在最后一位进入命令寄存器时生效。该寄存器内部各位的组成如下：

字节3（高字节）

BIAS	REFO	DF	U/$\overline{B}$	BD	MSB	SDL	DSYNC/DRDY
0	1	0	0	0	0	0	X

字节2

MD2	MD1	MD0	G2	G1	G0	CH1	CH0
0	0	0	0	0	0	0	0

字节1

SF2	SF1	SF0	DR12	DR11	DR10	DR9	DR8
0	0	0	0	0	0	0	0

字节0（低字节）

DR7	DR6	DR5	DR4	DR3	DR2	DR1	DR0
0	0	0	1	0	1	1	1

BIAS：偏移电压位。该位来控制 V_{BIAS} 引脚的输出状态，当为 "0" 时，V_{BIAS} 偏置电压发生器处于关闭状态；当为 "1" 时，偏置电压发生器处于打开状态，V_{BIAS} 引脚为 1.33^* REF_{IN}，一般为 3.3V。

REFO：基准电压输出位。它用于控制片内基准电压发生器的工作状态，当 REFO = 0 时，片内的基准电压发生器关闭；当 REFO = 1 时，REF_{OUT} 引脚输出 2.5V 的电压。

DF：输出数据范围设置位。它用来设置输出数据的数字表示形式，当为 "0" 时，数据以补码的形式输出；当为 "1" 时，数据就以二进制原码的形式输出。

U/$\overline{B}$：单双极性控制位。当此位为 "1" 时，芯片进行正常的操作；当为 "0" 时，芯片转换的结果仅为正值（包括零）。但这种模式只影响数据输出寄存器的内容，对片内的其他数据不产生影响。

BD：字节读取顺序控制位。它用于控制数据读取过程中，字节的读取顺序。

MSB：位读取顺序控制位。它控制了一字节的数据中，位的读取顺序。当 MSB = 1 时，字节中最低位先进行读写；当 MSB = 0 时，最高位先进行读取操作。同样，它对芯片的写操作不产生影响。

SDL：串行数据输出引脚控制位。当 SDL 为低电平时，芯片引脚 SDIO 不仅用于串行数据输入还用于串行数据的输出，而输出引脚 SDOUT 则处于高阻状态；当 SDL 为高电平时，串行数据仍从输出引脚 SDOUT 输出。

$\overline{DRDY}$：只读位。它反映 $\overline{DRDY}$ 引脚的输出状态，也即当 $\overline{DRDY}$ 为 "0" 时，数据准备好；当 $\overline{DRDY}$ 为 "1" 时，输出数据还未准备好。

DSYNC：只写位。它与 $\overline{DRDY}$ 位地址相同，它的作用与 DSYNC 引脚的作用相同，当它为低电平时，对调制器的操作不产生影响；当它为高电平时，对调制器进行复位。因此该位可以用来减少芯片与主控制器通信的信号线。

MD2 ~ MD0：校准序列设置位。校准序列是芯片用于提高转换结果精度的一种手段，一般在系统上电或操作环境改变时都须进行校准操作。一旦校准操作完成将返回到正常的操作状态。具体的校准操作模式选择见表 4-17。

G2 ~ G0：增益控制位。它们可以用来设置前置放大器的增益值，见表 4-18，初始状态增益值为 1。

表 4-17 校准操作模式选择			
MD2	MD1	MD0	工 作 状 态
0	0	0	正常操作
0	0	1	自校准操作
0	1	0	系统零点校准操作
0	1	1	系统满刻度校准操作
1	0	0	系统伪校准操作
1	0	1	循环校准操作
1	1	0	掉电操作
1	1	1	保留

表 4-18 增益设置			
G2	G1	G0	增 益 值
0	0	0	1
0	0	1	2
0	1	0	4
0	1	1	8
1	0	0	16

CH1 ~ CH0：通道号的选择。ADS1213 具有一个多路的转换开关，而根据这三位的值进行通道的选择，见表 4-19，初始状态为通道 1。

SF2 ~ SF0：增强模式率控制位。通过设置它们的数值，可以调节输入采样电容的采样频率及调制器的频率。但必须注意它与增益值设置大小的关系，即它们乘积的大小不能超过 16，见表 4-20。

见表 4-20。

表 4-19　通道选择

CH1	CH0	有效输入端
0	0	通道 1
0	1	通道 2
1	0	通道 3
1	1	通道 4

表 4-20　增强模式率设置

SF2	SF1	SF0	增强模式率	允许增益值
0	0	0	1	1，2，4，8，16
0	0	1	2	1，2，4，8
0	1	0	4	1，2，4
0	1	1	8	1，2
1	0	0	16	1

DR12 ~ DR0：抽样率设置位。它控制芯片内抽样率的大小，从本质上决定了数字滤波器采用多少个调制器输出结果来计算每次转换结果。

3. 数据输出寄存器（DOR）

数据输出寄存器是一个 24 位的可读可写寄存器，它存放了最新的输出转换结果。

4. 零点校准寄存器（OCR）和满刻度校准寄存器（FCR）

零点校准寄存器和满刻度校准寄存器是一个可读可写的 24 位寄存器，其中的内容可以是校准操作结束后由芯片自动写入的，也可以是经计算后由串行接口写入的。

4.9.3　ADS1213 的应用特性

1. 模拟输入范围

ADS1213 包含 4 组差分输入引脚（标为 $A_{IN}1P \sim A_{IN}4N$），由命令寄存器的 CH0 ~ CH1 位进行模拟输入端的配置，一般情况下，输入电压范围为 0 ~ 5V，如果使用了偏置电压，可将输入范围扩展至 – 10 ~ 10V。输入对提供可编程增益输入通道，它处理双极性输入信号，应当注意，双极性输入信号以输入对各自的反相输入端为基准。

2. 输入采样频率

ADS1213 的外部晶振频率，可在 0.5 ~ 2 MHz 之间选取，它的调制器工作频率、转换速率、数据输出频率都会随之变化。

3. 基准电压

ADS1213 有一个 2.5V 的内部基准电压，当使用外部基准电压时，可在 2 ~ 3V 之间选取。

4.9.4　ADS1213 的数字接口

ADS1213 的串行接口包含 5 个信号：$\overline{CS}$、$\overline{DRDY}$、SCLK、SDIO 和 SDOUT。该串行接口十分灵活，可配置成两线制，三线制或多线制。$\overline{CS}$ 用于芯片的选通。$\overline{DRDY}$ 线用作状态信号，它指示何时数据可以从 ADS1213 数据输出寄存器中读出。当数据输出寄存器中有新的数据字可供使用时，$\overline{DRDY}$ 变为低电平；当对数据输出寄存器的读操作完成时，它复位至高电平；在数据输出寄存器更新之前，它也变为高电平，以便指示此时禁止从芯片中读出数据，从而确保当寄存器正在更新时不会企图读出数据。SCLK 是芯片的串行时钟输入，所有的数据传送均是相对于 SCLK 信号发生的。

4.9.5 ADS1213 与 STM32F103 的接口

1. 硬件电路设计

ADS1213 具有一个适应能力很强的串行接口，可以用多种方式与微控制器连接。引脚的连接方式可以是两线制的，也可以是三线制的或多线制的，可以根据需要设置。芯片的工作状态可以由硬件查询，还可以通过软件查询。ADS1213 与 STM32F103 的接口电路如图 4-72 所示。

2. 程序设计

程序设计步骤如下：

① 写指令寄存器，设置操作模式、操作地址和操作字节数。

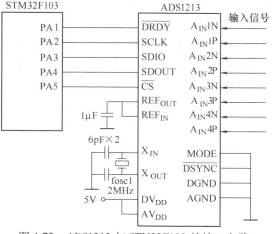

图 4-72 ADS1213 与 STM32F103 的接口电路

② 写命令寄存器，设置偏置电压、基准电压、数据输出格式、串行引脚、通道选择、增益大小等。

③ 轮询 DRDY 输出。

④ 从数据寄存器读取数据。循环执行最后两步，直至取得所需的数据。

4.10 模拟量输出通道

4.10.1 模拟量输出通道的组成

模拟量输出通道是计算机的数据分配系统，它们的任务是把计算机输出的数字量转换成模拟量。这个任务主要是由 D-A 转换器来完成的。对该通道的要求，除了可靠性高、满足一定的精度要求外，输出还必须具有保持的功能，以保证被控制对象可靠地工作。

当模拟量输出通道为单路时，其组成较为简单，但在计算机控制系统中，通常采用多路模拟量输出通道。

多路模拟量输出通道的结构形式，主要取决于输出保持器的构成方式。输出保持器的作用主要是在新的控制信号到来之前，使本次控制信号维持不变。保持器一般有数字保持方案和模拟保持方案两种。这就决定了模拟量输出通道的两种基本结构形式。

1. 一个通道设置一片 D-A 转换器

在这种结构形式下，微处理器和通路之间通过独立的接口缓冲器传送信息，这是一种数字保持的方案。它的优点是转换速度快，工作可靠，即使某一路 D-A 转换器有故障，也不会影响其他通道的工作。缺点是使用了较多的 D-A 转换器。但随着大规模集成电路技术的发展，这个缺点正在逐步得到克服，这种方案较易实现。一个通道设置一片 D-A 转换器的形式，如图 4-73 所示。

2. 多个通道共用一片 D-A 转换器

由于共用一片 D-A 转换器，因此必须在计算机控制下分时工作，即依次把 D-A 转换器转换成的模拟电压（或电流），通过多路模拟开关传送给输出采样保持器。这种结构形式的优点是节省了 D-A 转换器，但因为分时工作，只适用于通路数量多且速率要求不高的场合。它还要用多路模拟开关，且要求输出采样保持器的保持时间与采样时间之比较大，这种方案工作可靠性较差。共用 D-A 转换器的形式如图 4-74 所示。

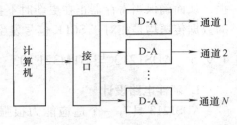

图 4-73　一个通道设置一片 D-A 转换器

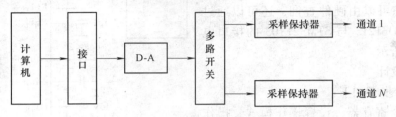

图 4-74　共用 D-A 转换器

4.10.2　D-A 转换器的技术指标

1. 分辨率

含义与 A-D 转换器相同。

2. 稳定时间

指 D-A 转换器中代码有满度值的变化时，其输出达到稳定（一般稳定到与 ±1/2 最低位值相当的模拟量范围内）所需的时间。一般为几十毫秒到几微秒。

3. 输出电平

不同型号的 D-A 转换器的输出电平相差较大，一般为 5～10V，也有一些高压输出型的为 24～30V。还有一些电流输出型，低的为 20mA，高的可达 3A。

4. 输入编码

如二进制、BCD 码、双极性时的符号-数值码、补码、偏移二进制码等。必要时可在 D-A 转换前用计算机进行代码转换。

4.11　8 位 D-A 转换器及其接口技术

4.11.1　DAC0832 介绍

1. DAC0832 的结构及原理

该器件采用先进的 CMOS/Si-Cr 工艺，为 8 位的 D-A 转换器，它可直接与 8088 以及其他常用的微处理器相连接。在电路中使用了 CMOS 电流开关和控制逻辑，从而达到较低的功耗和较低的输出漏电流误差。采用特殊的电路结构可与 TTL 逻辑输入电平相兼容。

DAC0832 数/模转换器的内部，具有双输入数据缓冲器和一个 R-2R T 形电阻网络，其原理框图，如图 4-75 所示。

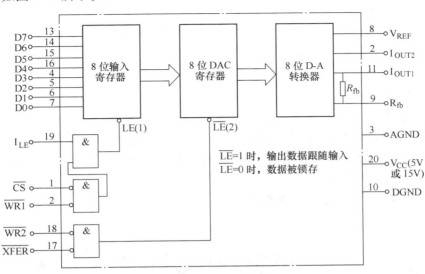

图 4-75　DAC0832 原理图

在图 4-75 中，$\overline{LE}$ 为寄存命令。当 $\overline{LE}=1$ 时，寄存器的输出随输入变化，$\overline{LE}=0$ 时，数据锁存在寄存器中，而不随输入数据的变化而变化。其逻辑表达式为

$$\overline{LE(1)}=I_{LE}\cdot\overline{CS}\cdot\overline{WR1}$$

由此可见，当 $I_{LE}=1$，$\overline{CS}=\overline{WR1}=0$ 时，$\overline{LE}$（1）$=1$，允许数据输入，而当 $\overline{WR1}=1$ 时，$\overline{LE}$（1）$=0$，则数据被锁存。能否进行 D-A 转换，除了取决于 $\overline{LE}$（1）以外，还取决于 $\overline{LE}$（2）。由图可知，当 $\overline{WR2}$ 和 $\overline{XFER}$ 均为低电平时，$\overline{LE}$（2）$=1$，此时允许 D-A 转换，否则 $\overline{LE}$（2）$=0$，将停止 D-A 转换。

在使用时可以采用双缓冲方式（两级输入锁存），也可以用单缓冲方式（只用一级输入锁存，另一级始终直通），或者接成完全直通的形式。因此，这种转换器用起来非常方便灵活。

2. DAC0832 引脚功能

DAC0832 的引脚排列如图 4-76 所示。

各引脚功能介绍如下：

（1）控制信号

$\overline{CS}$：片选信号（低电平有效）。

I_{LE}：输入锁存允许信号（高电平有效）。

$\overline{WR1}$：写 1（低电平有效）。当 $\overline{WR1}$ 为低电平时，用来将输入数据传送到输入锁存器；当 $\overline{WR1}$ 为高电平时，输入锁存器中的数字被锁存；当 I_{LE} 为高电平，又必须是 $\overline{CS}$ 和 $\overline{WR2}$ 同时为低时，才能将锁存器中的数据进行更新。以上三个控制信号构成第一级输入锁存。

$\overline{WR2}$：写 2（低电平有效）。该信号与 $\overline{XFER}$ 配合，可使锁存器中的数据传送到 DAC 寄存器中进行转换。

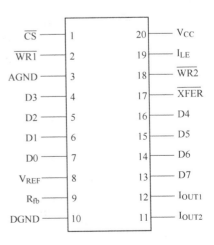

图 4-76　DAC0832 引脚图

135

$\overline{\text{XFER}}$：传送控制信号（低电平有效）。$\overline{\text{XFER}}$将与$\overline{\text{WR2}}$配合使用，构成第二级锁存。

（2）其他引脚的作用

D7～D0：数字输入量。D0 是最低位（LSB），D7 是最高位（MSB）。

I_{OUT1}：DAC 电流输出 1。当 DAC 寄存器为全 1 时，表示 I_{OUT1} 为最大值，当 DAC 寄存器为全 0 时，表示 I_{OUT1} 为 0。

I_{OUT2}：DAC 电流输出 2。I_{OUT2} 为常数减去 I_{OUT1}，或者 $I_{OUT1} + I_{OUT2} =$ 常数。在单极性输出时，I_{OUT2} 常常接地。

R_{fb}：反馈电阻，为外部运算放大器提供一个反馈电压。R_{fb} 可由内部提供，也可由外部提供。

V_{REF}：参考电压输入，要求外部接一个精密的电源。当 V_{REF} 为 ±10V（或 ±5V）时，可获得满量程四象限的可乘操作。

V_{CC}：数字电路供电电压，一般为 5～15V。

AGND：模拟地。

DGND：数字地。

这是两种不同的地，但在一般情况下，这两个地最后总有一点接在一起，以便提高抗干扰能力。

4.11.2　8 位 D-A 转换器与 CPU 的接口

8 位 D-A 转换器与 CPU 的连接方式有三种：用锁存器连接、用可编程并行口 8255A 连接、直接连接。到底采用哪种方法应根据各种 D-A 转换器的结构形式以及系统的要求进行选择。

1. 用锁存器连接

如果 D-A 转换器本身没有锁存器，在 D-A 转换器与 CPU 之间必须加一个锁存器，如74HC273 或 74HC373 等。锁存器的作用是：锁存器的选通脉冲作为 DAC I/O 口地址选通信号，当选通信号正跳变时，则锁存器 D 输入端的信号被送到 Q 输出端，而后再加到 D-A 转换器的 8 位数据线上，以便进行 D-A 转换；当选通信号为低电平时，输出 Q 端保持 D 端送入的数据，以便维持 D-A 转换。

2. D-A 与 CPU 直接连接

有时为了节省硬件，对于带有锁存器的 D-A 转换器，可以采用直接连接方式。例如DAC0832 与 8088CPU 的连接，如图 4-77 所示。

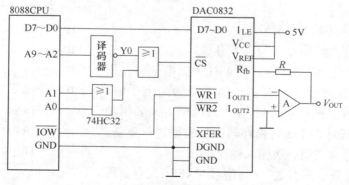

图 4-77　DAC0832 与 CPU 直接连接

在此电路中，由于 DAC0832 内部有输入锁存器，所以不需要其他接口芯片，便可直接与 CPU 数据总线相连，亦不需要保持器，只要没有新的数据输入，它将保持原来的输出值。在图 4-77 中$\overline{WR2}$和$\overline{XFER}$接成低电平，故 8 位 DAC 缓冲器始终是直通的，因此该电路属于单缓冲锁存器接法。当执行 OUT 指令时，$\overline{CS}$ 和 $\overline{WR1}$ 为低电平，CPU 输出的数据打入 DAC0832 8 位输入锁存器，再经 8 位 DAC 缓冲器送入 D-A 转换网络进行转换。

在图 4-77 中，$V_{OUT} = \dfrac{D}{2^8} V_{REF}$。

4.12　12/16 位 4～20mA 串行输入 D-A 转换器 AD5410/AD5420

AD5410/AD5420 是低成本、精密、完全集成的 12/16 位转换器，提供可编程电流源输出，输出电流范围可编程设置为 4～20mA、0～20mA 或者 0～24mA。

该器件的串行接口十分灵活，可与 SPI、MICROWIRE™ 等接口兼容，该串口可在三线制模式下工作，减少了所需的数字隔离电路。

该器件包含一个确保在已知状态下的上电复位功能，以及一个将输出设定为所选电流范围低端的异步清零功能。该器件可方便地应用于过程控制、PLC 和 HART 网络中。

4.12.1　引脚介绍

AD5410 和 AD5420 具有 24 引脚 TSSOP 和 40 引脚 LFCSP 两种封装，TSSOP 封装的引脚如图 4-78 所示。

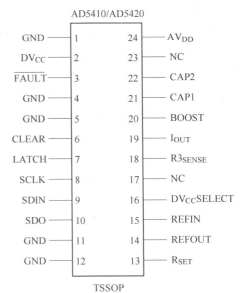

图 4-78　AD5410/AD5420 引脚图

AD5410/AD5420 引脚介绍如下：

GND：电源基准端。此类引脚必须接地。

DV_{CC}：数字电源引脚。电压范围为 2.7～5.5V。

$\overline{FAULT}$：故障提醒引脚。当检测到 I_{OUT} 与 GND 之间开路或者检测到过温时，该引脚置为低电平，$\overline{FAULT}$引脚为开漏输出。

CLEAR：异步清零引脚。高电平有效，置位该引脚时，输出电流设为 0mA 或 4mA 的初始值。

LATCH：锁存引脚。该引脚对正边沿敏感，在信号的上升沿并行将输入移位寄存器数据载入相关寄存器。

SCLK：串行时钟输入引脚。数据在 SCLK 的上升沿逐个输入移位寄存器，工作时钟速度最高可达 30MHz。

SDIN：串行数据输入引脚。数据在 SCLK 的上升沿逐个输入。

SDO：串行数据输出引脚。数据在 SCLK 的下降沿逐个输出。

R_{SET}：可选外部电阻连接引脚。可以将一个高精度、低温漂的 15kΩ 的电阻连接到该引脚与 GND 之间，构成器件内部电路的一部分，以改善器件的整体性能。

REFOUT：内部基准电压源输出引脚。当环境温度为 25℃ 时，引脚输出电压为 5V，误

差为 ±5mV, 典型温度漂移为 1.8ppm/℃。

REFIN: 外部基准电压输入引脚。针对额定性能, 外部输入基准电压应为 5V ±50mV。

DV$_{CC}$ SELECT: 数字电源选择引脚。当该引脚接 GND 时, 内部电源禁用, 必须将外部电源接到 DV$_{CC}$ 引脚, 不连接该引脚时, 内部电源使能。

NC: 非连接引脚。

R3$_{SENSE}$: 输出电流反馈引脚。在该引脚与 BOOST 引脚之间测得的电压与输出电流成正比, 可以用于监控和反馈输出电流特性, 但不能从该引脚引出电流用于其他电路。

I$_{OUT}$: 电流输出引脚。

BOOST: 可选外部晶体管连接引脚。增加一个外部增强晶体管, 连接外部晶体管可减小片内输出晶体管的电流, 降低 AD5410／AD5420 的功耗。

CAP1: 可选输出滤波电容的连接引脚。可在该引脚与 AV$_{DD}$ 之间放置电容, 这些电容会在电流输出电路上形成一个滤波器, 可降低带宽和输出电流的压摆率。

CAP2: 可选输出滤波电容的连接引脚。此引脚功能与 CAP1 引脚功能相同。

AV$_{DD}$: 正模拟电源引脚。电压范围为 10.8 ~ 40V。

EPAD: 裸露焊盘。接地基准连接。建议将裸露焊盘与一个铜片形成散热连接。

4.12.2 片内寄存器

器件的输入移位寄存器为 24 位宽度。在串行时钟输入 SCLK 的控制下, 数据作为 24 位字以 MSB 优先的方式在 SCLK 上升沿逐个载入器件。输入移位寄存器由高 8 位的地址字节和低 16 位的数据字节组成。在 LATCH 的上升沿, 输入移位寄存器中存在的数据被锁存。不同的地址字节对应的功能见表4-21。

读寄存器值时, 首先写入读操作命令, 24 个数据的高 8 位为读命令字节 (0x02), 最后两位为要读取的寄存器的代码: 00 为状态寄存器、01 为数据寄存器、10 为控制寄存器, 然后, 再写入一个 NOP 条件 (0x00), 要读取的寄存器的数据就会在 SDO 线上输出。

表 4-21　地址字节功能

地址字节	功　　能
00000000	无操作 (NOP)
00000001	数据寄存器
00000010	按读取地址回读
01010101	控制寄存器
01010110	复位寄存器

1. 数据寄存器

将输入移位寄存器的地址字节设置为 0x01 可寻址数据寄存器。需要写入的数据会输入到 DB15 ~ DB4 (AD5410) 或 DB15 ~ DB0 (AD5420)。

2. 控制寄存器

将输入移位寄存器的地址字节设置为 0x55 可寻址控制寄存器。待写入控制寄存器的数据输入 DB15 ~ DB0, 各位的功能如下所示。

MSB

DB15	DB14	DB13	DB12	DB11	DB10	DB9	DB8
0	0	REXT	OUTEN			SR 时钟	

LSB

DB7	DB6	DB5	DB4	DB3	DB2	DB1	DB0
	SR 步进		SREN	DCEN	R2	R1	R0

138

REXT：外部电流设置电阻选择位。高电平有效。使用外部电流设置电阻时，建议仅在设置 OUTEN 位的同时设置 REXT。

OUTEN：输出使能位。高电平有效。

SR 时钟：数字压摆率控制位。这四位数值定义数字压摆的更新速率，与 SR 步进共同定义输出电流的变化速率。不同取值代表的压摆率更新时钟值见表 4-22。

SR 步进：数字压摆率控制位。这三位数值定义数字压摆的变化幅度，与 SR 时钟共同定义输出电流的变化速率。不同取值代表的压摆率步进值见表 4-23。

表 4-22 压摆率更新时钟值

SR 时钟	更新时钟频率/Hz
0000	257730
0001	198410
0010	152440
0011	131580
0100	115740
0101	69440
0110	37590
0111	25770
1000	20160
1001	16030
1010	10290
1011	8280
1100	6900
1101	5530
1110	4240
1111	3300

表 4-23 压摆率步进值

SR 步进	AD5410 步进大小（LSB）	AD5420 步进大小（LSB）
000	1/16	1
001	1/8	2
010	1/4	4
011	1/2	8
100	1	16
101	2	32
110	4	64
111	8	128

SREN：数字压摆率控制使能位。高电平有效。

DCEN：菊花链使能位。高电平有效。

R2、R1、R0：电流输出范围选择位。不同取值代表的输出范围见表 4-24。

表 4-24 输出范围选项

R2	R1	R0	输出范围选择
1	0	1	4～20mA
1	1	0	0～20mA
1	1	1	0～24mA

3. 复位寄存器

将输入移位寄存器的地址字节设置为 0x56 可寻址复位寄存器。复位寄存器有一个复位位 DB0，将该位置 1 可执行复位操作，使器件恢复到上电状态。其余位被保留，输入无效。

4. 状态寄存器

状态寄存器是一个 16 位只读寄存器，将输入移位寄存器的地址字节设置为 0x02，数据字节最后两位设置为 0 即可读取状态寄存器，状态寄存器只有低三位有意义，其他位均被保留，输入无效，状态寄存器各位功能如下所示。

DB7	DB6	DB5	DB4	DB3	DB2	DB1	DB0
保留					I_{OUT}故障	压摆有效	过温

I_{OUT} 故障：如果 I_{OUT} 引脚上检测到故障，该位会被置 1。

压摆有效：当输出有压摆时（压摆率控制使能），该位会被置 1。

过温：当 AD5410/AD5420 内核温度超过约 150℃时，该位会被置 1。

4.12.3 AD5410/AD5420 应用特性

1. 故障报警

AD5410/AD5420 配有一个 $\overline{FAULT}$ 引脚，它为开漏输出，并允许多个器件一起连接到一个上拉电阻以进行全局故障检测。当存在开环电路、电源电压不足或器件内核温度超过约 150℃时，都会使 FAULT 引脚强制有效。该引脚可与状态寄存器的 I_{OUT} 故障位和过温位一同使用，以告知用户何种故障条件导致 FAULT 引脚置位。

2. 内部基准电压源

AD5410/AD5420 内置一个集成 5V 基准电压源，温度漂移系数最大值为 10ppm/℃。

3. 数字电源

DV_{CC} 引脚默认采用 2.7～5.5V 电源供电。但是，也可以将内部 4.5V 电源经由 DV_{CC} SELECT 引脚输出到 DV_{CC} 引脚，以用作系统中其他器件的数字电源，这样做的好处是数字电源不必跨越隔离栅。使 DV_{CC} SELECT 引脚处于未连接状态，便可使能内部电源，若要禁用内部电源，DV_{CC} SELECT 应连接到 GND。DV_{CC} 可以提供最高 5mA 的电流。

4. 外部电流设置电阻

AD5410/AD5420 内部的 V/I 转换电路如图 4-79 所示，R_{SET} 是一个内部检测电阻，构成电压/电流转换电路的一部分，输出电流在温度范围内的稳定性取决于 R_{SET} 值的稳定性。AD5410/AD5420 的 R_{SET} 引脚与地之间可以连接一个 15kΩ 外部精密低漂移电阻，以改善器件的整体性能，通过控制寄存器选择是否启用外部电阻。

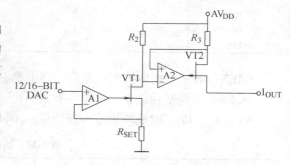

图 4-79 AD5410/AD5420 内部的 V/I 转换电路

5. 数字压摆率

AD5410/AD5420 允许用户控制输出电流的变化速率。压摆率控制特性禁止时，输出电流以大约 16mA/10μs 的速率变化。该速率会随负载条件而变化。为了降低压摆率，可以通过控制寄存器的 SREN 位使能压摆率控制功能。使能该功能之后，输出将以 SR 时钟和 SR 步进所定义的一个速率发生数字式步进变化，SR 时钟定义数字压摆的更新速率，SR 步进定义变化幅度。这两个参数共同定义输出电流的变化速率。

4.12.4 AD5410/AD5420 的数字接口

AD5410/AD5420 通过多功能三线制串行接口进行控制，能够以最高 30MHz 的时钟速率工作。串行接口既可配合连续 SCLK 工作，也可配合非连续 SCLK 工作，要使用连续 SCLK 源，必须在输入正确数量的数据位之后，将 LATCH 置为高电平。输入数据字 MSB 的 SCLK 第一个上升沿标志着写入周期的开始，LATCH 变为高电平之前，必须将正好 24 个上升时钟沿施加于 SCLK。如果 LATCH 在第 24 个 SCLK 上升沿之前或之后变为高电平，则写入的数据无效。

4.12.5　AD5410/AD5420 与 STM32F103 的接口

1. 硬件电路设计

AD5410/AD5420 具有一个三线制的串行接口，可方便地与 STM32F103 进行数据传输，连接电路如图 4-80 所示，其中 BOOST、R_{SET}、DV_{CC}SELECT 引脚悬空，不连接。

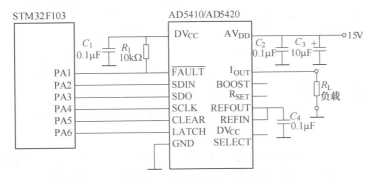

图 4-80　AD5410/AD5420 与 STM32F103 的连接电路

2. 外部增强功能

外部增强晶体管连接电路如图 4-81 所示，使用外部增强功能可减少片内输出晶体管中的电流，从而降低 AD5410/AD5420 的功耗。外部晶体管可以使用击穿电压大于 40V 的分立 NPN 型晶体管。外部增强功能使得 AD5410/AD5420 能够工作在电源电压、负载电流和温度范围的极值条件下。增强晶体管还可以减小温度所引起的漂移量，使片内基准电压源的温度漂移降至最小。

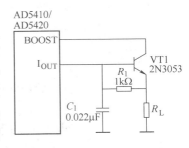

图 4-81　AD5410/AD5420
外部增强功能电路

3. 程序设计

程序设计的步骤如下：

① 通过控制寄存器进行软件复位。

② 写控制寄存器。设置是否启用外部电流设置电阻、是否启用数字压摆率控制、是否启用菊花链模式、电流输出范围，并使能输出。

③ 写数据寄存器。设置要输出的电流大小。

④ 不再需要电流输出时，写控制寄存器，关闭输出功能。

4.13　数字量输入输出通道

4.13.1　光耦合器

光耦合器，又称光电隔离器，是计算机控制系统中常用的器件，它能实现输入与输出之间隔离，晶体管输出的光耦合器如图 4-82 所示。

光耦合器的输入端为发光二极管，输出端为光敏晶体管。

当发光二极管中通过一定值的电流时发出一定的光，被光敏晶体管接收，使其导通，而当该电流撤去时，发光二极管熄灭，晶体管截止，利用这种特性即可达到开关控制的目的。不同的光耦合器，其特性参数也有所不同。

图 4-82　晶体管输出的光耦合器

光耦合器的优点是：能有效地抑制尖峰脉冲及各种噪声干扰，从而使传输通道上的信噪比大大提高。光耦合器具有很强的抗干扰能力，原因如下：

- 光耦合器的输入阻抗很小，一般为 $100\Omega \sim 1k\Omega$ 之间，而干扰源内阻很大，通常为 $10^5 \sim 10^8\Omega$，因此能分压到光耦合器输入端的噪声很小。
- 干扰噪声虽有较大的电压幅度，但能量小，只能形成微弱电流，而光耦合器输入部分的发光二极管是在电流状态下工作，即使有很高电平幅值的干扰，由于不能提供足够的电流而被抑制掉。
- 光耦合器是在密封条件下实现输入回路与输出回路的光耦合，不会受到外界光的干扰。
- 输入回路与输出回路之间分布电容很小，一般仅为 $0.5 \sim 2pF$，而且绝缘电阻很大，通常为 $10^{11} \sim 10^{12}\Omega$，因此回路一边的干扰很难通过光耦合器馈送到另一边去。

光耦合器的种类很多，按其用途介绍如下：

1. 一般隔离用光耦合器

（1）TLP521-1/TLP521-2/TLP521-4

该系列产品为 Toshiba 公司推出的光耦合器。

（2）PS2501-1/PC817

PS2501-1 为 NEC 公司的产品，PC817 为 SHARP 公司的产品。

（3）4N25

4N25 为 Motorola 公司的产品。

4N25 光耦合器有基极引线，可以不用，也可以通过几百千欧以上的电阻，再并联一个几十皮法的小电容接到地上。

2. AC 交流用光耦合器

该类产品如 NEC 公司的 PS2505-1，TOSHIBA 公司的 TLP620。

输入端为反向并联的发光二极管，可以实现交流检测。

3. 高速光耦合器

（1）6N137 系列

Agilent 公司的 6N137 系列高速光耦合器包括 6N137、HCPL-2601/2611、HCPL-0600/0601/0611。该系列光耦合器为高 CMR、高速 TTL 兼容的光耦合器，传输速度为 10MBaud。

主要应用于：

- 线接收器隔离。
- 计算机外围接口。
- 微处理器系统接口。
- A-D、D-A 转换器的数字隔离。
- 开关电源。

- 仪器输入输出隔离。
- 取代脉冲变压器。
- 高速逻辑系统的隔离。

6N137、HCPL-2601/2611 为 8 引脚双列直插封装，HCPL-0600/0601/0611 为 8 引脚表面贴封装。

（2）HCPL-7721/0721

HCPL-7721/0721 为 Agilent 公司的另外一类超高速光耦合器。

HCPL-7721 为 8 引脚双列直插封装，HCPL0721 为 8 引脚表面贴封装。

HCPL-7721/0721 为 40ns 传播延迟 CMOS 光耦合器，传输速度为 25MBaud。

主要应用于：
- 数字现场总线隔离，如 CC-LINK、DeviceNet、CAN、PROFIBUS、SDS。
- AC PDP。
- 计算机外围接口。
- 微处理器系统接口。

4. PhotoMOS 继电器

该类器件输入端为发光二极管，输出为 MOSFET。生产 PhotoMOS 继电器的公司有 NEC 公司和 National 公司。

（1）PS7341-1A

PS7341 为 NEC 公司推出的一常开 PhotoMOS 继电器。

输入二极管的正向电流为 50mA，功耗为 50mW。

MOSFET 输出负载电压为 AC/DC 400V，连续负载电流为 150mA，功耗为 560mW。导通（ON）电阻典型值为 20Ω，最大值为 30Ω，导通时间为 0.35ms，断开时间为 0.03ms。

（2）AQV214

AQV214 为 National 公司推出的一常开 PhotoMOS 继电器，引脚与 NEC 公司的 PS7341-1A 完全兼容。

输入二极管的正向电流为 50mA，功耗为 75mW。

MOSFET 输出负载电压为 AC/DC 400V，连续负载电流为 120mA，功耗为 550mW。导通（ON）电阻典型值为 30Ω，最大值为 50Ω，导通时间为 0.21ms，断开时间为 0.05ms。

4.13.2 数字量输入通道

数字量输入通道将现场开关信号转换成计算机需要的电平信号，以二进制数字量的形式输入计算机，计算机通过三态缓冲器读取状态信息。

数字量输入通道主要由三态缓冲器、输入调理电路、输入口地址译码等电路组成，如图 4-83 所示。

数字量（开关量）输入通道接收的状态信号可能是电压、电流、开关的触点，容易引起瞬时高压、过电压、接触抖动现象。为了将外部开关

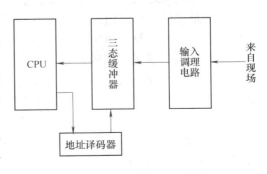

图 4-83 数字量输入通道结构

量信号输入到计算机，必须将现场输入的状态信号经转换、保护、滤波、隔离等措施转换成计算机能够接收的逻辑电平信号，此过程称为信号调理。三态缓冲器可以选用74HC244或74HC245等。

1. 数字量输入实用电路

数字量输入实用电路如图4-84所示。

当JP1跳线器1-2短路，跳线器JP2的1-2断开、2-3短路时，输入端DI + 和DI – 可以接一干接点信号。

当JP1跳线器1-2断开，跳线器JP2的1-2短路、2-3断开时，输入端DI + 和DI – 可以接有源接点信号。

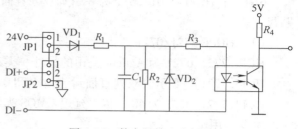

图4-84　数字量输入实用电路

2. 交流输入信号检测电路

交流输入信号检测电路如图4-85所示。

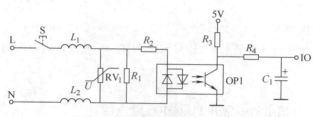

图4-85　交流输入信号检测电路

在图4-85中，L_1、L_2为电感，一般取1000μH，RV_1为压敏电阻，当交流输入为110V时，RV_1取270V；当交流输入为220V时，RV_1取470V。R_1取510kΩ/0.5W电阻，R_2取3W电阻，R_4取2.4kΩ/0.25W电阻，电阻R_4取100Ω/0.25W，电容C_1取10μF/25V，光耦合器OP1可取TLP620或PS2505-1。

L、N为交流输入端。当按钮S按下时，IO = 0；当按钮S未按下时，IO = 1。

4.13.3　数字量输出通道

数字量输出通道将计算机的数字输出转换成现场各种开关设备所需求的信号。计算机通过锁存器输出控制信息。

数字量输出通道主要由锁存器、输出驱动电路、输出口地址译码等电路组成，如图4-86所示。锁存器可以选用74HC273、74HC373或74HC573等。

1. 低电压开关量信号输出技术

对于低压情况下开关量控制输出，可采用晶体管、OC门或运放等方式输出，如驱动低压电磁阀、指示灯、直流电动机等，如图4-87所示。在使用OC门时，由于其为集电极开路输出，在其输出为"高"电平状态时，实质只是一种高阻状态，必须外接上拉电阻，此时的输出驱动电流主要由V_c提供，只能直流驱动并且OC门的驱动电流一般不大，在几十毫安量级，如果被驱动设

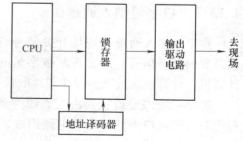

图4-86　数字量输出通道结构

144

备所需驱动电流较大，则可采用晶体管输出方式，如图 4-88 所示。

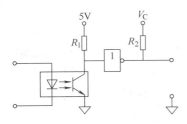

图 4-87　低压开关量输出

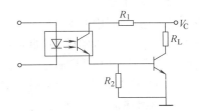

图 4-88　晶体管输出驱动

2. 继电器输出接口技术

继电器方式的开关量输出是目前最常用的一种输出方式。在驱动大型设备时，往往利用继电器作为控制系统输出到输出驱动级之间的第一级执行机构，通过第一级继电器输出，可完成从低压直流到高压交流的过渡。如图 4-89 所示，在经光耦合器后，直流部分给继电器供电，而其输出部分则可直接与 220V 市电相接。

继电器输出也可用于低压场合，与晶体管等低压输出驱动器相比，继电器输出时输入端与输出端有一定的隔离功能，但由于采用电磁吸合方式，在开关瞬间，触点容易产生火花，从而引起干扰；在交流高压等场合使用时，触点也容易氧化；由于继电器的驱动线圈有一定的电感，在关断瞬间可能会产生较大的电压，因此在对继电器的驱动电路上常常反接一个保护二极管用于反向放电。

不同的继电器，允许驱动电流也不一样，在电路设计时可适当加一限流电阻，如图 4-89 中的电阻 R_3，

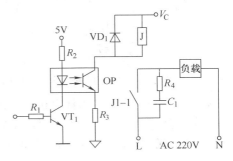

图 4-89　继电器输出电路

当然，在该图中是用达林顿输出的光耦合器直接驱动继电器，而在某些需较大驱动电流的场合，则可在光耦合器与继电器之间再接一级晶体管以增加驱动电流。

在图 4-89 中，VT_1 可取 9013 晶体管，光耦合器 OP 可取达林顿输出的 4N29 或 TIL113。加二极管 VD_1 的目的是消除继电器线圈产生的反电动势，R_4、C_1 为灭弧电路。

3. 晶闸管输出接口技术

晶闸管是一种大功率半导体器件，可分为单向晶闸管和双向晶闸管，在计算机控制系统中，可作为大功率驱动器件，具有用较小功率控制大功率、开关无触点等特点，在交直流电机调速系统、调功系统、随动系统中有着广泛的应用。

4.13.4　脉冲量输入输出通道

脉冲量输入输出通道与数字量输入输出通道没有什么本质的区别，实际上是数字量输入输出通道的一种特殊形式。脉冲量往往有固定的周期或高低电平的宽度固定、频率可变，有时高低电平的宽度与频率均可变。脉冲量是工业测控领域较典型的一类信号，如工业电能表输出的电能脉冲信号，水泥、化肥等物品包装生产线上通过光电传感器发出的物品件数脉冲信号，档案库房、图书馆、公共场所人员出入次数通过光电传感器发出的脉冲信号等，处理上述信号的过程称为脉冲量输入输出通道。如果脉冲量的频率不太高，其接口电路同数字量

145

输入输出通道的接口电路；如果脉冲量的频率较高，应该使用高速光耦合器。

1. 脉冲量输入通道

脉冲量输入通道应用电路如图 4-90 所示。

在图 4-90 中，R_1、C_1 构成 RC 低通滤波电路，过零电压比较器 LM311 接成施密特电路，输出信号经光耦合器 OP1 隔离后送往计算机脉冲测量 IO 端口。除可以采用 8253 对脉冲量进行计数外，还可以采用单片微控制器的捕获（Capture）定时器对脉冲量进行计数。

2. 脉冲量输出通道

脉冲量输出通道应用电路如图 4-91 所示。

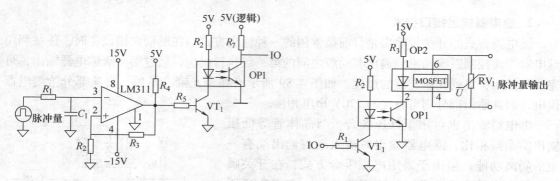

图 4-90　脉冲量输入通道应用电路　　　　　图 4-91　脉冲量输出通道应用电路

在图 4-91 中，IO 为计算机的输出端口，OP1 可选光耦合器 PS2501-1，OP2 可选 PS7341-1A 或 AQV214 PhotoMOS 继电器，RV_1 为压敏电阻，其电压值由所带负载电压决定，由于采用了两次光电隔离，此电路具有很强的抗干扰能力。

4.14　电流/电压转换电路

在计算机控制系统的设计中，为增加系统的可靠性，加快研制速度，实现系统功能模块化，经常选用具有一定功能的电动组合单元作为系统的一部分，如在温度测量中，选择热电偶或热电阻温度变送器作为测量单元；在电动机控制中，利用输入为 4~20mA 或 0~5V 的变频调速器作为控制输出单元等。在某些控制系统的改造中，为使系统整体结构基本保持原状，也常遇到微机系统与电动组合单元的接口问题。

对于电动组合单元 DDZ-Ⅱ型，其输出信号标准为 DC 0~10mA，而 DDZ-Ⅲ型的输出信号标准为 DC 4~20mA；许多控制单元，如一些温控器、变频调速器等，其输入信号也经常是 0~10mA 或 4~20mA 的标准直流电流信号。而一般计算机控制系统的模拟信号输出只是电压信号；它能处理的一般也只是电压信号。因此，在某些需要电流信号输出或只提供电流信号的场合，需要进行电压/电流转换。

4.14.1　电压/电流转换

1. 0~10V/0~10mA 转换

0~10V/0~10mA 转换电路如图 4-92 所示。在输出回路中，引入一个反馈电阻 R_f，输出电流 I_o 经反馈电阻得到一个反馈电压 V_f，经电阻 R_3、R_4 加到运算放大器的两个输入端。

由电路可知，其同相端和反相端的电压分别为

$$V_N = V_2 + (V_i - V_2)R_4/(R_1 + R_4)$$

$$V_P = V_1 R_2/(R_2 + R_3)$$

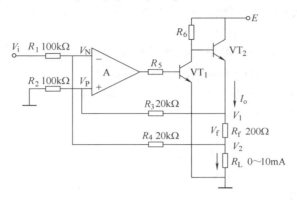

图 4-92　0～10V/0～10mA 转换电路

对于运放，有 $V_N \approx V_P$，故有

$$V_2(1 - R_4/(R_1 + R_4) + V_i R_4/(R_1 + R_4)) = V_1 R_2/(R_2 + R_3)$$

由于 $V_2 = V_1 - V_f$，则

$$V_1 R_1(R_1 + R_4) + (V_i R_4 - V_f R_1)/(R_1 + R_4) = V_1 R_2/(R_2 + R_3)$$

若令 $R_1 = R_2 = 100\text{k}\Omega$，$R_3 = R_4 = 20\text{k}\Omega$，则有

$$V_f = V_i R_4/R_1 = V_i/5$$

略去反馈回路的电流，则有

$$I_o = V_f/R_f = V_i/5R_f \tag{4-11}$$

可见当运放开环增益足够大时，输出电流 I_o 与输入电压 V_i 的关系只与反馈电阻 R_f 有关，因而具有恒流性能。反馈电阻 R_f 的值由组件的量程决定，当 $R_f = 200\Omega$ 时，输出电流 I_o 在 DC 0～10mA 范围内线性地与 DC 0～10V 输入电压对应。

为了增加转换的精度，也可在反馈电压输出端加电压跟随器。

2. 0～5V/0～20mA 转换

0～5V/0～20mA 转换电路如图 4-93 所示。

在图 4-93 中，输出电流 $I = \dfrac{V_{IN}}{250} \times 1000$，单位为 mA。

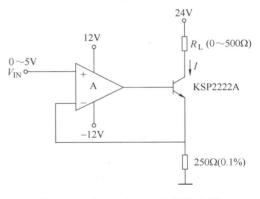

图 4-93　0～5V/0～20mA 转换电路

4.14.2　电流/电压转换

当变送器的输出信号为电流信号时，要转化成可被单片机系统处理的电压信号，需经 I/V 转换。最简单的 I/V 转换可以利用一个 500Ω 的精密电阻，将 0～10mA 的电流信号转换

147

为 0～5V 的电压信号。

对于不存在共模干扰的 DC 0～10mA 信号，如 DDZ-Ⅱ 型仪表的输出信号等，采用图 4-94 所示的电阻式 I/V 转换，其中 RC 构成低通滤波网络。R_w 用于调整输出电压值。

对于存在共模干扰的情况，可采用隔离变压器耦合的方式，将其转换为 0～5V 电压信号输出，在输出端接负载时，要考虑转换器的输出驱动能力，一般在输出端可再接一个电压跟随器作为缓冲器。

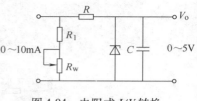

图 4-94　电阻式 I/V 转换

习　题

1. 常用的传感器有哪些？

2. 变送器的作用是什么？

3. 执行器的作用是什么？

4. 模拟量输入信号主要有哪些？

5. 在计算机控制系统中，常用的信号有哪三种类型？

6. 离散系统的采样形式有哪些？

7. 采样保持器的作用是什么？

8. 模拟量输入通道由哪几部分组成？

9. A-D 转换器的技术指标是什么？

10. 模拟量输出通道由哪几部分组成？

11. 使用 74HC273 八 D 锁存器、74HC138 译码器、CD4052 模拟开关、TLP521-4 光耦合器，扩展 32 路带隔离差分模拟输入通道 AIN0～AIN31，被测信号为 −50～50mV，模拟开关的输出信号经测量放大器放大后变成 −5～5V 的信号，通道口地址为 FF00H。

（1）画出电路原理图。

（2）写出通道控制字。

（3）使用任何一种计算机语言编写选择 AIN18 通道的程序。

12. 试设计 AD7901R 与某一微控制器的接口电路，并编写 A-D 转换程序。

13. 试设计 AD5410 与某一微控制器的接口电路，并编写 D-A 转换程序。

14. 光耦合器的优点是什么？使用光耦合器应注意什么？

15. 简述数字量输入通道的组成，画出数字量输入通道的结构图。

16. 简述数字量输出通道的组成，画出数字量输出通道的结构图。

第5章　数字控制技术

5.1　数字控制基础

数字控制主要用于数控机床、线切割机、焊接机、气割机以及低速小型数字绘图仪等。数控机床可以加工形状复杂的零件，具有加工精度高、生产效率高、便于改变加工零件品种等众多优点，是机床实现自动化的发展方向。对于不同的设备，其控制系统有所不同，但基本的数字控制原理是相同的。

5.1.1　数字控制的基本原理

平面曲线图形如图 5-1 所示，下面分析如何利用计算机在绘图仪或加工装置上重现，步骤如下：

1）将此曲线分割成若干线段，可以是直线段，也可是曲线段，把该图分割成三段，即 $\overline{ab}$、$\overline{bc}$ 和弧线 $\overset{\frown}{cd}$，然后把 a、b、c、d 四点坐标记下来并送给计算机。图形分割的原则应保证线段所连接成的曲线（或折线）与原图形的误差在允许范围之内。由图可见，显然采用 $\overline{ab}$、$\overline{bc}$ 和弧线 $\overset{\frown}{cd}$ 比采用 $\overline{ab}$、$\overline{bc}$ 和 $\overline{cd}$ 要精确得多。

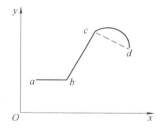

图 5-1　曲线分段

2）当给定 a、b、c、d 各点坐标和 x、y 值之后，如何确定各坐标值之间的中间值？求得这些中间值的数值计算方法称为插值或插补。插补计算的宗旨是通过给定的基点，以一定的速度连续定出一系列中间点，而这些中间点的坐标值是以一定的精度逼近给定的线段的。

从理论上说，插补的形式可以用任意函数形式，但为了简化插补运算过程和加快插补速度，常用的是直线插补和二次曲线插补两种形式。所谓直线插补是指在给定的两个基点之间用一条近似直线来逼近，也就是由此定出的中间点连接起来的折线近似于一条直线，并不是真正的直线。所谓二次曲线插补是指在给定的两个基点之间用一条近似曲线来逼近，也就是实际的中间点连线是一条近似于曲线的折线弧。常用的二次曲线有圆弧、抛物线和双曲线等。对图 5-1 所示的图形来说，显然 ab 和 bc 线段用直线插补，cd 线段用圆弧插补是合理的。

3）把插补运算过程中定出的各中间点，以脉冲信号形式去控制 x、y 方向上的步进电动机，带动画笔、刀具或线电动机运动，从而绘出图形或加工出符合要求的轮廓。这里的每一个脉冲信号代表步进电动机走一步，即画笔或刀具在 x 方向或 y 方向移动一个位置。我们把对应于每个脉冲移动的相对位置称为脉冲当量，又称为步长，常用 Δx 和 Δy 来表示，并且总是取 $\Delta x = \Delta y$。

图 5-2 是一段用折线逼近直线的直线插补线段，其中 (x_0, y_0) 代表该线段的起点坐标

值，(x_e, y_e) 代表终点坐标值，则 x 方向和 y 方向应移动的总步数 N_x 和 N_y 分别为

$$N_x = \frac{x_e - x_0}{\Delta x}$$

$$N_y = \frac{y_e - y_0}{\Delta y}$$

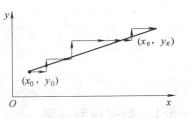

如果把 Δx 和 Δy 约定为坐标增量值，即 X_0、Y_0、X_e、Y_e 均是以脉冲当量定义的坐标值，则

$$N_x = X_e - X_0$$

$$N_y = Y_e - Y_0$$

图 5-2   用折线逼近直线段

所以，插补运算就是如何分配这两个方向上的脉冲数，使实际的中间点轨迹尽可能地逼近理想轨迹。由图 5-2 可见，实际的中间点连接线是一条由 Δx 和 Δy 增量值组成的折线，只是由于实际的 Δx 和 Δy 的值很小，眼睛分辨不出来，看起来似乎与直线一样而已。显然，Δx 和 Δy 的增量值越小，就越逼近于理想的直线段，图中均以 "→" 代表 Δx 和 Δy。

实现直线插补和二次曲线插补的方法有多种，常见的有数字脉冲乘法器（又称 MIT 法，因为它由麻省理工学院首先使用）、数字积分法（又称数字微分分析器，即 DDA 法）和逐点比较法（又称富士通法或醉步法）等，其中又以逐点比较法使用最广。因此下面将专门阐述逐点比较法的插补原理，而其他插补原理因受篇幅限制，就不一一阐述了。

5.1.2 数字控制方式

数控系统按控制方式来分类，可以分为点位控制、直线切削控制和轮廓切削控制，以上三种控制方式均是运动的轨迹控制。

1. 点位控制

在一个点位控制系统中，只要求控制刀具行程终点的坐标值，即工件加工点准确定位，至于刀具从一个加工点移到下一个加工点走什么路径、移动的速度、沿哪个方向都无需规定，并在移动过程中不做任何加工，只是在准确到达指定位置后才开始加工。在机床加工行业，钻床、冲床、镗床采用这类控制。

2. 直线切削控制

这种控制也主要是控制行程的终点坐标值，不过还要求刀具相对于工件平行某一直角坐标轴做直线运动，且在运动过程中进行切削加工。需要这类控制的有铣床、车床、磨床、加工中心等。

3. 轮廓切削控制

这类控制的特点是能够控制刀具沿工件轮廓曲线不断地运动，并在运动过程中将工件加工成某一形状。这种方式是借助于插补器进行的，插补器根据加工的工件轮廓向每一坐标轴分配速度指令，以获得图纸坐标点之间的中间点。这类控制用于铣床、车床、磨床、齿轮加工机床等。

在上述三种控制方式中以点位控制最简单，因为它的运动轨迹没有特殊要求，运动时又不加工，所以它的控制电路只要具有记忆（记下刀具应走的移动量和已走过的移动量）和比较（将所记忆的两个移动量进行比较，当两个数值的差为零时，刀具立即停止）的功能即可，根本不需要插补计算。和点位控制相比，由于直线切割控制要进行直线加工，其控制

150

电路要复杂一些。轮廓切削控制要控制刀具准确地完成复杂的曲线运动，所以控制电路复杂，且需要进行一系列的插补计算和判断。

5.1.3 开环数字控制

计算机数控系统主要分为开环数字控制和闭环数字控制两大类，由于它们的控制原理不同，因此其系统结构差异很大。

1. 闭环数字控制

闭环数字控制的结构图如图5-3所示。这种结构的执行机构多采用直流电压（小惯量伺服电动机和宽调速力矩电动机）作为驱动元件，反馈测量元件采用光电编码器（码盘）、光栅、感应同步器等，该控制方式主要用于大型精密加工机床，但其结构复杂，难于调整和维护，一些常规的数控系统很少采用。

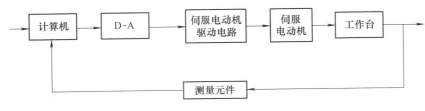

图5-3 闭环数字控制

2. 开环数字控制

随着计算机技术的发展，开环数字控制得到了广泛的应用。例如各类数控机床、线切割机、低速小型数字绘图仪等，它们都是利用开环数字控制原理实现控制的机械加工设备或绘图设备。开环数字控制的结构如图5-4所示，这种控制结构没有反馈检测元件，工作台由步进电动机驱动。步进电动机接收步进电动机驱动电路发来的指令脉冲做相应的旋转，把刀具移动到与指令脉冲相当的位置，至于刀具是否到达指令脉冲规定的位置，那是不受任何检查的，因此这种控制的可靠性和精度基本上由步进电动机和传动装置来决定。

图5-4 开环数字控制

开环数字控制结构简单，并且可靠性高、成本低、易于调整和维护等，应用最为广泛。由于采用了步进电动机作为驱动元件，使得系统的可控性变得更加灵活，更易于实现各种插补运算和运动轨迹控制。

5.2 逐点比较法插补原理

所谓逐点比较法插补，就是刀具或绘图笔每走一步都要和给定轨迹上的坐标值进行比较，看这点在给定轨迹的上方或下方，或是给定轨迹的里面或外面，从而决定下一步的进给方向。如果原来在给定轨迹的下方，下一步就向给定轨迹的上方走，如果原来在给定轨迹的里面，下一步就向给定轨迹的外面走。如此，走一步，看一看，比较一次，决定下一步走向，以便逼近给定轨迹，即形成逐点比较插补。

逐点比较法是以阶梯折线来逼近直线或圆弧等曲线的，它与规定的加工直线或圆弧之间的最大误差为一个脉冲当量，因此只要把脉冲当量（每走一步的距离即步长）取得足够小，就可达到加工精度的要求。下面分别介绍逐点比较法直线插补和圆弧插补原理。

5.2.1 逐点比较法直线插补

1. 第一象限内的直线插补

（1）直线插补计算原理

假设加工的轨迹为第一象限中的一条直线 OA，如图 5-5 所示。

在图 5-5 中，坐标起点为 $O(0,0)$，坐标终点为 $A(x_e,y_e)$。设刀具位于 $P(x,y)$ 点，则有下述三种情况：

① P 点在直线 OA 上，则 OP 与 OA 重合，它们的斜率相等，有

$$y/x = y_e/x_e$$

可改写为

$$yx_e = y_e x$$

得

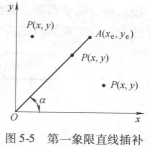

图 5-5　第一象限直线插补

$$yx_e - y_e x = 0 \tag{5-1}$$

② P 点在直线 OA 上方，OP 的斜率大于 OA，有

$$y/x > y_e/x_e$$

即

$$yx_e > y_e x$$

可改写为

$$yx_e - y_e x > 0 \tag{5-2}$$

③ P 点在直线 OA 下方，则有

$$y/x < y_e/x_e$$

即

$$yx_e < y_e x$$

可改写为

$$yx_e - y_e x < 0 \tag{5-3}$$

现用 F 来表示 P 点的偏差量，定义

$$F = yx_e - y_e x \tag{5-4}$$

则当 $F=0$ 时，P 点位于直线 OA 上；

$F>0$ 时，P 点位于直线 OA 的上方；

$F<0$ 时，P 点位于直线 OA 的下方。

这样，根据 F 值的大小，就可以控制刀具的进给方向，如图 5-6 所示。

- 当 $F=0$ 时，可以向 $+x$ 方向走一步，也可向 $+y$ 方向走一

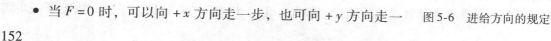

图 5-6　进给方向的规定

152

步，通常规定为向 $+x$ 方向走一步。

- 当 $F > 0$ 时，控制刀具向 $+x$ 方向走一步。
- 当 $F < 0$ 时，控制刀具向 $+y$ 方向走一步。

刀具每进给一步后，将刀具新的坐标值代入式（5-4），求出新的 F 值，以确定下一步进给方向。如此反复下去，即可完成直线插补。但是在完成上述计算中，需要进行两次乘法运算和一次减法运算，这种计算方法将直接影响插补速度，为了简化运算对式（5-4）做一些变换。

在图 5-6 中，当 $F \geqslant 0$ 时，沿 $+x$ 方向走一步，到达 $(x+1, y)$ 点，令新的加工偏差为 F'，则由式（5-4）可得

$$F' = yx_e - y_e(x+1) = yx_e - y_ex - y_e = F - y_e \tag{5-5}$$

当 $F < 0$ 时，刀具向 $+y$ 方向进给一步，到达 $(x, y+1)$ 点，令新的加工偏差为 F'，同样可得

$$F' = (y+1)x_e - y_ex = yx_e + x_e - y_ex = F + x_e \tag{5-6}$$

式（5-5）、式（5-6）是简化后的偏差计算公式。走完 $+x$ 后，用式（5-5）；走完 $+y$ 后，用式（5-6）。即在原偏差值上减一个 y_e 或加一个 x_e，用以求得新的偏差值，作为下一步进给方向的判别依据。这种利用前一加工点的偏差，递推出新的加工点的偏差的方法，称为递推法。

刀具到达终点时自动停止进给。最常用的终点判别方法是设置一个长度计数器，其计数长度为两个方向进给步数之和。无论 x 轴还是 y 轴，每发一个进给脉冲，计数长度减 1，当计数长度减到零时，表示到达终点，插补结束。

综上所述，逐点比较法直线插补工作过程可归纳为以下四步：

1）偏差判别，即判断上一步进给后的偏差值是 $F \geqslant 0$ 还是 $F < 0$。

2）进给，即根据偏差判别的结果和插补所在象限决定在什么方向上进给一步。

3）偏差运算，即计算出进给一步后的新偏差值，作为下一步进给的判别依据。

4）终点判别，看是否已到终点，若已到达终点，就停止插补，若未到达终点，则重复一至四步工作。

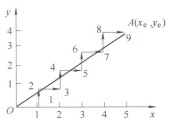

图 5-7 直线插补走步轨迹图

（2）直线插补计算举例

假设对第一象限直线 OA 进行插补，OA 的起点坐标为 $(0, 0)$，终点坐标为 $(5, 4)$。

直线插补的起点与 OA 的起点重合，此时的偏差值 $F = 0$。计数长度 $l = x_e + y_e = 5 + 4 = 9$，即 x 方向走 5 步，y 方向走 4 步，共 9 步。插补过程如图 5-7 和表 5-1 所示。

表 5-1 直线插补过程

序　号	偏 差 判 别	进　给	偏 差 计 算	终 点 判 别
0			$F_0 = 0$	$l = 9$
1	$F_0 = 0$	$+\Delta x$	$F_1 = F_0 - y_e = -4$	$l = 8$
2	$F_1 = -4 < 0$	$+\Delta y$	$F_2 = F_1 + x_e = 1$	$l = 7$
3	$F_2 = 1 > 0$	$+\Delta x$	$F_3 = F_2 - y_e = -3$	$l = 6$

（续）

序　号	偏差判别	进　给	偏差计算	终点判别
4	$F_3 = -3 < 0$	$+\Delta y$	$F_4 = F_3 + x_e = 2$	$l = 5$
5	$F_4 = 2 > 0$	$+\Delta x$	$F_5 = F_4 - y_e = -2$	$l = 4$
6	$F_5 = -2 < 0$	$+\Delta y$	$F_6 = F_5 + x_e = +3$	$l = 3$
7	$F_6 = 3 > 0$	$+\Delta x$	$F_7 = F_6 - y_e = -1$	$l = 2$
8	$F_7 = -1 < 0$	$+\Delta y$	$F_8 = F_7 + x_e = 4$	$l = 1$
9	$F_8 = 4 > 0$	$+\Delta x$	$F_9 = F_8 - y_e = 0$	$l = 0$

注：$+\Delta x$ 表示向 $+x$ 方向进给一步；$+\Delta y$ 表示向 $+y$ 方向进给一步。

第一象限逐点比较法直线插补流程图，如图 5-8 所示。初始化主要包括读入终点坐标值 x_e、y_e，求出计数长度 $l = x_e + y_e$，设置初始偏差值 $F_0 = 0$ 等。

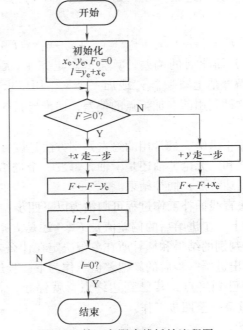

图 5-8　第一象限直线插补流程图

2. 四个象限的直线插补

（1）插补原理

设 A1、A2、A3、A4 分别表示第一、第二、第三、第四象限的四种线型。它们的加工起点均从坐标原点开始，则刀具进给方向如图 5-9 所示。凡 $F \geq 0$ 时，向 x 方向进给，在第一、四象限向 $+x$ 方向进给；在二、三象限，向 $-x$ 方向进给；凡 $F < 0$ 时，向 y 方向进给，在第一、二象限向 $+y$ 方向进给；在三、四象限，向 $-y$ 方向进给。不管是哪个象限，都采用与第一象限相同的偏差计算公式，只是式中的终点坐标值均取绝对值。

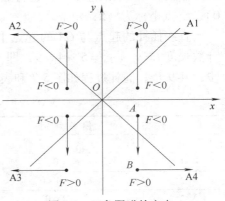

图 5-9　四象限进给方向

154

四象限的进给脉冲和偏差计算见表 5-2。

表 5-2 四象限的进给脉冲和偏差计算

偏差判别		$F \geqslant 0$	$F < 0$
进给	A1	$+\Delta x$	$+\Delta y$
	A2	$-\Delta x$	$+\Delta y$
	A3	$-\Delta x$	$-\Delta y$
	A4	$+\Delta x$	$-\Delta y$
偏差计算		$F' = F - |y_e|$	$F' = F + |x_e|$

四象限直线插补流程图如图 5-10 所示。

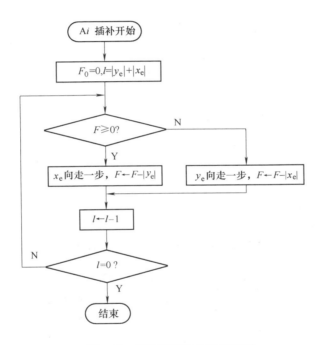

图 5-10　四象限直线插补流程图

四种线型的偏差计算公式是相同的，差别在于进给方向不同。流程图中的"沿 x_e 方向走一步"或"沿 y_e 方向走一步"，因不同线型的 x_e、y_e 位于不同象限，因而实际的进给方向是不相同的。因此，对任一直线在插补前，应根据 x_e、y_e 的符号判断该线型属于哪一象限。象限判断程序的流程图如图 5-11 所示。

（2）四象限直线插补举例

直线 OA 起点为坐标原点，终点的坐标值为 $x_e = -3$，$y_e = -2$，试用逐点比较法进行插补。

已知终点的坐标绝对值为 $|x_e| = 3$，$|y_e| = 2$，因直线位于第三象限，故进给方向为 $-x$、$-y$ 方向。计数长度 $l = |x_e| + |y_e| = 5$，插补过程如图 5-12 和表 5-3 所示。

155

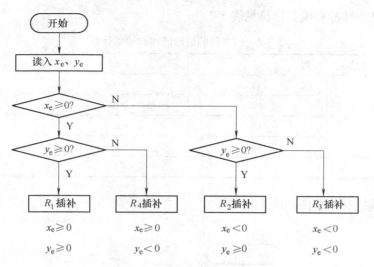

图 5-11 直线象限判断流程图

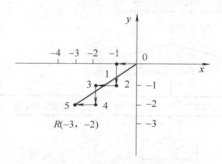

图 5-12 第三象限直线插补走步轨迹图

表 5-3 第三象限直线插补过程

序　号	偏差判别	进　给	偏差计算	终点判别
0			$F_0 = 0$	$l = 5$
1	$F_0 = 0$	$-\Delta x$	$F_1 = F_0 - \lvert y_e \rvert = -2$	$l = 4$
2	$F_1 = -2$	$-\Delta y$	$F_2 = F_1 + \lvert x_e \rvert = 1$	$l = 3$
3	$F_2 = 1$	$-\Delta x$	$F_3 = F_2 - \lvert y_e \rvert = -1$	$l = 2$
4	$F_3 = -1$	$-\Delta y$	$F_4 = F_3 + \lvert x_e \rvert = 2$	$l = 1$
5	$F_4 = 2$	$-\Delta x$	$F_5 = F_4 - \lvert y_e \rvert = 0$	$l = 0$

5.2.2　逐点比较法圆弧插补

1. 第一象限内的圆弧插补

（1）圆弧插补计算原理

逐点比较法中，一般以圆心为坐标原点，给出圆弧起点坐标（x_0，y_0）和终点坐标（x_e，y_e），如图 5-13 所示。

156

① 偏差判别。现任取一点 P，其坐标为（x，y）。则 P 点相对于圆弧 $\overset{\frown}{AB}$ 也有三种情况。

P 点在圆弧上，则

$$x^2 + y^2 = x_0^2 + y_0^2 = R^2$$

式中，R 为圆弧半径。

令偏差值

$$F = x^2 + y^2 - R^2 \qquad (5\text{-}7)$$

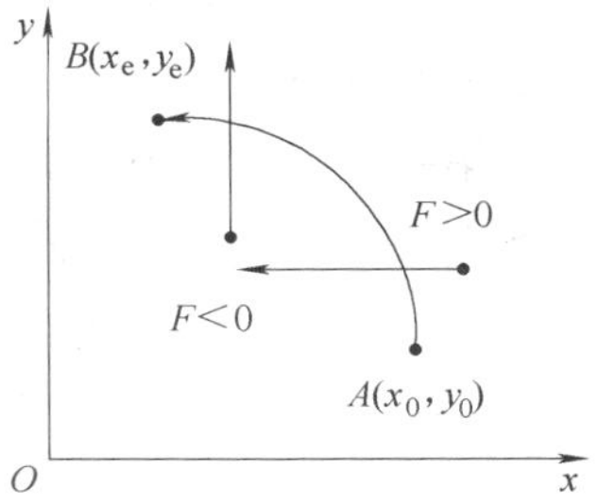

图 5-13　逐点比较法圆弧插补

当 P 点位于圆弧上时，$F = 0$。

P 点在圆弧之外时，则 $OP > R$，于是可以写成

$$OP^2 = x^2 + y^2 > R^2$$

即

$$F = x^2 + y^2 - R^2 > 0$$

也就是说，P 点在圆外时，其插补偏差 $F > 0$。

P 点在圆弧之内时，则 $OP < R$，于是可得

$$F = x^2 + y^2 - R^2 < 0$$

即 P 点在圆弧之内时，偏差值 $F < 0$。

② 进给。不难看出，在进行圆弧插补时，偏差的判别是以圆弧为界，并据此确定刀具的进给方向：

- P 点在圆弧上时，$F = 0$，向圆内（$-x$ 方向）进给一步。
- P 点在圆弧外时，$F > 0$，向圆外（$-x$ 方向）进给一步。
- P 点在圆弧内时，$F < 0$，向圆外（$+y$ 方向）进给一步。

③ 偏差计算。依据式（5-7）计算偏差 F，需进行三项乘方的计算，比较费时，为简化计算，采用递推法来求 F 值。

以第一象限逆圆为例：设 P 点在圆外，$F > 0$，则刀具向 $-x$ 方向走一步，到达（$x - 1$，y）点，设新点的偏差为 F'，则有

$$F' = (x-1)^2 + y^2 - R^2 = x^2 - 2x + 1 + y^2 - R^2 = (x^2 + y^2 - R^2) - 2x + 1 \qquad (5\text{-}8)$$
$$= F - 2x + 1$$

若 P 点在圆内，$F < 0$，则刀具向 $-y$ 方向走一步，新点的坐标值为（x，$y+1$），设新点的偏差为 F'，则有

$$F' = x^2 + (y+1)^2 - R^2 = x^2 + y^2 + 2y + 1 - R^2 = (x^2 + y^2 - R^2) + 2y + 1 \qquad (5\text{-}9)$$
$$= F + 2y + 1$$

与直线插补一样，总是设刀具从圆弧的起点开始插补，因此初始偏差值 $F_0 = 0$。此后的 F 值可用式（5-8）、式（5-9）算出。

④ 终点判别。与直线插补的终点判别一样，设置一个长度计数器，取 x、y 坐标轴方向上的总步数作为计数长度值，每进给一步，计数器减 1，当计数器减到零时，插补结束。

长度计数器的初值为

$$l = |x_e - x_0| + |y_e - y_0| \qquad (5\text{-}10)$$

157

也可以每个坐标方向设一个计数器，其计数长度分别为 $l_x = |x_e - x_0|$，$l_y = |y_e - y_0|$。在 x 方向进给时，l_x 减 1，在 y 方向进给时，l_y 减 1。直至 l_x 和 l_y 都减为零时，插补结束。

第一象限逆圆插补流程图如图 5-14 所示。与直线插补不同，每进给一步后，除进行新的偏差计算外，还要计算出新的坐标值，供下一次偏差计算时使用。

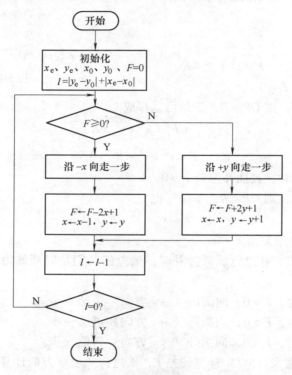

图 5-14　第一象限逆圆插补流程图

（2）圆弧插补计算举例

假设加工第一象限逆圆弧 $\overgroup{AB}$，起点 A 的坐标值为 $x_0 = 4$，$y_0 = 3$，终点 B 的坐标值为 $x_e = 0$，$y_e = 5$。试进行插补计算并做出走步轨迹图。

计算过程见表 5-4。根据表 5-4 可做出走步轨迹如图 5-15 所示。

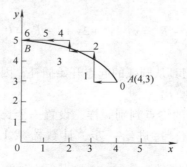

图 5-15　圆弧插补走步轨迹图

158

表5-4　圆弧插补过程

序　号	偏差判别	进　给	偏差计算	终点判别
0			$F_0 = 0$，$x = 4$，$y = 3$	$l = 6$
1	$F_0 = 0$	$-\Delta x$	$F_1 = F_0 - 2x + 1 = -7$，$x = 4 - 1 = 3$，$y = 3$	$l = 5$
2	$F_1 = -7 < 0$	$+\Delta y$	$F_2 = F_1 + 2y + 1 = 0$，$x = 3$，$y = 3 + 1 = 4$	$l = 4$
3	$F_2 = 0$	$-\Delta x$	$F_3 = F_2 - 2x + 1 = -5$，$x = 3 - 1 = 2$，$y = 4$	$l = 3$
4	$F_3 = -5 < 0$	$+\Delta y$	$F_4 = F_3 + 2y + 1 = 4$，$x = 2$，$y = 4 + 1 = 5$	$l = 2$
5	$F_4 = 4 > 0$	$-\Delta x$	$F_5 = F_4 - 2x + 1 = 1$，$x = 2 - 1 = 1$，$y = 5$	$l = 1$
6	$F_5 = 1 > 0$	$-\Delta x$	$F_6 = F_5 - 2x + 1 = 0$，$x = 1 - 1 = 0$，$y = 5$	$l = 0$

2. 四象限的圆弧插补

（1）四象限的圆弧插补原理

前面以第一象限逆圆弧为例推导出偏差计算公式，并指出了根据偏差符号来确定进给方向。实际上，圆弧也可以位于第二、三、四象限。在每个象限中，除逆圆弧外，还有顺时针走向的顺圆弧。通常用 SR_1、SR_2、SR_3、SR_4 代表一、二、三、四象限的顺圆弧，用 NR_1、NR_2、NR_3、NR_4 表示四个象限中的逆圆弧，一共是 8 种线型，根据它们的偏差判别和进给方向，可将它们归纳成两组。

① NR_1、NR_3、SR_2、SR_4 为一组，设都从圆弧起点开始插补，则刀具的进给方向如图 5-16 所示。本组的共同点是：

当 $F \geqslant 0$ 时，向 x 方向进给。NR_1、SR_4 走 $-x$ 方向，SR_2、NR_3 走 $+x$ 方向。

当 $F < 0$ 时，向 y 方向进给。NR_1、SR_2 走 $+y$ 方向，NR_1、SR_4 走 $-y$ 方向。

偏差计算与第一象限逆圆弧相同，只是 x、y 值都采用绝对值。

本组圆弧的偏差计算和进给脉冲归纳于表 5-5 中。表中偏差计算栏内的 x、y 是进给前的坐标值，x'、y' 是进给后的新坐标值。

② SR_1、SR_3、NR_2、NR_4 四种圆弧为另一组，按照"刀具在圆弧外时，往圆内方向进给；刀具在圆弧内时，往圆外方向进给"的基本方法，可归纳出这一组圆弧的进给特点，如图 5-17 所示。

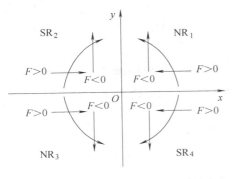

图 5-16　NR_1、NR_3、SR_2、SR_4 的进给方向

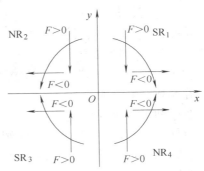

图 5-17　SR_1、SR_3、NR_2、NR_4 的进给方向

表 5-5　NR$_1$、NR$_3$、SR$_2$、SR$_4$的插补方法

偏差判别		$F \geq 0$	$F < 0$
进给	NR$_1$	$-\Delta x$	$+\Delta y$
	NR$_3$	$+\Delta x$	$-\Delta y$
	SR$_2$	$+\Delta x$	$+\Delta y$
	SR$_4$	$-\Delta x$	$-\Delta y$
偏差计算		$F' = F - 2\lvert x \rvert + 1$ $x' = \lvert x \rvert - 1,\ y' = y$	$F' = F + 2\lvert y \rvert + 1$ $x' = x,\ y' = \lvert y \rvert + 1$

当 $F \geq 0$ 时，向 y 方向进给。SR$_1$、NR$_2$ 向 $-y$ 方向进给，SR$_3$、NR$_4$ 向 $+y$ 方向进给。
当 $F < 0$ 时，向 x 方向进给。SR$_1$、NR$_4$ 向 $+x$ 方向进给，SR$_3$、NR$_2$ 向 $-x$ 方向进给。
本组的偏差计算公式与第一组不同，它们的插补情况归纳见表 5-6。

表 5-6　SR$_1$、SR$_3$、NR$_2$、NR$_4$的插补方法

偏差判别		$F \geq 0$	$F < 0$
进给	SR$_1$	$-\Delta y$	$+\Delta x$
	SR$_3$	$+\Delta y$	$-\Delta x$
	NR$_2$	$-\Delta y$	$-\Delta x$
	NR$_4$	$+\Delta y$	$-\Delta x$
偏差计算		$F' = F - 2\lvert y \rvert + 1$ $y' = \lvert y \rvert - 1,\ x' = x$	$F' = F + 2\lvert x \rvert + 1$ $x' = \lvert x \rvert + 1,\ y' = y$

③ 从表 5-4 和表 5-5 中可以看出，四个象限八种圆弧的插补，在偏差计算上可以归纳为两组，但进给情况是各不相同的。因此，在对任一圆弧插补前，应对圆弧的类型进行判别。实际上，在零件加工程序中，已给定的圆弧是顺圆还是逆圆，可直接由输入的加工指令来判定。下面只讨论象限的区分。

区分象限，主要根据当前加工点的坐标及走向而定。图 5-18 给出了当前加工坐标不同、走向不同的区分原理。

在图 5-18a 中，加工起点不在坐标轴上，直接由加工起点坐标区分象限，图中以①点为起点的圆弧，不管是顺圆还是逆圆，都属第一象限。同样，以②、③、④为起点的圆弧，分别属于第二、三、四象限。

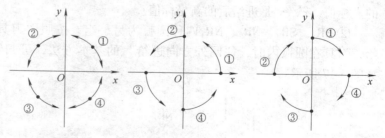

a) 起点不在坐标轴上　　b) 起点在坐标轴上的逆圆　　c) 起点在坐标轴上的顺圆

图 5-18　圆弧象限区分原理图

在图 5-18b 中，加工起点位于坐标轴上，为逆圆走向，则以①、②、③、④点为起点的逆圆圆弧，分别属于第一、二、三、四象限。

在图 5-18c 中，加工起点也位于坐标轴上，但为顺圆走向。由图可见，以①、②、③、④点为起点的顺圆圆弧，分别属于第一、二、三、四象限。

以顺圆为例，区分圆弧象限的程序框图如图 5-19 所示，图中的 x、y 值为圆弧的起点坐标值。

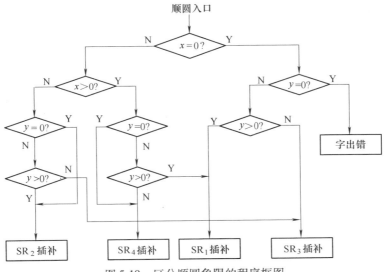

图 5-19 区分顺圆象限的程序框图

（2）四象限圆弧插补计算程序

第一象限顺圆插补的计算程序框图如图 5-20 所示。与此类似，根据表 5-4、表 5-5 所列

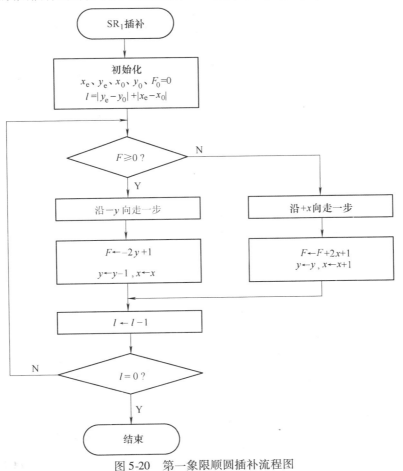

图 5-20 第一象限顺圆插补流程图

161

出的进给方向、偏差计算公式，可画出其他七种圆弧的程序框图，图 5-20 仅画出第一象限顺圆插补程序框图。

5.3 步进电动机控制

步进电动机是一种将电脉冲信号转换成相应的角位移的特种电动机，是工业过程控制及仪表中的主要控制元件之一。例如，在机械结构中，可以用丝杠把角度变成直线位移，也可以用它带动螺旋电位器，调节电压和电流，从而实现对执行机构的控制。而在数字控制系统中，由于它可以直接接收来自计算机的数字信号，而不需要进行 D-A 转换，所以用起来非常方便。

步进电动机作为执行元件的一个显著特点就是快速起动能力。如果负荷不超过步进电动机所提供的动态转矩值，就能够在"一刹那"间使步进电动机起动和停顿。一般步进电动机的步进速率为 200～1000 步/秒，如果步进电动机是以逐渐加速到最大值，然后再逐渐减速到零的方式工作，其步进速率增加 2～4 倍，而且仍然不会失掉一步。

步进电动机的另一显著特点是精度高。在没有齿轮传动的情况下，步值（即每步所转动的角度）可以由每步 90° 低到每步只有 0.36°。另一方面无论是变磁阻式步进电动机还是永磁式步进电动机，它们都能精确地返回到原来的位置。如一个 24 步（每步 15°）的步进电动机，当它向正方向步进 48 步时，刚好转两转。如果再向逆方向转 48 步，它精确地回到原始的位置。

正因为步进电动机具有快速起停、精确步进以及直接接受数字量的特点，因而使得步进电动机在定位场合得到了广泛的应用。如在绘图机、打印机及光学仪器中，都采用步进电动机来定位绘图笔、印字头或光学镜头，特别是在工业过程控制的位置控制系统中，由于它的准确度高以及不用位移传感器即可达到精确的定位，因而随着计算机控制技术的不断发展，应用会越来越广泛。

5.3.1 步进电动机的工作原理

步进电动机的工作就是步进转动。在一般的步进电动机工作中，其电源都是采用单极性的直流电源。要使步进电动机转动，就必须对步进电动机定子的各相绕组以适当的时序进行通电。步进电动机的步进过程可以用图 5-21 来说明。该步进电动机是一个三相感应式步进电动机，其定子的每相都有一对磁极，每个磁极都只有一个齿，即磁极本身，故三相步进电动机有三对磁极共 6 个齿；其转子有 4 个齿，分别称为 0、1、2、3 齿。直流电源 U 通过开关 A、B、C 分别对步进电动机的 A、B、C 相绕组轮流通电。

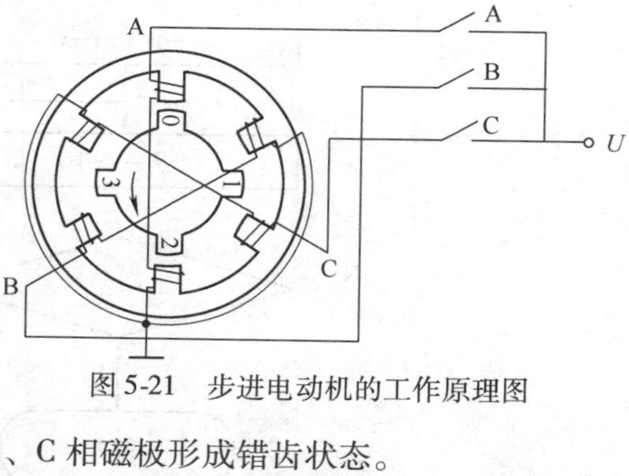

图 5-21　步进电动机的工作原理图

初始状态时，开关 A 接通，则 A 相磁极和转子的 0、2 号齿对齐，同时转子的 1、3 号齿和 B、C 相磁极形成错齿状态。

当开关 A 断开，B 接通时，由于 B 相绕组和转子的 1、3 号齿之间的磁力线作用，使得转子的 1、3 号齿和 B 相磁极对齐，则转子的 0、2 号齿就和 A、C 相绕组磁极形成错齿状态。

此后，开关 B 断开，C 接通，由于 C 相绕组和转子 0、2 号之间的磁力线的作用，使得转子 0、2 号齿和 C 相磁极对齐，这时转子的 1、3 号齿和 A、B 相绕组磁极产生错齿。

当开关 C 断开，A 接通后，由于 A 相绕组磁极和转子 1、3 号齿之间的磁力线的作用，使转子 1、3 号齿和 A 相绕组磁极对齐，这时转子的 0、2 号齿和 B、C 相绕组磁极产生错齿。很明显，这时转子移动了一个齿距角。

如果对一相绕组通电的操作称为一拍，那么对 A、B、C 三相绕组轮流通电需要三拍。对 A、B、C 三相绕组轮流通电一次称为一个周期。从上面分析看出，该三相步进电动机转子转动一个齿距，需要三拍操作。由于按 A→B→C→A 相轮流通电，则磁场沿 A、B、C 方向转动了 360°空间角，而这时转子沿 ABC 方向转动了一个齿距的位置。在图 5-21 中，转子的齿数为 4，故齿距角 90°，转动了一个齿距也即转动了 90°。

对于一个步进电动机，如果它的转子的齿数为 Z，它的齿距角 θ_Z 为

$$\theta_Z = 2\pi/Z = \frac{360°}{Z} \qquad (5-11)$$

而步进电动机运行 N 拍可使转子转动一个齿距位置。实际上，步进电动机每一拍就执行一次步进，所以步进电动机的步距角 θ 可以表示为

$$\theta = \theta_Z/N = \frac{360°}{NZ} \qquad (5-12)$$

式中，N 是步进电动机工作拍数；Z 是转子的齿数。

对于图 5-21 的三相步进电动机，若采用三拍方式，则它的步距角为

$$\theta = \frac{360°}{3 \times 4} = 30°$$

对于转子有 40 个齿且采用三拍方式的步进电动机而言，其步距角为

$$\theta = \frac{360°}{3 \times 40} = 3°$$

5.3.2 步进电动机控制系统原理图

典型的步进电动机控制系统原理图如图 5-22 所示。

图 5-22 步进电动机控制系统的组成

步进电动机控制系统主要由步进控制器、功率放大器及步进电动机组成。步进控制器由缓冲寄存器、环形分配器、控制逻辑及正反转控制门等组成。它的作用就是能把输入的脉冲转换成环形脉冲，以便控制步进电动机，并能进行正反向控制。功率放大器的作用就是把控制器输出的环形脉冲加以放大，以驱动步进电动机转动。在这种控制方案中，由于步进控制器线路复杂，成本高，因而限制了它的应用。但是，如果用计算机控制系统，由软件代替上述步进控制器，则问题大大简化，不仅使线路简化，成本下降，而且可靠性也大大加强。特

别是用微型机控制，可根据系统的需要，灵活改变步进电动机的控制方案，因而用起来更加灵活。典型的计算机控制步进电动机原理图如图5-23所示。

二者的主要区别在于用计算机代替了步进控制器。因此，计算机的主要作用就是把并行二进制码转换成串行脉冲序列，并实现方向控制。每当步进电动机脉冲输入线上得到一个脉冲，它便沿着方向控制线信号所确定的方向走一步。只要负载是在步进电动机允许的范围内，那么，每个脉冲将使电动机转动一个固定的步距角度，根据步距角的大小及

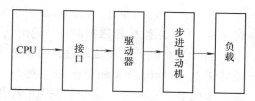

图5-23 计算机控制步进电动机原理图

实际走的步数，只要知道最初位置，便可知道步进电动机的最终位置。

5.3.3 步进电动机的驱动电路

步进电动机驱动电路的作用是将CPU输出的控制脉冲进行功率放大，产生电动机工作所需的激励电流。驱动电路的结构对步进电动机的性能有着十分重要的作用，主要有单电压、双电压、斩波型、调频调压型和细分型等。下面仅介绍单电压驱动电路。

单电压驱动电路的原理图如图5-24所示。

电源电压 V 一般选择在 $(10 \sim 100)$ V左右，也有高达200V以上的，这要视应用场合、步进电动机功率和实际要求而定；晶体管VT用作开关管；L 是步进电动机一相绕组的电感；R_L 是绕组电阻；R_C 是外接的限流电阻；VD是续流二极管。

步进电动机绕组是一个感性负载，晶体管VT从饱和突然变成截止时，绕组会产生一个很大的反电动势。这个反电动势和电源 V 叠加在一起加在晶体管VT的集电极和发射极之间，很容易使晶体管击穿。将续流二极管VD反向接在VT的集电极和电源 V 之间，使晶体管在截止瞬间电动机绕组产生的反电动势能通过VD的续流作用而衰减掉，从而保护晶体管VT不受损坏。

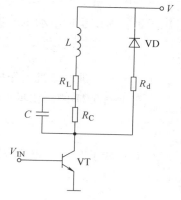

图5-24 单电压驱动电路

外接电阻 R_C 既是限流电阻又是改善回路时间常数的耗能元件。

由于回路时间常数 $T_1 = L/(R_L + R_C)$，R_L 和 L 是固定的，显然改变 R_C 可以改善回路的时间常数，从而改善步进电动机的高频性能。

在 R_C 上并联电容 C 可以改善注入绕组的电流脉冲前沿。当晶体管VT导通瞬间，电流通过电容流过绕组，这样就使注入电流的前沿明显变陡，从而提高步进电动机的高频性能。同时，在一个步进周期中使注入绕组的平均电流值相对增加，提高了步进电动机的转矩，特别在高频段更加明显。不过在低频工作时会使振荡有所增加，引起低频性能变差。

在续流支路中串联电阻 R_d，对电路的放电时间 T_d 的改善有较大作用。由于 $T_d = L/(R_L + R_C + R_d)$，式中忽略了VD的内阻。可见，$R_d$ 越大，则 T_d 越小，这使绕组中电流脉冲的后沿变陡，从而提高高频工作性能。但 R_d 选得太大，会使步进电动机的低频性能明显变坏，电磁阻尼作用减弱，使共振加剧，而且晶体管击穿的可能性增加。

5.3.4 步进电动机的工作方式

步进电动机有三相、四相、五相、六相等多种，为了分析方便，我们仍以三相步进电动机为例进行分析和讨论。步进电动机可工作于单相通电方式，也可工作于双相通电方式和单相、双相交叉通电方式。选用不同的工作方式，可使步进电动机具有不同的工作性能，如减小步距、提高定位精度和工作稳定性等。对于三相步进电动机则有单相三拍（简称单三拍）方式、双相三拍（简称双三拍）方式、三相六拍工作方式。

假设用计算机输出接口的每一位控制一相绕组，例如用计算机数据线的 D0、D1、D2 分别接到步进电动机的 A、B、C 三相。

1. 单三拍

为了使步进电动机能正向旋转，对各相的通电顺序为

$$A \rightarrow B \rightarrow C \rightarrow A \rightarrow \cdots$$

数学模型见表 5-7。

表 5-7 单三拍数学模型

步　序	控　制　位								工作状态	控制模型
	D7	D6	D5	D4	D3	D2	D1	D0		
						C 相	B 相	A 相		
1	0	0	0	0	0	0	0	1	A	01H
2	0	0	0	0	0	0	1	0	B	02H
3	0	0	0	0	0	1	0	0	C	04H
4	0	0	0	0	0	0	0	1	A	01H

2. 双三拍

双三拍各相的通电顺序为

$$AB \rightarrow BC \rightarrow CA \rightarrow AB \rightarrow \cdots$$

数学模型见表 5-8。

表 5-8 双三拍数学模型

步　序	控　制　位								工作状态	控制模型
	D7	D6	D5	D4	D3	D2	D1	D0		
						C 相	B 相	A 相		
1	0	0	0	0	0	0	1	1	AB	03H
2	0	0	0	0	0	1	1	0	BC	06H
3	0	0	0	0	0	1	0	1	CA	05H
4	0	0	0	0	0	0	1	1	AB	03H

3. 三相六拍

三相六拍的通电顺序为

$$A \rightarrow AB \rightarrow B \rightarrow BC \rightarrow C \rightarrow CA \rightarrow A \rightarrow \cdots$$

数学模型见表 5-9。

表 5-9　三相六拍数学模型

步序	控制位								工作状态	控制模型
	D7	D6	D5	D4	D3	D2	D1	D0		
						C 相	B 相	A 相		
1	0	0	0	0	0	0	0	1	A	01H
2	0	0	0	0	0	0	1	1	AB	03H
3	0	0	0	0	0	0	1	0	B	02H
4	0	0	0	0	0	1	1	0	BC	06H
5	0	0	0	0	0	1	0	0	C	04H
6	0	0	0	0	0	1	0	1	CA	05H

5.3.5　步进电动机控制程序设计

控制程序的主要任务是：

1）判别旋转方向。

2）按顺序传送控制脉冲。

3）判断所要求的控制程序是否传送完毕。

下面以三相六拍为例，介绍步进电动机的控制程序设计。

三相六拍步进电动机控制程序流程图如图 5-25 所示。

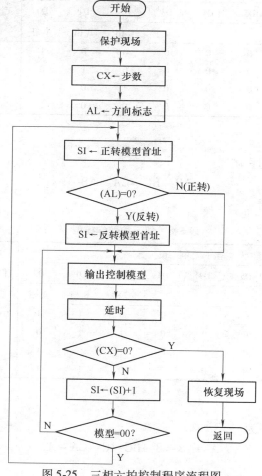

图 5-25　三相六拍控制程序流程图

166

本例中背景机选用 8×86 系列 CPU。

本程序采用循环设计法进行设计。所谓循环设计法就是把环形节拍的控制模型按顺序放在内存单元中，然后按顺序逐一从单元中取出控制模型并输出。这样可以使程序大大简化，节拍越多，优越性越显著。

程序设计如下：

```
DATA        SEGMENT
MOD1:       DB 01H,03H,02H,06H,04H,05H,00H          ;正转模型
MOD2:       DB 01H,05H,04H,06H,02H,03H,00H          ;反转模型
COUNT:      DB N                                    ;定义步数 N
DIR:        DB 1                                    ;方向标志为1,正转
DATA        ENDS
STACK1      SEGMENT PARA STACK
            DW 20H DUP(0)
STACK1      ENDS
COSEG       SEGMENT
            ASSUME CS:COSEG,DS:DATA,SS:STACK1
DRVPR:      MOV         AX,DATA
            MOV         DS,AX
            PUSH        AX
            PUSH        CX                          ;保护现场
            PUSH        SI
            MOV         CX,[COUNT]                  ;步数→CX
DRVPR1:     MOV         SI,OFFSET MOD1              ;正转模型首址→SI
            MOV         AL,[DIR]                    ;方向标志→AL
            AND         AL,AL
            JZ          DRVPR3                      ;AL=0 转取反转模型首址
DRVPR2:     MOV         AL,[SI]                     ;取出一个模型字
            OUT         80H,AL                      ;输出到控制端口
            CALL        DELAY                       ;调延时子程序
            DEC         CX                          ;步数减1
            JZ          DONE                        ;CX≠0,继续循环
            INC         SI                          ;模型字地址加1
            MOV         AL,0                        ;
            CMP         [SI]                        ;是否末拍
                                                    ;不是末拍,转 DRVPR2
            JNZ         DRVPR2                      ;继续输出
            JMP         DRVPR1                      ;是末拍,转 DRVPR1
DONE:       POP         SI
            POP         CX                          ;恢复现场
            POP         AX
            RET                                     ;返回
DRVPR3:     MOV         SI,OFFSET MOD2              ;反转模型首址→SI
```

167

```
              JMP              DRVPR2                          ;转 DRVPR2
DELAY:         ⋮                                               ;延时子程序略
               ⋮
COSEG          ENDS
```

习　题

1. 数字控制有哪几种方式?
2. 试采用某一汇编语言编写下列插补计算程序。
   (1) 第一象限直线插补程序。
   (2) 第一象限逆圆弧插补程序。
3. 若加工第一象限直线 OA，起点 O (0, 0)，终点 (12, 6)。
   (1) 按逐点比较法插补进行列表计算。
   (2) 画出走步轨迹图，并标明进给方向和步数。
4. 采用 74HC273 作为 x 轴三相步进电动机和 y 轴三相步进电动机的控制接口。
   (1) 画出接口电路原理图。
   (2) 分别写出 x 轴和 y 轴步进电动机在三相单三拍、三相双三拍和三相六拍工作方式下的数字模型。

第6章　计算机控制系统的控制规律

6.1　被控对象的传递函数与性能指标

6.1.1　计算机控制系统被控对象的传递函数

计算机控制系统主要由数字控制器（或称数字调节器）、执行器、测量元件、被控对象组成，下面只介绍被控对象。

计算机控制系统的被控对象是指所要控制的装置或设备，如工业锅炉、水泥立窑、啤酒发酵罐等。

被控对象用传递函数来表征时，其特性可以用放大系数 K、惯性时间常数 T_m、积分时间常数 T_i 和纯滞后时间 τ 来描述。被控对象的传递函数可以归纳为如下几类：

1. 放大环节

放大环节的传递函数为

$$G(s) = K \tag{6-1}$$

2. 惯性环节

惯性环节的传递函数为

$$G(s) = \frac{K}{(1 + T_1 s)(1 + T_2 s)\cdots(1 + T_n s)}, \quad n = 1, 2, \cdots \tag{6-2}$$

当 $T_1 = T_2 = \cdots = T_m$ 时，$G(s) = \dfrac{K}{(1 + T_m s)^n}$，$n = 1, 2, \cdots$

3. 积分环节

积分环节的传递函数为

$$G(s) = \frac{K}{T_i s^n}, \quad n = 1, 2, \cdots \tag{6-3}$$

4. 纯滞后环节

纯滞后环节的传递函数为

$$G(s) = e^{-\tau s} \tag{6-4}$$

实际对象可能是放大环节、惯性环节、积分环节或纯滞后环节的串联。

放大环节、惯性环节与积分环节的串联：

$$G(s) = \frac{K}{T_i s^n (1 + T_m s)^l}, \quad l = 1, 2, \cdots; \, n = 1, 2, \cdots \tag{6-5}$$

放大环节、惯性环节、纯滞后环节的串联：

$$G(s) = \frac{K}{(1 + T_m s)^l} e^{-\tau s}, \quad l = 1, 2, \cdots \tag{6-6}$$

放大环节、积分环节与纯滞后环节串联：

$$G(s) = \frac{K}{T_i s^n} e^{-\tau s}, \ n = 1, \ 2, \ \cdots \tag{6-7}$$

被控对象经常受到 $n(t)$ 的扰动，为了分析方便，可以把对象特性分解为控制通道和扰动通道，如图 6-1 所示。

扰动通道的动态特性同样可以用放大系数 K_n、惯性时间常数 T_n 和纯滞后时间 τ_n 来描述。

被控对象也可以按照输入、输出量的个数分类，当对象仅有一个输入 $U(s)$ 和一个输出 $Y(s)$ 时，称为单输入单输出对象，如图 6-2 所示。

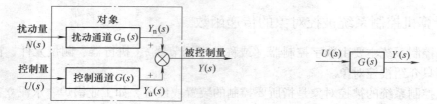

图 6-1　对象的控制通道和扰动通道　　　　图 6-2　单输入单输出对象

当对象有多个输入和单个输出时，称为多输入单输出对象，如图 6-3 所示。

当对象具有多个输入和多个输出时，称为多输入多输出对象，如图 6-4 所示。

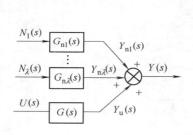

图 6-3　多输入单输出对象

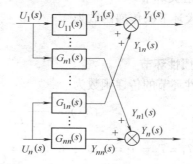

图 6-4　多输入多输出对象

6.1.2　计算机控制系统的性能指标

计算机控制系统的性能跟连续系统类似，可以用稳定性、能控性、能观测性、稳态特性、动态特性来表征，相应地可以用稳定裕度、稳态指标、动态指标和综合指标来衡量一个系统的优劣。

1. 系统的稳定性

计算机控制系统在给定输入作用或外界扰动作用下，过渡过程可能有四种情况，如图 6-5 所示。

（1）发散振荡

被控参数 $y(t)$ 的幅值随时间逐渐增大，偏离给定值越来越远，如图 6-5a 所示。这是不稳定的情况，在实际系统中是不允许的，容易造成严重事故。

（2）等幅振荡

被控参数 $y(t)$ 的幅值随时间做等幅振荡，系统处于临界稳定状态，如图 6-5b 所示。在

170

实际系统中也是不允许的。

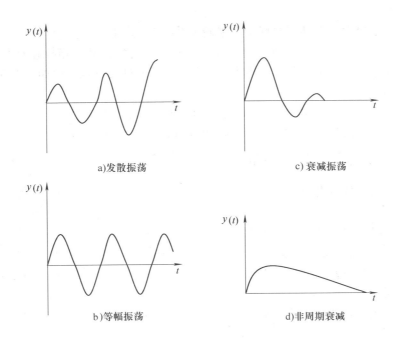

图 6-5   过渡过程曲线

（3）衰减振荡

被控参数 $y(t)$ 在输入或扰动作用下，经过若干次振荡以后，恢复到给定状态，如图 6-5c 所示。当调节器参数选择合适时，系统可以在比较短的时间内，以比较少的振荡次数、比较小的振荡幅度恢复到给定值状态，得到比较满意的性能指标。

（4）非周期衰减

系统在输入或扰动作用下，被控参数 $y(t)$ 单调、无振荡地恢复到给定值状态，如图 6-5d 所示。同样，只要调节器参数选择得合适，可以使系统既无振荡、又比较快地结束过渡过程。

从上面四种情况可以看出：（1）、（2）两种情况是实际系统中不希望、也不允许出现的情况，前者称为系统不稳定，后者称为临界稳定。（3）、（4）两种情况则是控制系统中常见的两种过渡过程状况，这种系统称为稳定系统。控制系统只有稳定，才有可能谈得上控制系统性能的优劣，因此计算机控制系统的稳定性跟连续控制系统的稳定性一样，也是一个重要概念，组建一个计算机控制系统，首先必须稳定，才有可能进一步分析该系统的性能指标。

在连续系统中为了衡量系统稳定的程度，引进了稳定裕度的概念，稳定裕度包括相位裕度和幅值裕度。同样，在计算机控制系统中，可以引用连续系统中稳定裕度的概念，因此，也可用相位裕度和幅值裕度来衡量计算机控制系统的稳定程度。

2. 系统的能控性和能观测性

控制系统的能控性和能观测性在多变量最优控制中是两个重要的概念，能控性和能观测性从状态的控制能力和状态的测辨能力两个方面揭示了控制系统的两个基本问题。

如果所研究的系统是不能控的，那么最优控制问题的解就不存在。

3. 动态指标

在古典控制理论中，用动态时域指标来衡量系统性能的优劣。

动态指标能够比较直观地反映控制系统的过渡过程特性，动态指标包括超调量 σ_p、调节时间 t_s、峰值时间 t_p、衰减比 η 和振荡次数 N。系统的过渡过程特性如图 6-6 所示。

（1）超调量 σ_p

σ_p 表示了系统过冲的程度，设输出量 $y(t)$ 的最大值为 y_m，$y(t)$ 输出量的稳态值为 y_∞，则超调量定义为

$$\sigma_p = \frac{|y_m| - |y_\infty|}{|y_\infty|} \times 100\% \qquad (6\text{-}8)$$

超调量通常以百分数表示。

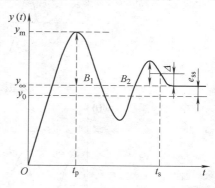

图 6-6　过渡过程特性

（2）调节时间 t_s

调节时间 t_s 反映了过渡过程时间的长短，当 $t > t_s$ 时，若 $|y(t) - y_\infty| < \Delta$，则 t_s 定义为调节时间，式中 y_∞ 是输出量 $y(t)$ 的稳态值，Δ 取 $0.02y_\infty$ 或 $0.05y_\infty$。

（3）峰值时间 t_p

峰值时间 t_p 表示过渡过程到达第一个峰值所需要的时间，它反映了系统对输入信号反应的快速性。

（4）衰减比 η

衰减比 η 表示了过渡过程衰减快慢的程度，它定义为过渡过程第一个峰值 B_1 与第二个峰值 B_2 的比值，即

$$\eta = \frac{B_1}{B_2} \qquad (6\text{-}9)$$

通常，希望衰减比为 $4:1$。

（5）振荡次数 N

振荡次数 N 反映了控制系统的阻尼特性。它定义为输出量 $y(t)$ 进入稳态前，穿越 $y(t)$ 的稳态值 y_∞ 的次数的一半。对于图 6-6 的过渡过程特性，$N = 1.5$。

以上 5 项动态指示也称作时域指标，用得最多的是超调量 σ_p 和调节时间 t_s，在过程控制中衰减比 η 也是一个较常用的指标。

4. 稳态指标

稳态指标是衡量控制系统精度的指标，用稳态误差来表征，稳态误差是表示输出量 $y(t)$ 的稳态值 y_∞ 与要求值 y_0 的差值，定义为

$$e_{ss} = y_0 - y_\infty \qquad (6\text{-}10)$$

e_{ss} 表示了控制精度，因此希望 e_{ss} 越小越好。稳态误差 e_{ss} 与控制系统本身的特性有关，也与系统的输入信号的形式有关。

5. 综合指标

在现代控制理论中，如设计最优控制系统时，经常使用综合性指标来衡量一个控制系统。设计最优控制系统时，选择不同的性能指标，使得系统的参数、结构等也不同。所以，设计时应当根据具体情况和要求，正确选择性能指标。选择性能指标时，既要考虑到能对系

统的性能做出正确的评价，又要考虑到数字上容易处理以及工程上便于实现。因此，选择性能指标时，通常需要做一定的比较。

综合性指标通常有以下三种类型。

（1）积分型指标

① 误差平方的积分为

$$J = \int_0^t e^2(t)\,\mathrm{d}t \tag{6-11}$$

这种性能指标着重权衡大的误差，而较少顾及小的误差，但是这种指标数学上容易处理，可以得到解析解，因此经常使用，如在宇宙飞船控制系统中按 J 最小设计，可使动力消耗最少。

② 时间乘误差平方的积分为

$$J = \int_0^t t e^2(t)\,\mathrm{d}t \tag{6-12}$$

这种指标较少考虑大的起始误差，着重权衡过渡特性后期出现的误差，有较好的选择性。该指标反映了控制系统的快速性和精确性。

③ 时间平方乘误差平方的积分为

$$J = \int_0^t t^2 e^2(t)\,\mathrm{d}t \tag{6-13}$$

这种指标有较好的选择性，但是计算复杂，并不实用。

④ 误差绝对值的各种积分为

$$J = \int_0^t |e(t)|\,\mathrm{d}t \tag{6-14}$$

$$J = \int_0^t t|e(t)|\,\mathrm{d}t \tag{6-15}$$

$$J = \int_0^t t^2|e(t)|\,\mathrm{d}t \tag{6-16}$$

式（6-14）~式（6-16）三种积分指标，可以看作与式（6-11）~式（6-13）相对应的性能指标，由于绝对值容易处理，因此使用比较多。对于计算机控制系统，使用式（6-15）积分指标比较合适，即

$$J = \int_0^t t|e(t)|\,\mathrm{d}t \quad \text{或} \quad J = \sum_{j=0}^k (jT)|e(jT)|T = \sum_{j=0}^k |e(jT)|(jT^2)$$

⑤ 加权二次型性能指标。

对于多变量控制系统，应当采用误差平方的积分指标，即

$$J = \int_0^t \boldsymbol{e}^\mathrm{T} \boldsymbol{e}\,\mathrm{d}t = \int_0^t (e_1^2 + e_2^2 + \cdots)\,\mathrm{d}t \tag{6-17}$$

若引入加权矩阵 $\boldsymbol{Q}$，则

$$J = \int_0^t \boldsymbol{e}^\mathrm{T} \boldsymbol{Q} \boldsymbol{e}\,\mathrm{d}t = \int_0^t (q_1 e_1^2 + q_2 e_2^2 + \cdots)\,\mathrm{d}t \tag{6-18}$$

若系统中考虑输入量的约束，则

$$J = \int_0^t (\boldsymbol{e}^\mathrm{T} \boldsymbol{Q} \boldsymbol{e} + \boldsymbol{u}^\mathrm{T} \boldsymbol{R} \boldsymbol{u})\,\mathrm{d}t \tag{6-19}$$

权矩阵 $\boldsymbol{Q}$ 和 $\boldsymbol{R}$ 的选择是根据对 $\boldsymbol{e}$ 和 $\boldsymbol{u}$ 的各个分量的要求来确定的。

当用状态变量 $x(t)$ 的函数 $F[x(t), t]$ 作为被积函数时，积分型性能指标的一般式为

$$J = \int_{t_0}^{t_f} F[x(t), t]\mathrm{d}t \tag{6-20}$$

当 $F[x(t), t]$ 为实数二次型齐次式时，则 J 即为二次型性能指标。

在离散系统中，二次型性能指标的典型形式为

$$J = \sum_{k=0}^{n-1}\left[\frac{1}{2}\boldsymbol{x}^{\mathrm{T}}(k)\boldsymbol{Q}\boldsymbol{x}(k) + \frac{1}{2}\boldsymbol{u}^{\mathrm{T}}(k)\boldsymbol{R}\boldsymbol{u}(k)\right] \tag{6-21}$$

式中，$\boldsymbol{x}$ 为 n 维状态向量；$\boldsymbol{u}$ 为 m 维控制微量；$\boldsymbol{Q}$ 为 $n\times n$ 维半正定对称矩阵；$\boldsymbol{R}$ 为 $m\times m$ 维正定对称矩阵。

（2）末值型指标

$$J = S[x(t_f), t_f] \tag{6-22}$$

J 是末值时刻 t_f 和末值状态 $x(t_f)$ 的函数，这种性能指标称为末值型性能指标。

若要求在末值时刻 t_f，系统具有最小稳态误差，最准确的定位或最大射程的末值控制中，就可用式（6-22）末值型指标。如 $J = \| x(t_f) - x_d(t_f) \|$，$x_d(t_f)$ 是目标的末值状态。

（3）复合型指标

$$J = S[x(t_f), t_f] + \int_{t_0}^{t_f} F[x(t), t]\mathrm{d}t \tag{6-23}$$

其实复合型指标是积分型指标和末值型指标的复合，是一个更普遍的性能指标形式。

6.1.3　对象特性对控制性能的影响

假设控制对象的特性归结为对象放大系数 K 和 K_n，对象的惯性时间常数 T_m 和 T_n，以及对象的纯滞后时间 τ 和 τ_n。

设反馈控制系统如图 6-7 所示。

控制系统的性能通常可以用超调量 σ_p、调节时间 t_s 和稳态误差 e_{ss} 等来表征。

1. 对象放大系数对控制性能的影响

对象可以等效看作由扰动通道 $G_n(s)$ 和控制通道 $G(s)$ 构成，如图 6-1 所示。控制通道的放大系数 K_m，扰动通道的放大系数 K_n，经过推导可以得出如下的结论：

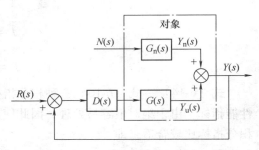

图 6-7　对象特性对反馈控制系统性能的影响

1）扰动通道的放大系数 K_n 影响稳态误差 e_{ss}，K_n 越小，e_{ss} 也越小，控制精度越高，所以希望 K_n 尽可能小。

2）控制通道的放大系数 K_m 对系统的性能没有影响，因为 K_m 完全可以由调节器 $D(s)$ 的比例系数 K_p 来补偿。

2. 对象的惯性时间常数对控制性能的影响

设扰动通道的惯性时间常数为 T_n，控制通道的惯性时间常数为 T_m。

1）当 T_n 加大或惯性环节的阶次增加时，可以减少超调量 σ_p。

2）T_m 越小，反应越灵敏，控制越及时，控制性能越好。

3. 对象的纯滞后时间对控制性能的影响

设扰动通道的纯滞后时间为 τ_n，控制通道的纯滞后时间为 τ。

1）设扰动通道纯滞后时间 τ_n 对控制性能无影响，只是使输出量 $y_n(t)$ 沿时间轴平移了 τ_n，如图 6-8 所示。

2）控制通道纯滞后时间 τ 使系统的超调量 σ_p 加大，调节时间 t_s 加长，纯滞后时间 τ 越大，控制性能越差。

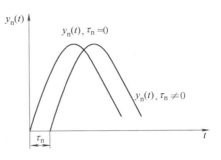

图 6-8　τ_n 对输出量 $y_n(t)$ 的影响

6.2　PID 控制

6.2.1　PID 概述

按偏差的比例、积分和微分进行控制（简称 PID 控制）是连续系统控制理论中技术最成熟、应用最广泛的一种控制技术。它结构简单，参数调整方便，是在长期的工程实践中总结出来的一套控制方法。在工业过程控制中，由于难以建立精确的数学模型，系统的参数经常发生变化，所以人们往往采用 PID 控制技术，根据经验进行在线调整，从而得到满意的控制效果。

6.2.2　PID 调节的作用

PID 调节按其调节规律可分为比例调节、比例积分调节和比例积分微分调节等。下面分别说明它们的作用。

1. 比例调节

比例调节的控制规律为

$$u(t) = K_p e(t) \tag{6-24}$$

式中，$u(t)$ 为调节器输出（对应于执行器开度）；K_p 为比例系数；$e(t)$ 为调节器的输入，一般为偏差，即 $e(t) = R - y(t)$；$y(t)$ 为被控变量；R 为 $y(t)$ 的设定值。

比例调节是一种最简单的调节规律，调节器的输出 $u(t)$ 与输入偏差 $e(t)$ 成正比，只要出现偏差 $e(t)$，就能及时地产生与之成比例的调节作用。比例调节的特性曲线如图 6-9 所示。

比例调节作用的大小，除了与偏差 $e(t)$ 有关外，主要取决于比例系数 K_p，K_p 越大，调节作用越强，动态特性也越好。反之，K_p 越小，调节作用越弱。但对于大多数惯性环节，K_p 太大，会引起自激振荡。比例调节输入输出关系曲线如图 6-10 所示。

比例调节的缺点是存在静差，是有差调节，对于扰动

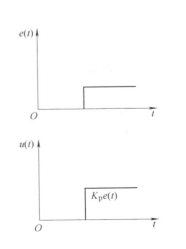

图 6-9　比例调节器的阶跃响应

175

较大，且惯性也较大的系统，若采用单纯的比例调节，则很难兼顾动态和静态特性。因此，需要采用比较复杂的调节规律。

2. 比例积分调节

比例调节的缺点是存在静差，影响调节精度。消除静差的有效方法是在比例调节的基础上加积分调节，构成比例积分（PI）调节。PI 调节的控制规律为

$$u(t) = K_p\left[e(t) + \frac{1}{T_i}\int e(t)\,dt\right] \tag{6-25}$$

对于 PI 调节器，只要有偏差 $e(t)$ 存在，积分调节就不断起作用，对输入偏差进行积分，使调节器的输出及执行器开度不断变化，直到达到新的稳定值而

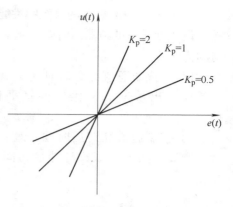

图 6-10　比例调节输入输出关系曲线

不存在静差，所以 PI 调节器能够将比例调节的快速性与积分调节消除静差的作用结合起来，以改善系统特性。

从式（6-25）可知 PI 调节由两部分组成，即比例调节和积分调节。

比例调节为

$$u_p(t) = K_p e(t)$$

积分调节为

$$u_i(t) = \frac{K_p}{T_i}\int e(t)\,dt$$

调节器的输出为

$$u(t) = u_p(t) + u_i(t)$$

其输出特性曲线如图 6-11 所示。

由图 6-11 可以看出，在偏差 $e(t)$ 做阶跃变化时，比例作用立即输出 $u_p(t)$，而积分作用最初为 0，随着时间的增加而直线上升。由此可见，PI 调节既克服了单纯比例调节有静差存在的缺点，又避免了积分调节响应慢的缺点，即静态和动态特性均得到了改善，所以应用比较广泛。

式（6-25）中 T_i 为积分时间常数，它表示积分速度的快慢，T_i 越大，积分速度越慢，积分作用越弱。反之 T_i 越小，积分速度越快，积分作用越强。

3. 比例微分调节

加入积分调节可以消除静差，改善系统的静态特性。然而，当控制对象具有较大的惯性时，用 PI 调节就无法得到满意的调节品质。如果在调节器中加入微分作用，即在偏差刚出现，偏差值尚不大时，根据偏差变化的速度，提前给出较大的调节作用，将使偏差尽快消除。由于调节及时，可以大大减小系统的动态偏差及调节时间，从而改善了过程的动态品质。

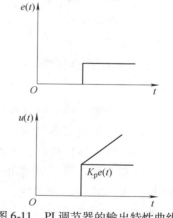

图 6-11　PI 调节器的输出特性曲线

微分作用的特点是，输出只能反映偏差输入变化的速度，而对于一个固定不变的偏差，不管其数值多大，也不会有微分作用输出。因此，微分作用不能消除静差，而只能在偏差刚出现的时刻产生一个很大的调节作用。

同积分作用一样，微分作用一般也不能单独使用，需要与比例作用相配合，构成 PD 调节器，其控制规律为

$$u(t) = K_p\Big[e(t) + T_d\,\frac{de(t)}{dt}\Big] \tag{6-26}$$

式中，T_d 为微分时间常数。

PD 调节器的阶跃响应曲线如图 6-12 所示。

从图 6-12 曲线可以看出，当偏差刚一出现的瞬间，PD 调节器输出一个很大的阶跃信号，然后按指数下降，以至最后微分作用完全消失，变成一个纯比例调节。微分作用的强弱可以用改变微分时间常数 T_d 来进行调节。

4. 比例积分微分（PID）调节

为了进一步改善调节品质，往往把比例、积分、微分三种作用结合起来，形成 PID 三作用调节器，其控制规律为

$$u(t) = K_p\Big[e(t) + \frac{1}{T_i}\int e(t)\,dt + T_d\,\frac{de(t)}{dt}\Big] \tag{6-27}$$

PID 调节器的阶跃响应曲线如图 6-13 所示。

由图 6-13 可以看出，PID 调节器，在阶跃信号作用下，首先是比例、微分作用，使其调节作用加强，然后再进行积分，直到最后消除静差为止。因此，PID 调节器，无论从静态、还是动态的角度看，调节品质均得到了改善，从而使 PID 调节器成为一种应用最广泛的调节器。

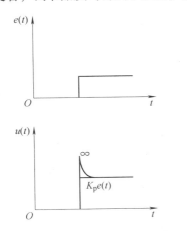

图 6-12　PD 调节器的阶跃响应曲线

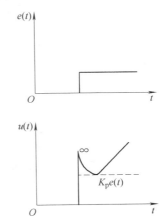

图 6-13　PID 调节器的阶跃响应曲线

6.3　数字 PID 算法

比例积分微分控制是过程控制中应用最广泛的一种控制规律。实际运行经验及理论分析充分证明，这种控制规律用于多数被控对象能够获得较满意的控制效果。因此，在计算机控制系统中广泛地采用 PID 控制规律。

6.3.1　PID 算法

1. PID 算法的离散化

对被控对象的静态和动态特性的研究表明，由于绝大多数系统中存在储能部件，使系统

对外作用有一定的惯性，这种惯性可以用时间常数来表征。另外，在能量和信息传输时还会因管道、长线等原因引入一些时间上的滞后。在工业生产过程的实时控制中，总是会存在外界的干扰和系统中各种参数的变化，它们将会使系统性能变差。为了改善系统性能，提高调节品质，除了按偏差的比例调节以外，引入偏差的积分，以克服余差，提高精度，加强对系统参数变化的适应能力；引入偏差的微分来克服惯性滞后，提高抗干扰能力和系统的稳定性，由此构成的单参数 PID 控制回路如图 6-14 所示。图中 $y(t)$ 是被控变量，R 是 $y(t)$ 的设定值。

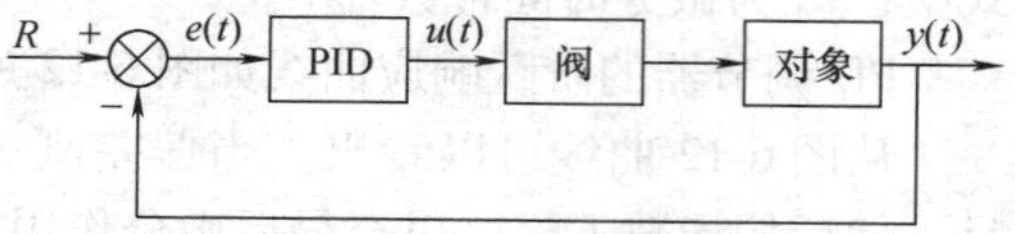

图 6-14　单参数 PID 控制

$$e(t) = R - y(t)$$

$e(t)$ 是调节器的输入偏差，$u(t)$ 是调节器输出的控制量，它相应于控制阀的阀位。理想模拟调节器的 PID 算式为

$$u(t) = K_p \left[e(t) + \frac{1}{T_i} \int e(t)\,\mathrm{d}t + T_d \frac{\mathrm{d}e(t)}{\mathrm{d}t} \right] \tag{6-28}$$

式中，K_p 为比例系数；T_i 为积分时间常数；T_d 为微分时间常数。

计算机控制系统通常利用采样方式实现对生产过程的各个回路进行巡回检测和控制，它属于采样调节。因而，描述连续系统的微分方程应由相应的描述离散系统的差分方程来代替。

离散化时，令

$$t = kT$$
$$u(t) \approx u(kT)$$
$$e(t) \approx e(kT)$$

$$\int_0^t e(t)\,\mathrm{d}t \approx T \sum_{j=0}^{k} e(jT)$$

$$\frac{\mathrm{d}e(t)}{\mathrm{d}t} \approx \frac{e(kT) - e(kT - T)}{T} = \frac{\Delta e(kT)}{T}$$

式中，$e(kT)$ 为第 k 次采样所获得的偏差信号；$\Delta e(kT)$ 为本次和上次测量值偏差的差。

在给定值不变时，$\Delta e(kT)$ 可表示为相邻两次测量值之差，即

$$\Delta e(kT) = e(kT) - e(kT - T) = (R - y(kT)) - (R - y(kT - T)) = y(kT - T) - y(kT)$$

式中，T 为采样周期（两次采样的时间间隔），采样周期必须足够短，才能保证有足够的精度；k 为采样序号，$k = 0, 1, 2, \cdots$。

则离散系统的 PID 算式为

$$u(kT) = K_p \left\{ e(kT) + \frac{T}{T_i} \sum_{j=0}^{k} e(jT) + \frac{T_d}{T} \left[e(kT) - e(kT - T) \right] \right\} \tag{6-29}$$

在式（6-29）所表示的控制算式中，其输出值与阀位是一一对应的，通常称为 PID 的位置算式。在位置算式中，每次的输出与过去的所有状态有关。它不仅要计算机对 e 进行不断累加，而且当计算机发生任何故障时，会造成输出量 u 的变化，从而大幅度地改变阀门位置，这将对安全生产带来严重后果，故目前计算机控制的 PID 算式常做如下的变化。

第 $k-1$ 次采样有

$$u(kT - T) = K_p \left\{ e(kT - T) + \frac{T}{T_i} \sum_{j=0}^{k-1} e(jT) + \frac{T_d}{T} [e(kT - T) - e(kT - 2T)] \right\}$$

$$(6\text{-}30)$$

式（6-29）减去式（6-30），得到两次采样时输出量之差

$$\Delta u(kT) = u(kT) - u(kT - T) = K_p \left\{ [e(kT) - e(kT - T)] + \frac{T}{T_i} e(kT) + \right.$$

$$\frac{T_d}{T} [\Delta e(kT) - \Delta e(kT - T)] \right\}$$

因为 $\Delta e(kT) = e(kT) - e(kT - T)$

$$\Delta e(kT - T) = e(kT - T) - e(kT - 2T)$$

所以 $\Delta u(kT) = K_p \left\{ [e(kT) - e(kT - T)] + \frac{T}{T_i} e(kT) + \right.$

$$\frac{T_d}{T} [e(kT) - 2e(kT - T) + e(kT - 2T)] \right\}$$

$$(6\text{-}31)$$

$$= K_p [e(kT) - e(kT - T)] +$$
$$K_i e(kT) + K_d [e(kT) - 2e(kT - T) + e(kT - 2T)]$$

$$(6\text{-}32)$$

式中，$K_i = K_p \dfrac{T}{T_i}$ 为积分系数；$K_d = K_p \dfrac{T_d}{T}$ 为微分系数。

在计算机控制系统中，一般采用恒定的采样周期 T，当确定了 K_p、K_i、K_d 时，根据前后三次测量值偏差即可由式（6-32）求出控制增量。由于它的控制输出对应每次阀门的增量，所以称为 PID 控制的增量式算式。

实际上，位置式与增量式控制对整个闭环系统并无本质区别，只是将原来全部由计算机承担的算式，分出一部分由其他部件去完成。例如用步进电动机作为系统的输出控制部件时，就能起此作用。它作为一个积分元件，并兼作输出保持器，对计算机的输出增量 Δu (kT) 进行累加，实现了 $u(kT) = \sum \Delta u(kT)$ 的作用，而步进电动机转过的角度对应于阀门的位置。

增量算式具有如下优点：

由于计算机每次只输出控制增量——每次阀位的变化，故机器故障时影响范围就小。必要时可通过逻辑判断、限制或禁止故障时的输出，从而不会严重影响系统的工况。

手动-自动切换时冲击小。由于输给阀门的位置信号总是绝对值，不论位置式还是增量式，在投运或手动改为自动时总要事先设定一个与手动输出相对应的 u $(kT - T)$ 值，然后再改为自动，才能做到无冲击切换。增量式控制时阀位与步进电动机转角对应，设定时较位置式简单。

算式中不需要累加，控制增量的确定仅与最近几次的采样值有关，较容易通过加权处理以获得比较好的控制效果。

【例 6-1】 在单输入单输出计算机控制系统中，试分析 K_p 对系统性能的影响及 K_p 的选择方法。

单输入单输出计算机控制系统如图 6-15 所示。采样周期 $T = 0.1s$，数字控制器 $D(z) = K_p$。

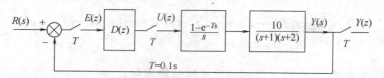

图 6-15　单输入单输出计算机控制系统

解　系统广义对象的 Z 传递函数为

$$
\begin{aligned}
G(z) &= Z\left[\frac{1-\mathrm{e}^{-Ts}}{s}\frac{10}{(s+1)(s+2)}\right] \\
&= Z\left\{(1-\mathrm{e}^{-Ts})\left[\frac{5}{s}-\frac{10}{s+1}+\frac{5}{s+2}\right]\right\} \\
&= \frac{0.0453z^{-1}(1+0.904z^{-1})}{(1-0.905z^{-1})(1-0.819z^{-1})} \\
&= \frac{0.0453(z+0.904)}{(z-0.905)(z-0.819)}
\end{aligned}
\tag{6-33}
$$

若数字控制器 $D(z)=K_\mathrm{p}$，则系统的闭环 Z 传递函数为

$$
\begin{aligned}
G_\mathrm{c}(z) &= \frac{Y(z)}{R(z)} = \frac{D(z)G(z)}{1+D(z)G(z)} \\
&= \frac{0.0453(z+0.904)K_\mathrm{p}}{z^2-1.724z+0.741+0.0453K_\mathrm{p}z+0.04095K_\mathrm{p}}
\end{aligned}
\tag{6-34}
$$

当 $K_\mathrm{p}=1$，系统在单位阶跃输入时，输出量的 Z 变换为

$$
Y(z) = \frac{0.0453z^2+0.04095z}{z^3-2.679z^2+2.461z-0.782}
\tag{6-35}
$$

由式（6-35）及 Z 变换性质，可求出输出序列 $y(kT)$。

系统在单位阶跃输入时，输出量的稳态值为

$$
\begin{aligned}
y(\infty) &= \lim_{z\to1}(z-1)G_\mathrm{c}(z)R(z) \\
&= \lim_{z\to1}\frac{0.0453z(z+0.904)K_\mathrm{p}}{z^2-1.724z+0.741+0.0453K_\mathrm{p}z+0.04095K_\mathrm{p}} \\
&= \frac{0.08625K_\mathrm{p}}{0.017+0.08625K_\mathrm{p}}
\end{aligned}
\tag{6-36}
$$

当 $K_\mathrm{p}=1$ 时，$y(\infty)=0.835$，稳态误差 $e_\mathrm{ss}=0.165$；

当 $K_\mathrm{p}=2$ 时，$y(\infty)=0.901$，稳态误差 $e_\mathrm{ss}=0.09$；

当 $K_\mathrm{p}=5$ 时，$y(\infty)=0.9621$，稳态误差 $e_\mathrm{ss}=0.038$。

从以上分析可知，当 K_p 加大时，系统的稳态误差将减小。一般情况下，比例系数是根据系统的静态速度误差系数 K_p 的要求来确定的。

$$
K_\mathrm{v} = \lim_{z\to1}(z-1)G(z)K_\mathrm{p}
\tag{6-37}
$$

PID 控制中，积分控制可用来消除系统的稳态误差，因为只要存在偏差，它的积分所产生的输出总是用来消除稳态误差的，直到偏差为零，积分作用才停止。

【例 6-2】　单输入单输出计算机控制系统如图 6-15 所示，试分析积分作用及参数的选择。

采用数字 PI 控制器，$D(z) = K_p + K_i \dfrac{1}{1-z^{-1}}$。

解 由例 6-1 可知，广义对象的 Z 传递函数为

$$G(z) = \frac{0.0453(z+0.904)}{(z-0.905)(z-0.819)}$$

系统的开环 Z 传递函数为

$$
\begin{aligned}
G_0(z) = D(z)G(z) &= \left(K_p + K_i \frac{1}{1-z^{-1}}\right) \frac{0.0453(z+0.904)}{(z-0.905)(z-0.819)} \\
&= \frac{(K_p + K_i)\left(z - \dfrac{K_p}{K_p + K_i}\right) \times 0.0453(z+0.904)}{(z-0.905)(z-0.819)(z-1)}
\end{aligned}
\tag{6-38}
$$

为了确定积分系数 K_i，可以使用积分控制增加的零点 $\left(z - \dfrac{K_p}{K_p + K_i}\right)$ 抵消极点 $(z - 0.905)$。

由此可得

$$\frac{K_p}{K_p + K_i} = 0.905 \tag{6-39}$$

假设放大倍数 K_p 已由静态速度误差系数确定，若选定 $K_p = 1$，则由式（6-39）可以确定 $K_i \approx 0.105$，数字调节器的 Z 传递函数为

$$
\begin{aligned}
G_c(z) = \frac{Y(z)}{R(z)} &= \frac{D(z)G(z)}{1 + D(z)G(z)} \\
&= \frac{0.05(z+0.904)}{(z-1)(z-0.819) + 0.05(z+0.904)}
\end{aligned}
\tag{6-40}
$$

系统在单位阶跃输入时，输出量的 Z 变换为

$$
\begin{aligned}
Y(z) &= G_c(z)R(z) \\
&= \frac{0.05(z+0.904)}{(z-1)(z-0.819) + 0.05(z+0.904)} \frac{z}{z-1}
\end{aligned}
\tag{6-41}
$$

由式（6-41）可以求出输出响应 $y(kT)$。

系统在单位阶跃输入时，输出量的稳态值为

$$
\begin{aligned}
y(\infty) &= \lim_{z \to 1}(z-1)Y(z) \\
&= \lim_{z \to 1} \frac{0.05z(z+0.904)}{(z-1)(z-0.819) + 0.05z(z+0.904)} = 1
\end{aligned}
$$

因此，系统的稳态误差 $e_{ss} = 0$，由此可见系统加积分校正以后，消除了稳态误差，提高了控制精度。

系统采用数字 PI 控制可以消除稳态误差。但是，由式（6-41）做出的输出响应曲线可以看到，系统的超调量达到 45%，而且调节时间也很长。为了改善动态性能还必须引入微分校正，即采用数字 PID 控制。

微分控制的作用实质上是跟偏差的变化速度有关，也就是微分的控制作用跟偏差的变化率有关系。微分控制能够预测偏差，产生超前的校正作用。因此，微分控制可以较好地改善

动态性能。

【例6-3】 单输入单输出计算机控制系统如图6-15所示。试分析微分作用及参数的选择。

采用数字 PID 控制器，$D(z) = K_p + \dfrac{K_i}{1 - z^{-1}} + K_d(1 - z^{-1})$。

解 广义对象的 Z 传递函数如同例6-1，即

$$G(z) = \frac{0.0453(z + 0.904)}{(z - 0.905)(z - 0.819)}$$

PID 数字控制器的 Z 传递函数为

$$D(z) = \frac{K_p(1 - z^{-1}) + K_i + K_d(1 - z^{-1})^2}{(1 - z^{-1})}$$

$$= \frac{(K_p + K_i + K_d)\left(z^2 - \dfrac{K_p + 2K_d}{K_p + K_i + K_d}z + \dfrac{K_d}{K_p + K_i + K_d}\right)}{z(z - 1)} \tag{6-42}$$

假设 $K_p = 1$，并要求 $D(z)$ 的两个零点抵消 $G(z)$ 的两个极点 $z = 0.905$ 和 $z = 0.819$，则

$$z^2 - \frac{K_p + 2K_d}{K_p + K_i + K_d}z + \frac{K_d}{K_p + K_i + K_d} = (z - 0.905)(z - 0.819) \tag{6-43}$$

由式（6-43）可得方程

$$\frac{K_p + 2K_d}{K_p + K_i + K_d} = 1.724 \tag{6-44}$$

$$\frac{K_d}{K_p + K_i + K_d} = 0.7412 \tag{6-45}$$

由 $K_p = 1$ 及式（6-44）、式（6-45）解得

$$K_i = 0.069, K_d = 3.062 \tag{6-46}$$

数字 PID 控制器的 Z 传递函数为

$$D(z) = \frac{4.131(z - 0.905)(z - 0.819)}{z(z - 1)} \tag{6-47}$$

系统的开环 Z 传递函数为

$$G_0(z) = D(z)G(z)$$

$$= \frac{4.131(z - 0.905)(z - 0.819) \times 0.0453(z + 0.904)}{z(z - 1)(z - 0.905)(z - 0.819)}$$

$$= \frac{0.187(z + 0.904)}{z(z - 1)}$$

系统的闭环 Z 传递函数为

$$G_c(z) = \frac{D(z)G(z)}{1 + D(z)G(z)} = \frac{0.187(z + 0.904)}{z(z - 1) + 0.187(z + 0.904)}$$

系统在单位阶跃输入时，输出量的 Z 变换为

$$Y(z) = G_c(z)R(z) = \frac{0.187(z + 0.904)}{z(z - 1) + 0.187(z + 0.904)} \frac{z}{z - 1} \tag{6-48}$$

由式（6-48），可以求出输出响应 $y(kT)$。

系统在单位阶跃输入时，输出量的稳态值为

$$y(\infty) = \lim_{z \to 1}(z-1)Y(z) = \lim_{z \to 1}\frac{0.187(z+0.904)z}{z(z-1)+0.187(z+0.904)} = 1$$

系统的稳态误差 $e_{ss} = 0$，所以系统在 PID 控制时，由于积分的控制作用，对于单位阶跃输入，稳态误差也为零。由于微分控制作用，系统的动态特性也得到很大改善，调节时间 t_s 缩短，超调量 σ_p 减小。

比例控制、比例积分控制和比例积分微分控制的系统输出响应过渡过程曲线如图 6-16 所示。从中可以分析和比较比例、积分、微分控制的作用与它们的控制效果。

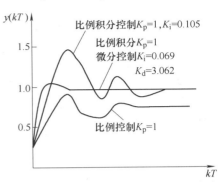

图 6-16　比例积分微分控制过渡过程曲线

【例 6-4】　设有一温度控制系统，温度测量范围是 $0 \sim 600℃$，温度控制指标为 $450℃ \pm 2℃$。

若 $K_p = 4$，K_p 是比例系数；$T_i = 1 \text{min}$，T_i 是积分时间；$T_d = 15s$，T_d 是微分时间，$T = 5s$，T 是采样周期。

当测量值 $y(kT) = 448$，$y(kT-T) = 449$，$y(kT-2T) = 452$ 时，计算 $\Delta u(kT)$，$\Delta u(kT)$ 为增量输出。若 $u(kT-T) = 1860$，计算 $u(kT)$，$u(kT)$ 是 k 次阀位输出。

解　$K_p = 4$

$$K_i = K_p \frac{T}{T_i} = 4 \times \frac{5}{1 \times 60} = \frac{1}{3}$$

$$K_d = K_p \frac{T_d}{T} = 4 \times \frac{15}{5} = 12$$

$$R = 450$$

$$e(kT) = R - y(kT) = 450 - 448 = 2$$

$$e(kT-T) = R - y(kT-T) = 450 - 449 = 1$$

$$e(kT-2T) = R - y(kT-2T) = 450 - 452 = -2$$

$$\Delta u(kT) = K_p[e(kT) - e(kT-T)] + K_i e(kT) + K_d[e(kT) - 2e(kT-T) + e(kT-2T)]$$

$$= 4 \times (2-1) + \frac{1}{3} \times 2 + 12 \times [2 - 2 \times 1 - (-2)]$$

$$= 4 + \frac{2}{3} - 24 \approx -19$$

$$u(kT) = u(kT-T) + \Delta u(kT) = 1860 + (-19) = 1841$$

2. PID 算法程序设计

PID 算法程序设计分位置式和增量式两种。

（1）位置式 PID 算法程序设计

第 k 次采样位置式 PID 的输出算式为

$$u(kT) = K_p e(kT) + K_i \sum_{j=0}^{k} e(jT) + K_d[e(kT) - e(kT-T)]$$

其中，设 $u_p(kT) = K_p e(kT)$

$$u_\mathrm{I}(kT) = K_\mathrm{i}\sum_{j=0}^{k}e(jT) = K_\mathrm{i}e(kT) + K_\mathrm{i}\sum_{j=0}^{k-1}e(jT)$$

$$= K_\mathrm{i}e(kT) + u_\mathrm{I}(kT - T)$$

$$u_\mathrm{D}(kT) = K_\mathrm{d}[e(kT) - e(kT - T)]$$

因此，u（kT）可写为

$$u(kT) = u_\mathrm{p}(kT) + u_\mathrm{I}(kT) + u_\mathrm{D}(kT)$$

即为离散化的位置式 PID 编程表达式。

① 程序流程图。位置式 PID 算法程序流程图如图 6-17 所示。

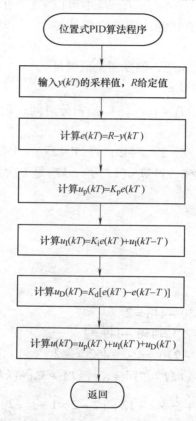

图 6-17　位置式 PID 算法程序流程图

② 程序设计。各参数和中间结果内存分配见表 6-1。

表 6-1　位置式 PID 算法内存分配

符 号 地 址	参　　　数	注　　释
SAMP	$y(kT)$	第 k 次采样值
SPR	R	给定值
COFKP	K_p	比例系数
COFKI	K_i	积分系数
COFKD	K_d	微分系数

184

符 号 地 址	参　　数	注　　释
EK	$e(kT)$	第 k 次测量偏差
EK1	$e(kT-T)$	第 $k-1$ 次测量偏差
UI1	$u_1(kT-T)$	第 $k-1$ 次积分项
UPK	$u_{\mathrm{p}}(kT)$	第 k 次比例项
UIK	$u_1(kT)$	第 k 次积分项
UDK	$u_{\mathrm{D}}(kT)$	第 k 次微分项
UK	$u(kT)$	第 k 次位置输出

程序清单从略。

（2）增量式 PID 算法程序设计

第 k 次采样增量式 PID 的输出算式为

$$\Delta u(kT) = K_{\mathrm{p}}\big[e(kT)-e(kT-T)\big] + K_{\mathrm{i}}e(kT) + K_{\mathrm{d}}\big[e(kT)-2e(kT-T)+e(kT-2T)\big]$$

其中，设 $u_{\mathrm{p}}(kT) = K_{\mathrm{p}}\big[e(kT)-e(kT-T)\big]$

$$u_1(kT) = K_{\mathrm{i}}e(kT)$$

$$u_{\mathrm{D}}(kT) = K_{\mathrm{d}}\big[e(kT)-2e(kT-T)+e(kT-2T)\big]$$

所以，$\Delta u(kT)$ 可写为

$$\Delta u(kT) = u_{\mathrm{p}}(kT) + u_1(kT) + u_{\mathrm{D}}(kT)$$

① 程序流程图。增量式 PID 算法程序流程图如图 6-18 所示。

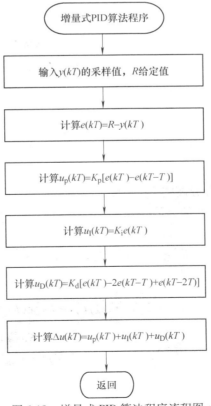

图 6-18　增量式 PID 算法程序流程图

② 程序设计。各参数和中间结果内存分配见表6-2。

表 6-2　增量式 PID 算法内存分配

符 号 地 址	参　　　数	注　　　释
SAMP	$y(kT)$	第 k 次采样值
SPR	R	给定值
COFKP	K_p	比例系数
COFKI	K_i	积分系数
COFKD	K_d	微分系数
EK	$e(kT)$	第 k 次测量偏差
EK1	$e(kT-T)$	第 $k-1$ 次测量偏差
EK2	$e(kT-2T)$	第 $k-2$ 次测量偏差
UPK	$u_P(kT)$	比例项
UIK	$u_I(kT)$	积分项
UDK	$u_D(kT)$	微分项
UK	$\Delta u(kT)$	第 k 次增量输出

关于程序清单从略。

6.3.2　PID 算式的改进

在计算机控制系统中，为了改善控制质量，可根据系统的不同要求，对 PID 控制进行改进，下面介绍几种数学 PID 的改进算法。如积分分离算法、不完全微分算法、微分先行算法、带死区的 PID 算法等。

1. 积分分离 PID 控制算法

系统中加入积分校正以后，会产生过大的超调量，这对某些生产过程是绝对不允许的，引进积分分离算法，既保持了积分的作用，又减小了超调量，使得控制性能有了较大的改善。

积分分离算法要设置积分分离阈 E_0。

当 $|e(kT)| \leqslant |E_0|$ 时，也即偏差值 $|e(kT)|$ 比较小时，采用 PID 控制，可保证系统的控制精度。

当 $|e(kT)| > |E_0|$ 时，也即偏差值 $|e(kT)|$ 比较大时，采用 PD 控制，可使超调量大幅度降低。积分分离 PID 算法可表示为

$$u(kT) = K_p e(kT) + K_l K_i \sum_{j=0}^{k} e(jT) + K_d [e(kT) - e(kT-T)] \qquad (6-49)$$

$$K_l = \begin{cases} 1, & |e(kT)| \leqslant |E_0| \\ 0, & |e(kT)| > |E_0| \end{cases} \qquad (6-50)$$

K_l 称为逻辑系数。

积分分离 PID 系统如图 6-19 所示。

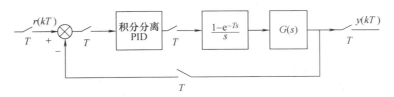

图 6-19 积分分离 PID 计算机控制系统

采用积分分离 PID 算法以后，控制效果如图 6-20 所示。由图可见，采用积分分离 PID 使得控制系统的性能有了较大的改善。

2. 不完全微分 PID 算法

众所周知，微分作用容易引进高频干扰，因此数字调节器中串接低通滤波器（一阶惯性环节）来抑制高频干扰，低通滤波器的传递函数为

$$G_f(s) = \frac{1}{1 + T_f s} \tag{6-51}$$

不完全微分 PID 控制如图 6-21 所示。

由图 6-21 可得

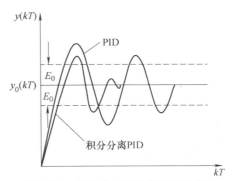

图 6-20 积分分离 PID 控制的效果

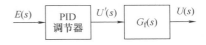

图 6-21 不完全微分 PID 控制

$$u'(t) = K_p \left[e(t) + \frac{1}{T_i} \int_0^t e(t)\,dt + T_d \frac{de(t)}{dt} \right]$$

$$T_f \frac{du(t)}{dt} + u(t) = u'(t)$$

所以

$$T_f \frac{du(t)}{dt} + u(t) = K_p \left[e(t) + \frac{1}{T_i} \int_0^t e(t)\,dt + T_d \frac{de(t)}{dt} \right] \tag{6-52}$$

对式（6-52）离散化，可得差分方程

$$u(kT) = au(kT - T) + (1 - a)u'(kT) \tag{6-53}$$

式中，$a = T_f / (T + T_f)$；$u'(kT) = K_p \left\{ e(kT) + \frac{T}{T_i} \sum_{j=0}^{k} e(jT) + \frac{T_d}{T}[e(kT) - e(kT - T)] \right\}$。

与普通 PID 一样，不完全微分 PID 也有增量式算法，即

$$\Delta u(kT) = a\Delta u(kT - T) + (1 - a)\Delta u'(kT) \tag{6-54}$$

式中，$a = \dfrac{T_f}{T + T_f}$；$\Delta u'(kT) = K_p \left\{ \Delta e(kT) + \frac{T}{T_i} e(kT) + \frac{T_d}{T}[\Delta e(kT) - \Delta e(kT - T)] \right\}$。

普通的数字 PID 调节器在单位阶跃输入时，微分作用只有在第一个周期里起作用，不能按照偏差变化的趋势在整个调节过程中起作用。另外，微分作用在第一个采样周期里作用很强，容易溢出。控制作用 $u(kT)$ 如图 6-22a 所示。

设数字微分调节器的输入为阶跃序列 $e(kT) = a$，$k = 0, 1, 2, \cdots$。

当使用完全微分算法时

$$U(s) = T_d s E(s)$$

187

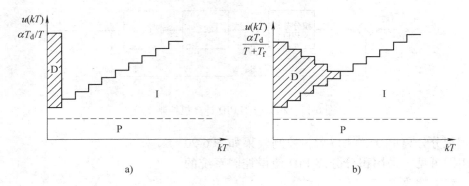

图 6-22　数字 PID 调节器的控制作用

a）普通数字 PID 控制　b）不完全微分数字 PID 控制

或

$$u(t) = T_d \frac{de(t)}{dt}$$

离散化，可得

$$u(kT) = \frac{T_d}{T}[e(kT) - e(kT - T)]\qquad(6\text{-}55)$$

由式 （6-55），可得

$$u(0) = \frac{T_d}{T}a$$

$$u(T) = u(2T) = \cdots = 0$$

可见普通数字 PID 中的微分作用，只有在第一个采样周期内起作用，通常 $T_d \gg T$，所以 $u(0) \gg a$。

不完全微分数字 PID 不但能抑制高频干扰，而且克服了普通数字 PID 控制的缺点，数字调节器输出的微分作用能在各个周期里按照偏差变化的趋势，均匀地输出，真正起到了微分作用，改善了系统的性能。不完全微分数字 PID 调节器在单位阶跃输入时，输出的控制作用如图 6-22b 所示。

对于数字微分调节器，当使用不完全微分算法时

$$U(s) = \frac{T_d s}{1 + T_f s} E(s)$$

或

$$u(t) + T_f \frac{du(t)}{dt} = T_d \frac{de(t)}{dt}$$

离散化，可得

$$u(kT) = \frac{T_f}{T + T_f} u(kT - T) + \frac{T_d}{T + T_f}[e(kT) - e(kT - T)]\qquad(6\text{-}56)$$

当 $k \geqslant 0$ 时，$e(kT) = a$，由式 （6-56） 可得

$$u(0) = \frac{T_d}{T + T_f}a$$

$$u(T) = \frac{T_f T_d}{(T + T_f)^2}a$$

$$u(2T) = \frac{T_f^2 T_d}{(T + T_f)^3}a$$

$$\vdots$$

显然，$u(kT) \neq 0$，$k = 1, 2, \cdots$，并且

$$u(0) = \frac{T_d}{T + T_f}a \ll \frac{T_d}{T}a$$

因此，在第一个采样周期里不完全微分数字调节器的输出比完全微分数字调节器的输出幅度小得多。而且调节器的输出十分近似于理想的微分调节器，所以不完全微分具有比较理想的调节性能。

尽管不完全微分 PID 较之普通 PID 的算法复杂，但是由于其良好的控制特性，因此使用越来越广泛，越来越受到广泛的重视。

3. 微分先行 PID 算法

微分先行是把微分运算放在比较器附近，它有两种结构，如图 6-23 所示。图 6-23a 是输出量微分，图 6-23b 是偏差微分。

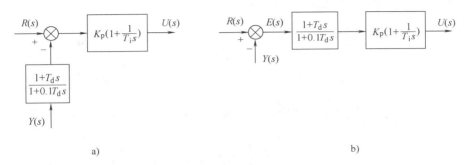

a)   b)

图 6-23　微分先行 PID 控制
a）输出量微分　b）偏差微分

输出量微分是只对输出量 $y(t)$ 进行微分，而对给定值 $r(t)$ 不进行微分，这种输出量微分控制适用于给定值频繁提降的场合，可以避免因提降给定值时所引起的超调量过大、阀门动作过分剧烈的振荡。

偏差微分是对偏差值微分，也就是对给定值 $r(t)$ 和输出量 $y(t)$ 都有微分作用，偏差微分适用于串级控制的副控回路，因为副控回路的给定值是由主控调节器给定的，也应该对其做微分处理。因此应该在副控回路中采用偏差微分 PID。

4. 带死区的 PID 控制

在要求控制作用少变动的场合，可采用带死区的 PID，带死区的 PID 实际上是非线性控制系统，当

$$|e(kT)| > |e_0| \text{时}, e'(kT) = e(kT) \tag{6-57}$$
$$|e(kT)| \leq |e_0| \text{时}, e'(kT) = 0$$

带死区的 PID 控制如图 6-24 所示。

对于带死区的 PID 数字调节器，当 $|e(kT)| \leq |e_0|$ 时，数字调节器的输出为零，即 $u(kT) = 0$。当 $|e(kT)| > |e_0|$ 时，数字调节器有 PID 输出。

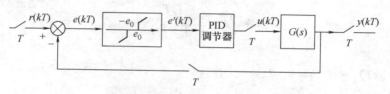

图 6-24　带死区的 PID 控制

6.4　PID 参数整定

数字 PID 算式参数整定主要是确定 K_p、K_i、K_d 和采样周期 T。对一个结构和控制算式的形式已定的控制系统，控制质量的好坏主要取决于选择的参数是否合理。由于计算机控制系统的采样周期 T 很短，数字 PID 算式与模拟 PID 算式十分相似。因此，其整定方法采用扩充临界比例度法。

6.4.1　PID 参数对控制性能的影响

在连续控制系统中使用最普遍的控制规律是 PID，即调节器的输出 $u(t)$ 与输入 $e(t)$ 之间成比例、积分、微分的关系。

$$u(t) = K_p\Big[e(t) + \frac{1}{T_i}\int_0^t e(t)\,\mathrm{d}t + T_d\frac{\mathrm{d}e(t)}{\mathrm{d}t}\Big] \tag{6-58}$$

同样，在计算机控制系统中，使用比较普遍的也是 PID 控制规律。此时，数字调节器的输出与输入之间的关系是

$$u(kT) = K_p\Big\{e(kT) + \frac{T}{T_i}\sum_{j=0}^{k}(jT) + \frac{T_d}{T}\big[e(kT) - e(kT - T)\big]\Big\} \tag{6-59}$$

下面以 PID 控制为例，讨论控制参数，即比例系数 K_p、积分时间常数 T_i 和微分时间常数 T_d 对系统性能的影响，负反馈控制系统框图如图 6-25 所示。

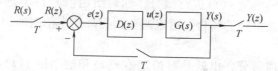

图 6-25　负反馈控制系统框图

1. 比例控制 K_p 对控制性能的影响

（1）对动态特性的影响

比例控制 K_p 加大，使系统的动作灵敏速度加快，K_p 偏大，振荡次数增多，调节时间加长。当 K_p 太大时，系统会趋于不稳定。若 K_p 太小，又会使系统的动作缓慢。

（2）对稳态特性的影响

加大比例控制 K_p，在系统稳定的情况下，可以减小稳态误差 e_{ss}，提高控制精度，但是加大 K_p 只是减小 e_{ss}，却不能完全消除稳态误差。

2. 积分控制 T_i 对控制性能的影响

积分控制通常与比例控制或微分控制联合作用，构成 PI 控制或 PID 控制。

（1）对动态特性的影响

积分控制 T_i 通常使系统的稳定性下降。T_i 太小系统将不稳定。T_i 偏小，振荡次数较多。T_i 太大，对系统性能的影响减小。当 T_i 合适时，过渡特性比较理想。

（2）对稳态特性的影响

积分控制 T_i 能消除系统的稳态误差，提高控制系统的控制精度。但是若 T_i 太大，积分作用太弱，以至不能减小稳态误差。

3. 微分控制 T_d 对控制性能的影响

微分控制经常与比例控制或积分控制联合作用，构成 PD 控制或 PID 控制。

微分控制可以改善动态特性，如超调量 σ_p 减小，调节时间 t_s 缩短，允许加大比例控制，使稳态误差减小，提高控制精度。

当 T_d 偏大时，超调量 σ_p 较大，调节时间 t_s 较长。

当 T_d 偏小时，超调量 σ_p 也较大，调节时间 t_s 也较长。只有合适时，可以得到比较满意的过渡过程。

4. 控制规律的选择

PID 调节器长期以来应用十分普遍，为广大工程技术人员所接受和熟悉。究其原因：可以发现对于特性为 $Ke^{-\tau s}/(1+T_m s)$ 和 $Ke^{-\tau s}/[(1+T_1 s)(1+T_2 s)]$ 的控制对象，PID 控制是一种最优的控制算法；PID 控制参数 K_p、T_i、T_d 相互独立，参数整定比较方便；PID 算法比较简单，计算工作量比较小，容易实现多回路控制。使用中根据对象特性、负荷情况，合理选择控制规律是至关重要的。

根据分析可以得出如下几点结论：

1）对于一阶惯性的对象，负荷变化不大，工艺要求不高，可采用比例（P）控制。例如，用于压力、液位、串级副控回路等。

2）对于一阶惯性与纯滞后环节串联的对象，负荷变化不大，要求控制精度较高，可采用比例积分（PI）控制。例如，用于压力、流量、液位的控制。

3）对于纯滞后时间 τ 较大，负荷变化也较大，控制性能要求高的场合，可采用比例积分微分（PID）控制。例如，用于过热蒸汽温度控制，pH 值控制。

4）当对象为高阶（二阶以上）惯性环节又有纯滞后特性，负荷变化较大，控制性能要求也高时，应采用串级控制、前馈-反馈、前馈-串级或纯滞后补偿控制。例如，用于原料气出口温度的串级控制。

6.4.2 采样周期 T 的选取

采样周期的选择应视具体对象而定，反应快的控制回路要求选用较短的采样周期，而反应缓慢的回路可以选用较长的 T。实际选用时，应注意下面几点：

1）采样周期应比对象的时间常数小得多，否则采样信息无法反映瞬变过程。

采样频率应远大于信号变化频率。按香农（Shannon）采样定理，为了不失真地复现信号的变化，采样频率至少应为有用信号最高频率的 2 倍，实际常选用 4～10 倍。

2）采样周期的选择应注意系统主要干扰的频谱，特别是工业电网的干扰。一般希望它们有整倍数的关系，'这对抑制在测量中出现的干扰和进行计算机数字滤波大为有益。

3）当系统纯滞后占主导地位时，采样周期应按纯滞后大小选取，并尽可能使纯滞后时间接近或等于采样周期的整倍数。

实际上，用理论计算来确定采样周期存在一定的困难。如信号最高频率、噪声干扰源频率都不易确定。因此，一般按表6-3的经验数据进行选用，然后在运行试验时进行修正。

一个计算机控制系统往往含有多个不同类别的回路，采样周期一般应按采样周期最小的回路来选取。如有困难时，可采用对某些要求周期特别小的回路多采样几次的方法，来缩短采样间隔。

表6-3 常见对象选择采样周期的经验数据

控制回路类别	采样周期/s	备　　注
流量	1 ~ 5	优先选用 1 ~ 2s
压力	3 ~ 10	优先选用 6 ~ 8s
液位	6 ~ 8	优先选用 7s
温度	15 ~ 20	取纯滞后时间常数
成分	15 ~ 20	优先选用 18s

6.4.3 扩充临界比例度法

扩充临界比例度法是整定模拟调节器参数的临界比例度法的扩充，其步骤如下：

1）根据对象反应的快慢，结合表6-3选用足够短的采样周期 T。

2）用选定的 T，求出临界比例系数 K_k 及临界振荡周期 T_k。具体办法是使计算机控制系统只采用纯比例调节，逐渐增大比例系数，直至出现临界振荡，这时的 K_p 和振荡周期就是 K_k 和 T_k。

3）选定控制度。控制度是以模拟调节器为基准，将计算机控制效果和模拟调节器的控制效果相比较。控制效果的评价函数 Q 采用误差的二次方面积表示，即

$$Q = \frac{\left[\left(\int_0^\infty e^2 \mathrm{d}t \right)_{\min} \right]_{\mathrm{DDC}}}{\left[\left(\int_0^\infty e^2 \mathrm{d}t \right)_{\min} \right]_{\text{模拟调节器}}} \tag{6-60}$$

4）根据选用的控制度按表6-4求取 T、K_p、T_i、T_d 的值。表6-4为按扩充临界比例度法整定的值。

表6-4 扩充临界比例度法整定的参数值

Q	控制算式	T/T_k	K_p/K_k	T_i/T_k	T_d/T_k
1.05	PI	0.03	0.55	0.88	—
	PID	0.014	0.63	0.49	0.14
1.20	PI	0.05	0.49	0.91	—
	PID	0.043	0.47	0.47	0.16
1.50	PI	0.14	0.42	0.99	—
	PID	0.09	0.34	0.43	0.20
2.00	PI	0.22	0.36	1.05	—
	PID	0.16	0.27	0.40	0.22
模拟调节器	PI	—	0.57	0.85	—
	PID	—	0.70	0.50	0.13
简化的扩充临界	PI	—	0.45	0.83	—
比例度法	PID	—	0.60	0.50	0.125

5）按计算参数进行在线运行，观察结果。如果性能欠佳，可适当加大 Q 值，重新求取各个参数，继续观察控制效果，直至满意为止。

RobertsP. D. 在 1974 年提出简化扩充临界比例度整定法。

设 PID 的增量算式为

$$
\begin{aligned}
\Delta u(kT) &= K_p \left\{ \left[e(kT) - e(kT - T) \right] + \frac{T}{T_i} \left[e(kT) \right] \right. \\
&\quad \left. + \frac{T_d}{T} \left[e(kT) - 2e(kT - T) + e(kT - 2T) \right] \right\} \\
&= K_p \left[\left(1 + \frac{T}{T_i} + \frac{T_d}{T} \right) e(kT) - \left(1 + 2\frac{T_d}{T} \right) e(kT - T) + \frac{T_d}{T} e(kT - 2T) \right] \\
&= K_p \left[d_0 e(kT) + d_1 e(kT - T) + d_2 e(kT - 2T) \right]
\end{aligned}
\tag{6-61}
$$

式中，T 为采样周期；T_i 为积分时间常数；T_d 为微分时间常数。

$$
\left.
\begin{aligned}
d_0 &= 1 + \frac{T}{T_i} + \frac{T_d}{T} \\
d_1 &= - \left(1 + 2\frac{T_d}{T} \right) \\
d_2 &= \frac{T_d}{T}
\end{aligned}
\right\}
\tag{6-62}
$$

对式（6-61）做 Z 变换，可得数字 PID 调节器的 Z 传递函数为

$$
D(z) = \frac{U(z)}{E(z)} = \frac{K_p(d_0 + d_1 z^{-1} + d_2 z^{-2})}{1 - z^{-1}}
\tag{6-63}
$$

式中，$U(z)$ 和 $E(z)$ 分别为数字调节器输出量输入量的 Z 变换。

前面介绍的数字 PID 调节器参数的整定，就是要确定 T、K_p、T_i 和 T_d 四个参数，为了减少在线整定参数的数目，根据大量实际经验的总结，人为假设约束的条件，以减少独立变量的个数。例如取

$$
\left.
\begin{aligned}
T &\approx 0.1 T_K \\
T_i &\approx 0.5 T_K \\
T_d &\approx 0.125 T_K
\end{aligned}
\right\}
\tag{6-64}
$$

式中，T_K 是纯比例控制时的临界振荡周期。

将式（6-64）代入式（6-62）、式（6-63）可得到数字调节器的 Z 传递函数为

$$
D(z) = \frac{K_p(2.45 - 3.5 z^{-1} + 1.25 z^{-2})}{1 - z^{-1}}
\tag{6-65}
$$

相应的差分方程为

$$
\Delta u(kT) = K_p \left[2.45 e(kT) - 3.5 e(kT - T) + 1.25 e(kT - 2T) \right]
\tag{6-66}
$$

由式（6-66）可看出，对四个参数的整定简化成了对一个参数 K_p 的整定，使问题明显地简化了。

应用约束条件减少整定参数数目的归一参数整定法是有发展前途的，因为它不仅对数字 PID 调节器的整定有意义，而且对实现 PID 自整定系统也将带来许多方便。

6.5 串级控制

串级控制技术是改善调节品质的有效方法之一，它是在单回路 PID 控制的基础上发展起来的一种控制技术，并且得到了广泛应用。在串级控制中，有主回路、副回路之分。一般主回路只有一个，而副回路可以是一个或多个。主回路的输出作为副回路的设定值修正的依据，副回路的输出作为真正的控制量作用于被控对象。

图 6-26 是一个炉温串级控制系统，目的是使炉温保持稳定。如果煤气管道中的压力是恒定的，为了保持炉温恒定，只需测量出料实际温度，并使其与温度设定值比较，利用二者的偏差控制煤气管道上的阀门。当煤气总管压力恒定时，阀位与煤气流量保持一定的比例关系，一定的阀位，对应一定的流量，也就是对应一定的炉子温度，在进出料数量保持稳定时，不需要串级控制。

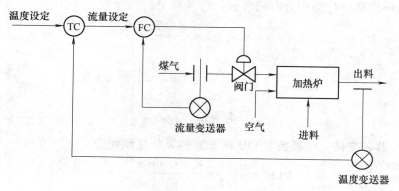

图 6-26　炉温控制系统

但实际的煤气总管同时向许多炉子供应煤气，煤气压力不可能恒定，此时煤气管道阀门位置并不能保证一定的流量。在单回路调节时，煤气压力的变化引起流量的变化，且随之引起炉温的变化，只有在炉温发生偏离后才会引起调整，因此，时间滞后很大。由于时间滞后，上述系统仅靠一个主控回路不能获得满意的控制效果，而通过主、副回路的配合将会获得较好的控制质量。为了及时检测系统中可能引起被控量变化的某些因素并加以控制，在该炉温控制系统的主回路中，增加煤气流量控制副回路，构成串级控制结构，如图 6-27 所示。图中主控制器 $D_1(s)$ 和副控制器 $D_2(s)$ 分别表示温度调节器 TC 和流量调节器 FC 的传递函数。

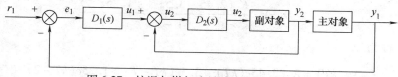

图 6-27　炉温与煤气流量的串级控制结构图

6.5.1　串级控制算法

根据图 6-27，$D_1(s)$ 和 $D_2(s)$ 若由计算机来实现，则计算机串级控制系统如图 6-28 所

194

示，图中的 $D_1(z)$ 和 $D_2(z)$ 是由计算机实现的数字控制器，$H(s)$ 是零阶保持器，T 为采样周期，$D_1(z)$ 和 $D_2(z)$ 通常是 PID 控制规律。

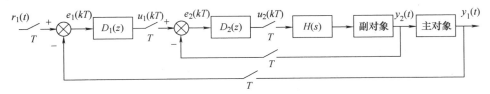

图 6-28　计算机串级控制系统

不管串级控制有多少级，计算的顺序总是从最外面的回路向内进行。对图 6-28 所示的双回路串级控制系统，其计算步骤如下：

1）计算主回路的偏差 $e_1(kT)$。

$$e_1(kT) = r_1(kT) - y_1(kT) \tag{6-67}$$

2）计算主回路控制器 $D_1(z)$ 的输出 $u_1(kT)$。

$$u_1(kT) = u_1(kT-T) + \Delta u(kT) \tag{6-68}$$

$$\Delta u(kT) = K_{p1}\left[e_1(kT) - e_1(kT-T)\right] + K_{i1}e_1(kT) + K_{d1}\left[e_1(kT) - 2e_1(kT-T) + e_1(kT-2T)\right] \tag{6-69}$$

式中，K_{p1} 为比例增益；$K_{i1} = K_{p1}\dfrac{T}{T_{i1}}$，为积分系数；$K_{d1} = K_{p1}\dfrac{T_{d1}}{T}$，为微分系数。

3）计算副回路的偏差 $e_2(kT)$。

$$e_2(kT) = u_1(kT) - y_2(kT) \tag{6-70}$$

4）计算副回路控制器 $D_2(z)$ 的输出 $u_2(kT)$。

$$\Delta u_2(kT) = K_{p2}\left[e_2(kT) - e_2(kT-T)\right] + K_{i2}e_2(kT) + K_{d2}\left[e_2(kT) - 2e_2(kT-T) + e_2(kT-2T)\right] \tag{6-71}$$

式中，K_{p2} 为比例增益；$K_{i2} = K_{p2}\dfrac{T}{T_{i2}}$，为积分系数；$K_{d2} = K_{p2}\dfrac{T_{d2}}{T}$，为微分系数。

且

$$u_2(kT) = u_2(kT-T) + \Delta u_2(kT) \tag{6-72}$$

6.5.2　副回路微分先行串级控制算法

为了防止主控制器输出（也就是副控制器的给定值）过大而引起副回路的不稳定，同时，也为了克服副对象惯性较大而引起调节品质的恶化，在副回路的反馈通道中加入微分控制，称为副回路微分先行，系统的结构如图 6-29 所示。

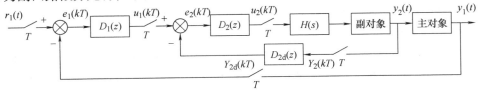

图 6-29　副回路微分先行的串级控制系统

微分先行部分的传递函数为

$$D_{2d}(s) = \frac{Y_{2d}(s)}{Y_2(s)} = \frac{T_2 s + 1}{\alpha T_2 s + 1} \qquad (6\text{-}73)$$

式中，α 为微分放大系数。

式（6-73）相应的微分方程为

$$\alpha T_2 \frac{dy_{2d}(t)}{dt} + y_{2d}(t) = T_2 \frac{dy_2(t)}{dt} + y_2(t) \qquad (6\text{-}74)$$

写成差分方程为

$$\alpha T_2 [y_{2d}(kT) - y_{2d}(kT - T)] + Ty_{2d}(kT) = T_2 [y_2(kT) - y_2(kT - T)] + Ty_2(kT) \qquad (6\text{-}75)$$

整理得

$$y_{2d}(kT) = \frac{\alpha T_2}{\alpha T_2 + T} y_{2d}(kT - T) + \frac{T_2 + T}{\alpha T_2 + T} y_2(kT) - \frac{T_2}{\alpha T_2 + T} y_2(kT - T) \qquad (6\text{-}76)$$

$$= \phi_1 y_{2d}(kT - T) + \phi_2 y_2(kT) - \phi_3 y_2(kT - T)$$

式中，$\phi_1 = \dfrac{\alpha T_2}{\alpha T_2 + T}$; $\phi_2 = \dfrac{T_2 + T}{\alpha T_2 + T}$; $\phi_3 = \dfrac{T_2}{\alpha T_2 + T}$。

系数 ϕ_1、ϕ_2、ϕ_3 可先离线计算，并存入内存指定单元，以备控制计算时调用。下面给出副回路微分先行的步骤（主控制器采用 PID，副控制器采用 PI）：

1）计算主回路的偏差 $e_1(kT)$。

$$e_1(kT) = r_1(kT) - y_1(kT) \qquad (6\text{-}77)$$

2）计算主控制器的输出 $u_1(kT)$。

$$u_1(kT) = u_1(kT - T) + \Delta u_1(kT) \qquad (6\text{-}78)$$

$$\Delta u_1(kT) = K_{p1}[e_1(kT) - e_1(kT - T)] + K_{i1} e_1(kT) +$$
$$K_{d1}[e_1(kT) - 2e_1(kT - T) + e_1(kT - 2T)] \qquad (6\text{-}79)$$

3）计算微分先行部分的输出 $y_{2d}(kT)$。

$$y_{2d}(kT) = \phi_1 y_{2d}(kT - T) + \phi_2 y_2(kT) - \phi_3 y_2(kT - T) \qquad (6\text{-}80)$$

4）计算副回路的偏差 $e_2(kT)$。

$$e_2(kT) = u_1(kT) - y_{2d}(kT) \qquad (6\text{-}81)$$

5）计算副控制器的输出 $u_2(kT)$。

$$u_2(kT) = u_2(kT - T) + \Delta u_2(kT) \qquad (6\text{-}82)$$

$$\Delta u_2(kT) = K_{p2}[e_2(kT) - e_2(kT - T)] + K_{i2} e_2(kT) \qquad (6\text{-}83)$$

串级控制系统中，副回路给系统带来了一系列的优点：串级控制较单回路控制系统有更强的抑制扰动的能力，通常副回路抑制扰动的能力比单回路控制高出十几倍乃至上百倍，因此设计串级控制系统时应遵循如下的原则：

1）系统中主要的扰动应该包含在副控回路中。把主要扰动包含在副控回路，通过副控回路的调节作用，可以在扰动影响到主控被调参数之前，大大削弱扰动的影响。

2）副控回路应该尽量包含积分环节。积分环节的相角滞后是 $-90°$，当副控回路包含积分环节时，相角滞后将可以减少，有利于改善调节系统的品质。

3）用一个可以测量的中间变量作为副控被调参数。

4）主控回路的采样周期 $T_\text{主}$ 与副控回路的采样周期 $T_\text{副}$ 不相等时，应该选择 $T_\text{主} \geqslant 3T_\text{副}$ 或 $3T_\text{主} \leqslant T_\text{副}$，即 $T_\text{主}$ 和 $T_\text{副}$ 之间相差 3 倍以上，以避免主控回路和副控回路之间发生相互干扰和共振。

6.6 前馈-反馈控制

反馈控制是按偏差进行控制的。也就是说，在干扰的作用下，被控量先偏离设定值，然后按偏差产生控制作用去抵消干扰的影响。如果干扰不断施加，则系统总是跟在干扰作用后面波动。特别是系统存在严重滞后时，波动会更加厉害。前馈控制是按扰动量进行补偿的开环控制，即当影响系统的扰动出现时，按照扰动量的大小直接产生校正作用，以抵消扰动的影响。如果控制算法和参数选择恰当，可以达到很高的控制精度。

6.6.1 前馈控制的结构

前馈控制结构如图 6-30 所示。

在图 6-30 中，$G_\text{n}(s)$ 是被控对象扰动通道的传递函数，$D_\text{n}(s)$ 是前馈控制器的传递函数，$G(s)$ 是被控对象控制通道的传递函数，n、u 和 y 分别是扰动量、控制量和被控量。

为了便于分析扰动量的影响，假定 $u_1 = 0$，则有

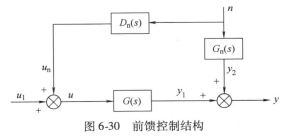

图 6-30　前馈控制结构

$$Y(s) = Y_1(s) + Y_2(s) = [D_\text{n}(s)G(s) + G_\text{n}(s)]N(s) \qquad (6\text{-}84)$$

若要使前馈作用完全补偿扰动作用，则应使扰动引起的被控量变化为零，即 $Y(s) = 0$，因此完全补偿的条件为

$$D_\text{n}(s)G(s) + G_\text{n}(s) = 0 \qquad (6\text{-}85)$$

由此可得前馈控制器的传递函数为

$$D_\text{n}(s) = -\frac{G_\text{n}(s)}{G(s)} \qquad (6\text{-}86)$$

在实际生产过程控制中，因为前馈控制是一个开环系统，因此，很少只采用前馈控制的方案，常常采用前馈-反馈控制相结合的方案。

6.6.2 前馈-反馈控制的结构

前馈控制虽然具有很多的优点，但它也有不足之处。首先表现在前馈控制中不存在被控量的反馈，即对于补偿的结果没有检验的手段。因而，当前馈控制作用没有最后消除偏差时，系统无法得知这一信息而进行校正。另外，前馈控制是针对具体的扰动进行补偿的。在实际工作对象中，扰动因素往往很多，有些甚至是无法测量的。人们不可能根据所有扰动加以补偿，最多也只能就两个以内的主要扰动进行前馈控制，这样就不能补偿其他扰动引起的被控量变化。再者，前馈控制模型的精度也受到多种因素的限制，对象特性要受负荷和工况

等因素的影响而产生漂移，因此一个事先固定的模型难以获得良好的控制质量。

为了克服前馈控制的这些局限性，可以将前馈控制与反馈控制结合起来，采用前馈-反馈控制技术。这样，既发挥了前馈控制作用及时的优点，又保持了反馈控制能克服多个扰动和具有对被控量实行反馈检验的长处。

前馈-反馈控制结构如图 6-31 所示。

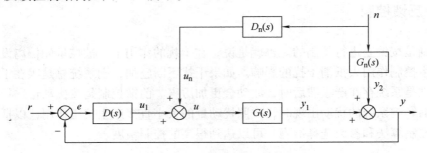

图 6-31　前馈-反馈控制结构

由图 6-31 可知，前馈-反馈控制结构是在反馈控制的基础上，增加了一个扰动的前馈控制。由于完全补偿的条件未变，因此仍有

$$D_n(s) = -\frac{G_n(s)}{G(s)}$$

在实际应用中，还经常采用前馈-串级控制结构，如图 6-32 所示。

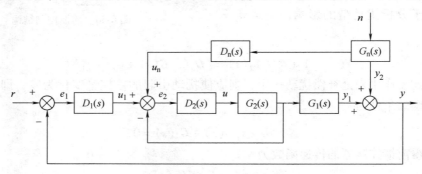

图 6-32　前馈-串级控制结构

在图 6-32 中，$D_1(s)$、$D_2(s)$ 分别为主、副控制器的传递函数；$G_1(s)$、$G_2(s)$ 分别为主、副对象。

前馈-串级控制能及时克服进入前馈回路和串级副回路的干扰对被控量的影响，因前馈控制的输出不是直接作用于执行机构，而是补充到串级控制副回路的给定值中，这样就降低了对执行机构动态响应性能的要求，这也是前馈-反馈控制结构广泛被采用的原因。

6.6.3　数字前馈-反馈控制算法

以前馈-反馈控制系统为例，介绍计算机前馈控制系统的算法步骤和算法流程图。图 6-33 是计算机前馈-反馈控制系统框图。

在图 6-33 中，T 为采样周期；$D_n(z)$ 为前馈控制器；$D(z)$ 为反馈控制器；$H(s)$ 为零阶保

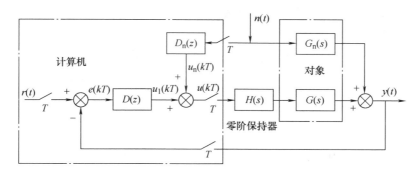

图 6-33　计算机前馈-反馈控制系统框图

持器。

$D_n(z)$、$D(z)$ 是由数字计算机实现的。

若

$$G_n(s) = \frac{K_1}{1 + T_1 s} e^{-\tau_1 s} \qquad G(s) = \frac{K_2}{1 + T_2 s} e^{-\tau_2 s}$$

令　$\tau = \tau_1 - \tau_2$，则

$$D_n(s) = \frac{U_n(s)}{N(s)} = K_f \frac{s + \dfrac{1}{T_2}}{s + \dfrac{1}{T_1}} e^{-\tau s} \qquad (6\text{-}87)$$

式中，$K_f = -\dfrac{K_1 T_2}{K_2 T_1}$。

由式（6-87）可得前馈调节器的微分方程为

$$\frac{\mathrm{d}u_n(t)}{\mathrm{d}t} + \frac{1}{T_1} u_n(t) = K_f \left[\frac{\mathrm{d}n(t - \tau)}{\mathrm{d}t} + \frac{1}{T_2} n(t - \tau) \right] \qquad (6\text{-}88)$$

假如选择采样频率 f_s 足够高，也即采样周期 $T = \dfrac{1}{f_s}$ 足够短，可对微分方程进行离散化，得到差分方程。

设纯滞后时间 τ 是采样周期 T 的整数倍，即 $\tau = lT$，离散化时，令

$u_n(t) \approx u_n(kT)$；

$n(t - \tau) \approx n(kT - lT)$；

$\mathrm{d}t \approx T$；

$\dfrac{\mathrm{d}u_n(t)}{\mathrm{d}t} \approx \dfrac{u_n(kT) - u_n(kT - T)}{T}$；

$\dfrac{\mathrm{d}n(t - \tau)}{\mathrm{d}t} \approx \dfrac{n(kT - lT) - n(kT - lT - T)}{T}$。

由式（6-87）和式（6-88）可得到差分方程：

$$u_n(kT) = A_1 u_n(kT - T) + B_l n(kT - lT) + B_{l+1} n(kT - lT - T) \qquad (6\text{-}89)$$

式中，$A_1 = \dfrac{T_1}{T + T_1}$；$B_l = K_f \dfrac{T_1}{T_2} \dfrac{(T + T_2)}{(T + T_1)}$；$B_{l+1} = -K_f \dfrac{T_1}{T + T_1}$。

根据差分方程式（6-89），便可编制出相应的软件，由计算机实现前馈调节器。

下面给出计算机前馈-反馈控制算法的步骤：

1）计算反馈控制的偏差 $e(kT)$。

$$e(kT) = r(kT) - y(kT) \qquad (6-90)$$

2）计算反馈控制器（PID）的输出 $u_1(kT)$。

$$\Delta u_1(kT) = K_p \Delta e(kT) + K_i e(kT) + K_d [\Delta e(kT) - \Delta e(kT - T)] \qquad (6-91)$$

$$u_1(kT) = u_1(kT - T) + \Delta u_1(kT) \qquad (6-92)$$

3）计算前馈调节器 $D_n(s)$ 的输出 $u_n(kT)$。

$$\Delta u_n(kT) = A_1 \Delta u_n(kT - T) + B_l \Delta n(kT - lT) + B_{l+1} \Delta n(kT - lT - T) \qquad (6-93)$$

$$u_n(kT) = u_n(kT - T) + \Delta u_n(kT) \qquad (6-94)$$

4）计算前馈-反馈调节器的输出 $u(kT)$。

$$u(kT) = u_n(kT) + u_1(kT) \qquad (6-95)$$

6.7 数字控制器的直接设计方法

前面所讨论的准连续数字 PID 控制算法，是以连续时间系统的控制理论为基础的，并在计算机上数字模拟实现的，因此称为模拟化设计方法。对于采样周期远小于被控对象时间常数的生产过程，把离散时间系统近似为连续时间系统，采用模拟调节器数字化的方法来设计系统，可达到满意的控制效果。但是当采样周期并不是远小于对象的时间常数或对控制的质量要求比较高时，如果仍然把离散时间系统近似为连续时间系统，必然与实际情况产生很大差异，据此设计的控制系统就不能达到预期的效果，甚至可能完全不适用。在这种情况下应根据采样控制理论直接设计数字控制器，这种方法称为直接数字设计。直接数字设计比模拟化设计具有更一般的意义，它完全根据采样系统的特点进行分析与综合，并导出相应的控制规律。本节主要介绍在计算机中易于实现的数字控制器的直接设计方法，所用数学工具为 Z 变换及 Z 传递函数。

6.7.1 基本概念

为了说明问题，将连续控制系统和计算机（离散）控制系统进行比较，如图 6-34 和图 6-35 所示。

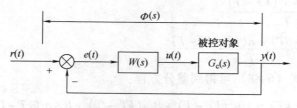

图 6-34 连续控制系统框图

图 6-34 中，$G_c(s)$ 是被控对象的传递函数，$W(s)$ 是连续控制系统的串联校正元件，其作用是改变零极点配置，实现所需的连续控制规律 $u(t)$。图 6-35 中，$D(z)$ 为数字控制器

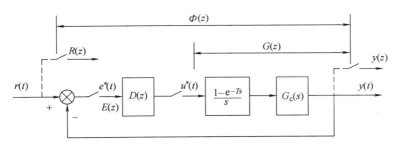

图 6-35　计算机（离散）控制系统框图

的脉冲传递函数，它对应于图 6-34 中的串联校正元件，实现所需要的采样控制规律 $u^*(t)$。为了将 $u^*(t)$ 转变为连续信号作用于被控对象，保持器的作用必须考虑进去。较常用的保持器为零阶保持器，其传递函数为 $(1 - e^{-Ts})/s$。由于 $D(z)$ 可以实现除 PID 以外更复杂的控制规律，因此能较大幅度地提高控制系统的性能。

在图 6-35 中，系统的闭环脉冲传递函数为

$$\Phi(z) = \frac{D(z)G(z)}{1 + D(z)G(z)} \tag{6-96}$$

式中，$\Phi(z)$ 为闭环脉冲传递函数；$D(z)$ 为数字控制器的脉冲传递函数；$G(z) = Z\left[\dfrac{1 - e^{-Ts}}{s}G_c(s)\right]$ 称为广义对象的脉冲传递函数；$G_c(z)$ 为被控对象的传递函数。

由式（6-96）可得

$$D(z) = \frac{1}{G(z)}\frac{\Phi(z)}{1 - \Phi(z)} \tag{6-97}$$

若已知 $G(z)$，并根据性能指标要求定出 $\Phi(z)$，则数字控制器 $D(z)$ 就可唯一确定。设计数字控制器的步骤如下：

1）依控制系统的性能指标要求和其他约束条件，确定所需的闭环脉冲传递函数 $\Phi(z)$。

2）根据式（6-97），确定计算机的脉冲传递函数 $D(z)$。

3）根据 $D(z)$，编制控制算法的程序。

这种设计方法称为直接设计方法。显然，设计过程中的第一个步骤是最关键的。下面结合快速系统说明这种方法的设计过程。

6.7.2　最少拍无差系统的设计

在数字随动控制系统中，要求系统的输出值尽快地跟踪给定值的变化，最少拍控制就是为满足这一要求的一种离散化设计方法。所谓最少拍控制，就是要求闭环系统对于某种特定的输入在最少个采样周期内达到无静差的稳态，且闭环脉冲数传递函数的形式为

$$\Phi(z) = \Phi_1 z^{-1} + \Phi_2 z^{-2} + \cdots + \Phi_N z^{-N} \tag{6-98}$$

式中，N 是可能情况下的最小正整数。

这一形式表明，闭环系统的脉冲响应在 N 个采样周期后变为零，从而意味着系统在 N 拍之内达到稳定。

我们来研究图 6-35 所示的计算机控制系统，偏差 $E(z)$ 的脉冲传递函数为

$$\Phi_e(z) = \frac{E(z)}{R(z)} = \frac{R(z) - Y(z)}{R(z)} = 1 - \Phi(z) \tag{6-99}$$

式中，$E(z)$为数字控制器输入信号的Z变换；$R(z)$为给定输入函数的Z变换。

于是偏差$E(z)$为

$$E(z) = \Phi_e(z)R(z) = [1 - \Phi(z)]R(z) \tag{6-100}$$

根据Z变换的终值定理，系统的稳态偏差为

$$e(\infty) = \lim_{z \to 1}(1 - z^{-1})E(z) = \lim_{z \to 1}(1 - z^{-1})\Phi_e(z)R(z) \tag{6-101}$$

对于以时间t为幂函数的典型输入函数

$$r(t) = A_0 + A_1 t + \frac{A_2}{2!}t^2 + \cdots + \frac{A_{q-1}}{(q-1)!}t^{q-1} \tag{6-102}$$

查Z变换表可知，它的Z变换为

$$R(z) = \frac{B(z)}{(1 - z^{-1})^q} \tag{6-103}$$

式中，$B(z)$是不包含$(1 - z^{-1})$因子的关于z^{-1}的多项式。对于阶跃、等速、等加速输入函数，q分别等于1、2、3。

由式（6-101）和式（6-99）知，要使稳态偏差$e(\infty)$为零，则要求$\Phi_e(z)$中至少应包含$(1 - z^{-1})^q$的因子，即

$$\Phi_e(z) = 1 - \Phi(z) = (1 - z^{-1})^p F(z) \tag{6-104}$$

式中$p \geqslant q$，q是典型输入函数$R(z)$分母$(1 - z^{-1})$因子的阶次，$F(z)$是待定的关于z^{-1}的多项式，偏差$E(z)$的Z变换展开式为

$$E(z) = \sum_{n=0}^{\infty} e(nT)z^{-n} = e(0) + e(T)z^{-1} + e(2T)z^{-2} + \cdots \tag{6-105}$$

要使偏差尽快地为零，应使式（6-105）中关于z^{-1}的多项式项数为最少，因此式（6-104）中的p应选择为

$$p = q$$

综上所述，从准确性的要求来看，为使系统对式（6-102）或式（6-103）的典型输入函数无稳态偏差，$\Phi_e(z)$应满足

$$\Phi_e(z) = 1 - \Phi(z) = (1 - z^{-1})^q F(z) \tag{6-106}$$

式（6-106）是设计最少拍的一般公式。但若要使设计的数字控制器形式最简单、阶数最低，必须取$F(z) = 1$，这就是说，使$F(z)$不含z^{-1}的因子，$\Phi_e(z)$才能使$E(z)$中关于z^{-1}的项数最少。

$$\Phi_e(z) = 1 - \Phi(z) = (1 - z^{-1})^q \tag{6-107}$$

所以

$$\Phi(z) = 1 - \Phi_e(z) = 1 - (1 - z^{-1})^q$$

下面结合几种常见的典型输入函数介绍如何寻找最少拍无差系统的闭环脉冲传递函数$\Phi(z)$。

1. 典型输入下的最少拍系统

（1）阶跃输入

已知输入函数为$r(t) = 1(t)$，其Z变换式为

$$R(z) = \frac{1}{1 - z^{-1}}$$

要满足式（6-101）为零的条件是使 $\Phi_e(z)$ 能消去 $R(z)$ 的分母 $1 - z^{-1}$，令式（6-107）中 $q = 1$

$$\Phi_e(z) = 1 - \Phi(z) = 1 - z^{-1}$$

所以

$$\Phi(z) = z^{-1} \qquad\qquad (6\text{-}108)$$

由式（6-100）可求出偏差的 Z 变换为

$$E(z) = R(z)[1 - \Phi(z)] = \frac{1}{1 - z^{-1}}(1 - z^{-1}) = 1$$

结合式（6-105）有

$$E(z) = 1 = 1 \cdot z^0 + 0 \cdot z^{-1} + 0 \cdot z^{-2} + \cdots$$

以上说明只需一拍（一个采样周期）输出就能跟随输入，偏差为零，过渡过程结束。

由闭环传递函数 $\Phi(z)$ 可算出输出 $y(z)$ 为

$$y(z) = \Phi(z)R(z) = \frac{z^{-1}}{1 - z^{-1}}$$

用长除法求 $y(z)$ 的展开式得

$$y(z) = z^{-1} + z^{-2} + \cdots$$

这说明：$y(0) = 0, y(T) = 1, y(2T) = 1, \cdots$，输出序列如图 6-36 所示。

（2）等速输入

输入函数为 $r(t) = t$，其 Z 变换式为

$$R(z) = \frac{Tz^{-1}}{(1 - z^{-1})^2}$$

要使静差为零，过渡过程为最少拍，应使式（6-107）中 $q = 2$，即

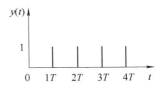

图 6-36　阶跃输入时的输出

$$\begin{cases} \Phi_e(z) = 1 - \Phi(z) = (1 - z^{-1})^2 \\ \Phi(z) = 2z^{-1} - z^{-2} \\ E(z) = R(z)[1 - \Phi(z)] = Tz^{-1} \end{cases} \qquad (6\text{-}109)$$

说明两拍（两个采样周期）以后过渡过程结束。系统输出

$$y(z) = R(z)\Phi(z) = \frac{Tz^{-1}}{(1 - z^{-1})^2}(2z^{-1} - z^{-2}) = 2Tz^{-2} + 3Tz^{-3} + 4Tz^{-4} + \cdots$$

输出序列如图 6-37 所示。

（3）等加速输入

已知输入函数 $r(t) = \frac{1}{2}t^2$，其 Z 变换式为

$$R(z) = \frac{T^2 z^{-1}(1 + z^{-1})}{2(1 - z^{-1})^3}$$

要满足最少拍无偏差的要求，应使式（6-107）中 $q = 3$，即

$$\Phi_e(z) = 1 - \Phi(z) = (1 - z^{-1})^3$$

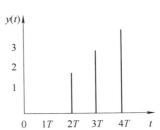

图 6-37　等速输入时的输出

$$\Phi(z) = 1 - (1 - z^{-1})^3 = 3z^{-1} - 3z^{-2} + z^{-3} \qquad (6\text{-}110)$$

过渡过程需三拍，因为

$$E(z) = R(z)[1 - \Phi(z)] = \frac{1}{2}T^2 z^{-1} + \frac{1}{2}T^2 z^{-2}$$

以上给出了对于阶跃输入、等速输入和等加速输入时最少拍无差系统的闭环脉冲传递函数 $\Phi(z)$ 应有的形式。已知 $\Phi(z)$、$G(z)$，就可根据式（6-97）求出数字控制器的脉冲传递函数 $D(z)$。

2. 最少拍无差系统对典型输入函数的适应性

上面介绍的是最少拍无差系统闭环脉冲传递函数的求法，式（6-108）、式（6-109）、式（6-110）给出的结果能抵消输入函数中分母所含的 $(1 - z^{-1})$ 因子，没有引入 z^{-1}，z^{-2}，…延迟项，这表示系统本身不引入新的滞后，也就是能以最快速度（如一拍、二拍或三拍）跟上给定值的变化而且保持无差。但是这种设计方法得到的系统对各种典型输入函数的适应性较差，即对于不同的输入 $R(z)$，要求使用不同的闭环脉冲传递函数 $\Phi(z)$，否则就得不到最佳的性能。

例如，当 $\Phi(z)$ 为等速输入设计时有

$$\Phi(z) = 2z^{-1} - z^{-2}$$

当输入为三种典型的输入函数时，其对应的输出分别是

阶跃输入时

$$r(t) = 1(t)$$

$$R(z) = \frac{1}{1 - z^{-1}}$$

$$y(z) = R(z)\Phi(z) = \frac{2z^{-1} - z^{-2}}{1 - z^{-1}} = 2z^{-1} + z^{-2} + z^{-3} + \cdots$$

等速输入时

$$r(t) = t$$

$$R(z) = \frac{Tz^{-1}}{(1 - z^{-1})^2}$$

$$y(z) = \frac{Tz^{-1}}{(1 - z^{-1})^2}(2z^{-1} - z^{-2}) = 2Tz^{-2} + 3Tz^{-3} + 4Tz^{-4} + \cdots$$

等加速输入时

$$r(t) = \frac{1}{2}t^2$$

$$R(z) = \frac{T^2 z^{-1}(1 + z^{-1})}{2(1 - z^{-1})^3}$$

$$y(z) = R(z)\Phi(z) = \frac{T^2 z^{-1}(1 + z^{-1})}{2(1 - z^{-1})^3}(2z^{-1} - z^{-2})$$

$$= T^2 z^{-2} + 3.5T^2 z^{-3} + 7T^2 z^{-4} + \cdots$$

图 6-38 为以上三种典型输入下的系统输出序列，由图可知，阶跃输入时，超调严重（达 100%），加速输入时有静差。

一般来说，针对一种典型的输入函数 $R(z)$ 设计，得到系统的闭环脉冲传递函数 $\Phi(z)$，

204

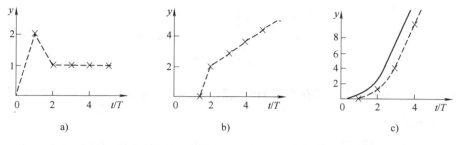

图 6-38　按速度输入设计的最少拍系统对不同输入的响应
a）阶跃输入　b）速度输入　c）加速度输入

用于次数较低的输入函数 $R(z)$ 时，系统将出现较大的超调，响应时间也会增加，但在采样时刻的误差为零。反之，当一种典型的最少拍特性用于次数较高的输入函数时，输出将不能完全跟踪输入，存在静差。由此可见，一种典型的最少拍闭环脉冲传递函数 $\Phi(z)$ 只适应一种特定的输入而不能适应于各种输入。

实际上，在一个系统中可能有几种典型的输入。在这种情况下，应采用适当的方法进行处理。

3. 最少拍无差系统中确定 $\Phi(z)$ 的一般方法

在前面讨论的设计过程中，对由零阶保持器和控制对象组成的脉冲传递函数 $G(z)$ 并没有提出限制条件。实际上，只有当 $G(z)$ 是稳定的（即在 z 平面单位圆上和圆外没有极点），不含有纯延滞环节 z^{-1} 时，式（6-107）才是成立的。如果 $G(z)$ 不满足稳定条件，则需对设计原则进行相应的限制。由式（6-96）得

$$\Phi(z) = \frac{D(z)G(z)}{1 + D(z)G(z)}$$

可以看出，在系统闭环脉冲传递函数中，$D(z)$ 总是和 $G(z)$ 成对出现的，但却不允许它们的零、极点互相对消。这是因为，简单地利用 $D(z)$ 的零点去对消 $G(z)$ 中的不稳定极点，虽然从理论上来说可以得到一个稳定的闭环系统，但是这种稳定是建立在零极点完全对消的基础上的。当系统的参数产生漂移，或者辨识的参数有误差时，这种零极点对消不可能准确实现，从而将引起闭环系统不稳定。上述分析说明在单位圆外 $D(z)$ 和 $G(z)$ 不能对消零极点，但并不意味着含有这种对象的系统不能补偿成稳定的系统，只是在选择闭环脉冲传递函数 $\Phi(z)$ 时必须多加一个约束条件。这种约束条件称为稳定性条件。

设广义对象的脉冲传递函数为

$$G(z) = Z\left[\frac{1 - \mathrm{e}^{-Ts}}{s} G_c(s)\right] = \frac{z^{-m}(p_0 + p_1 z^{-1} + \cdots + p_b z^{-b})}{q_0 + q_1 z^{-1} + \cdots + q_a z^{-a}}$$

$$= z^{-m}(g_0 + g_1 z^{-1} + g_2 z^{-2} + \cdots)$$

并设 $G(z)$ 有 u 个零点 b_1、b_2、$\cdots$、b_u 及 v 个极点 a_1、a_2、$\cdots$、a_v 在 z 平面的单位圆外或圆上。这里，当连续部分 $G_c(s)$ 中不含有延迟环节时，$m = 1$；当 $G_c(s)$ 中含有延迟环节时，通常 $m > 1$。

设 $G'(z)$ 是 $G(z)$ 中不含单位圆外或圆上的零极点部分，广义对象的传递函数可写为

$$G(z) = \frac{\prod_{i=1}^{u} (1 - b_i z^{-1})}{\prod_{i=1}^{v} (1 - a_i z^{-1})} G'(z)$$

式中，$\prod_{i=1}^{u} (1 - b_i z^{-1})$ 是广义对象在单位圆外或圆上的零点；$\prod_{i=1}^{v} (1 - a_i z^{-1})$ 是广义对象在单位圆外或圆上的极点。

由 $D(z) = \dfrac{1}{G(z)} \dfrac{\Phi(z)}{1 - \Phi(z)}$ 可以看出，为了避免使 $G(z)$ 在单位圆外或圆上的零、极点与 $D(z)$ 的零、极点对消，同时又能实现对系统的补偿，选择系统的闭环脉冲传递函数时必须满足下面的约束条件：

1）$\Phi_e(z)$ 中的零点中，包含 $G(z)$ 在 z 平面单位圆外与圆上的所有极点，即

$$\Phi_e(z) = 1 - \Phi(z) = \left[\prod_{i=1}^{v} (1 - a_i z^{-1}) \right] F_1(z)$$

$F_1(z)$ 是关于 z^{-1} 的多项式，且不包含 $G(z)$ 中的不稳定极点 a_i。

2）$\Phi(z)$ 的零点中，包含 $G(z)$ 在 z 平面单位圆外与圆上的所有零点。即

$$\Phi(z) = \left[\prod_{i=1}^{u} (1 - b_i z^{-1}) \right] F_2(z)$$

$F_2(z)$ 是关于 z^{-1} 的多项式，且不包含 $G(z)$ 中的不稳定零点 b_i。

考虑上述约束条件后，设计的数字控制器 $D(z)$ 不再包含 $G(z)$ 的单位圆外或圆上的零极点，即

$$D(z) = \frac{1}{G(z)} \frac{\Phi(z)}{1 - \Phi(z)} = \frac{1}{G'(z)} \frac{F_2(z)}{F_1(z)}$$

综合考虑闭环系统的稳定性、快速性、准确性，闭环脉冲传递函数 $\Phi(z)$ 必须选择为

$$\Phi(z) = z^{-m} \prod_{i=1}^{u} (1 - b_i z^{-1})(\phi_0 + \phi_1 z^{-1} + \cdots + \phi_{q+v-1} z^{-q-v+1}) \tag{6-111}$$

式中，m 为广义对象的瞬变滞后；b_i 为 $G(z)$ 在 z 平面单位圆外或圆上零点；u 为 $G(z)$ 在 z 平面单位圆外或圆上零点数；v 为 $G(z)$ 在 z 平面单位圆外或圆上极点数。

q 值的确定方法如下：当典型输入函数为阶跃、等速、等加速输入时，q 值分别为 1、2、3。
$q + v$ 个待定系数 ϕ_0、ϕ_1、$\cdots$、ϕ_{q+v-1} 由下列 $q + v$ 个方程所确定，即

$$\left.\begin{array}{l} \Phi(1) = 1 \\[2mm] \Phi'(1) = \left. \dfrac{\mathrm{d}\Phi(z)}{\mathrm{d}z} \right|_{z=1} = 0 \\[2mm] \vdots \\[2mm] \Phi^{(q-1)}(1) = \left. \dfrac{\mathrm{d}^{q-1}\Phi(z)}{\mathrm{d}z^{q-1}} \right|_{z=1} = 0 \\[2mm] \Phi(a_j) = 1 \quad (j = 1, 2, \cdots, v) \end{array}\right\} \tag{6-112}$$

式中，a_j 为 $G(z)$ 在 z 平面单位圆外或圆上的非重极点；v 为非重极点的个数。

显然，由准确性条件式（6-107）可以得到 q 个方程，另外由于 $a_j (j = 1, 2, \cdots, v)$ 是 G

(z)的极点，可得到 v 个方程。

应当指出，当 $G(z)$ 中有 z 平面单位圆上的极点时，稳定性条件（即 $1 - \Phi(z)$ 中必须包含 $G(z)$ 在 z 平面单位圆上的极点）与准确性条件（即 $1 - \Phi(z)$）是一致的。由式（6-112）中 $\Phi(1) = 1$ 与 $\Phi(a_j) = 1$ 可以看出，当有单位圆上的极点时，$a_j = 1$。因此，$\Phi(z)$ 中待定系数的数目小于 $(q + v)$ 个。下面通过例子来说明这个问题的解决办法。

【例6-5】 如图 6-39 所示的计算机控制系统中，设被控对象的传递函数 $G_c(s) = \dfrac{10}{s(T_m s + 1)}$，已知：$T = T_m = 0.025s$，试针对等速输入函数设计快速有纹波系统，画出数字控制器和系统的输出波形。

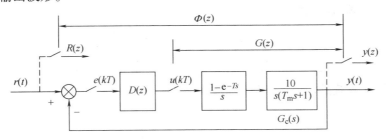

图 6-39　快速有纹波系统框图

解
$$G(s) = \frac{1 - e^{-Ts}}{s} \frac{10}{s(T_m s + 1)}$$

将 $G(s)$ 展开得

$$G(s) = 10(1 - e^{-Ts})\left[\frac{1}{s^2} - T_m\left(\frac{1}{s} - \frac{T_m}{T_m s + 1}\right)\right]$$

$$G(z) = 10(1 - z^{-1})\left[\frac{Tz^{-1}}{(1 - z^{-1})^2} - \frac{T_m}{1 - z^{-1}} + \frac{T_m}{1 - e^{-T/T_m}z^{-1}}\right]$$

代入 $T = T_m = 0.025s$，得

$$G(z) = \frac{0.092z^{-1}(1 + 0.718z^{-1})}{(1 - z^{-1})(1 - 0.368z^{-1})}$$

可以看出，$G(z)$ 的零点为 -0.7189（单位圆内），极点为 1（单位圆上）、0.368（单位圆内），故 $u = 0$，$v = 1$，$m = 1$。根据稳定性要求，$G(z)$ 中 $z = 1$ 的极点应包含在 $\Phi_e(z)$ 的零点中，由于系统针对等速输入进行设计，$q = 2$。为满足准确性条件，另有 $\Phi_e(z) = (1 - z^{-1})^2$，显然准确性条件中已满足了稳定性要求，于是有

$$\Phi(z) = z^{-1}(\phi_0 + \phi_1 z^{-1})$$
$$\begin{cases} \Phi(1) = \phi_0 + \phi_1 = 1 \\ \Phi'(1) = \phi_0 + 2\phi_1 = 0 \end{cases}$$

解得
$$\begin{cases} \Phi_0 = 2 \\ \Phi_1 = -1 \end{cases}$$

闭环脉冲传递函数为

$$\Phi(z) = z^{-1}(2 - z^{-1}) = 2z^{-1} - z^{-2}$$
$$1 - \Phi(z) = (1 - z^{-1})^2$$

207

$$D(z) = \frac{1}{G(z)} \frac{\Phi(z)}{1 - \Phi(z)} = \frac{21.8(1 - 0.5z^{-1})(1 - 0.368z^{-1})}{(1 - z^{-1})(1 + 0.718z^{-1})}$$

这就是计算机要实现的数字控制器的脉冲传递函数。

由图 6-39 可知，$Y(z) = R(z)\Phi(z)$，另外 $Y(z) = U(z)G(z)$，求得

$$U(z) = \frac{Y(z)}{G(z)} = \frac{R(z)\Phi(z)}{G(z)}$$

系统的输出序列为

$$y(z) = \frac{Tz^{-1}}{(1 - z^{-1})^2}(2z^{-1} - z^{-2}) = T(2z^{-2} + 3z^{-3} + 4z^{-4} + \cdots)$$

数字控制器的输出序列为

$$U(z) = \frac{Tz^{-1}}{(1 - z^{-1})^2}(2z^{-1} - z^{-2})\frac{(1 - z^{-1})(1 - 0.368z^{-1})}{0.092z^{-1}(1 + 0.718z^{-1})}$$
$$= 0.54z^{-1} - 0.316z^{-2} + 0.4z^{-3} - 0.115z^{-4} + 0.25z^{-5} + \cdots$$

数字控制器和系统的输出波形如图 6-40a、b 所示。

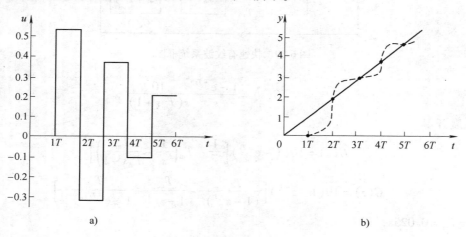

图 6-40　输出序列波形图

a) 数字控制器输出波形　b) 系统的输出波形

6.7.3　最少拍无纹波系统

按快速有纹波系统设计方法所设计出来的系统，其输出值跟随输入值后，在非采样时刻有纹波存在。原因在于数字控制器的输出序列 $u(kT)$ 经若干拍数后，不为常值或零，而是振荡收敛的。非采样时刻的纹波现象不仅造成系统在非采样时刻有偏差，而且浪费执行机构的功率，增加机械磨损。下面讨论消除非采样点纹波的方法。

1. 设计最少拍无纹波系统的必要条件

无纹波系统要求系统的输出信号在采样点之间不出现纹波，必须满足：

1）对阶跃输入，当 $t \geq NT$ 时，有 $y(t) = $ 常数。

2）对速度输入，当 $t \geq NT$ 时，有 $\dot{y}(t) = $ 常数。

3）对加速度输入，当 $t \geq NT$ 时，有 $\ddot{y}(t) = $ 常数。

这样，被控对象 $G_c(s)$ 必须有能力给出与系统输入 $r(t)$ 相同的且平滑的输出 $y(t)$。如果针对速度输入函数进行设计，那么稳态过程中 $G_c(s)$ 的输出也必须是速度函数。为了产生这样的速度输出函数，$G_c(s)$ 中必须至少有一个积分环节，使得控制信号 $u(kT)$ 为常值（包括零）时，$G_c(s)$ 的稳态输出是所要求的速度函数。同理，若针对加速度输入函数设计的无纹波控制器，则 $G_c(s)$ 中必须至少有两个积分环节。因此，设计最少拍无纹波控制器时，$G_c(s)$ 中必须含有足够的积分环节，以保证 $u(t)$ 为常数时，$G_c(s)$ 的稳态输出完全跟踪输入，且无纹波。

2. 最少拍无纹波系统中确定闭环脉冲传递函数 $\Phi(z)$ 的约束条件

首先分析系统中出现纹波的原因。如果系统进入稳态后，输入到被控对象 $G_c(s)$ 的控制信号 $u_s(t)$ 还有波动，则稳态过程中系统就有纹波。因此，要使系统在稳态过程中无纹波，就要求稳态时的控制信号 $u(t)$ 或者为零，或者为常值。

采样控制信号 $u^*(t)$ 的 Z 变换幂级数展开式为

$$U(z) = \sum_{n=0}^{k} u(n)z^{-n} = u(0) + u(1)z^{-1} + \cdots + u(l)z^{-l} + u(l+1)z^{-(l+1)} + \cdots$$

如果系统经过 l 个采样周期到达稳态，无纹波系统要求 $u(l)$、$u(l+1)$、$\cdots$ 或为零，或相等。

由于

$$\frac{Y(z)}{R(z)} = \Phi(z) , \quad \frac{Y(z)}{U(z)} = G(z) \tag{6-113}$$

把式（6-113）中的两式相除，得到控制信号 $U(z)$。对输入 $R(z)$ 的脉冲传递函数为

$$\frac{U(z)}{R(z)} = \frac{\Phi(z)}{G(z)} \tag{6-114}$$

设广义对象 $G(z)$ 是关于 z^{-1} 的有理分式，即

$$G(z) = \frac{P(z)}{Q(z)}$$

将其代入式（6-114）得

$$\frac{U(z)}{R(z)} = \frac{\Phi(z)Q(z)}{P(z)} \tag{6-115}$$

要使控制信号 $u*(t)$ 在稳态过程中或为零或为常值，那么它的 Z 变换 $U(z)$ 对输入 $R(z)$ 的脉冲传递函数之比 $\frac{U(z)}{R(z)}$ 只能是关于 z^{-1} 的有限项多项式。因此，式（6-115）中的闭环脉冲传递函数 $\Phi(z)$，必须包含 $G(z)$ 的分子多项式 $P(z)$。即

$$\Phi(z) = P(z)A(z)$$

式中，$A(z)$ 是关于 z^{-1} 的多项式。

综上所述，确定最少拍无纹波系统 $\Phi(z)$ 的附加条件是：$\Phi(z)$ 必须包含广义对象 $G(z)$ 的所有零点，不仅包含 $G(z)$ 在 z 平面单位圆外或圆上的零点，而且还必须包含 $G(z)$ 在 z 平面单位圆内的零点。这样处理后，无纹波系统比有纹波系统的调整时间要增加若干拍，增加的拍数等于 $G(z)$ 在单位圆内的零点数。

3. 最少拍无纹波系统中闭环脉冲传递函数 $\Phi(z)$ 的确定方法

确定最少拍无纹波系统的闭环脉冲传递函数 $\Phi(z)$ 时，必须满足下列要求：

1）无纹波的必要条件是被控对象 $G_c(s)$ 中含有无纹波系统所必需的积分环节数。

2）满足有纹波系统的性能要求和 $D(z)$ 的物理可实现的约束条件全部适用。

3）无纹波的附加条件是，$\Phi(z)$ 的零点中包括 $G(z)$ 在 z 平面单位圆外、圆上和圆内的所有零点。

根据以上三条要求，无纹波系统的闭环脉冲传递函数中 $\Phi(z)$ 必须选择为

$$\Phi(z) = z^{-m} \prod_{i=1}^{w} (1 - b_i z^{-1})(\phi_0 + \phi_1 z^{-1} + \cdots + \phi_{q+v-1} z^{-q-v+1})$$

式中，m 为广义对象 $G(z)$ 的瞬变滞后；q 为典型输入函数 $R(z)$ 分母的 $(1 - z^{-1})$ 因子的阶次；b_1、b_2、$\cdots$、b_w 为 $G(z)$ 所有的 w 个零点；v 为 $G(z)$ 在 z 平面单位圆外或圆上的极点数，这些极点是 a_1、a_2、$\cdots$、a_v。

待定系数 ϕ_0、ϕ_1、$\cdots$、ϕ_{q+v-1} 由下列 $q+v$ 个方程所确定：

$$\left.\begin{aligned} \Phi(1) &= 1 \\ \Phi'(1) &= 0 \\ &\vdots \\ \Phi^{(q-1)}(1) &= 0 \\ \Phi(a_j) &= 1 \quad (j = 1, 2, \cdots, v) \end{aligned}\right\} \text{共 } q+v \text{ 个}$$

【例 6-6】 在例 6-5 中，试针对等速输入函数设计最少拍无纹波系统，并绘出数字控制器和系统的输出序列波形图。

解 被控对象的传递函数 $G_c(s) = \dfrac{10}{s(1 + T_m s)}$，其中有一个积分环节，说明它有能力平滑地产生等速输出响应，满足无纹波的必要条件。

由例 6-5 知，零阶保持器和被控对象组成的广义对象的脉冲传递函数为

$$G(z) = \frac{0.092 z^{-1}(1 + 0.718 z^{-1})}{(1 - z^{-1})(1 - 0.368 z^{-1})}$$

可以看出，$G(z)$ 的零点为 -0.718（单位圆内），极点为 1（单位圆上）和 0.368（单位圆内），故 $w = 1$，$v = 1$，$m = 1$，$q = 2$。

根据最少拍无纹波系统对闭环脉冲传递函数 $\Phi(z)$ 的要求，得到闭环脉冲传递函数为

$$\Phi(z) = z^{-1}(1 + 0.718 z^{-1})(\phi_0 + \phi_1 z^{-1})$$

求得式中两个待定参数 ϕ_0、ϕ_1 分别为 1.407 和 -0.826，得到最少拍无纹波系统的闭环脉冲传递函数为

$$\Phi(z) = z^{-1}(1 + 0.718 z^{-1})(1.407 - 0.826 z^{-1})$$

最后求得数字控制器的脉冲传递函数为

$$D(z) = \frac{1}{G(z)} \frac{\Phi(z)}{1 - \Phi(z)} = \frac{15.29(1 - 0.368 z^{-1})(1 - 0.587 z^{-1})}{(1 - z^{-1})(1 + 0.592 z^{-1})}$$

闭环系统的输出序列由式（6-113）中第一式得

$$\begin{aligned} Y(z) &= R(z)\Phi(z) \\ &= \frac{T z^{-1}}{(1 - z^{-1})^2} z^{-1}(1 + 0.718 z^{-1})(1.407 - 0.826 z^{-1}) \\ &= 1.41 T z^{-2} + 3 T z^{-3} + 4 T z^{-4} + 5 T z^{-5} + \cdots \end{aligned}$$

数字控制器的输出序列由式（6-113）中第二式得

$$U(z) = \frac{Y(z)}{G(z)}$$

$$= \frac{Tz^{-1}}{(1-z^{-1})^2} z^{-1} (1+0.718z^{-1})(1.407-0.826z^{-1}) \frac{(1-z^{-1})(1-0.368z^{-1})}{0.092z^{-1}(1+0.718z^{-1})}$$

$$= 0.38z^{-1} + 0.02z^{-2} + 0.09z^{-3} + 0.09z^{-4} + \cdots$$

无纹波系统数字控制器和系统的输出波形如图6-41a、b所示。

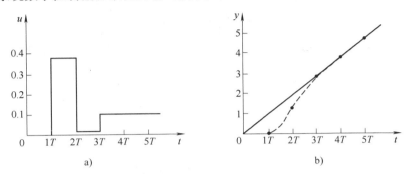

图6-41　输出序列波形图

a）数字控制器输出波形　b）系统的输出波形

对比例6-5和例6-6的输出序列波形图，可以看出，有纹波系统的调整时间为两个采样周期（2T），系统输出跟随输入函数后，由于数字控制器的输出仍在波动，所以系统的输出在非采样时刻有纹波。无纹波系统的调整时间为三个采样周期（3T），系统输出跟随输入函数所需时间比有纹波系统增加了1T。由于系统中数字控制器的输出经3T后为常值，所以无纹波系统在采样点之间不存在纹波。

6.8　大林算法

数字控制器的直接设计方法适用于某些随动系统，对于工业中的热工或化工过程含有纯滞后环节，容易引起系统超调和持续的振荡。这些过程对快速性要求是次要的，而对稳定性、不产生超调的要求却是主要的，采用上述方法并不理想。本节介绍能满足这些性能指标的一种直接设计数字控制器的方法——大林（Dahlin）算法。

6.8.1　大林算法的基本形式

大林算法适用于被控对象具有纯滞后的一阶或二阶惯性环节，它们的传递函数分别为

$$G_c(s) = \frac{K}{1+T_1 s} e^{-\tau s} \tag{6-116}$$

$$G_c(s) = \frac{K}{(1+T_1 s)(1+T_2 s)} e^{-\tau s} \tag{6-117}$$

式中，τ 为纯滞后时间；T_1、T_2 为时间常数；K 为放大系数。

大林算法的设计目标是使整个闭环系统所期望的传递函数 $\Phi(s)$ 相当于一个延迟环节和一个惯性环节相串联，即

$$\Phi(s) = \frac{1}{T_\tau s + 1} e^{-\tau s} \tag{6-118}$$

并期望整个闭环系统的纯滞后时间和被控对象 $G_c(s)$ 的纯滞后时间 τ 相同。式（6-118）中 T_τ 为闭环系统的时间常数，纯滞后时间 τ 与采样周期 T 有整数倍关系，即

$$\tau = NT \qquad (N = 1, 2, \cdots)$$

由计算机组成的数字控制系统如图 6-35 所示。

用脉冲传递函数近似法求得与 $\Phi(s)$ 对应的闭环脉冲传递函数 $\Phi(z)$ 为

$$\Phi(z) = \frac{Y(z)}{R(z)} = Z\left[\frac{1 - e^{-Ts}}{s} \frac{e^{-\tau s}}{T_\tau s + 1}\right]$$

代入 $\tau = NT$，并进行 Z 变换得

$$\Phi(z) = \frac{(1 - e^{-T/T_\tau})z^{-N-1}}{1 - e^{-T/T_\tau}z^{-1}} \tag{6-119}$$

由式（6-97）有

$$\begin{aligned}
D(z) &= \frac{1}{G(z)} \frac{\Phi(z)}{1 - \Phi(z)} \\
&= \frac{1}{G(z)} \frac{z^{-N-1}(1 - e^{-T/T_\tau})}{1 - e^{-T/T_\tau}z^{-1} - (1 - e^{-T/T_\tau})z^{-N-1}}
\end{aligned} \tag{6-120}$$

假若已知被控对象的脉冲传递函数 $G(z)$，就可由式（6-120）求出数字控制器的脉冲传递函数 $D(z)$。

1. 被控对象为带纯滞后的一阶惯性环节

其脉冲传递函数为

$$G(z) = Z\left[\frac{1 - e^{-Ts}}{s} \frac{Ke^{-\tau s}}{T_1 s + 1}\right]$$

代以 $\tau = NT$，得

$$G(z) = Z\left[\frac{1 - e^{-Ts}}{s} \frac{Ke^{-NTs}}{T_1 s + 1}\right] = Kz^{-N-1} \frac{1 - e^{-T/T_1}}{1 - e^{-T/T_1}z^{-1}} \tag{6-121}$$

将式（6-121）代入式（6-120）得到数字控制器的算式为

$$D(z) = \frac{(1 - e^{-T/T_\tau})(1 - e^{-T/T_1}z^{-1})}{K(1 - e^{-T/T_1})\left[1 - e^{-T/T_\tau}z^{-1} - (1 - e^{-T/T_\tau})z^{-N-1}\right]}$$

2. 被控对象为带纯滞后的二阶惯性环节

其脉冲传递函数为

$$G(z) = Z\left[\frac{1 - e^{-Ts}}{s} \frac{Ke^{-\tau s}}{(T_1 s + 1)(T_2 s + 1)}\right]$$

代以 $\tau = NT$，并进行 Z 变换，得

$$G(z) = \frac{K(C_1 + C_2 z^{-1})z^{-N-1}}{(1 - e^{-T/T_1}z^{-1})(1 - e^{-T/T_2}z^{-1})} \tag{6-122}$$

其中

$$\begin{cases}
C_1 = 1 + \dfrac{1}{T_2 - T_1}(T_1 e^{-T/T_1} - T_2 e^{-T/T_2}) \\
C_2 = e^{-T(1/T_1 + 1/T_2)} + \dfrac{1}{T_2 - T_1}(T_1 e^{-T/T_2} - T_2 e^{-T/T_1})
\end{cases} \tag{6-123}$$

将式（6-122）代入式（6-120），得

$$D(z) = \frac{(1 - e^{-T/T_{\tau}})(1 - e^{-T/T_1}z^{-1})(1 - e^{-T/T_2}z^{-1})}{K(C_1 + C_2 z^{-1})[1 - e^{-T/T_{\tau}}z^{-1} - (1 - e^{-T/T_{\tau}})z^{-N-1}]}$$

6.8.2 振铃现象

振铃（Ringing）现象是指数字控制器的输出以 1/2 的采样频率大幅度衰减的振荡。这与前面所介绍的快速有纹波系统中的纹波是不一样的。纹波是由于控制器输出一直是振荡的，影响到系统的输出一直有纹波。而振铃现象中的振荡是衰减的。由于被控对象中惯性环节的低通特性，使得这种振荡对系统的输出几乎无任何影响。但是振铃现象却会增加执行机构的磨损，在有交互作用的多参数控制系统中，振铃现象还有可能影响到系统的稳定性。

1. 振铃现象的分析

在图 6-35 中，系统的输出 $Y(z)$ 和数字控制器的输出 $U(z)$ 间有下列关系：

$$Y(z) = U(z)G(z)$$

系统的输出 $Y(z)$ 和输入函数 $R(z)$ 之间有下列关系：

$$Y(z) = \Phi(z)R(z)$$

由此得到数字控制器的输出 $U(z)$ 与输入函数 $R(z)$ 之间的关系为

$$\frac{U(z)}{R(z)} = \frac{\Phi(z)}{G(z)} \tag{6-124}$$

记

$$K_u(z) = \frac{\Phi(z)}{G(z)} \tag{6-125}$$

显然可由式（6-124）得到

$$U(z) = K_u(z)R(z)$$

$K_u(z)$ 表达了数字控制器的输出与输入函数在闭环时的关系，是分析振铃现象的基础。

对于单位阶跃输入函数 $R(z) = 1/(1 - z^{-1})$，含有极点 $z = 1$，如果 $K_u(z)$ 的极点在 z 平面的负实轴上，且与 $z = -1$ 点相近，那么数字控制器的输出序列 $u(k)$ 中将含有这两种幅值相近的瞬态项，而且瞬态项的符号在不同时刻是不同的。当两瞬态项符号相同时，数字控制器的输出控制作用加强，符号相反时，控制作用减弱，从而造成数字控制器的输出序列大幅度波动。分析 $K_u(z)$ 在 z 平面负实轴上的极点分布情况，就可得出振铃现象的有关结论。下面分析带纯滞后的一阶或二阶惯性环节系统中的振铃现象。

（1）带纯滞后的一阶惯性环节

被控对象为带纯滞后的一阶惯性环节时，其脉冲传递函数 $G(z)$ 为式（6-121），闭环系统的期望传递函数为式（6-119），将两式代入式（6-125），有

$$K_u(z) = \frac{\Phi(z)}{G(z)} = \frac{(1 - e^{-T/T_{\tau}})(1 - e^{-T/T_1}z^{-1})}{K(1 - e^{-T/T_1})(1 - e^{-T/T_{\tau}}z^{-1})} \tag{6-126}$$

求得极点 $z = e^{-T/T_{\tau}}$，显然 z 永远是大于零的。故得出结论：在带纯滞后的一阶惯性环节组成的系统中，数字控制器输出对输入的脉冲传递函数不存在负实轴上的极点，这种系统不存在振铃现象。

（2）带纯滞后的二阶惯性环节

被控对象为带纯滞后的二阶惯性环节时，其脉冲传递函数 $G(z)$ 为式（6-122），闭环

系统的期望传递函数仍为式（6-119），将两式代入式（6-125）后有

$$K_u(z) = \frac{\Phi(z)}{G(z)} = \frac{(1 - e^{-T/T_\tau})(1 - e^{-T/T_1}z^{-1})(1 - e^{-T/T_2}z^{-1})}{KC_1(1 - e^{-T/T_\tau}z^{-1})\left(1 + \dfrac{C_2}{C_1}z^{-1}\right)} \tag{6-127}$$

式（6-127）有两个极点，第一个极点在 $z = e^{-T/T_\tau}$，不会引起振铃现象；第二个极点在 $z = -\dfrac{C_2}{C_1}$。由式（6-123），在 $T \to 0$ 时，有

$$\lim_{T \to 0}\left[-\frac{C_2}{C_1} \right] = -1$$

说明可能出现负实轴上与 $z = -1$ 相近的极点，这一极点将引起振铃现象。

2. 振铃幅度 RA

振铃幅度 RA 用来衡量振铃强烈的程度。为了描述振铃强烈的程度，应找出数字控制器输出量的最大值 u_{max}。由于这一最大值与系统参数的关系难于用解析的式子描述出来，所以常用单位阶跃作用下数字控制器第 0 次输出量与第一次输出量的差值来衡量振铃现象强烈的程度。

由式（6-125），$K_u(z) = \dfrac{\Phi(z)}{G(z)}$ 是 z 的有理分式，写成一般形式为

$$K_u(z) = \frac{1 + b_1 z^{-1} + b_2 z^{-2} + \cdots}{1 + a_1 z^{-1} + a_2 z^{-2} + \cdots} \tag{6-128}$$

在单位阶跃输入函数的作用下，数字控制器输出量的 Z 变换为

$$\begin{aligned}
U(z) = R(z)K_u(z) &= \frac{1}{1 - z^{-1}} \cdot \frac{1 + b_1 z^{-1} + b_2 z^{-2} + \cdots}{1 + a_1 z^{-1} + a_2 z^{-2} + \cdots} \\
&= \frac{1 + b_1 z^{-1} + b_2 z^{-2} + \cdots}{1 + (a_1 - 1)z^{-1} + (a_2 - a_1)z^{-2} + \cdots} \\
&= 1 + (b_1 - a_1 + 1)z^{-1} + \cdots
\end{aligned}$$

所以

$$RA = 1 - (b_1 - a_1 + 1) = a_1 - b_1 \tag{6-129}$$

对于带纯滞后的二阶惯性环节组成的系统，其振铃幅度由式（6-127）可得

$$RA = \frac{C_2}{C_1} - e^{-T/T_\tau} + e^{-T/T_1} + e^{-T/T_2} \tag{6-130}$$

根据式（6-123）与式（6-130），当 $T \to 0$ 时，可得

$$\lim_{T \to 0} RA = 2$$

3. 振铃现象的消除

有两种方法可用来消除振铃现象。

第一种方法是先找出 $D(z)$ 中引起振铃现象的因子（$z = -1$ 附近的极点），然后令其中的 $z = 1$，根据终值定理，这样处理不影响输出量的稳态值。下面具体说明这种处理方法。

前面已介绍在带纯滞后的二阶惯性环节系统中，数字控制器的 $D(z)$ 为

$$D(z) = \frac{(1 - e^{-T/T_\tau})(1 - e^{-T/T_1}z^{-1})(1 - e^{-T/T_2}z^{-1})}{K(C_1 + C_2 z^{-1})[1 - e^{-T/T_\tau}z^{-1} - (1 - e^{-T/T_\tau})z^{-N-1}]}$$

214

其极点 $z = -\dfrac{C_2}{C_1}$ 将引起振铃现象。令极点因子（$C_1 + C_2 z^{-1}$）中 $z = 1$，就可消除这个振铃极点。由式（6-123）得

$$C_1 + C_2 = (1 - e^{-T/T_1})(1 - e^{-T/T_2})$$

消除振铃极点 $z = -\dfrac{C_2}{C_1}$ 后，数字控制器的形式为

$$D(z) = \frac{(1 - e^{-T/T_\tau})(1 - e^{-T/T_1}z^{-1})(1 - e^{-T/T_2}z^{-1})}{K(1 - e^{-T/T_1})(1 - e^{-T/T_2})[1 - e^{-T/T_\tau}z^{-1} - (1 - e^{-T/T_\tau})z^{-N-1}]}$$

这种消除振铃现象的方法虽然不影响输出稳态值，但却改变了数字控制器的动态特性，将影响闭环系统的瞬态性能。

第二种方法是从保证闭环系统的特性出发，选择合适的采样周期 T 及系统闭环时间常数 T_τ，使得数字控制器的输出避免产生强烈的振铃现象。从式（6-130）中可以看出，带纯滞后的二阶惯性环节组成的系统中，振铃幅度与被控对象的参数 T_1、T_2 有关，与闭环系统期望的时间常数 T_τ 以及采样周期 T 有关。通过适当选择 T 和 T_τ，可以把振铃幅度抑制在最低限度以内。有的情况下，系统闭环时间常数 T_τ 作为控制系统的性能指标被首先确定了，但仍可通过式（6-130）选择采样周期 T 来抑制振铃现象。

6.8.3　大林算法的设计步骤

大林算法所考虑的主要性能是控制系统不允许产生超调并要求系统稳定。系统设计中一个值得注意的问题是振铃现象。下面是考虑振铃现象影响时设计数字控制器的一般步骤。

1）根据系统的性能，确定闭环系统的参数 T_τ，给出振铃幅度 RA 的指标。

2）由式（6-130）所确定的振铃幅度 RA 与采样周期 T 的关系，解出给定振铃幅度下对应的采样周期，如果 T 有多解，则选择较大的采样周期。

3）确定纯滞后时间 τ 与采样周期 T 之比（τ/T）的最大整数 N。

4）求广义对象的脉冲传递函数 $G(z)$ 及闭环系统的脉冲传递函数 $\Phi(z)$。

5）求数字控制器的脉冲传递函数 $D(z)$。

上面介绍直接设计数字控制器的方法，结合快速的随动系统和带有纯滞后及惯性环节的系统，设计出不同形式的数字控制器。由此可见，数字控制器直接设计方法比模拟调节规律离散化方法更灵活、使用范围更广泛。但是，数字控制器直接设计法使用的前提是必须已知被控对象的传递函数。如果不知道传递函数或者传递函数不准确，设计的数字控制器控制效果将不会是理想的，这是直接设计法的局限性。

6.9　史密斯预估控制

在工业生产过程控制中，由于物料或能量的传输延迟，许多被控对象往往具有不同程度的纯滞后。由于纯滞后的存在，使得被控量不能及时反映系统所承受的扰动，即使测量信号到达控制器，执行机构接收信号后立即动作，也需要经过纯滞后时间 τ 以后，才影响被控量，使之受到控制。这样的过程必然会产生较明显的超调量和较长的调节时间，使过渡过程变坏，系统的稳定性降低。因此，具有纯滞后的过程被认为是较难控制的过程，其难度将随

着纯滞后 τ 占整个过程动态的份额的增加而增加。一般将纯滞后时间 τ 与过程的时间常数 T_p 之比大于 0.3 的过程认为是具有大滞后的过程。

对于具有较大惯性滞后的工艺过程，最简单的控制方案是利用常规控制技术适应性强、调整方便等特点，在常规 PID 控制的基础上稍加改动，并对系统进行特别整定，在控制要求不太苛刻的情况下，满足生产过程的要求。

6.9.1 史密斯预估控制原理

大滞后系统中采用的控制方法是：按过程特性设计出一种模型加入到反馈控制系统中，以补偿过程的动态特性。史密斯（Smith）预估控制技术是得到广泛应用的技术之一。它的特点是预先估计出过程在基本扰动下的动态特性，然后由预估器进行补偿，力图使滞后了 τ 的被控量超前反映到控制器，使控制器提前动作，从而明显地减小超调量，加速调节过程。

图 6-42 为具有纯滞后的对象进行常规 PID 调节的反馈控制系统，设对象的特性

$$G_{\mathrm{pc}}(s) = G_\mathrm{p}(s)\,\mathrm{e}^{-\tau s} \tag{6-131}$$

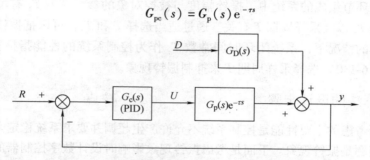

图 6-42　具有纯滞后的常规 PID 调节的反馈控制系统

式中，$G_\mathrm{p}(s)$ 为对象传递函数中不包含纯滞后的部分，调节器的传递函数为 $G_\mathrm{c}(s)$，干扰通道的传递函数为 $G_\mathrm{D}(s)$。此时，系统对给定作用的闭环传递函数为

$$\frac{Y(s)}{R(s)} = \frac{G_\mathrm{c}(s)\,G_\mathrm{p}(s)\,\mathrm{e}^{-\tau s}}{1 + G_\mathrm{c}(s)\,G_\mathrm{p}(s)\,\mathrm{e}^{-\tau s}} \tag{6-132}$$

系统对干扰作用的传递函数为

$$\frac{Y(s)}{D(s)} = \frac{G_\mathrm{D}(s)}{1 + G_\mathrm{c}(s)\,G_\mathrm{p}(s)\,\mathrm{e}^{-\tau s}} \tag{6-133}$$

它们的特征方程为

$$1 + G_\mathrm{c}(s)\,G_\mathrm{p}(s)\,\mathrm{e}^{-\tau s} = 0 \tag{6-134}$$

假设在反馈回路中附加一个补偿通路 $G_\mathrm{L}(s)$，如图 6-43 所示。则

$$\frac{Y_1(s)}{U(s)} = G_\mathrm{p}(s)\,\mathrm{e}^{-\tau s} + G_\mathrm{L}(s) \tag{6-135}$$

为了补偿对象的纯滞后，要求

$$\frac{Y_1(s)}{U(s)} = G_\mathrm{p}(s)\,\mathrm{e}^{-\tau s} + G_\mathrm{L}(s) = G_\mathrm{p}(s)$$

所以

$$G_\mathrm{L}(s) = G_\mathrm{p}(s)(1 - \mathrm{e}^{-\tau s}) \tag{6-136}$$

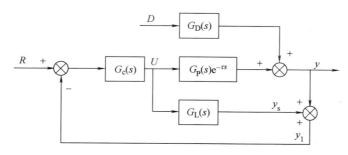

图 6-43　带有时间补偿的控制系统

式（6-136）即为 Smith 补偿函数，相应的框图如图 6-44 所示。

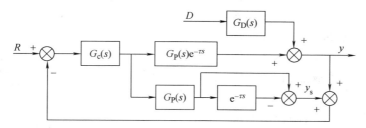

图 6-44　Smith 预估控制框图

此时系统对给定作用的闭环传递函数为

$$\frac{Y(s)}{R(s)} = \frac{G_c(s)G_p(s)e^{-\tau s}}{1 + G_c(s)G_p(s)e^{-\tau s} + G_p(s)[1 - e^{-\tau s}]G_c(s)}$$

$$= \frac{G_c(s)G_p(s)e^{-\tau s}}{1 + G_c(s)G_p(s)}$$

(6-137)

系统在干扰作用下的传递函数为

$$\frac{Y(s)}{D(s)} = \frac{G_D(s)}{1 + G_c(s)G_p(s)}$$

(6-138)

它们的特征方程为

$$1 + G_c(s)G_p(s) = 0$$

(6-139)

比较式（6-134）与式（6-139），经 Smith 补偿后，已经消除了纯滞后的影响，从特征方程中排除了纯滞后，纯滞后 $e^{-\tau s}$ 已在闭环控制回路之外，它将不会影响系统的稳定性，从而使系统可以使用较大的调节增益，改善调节品质。拉普拉斯变换的位移定理说明，$e^{-\tau s}$ 仅是将控制作用在时间坐标上推移了一个时间 τ，控制系统的过渡过程及其他性能指标都与被控对象特性为 $G_p(s)$（即没有纯滞后）时完全相同。因此，控制器可以按无纯滞后的对象进行设计。

设

$$G_p(s) = \frac{K_p}{T_p s + 1}$$

代入式（6-136）得

$$G_L(s) = \frac{Y_s(s)}{U(s)} = G_p(s)[1 - e^{-\tau s}] = \frac{K_p(1 - e^{-\tau s})}{T_p s + 1}$$

(6-140)

217

相应的微分方程为

$$T_p \frac{\mathrm{d}y_s(t)}{\mathrm{d}t} + y_s(t) = K_p \left[u(t) - u(t-\tau) \right] \tag{6-141}$$

相应的差分方程为

$$y_s(kT) - ay_s[(k-1)T] = b\{u(k-1)T - u[(k-1)T-\tau]\} \tag{6-142}$$

式中，$a = \exp(-T/T_p)$；$b = K_p[1 - \exp(-T/T_p)]$。

式（6-142）即为 Smith 预估控制算式。

6.9.2　史密斯预估控制举例

一个精馏塔借助控制再沸器的加热蒸汽量来保持其提馏段温度恒定，由于再沸器的传热和精馏塔的传质过程，使对象的等效纯滞后时间 τ 很长。

现选用提馏段温度 y 与蒸汽流量串级控制。由于纯滞后时间长，故辅以 Smith 预估控制，构成如图 6-45 所示的控制方案。

由图 6-45 可知，串级副控回路由流量测量、流量调节器和调节阀构成，串级主控回路由温度测量、温度调节器、副控回路和精馏塔构成。

史密斯预估控制器为解决纯滞后控制问题提供了一条有效的方法，但存在以下不足：

1）史密斯预估控制器对系统受到的负荷干扰无补偿作用。

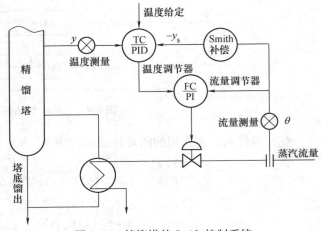

图 6-45　精馏塔的 Smith 控制系统

2）史密斯预估控制系统的控制效果严重依赖于对象的动态模型精度，特别是纯滞后时间，因此模型的失配或运行条件的改变均将影响到控制效果。

6.10　模糊控制

在工业生产过程中，经常会遇到大滞后、时变、非线性的复杂系统。其中有的参数未知或变化缓慢，有的存在滞后和随机干扰，有的无法获得精确的数学模型。模糊控制器是一种新型控制器，其优点是：不要求掌握被控对象的精确数学模型，而根据人工控制规则组织控制决策表，然后由该表决定控制量的大小。

模糊控制理论是由美国著名学者加利福尼亚大学教授 Zadeh L A 于 1965 年首先提出的，至今已有 50 年的时间。它以模糊数学为基础，用语言规则表示方法和先进的计算机技术，由模糊推理进行推理决策的一种高级控制策略。它无疑是属于智能控制范畴，而且发展至今已成为人工智能领域的一个重要分支。

1974 年，英国伦敦大学教授 Mamdani E H 研制成功第一个模糊控制器，充分展示了模糊控制技术的应用前景。模糊控制技术是由模糊数学、计算机科学、人工智能、知识工程等多门学科相互渗透，且理论性很强的科学技术。

6.10.1　模糊控制的数学基础

1. 模糊集合

在人类的思维中，有许多模糊的概念，如大、小、冷、热等，都没有明确的内涵和外延，只能用模糊集合来描述；有的概念具有清晰的内涵和外延，如男人和女人。我们把前者叫作模糊集合，用大写字母下添加波浪线表示，如 $\underset{\sim}{A}$ 表示模糊集合，而后者叫作普通集合（或经典集合）。

一般而言，在不同程度上具有某种特定属性的所有元素的总和叫作模糊集合。

例如，胖子就是一个模糊集合，它是指不同程度发胖的那群人，它没有明确的界线，也就是说你无法绝对地指出哪些人属于这个集合，而哪些人不属于这个集合，类似这样的概念，在人们的日常生活中随处可见。

在普通集合中，常用特征函数来描述集合，而对于模糊性的事物，用特征函数来表示其属性是不恰当的。因为模糊事物根本无法断然确定其归属。为了能说明具有模糊性事物的归属，可以把特征函数取值 0、1 的情况，改为对闭区间 [0，1] 取值。这样，特征函数就可取 0 ~ 1 之间的无穷多个值，即特征函数演变成可以无穷取值的连续逻辑函数。从而得到了描述模糊集合的特征函数——隶属函数，它是模糊数学中最基本和最重要的概念，其定义为：

用于描述模糊集合，并在 [0，1] 闭区间连续取值的特征函数叫隶属函数，隶属函数用 $\mu_{\underset{\sim}{A}}(x)$ 表示，其中 $\underset{\sim}{A}$ 表示模糊集合，而 x 是 $\underset{\sim}{A}$ 的元素，隶属函数满足：

$$0 \leqslant \mu_{\underset{\sim}{A}}(x) \leqslant 1$$

有了隶属函数以后，人们就可以把元素对模糊集合的归属程度恰当地表示出来。

2. 模糊集合的表示方法

模糊集合由于没有明确的边界，只能有一种描述方法，就是用隶属函数描述。

Zadeh 于 1965 年曾给出下列定义：设给定论域 U，$\mu_{\underset{\sim}{A}}$ 为 U 到 [0，1] 闭区间的任一映射，

$$\mu_{\underset{\sim}{A}}:U{\rightarrow}[0,1]$$

$$x{\rightarrow}\mu_{\underset{\sim}{A}}(x)$$

都可确定 U 的一个模糊集合 $\underset{\sim}{A}$，$\mu_{\underset{\sim}{A}}$ 称为模糊集合 $\underset{\sim}{A}$ 的隶属函数。$\forall x \in U$，$\mu_{\underset{\sim}{A}}(x)$ 称为元素 x 对 $\underset{\sim}{A}$ 的隶属度，即 x 隶属于 $\underset{\sim}{A}$ 的程度。

当 $\mu_{\underset{\sim}{A}}(x)$ 值域取值 [0，1] 闭区间两个端点时，即取值 $\{0，1\}$ 时，$\mu_{\underset{\sim}{A}}(x)$ 即为特征函数，$\underset{\sim}{A}$ 便转化为一个普通集合。由此可见，模糊集合是普通集合概念的推广，而普通集合则是模糊集合的特殊情况。

对于论域 U 上的模糊集合 $\underset{\sim}{A}$，通常采用 Zadeh 表示法。当 U 为离散有限域 $\{x_1，x_2，\cdots，x_n\}$ 时，按 Zadeh 表示法，则 U 上的模糊集合 $\underset{\sim}{A}$ 可表示为

$$A_{\sim} = \sum_{i=1}^{n} \frac{\mu_{A_{\sim}}(x_i)}{x_i} = \frac{\mu_{A_{\sim}}(x_1)}{x_1} + \frac{\mu_{A_{\sim}}(x_2)}{x_2} + \cdots + \frac{\mu_{A_{\sim}}(x_n)}{x_n}$$

其中 $\mu_{A_{\sim}}(x_i)$ $(i = 1, 2, \cdots, n)$ 为隶属度，x_i 为论域中的元素。当隶属度为 0 时，该项可以略去不写。例

$$A_{\sim} = 1/a + 0.9/b + 0.4/c + 0.2/d + 0/e$$

或

$$A_{\sim} = 1/a + 0.9/b + 0.4/c + 0.2/d$$

注意，与普通集合一样，上式不是分式求和，仅是一种表示法的符号，其分母表示论域 U 中的元素，分子表示相应元素的隶属度，隶属度为 0 的那一项可以省略。

当 U 是连续有限域时，按 Zadeh 给出的表示法为

$$A_{\sim} = \int_{x \to U} \left(\frac{\mu_{A_{\sim}}(x)}{x} \right)$$

同样，这里的"$\int$"符号也不表示"求积"运算，而是表示连续论域 U 上的元素 x 与隶属度 $\mu_{A_{\sim}}(x)$ 一一对应关系的总体集合。

3. 模糊集合的运算

由于模糊集合和它的隶属函数一一对应，所以模糊集的运算也通过隶属函数的运算来刻画。

1）空集。模糊集合的空集是指对所有元素 x，它的隶属函数为 0，记作 ϕ，即

$$A_{\sim} = \phi \Leftrightarrow \mu_{A_{\sim}}(x) = 0$$

2）等集。两个模糊集 $A_{\sim}$、$B_{\sim}$，若对所有元素 x，它们的隶属函数相等，则 $A_{\sim}$、$B_{\sim}$ 也相等，即

$$A_{\sim} = B_{\sim} \Leftrightarrow \mu_{A_{\sim}}(x) = \mu_{B_{\sim}}(x)$$

3）子集。在模糊集 $A_{\sim}$、$B_{\sim}$ 中，所谓 $A_{\sim}$ 是 $B_{\sim}$ 的子集或 $A_{\sim}$ 包含于 $B_{\sim}$ 中，是指对所有元素 x，有 $\mu_{A_{\sim}}(x) \leqslant \mu_{B_{\sim}}(x)$，记作 $A_{\sim} \subset B_{\sim}$，即

$$A_{\sim} \subset B_{\sim} \Leftrightarrow \mu_{A_{\sim}}(x) \leqslant \mu_{B_{\sim}}(x)$$

4）并集。模糊集 $A_{\sim}$ 和 $B_{\sim}$ 的并集 $C_{\sim}$，其隶属函数可表示为 $\mu_{C_{\sim}}(x) = \max[\mu_{A_{\sim}}(x), \mu_{B_{\sim}}(x)]$，$\forall x \in U$，即

$$C_{\sim} = A_{\sim} \cup B_{\sim} \Leftrightarrow \mu_{C_{\sim}}(x) = \max[\mu_{A_{\sim}}(x), \mu_{B_{\sim}}(x)] = \mu_{A_{\sim}}(x) \vee \mu_{B_{\sim}}(x)$$

5）交集。模糊集 $A_{\sim}$ 和 $B_{\sim}$ 的交集 $C_{\sim}$，其隶属函数可表示为 $\mu_{C_{\sim}}(x) = \min[\mu_{A_{\sim}}(x), \mu_{B_{\sim}}(x)]$，$\forall x \in U$，即

$$C_{\sim} = A_{\sim} \cap B_{\sim} \Leftrightarrow \mu_{C_{\sim}}(x) = \min[\mu_{A_{\sim}}(x), \mu_{B_{\sim}}(x)] = \mu_{A_{\sim}}(x) \wedge \mu_{B_{\sim}}(x)$$

6）补集。模糊集 $A_{\sim}$ 的补集 $B_{\sim} = \overline{A_{\sim}}$，其隶属函数可表示为 $\mu_{B_{\sim}}(x) = 1 - \mu_{A_{\sim}}(x)$，$\forall x \in U$，即

$$B = \overline{A} \Leftrightarrow \mu_{\underset{\sim}{B}}(x) = 1 - \mu_{\underset{\sim}{A}}(x)$$

7）模糊集运算的基本性质。与普通集合一样，模糊集满足幂等律、交换律、吸收律、分配律、结合律、摩根定理等，但是，互补律不成立，即

$$\underset{\sim}{A} \cup \overline{\underset{\sim}{A}} \neq \Omega, \underset{\sim}{A} \cap \overline{\underset{\sim}{A}} \neq \phi$$

式中，Ω 为整数集；ϕ 为空集。

例如，设 $\mu_{\underset{\sim}{A}}(x) = 0.3$，$\mu_{\overline{\underset{\sim}{A}}}(x) = 0.7$，则

$$\mu_{\underset{\sim}{A} \cup \overline{\underset{\sim}{A}}}(x) = 0.7 \neq 1$$

$$\mu_{\underset{\sim}{A} \cap \overline{\underset{\sim}{A}}}(x) = 0.3 \neq 0$$

4. 隶属函数确定方法

隶属函数的确定，应该是反映出客观模糊现象的具体特点，要符合客观规律，而不是主观臆想的。但是，一方面由于模糊现象本身存在着差异，而另一方面，由于每个人在专家知识、实践经验、判断能力等方面各有所长，即使对于同一模糊概念的认定和理解，也会具有差别性。因此，隶属函数的确定又带有一定的主观性，仅多少而异。正因为概念上的模糊性，对于同一个模糊概念，不同的人会使用不同的确定隶属函数的方法，建立不完全相同的隶属函数，但所得到的处理模糊信息问题的本质结果应该是相同的。下面介绍几种常用的确定隶属函数的方法。

（1）模糊统计法

模糊统计和随机统计是两种完全不同的统计方法。随机统计是对肯定性事件的发生频率进行统计的，统计结果称为概率。模糊统计是对模糊性事物的可能性程度进行统计，统计的结果称为隶属度。

对于模糊统计实验，在论域 U 中给出一个元素 x，再考虑 n 个有模糊集合 $\underset{\sim}{A}$ 属性的普通集合 A^*，以及元素 x 对 A^* 的归属次数。x 对 A^* 的归属次数和 n 的比值就是统计出的元素 x 对 $\underset{\sim}{A}$ 的隶属函数，即

$$\mu_{\underset{\sim}{A}}(x) = \lim_{n \to \infty} \frac{x \in A^* \text{的次数}}{n}$$

当 n 足够大时，隶属函数 $\mu_{\underset{\sim}{A}}(x)$ 是一个稳定值。

采用模糊统计进行大量实验，就能得出各个元素 x_i（$i = 1, 2, \cdots, n$）的隶属度，以隶属度和元素组成一个单点，就可以把模糊集合 $\underset{\sim}{A}$ 表示出来。

（2）二元对比排序法

二元对比排序法是一种较实用的确定隶属函数的方法。它是通过对多个事物之间两两对比来确定某种特征下的顺序，由此来决定这些事物对该特征的隶属函数的大致形状。二元对比排序法，根据对比测度不同，可分为相对比较法、对比平均法、优先关系定序法和相似优先比法等，下面介绍一种较实用又方便的相对比较法。

设给定论域 U 中一对元素 (x_1, x_2)，其具有某特征的等级分别为 $g_{x_2}(x_1)$ 和 $g_{x_1}(x_2)$，意思就是：在 x_1 和 x_2 的二元对比中，如果 x_1 具有某特征的程度用 $g_{x_2}(x_1)$ 来表示，则 x_2 具有该特征的程度表示为 $g_{x_1}(x_2)$。并且该二元比较级的数对 $(g_{x_2}(x_1), g_{x_1}(x_2))$ 必须满足

$$0 \leqslant g_{x_2}(x_1) \leqslant 1, \quad 0 \leqslant g_{x_1}(x_2) \leqslant 1$$

令

$$g(x_1/x_2) = \frac{g_{x_2}(x_1)}{\max[g_{x_2}(x_1), g_{x_1}(x_2)]} \tag{6-143}$$

即有

$$g(x_1/x_2) = \begin{cases} g_{x_2}(x_1)/g_{x_1}(x_2) & \text{当 } g_{x_2}(x_1) \leqslant g_{x_1}(x_2) \text{时} \\ 1 & \text{当 } g_{x_2}(x_1) > g_{x_1}(x_2) \text{时} \end{cases} \tag{6-144}$$

这里 x_1，$x_2 \in U$，若由 $g(x_1/x_2)$ 为元素构成矩阵，并设 $g(x_i/x_j)$，当 $i=j$ 时，取值为 1，则得到矩阵 $\boldsymbol{G}$，被称为"相及矩阵"。如

$$\boldsymbol{G} = \begin{bmatrix} 1 & g(x_1/x_2) \\ g(x_2/x_1) & 1 \end{bmatrix}$$

（3）专家经验法

专家经验法是根据专家的实际经验给出模糊信息的处理算式或相应权系数值来确定隶属函数的一种方法。如果专家经验越成熟，实践时间和次数越多，则按此专家经验确定的隶属函数将会取得更好的效果。

5. 模糊关系

在日常生活中，除了如"电源开关与电动机起动按钮都闭合了"，"A 等于 B"等清晰概念上的普通逻辑关系以外，还常遇到一些表达模糊概念的关系语句，例如"弟弟（x）与爸爸（y）很相像"，"大屏幕电视比小屏幕电视更好看"等。因此，可以说模糊关系是普通关系的拓宽，普通关系只是表示事物（元素）间是否存在关联，而模糊关系是描述事物（元素）间对于某一模糊概念上的关联程度，这要用普通关系来表示是有困难的，而用模糊关系来表示则更为确切和现实。模糊关系在系统、控制、图像识别、推理、诊断等领域得到广泛应用。

（1）关系

客观世界的各事物之间普遍存在着联系，描写事物之间联系的数学模型之一就是关系，常用符号 R 表示。

① 关系的概念。若 R 为由集合 X 到集合 Y 的普通关系，则对任意 $x \in X$，$y \in Y$ 都只能有下列两种情况：

- x 与 y 有某种关系，即 xRy。
- x 与 y 无某种关系，即 $x\overline{R}y$。

② 直积集。由 X 到 Y 的关系 R，也可用序偶 (x, y) 来表示，所有有关系 R 的序偶可以构成一个 R 集。

在集 X 与集 Y 中各取出一元素排成序对，所有这样序对的全体所组成的集合叫作 X 和 Y 的直积集（也称笛卡儿乘积集），记为

$$X \times Y = \{(x,y) \mid x \in X, y \in Y\}$$

显然 R 是 X 和 Y 的直积集的一个子集，即

$$R \subset X \times Y$$

自返性关系　一个关系 R，若对 $\forall x \in X$，都有 xRX，即集合的每一个元素 x 都与自身有

222

这一关系，则称 R 为具有自返性的关系。例如，把 X 看作是集合，同族关系便具有自返性，但父子关系不具有自返性。

对称性关系 一个 X 中的关系 R，若对 $\forall x$，$y \in X$，若有 xRy，必有 yRx，即满足这一关系的两个元素的地位可以对调，则称 R 为具有对称性关系。例如，兄弟关系和朋友关系都具有对称性，但父与子关系不具有对称性。

传递性关系 一个 X 中的关系 R，若对 $\forall x$，y，$z \in X$，且有 xRy，yRz，则必有 xRz，则称 R 具有传递性关系。例如，兄弟关系和同族关系具有传递性，但父子关系不具有传递性。

具有自返性和对称性的关系称为相容关系，具有传递性的相容关系称为等价关系。

（2）模糊关系

两组事物之间的关系不宜用"有"或"无"进行肯定或否定回答时，可以用模糊关系来描述。

设 $X \times Y$ 为集合 X 与 Y 的直积集，$\underset{\sim}{R}$ 是 $X \times Y$ 的一个模糊子集，它的隶属函数为 $\mu_{\underset{\sim}{R}}$ $(x$，$y)$ $(x \in X$，$y \in Y)$，这样就确定了一个 X 与 Y 的模糊关系 $\underset{\sim}{R}$，由隶属函数 $\mu_{\underset{\sim}{R}}(x$，$y)$ 刻画，函数值 $\mu_{\underset{\sim}{R}}(x$，$y)$ 代表序偶 $(x$，$y)$ 具有关系 $\underset{\sim}{R}$ 的程度。

一般说来，只要给出直积空间 $X \times Y$ 中的模糊集合 $\underset{\sim}{R}$ 的隶属函数 $\mu_{\underset{\sim}{R}}(x$，$y)$，集合 X 到集合 Y 的模糊关系 $\underset{\sim}{R}$ 也就确定了。模糊关系也有自返性、对称性、传递性等关系。

自返性 一个模糊关系 $\underset{\sim}{R}$，若对 $\forall x \in X$，有 $\mu_R(x$，$y)=1$，即每一个元素 x 与自身隶属于模糊关系 $\underset{\sim}{R}$ 的程度为1，则称 $\underset{\sim}{R}$ 为具有自返性的模糊关系。例如，相像关系就具有自返性，仇敌关系不具有自返性。

对称性 一个模糊关系 $\underset{\sim}{R}$，若 $\forall x$，$y \in X$，均有 $\mu_R(x$，$y)=\mu_R(y$，$x)$，即 x 与 y 隶属于模糊关系 $\underset{\sim}{R}$ 的程度和 y 与 x 隶属于模糊关系 $\underset{\sim}{R}$ 的程度相同，则称 $\underset{\sim}{R}$ 为具有对称性的模糊关系。例如，相像关系就具有对称性，而相爱关系就不具有对称性。

传递性 一个模糊关系 $\underset{\sim}{R}$，若对 $\forall x$，y，$z \in X$，均有 $\mu_R(x,z) \geqslant \min[\mu_R(x$，$y)$，$\mu_R(y$，$z)]$，$\mu_R(y$，$z)]$，即 x 与 y 隶属于模糊关系 $\underset{\sim}{R}$ 的程度和 y 与 z 隶属于模糊关系 $\underset{\sim}{R}$ 的程度中较小的一个值都小于 x 和 z 隶属于模糊关系 $\underset{\sim}{R}$ 的程度，则称 $\underset{\sim}{R}$ 为具有传递性的模糊关系。

（3）模糊矩阵

当 $X = \{x_i | i = 1, 2, \cdots, m\}$，$Y = \{y_j | j = 1, 2, \cdots, n\}$ 是有限集合时，则 $X \times Y$ 的模糊关系 $\underset{\sim}{R}$ 可用下列 $m \times n$ 阶矩阵来表示

$$\underset{\sim}{R} = \begin{bmatrix} r_{11} & r_{12} & \cdots & r_{1j} & \cdots & r_{1n} \\ r_{21} & r_{22} & \cdots & r_{2j} & \cdots & r_{2n} \\ \vdots & \vdots & & \vdots & & \vdots \\ r_{i1} & r_{i2} & \cdots & r_{ij} & \cdots & r_{in} \\ \vdots & \vdots & & \vdots & & \vdots \\ r_{m1} & r_{m2} & \cdots & r_{mj} & \cdots & r_{mn} \end{bmatrix} \tag{6-145}$$

223

式中，元素 $r_{ij} = \mu_{\underset{\sim}{R}}(x_i, y_j)$。该矩阵被称为模糊矩阵，简记为

$$\underset{\sim}{\boldsymbol{R}} = [r_{ij}]_{m \times n}$$

为讨论模糊矩阵运算方便，设矩阵为 $m \times n$ 阶方阵，即 $\underset{\sim}{\boldsymbol{R}} = [r_{ij}]_{m \times n}$，$\underset{\sim}{\boldsymbol{Q}} = [q_{ij}]_{m \times n}$，此时模糊矩阵的交、并、补运算为

① 模糊矩阵交 $\qquad\qquad\qquad\qquad \underset{\sim}{\boldsymbol{R}} \cap \underset{\sim}{\boldsymbol{Q}} = [r_{ij} \wedge q_{ij}]_{m \times n}$ (6-146)

② 模糊矩阵并 $\qquad\qquad\qquad\qquad \underset{\sim}{\boldsymbol{R}} \cup \underset{\sim}{\boldsymbol{Q}} = [r_{ij} \vee q_{ij}]_{m \times n}$ (6-147)

③ 模糊矩阵补 $\qquad\qquad\qquad\qquad \underset{\sim}{\boldsymbol{R}} = [1 - r_{ij}]_{m \times n}$ (6-148)

模糊矩阵的合成运算：设合成算子"∘"，它用来代表两个模糊矩阵的相乘，与线性代数中的矩阵乘极为相似，只是将普通矩阵运算中对应元素间相乘用取小运算"∧"来代替，而元素间相加用取大"∨"来代替。

设两个模糊矩阵 $\underset{\sim}{\boldsymbol{P}} = [p_{ij}]_{m \times n}$，$\underset{\sim}{\boldsymbol{Q}} = [q_{jk}]_{n \times l}$，合成运算 $\underset{\sim}{\boldsymbol{P}} \circ \underset{\sim}{\boldsymbol{Q}}$ 的结果也是一个模糊矩阵 $\underset{\sim}{\boldsymbol{R}}$，则 $\underset{\sim}{\boldsymbol{R}} = [r_{ik}]_{m \times l}$。模糊矩阵 $\underset{\sim}{\boldsymbol{R}}$ 的第 i 行第 k 列元素 r_{ik} 等于 $\underset{\sim}{\boldsymbol{P}}$ 矩阵的第 i 行元素与 $\underset{\sim}{\boldsymbol{Q}}$ 矩阵的第 k 列对应元素两两取小，而后再在所得到的 j 个元素中取大，即

$$r_{ik} = \bigvee_{j=1}^{n} (p_{ij} \wedge q_{jk}) \quad (i = 1, 2, \cdots, m; \ k = 1, 2, \cdots, l)$$ (6-149)

6.10.2　模糊控制系统组成

根据前述模糊控制系统的定义，不难想象模糊控制系统组成具有常规计算机控制系统的结构形式，如图 6-46 所示。由图可知，模糊控制系统通常由模糊控制器、输入/输出接口、执行机构、被控对象和测量装置五个部分组成。

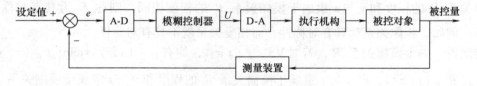

图 6-46　模糊控制系统组成框图

被控对象：它可以是一种设备或装置以及它们的群体，也可以是一个生产的、自然的、社会的、生物的或其他各种状态的转移过程。这些被控对象可以是确定或模糊的、单变量或多变量的、有滞后或无滞后的，也可以是线性或非线性的、定常或时变的，以及具有强耦合和干扰等多种情况。对于那些难以建立精确数学模型的复杂对象，更适宜采用模糊控制。

执行机构：除了电气的以外，如各类交、直流电动机，伺服电动机，步进电动机等，还有气动的和液压的，如各类气动调节阀和液压马达、液压阀等。

模糊控制器：各类自动控制系统中的核心部分。由于被控对象的不同，以及对系统静态、动态特性的要求和所应用的控制规则（或策略）相异，可以构成各种类型的控制器，如在经典控制理论中，用运算放大器加上阻容网络构成的 PID 控制器和由前馈、反馈环节构成的各种串、并联校正器；在现代控制理论中，设计的有状态观测器、自适应控制器、解耦控制器、鲁棒控制器等。而在模糊控制理论中，则采用基于模糊知识表示和规则推理的语音

型"模糊控制器",这也是模糊控制系统区别于其他自动控制系统的特点所在。

输入/输出（I/O）接口：在实际系统中，由于多数被控对象的控制量及其可观测状态量是模拟量。因此，模糊控制系统与通常的全数字控制系统或混合控制系统一样，必须具有模/数（A-D）、数/模（D-A）转换单元，不同的只是在模糊控制系统中，还应该有适用于模糊逻辑处理的"模糊化"与"解模糊化"（或称"非模糊化"）环节，这部分通常也被看作是模糊控制器的输入/输出接口。

测量装置：它是将被控对象的各种非电量，如流量、温度、压力、速度、浓度等转换为电信号的一类装置。通常由各类数字的或模拟的测量仪器、检测元件或传感器等组成。它在模糊控制系统中占有十分重要的地位，其精度往往直接影响整个系统的性能指标，因此要求其精度高、可靠且稳定性好。

在模糊控制系统中，为了提高控制精度，要及时观测被控制量的变化特性及其与期望值间的偏差，以便及时调整控制规则和控制量输出值，因此，往往将测量装置的观测值反馈到系统输入端，并与给定输入量相比较，构成具有反馈通道的闭环结构形式。

模糊控制器主要包括输入量模糊化接口、知识库、推理机、解模糊接口四个部分，如图 6-47 所示。

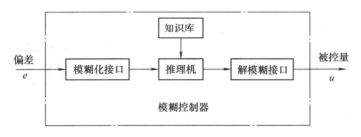

图 6-47　模糊控制器的组成

1. 模糊化接口

模糊控制器的确定量输入必须经过模糊化接口模糊化后，转换成一个模糊矢量才能用于模糊控制，具体可按模糊化等级进行模糊化。

例如，取值在 $[a, b]$ 间的连续量 x 经公式

$$y = \frac{12}{b-a}\left(x - \frac{a+b}{2}\right) \tag{6-150}$$

变换为取值在 $[-6, 6]$ 间的连续量 y，再将 y 模糊化为七级，相应的模糊量用模糊语言表示如下：

在 -6 附近称为负大，记为 NL；

在 -4 附近称为负中，记为 NM；

在 -2 附近称为负小，记为 NS；

在 0 附近称为适中，记为 ZO；

在 2 附近称为正小，记为 PS；

在 4 附近称为正中，记为 PM；

在 6 附近称为正大，记为 PL。

因此，对于模糊输入变量 y，其模糊子集为 $y = \{NL, NM, NS, ZO, PS, PM, PL\}$。

这样，它们对应的模糊子集见表 6-5。表中的数为对应元素在对应模糊集中的隶属度。当然，这仅是一个示意性的表，目的在于说明从精确量向模糊量的转换过程，实际的模糊集要根据具体问题来规定。

表 6-5　模糊变量 y 不同等级的隶属度值

模糊变量　隶属度　等级	−6	−5	−4	−3	−2	−1	0	1	2	3	4	5	6
PL	0	0	0	0	0	0	0	0	0.2	0.4	0.7	0.8	1
PM	0	0	0	0	0	0	0	0	0.2	0.7	1	0.7	0.2
PS	0	0	0	0	0	0	0.3	0.8	1	0.7	0.5	0.2	0
ZO	0	0	0	0	0.1	0.6	1	0.6	0.1	0	0	0	0
NS	0	0.2	0.5	0.7	1	0.8	0.3	0	0	0	0	0	0
NM	0.2	0.7	1	0.7	0.2	0	0	0	0	0	0	0	0
NL	1	0.8	0.7	0.4	0.2	0	0	0	0	0	0	0	0

2. 知识库

知识库由数据库和规则库两部分组成。

数据库所存放的是所有输入输出变量的全部模糊子集的隶属度矢量值，若论域为连续域，则为隶属度函数。对于以上例子，需将表 6-5 中内容存放于数据库，在规则推理的模糊关系方程求解过程中，向推理机提供数据。但要说明的是，输入变量和输出变量的测量数据集不属于数据库存放范畴。

规则库就是用来存放全部模糊控制规则的，在推理时为"推理机"提供控制规则。模糊控制器的规则是基于专家知识或手动操作经验来建立的，它是按人的直觉推理的一种语言表示形式。模糊规则通常由一系列的关系词连接而成，如 if – then、else、also、and、or 等，关系词必须经过"翻译"，才能将模糊规则数值化。如果某模糊控制器的输入变量为偏差 e 和偏差变化 e_c，模糊控制器的输出变量为 u，其相应的语言变量为 E、EC 和 U，给出下述一族模糊规则：

R1：	if	$E = NB$	or	NM	and	$EC = NB$	or	NM	then	$U = PB$
R2：	if	$E = NB$	or	NM	and	$EC = NS$	or	NO	then	$U = PB$
R3：	if	$E = NB$	or	NM	and	$EC = PS$			then	$U = PM$
R4：	if	$E = NB$	or	NM	and	$EC = PM$	or	PB	then	$U = NO$
R5：	if	$E = NS$			and	$EC = NB$	or	NM	then	$U = PM$
R6：	if	$E = NS$			and	$EC = NS$	or	NO	then	$U = PM$
R7：	if	$E = NS$			and	$EC = PS$			then	$U = NO$
R8：	if	$E = NS$			and	$EC = PM$	or	PB	then	$U = NS$
R9：	if	$E = NO$	or	PO	and	$EC = NB$	or	NM	then	$U = PM$
R10：	if	$E = NO$	or	PO	and	$EC = NS$			then	$U = PS$
R11：	if	$E = NO$	or	PO	and	$EC = NO$			then	$U = NO$
R12：	if	$E = NO$	or	PO	and	$EC = PS$			then	$U = NS$
R13：	if	$E = NO$	or	PO	and	$EC = PM$	or	PB	then	$U = NM$

	if			and		or		then	
R14：	if	$E = PS$		and	$EC = NB$	or	NM	then	$U = PS$
R15：	if	$E = PS$		and	$EC = NS$			then	$U = NO$
R16：	if	$E = PS$		and	$EC = NO$	or	PS	then	$U = NM$
R17：	if	$E = PS$		and	$EC = PM$	or	PB	then	$U = NM$
R18：	if	$E = PM$	or PB	and	$EC = NB$	or	NM	then	$U = NO$
R19：	if	$E = PM$	or PB	and	$EC = NS$			then	$U = NM$
R20：	if	$E = PM$	or PB	and	$EC = NO$	or	PS	then	$U = NB$
R21：	if	$E = PM$	or PB	and	$EC = PM$	or	PB	then	$U = NB$

上述 21 条模糊条件语句可以归纳为模糊控制规则表，见表6-6。

表6-6　模糊控制规则表

E \ U \ EC	PB	PM	PS	ZO	NS	NM	NB
PB	NB	NB	NB	NB	NM	ZO	ZO
PM	NB	NB	NB	NB	NM	ZO	ZO
PS	NM	NM	NM	NM	ZO	PS	PS
PO	NM	NM	NS	ZO	PS	PM	PM
NO	NM	NM	NS	ZO	PS	PM	PM
NS	NS	NS	ZO	PM	PM	PM	PM
NM	ZO	ZO	PM	PB	PB	PB	PB
NB	ZO	ZO	PM	PB	PB	PB	PB

3. 推理机

推理机是模糊控制器中，根据输入模糊量和知识库进行模糊推理，求解模糊关系方程，并获得模糊控制量的功能部分。模糊推理有时也称似然推理，其一般形式如下：

1）一维推理。

前提：if $\underset{\sim}{A} = \underset{\sim}{A}_1$, then $\underset{\sim}{B} = \underset{\sim}{B}_1$

条件：if $\underset{\sim}{A} = \underset{\sim}{A}_2$

结论：then $\underset{\sim}{B} = ?$

2）二维推理。

前提：if $\underset{\sim}{A} = \underset{\sim}{A}_1$ and $\underset{\sim}{B} = \underset{\sim}{B}_1$ then $\underset{\sim}{C} = \underset{\sim}{C}_1$

条件：if $\underset{\sim}{A} = \underset{\sim}{A}_2$ and $\underset{\sim}{B} = \underset{\sim}{B}_2$

结论：then $\underset{\sim}{C} = ?$

当上述给定条件为模糊集时，可以采用似然推理方法进行推理。在模糊控制中，由于控制器的输入变量（如偏差和偏差变化）往往不是一个模糊子集，而是一些孤点（如 $a = a_0$，$b = b_0$）等。因此这种推理方式一般不直接使用，模糊推理方式略有不同，一般可分为以下三类推理方式，设有两条推理规则：

1) if $\underset{\sim}{A} = \underset{\sim}{A}_1$ and $\underset{\sim}{B} = \underset{\sim}{B}_1$, then $\underset{\sim}{C} = \underset{\sim}{C}_1$

2) if $\underset{\sim}{A} = \underset{\sim}{A}_2$ and $\underset{\sim}{B} = \underset{\sim}{B}_2$, then $\underset{\sim}{C} = \underset{\sim}{C}_2$

推理方式一：又称为 Mamdani 极小运算法。

设 $a = a_0$，$b = b_0$，则新的隶属度为

$$\mu_{\underset{\sim}{C}}(z) = [w_1 \wedge \mu_{\underset{\sim}{C}_1}(z)] \vee [w_2 \wedge \mu_{\underset{\sim}{C}_2}(z)]$$

式中

$$w_1 = \mu_{\underset{\sim}{A}_1}(a_0) \wedge \mu_{\underset{\sim}{B}_1}(b_0)$$

$$w_2 = \mu_{\underset{\sim}{A}_2}(a_0) \wedge \mu_{\underset{\sim}{B}_2}(b_0)$$

该方法常用于模糊控制系统中，直接采用极大极小合成运算方法，计算较简便，但在合成运算中，信息丢失较多。

推理方式二：又称为代数乘积运算法。

设 $a = a_0$，$b = b_0$，有

$$\mu_{\underset{\sim}{C}}(z) = [w_1 \mu_{\underset{\sim}{C}_1}(z)] \vee [w_2 \mu_{\underset{\sim}{C}_2}(z)]$$

式中

$$w_1 = \mu_{\underset{\sim}{A}_1}(a_0) \wedge \mu_{\underset{\sim}{B}_1}(b_0)$$

$$w_2 = \mu_{\underset{\sim}{A}_2}(a_0) \wedge \mu_{\underset{\sim}{B}_2}(b_0)$$

在合成过程中，与方式一比较该种方式丢失信息少。

推理方式三：该方式由学者 Tsukamoto 提出，适合于隶属度为单调的情况。

设 $a = a_0$，$b = b_0$，有

$$z_0 = \frac{w_1 z_1 + w_2 z_2}{w_1 + w_2}$$

式中

$$z_1 = \mu_{\underset{\sim}{C}_1}^{-1}(w_1), z_2 = \mu_{\underset{\sim}{C}_2}^{-1}(w_2);$$

$$w_1 = \mu_{\underset{\sim}{A}_1}(a_0) \wedge \mu_{\underset{\sim}{B}_1}(b_0)$$

$$w_2 = \mu_{\underset{\sim}{A}_2}(a_0) \wedge \mu_{\underset{\sim}{B}_2}(b_0)$$

4. 解模糊接口

由于被控对象每次只能接收一个精确的控制量，无法接收模糊控制量，因此必须经过清晰化接口将其转换成精确量，这一过程又称为模糊判决，也称为去模糊，通常采用下述三种方法。

（1）最大隶属度方法

若对应的模糊推理的模糊集 $\underset{\sim}{C}$ 中，元素 $u^* \in U$ 满足

$$\mu_{\underset{\sim}{C}}(u^*) \geqslant \mu_{\underset{\sim}{C}}(u) \quad u \in U$$

则取 u^* 作为控制量的精确值。

若这样的隶属度最大点 u^* 不唯一，就取它们的平均值 $\overline{u^*}$ 或 $[u_1^*, u_p^*]$ 的中点 $(u_1^* + u_p^*)/2$ 作为输出控制量（其中 $u_1^* \leqslant u_2^* \leqslant \cdots \leqslant u_p^*$）。这种方法简单、易行、实时性好，但它概括的信息量少。

例如，若

$$\underset{\sim}{C} = 0.2/2 + 0.7/3 + 1/4 + 0.7/5 + 0.2/6$$

则按最大隶属度原则应取控制量 $u^* = 4$。

又如，若

$$\underset{\sim}{C} = 0.1/-4 + 0.4/-3 + 0.8/-2 + 1/-1 + 1/0 + 0.4/1$$

则按平均值法，应取

$$u^* = \frac{0 + (-1)}{2} = \frac{-1}{2} = -0.5$$

（2）加权平均法

加权平均法是模糊控制系统中应用较为广泛的一种判决方法，该方法有两种形式。

1）普通加权平均法。控制量由下式决定

$$u^* = \frac{\sum\limits_i \mu_{\underset{\sim}{C}}(u_i) \cdot u_i}{\sum\limits_i \mu_{\underset{\sim}{C}}(u_i)}$$

例如，若

$$\underset{\sim}{C} = 0.1/2 + 0.8/3 + 1.0/4 + 0.8/5 + 0.1/6$$

则

$$u^* = \frac{0.1 \times 2 + 0.8 \times 3 + 1.0 \times 4 + 0.8 \times 5 + 0.1 \times 6}{0.1 + 0.8 + 1.0 + 0.8 + 0.1} = 4$$

2）权系数加权平均法。控制量由下式决定

$$u^* = \frac{\sum\limits_i k_i u_i}{\sum\limits_i k_i}$$

式中，k_i 为权系数，根据实际情况决定。当 $k_i = \mu_{\underset{\sim}{C}}(u_i)$ 时，即为普通加权平均法。通过修改加权系数，可以改善系统的响应特性。

（3）中位数判决法

在最大隶属度判决法中，只考虑了最大隶属数，而忽略了其他信息的影响。中位数判决法是将隶属函数曲线与横坐标所围成的面积平均分成两部分，以分界点所对应的论域元素 u_i 作为判决输出。

设模糊推理的输出为模糊量 $\underset{\sim}{C}$，若存在 u^*，并且使

$$\sum_{u_{\min}}^{u^*} \mu_{\underset{\sim}{C}}(u) = \sum_{u^*}^{u_{\max}} \mu_{\underset{\sim}{C}}(u)$$

则取 u^* 为控制量的精确值。

6.10.3 模糊控制器设计

设计一个模糊控制系统的关键是设计模糊控制器，而设计一个模糊控制器就需要选择模糊控制器的结构，选取模糊规则，确定模糊化和解模糊方法，确定模糊控制器的参数，编写模糊控制算法程序。

1. 模糊控制器的结构设计

（1）单输入单输出结构

在单输入单输出系统中，受人类控制过程的启发，一般可设计成一维或二维模糊控制器。在极少数情况下，才有设计成三维控制器的要求。这里所讲的模糊控制器的维数，通常是指其输入变量的个数。

① 一维模糊控制器。这是一种最为简单的模糊控制器，其输入和输出变量均只有一个。假设模糊控制器输入变量为 X，输出变量为 Y，此时的模糊规则（X 一般为控制误差，Y 为控制量）为

$$R_1 : \text{if } X \text{ is } \underset{\sim}{A}_1 \quad \text{then } Y \text{ is } \underset{\sim}{B}_1 \text{ or}$$

$$\vdots$$

$$R_n : \text{if } X \text{ is } \underset{\sim}{A}_n \quad \text{then } Y \text{ is } \underset{\sim}{B}_n$$

这里，$\underset{\sim}{A}_1, \cdots, \underset{\sim}{A}_n$ 和 $\underset{\sim}{B}_1, \cdots, \underset{\sim}{B}_n$ 均为输入输出论域上的模糊子集。这类模糊规则的模糊关系为

$$\underset{\sim}{R}(x,y) = \bigcup_{i=1}^{n} \underset{\sim}{A}_i \times \underset{\sim}{B}_i \tag{6-151}$$

② 二维模糊控制器。这里的二维指的是模糊控制器的输入变量有两个，而控制器的输出只有一个。这类模糊规则的一般形式为

$$R_i : \text{if } X_1 \text{ is } \underset{\sim}{A}_i^1 \text{ and } X_2 \text{ is } \underset{\sim}{A}_i^2 \text{ then } Y \text{ is } \underset{\sim}{B}_i$$

这里，$\underset{\sim}{A}_i^1$、$\underset{\sim}{A}_i^2$ 和 $\underset{\sim}{B}_i$ 均为论域上的模糊子集。这类模糊规则的模糊关系为

$$\underset{\sim}{R}(x,y) = \bigcup_{i=1}^{n} (\underset{\sim}{A}_i^1 \times \underset{\sim}{A}_i^2) \times \underset{\sim}{B}_i \tag{6-152}$$

在实际系统中，X_1 一般取为误差，X_2 一般取为误差变化率，Y 一般取为控制量。

（2）多输入多输出结构

工业过程中的许多被控对象比较复杂，往往具有一个以上的输入和输出变量。以二输入三输出为例，则有

$$R_i : \text{if } (X_1 \text{ is } \underset{\sim}{A}_i^1 \text{ and } X_2 \text{ is } \underset{\sim}{A}_i^2) \text{ then } (Y_1 \text{ is } \underset{\sim}{B}_i^1 \text{ and } Y_2 \text{ is } \underset{\sim}{B}_i^2 \text{ and } Y_3 \text{ is } \underset{\sim}{B}_i^3)$$

由于人对具体事物的逻辑思维一般不超过三维，因而很难对多输入多输出系统直接提取控制规则。例如，已有样本数据 $(X_1, X_2, Y_1, Y_2, Y_3)$，则可将之变换为 (X_1, X_2, Y_1)，(X_1, X_2, Y_2)，(X_1, X_2, Y_3)。首先把多输入多输出系统化为多输入单输出的结构形式，然后用多输入单输出系统的设计方法进行模糊控制器设计。这样做，不仅设计简单，而且经人们的长期实践检验，也是可行的，这就是多变量控制系统的模糊解耦问题。

2. 模糊规则的选择和模糊推理

（1）模糊规则的选择

模糊规则的选择是设计模糊控制器的核心，由于模糊规则一般需要由设计者提取，因而在模糊规则的取舍上往往体现了设计者本身的主观倾向。模糊规则的选取过程可简单分为以下三个部分：

① 模糊语言变量的确定。一般说来，一个语言变量的语言值越多，对事物的描述就越准确，可能得到的控制效果就越好。当然，过细的划分反而使控制规则变得复杂，因此应视

具体情况而定。如误差等的语言变量的语言值一般取为 {负大，负中，负小，负零，正零，正小，正中，正大}。

② 语言值隶属函数的确定。语言值的隶属函数又称为语言值的语义规则，它有时以连续函数的形式出现，有时以离散的量化等级形式出现。连续的隶属函数描述比较准确，而离散的量化等级简洁直观。

③ 模糊控制规则的建立。模糊控制规则的建立常采用经验归纳法和推理合成法。所谓经验归纳法，就是根据人的控制经验和直觉推理，经整理、加工和提炼后构成模糊规则的方法，它实质上是从感性认识上升到理性认识的一个飞跃过程。推理合成法是根据已有输入输出数据对，通过模糊推理合成，求取模糊控制规则。

（2）模糊推理

模糊推理有时也称为似然推理，其一般形式为

① 一维形式：

$$\text{if} \quad X \quad \text{is} \quad \underset{\sim}{A} \quad \text{then} \quad Y \quad \text{is} \quad \underset{\sim}{B}$$

$$\text{if} \quad X \quad \text{is} \quad \underset{\sim}{A}_1 \quad \text{then} \quad Y \quad \text{is} \quad ?$$

② 二维形式：

$$\text{if} \quad X \quad \text{is} \quad \underset{\sim}{A} \quad \text{and} \quad Y \quad \text{is} \quad \underset{\sim}{B} \quad \text{then} \quad Z \quad \text{is} \quad \underset{\sim}{C}$$

$$\text{if} \quad X \quad \text{is} \quad \underset{\sim}{A}_1 \quad \text{and} \quad Y \quad \text{is} \quad \underset{\sim}{B}_1 \quad \text{then} \quad Z \quad \text{is} \quad ?$$

3. 解模糊

解模糊的目的是根据模糊推理的结果，求得最能反映控制量的真实分布。目前常用的方法有三种，即最大隶属度法、加权平均原则和中位数判决法。

4. 模糊控制器论域及比例因子的确定

众所周知，任何物理系统的信号都是有界的。在模糊控制系统中，这个有限界一般称为该变量的基本论域，它是实际系统的变化范围。以两输入单输出的模糊控制系统为例，设定误差的基本论域为 $[-|e_{max}|, |e_{max}|]$，误差变化率的基本论域为 $[-|ec_{max}|, |ec_{max}|]$，控制量的变化范围为 $[-|u_{max}|, |u_{max}|]$。类似地，设误差的模糊论域为

$$E = \{-l, -(l-1), \cdots, 0, 1, 2, \cdots l\}$$

误差变化率的论域为

$$EC = \{-m, -(m-1), \cdots, 0, 1, 2, \cdots, m\}$$

控制量所取的论域为

$$U = \{-n, -(n-1), \cdots, 0, 1, 2, \cdots, n\}$$

若用 a_e、a_c、a_u 分别表示误差、误差变化率和控制量的比例因子，则有

$$a_e = l/|e_{max}| \tag{6-153}$$

$$a_c = m/|ec_{max}| \tag{6-154}$$

$$a_u = n/|u_{max}| \tag{6-155}$$

一般说来，a_e 越大，系统的超调越大，过渡过程就越长；a_e 越小，则系统变化越慢，稳态精度降低。a_c 越大，则系统输出变化率越小，系统变化越慢；若 a_c 越小，则系统反应越快，但超调增大。

5. 编写模糊控制器的算法程序

编写算法程序的步骤如下：

1）设置输入、输出变量及控制量的基本论域，即 $e \in [-|e_{max}|, |e_{max}|]$，$ec \in [-|ec_{max}|,$ $|ec_{max}|]$，$u \in [-|u_{max}|, |u_{max}|]$。预置量化常数 a_e、a_c、a_u 和采样周期 T。

2）判断采样时间到否，若时间已到，则转第 3）步，否则转第 2）步。

3）启动 A-D 转换，进行数据采集和数字滤波等。

4）计算 e 和 e_c，并判断它们是否已超过上（下）限值，若已超过，则将其设定为上（下）限值。

5）按给定的输入比例因子 a_e、a_c 量化（模糊化）并由此查询控制表。

6）查得控制量的量化值清晰化后，乘上适当的比例因子 a_u。若 u 已超过上（下）限值，则设置为上（下）限值。

7）启动 D-A 转换，作为模糊控制器实际模拟量输出。

8）判断控制时间是否已到，若是则停机，否则转第 2）步。

6.10.4 双输入单输出模糊控制器设计

一般的模糊控制器都是采用双输入单输出的系统，即在控制过程中，不仅对实际偏差自动进行调节，还要求对实际误差变化率进行调节，这样才能保证系统稳定，不致产生振荡。

对于双输入单输出系统，采用模糊控制器的闭环系统框图如图 6-48 所示。

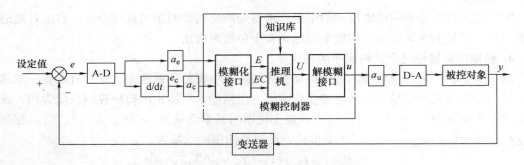

图 6-48　双输入单输出模糊控制结构图

在图 6-48 中，e 为实际偏差；a_e 为偏差比例因子，e_c 为实际偏差变化；a_c 为偏差变化比例因子；u 为控制量；a_u 为控制量的比例因子。

1. 模糊化

设置输入输出变量的论域，并预置常数 a_e、a_c、a_u，如果偏差 $e \in [-|e_{max}|, |e_{max}|]$，且 $l = 6$，则由式（6-153）知误差的比例因子为 $a_e = 6/|e_{max}|$，这样就有

$$E = a_e \cdot e$$

采用就近取整的原则，得 E 的论域为

$$\{-6, -5, -4, -3, -2, -1, -0, +0, +1, +2, +3, +4, +5, +6\}$$

利用负大 [NL]、负中 [NM]、负小 [NS]、负零 [NO]、正零 [PO]、正小 [PS]、正中 [PM]、正大 [PL] 共 8 个模糊状态来描述变量 E，那么 E 的赋值见表 6-7。

表 6-7 模糊变量 E 的赋值表

模糊变量 \ 隶属度 \ E	-6	-5	-4	-3	-2	-1	-0	+0	1	2	3	4	5	6
PL	0	0	0	0	0	0	0	0	0	0	0.1	0.4	0.8	1.0
PM	0	0	0	0	0	0	0	0	0	0.2	0.7	1.0	0.7	0.2
PS	0	0	0	0	0	0	0	0.3	0.8	1.0	0.5	0.1	0	0
PO	0	0	0	0	0	0	0	1.0	0.6	0.1	0	0	0	0
NO	0	0	0	0	0.1	0.6	1.0	0	0	0	0	0	0	0
NS	0	0	0.1	0.5	1.0	0.8	0.3	0	0	0	0	0	0	0
NM	0.2	0.7	1.0	0.7	0.2	0	0	0	0	0	0	0	0	0
NL	1.0	0.8	0.4	0.1	0	0	0	0	0	0	0	0	0	0

如果偏差变化率 $ec \in [-|ec_{max}|, |ec_{max}|]$，且 $m = 6$，则由式（6-154）采用类似方法得 EC 的论域为

$$\{-6, -5, -4, -3, -2, -1, 0, 1, 2, 3, 4, 5, 6\}$$

若采用负大 [NL]、负中 [NM]、负小 [NS]、零 [O]、正小 [PS]、正中 [PM]、正大 [PL] 共 7 个模糊状态来描述 EC，那么 EC 的赋值见表6-8。

表 6-8 模糊变量 EC 的赋值表

模糊变量 \ 隶属度 \ EC	-6	-5	-4	-3	-2	-1	0	1	2	3	4	5	6
PL	0	0	0	0	0	0	0	0	0	0.1	0.4	0.8	1.0
PM	0	0	0	0	0	0	0	0	0.2	0.7	1.0	0.7	0.2
PS	0	0	0	0	0	0	0	0.9	1.0	0.7	0.2	0	0
O	0	0	0	0	0	0.5	1.0	0.5	0	0	0	0	0
NS	0	0	0.2	0.7	1.0	0.9	0	0	0	0	0	0	0
NM	0.2	0.7	1.0	0.7	0.2	0	0	0	0	0	0	0	0
NL	1.0	0.8	0.4	0.1	0	0	0	0	0	0	0	0	0

类似地，得到输出 U 的论域（由式（6-155）得到 $\{-7, -6, -5, -4, -3, -2, -1, 0, 1, 2, 3, 4, 5, 6, 7\}$，也采用 NL、NM、NS、O、PS、PM、PL 共 7 个模糊状态来描述 U，那么 U 的赋值见表6-9。

表 6-9 模糊变量 U 的赋值表

模糊变量 \ 隶属度 \ U	-7	-6	-5	-4	-3	-2	-1	0	+1	+2	+3	+4	+5	+6	+7
PL	0	0	0	0	0	0	0	0	0	0	0	0.1	0.4	0.8	1.0
PM	0	0	0	0	0	0	0	0	0	0.2	0.7	1.0	0.7	0.2	0
PS	0	0	0	0	0	0	0.4	1.0	0.8	0.4	0.1	0	0	0	0
O	0	0	0	0	0	0	0.5	1.0	0.5	0	0	0	0	0	0
NS	0	0	0	0.1	0.4	0.8	1.0	0.4	0	0	0	0	0	0	0
NM	0	0.2	0.7	1.0	0.7	0.2	0	0	0	0	0	0	0	0	0
NL	1.0	0.8	0.4	0.1	0	0	0	0	0	0	0	0	0	0	0

2. 模糊控制规则、模糊关系和模糊推理

对于双输入单输出的系统，一般都采用"If $\underset{\sim}{A}$ and $\underset{\sim}{B}$ then $\underset{\sim}{C}$"来描述。因此，模糊关系为

$$\underset{\sim}{R} = \underset{\sim}{A} \times \underset{\sim}{B} \times \underset{\sim}{C}$$

模糊控制器在某一时刻的输出值为

$$\underset{\sim}{U}(k) = \left[\underset{\sim}{E}(k) \times \underset{\sim}{EC}(k)\right] \cdot \underset{\sim}{R}$$

为了节省 CPU 的运算时间，增强系统的实时性，节省系统存储空间的开销，通常离线进行模糊矩阵 $\underset{\sim}{R}$ 的计算、输出 $\underset{\sim}{U}(k)$ 的计算。本模糊控制器把实际的控制策略归纳为控制规则表，见表 6-10，表中"*"表示在控制过程中不可能出现的情况，称之为"死区"。

表 6-10　推理语言规则表

输出 EC \ E	NL	NM	NS	NO	PO	PS	PM	PL
PL	PL	PM	NL	NL	NL	NL	*	*
PM	PL	PM	NM	NM	NS	NS	*	*
PS	PL	PM	NS	NS	NS	NS	NM	NL
O	PL	PM	PS	O	O	NS	NM	NL
NS	PL	PM	PS	PS	PS	PS	NM	NL
NM	*	*	PS	PM	PM	PM	NM	NL
NL	*	*	PL	PL	PL	PL	NM	NL

3. 解模糊

采用隶属度大的规则进行模糊决策，将 $\underset{\sim}{U}(k)$ 经过清晰化转换成相应的确定量。把运算的结果存储在系统中，见表 6-11。系统运行时通过查表得到确定的输出控制量，然后输出控制量乘上适当的比例因子 a_u，其结果用来进行 D-A 转换输出控制，完成控制生产过程的任务。

表 6-11　模糊控制表

u ec \ e	-6	-5	-4	-3	-2	-1	-0	+0	1	2	3	4	5	6
-6	7	6	7	6	4	4	4	4	2	1	0	0	0	0
-5	6	6	6	6	4	4	4	4	2	1	0	0	0	0
-4	7	6	7	6	4	4	4	4	2	1	0	0	0	0
-3	6	6	6	6	5	5	5	5	2	-2	0	-2	-2	-2
-2	7	6	7	6	4	4	1	1	0	-3	-3	-4	-4	-4
-1	7	6	7	6	4	4	1	1	0	-3	-3	-7	-6	-7
0	7	6	7	6	4	1	0	0	-1	-4	-6	-7	-6	-7
1	4	4	4	3	1	0	-1	-1	-4	-4	-6	-7	-6	-7
2	4	4	4	2	0	0	-1	-1	-4	-4	-6	-7	-6	-7
3	2	2	2	0	0	0	-1	-1	-3	-3	-6	-6	-6	-6
4	0	0	0	-1	-1	-3	-4	-4	-4	-4	-6	-7	-6	-7
5	0	0	0	-1	-1	-2	-4	-4	-4	-4	-6	-6	-6	-6
6	0	0	0	-1	-1	-1	-4	-4	-4	-4	-6	-7	-6	-7

6.11　模型预测控制

6.7 节介绍的数字控制器的直接设计方法是基于 Z 域的设计方法。在时域范围内,基于状态空间描述的现代控制理论,具有最优的性能指标和精确的理论设计方法,在航天航空、制导等领域中获得了成功的应用,但在工业过程控制领域却没有得到预期的效果,主要有以下原因:

1) 此类控制规律必须基于对象精确的数学模型,也就是对象的状态方程或传递函数。为了得到数学模型,必须花费很大的力量进行系统辨识,这对通常是高维多变量的工业过程来说,代价很高,即使得到了一个这样的数学模型,往往也只是实际过程的近似描述,而且从实用考虑,还要进行模型简化。

2) 工业过程具有较大的不确定性,对象参数和环境常常随时间发生变化,引起对象和模型的失配。此外,各类不确定干扰也会影响控制过程。在对复杂工业对象实施控制时,按照理想模型设计的最优控制规律实际上往往不能保证最优,有时甚至还会引起控制品质的严重下降。

3) 工业过程控制算法必须简易可行,便于调整,以满足实时计算和现场操作的需要,而许多现代控制算法难以用计算机实现。

由于这些原因,计算机在工业过程控制中的应用很大部分仍局限于程序控制和简易的数字 PID 控制。

而且,由于工业对象通常是多输入、多输出的复杂关联系统,具有非线性、时变性、强耦合与不确定性等特点,难以得到精确的数学模型。面对理论发展和实际应用之间的不协调,20 世纪 70 年代中期在美、法等国的工业过程控制领域内,首先出现了一类新型计算机控制算法,如动态矩阵控制、模型算法控制。这类算法以对象的阶跃响应或脉冲响应直接作为模型,采用动态预测、滚动优化的策略,具有易于建模、鲁棒性强的显著优点,十分适合复杂工业过程的特点和要求。它们在汽轮发电机、蒸馏塔、预热炉等控制中的成功应用,引起了工业过程控制领域的极大兴趣。20 世纪 80 年代初期,这类控制算法得到了宣传与推广,其应用范围也有所扩大,逐渐形成了工业过程控制的一个新方向。

6.11.1　动态矩阵控制(DMC)

动态矩阵控制(DMC)算法是一种基于对象阶跃响应的预测控制算法,它首先在美国 Shell 公司的过程控制中得到应用,近十年来,在化工、石油部门的过程控制中已被证实是一种成功有效的控制算法。这一算法适用于渐近稳定的线性对象。

1. 预测模型

设被控对象单位阶跃响应的采样数据为 a_1, a_2, $\cdots$, a_N, 如图 6-49 所示。对于渐近稳定的系统,其阶跃响应在有限个采样周期后将趋于稳态值,即 $a_N \approx a(\infty)$。因此可用单位阶跃响应采样数据的有限集合 $\{a_1, a_2, \cdots, a_N\}$ 来描述系统的动态特性,该集合

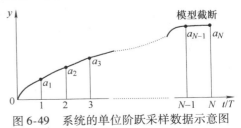

图 6-49　系统的单位阶跃采样数据示意图

的参数便构成了 DMC 算法中的预测模型参数。系统的单位阶跃向量 $\boldsymbol{a}^{\mathrm{T}} = [\,a_1, a_2, \cdots, a_N\,]$ 称为 DMC 的模型向量，N 称为建模时域，N 的选择应使 a_i $(i > N)$ 的值与阶跃响应的静态终值 a_N 之差可以被忽略。

根据线性系统的叠加原理，利用对象单位阶跃响应模型和给定的输入控制增量，可以预测系统未来的输出值。在 $t = kT$ 时刻，假如控制量不变化，系统在未来 N 个时刻的输出预测值为 $\hat{\boldsymbol{y}}_0(k+i|k)$，则在控制量 $\Delta u(k)$ 作用下的系统输出预测值可由下式算出

$$\hat{\boldsymbol{y}}_{N1}(k) = \hat{\boldsymbol{y}}_{N0}(k) + \boldsymbol{a} \cdot \Delta u(k) \tag{6-156}$$

式中

$$\hat{\boldsymbol{y}}_{N0}(k) = \begin{bmatrix} \hat{y}_0(k+1|k) \\ \vdots \\ \hat{y}_0(k+N|k) \end{bmatrix}$$

表示在 $t = kT$ 时刻预测的尚无控制增量 $\Delta u(k)$ 作用时未来 N 个时刻的系统输出。

$$\hat{\boldsymbol{y}}_{N1}(k) = \begin{bmatrix} \hat{y}_1(k+1|k) \\ \vdots \\ \hat{y}_1(k+N|k) \end{bmatrix}$$

表示在 $t = kT$ 时刻预测的有控制增量 $\Delta u(k)$ 作用时未来 N 个时刻的系统输出。

$$\boldsymbol{a} = \begin{bmatrix} a_1 \\ \vdots \\ a_N \end{bmatrix}$$

为阶跃响应向量，其元素为描述系统动态特性的 N 个阶跃响应系数。

式中的符号 "^" 表示预测，"$k+i \mid k$" 是表示在 $t = kT$ 时刻对 $t = (k+i)T$ 时刻进行的预测。

同样，在 M 个连续的控制增量 $\Delta u(k), \Delta u(k+1), \cdots, \Delta u(k+M-1)$ 作用下，系统在未来 P 个时刻的输出值如图 6-50 所示。

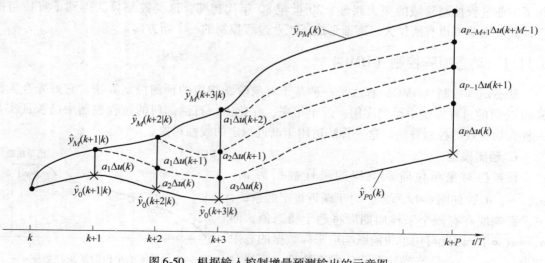

图 6-50　根据输入控制增量预测输出的示意图

输出值$\hat{\boldsymbol{y}}_{PM}(k)$的表达式为

$$\hat{\boldsymbol{y}}_{PM}(k) = \hat{\boldsymbol{y}}_{P0}(k) + \boldsymbol{A} \cdot \Delta \boldsymbol{u}_M(k) \tag{6-157}$$

式中

$$\hat{\boldsymbol{y}}_{P0}(k) = \begin{bmatrix} \hat{y}_0(k+1|k) \\ \vdots \\ \hat{y}_0(k+P|k) \end{bmatrix}$$

为$t=kT$时刻预测的无控制增量时未来P个时刻系统输出。

$$\hat{\boldsymbol{y}}_{PM}(k) = \begin{bmatrix} \hat{y}_M(k+1|k) \\ \vdots \\ \hat{y}_M(k+P|k) \end{bmatrix}$$

为$t=kT$时刻预测的有M个控制增量$\Delta u(k),\cdots,\Delta u(k+M-1)$时未来$P$个时刻的系统输出。

$$\Delta \boldsymbol{u}_M(k) = \begin{bmatrix} \Delta u(k) \\ \vdots \\ \Delta u(k+M-1) \end{bmatrix}$$

为从现在起M个时刻的控制增量。

$$\boldsymbol{A} = \begin{bmatrix} a_1 & 0 & \cdots & 0 \\ a_2 & a_1 & \cdots & 0 \\ \vdots & \vdots & \cdots & \vdots \\ a_P & a_{P-1} & \cdots & a_{P-M+1} \end{bmatrix}$$

称为动态矩阵，其元素为描述系统动态特性的阶跃响应系数。P是滚动优化时域长度；M是控制时域长度，P和M应满足$M \leqslant P \leqslant N$。当输出$y$具有双下标时其含义是不同的：第一个下标为预测的长度，第二个下标为未来控制作用的步数。

2. 滚动优化

DMC采用了滚动优化目标函数，其目的是要在每一时刻k，通过优化策略，确定从该时刻起的未来M个控制增量$\Delta u(k),\Delta u(k+1),\cdots,\Delta u(k+M-1)$，使系统在其作用下，未来$P$个时刻的输出预测值$\hat{y}_M(k+1|k),\cdots,\hat{y}_M(k+P|k)$尽可能地接近期望值$w(k+1),\cdots,w(k+P)$，如图6-51所示。

在采样时刻$t=kT$，优化性能指标为

$$\min J(k) = \sum_{i=1}^{P} q_i \left[w(k+i) - \hat{y}_M(k+i|k) \right]^2 + \sum_{j=1}^{M} r_j \Delta u^2(k+j-1) \tag{6-158}$$

其中性能指标的第二项是对控制增量的约束，目的是不允许控制量的变化过于剧烈。式中q_i、r_j为加权系数，它们分别表示对跟踪误差及控制量变化的抑制。

在不同采样时刻，优化性能指标是不同的，但却都具有式（6-158）的形式，且优化时域随时间而不断地向前推移。式（6-158）也可写成向量形式

$$\min J(k) = \| \boldsymbol{w}_P(k) - \hat{\boldsymbol{y}}_{PM}(k) \|_{\boldsymbol{Q}}^2 + \| \Delta \boldsymbol{u}_M(k) \|_{\boldsymbol{R}}^2 \tag{6-159}$$

式中

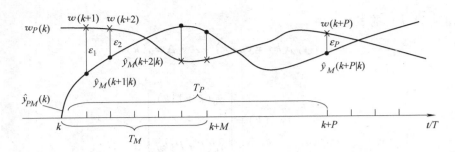

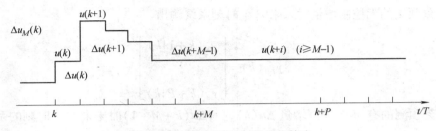

图 6-51　动态矩阵控制的优化策略

$$\boldsymbol{w}_P^{\mathrm{T}}(k) = [\, w(k+1) \quad \cdots \quad w_P(k+P) \,]$$

$$\boldsymbol{Q} = \mathrm{diag}(\, q_1 \quad \cdots \quad q_P \,)$$

$$\boldsymbol{R} = \mathrm{diag}(\, r_1 \quad \cdots \quad r_M \,)$$

式中，$\boldsymbol{w}_P^{\mathrm{T}}(k)$ 为期望值向量；$\boldsymbol{Q}$ 和 $\boldsymbol{R}$ 分别称为误差矩阵和控制权矩阵，它们是由权系数构成的对角阵。根据预测模型，将式（6-157）代入式（6-159），得

$$\min J(k) = \| \boldsymbol{w}_P(k) - \hat{\boldsymbol{y}}_{P0}(k) - \boldsymbol{A} \cdot \Delta \boldsymbol{u}_M(k) \|_{\boldsymbol{Q}}^2 + \| \Delta \boldsymbol{u}_M(k) \|_{\boldsymbol{R}}^2 \tag{6-160}$$

由极值必要条件，在不考虑输入输出约束的条件下，通过对 $\Delta \boldsymbol{u}_M(k)$ 求导，可求得最优解。令 $\boldsymbol{E} = [\, \boldsymbol{w}_P(k) - \hat{\boldsymbol{y}}_{P0}(k) \,]$，展开式（6-160），得

$$\begin{aligned}
J(k) &= [\, \boldsymbol{E} - \boldsymbol{A}\Delta \boldsymbol{u}_M(k) \,]^{\mathrm{T}} \boldsymbol{Q} [\, \boldsymbol{E} - \boldsymbol{A}\Delta \boldsymbol{u}_M(k) \,] + \Delta \boldsymbol{u}_M(k)^{\mathrm{T}} \boldsymbol{R} \Delta \boldsymbol{u}_M(k) \\
&= \{\, \boldsymbol{E}, \boldsymbol{Q}[\, \boldsymbol{E} - \boldsymbol{A}\Delta \boldsymbol{u}_M(k) \,] \,\} - \{\, \boldsymbol{A}\Delta \boldsymbol{u}_M(k), \boldsymbol{Q}[\, \boldsymbol{E} - \boldsymbol{R}\Delta \boldsymbol{u}_M(k) \,] \,\} \\
&= (\, \boldsymbol{E}, \boldsymbol{Q}\boldsymbol{E} \,) - [\, \boldsymbol{E}, \boldsymbol{Q}\boldsymbol{A}\Delta \boldsymbol{u}_M(k) \,] - [\, \boldsymbol{A}\Delta \boldsymbol{u}_M(k), \boldsymbol{Q}\boldsymbol{E} \,] + [\, \boldsymbol{A}\Delta \boldsymbol{u}_M(k) - \boldsymbol{Q}\Delta \boldsymbol{u}_M(k) \,] + \\
&\quad \Delta \boldsymbol{u}_M(k)^{\mathrm{T}} \boldsymbol{R} \Delta \boldsymbol{u}_M(k) \\
&= \boldsymbol{E}\boldsymbol{Q}\boldsymbol{E} - 2\Delta \boldsymbol{u}_M(k)^{\mathrm{T}} \boldsymbol{A}^{\mathrm{T}} \boldsymbol{Q}\boldsymbol{E} + \Delta \boldsymbol{u}_M(k)^{\mathrm{T}} \boldsymbol{A} \boldsymbol{Q}^{\mathrm{T}} \boldsymbol{A}\Delta \boldsymbol{u}_M(k) + \Delta \boldsymbol{u}_M(k)^{\mathrm{T}} \boldsymbol{R} \Delta \boldsymbol{u}_M(k)
\end{aligned}$$

为了取到极值，令

$$\frac{\partial \boldsymbol{J}}{\partial \Delta \boldsymbol{u}_M(k)} = -2\boldsymbol{A}^{\mathrm{T}}\boldsymbol{Q}\boldsymbol{E} + 2\boldsymbol{A}^{\mathrm{T}}\boldsymbol{Q}\boldsymbol{A}\Delta \boldsymbol{u}_M(k) + 2\boldsymbol{R}\Delta \boldsymbol{u}_M(k) = 0$$

容易求得最优解为

$$\Delta \boldsymbol{u}_M(k) = (\boldsymbol{A}^{\mathrm{T}}\boldsymbol{Q}\boldsymbol{A} + \boldsymbol{R})^{-1}\boldsymbol{A}^{\mathrm{T}}\boldsymbol{Q}[\, \boldsymbol{w}_P(k) - \hat{\boldsymbol{y}}_{P0}(k) \,] = \boldsymbol{F}[\, \boldsymbol{w}_P(k) - \hat{\boldsymbol{y}}_{P0}(k) \,] \tag{6-161}$$

$$\boldsymbol{F} = (\boldsymbol{A}^{\mathrm{T}}\boldsymbol{Q}\boldsymbol{A} + \boldsymbol{R})^{-1}\boldsymbol{A}^{\mathrm{T}}\boldsymbol{Q} \tag{6-162}$$

式（6-161）中向量 $\Delta \boldsymbol{u}_M(k)$ 就是在 $t = kT$ 时刻求解得到的未来 M 个时刻的控制增量 $\Delta u(k)$，$\Delta u(k+1), \cdots, \Delta u(k+M-1)$。由于这一最优解完全是基于预测模型求得的，所以只是开环的最优解。按上述方法，理论上可以每隔 M 个采样周期重新计算一次，然后将 M 个控制量

238

在 k 时刻以后的 M 个采样周期分别作用于系统。但在此期间内，模型误差和随机扰动等可能会使系统输出远离期望值。为了克服这一缺点，最简单的方法是只取最优解中的即时控制增量 $\Delta u(k)$ 构成实际控制量 $u(k) = u(k-1) + \Delta u(k)$ 作用于系统。到下一时刻，它又提出类似的优化问题求出 $\Delta u(k+1)$。这就是所谓的 "滚动优化" 的策略。

根据式（6-161），可以求出

$$\Delta u(k) = [1 \quad 0 \quad \cdots \quad 0]\Delta \boldsymbol{u}_M(k) = \boldsymbol{d}^{\mathrm{T}}[\boldsymbol{w}_P(k) - \hat{\boldsymbol{y}}_{P0}(k)] \tag{6-163}$$

$$\boldsymbol{d}^{\mathrm{T}} = [1 \quad 0 \quad \cdots \quad 0](\boldsymbol{A}^{\mathrm{T}}\boldsymbol{Q}\boldsymbol{A} + \boldsymbol{R})^{-1}\boldsymbol{A}^{\mathrm{T}}\boldsymbol{Q} = [1 \quad 0 \quad \cdots \quad 0]\boldsymbol{F} \tag{6-164}$$

然后重复上述步骤计算 $(k+1)T$ 时刻的控制量。

这种方法的缺点是没有充分利用已取得的全部信息，受系统中随机干扰的影响大。一种改进算法是将 kT 以前 M 个时刻得到的 kT 时刻的全部控制量加权平均作用于系统，即

$$\Delta u(k) = \frac{\sum_{j=1}^{M} \alpha_j \Delta u[k \mid (k-j+1)]}{\sum_{j=1}^{M} \alpha_j}$$

其中，$\Delta u[k\mid(k-j+1)]$ 是在 $(k-j+1)T$ 时刻计算得到 kT 时刻的控制增量。为了充分利用新的信息，通常取 $\alpha_1 = 1 > \alpha_2 > \cdots > \alpha_M$。这种改进算法对控制系统的暂态和稳态性能以及控制量的振荡均有显著的改进，减少了模型误差的影响。

3. 反馈校正

当 kT 时刻对被控系统施加控制作用 $u(k)$ 后，在 $(k+1)T$ 时刻可采集到实际输出 $y(k+1)$。与 kT 时刻基于模型所作系统输出预测值 $\hat{y}_1(k+1\mid k)$ 相比较，由于模型误差、干扰、弱非线性及其他实际过程中存在的不确定因素，由式（6-156）给出的预测值一般会偏离实际值，即存在预测误差

$$e(k+1) = y(k+1) - \hat{y}_1(k+1\mid k) \tag{6-165}$$

由于预测误差的存在，若不及时进行反馈校正，进一步的优化就会建立在虚假的基础上。为此，DMC 算法利用了实时预测误差对未来输出误差进行预测，以对在模型预测基础上进行的系统在未来各个时刻的输出开环预测值加以校正。由于对误差的产生缺乏因果性的描述，故误差预测只能采用时间序列方法，常用的是通过对误差 $e(k+1)$ 加权的方式修正对未来输出的预测，即

$$\hat{\boldsymbol{y}}_{\mathrm{cor}}(k+1) = \hat{\boldsymbol{y}}_{N1}(k) + \boldsymbol{h}e(k+1) \tag{6-166}$$

式中

$$\hat{\boldsymbol{y}}_{\mathrm{cor}}(\boldsymbol{k}) = \begin{bmatrix} \hat{\boldsymbol{y}}_{\mathrm{cor}}(k+1 \mid k+1) \\ \vdots \\ \hat{\boldsymbol{y}}_{\mathrm{cor}}(k+N \mid k+1) \end{bmatrix}$$

为 $t = (k+1)T$ 时刻经误差校正后所预测的未来系统输出；$\boldsymbol{h}^{\mathrm{T}} = [h_1 \quad h_2 \quad \cdots \quad h_N]$ 为误差校正向量，是对不同时刻的预测值进行误差校正时所加的权重系数，其中 $h_1 = 1$。误差校正的示意图如图 6-52 所示。

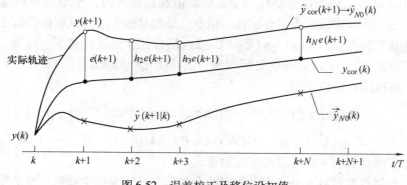

图 6-52　误差校正及移位设初值

经校正的$\hat{\boldsymbol{y}}_{cor}(k+1)$的各分量中，除第一项外，其余各项分别是$(k+1)T$时刻在尚无$\Delta u(k+1)$等未来控制增量作用下对系统未来输出的预测值，于是，它们可作为$(k+1)T$时刻$\hat{\boldsymbol{y}}_{N0}(k+1)$的前$N-1$个分量。但由于时间基点的变动，预测的未来时间点也将移到$k+2$，$\cdots$，$k+1+N$，因此，$\hat{\boldsymbol{y}}_{cor}(k+1)$的元素还需通过移位才能成为$k+1$时刻的初始预测值，即

$$\hat{y}_0(k+1+i\mid k+1)=\hat{y}_{cor}(k+1+i\mid k+1) \qquad i=1,2,\cdots,N-1 \tag{6-167}$$

由于模型在$(k+N)T$时刻截断，$\hat{y}_0(k+1+N\mid k+1)$只能由$\hat{y}_{cor}(k+N\mid k+1)$来近似。这一初始预测值的设置可用向量形式表示为

$$\hat{\boldsymbol{y}}_{cor}(k+1)=\boldsymbol{S}\,\hat{\boldsymbol{y}}_{cor}(k+1) \tag{6-168}$$

式中，$\boldsymbol{S}=\begin{bmatrix} 0 & 1 & 0 & \cdots & 0 \\ 0 & 0 & 1 & \ddots & \vdots \\ \vdots & \vdots & \vdots & \cdots & 1 \\ 0 & 0 & \cdots & \cdots & 1 \end{bmatrix}$称为移位矩阵。

在$t=(k+1)T$时刻，得到$\hat{\boldsymbol{y}}_{N0}(k+1)$后，又可像上述$t=kT$时刻那样进行新的预测和优化计算，求出$\Delta u(k+1)$。整个控制就是以这样结合了反馈校正的滚动优化方式反复在线推移进行，其算法结构如图 6-53 所示。

由图 6-53 可知，DMC 算法由预测、控制与校正三部分构成。图中的双箭头表示向量流。单线箭头表示纯量流。在每一采样时刻，未来P个时刻的期望输出$\boldsymbol{w}_P(k)$与初始预测输出值$\hat{\boldsymbol{y}}_{P0}(k)$所构成的偏差向量按式（6-164）与动态向量$\boldsymbol{d}^T$点乘，得到该时刻的控制增量$\Delta u(k)$。这一控制增量一方面通过累加运算求出控制量$u(k)$并作用于对象；另一方面与阶跃模型向量$\boldsymbol{a}$相乘，并按式（6-156）计算出在其作用后所预测的系统输出$\hat{\boldsymbol{y}}_{N1}(k)$。等到下一采样时刻，首先检测对象的实际输出$y(k+1)$，并与原来该时刻的预测值$\hat{y}_1(k+1\mid k)$比较后，根据式（6-165）算出预测误差$e(k+1)$。这一误差与校正向量$\boldsymbol{h}$相乘后作为预测误差，$\hat{\boldsymbol{y}}_{cor}(k+1)$按式（6-168）移位后作为新的初始预测值。在图 6-53 中，z^{-1}是时移算子，表示与模型预测一起根据式（6-166）得到经校正的预测输出值$\hat{\boldsymbol{y}}_{cor}(k+1)$。随时间的推移，表示时间基点的记号后退一步，这等于将新的时刻重新定义为k时刻，则预测初值$\hat{\boldsymbol{y}}_{N0}(k)$的前$P$

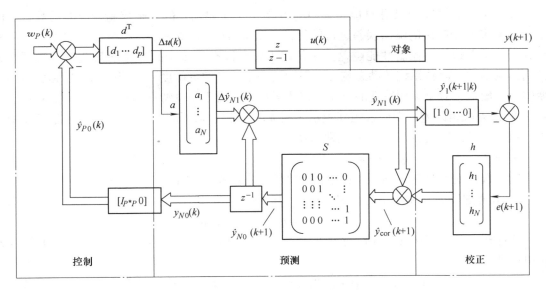

图 6-53　动态矩阵算法控制结构示意图

个分量将与期望输出一起，参与新时刻控制增量的运算。整个过程将反复地进行，以实现在线控制。在最初系统启动控制时，预测输出的初值可取为此时实际测得的系统输出值。

应该指出，DMC 算法是一种增量算法，不管是否有模型误差，它总能将系统输出调节到期望值而不产生静差。对于作用在对象输入端的阶跃形式的扰动，该算法也总能使系统输出恢复到原设定状态。这是 DMC 算法的一个很好的特点。

4. DMC 的实现与工程设计

一种控制算法的工程应用仅有算法原理是不够的，必须要从实际应用的角度考虑诸多问题，下面就从工程应用的角度介绍 DMC 的一般设计步骤。

（1）常规控制

由于 DMC 动态矩阵算法基于线性系统的叠加原理，采用对象的阶跃响应作为预测模型，因此仅适用于渐近稳定的线性对象。对于不稳定的对象，可以先用 PID 等常规控制使其稳定。如果对象是弱非线性的，可以先在工作点处线性化。

（2）采样周期

DMC 是一种典型的计算机控制算法，其采样周期 T 的选择仍应遵循一般计算机控制系统中对 T 的选择原则。作为一种建立在非最小化模型基础之上的算法，DMC 中 T 的选择还与模型长度 N 有关，一般选择 T 使得系统的模型维数在 20～50 之间。与其他计算机控制系统一样，从抗干扰的角度，通常希望采用较小的采样周期，以及时地抑制干扰的影响；从实时控制角度，通常又希望采用较大的采样周期，需根据具体情况进行选择。

（3）确定动态矩阵

实际测试被控对象的单位阶跃响应，并滤除噪声，得到模型参数 $\{a_1, a_2, \cdots, a_N\}$，并由此得到动态矩阵 $\boldsymbol{A}$。

（4）选择滚动优化参数的初值

① 优化时域 P。优化时域长度 P 对控制系统的稳定性和动态特性有着重要的影响。P 在 1，2，4，8，…序列中挑选，应该包含对象的主要动态特性。

② 控制时域 M。在优化性能指标中的 M 表示了所要确定的未来控制量改变的数目。由于针对未来 P 个时刻的输出误差进行优化,所以 $M \leqslant P$。M 值越小,越难保证输出在各采样点紧密跟踪期望值,控制性能越差;M 值越大,可以有许多步的控制增量变化,从而增加控制的灵活性,改善系统的动态响应,但因提高了控制的灵敏度,系统的稳定性和鲁棒性会变差。一般地,对于单调特性的对象,取 $M = 1 \sim 2$;对于振荡特性的对象,取 $M = 4 \sim 8$。

③ 误差权矩阵 $\boldsymbol{Q}$。误差权矩阵表示了对 k 时刻起未来不同时刻误差项在性能指标中的重视程度。其参数 q_i 通常有下列几种选择方法。

- 等权选择:$q_1 = q_2 = \cdots = q_P$

这种选择使 P 项未来的误差在最优化准则中占有相同的比重。

- 只考虑后面几项误差的影响:$q_1 = q_2 = \cdots = q_i = 0$

$$q_{i+1} = q_{i+2} = \cdots = q_P = q$$

这样选择只强调从 $(i+1)$ 时刻到 P 时刻的未来误差,希望在相应步数内尽可能将系统引导到期望值。

- 对于具有纯滞后或非最小相位系统:当模型参数 a_i 是被控对象阶跃响应中纯滞后或反向部分(响应曲线在坐标轴下面部分)的采样值,取对应的权重 $q_i = 0$;当 a_i 是被控对象阶跃响应中的其他部分,则取 $q_i = 1$。

④ 控制权矩阵 $\boldsymbol{R}$。控制权矩阵 $\boldsymbol{R}$ 的作用是抑制太大的控制量 Δu。过大的 $\boldsymbol{R}$ 虽然使系统稳定,但降低了系统响应的速度,所以要合适地选择 $\boldsymbol{R}$。一般先置 $\boldsymbol{R} = 0$,若相应地控制系统稳定但控制量变化太大,则逐渐加大 $\boldsymbol{R}$。实际上往往只要很小的 $\boldsymbol{R}$ 就能使控制量的变化趋于平缓。

(5)离线计算式(6-162)和式(6-164)

$$\boldsymbol{F} = (\boldsymbol{A}^{\mathrm{T}} \boldsymbol{Q} \boldsymbol{A} + \boldsymbol{R})^{-1} \boldsymbol{A}^{\mathrm{T}} \boldsymbol{Q}$$

$$\boldsymbol{d}^{\mathrm{T}} = [1 \quad 0 \quad \cdots \quad 0] \boldsymbol{F}$$

(6)初始化

在实施控制的第一步,由于没有预测初值,也没有误差,需要进行初始化工作,其算法与在线算法略有不同,其流程如图 6-54 所示。

(7)控制量的在线计算

根据式(6-163),控制量的在线计算如下:

$$\Delta u(k) = \boldsymbol{d}^{\mathrm{T}} [\boldsymbol{w}_P(k) - \hat{\boldsymbol{y}}_{P0}(k)]$$

$$u(k) = u(k-1) + \Delta u(k)$$

可见,DMC 的在线工作量很小,容易在计算机控制系统中实现。图 6-54b 是 DMC 在线控制程序流程示意图。

(8)仿真调整优化参数

完成上述初步设计后,可以采用仿真方法检验控制系统的动态响应,然后按照下列原则进一步调整滚动优化参数。

一般先选定 M,然后调整 P。如调整 P 不能得到满意的响应,则重选 M,然后再调整 P。若稳定性较差,则加大 P,若响应缓慢,则减小 P。M 的调整与 P 相反,如系统稳定,但控制量变化太大,可略为加大 r_i。一般只要取很小的值(如 $r_i = 0.1$)就可使控制量变化

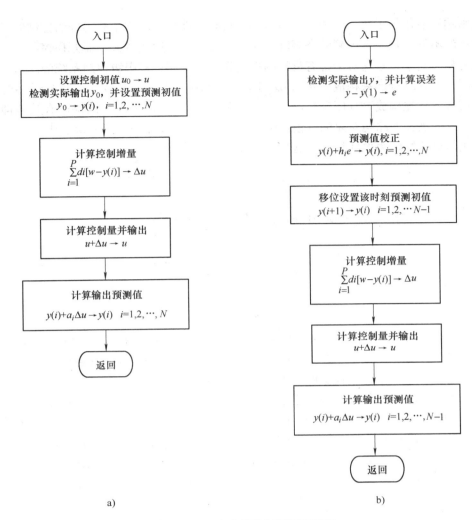

图 6-54　DMC 在线控制程序流程图

a）DMC 初始化程序流程图　b）DMC 在线计算程序流程图

趋于平缓。

反馈系数 h 一般取下列两种类型之一：

1）$h_1 = 1$，$h_i = a$，$i = 2$，$\cdots$，N。

2）$h_1 = 1$，$h_{i+1} = h_i + a_i$，$i = 1$，2，$\cdots$，$N-1$。

其中，$0 < a \leqslant 1$。如 a 越趋于 0，反馈校正越弱，鲁棒性加强，抗干扰能力下降；如 a 趋于 1，则相反。通过仿真选择参数 a，使之兼顾鲁棒性和抗干扰性能的要求。

在图 6-54 中，设定值 w 是作为定值的，若设定值是时变的，则在程序流程图中还应编制在线计算 $w(i)(i = 1, 2, \cdots, P)$ 的模块，并以其代替图中的 w。

5. DMC-PID 串级控制

由于 DMC 抑制干扰是通过误差校正来实现的，因此如果可以得到系统输出对于干扰的阶跃响应模型，就容易想到可以采用带前馈的动态矩阵控制，其目的是用前馈控制作用及时地克服已知干扰的影响，用 DMC 进行反馈控制。然而，实际工业过程中存在着大量部位不确定或影响不清楚的干扰，前馈方法对这些干扰将无能为力。为了获得好的控制效果，及时克服干扰的不利影响，考虑到动态矩阵控制的采样周期一般比较大，而 PID 控制的采样周期可以取得相当地小，且它对干扰有良好的抑制作用，因而借鉴串级控制系统的思想，把动态矩阵控制与 PID 结合起来构成 DMC-PID 串级控制系统。其思想是在对象干扰最多的部位后面取出信号，首先构成 PID 闭环控制，采用比 DMC 高得多的频率，以快速有效地抑制突发性干扰。这一被控回路与对象的其他部分可作为广义对象，再采用动态矩阵控制，以良好的动态性能与鲁棒性作为设计目标。这种结构如图 6-55 所示。

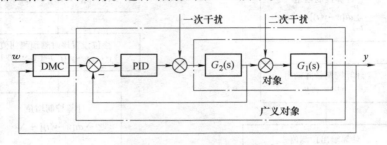

图 6-55 DMC-PID 串级控制结构

其副回路的选择与设计与一般串级控制系统相似，副对象 $G_2(s)$ 应包含系统的主要干扰，并有较小的纯滞后或时间常数，采用频率较高的数字 PID 算法。参数的整定可采用前面介绍过的一些方法。为了简单起见，控制规律可采用 P 或 PI。

主回路设计时，因为主回路确定的控制输入量不是用于对象的直接控制量，而是副回路的设定值，所以测试的对象阶跃响应不再是原对象的，而是经副回路控制后的广义对象对副回路设定值的阶跃响应。在整个广义对象中，由于已有副回路的控制作用，故真正影响广义动态特性的将是主对象 $G_1(s)$，它通常具有较大的纯滞后与时间常数，因此采用 DMC 比 PID 更为有利，可获得更好的跟踪性能与鲁棒性。所以，DMC-PID 串级控制利用了串级控制的结构优点，综合了 PID 与 DMC 各自的特点，是一种很实用的控制算法。

6.11.2 模型算法控制（MAC）

模型算法控制（MAC）又称为模型预测启发控制（MPHC），是产生于 20 世纪 70 年代后期的另一类用于工业过程控制的重要预测控制算法。它采用被控对象的脉冲响应采样序列作为预测模型，自提出以来，已在电力、化工等工业过程中广泛应用。MAC 由四部分组成，它们是预测模型、参考轨迹、闭环预测和最优控制。

1. 预测模型

类似于 DMC 算法，可通过离线或在线辨识，并经平滑得到系统的单位脉冲响应采样值 $\{g_1, g_2, \cdots, g_N\}$，如图 6-56 所示。

如果系统是渐近稳定的对象，由于 $\lim\limits_{i\to\infty} g_i = 0$，所以总能找到一个时刻 $t_N = N \cdot T$，使得此后的脉冲响应 $g_i (i > N)$ 与测量和量化误差有相同的数量级，以致可以忽略。实际工业

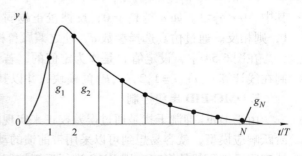

图 6-56 系统的离散脉冲响应

244

过程虽然往往带有非线性特性，并且系统参数可能随时间缓慢变化，但只要系统基本保持线性，仍可用这一算法进行控制。对于非自衡被控对象，可通过常规控制办法（如 PID 控制）首先使之稳定，然后再应用 MAC 算法。由线性系统的比例与叠加性质，用有限个脉冲响应值可描述系统的模型输出

$$y_{\mathrm{m}}(k) = \sum_{j=0}^{N} g_j u(k-j) = \boldsymbol{g}_{\mathrm{m}}^{\mathrm{T}} \boldsymbol{u}(k-1) \tag{6-169}$$

其中

$$\boldsymbol{g}_{\mathrm{m}}^{\mathrm{T}} = \begin{bmatrix} g_1 & g_2 & \cdots & g_N \end{bmatrix}$$

$$\boldsymbol{u}(k-1) = \begin{bmatrix} u(k-1) & u(k-2) & \cdots & u(k-N) \end{bmatrix}^{\mathrm{T}}$$

式中 y 的下标"m"表示该输出是基于模型的输出，向量 $\boldsymbol{g}_{\mathrm{m}}^{\mathrm{T}} = \begin{bmatrix} g_1 & g_2 & \cdots & g_N \end{bmatrix}$ 称作模型向量，由于该式通常放在计算机内存中，故又被称作内部模型。要注意的是，在实际测试时，输出量 y 与控制量 u 均是针对某一静态工作点 y_0、u_0 的偏差值。

对于一个线性系统，如果其单位脉冲响应的采样值已知，则可根据式（6-169）预测系统未来时刻的输出值，其输入输出间的关系为

$$y(k+i \mid k) = \sum_{j=1}^{N} g_j u(k+i-j) \qquad i = 1, 2, \cdots, P \tag{6-170}$$

此式即为 $t = kT$ 时刻，系统对未来输出的预测模型。注意到控制时域长度 $M \leqslant$ 优化时域长度 P，因而，$u(k+i)$ 在 $i = M-1$ 后将保持不变，即

$$u(k+i) = u(k+M-1) \qquad i = M, \cdots, P-1 \tag{6-171}$$

因此，对未来输出的模型预测可以写成

$$y_{\mathrm{m}}(k+1 \mid k) = g_1 u(k) + g_2 u(k-1) + \cdots + g_N u(k+1-N)$$

$$\vdots$$

$$y_{\mathrm{m}}(k+M \mid k) = g_1 u(k+M-1) + g_2 u(k+M-2) +$$
$$\cdots + g_m u(k) + g_{m+1} u(k-1) + \cdots + g_N u(k+M-N)$$

$$y_{\mathrm{m}}(k+M+1 \mid k) = (g_1 + g_2) u(k+M-1) + g_3 u(k+M-2) +$$
$$\cdots + g_{m+1} u(k) + g_{m+2} u(k-1) + \cdots + g_N u(k+M+1-N)$$

$$\vdots$$

$$y_{\mathrm{m}}(k+P \mid k) = (g_1 + g_2 + \cdots + g_{P-M+1}) u(k+M-1) + g_{P-M+2} u(k+M-2) +$$
$$\cdots + g_P u(k) + g_{P+1} u(k-1) + \cdots + g_N u(k+P-N)$$

用向量的形式简记为

$$\boldsymbol{y}_{\mathrm{m}}(k \mid k) = \boldsymbol{G}_1 \boldsymbol{u}_1(k) + \boldsymbol{G}_2 \boldsymbol{u}_2(k) \tag{6-172}$$

式中

$$\boldsymbol{y}_{\mathrm{m}}(k \mid k) = \begin{bmatrix} y_M(k+1 \mid k) & \cdots & y_M(k+P \mid k) \end{bmatrix}^{\mathrm{T}}$$

$$\boldsymbol{u}_1(k) = \begin{bmatrix} u(k) & \cdots & u(k+M-1) \end{bmatrix}^{\mathrm{T}}$$

$$\boldsymbol{u}_2(k) = \begin{bmatrix} u(k-1) & \cdots & u(k-1-N) \end{bmatrix}^{\mathrm{T}}$$

$$\boldsymbol{G}_1 = \begin{bmatrix} g_1 & & & & \\ g_2 & g_1 & & 0 & \\ \vdots & \vdots & & & \\ g_M & g_{M-1} & \cdots & g_2 & g_1 \\ g_{M+1} & g_M & \cdots & g_3 & g_2+g_3 \\ & & \vdots & & \\ g_P & g_{P-1} & \cdots & g_{P-M+2} & g_{P-M+1}+\cdots+g_1 \end{bmatrix}_{P \times M}$$

$$\boldsymbol{G}_2 = \begin{bmatrix} g_2 & g_3 & \cdots & \cdots & g_{N-1} & g_N \\ g_3 & g_4 & \cdots & \cdots & g_N & 0 \\ & & & \ddots & & \\ g_{P+1} & g_{P+2} & \cdots & g_N & \cdots & 0 \end{bmatrix}_{P \times (N-1)}$$

注意到，在预测公式（6-172）中$\boldsymbol{G}_1$、$\boldsymbol{G}_2$是由模型参数g_i构成的已知矩阵，$\boldsymbol{u}_2(k)$在$t=kT$时刻是已知的，因为它只包含该时刻以前的控制输入，而$\boldsymbol{u}_1(k)$则为所要求的现在和未来的控制输入量。

2. 参考轨迹

在 MAC 中，控制的目的是使输出量$y(t)$从k时刻的实际输出值$y(k)$出发，沿着一条期望的光滑轨迹到达设定值w，这条期望的轨迹就叫作参考轨迹。参考轨迹往往选为从实际出发的一阶曲线，如图 6-57 所示。

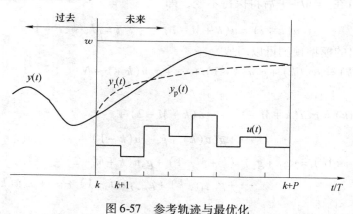

图 6-57   参考轨迹与最优化

参考轨迹在以后各时刻的值为

$$y_r(k) = \begin{bmatrix} y_r(k+1) & \cdots & y_r(k+P) \end{bmatrix}^T$$

其中

$$y_r(k+j) = y(k) + [w - y(k)] \cdot [1 - \exp(-jT/T_r)] \qquad j=1,2,\cdots,P$$

式中，T_r为参考轨迹的时间常数，w为输出设定值。如果记$a = \exp(-jT/T_r)$，则有

$$y_r(k+j) = a^j y(k) + (1-a^j)w \tag{6-173}$$

式中，$0 \leqslant a < 1$。特别当$a=0$并且$w=0$时，对应着$y_r(k)=0$，即镇定问题；否则对应着跟踪问题；而当$a=0$但$w \neq 0$时，对应着$y_r(k)=w$，即不用参考轨迹直接跟踪设定值w的

246

情况。

参考轨迹亦可选为高阶的，但选为一阶的特别简单。从理论上也可证明，参考轨迹中的 a（与时间常数 T_r 成正比）是 MAC 算法中的一个关键参数，对闭环系统的动态特性和鲁棒性的影响很大。a 越小，参考轨迹到达设定值越快，同时鲁棒性较差；a 越大，闭环系统的鲁棒性越好，但控制的快速性变差。因此，要选择适当的 a，使这两方面的要求都得到兼顾。

3. 闭环预测

由前面推导可知，式（6-172）预测出的输出是根据模型的预测，没有考虑系统的任何真实输出信息反馈，故被称之为开环预测。而实际控制过程中，不可避免地存在着干扰和噪声、模型失配、参数漂移等因素，它们或多或少地会影响到对系统输出的预测。因而应采用闭环预测的办法，也即根据 k 时刻的实际输出值，对模型预测值进行及时的修正。这一步骤相当于 DMC 算法中的误差校正。在 $t = kT$ 时刻，输出的闭环预测记作

$$y_{\mathrm{P}}(k+i \mid k) = y_{\mathrm{m}}(k+i \mid k) + [y(k) - y_{\mathrm{m}}(k)] \qquad i = 1, 2, \cdots, P \tag{6-174}$$

式中，$y(k)$ 为现时刻系统的实际输出测量值；$y_{\mathrm{m}}(k)$ 为现时刻的模型输出。写成向量形式，得

$$\boldsymbol{y}_{\mathrm{P}}(k \mid k) = \boldsymbol{y}_{\mathrm{m}}(k \mid k) + \boldsymbol{h} e(k) \tag{6-175}$$

式中

$$\boldsymbol{y}_{\mathrm{P}}(k \mid k) = [y_{\mathrm{P}}(k+1 \mid k) \quad y_{\mathrm{P}}(k+2 \mid k) \quad \cdots \quad y_{\mathrm{P}}(k+P \mid k)]^{\mathrm{T}}$$

$$\boldsymbol{h} = [h_1 \quad h_2 \quad \cdots \quad h_P]^{\mathrm{T}}$$

$$e(k) = y(k) - y_{\mathrm{m}}(k) = y(k) - \sum_{j=1}^{N} g_j u(k-j)$$

4. 滚动优化目标函数和最优控制算法

最优控制的目的是求出控制作用序列 $\{u(k)\}$，使得优化时域 P 内的输出预测值尽可能地接近参考轨迹，因而 MAC 的滚动优化目标函数可定为

$$\min J(k) = \sum_{i=1}^{P} q_i [y_{\mathrm{P}}(k+i \mid k) - y_r(k+i)]^2 + \sum_{j=1}^{M} r_j u^2(k+j-1) \tag{6-176}$$

式中，q、r 分别为不同时刻的误差和控制作用的加权系数，式子右边的第二项是为了消除系统输出在采样时刻之间的振荡。根据预测模型、参考轨迹和闭环预测，可以求出在性能指标下的最优控制算法

$$\boldsymbol{u}_1(k) = (\boldsymbol{G}_1^{\mathrm{T}} \boldsymbol{Q} \boldsymbol{G}_1 + \boldsymbol{R})^{-1} \boldsymbol{G}_1^{\mathrm{T}} \boldsymbol{Q} [\boldsymbol{y}_r(k) - \boldsymbol{G}_2 \boldsymbol{u}_2(k) - \boldsymbol{h} e(k)] \tag{6-177}$$

式中

$$\boldsymbol{Q} = \mathrm{diag}[q_1 \quad \cdots \quad q_P]$$

$$\boldsymbol{R} = \mathrm{diag}[r_1 \quad \cdots \quad r_M]$$

最优即时控制量为

$$u(k) = [1 \quad 0 \quad \cdots \quad 0] \boldsymbol{u}_1(k) \tag{6-178}$$

式（6-178）求出的 $\boldsymbol{u}_1(k)$ 中包含了从 k 时刻起到 $k+M$ 时刻的 M 步（$M \leqslant P$）控制作用。实际应用时可视系统受干扰程度、模型误差大小和计算机运算速度等，针对不同的情况

采取不同的实施策略。在干扰频繁、模型误差较大、计算机运算速度较快时，实施$u_1(k)$的前几步后即开始新的计算，这样做有利于克服干扰，提高输出预测的精度。模型算法控制的原理如图6-58所示。

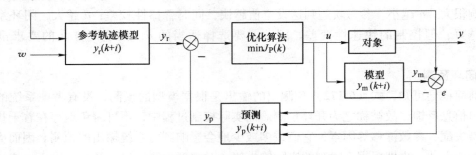

图6-58　模型算法控制原理示意图

特别地，每次只实施一步优化控制（$P = M = 1$）的算法称为一步优化模型算法控制，简称一步MAC。此时

预测模型
$$y_m(k+1) = \boldsymbol{g}_m^T \boldsymbol{u}(k) = g_1 u(k) + \sum_{i=2}^{N} g_i u(k-i+1) \tag{6-179}$$

参考轨迹
$$y_r(k+1) = ay(k) + (1-a)w \tag{6-180}$$

优化控制
$$\min J_1(k) = [y_P(k+1) - y_r(k+1)]^2 \tag{6-181}$$

误差校正
$$y_P(k+1) = y_m(k+1) + e(k) \tag{6-182}$$
$$= y_m(k+1) + y(k) - \sum_{i=1}^{N} g_i u(k-i)$$

由此导出最优控制量$u(k)$的显式解：

$$u^*(k) = \frac{1}{g_1}\left[ay(k) + (1-a)w - y(k) + \sum_{i=1}^{N} g_i u(k-i) - \sum_{i=2}^{N} g_i u(k-i+1) \right]$$

$$= \frac{1}{g_1}\left\{ (1-a)[w - y(k)] + g_N u(k-N) + \sum_{i=1}^{N-1} (g_i - g_{i+1}) u(k-i) \right\}$$

$$\tag{6-183}$$

如果对控制量存在约束条件，则按下面公式计算实际控制作用：

$$u^*(k) = u_{\max}, \qquad 若 \ u^*(k) \geqslant u_{\max}$$
$$u^*(k) = u^*(k), \qquad 若 \ u_{\min} \leqslant u^*(k) \leqslant u_{\max}$$
$$u^*(k) = u_{\min}, \qquad 若 \ u^*(k) \leqslant u_{\min}$$

显然，在计算机内存中只需储存固定的根据模型计算得到的参数$g_1 - g_2, g_2 - g_3, \cdots, g_N$，以及过去$N$个时刻的控制输入$u(k-1), u(k-2), \cdots, u(k-N)$，在每一采样时刻到来时，检测$y(k)$后即可由式（6-183）算出$u^*(k)$。

一步MAC算法包括离线计算与在线计算两部分。离线部分包括测定对象的脉冲响应，并经光滑后得到$g_1, g_2, \cdots, g_N$；选择参考轨迹的时间常数T_r，并计算$a = \exp(-T/T_r)$；把$g_1 - g_2, g_2 - g_3, \cdots, g_N$，工作点参数$u_0$，给定值$w$，$g_1$，$1-a$以及有关约束条件$u_{\min}^*(k) = u_{\min} - u_0, u_{\max}^*(k) = u_{\max} - u_0$设置初值$u(i) = 0 [i = 1, 2, \cdots, N$，其中$u(i)$为式

248

（6-183）中的 $u(k-i)$〕等几组参数放入固定的内存单元。在线部分的控制流程如图 6-59 所示。

由图 6-59 知，一步 MAC 算法特别简单，且在线计算量很小。MAC 的参数整定类似于 DMC 算法，在此不再介绍。

需要指出的是，一步 MAC 不适用于时滞对象与非最小相位对象，因为前者在一步内动态响应还未表现出来，后者则出现了与其主要动态响应方向相反的初始响应。此外，即使是对最小相位系统，只有当 g_1 能充分反映其动态变化时，优化才有意义。从式（6-183）可以看出，如果 g_1 太小，则很小的模型误差就有可能引起 $u^*(k)$ 偏离实际最优值，使控制效果变差。因此，一步 MAC 只能用于对控制要求不高的场合。

相应于一步 MAC，$P \neq 1$ 的 MAC 称为多步优化模型预测算法控制，简称多步 MAC。从前面的推导可以看出，多步 MAC 与动态矩阵控制算法 DMC 十分相似，但有些不同的地方必须引起注意。

1）在 MAC 的矩阵 $\boldsymbol{G}_1$ 中，并不是简单地以脉冲响应系数 g_i 取代 DMC 中动态矩阵 $\boldsymbol{A}$ 中的阶跃响应系数 a_i，其最后一列必须采用脉冲响应系数之和，这与 $\boldsymbol{A}$ 中最后一列的形式是不同的。原因在于 DMC 以 Δu 为控制输入，在控制时域后 $\Delta u = 0$，不再考虑其阶跃响应的影响；而在 MAC 中，则以 u 为控制输入，在控制时域后 u 不再变化，但 $u = u(k-M+1) \neq 0$，故仍需考虑其脉冲响应的影响。

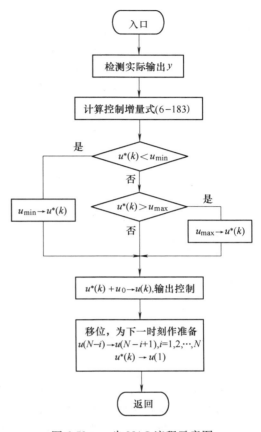

图 6-59 一步 MAC 流程示意图

2）即使没有模型误差，即 $e(k) = 0$ 时，多步 MAC 一般也存在静差。而 DMC 因以 Δu 为直接控制量，其中包含了数字积分环节，即使模型失配，也能得到无静差的控制。为了消除 MAC 控制的静差，可以证明，若在优化性能指标式（6-177）中选择 $R = 0$，则静差不再出现。也可采用修改设定值的办法消除静差。实现多步 MAC 时会出现静差是区别于 DMC 的性质，应用时当引起注意。

MAC 在实际应用中与 DMC 类似，也应考虑系统中存在的物理约束，并根据实际问题结合不同的控制结构灵活地加以应用，在此不再介绍。

习　题

1. 被控对象的传递函数可分为哪几类？
2. 计算机控制系统的性能指标有哪些？

3. 对象特性对控制性能有什么影响?

4. 在 PID 控制中，积分项有什么作用?

5. 常规 PID 和积分分离 PID 算法有什么区别?

6. 在 PID 控制中，采样周期是如何确定的? 采样周期的大小对调节器品质有何影响?

7. 写出数字位置式 PID 算式和增量式 PID 算式。它们各有什么优缺点?

8. 数字 PID 调节器需要整定哪些参数?

9. 简述 PID 参数 K_p、T_i、T_d 对系统动态性能和稳态性能的影响。

10. 简述扩充临界比例度法整定 PID 参数的步骤。

11. 串级控制系统有哪些特点? 试画出计算机串级控制系统的框图。

12. 试画计算机前馈-反馈控制系统的框图。

13. 已知被控对象的传递函数为

$$G_c(s) = \frac{10}{s(0.1s+1)}$$

采样周期 $T=1\text{s}$，采用零阶保持器。

（1）针对单位阶跃输入信号设计最少拍有纹波系统的 $D(z)$，并计算输出响应 $y(k)$、控制信号 $u(k)$ 序列，画出它们的输出序列波形图。

（2）针对单位速度输入信号设计最少拍无纹波系统的 $D(z)$，并计算输出响应 $y(k)$、控制信号 $u(k)$ 序列，画出它们的输出序列波形图。

14. 被控对象的传递函数为

$$G_c(s) = \frac{1}{s^2}$$

采样周期 $T=1\text{s}$，采用零阶保持器，针对单位速度输入函数:

（1）用最少拍无纹波系统的设计方法，设计 $\Phi(z)$ 和 $D(z)$。

（2）求出数字控制器输出序列 $u(k)$ 的递推形式。

（3）画出采样瞬间数字控制器的输出和系统的输出曲线。

15. 什么叫振铃现象? 在使用大林算法时，振铃现象是由控制器中哪一部分引起的? 如何消除振铃现象?

16. 被控对象的传递函数为

$$G_c(s) = \frac{1}{s+1}e^{-s}$$

采样周期 $T=1\text{s}$。

试用大林算法设计数字控制器 $D(z)$，并求 $u(k)$ 的递推形式。

17. 模糊控制的优点是什么?

18. 动态矩阵控制算法结构由几部分组成? 它们各有什么功能?

19. 模型算法控制由几部分组成?

20. 动态矩阵控制算法和模型算法控制为何只能适用于渐近稳定的对象? 对模型时域长度 N 有什么要求? 若 N 取得太小会有什么问题?

第7章 计算机控制系统的软件设计

计算机控制系统有了硬件设备之后，如果要实现其测量与控制功能，还需要有相应的软件支持。软件是计算机控制系统的灵魂。在计算机技术发展的早期，系统功能简单，软件工作被看作是一门艺术，所强调的是编程的技巧和诀窍。随着系统复杂性的增加，以艺术方式开发的软件变得越来越难以理解和维护，可靠性下降，软件开发和维护的成本急剧上升，在20世纪70年代出现了所谓的软件危机。此后，软件工作逐步从艺术走向工程，开始强调工程的基本特征：设计、施工和标准化。

时至今日，软件的开发、运行和维护已经形成一门学科，即软件工程。软件工程的知识体系包括了软件的需求分析、设计、构造、测量、维护和管理以及软件工程等各个方面，许多内容所涉及的是工程及管理的知识。本章主要介绍计算机控制系统的相关软件设计技术。

7.1 计算机控制系统软件概述

7.1.1 计算机控制系统应用软件的分层结构

计算机控制系统软件可分为系统软件、支持软件和应用软件三部分。系统软件指计算机控制系统应用软件开发平台和操作平台；支持软件用于提供软件设计和更新接口，并为系统提供诊断和支持服务；应用软件是计算机控制系统软件的核心部分，用于执行控制任务，按用途可划分为监控平台软件、基本控制软件、先进控制软件、局部优化软件、操作优化软件、最优调度软件和企业计划决策软件。计算机控制系统应用软件的分层结构如图7-1所示。

从系统功能的角度划分，最基本的计算机控制系

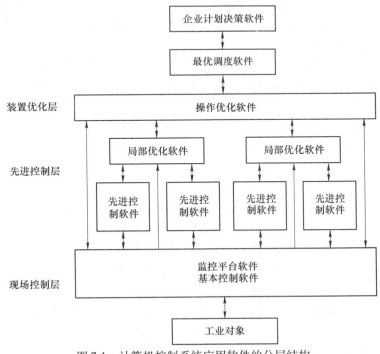

图7-1　计算机控制系统应用软件的分层结构

统应用软件由直接程序、规范服务性程序和辅助程序等组成。直接程序是指与控制过程或采

样/控制设备直接有关的程序，这类程序参与系统的实际控制过程，完成与各类 I/O 模板相关的信号采集、处理和各类控制信号的输出任务，其性能直接影响系统的运行效率和精度，是软件系统设计的核心部分。规范服务性程序是指完成系统运行中的一些规范性服务功能的程序，如报表打印输出、报警输出、算法运行、各种画面显示等。辅助程序包括接口驱动程序、检验程序等，特别是设备自诊断程序，当检测到错误时，启用备用通道并自动切换，这类程序虽然与控制过程没有直接关系，但却能增加系统的可靠性，是应用软件不可缺少的组成部分。

7.1.2 计算机控制系统软件的设计策略

计算机控制系统的软件设计策略可分为软件设计规划、软件设计模式和软件设计方法三个部分。

1. 软件设计规划

软件设计规划包括软件开发基本策略、软件开发方案和软件过程模型三部分，软件开发中的三种基本策略是复用、分而治之和优化与折中。复用即利用某些已开发的、对建立新系统有用的软件元素来生成新的软件系统；分而治之是指把大而复杂的问题分解成若干个简单的小问题后逐个解决；优化是指优化软件的各个质量因素，折中是指通过协调各个质量因素，实现整体质量的最优。

软件开发基本策略是软件开发的基本思想和整体脉络，贯穿软件开发的整体流程中。

软件开发方案是对软件的构造和维护提出的总体设计思路和方案，经典的软件工程思想将软件开发分成需求分析、系统分析与设计、系统实现、测试及维护五个阶段，设计人员在进行软件开发和设计之前需要确定软件的开发策略，并明确软件的设计方案，对软件开发的五个过程进行具体设计。

软件过程模型是在软件开发技术发展过程中形成的软件整体开发策略，这种策略从需求收集开始到软件寿命终止针对软件工程的各个阶段提供了一套范形，使工程的进展达到预期的目的。常用的软件过程模型包括生存周期模型、原型实现模型、增量模型、螺旋模型和喷泉模型五种。

2. 软件设计模式

为增强计算机控制系统软件的代码可靠性和可复用性，增强软件的可维护性，编程人员对代码设计经验进行实践和分类编目，形成了软件设计模式。软件设计模式一般可分为创建型、结构型和行为型三类，所有模式都遵循开闭原则、里氏代换原则、依赖倒转原则和合成复用原则等通用原则。常用的软件模式包括单例模式、抽象工厂模式、代理模式、命令模式和策略模式。软件设计模式一般适用于特定的生产场景，以合适的软件设计模式指导软件的开发工作可对软件的开发起到积极的促进作用。

3. 软件设计方法

计算机控制系统中软件的设计方法主要由面向过程方法、面向数据流方法和面向对象方法，分别对应不同的应用场景。面向过程方法是计算机控制系统软件发展早期被广泛采用的设计方法，其设计以过程为中心，以函数为单元，强调控制任务的流程性，设计的过程是分析和用函数代换的流程化过程，在流程特性较强的生产领域能够达到较高的设计效率。面向数据流方法又称为结构化设计方法，主体思想是用数据结构描述待处理数据，用算法描述具体的操作过程，强调将系统分割为逻辑功能模块的集合，并确保模块之间的结构独立，减少了设计的复杂度，增强了代码的可重用性。面向对象的设计方法是计算机控制系统软件发展到一定阶段的产物，采用封装、继承、多态等方法将生产过程抽象为对象，将生产过程的属性和流程抽象为对象的变量和方法，使用类对生产过程进行描述，使代码的可复用性和可扩展性得到了极大提升，降低了软件的开发和维护难度。

7.1.3　计算机控制系统软件的功能和性能指标

计算机控制系统软件的技术指标分为功能指标和性能指标，功能指标是软件能提供的各种功能和用途的完整性，性能指标包括软件的各种性能参数，包括安全性、实时性、鲁棒性和可移植性四种。

1. 软件的功能指标

计算机控制系统软件一般至少由系统组态程序，前台控制程序，后台显示、打印、管理程序以及数据库等组成。具体实现如下功能：

① 实时数据采集：完成现场过程参数的采集与处理。

② 控制运算：包括模拟控制、顺序控制、逻辑控制和组合控制等功能。

③ 控制输出：根据设计的控制算法所计算的结果输出控制信号，以跟踪输入信号的变化。

④ 报警监视：完成过程参数越界报警及设备故障报警等功能。

⑤ 画面显示和报表输出：实时显示过程参数及工艺流程，并提供操作画面、报表显示和打印功能。

⑥ 可靠性功能：包括故障诊断、冗余设计、备用通道切换等功能。

⑦ 流程画面制作功能：用来生成应用系统的各种工艺流程画面和报表等功能。

⑧ 管理功能：包括文件管理、数据库管理、趋势曲线、统计分析等功能。

⑨ 通信功能：包括控制单元之间、操作站之间、子系统之间的数据通信功能。

⑩ OPC 接口：通过 OPC Server 实现与上层计算机的数据共享和远程数据访问功能。

2. 软件的性能指标

判断计算机控制系统软件的性能指标如下：

（1）安全性

软件的安全性是软件在受到恶意攻击的情形下依然能够继续正确运行，并确保软件被在授权范围内合法使用的特性。软件的安全性指标要求设计人员在软件设计的整体过程中加以考虑，使用权限控制、加密解密、数据恢复等手段确保软件的整体安全性。

（2）实时性

软件的实时性是计算机控制领域对软件的特殊需求，实时性表现为软件对外来事件的最长容许反应时间，根据生产过程的特点，软件对随机事件的反应时间被限定在一定范围内。计算机控制系统软件的实时性由操作系统实时性和控制软件实时性两部分组成，一般通过引入任务优先级和抢占机制加以实现。

（3）鲁棒性

软件的鲁棒性即软件的健壮性，是指软件在异常和错误的情况下依然维持正常运行状态的特性。软件的鲁棒性的强弱由代码的异常处理机制决定，健全的异常处理机制在异常产生的根源处响应，避免错误和扰动的连锁反应，确保软件的抗干扰性。

（4）可移植性

软件的可移植性指软件在不同平台之间迁移的能力，由编程语言的可移植性和代码的可移植性构成。编程语言的可移植性由编程语言自身特性决定，以 Java 为代表的跨平台编程语言具有较好的可移植性，以汇编语言为代表的专用设计语言不具备可移植性。代码的可移植性包括 API 函数兼容性、库函数兼容性和代码通用性三部分，API 函数是操作系统为软件设计人员提供的向下兼容的编程接口，不同版本操作系统提供的 API 函数存在一定差异，软件在不同版本操作系统间移植时，设计人员需考虑 API 函数的兼容性。库函数一般指编译器或第三方提供的特殊功能函数，一些第三方库函数在设计时缺乏跨平台特性，因此软件代码在不同开发环境中迁移时需要考虑库函数的兼容性。代码通用性由软件设计人员的编程经验和习惯决定，设计优良的代码应尽可能地削弱平台相关性，以获得较好的可移植性。

7.2 实时多任务系统

在计算机控制系统中，一个实时应用通常包括若干控制流。为了有效地运行多个控制流的复杂应用，应该将应用分解为若干个与控制流相对应的任务（Task）加以处理。计算机控制系统广泛使用实时操作系统（Real Time Operating System，RTOS）构建实时多任务系统。

7.2.1 实时系统和实时操作系统

1. 实时系统

实时计算机系统的定义是：能够在确定的时间内运行其功能并对外部异步事件做出响应的计算机系统。应注意到，"确定的时间"是对实时系统最根本的要求，实时系统处理的正确性不仅取决于处理结果逻辑上的正确性，更取决于获得该结果所需的时间。例如，一个在大多数情况下能在 $50\mu s$ 做出响应，但是偶然需要 50ms 响应时间的系统，它的实时性要劣于一个能在任何情况下以 1ms 做出响应的系统。

高性能实时系统的硬件结构应该具有计算速度快、中断处理和 I/O 通信能力强的特点，但是应该认识到，"实时"和"快速"是两个不同的概念。计算机系统处理速度的快慢主要取决于它的硬件系统，尤其是所采用的处理器的性能。对于一个特定的计算机系统，如果采用的是普通操作系统，它的处理速度无论怎样高，都没有实时性可言。在计算机控制系统中，实时操作系统是实时系统的核心。

在计算机控制系统中广泛采用实时计算机组成应用系统，实时系统通常运行两类典型的工作：一类是在预期的时间限制内，确认和响应外部的事件；另一类处理和储存大量的来自被控对象的数据。对于第一类工作，任务响应时间、中断等待时间和中断处理能力是最重要的，将它称为中断型的；第二类是计算型的工作，要求有很好的处理速度和吞吐能力。在实际应用中，经常遇到的是兼具两种要求的中断和计算混合型的实时系统。

2. 实时操作系统

操作系统是计算机运行以及所有资源的管理者，包括任务管理、任务间的信息传递、I/O 设备管理、内存管理和文件系统的管理等。从外部来看，操作系统提供了与使用者、程序及硬件的接口。操作系统与计算机 I/O 硬件设备的接口是设备驱动器，应用程序与操作系统之间的接口是系统调用。

通用计算机系统中运行的是桌面操作系统，包括 Windows、UNIX 和 Linux 等，在计算机控制系统中使用的主要是实时操作系统。大多数实时操作系统的结构仿照 UNIX 操作系统的风格，所以它们又称为"类 UNIX"操作系统。

现代的实时操作系统的内核（Kernel）通常采用客户/服务者方式，或称为微内核（Microkernel）方式，微内核操作系统如图 7-2 所示。

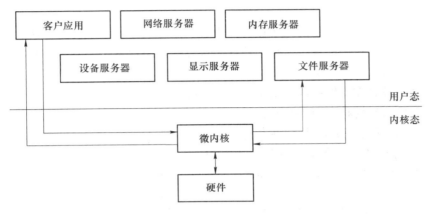

图 7-2　微内核操作系统

微内核通常只保留任务调度和任务间通信等几项功能，它依据客户-服务者模型概念，把所有其他的操作系统功能都变成一个个用户态的服务器，而用户任务则被当作客户。客户要用到操作系统时，其实就是通过微内核与服务器通信而已，微内核验证消息的有效性，在客户和服务器之间传递它们并核准对硬件的存取，这样微内核仅仅成为传递消息的工具。

微内核将与 CPU 有关的硬件细节都包含在很小的内核内，其他部分与硬件无关，这样整个操作系统就很容易移植。如果要扩展功能，仅只是增加相应的服务器而已。在微内核方式下，每个服务器都是独立的用户态任务，有自己的内存保护空间，以标准的方式通信，一个服务器出错，不会导致整个系统崩溃。此外，微内核操作系统的各种服务器可以分别在不同的处理机上运行，适合于分布式控制系统。

计算机系统里的所有活动，被分解为一个个任务运行。简单地说，任务就是装入计算机内正在运行的程序。程序是由指令和数据集所组成的可运行文件，而任务则是运行中的程序，它包括程序和与这个程序有关的数据及计算机资源等，每个任务都占有自己的地址空间，包括堆栈区、代码区和数据区。

UNIX 操作系统与实时操作系统的核心区别是它们任务调度的方式不同。UNIX 公平地对待所有的任务，采用轮转调度等方法来调度任务；实时操作系统采用基于优先级的抢先方式来调度任务，调度器可以打断正在运行的任务，让优先级更高的任务优先运行，从而保证对高优先级的事件在确定的时间里做出响应。

7.2.2　实时多任务系统的切换与调度

处理多任务的理想方法之一是采用紧耦合多处理机系统，让每个处理机各处理一个任务。这种方法真正做到了同一时刻运行多个任务，称为并行处理。

分布式控制系统中的各个节点普遍使用单处理机系统。单处理机系统在实时操作系统调度下，可以使若干个任务并发地运行，构成所谓多任务系统，事实上，无论是大型的分布式系统还是小型的嵌入式系统，实时控制系统大多数是以这种方式运行的。并发处理是指在一段时间里调度若干任务"同时"运行，其实具体到任何时刻，系统中只能有一个任务在运行，因为只有一个处理机。并发处理被看作是一种伪并行机制。

1. 任务及任务切换

（1）任务

在操作系统管理下，复杂的应用被分解为若干任务，每个任务执行一项特定的工作。如前所说，任务就是运行中的程序，每个任务所对应的程序通常是一个顺序执行的无限循环，好像是占用着全部 CPU 的资源，而事实上对于单处理机系统，任何时刻只可能有一个任务在运行，诸多任务是在操作系统的调度下交错地运行。

一个任务的状态转移如图 7-3 所示。

① 运行态。任务正在运行，在任何时刻，只可能有一个任务处在运行态。在待命态排队的任务，可以受调度器的派遣（Dispatch）而进入运行态。

② 待命态。任务准备好可以运行，但目前还未运行，需要得到调度器的派遣才能进入运行态。处在待命态的任务，以某种规则排队等待进入运行态。处在运行态的任务可以因各种

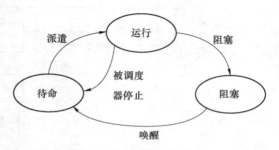

图 7-3　任务的状态转移

原因（与调度方式和调度策略有关）被调度器重新安排到待命队列去排队。

③ 阻塞态。正在运行的任务可能因为操作系统调用等待一个外部事件任务而被阻塞，此时只有被外部事件产生的中断所唤醒（激活），才能从阻塞态进入待命态；任务也可能在请求一个资源时需要等待而被阻塞，例如一个想使用打印机的任务，必须等待其他任务使用完打印机之后才能继续工作。

（2）任务上下文切换

每个任务除了包括程序和相应的数据之外，还有一个用来描述该任务的数据结构，称之为任务控制块（TCB）。TCB 中包括了任务的当前状态、优先级、要等待的事件或资源、任务程序代码的起始地址、初始堆栈指针等信息。任务控制块（TCB）如图 7-4 所示。

调度器在唤醒一个任务时，要用到任务控制块。为了保持系统的一致性，任务不能直接对自己的 TCB 寻址，只能通过系统调用加以修改。

TCB 中的大部分内容构成任务的上下文（Context）。任务的上下文是指一个运行中的任务被阻塞（或重新运行）时，所要保存（或恢复）的所有状态信息，例如当前程序计数器值、堆栈指针以及各个通用寄存器的内容等。

任务状态
任务优先级
事件或资源计数
程序起始地址
初始化堆栈指针内容
程序计数器内容
状态寄存器内容
堆栈指针寄存器内容
各个通用寄存器内容

图 7-4　任务控制块（TCB）

任务切换（Task Switch）是指一个任务停止运行，而另一个任务开始运行。当发生任务切换时，当前运行任务的上下文被存入自己的 TCB，将要被运行的任务的上下文从它的 TCB 中被取出，放入各个寄存器中。于是这个新的任务开始运行，运行的起点是上次它在运行时被终止的位置。这个在任务切换时保存和恢复相应的任务上下文的过程被称为上下文切换（Context Switch）。上下文切换时间是影响实时系统性能的重要因素之一。

2. 实时任务调度

（1）实时任务的时间特征

一个实时任务有两个最基本的特征：重要性和时间特性，与任务调度有关的所有问题，都是围绕着这两个基本特性展开的。实时任务的重要性可以用优先级来确定。实时任务按时间特性可分为三类：

- 周期性任务，是指被以固定的时间间隔发生的事件所激活的任务。
- 非周期性任务，是指被无规则的或者随机的外部事件所激活的任务。
- 偶发任务，也可以归类为非周期性任务，只是事件发生的频率低。

任务的时间特性包括：

- 限定时间。根据对限定时间的要求，可以把实时任务分为硬实时、强实时、弱实时和非实时等类型。
- 最坏情况下的执行时间。通常定义为，在没有更高优先级任务的干扰的情况下，任务执行时所需的最长时间。
- 执行周期（对周期性任务而言）。

典型的周期性任务的例子是数字反馈系统，例如，三个闭环反馈控制任务以不同的频率控制三个独立的被控对象，它们都是具有严格定义周期的任务。此外，定期的数据采集、时钟定时触发以及显示更新等，都是周期性任务的例子。

除了周期性任务之外，多数控制应用还要处理非周期性的和偶发性的外部事件。任何与具有随机时间间隔的外部事件有关的控制系统，都包含对非周期性任务的处理。

例如网络及通信设备、多媒体播放、医疗器械和工业过程控制等。像出错检测、需要人工干预的开/关或启动过程/事件，均是偶发性任务的例子。例如，控制者可以随时地、无任何预见性的把工业流程从生产状态转为安全保护状态，与这两种状态相关的任务就是偶发性任务。

在实际应用中，周期性任务调度比较容易实现，实时多任务调度的许多困难都与非周期性任务调度有关。

（2）任务调度器

实时应用中，根据需要可以把应用分解为强实时、弱实时和非实时不同等级的任务，用某种调度方式安排运行。实时内核中有一个调度器，专门用于调度应用任务。实时操作系统中的任务调度方法有许多种，其中使用最广泛的是基于优先级的抢先调度方式及轮转调度方式。

调度器的基本功能是管理待命队列和阻塞队列，并负责控制每个任务在各个状态之间的切换。

3. 中断处理

在实时操作系统管理下的控制系统是事件驱动的系统，许多优先级的任务切换是被中断所引起的，或者说，任务被外部事件（例如 I/O 事件）驱动而运行。当外部事件未出现时，处理该外部事件的任务处在阻塞态，等待着被唤醒。外部事件引起中断后，进入中断服务程序，在其中通过系统调用与相应的处理任务通信并唤醒该任务。

7.3 现场控制层的软件系统平台

7.3.1 软件系统平台的选择

随着微控制器性能的不断提高，嵌入式应用越来越广泛。目前市场上的大型商用嵌入式实时系统，如 VxWorks、pSOS、Pharlap、Qnx 等，已经十分成熟，并为用户提供了强有力的开发和调试工具。但这些商用嵌入式实时系统价格昂贵而且都针对特定的硬件平台。此时，采用免费软件和开放代码不失为一种选择。μC/OS-Ⅱ是一种免费的、源码公开的、稳定可靠的嵌入式实时操作系统，已被广泛应用于嵌入式系统中，并获得了成功，因此计算机控制系统的现场控制层采用 μC/OS-Ⅱ是完全可行的。

μC/OS-Ⅱ是专门为嵌入式应用而设计的实时操作系统，是基于静态优先级的占先式（Preemptive）多任务实时内核。采用 μC/OS-Ⅱ作为软件平台，一方面是因为它已经通过了很多严格的测试，被确认是一个安全的、高效的实时操作系统；另一方面是因为它免费提供了内核的源代码，通过修改相关的源代码，就可以比较容易地构造用户所需要的软件环境，实现用户需要的功能。

基于计算机控制系统现场控制层、实时多任务的需求以及 μC/OS-Ⅱ优点的分析，可以选用 μC/OS-Ⅱ v2.52 作为现场控制层的软件系统平台。

7.3.2 μC/OS-Ⅱ内核调度基本原理

1. 时钟触发机制

嵌入式多任务系统中，内核提供的基本服务是任务切换，而任务切换是基于硬件定时器中断进行的。在 80x86 PC 及其兼容机（包括很多流行的基于 x86 平台的微型嵌入式主板）中，使用 8253/54 PIT 来产生时钟中断。定时器的中断周期可以由开发人员通过向 8253 输出初始化值来设定，默认情况下的周期为 54.93ms，每一次中断叫一个时钟节拍。

PC 时钟节拍的中断向量为 08H，让这个中断向量指向中断服务子程序，在定时器中断服务程序中决定已经就绪的优先级最高的任务进入可运行状态，如果该任务不是当前（被中断）的任务，就进行任务上下文切换：把当前任务的状态（包括程序代码段指针和 CPU 寄存器）推入栈区（每个任务都有独立的栈区）；同时让程序代码段指针指向已经就绪并且优先级最高的任务并恢复它的堆栈。

2. 任务管理和调度

运行在 μC/OS-Ⅱ之上的应用程序被分成若干个任务，每一个任务都是一个无限循环。内核必须交替执行多个任务，在合理的响应时间范围内使处理器的使用率最大。任务的交替运行按照一定的规律，在 μC/OS-Ⅱ中，每一个任务在任何时刻都处于如下 5 种状态之一：

- 睡眠（Dormant）：任务代码已经存在，但还未创建任务或任务被删除。
- 就绪（Ready）：任务还未运行，但就绪列表中相应位已经置位，只要内核调度到就立即准备运行。

- 等待（Waiting）：任务在某事件发生前不能被执行，如延时或等待消息等。
- 运行（Running）：该任务正在被执行，且一次只能有一个任务处于这种状态。
- 中断服务态（Interrupted）：任务进入中断服务。

μC/OS-Ⅱ的 5 种任务状态及其转换关系如图 7-5 所示。

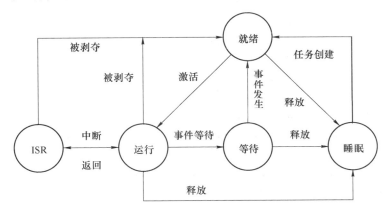

图 7-5　μC/OS-Ⅱ任务状态转换图

首先，内核创建一个任务。在创建过程中，内核给任务分配一个单独的堆栈区，然后从控制块链表中获取并初始化一个任务控制块。任务控制块是操作系统中最重要的数据结构，它包含系统所需要的关于任务的所有信息，如任务 ID、任务优先级、任务状态、任务在存储器中的位置等。每个任务控制块还包含一个将彼此链接起来的指针，形成一个控制块链表。初始化时，内核把任务放入就绪队列，准备调度，从而完成任务的创建过程。接下来便进入了任务调度即状态切换阶段，也是最为复杂和重要的阶段。当所有的任务创建完毕并进入就绪状态后，内核总是让优先级最高的任务进入运行态，直到等待事件发生（如等待延时或等待某信号量、邮箱或消息队列中的消息）而进入等待状态，或者时钟节拍中断或 I/O 中断进入中断服务程序，此时任务被放回就绪队列。在第一种情况下，内核继续从就绪队列中找出优先级最高的任务使其运行，经过一段时间，若刚才阻塞的任务所等待的事件发生了，则进入就绪队列，否则仍然等待；在第二种情况下，由于 μC/OS-Ⅱ是可剥夺性内核，因此在处理完中断后，CPU 控制权不一定被送回到被中断的任务，而是送给就绪队列中优先级最高的那个任务，这时就可能发生任务剥夺。任务管理就是按照这种规则进行的。另外，在运行、就绪或等待状态时，可以调用删除任务函数，释放任务控制块，收回任务堆栈区，删除任务指针，从而使任务退出，回到没有创建时的状态，即睡眠状态。

7.4　新型 DCS 组态软件的设计

7.4.1　新型 DCS 的总体结构

新型 DCS 是基于现场总线和工业以太网的计算机控制系统，遵循集散控制系统的基本体系结构，优化了现场控制站的结构，各组成部分的功能更加具体化。新型 DCS 的总体结构如图 7-6 所示。

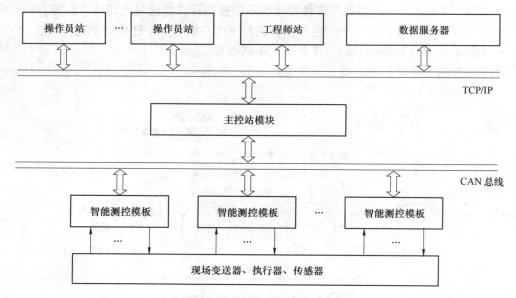

图 7-6　新型 DCS 的总体结构

新型 DCS 除了在系统设计上使主控站模块的控制功能更集中外，现场控制站设计的一个突出特点是主控站和智能测控模板之间采用现场总线（如 CAN 总线）通信。同传统的 DCS 控制站内部总线采用并行总线或 UART 串行总线方式相比，现场总线具有通信速率高、系统可靠性高及成本低等优点，在性能上比传统的 DCS 有了很大的提高。同时，运行在工程师站和操作员站的 DCS 监控组态软件在系统设计上也进行了创新。

由图 7-6 可以看出，新型 DCS 的核心结构可以简单地归纳为"三点一线"式的结构。"一线"是指 DCS 的骨架计算机网络，"三点"则是指连接在网络上的三种不同类型的节点，这三种节点是面向生产过程的现场 I/O 控制站、面向操作人员的操作员站、面向 DCS 监督管理人员的工程师站。因此，作为 DCS 系统集中管理特点的体现，工程师站和操作员站软件系统的设计是非常重要的。

1. DCS 组态的概念

组态的概念来源于英文"Configuration"，含义是利用软件工具对计算机及软件的各种资源进行配置，达到使计算机或软件按照预先设置自动执行特定任务，以满足使用者要求的目的。DCS 中，工程师站和操作员站的软件功能若只靠软件人员编程实现，其工作量是非常大的，且软件通用性极差，系统的任何小小改动都要重新设计和修改程序，并且对每个不同的应用对象都要重新设计或修改程序，软件的可靠性较低。为此，需要一种为这种控制体系结构提供全面支持的工具软件，使用户生成需要的系统软件时不需要编写程序代码。这就是 DCS 组态概念产生的技术背景。

DCS 组态就是工程技术人员从工业生产对控制的要求出发，根据集散控制系统所提供的功能模块或算法组成所需的系统结构，完成所需功能。DCS 组态的范畴很广泛，按功能可分为两个方面：硬件组态（又称为配置）和软件组态。

硬件组态包括系统的硬件配置，如主控模块和现场测控模块的选择等。

软件组态包括基本配置组态和应用软件组态。基本配置组态是针对系统的配置信息，如系统现场控制站和操作员站的个数、它们的索引标志、每个现场控制站最大点数、控制站的智能模板配置等。应用软件的组态则包括数据库生成、历史记录组态、趋势图组态、流程图生成、控制组态、报警组态等。

随着DCS的发展，系统对组态功能的支持情况成为影响DCS是否受用户欢迎的重要因素。

2. DCS组态软件工作机制

DCS组态软件的使用者是自动化工程设计人员，设计组态软件的主要目的是满足使用者在生成自己需要的应用系统时不需要修改软件程序的源代码。因此在设计组态软件时应充分了解自动化工程设计人员的基本需求，并加以总结、提炼、集中解决共性问题，然后采用面向对象的编程和设计思想，模拟工程师在进行过程控制时的系统设计思路，围绕被控对象及控制系统的共性要求构造"对象"，生成适用于不同应用程序的用户程序。

每个DCS生产厂家都会根据以上设计思路，为各自的DCS配有一套功能十分齐全的组态生成工具软件，这套软件通用性强，适用于不同的应用对象。在DCS中，完成所有控制功能所需要的程序都已事先编写好了，并以模块的形式存放在工程师站、操作员站或现场控制站中，这样的设计使得系统的执行程序代码部分一般固定不变，为适应不同的应用对象，只需改变数据实体（包括图形文件和控制回路文件等）即可。自动化工程人员可使用组态软件，通过方便友好的图形界面来生成这些数据实体或数据文件。系统组态完成后，把生成的组态信息下载到各个现场控制站，组态软件进入运行状态后也会读取相关数据文件，从而可以实施各种控制方案。这就是DCS组态软件的工作机制。

3. 组态软件的特点及发展趋势

用户利用组态软件，可以根据应用对象及控制任务的要求，以"搭积木式"的方式灵活配置、组合各功能模块，构成用户应用软件。"组态"一词反映了用户组态软件二次开发具体控制系统的过程，即只需按具体被控对象的特点，使用组态软件提供的组态工具生成一系列的数据文件，这些数据文件加上组态软件的运行程序部分即是用户所需要的控制软件。

（1）组态软件的特点

1）实时多任务。这是组态软件最突出的特点。实时性是指计算机控制系统应该具有的能够在限定的时间内对外来事件做出反应的特性。实时性要求组态软件不仅能及时利用图形界面反映数据变化的情况，而且能够迅速将控制信号发送到控制器和现场仪表。实时性一般要求计算机有多任务处理能力，由于操作系统直接支持多任务，组态软件的性能得到了全面加强。

2）高可靠性。DCS应用于工业生产现场，可靠性是组态软件必须考虑的重要因素。可靠性是指在计算机或数据采集控制设备正常工作的情况下，如果供电系统正常，组态软件能否长时间、无差错运行。

3）开放性好。开放性与标准化密切相关，目前尚无一个明确的国际或国内标准来规范组态软件。国际电工委员会IEC61131-3开放型国际编程标准提供了用于规范DCS和PLC中的控制编程语言，它规定了四种编程语言标准：梯形图、结构化高级语言、方框图、指令助记符，这四种编程语言标准被越来越多的DCS生产厂商作为标准用于DCS组态软件产品中。

另外，组件对象模型（COM）、ActiveX、OPC（OLE for Process Control）、ODBC接口等

技术标准被应用到组态软件开发中，也增强了系统开放性。

4）高安全性。DCS 组态软件提供了一套完善的安全机制。将用户的操作权限按等级划分，能够自由组态控制参数修改、系统进入或退出权限、画面切换权限等。只允许有操作权限的操作员对某些功能进行操作，防止意外或非法关闭系统、进入开发系统修改参数或对未授权数据进行修改等操作。

（2）未来组态软件的发展趋势

未来组态软件的发展趋势将主要表现为如下方面：

1）开放性技术。组态软件正逐渐成为协作生产制造过程中不同阶段的核心系统，无论是用户还是硬件供应商都将组态软件作为全厂范围内信息收集和集成的工具，这就要求组态软件大量采用"标准化技术"，如 OPC、DDE、ActiveX 控件和 COM/DCOM 等，使组态软件演变成软件平台，在软件功能不能满足用户特殊需要时，用户可以根据自己的需要进行二次开发。

2）对 Web 的支持。现代企业的生产已经趋向国际化、分布式的生产方式。浏览器对工业现场进行监控已经逐步在组态软件中得到应用。目前的组态软件，基于 Web 的监控主要应用于信息浏览方面，远程监控功能尚未完善。

3）大型化。伴随着 CIMS 和 CIPS 技术的推广应用，加上组态软件与绝大多数控制装置相连、具有分布式实时数据库的特点，使得组态软件将逐渐发展成为大型软件平台，以原有的图形用户接口、I/O 驱动、分布式实时数据库、软逻辑等为基础将派生出大量的实用软件组件，如先进控制软件包、数据分析工具等。

4）小型化。微处理器和微控制器技术的发展带动控制技术及监控组态软件的发展，目前嵌入式系统发展迅猛，但相应软件尤其是组态软件滞后较严重。随着现代制造业的发展，对嵌入式应用软件的人机界面和复杂控制方面的需求越来越高。因此，为嵌入式系统量身定做的微型化的人机界面软件是组态软件厂商新的发展方向。

7.4.2 新型 DCS 组态软件的总体结构设计

下面将从软件设计方法开始，首先说明 DCS 组态软件开发工具的选择，阐述软件面向对象的分析与设计思想。

1. 面向对象的设计方法

面向对象的设计方法的基本思想是：从现实世界中客观存在的事物出发来构造软件系统，并在系统构建中尽可能多地运用人类的自然思维方式。面向对象的设计方法的主要特点如下：

① 从客观存在的事物出发来构造软件系统，用对象作为这些事物的抽象表示，并以此作为系统的基本构成单位。

② 事物的静态特征（一些可用数据表示的特征）用对象的属性来表示，动态特征（即事物的行为）用对象的服务或操作来表示。

③ 把对象的属性和服务结合成一个独立的实体，对外屏蔽其内部细节，称为封装。把具有相同属性和相同服务的对象归为一类，类是这些对象的抽象描述，每个对象是类的一个实例。

④ 在不同程度上运用抽象的原则，可以得到一般类和特殊类。特殊类继承一般类的属

性和服务。

⑤ 对象之间通过消息进行通信，实现对象之间的动态联系。通过关联，表达对象之间的静态关系。

从以上几点可以看出，在面向对象开发的系统中，以类的形式描述并通过对类的使用而创建的对象是系统的基本构成单位。封装性（Encapsulation）、继承性（Inheritance）和多态性（Polymorphism）是面向对象编程的三个特性，正是具有这三个特性，利用面向对象技术进行开发，可以进一步提高系统的凝聚度，减少重复开发，提高了软件的重复利用率，降低了软件系统的开发成本和开发周期，并且当系统的需求发生改变时，能够保持系统体系结构的稳定性。

2. 组态软件的面向对象需求分析

面向对象软件设计的第一步就是系统需求分析和软件需求分析。

"控制分散，管理集中"是 DCS 的最重要特征。一个 DCS 至少需要一个工程师站、一个操作员站和一个现场控制站。工程师站和操作员站是 DCS 中组态软件运行的载体，对组态软件的面向对象分析也要从它们开始。

操作员站是系统的人机界面，主要是系统在线运行时，完成流程图监视、远程控制操作等功能。工程师站是 DCS 中的一个特殊功能站，其主要作用是对系统进行应用组态。应用组态用来定义一个具体的系统要完成的控制功能，设定控制的输入、输出量，确定控制回路的算法和在控制计算中选取的参数，对流程图、报警、报表及历史数据记录等各功能进行定义。只有完成了正确的组态，一个通用的 DCS 才能够成为一个针对具体控制应用的可运行系统。当系统运行时，工程师站可起到对 DCS 本身的运行进行状态监视的作用。DCS 在线运行时，也允许进行组态，并对系统的定义进行修改和添加，这种操作被称为在线组态，在线组态是工程师站的一项重要功能。

DCS 的组态软件，是指运行于系统的工程师站或操作员站等节点中的软件，是工程师站或操作员站完成上述功能的实现软件。它支持针对监控对象的 I/O 数据库定义，二次分析处理的计算点、计算公式和算法定义，支持面向最终用户的监视画面生成、报表生成、历史库定义和面向过程控制对象的操作定义等。通过对现有的 DCS 组态软件的调查和分析，结合工程师站和操作员站在 DCS 中的功能，得到 DCS 组态软件的主要功能应包括：

- 数据采集。数据采集一般是采集来自 DCS 现场控制层的工艺参数和状态，也可采集来自其他 DCS 应用系统的有关数据。因此，DCS 除了与本身控制层通信外，还提供标准通信协议（如 OPC 协议等），方便接入具有相同标准协议的第三方数据。
- 事件分析。对采集到的参数（或状态）进行分析，识别出特定的事件信息，包括：报警识别、日志记录、事件捕捉等。
- 信息存储和管理。为了有利于数据信息的展现及利用，一般 DCS 监控系统要将数据信息按一定的数据结构进行组织管理。
- 图形界面。包括模拟流程图显示、报警、报表、变量历史趋势和实时趋势显示等功能。
- 远程控制操作。通过将 DCS 监控软件提供的控制命令，下载到控制站，对工业现场或控制回路进行控制。

3. 组态软件的体系结构

在对组态软件进行需求分析的基础上，结合新型 DCS 的硬件配置和软件特点，总结归纳出 DCS 组态软件的体系结构是软件设计中的重要一步。

组态软件从总体上可以分为：用于完成工程师站组态和维护的系统开发环境、用于完成操作员站监视和操作的系统运行环境。无论是系统开发环境还是系统运行环境，数据库系统是组态软件的核心。运行环境和开发环境相对独立。组态软件的体系结构如图 7-7 所示。

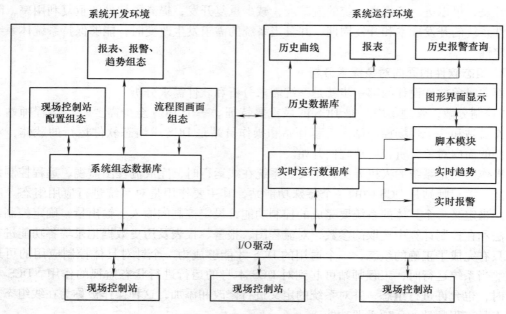

图 7-7 组态软件的体系结构

（1）系统开发环境

系统开发环境是运行在工程师站上的客户应用程序集成开发平台，是工程人员为实施控制方案，在监控组态软件的支持下进行应用程序的系统生成工作所必须依赖的工作环境，通过建立一系列用户数据文件，生成图形目标应用系统、控制目标应用系统等。工程人员在这个集成的开发环境中，利用系统组态部分完成控制站组态；利用图形组态部分可以方便生成各种复杂的生动的画面，可以逼真地反应现场数据；系统开发环境中还嵌入了报警、报表、历史趋势、实时趋势等控件，可以方便地进行报警、报表和趋势组态。开发环境还负责将系统组态信息下载到控制站的主控制卡，实现对控制站的配置。

（2）系统运行环境

系统运行环境是指系统运行的平台，是负责将组态生成的目标应用程序装入计算机内存并投入实时运行的集成环境。它由若干个运行模块组成，如图形界面运行、报表打印、报警显示等。它读取开发环境下生成的组态信息，将用户在开发环境下定义的数据点与智能测控模板中的通道输入数据联系起来，读取现场实时数据，生成能反应工业现场工作状态的动画效果，并能通过实时趋势控件、历史趋势控件、报表控件、报警控件等显示和分析从现场控制站采集的数据，实时监控控制站的工作状态，对故障板卡进行及时报警，对历史数据进行保存，通过已组态的控制回路提供对被控对象的控制功能。

4. 组态软件的功能

系统在进行配置和组态之前只是一个硬件和软件的集合，对于实际应用来说毫无意义。一个自动化工程师的首要任务是通过系统开发环境组态现场控制站，确定控制站的个数、各控制站主控制模块的地址以及与工程师站操作员站的通信方式、配置各 I/O 智能测控模板等，将该配置信息通过网络下传到现场控制站；然后设置各种组态参数，定义它们的动态属性，生成适用于特定控制目的的控制配置文件，最后将组态生成的各种配置文件，经控制网络传送到操作员站的运行环境，在运行平台上执行所配置的监视控制功能，最终成为一个真正意义上的远程监控平台。由此可将组态软件系统功能划分为三部分：

- 系统配置，主要完成现场控制站硬件信息的配置。
- 组态配置，主要完成控制回路定义和运行环境需要的组态配置。
- 组态配置文件的执行，经过系统配置和组态配置生成的配置信息在数据服务器的支持下执行控制系统的监控功能。

根据上述分析画出的组态软件系统的功能如图 7-8 所示。

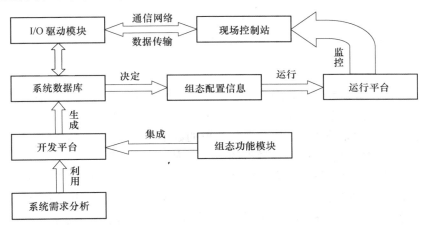

图 7-8　组态软件系统的功能

5. 组态软件基于模块化的面向对象划分

软件需求分析之后的工作便是软件设计。软件设计可分为概要设计和详细设计两大步骤。概要设计是给出系统的整体模块结构。

（1）模块化设计思想

模块化软件设计就是模块化概念在软件设计中的应用，是软件开发的一种重要技巧，在计算机技术中称之为"模块化程序设计"（Modular Programming），它是把系统或程序作为一组模块集合来开发的技术。

一个大型软件的开发设计处处体现着模块化的设计思想，它一般包含了许多专业设计的任务。软件工程师需要根据用户的需求对整个软件进行专业划分。系统设计的主要任务就是确定系统由哪几部分组成，以及各部分之间的关系。软件系统结构设计由两个阶段组成，即总体设计和详细设计。其中总体设计是确定系统的模块化结构，它包括以下工作：如何将一个系统划分为多个模块；如何确定模块间的接口；如何评价模块划分的质量。模块化设计具有以下优点：

① 基于自顶向下的设计思路，可把待解决的复杂问题分解为多个子问题，然后将子问题再进行分解，一旦所有的子问题得以解决，则解决了所有的问题。

② 各个组成模块具有一定的独立性，各个模块的功能确定以后，就可以分配给多人同时进行开发，加快开发速度；而且如果某一或某些模块需要代替修改时，只需保证与其他模块的接口不变就可以了。

③ 模块化开发能够达到一定的复用效果。

采用模块化设计，可以提高软件的复用性，缩短开发周期。功能模块是在软件的结构上采取了层次化、模块化的编程方法，即将整个监控组态软件按照一定的规则划分为一系列的相互依赖的层次，每个层次按照功能分解为一个个单独的模块，模块之间相对独立，负责完成特定的功能。将组态软件按照功能细分为几个模块。无论是组态系统还是运行系统，都是由不同的功能模块组成的。

（2）DCS 组态软件功能模块的划分

根据图 7-8 所示的组态软件系统的功能，确定模块结构及模块详细设计，制定出软件的整体框架设计思路，就完成了组态软件的概要设计过程。

新型 DCS 组态软件具有的组件功能主要如下：

① 应用程序管理器。主要完成工程的导入、创建、备份、搜索等功能，完成点的导入导出功能。

② 组态/运行数据库系统。数据库组态程序提供友好的点参数组态画面，用来存储和管理整个数据库系统的组态信息。数据库运行程序是整个运行系统的核心。在 DCS 中，数据库中的对象表示从控制站的各智能测控模板读取的数据对象，因此对数据库的组态是通过对现场控制站的主控制模块和智能测控模板的组态实现的。

③ 图形界面开发/运行程序。图形界面开发程序完成系统流程图组态、实时趋势等组态功能。图形界面运行程序是在图形界面开发程序中组态的文件和数据的运行环境。

④ 控制回路组态系统。控制回路组态系统是 DCS 算法控制组态的核心部分。国际电工委员会 IEC61131-3 提供用于控制的 4 种编程语言标准：梯形图、结构化高级语言、方框图、指令助记符。

⑤ 脚本编程。脚本语言是扩充组态软件功能的重要手段。脚本引擎可以支持用户自定义脚本，在脚本引擎的帮助下运行平台可针对用户的不同需求，生成脚本代码，实现各种各样的逻辑功能。动作脚本是一种基于对象和事件的类 BASIC 编程语言，利用开发系统编制完成的动作脚本，可以在运行系统中执行，运行系统通过脚本对变量、函数的操作，完成对现场数据的处理和控制，进行图形化监控。脚本主要分为窗口脚本、应用程序脚本、图形操作脚本、热键操作和事件驱动脚本等。

⑥ I/O 驱动程序。遵循 TCP/IP 协议，利用工业以太网与现场控制站的主控制模块进行通信。控制站负责采集从现场 I/O 设备检测的数据信息，组态软件必须通过 I/O 驱动程序从控制站获得实时数据，对数据进行必要的加工后，存储到数据库中，供组态软件各模块访问。

⑦ 报警显示。报警显示是对于现场设备运行状态的最直接也是最有效的监测方式，该模块主要用来显示现场的设备故障报警信息和数据点的报警信息，确保当现场设备故障或产生其他相关数据点异常时能够在第一时间通知监测人员。同时，提供对报警信息进行确认、

删除和查询历史报警等各类基本操作。

⑧ 报表查询。报表查询主要是对系统运行过程中的部分数据（如有功电能、无功电能）的历史值进行定时统计，并支持对相关历史值进行查询，以便与对生产和设备运行过程中的各个环节进行分析。

⑨ 提供对外数据接口服务，用来完成与第三方软件的接口。对外数据接口服务包括OPC、DDE 等，使得第三方可方便集成。

⑩ 安全管理。安全管理模块是对现场数据进行安全保护，防止对工程内容、报警和报表等重要信息进行恶意修改的重要手段，以保证不同成员的利益和数据安全。安全管理可以实现不同类型和级别的成员权限设置，保证只对相关成员设定必要的权限，防止越权操作。

⑪ Web 发布。对 Web 的支持已经成为现代组态软件的一个重要特征，Web 发布主要是将现场运行系统的相关数据、画面和报表等信息集成到相应 Web 站点，以便实现基于浏览器的远程访问和控制，从而使用户不受地理位置的约束了解现场设备运行的实时状况。

⑫ 双机热备。双机热备是从安全性的角度出发，利用两台甚至多台计算机的数据同步和备份操作来保证在系统故障的情况下数据不丢失或最大限度地减少丢失的信息量，从而大大增加了系统的可靠性和容错性。

7.4.3 新型 DCS 组态软件开发环境

1. 软件开发平台

组态软件对操作系统有特定的要求，其中稳定性和实时性是主要要求。组态软件要求操作系统长时间无故障运行，对系统异常和恶意程序具备较好的处理能力，并可长时间运行无需更新系统补丁。除此之外，操作系统还需要对实时性较高的任务提供支持，以确保计算机控制任务的正常进行。按照现行操作系统的发布厂商分类，组态软件多采用 Windows 操作系统、Linux 操作系统和定制操作系统三种类型。

（1）Windows 操作系统

Windows 操作系统由微软公司发布，经过长时间事实检验后的系统版本具有较高的稳定性，可以作为组态软件的操作系统软件，用于工业控制领域的操作系统一般采用低版本Windows 系统，以获得较完备、稳定的系统功能，避免遭遇未知漏洞和频繁的系统更新。Windows 操作系统一般应用在冶金、石油、电力等大型工控场合，目前组态软件领域采用的Windows 操作系统以 Windows XP、Windows Server 2003 和 Windows 7 三个版本为主，在作为服务器使用的计算机上使用 Windows Server 2003 系统便于发挥服务器的性能，通用用途的计算机 Windows XP 和 Windows 7 系统具备较高的稳定性。

（2）Linux 操作系统

Linux 操作系统基于 POSIX 和 UNIX 开发，经过长时间发展后具备了开源、免费和稳定的特点，满足了组态软件的要求。Linux 操作系统采用 GPL 协议，用户可以通过网络或其他途径免费获得，Linux 操作系统中一些商业化版本经过实践检验具备较稳定的运行特性，逐渐被各类组态软件所采用。Linux 操作系统一般应用在金融、政府、教育和商业场合，目前被组态软件领域广泛采用的 Linux 操作系统包括 RHEL（Red Hat Enterprise Linux）、Debian stable release 和 Ubuntu，其中 RHEL 多作为服务器的操作系统，Debian 和 Ubuntu 系统在微型计算机上使用较多。

（3）定制操作系统

特殊用途下的组态软件基于特有的操作系统开发，达到了从系统软件到应用软件的深度定制。定制操作系统一般基于 Linux 系统开发，根据生产过程需要对系统的功能和策略进行修改和删减，以达到定制的目的。定制操作系统一般用于过程控制、通信和嵌入式等领域，以 VxWorks、QNX 和 RT-Linux 为代表的嵌入式实时操作系统在组态软件领域中有出色表现，定制操作系统在安全性和效率上具有独特优势。

2. 软件开发工具

软件开发工具是指为软件设计和开发所服务的各类软件和硬件，根据在不同软件开发生命周期中起到的作用主要有软件建模工具、软件实施工具、模拟运行平台、软件测试工具和软件开发支撑工具等几类。其中，以软件实施工具最为核心。

软件实施工具用于程序设计、编码和编译，包括程序语言开发环境和集成开发环境。前者主要提供程序语言的预编译、编译、链接的工具，后者包括代码编辑器在内的编辑器、代码生成器、运行环境和调试器。组态软件的设计一般涉及的代码量比较大，文件数目繁多，因此，与程序语言开发环境相比，选择适当的集成开发环境能够更加方便地实现对源码的管理。组态软件开发过程中常用的集成开发环境有以下几类：

（1） VC ++ 6.0

VC ++ 6.0 是微软推出的基于 Windows 操作系统的可视化集成开发环境，简称 VC 或者 VC6.0。它本身由许多组件组成，包括编辑器、调试器以及程序向导 AppWizard、类向导 Class Wizard 等开发工具。VC 是针对 C ++ 语言的集成开发环境，C ++ 语言提供了完备的面向对象的语言机制，为面向对象编程提供语言基础，便于进行系统设计和项目管理。而且，C ++ 语言在当今流行的高级语言中代码效率比较高，对跨平台的兼容性也较强，便于以后进行组态软件的二次开发工作。

VC 在提供 C ++ 语言自身库的基础上提供了一个强大的类库 MFC，该类库对 Windows 窗口系统及其他系统的调用进行了完备的封装，并提供了对常用数据集类的支持。利用 Visual C ++ 6.0 的应用程序向导（App Wizard）功能生成 SDI 或 MDI 应用程序框架，可以使程序员将主要精力集中在所要解决的具体问题上。

组态软件的数据库系统以 SQL Server 2000 为基础，Visual C ++ 6.0 提供了 ODBC （Open Database Connect）接口和 ADO（ActiveX Data Objects）接口等，可以方便地对数据库进行操作。

（2）C ++ Builder

C ++ Builder 是由 Borland 公司推出的一个用于在 Windows 平台上撰写 C ++ 语言应用程序的快速开发集成环境，与其他的可视化编程工具（如 VC、VB）相比，C ++ Builder 的最大特点就在于其可视化程度更高，因此在开发面向用户的应用程序时更方便、更快捷。C ++ Builder 集成了十分丰富的可视化元件库，其中的元件数量在百个以上，这些元件基本上覆盖了应用程序开发的各个方面，如：基本应用程序主窗口、菜单、工具栏、对话框、数据库、Internet 等，利用这些元件，可以使得设计和开发 C ++ Builder 程序变得简单高效。

C ++ Builder 所依赖的 VCL（可视化元件库）兼容 ActiveX 和 DCOM 技术，并且是完全基于对象的，而这两项技术在组态软件中应用广泛，因此极大程度上提高了代码的重用性。对 Web 的支持是组态软件的发展趋势之一，而 C ++ Builder 中提供了 WebBroker、WebBridge

等 25 个 Internet 元件，可以帮助用户方便地开发与完善组态软件中的 Web 相关功能。

同样，对数据库及相应接口的开发是组态软件开发过程中的重点，在C ++ Builder 中提供了大量的用于数据库操作的元件，可以实现从数据库访问、数据浏览到制作报表的各种功能，可以很方便地根据需要定制自己的数据库应用程序，改变了以往数据库应用程序编制过程的复杂和繁琐，使开发人员可以把更多的精力放在组态软件总体功能设计上来。

（3）Delphi

Delphi 是 Bordland 公司研发的另一款可视化集成开发环境。与 VC 和C ++ Builder 不同，Delphi 既可以支持 Windows 平台，也可以在 Linux 平台上开发应用。同时，Delphi 使用的核心是由传统 Pascal 语言发展而来的 Object Pascal，以图形用户界面为开发环境，透过 IDE、VCL 工具与编译器，配合连接数据库的功能，构成一个以面向对象程序设计为中心的应用程序开发工具。

与C ++ Builder 类似，Delphi 具有强大的数据存取功能。它的数据处理工具 BDE（Borland Database Engine）是一个标准的中介软件层，可以用来处理当前流行的数据格式，如 xBase、Paradox 等，也可以通过 BDE 的 SQLLink 直接与 Sybase、SQLServer、Informix、Oracle 等大型数据库连接。

与 VC 相比，Delphi 支持 OPC 的自动化接口，从而使得在 Delphi 环境下开发 OPC 应用程序变得简单方便。

7.4.4 新型 DCS 组态软件的关键技术

1. COM 和 ActiveX 技术

（1）COM 技术

组件对象模型（Component Object Model，COM）是一项将软件拆分成各个彼此独立的二进制功能模块文件，各文件之间通过二进制调用来完成复杂功能的软件开发技术。采用 COM 规范开发的组件就称为 COM 组件。其特点如下：

① 面向对象的编程。

② 封装性和可重用性好。

③ 组件与开发的工具与语言无关，与开发平台无关。

④ 运行效率高、易扩展、便于使用和管理。

COM 采用"接口与实现分开"的原则设计程序，接口是 COM 编程的基础，COM 接口具有非常简单的二进制结构特征，通过此二进制结构可允许客户访问一个对象，而无需考虑客户或者对象实现使用什么样的编程语言。接口的不变性在于接口一经发布就不能再改变，尤其在于标识接口名称的 GUID 值不能改变，任何组件只要实现了该接口就可以被应用该接口的程序调用，这体现了接口的可重用性。将面向对象的设计方法与组件设计的概念结合起来就可以将设计组件转化为设计组件的支持类，这样的结合是非常有益的。

COM 规范的语言无关性、进程透明性和可重用机制使软件的升级、维护及网络扩展极为方便，因此组件化的软件结构与面向对象的设计方式结合非常适合于开发组态软件。在组态软件的开发中，大量采用自动化对象完成各组件模块之间的数据交换和通信。

（2）ActiveX 技术

ActiveX 技术是在对象链接与嵌入（Object Linking and Embedding，OLE）技术基础上发

展起来基于 COM 的技术。ActiveX 控件就是 OLE 控件在 Internet 环境上的扩展。

由于 ActiveX 控件是基于组件对象模型的，如果在程序中使用了 ActiveX 控件，那么在以后升级程序时可以单独升级控件而不需要升级整个程序。基于以上特点，ActiveX 控件已被广泛应用于应用程序和因特网上。ActiveX 控件可以被集成到很多支持 ActiveX 的应用当中，或者直接用来扩展应用的功能。所有的 ActiveX 控件最终必须定位于某种容器。

在组态软件中引入控件技术，历史报警、实时报警、历史趋势和实时趋势等功能模块采用控件技术开发。控件技术的引入在很大程度上方便了用户，用户可以调用一个已开发好的 ActiveX 控件，来完成一项复杂的任务，而无需在组态软件中做大量的复杂工作。

2. 多线程

多进程/线程的程序设计受到操作系统体系结构很大的影响。32 位 Windows 操作系统最主要的特点之一是支持多任务调度和处理。所谓多任务，包括多进程和多线程两类。进程是应用程序的执行实例，每个进程是由私有的虚拟地址空间、代码、数据和其他各种系统资源组成的。线程是系统分配处理时间资源的基本单位，它是进程的一条执行路线。一个进程至少有一个线程（通常称该线程为主线程），也可以包括多个线程。对于操作系统而言，其调度单元是线程，系统创建好进程后，实际上就启动执行了该进程的主线程，进而创建一个或多个附加线程，这就是所谓基于多线程的任务。这种简单化的、低资源消耗的线程交互模型已经证明了它对复杂系统开发的好处。

在多线程环境中，一个进程中的多个线程可同时运行，进程内的多个线程共享进程资源，可以提高工作效率和资源利用率。创建一个新的进程必须加载代码，而线程要执行的代码已经被映射到进程的地址空间，所以创建、执行线程的速度比进程更快。另外，一个进程的所有线程共享进程的地址空间和全局变量，简化了线程之间的通信，以线程为调度对象要比以进程为调度对象的效率高。

线程之间的同步问题，由于线程之间经常要同时访问一些资源，线程同步可以避免线程之间因资源竞争而引起的几个线程乃至整个系统的死锁。可以使用线程同步对象来进行线程同步，同步对象有临界区、互斥量、时间和信号量。

在组态软件的数据库系统和 I/O 驱动程序的设计中一般采用多线程技术。

3. 网络通信技术

网络通信技术指通过计算机和网络通信设备对图形和文字等资料进行采集、存储、处理和传输等操作，使信息资源达到充分共享的技术，主要包括数据通信、网络连接及协议三个方面的内容。数据通信的任务是以可靠高效的手段传输信号，内容包括信号传输、传输媒体、信号编码、接口、数据链路控制和复用。网络连接指用于连接各种通信设备的技术及其体系结构。网络通信协议为连接不同操作系统和不同硬件体系结构的互联网络提供通信支持，是一种网络通用语言。

TCP/IP、UDP 和 HTTP 是组态软件常用的网络通信协议，其中 TCP/IP 是因特网最基本的协议，由网络层的 IP 和传输层的 TCP 组成。TCP/IP 定义了电子设备连入和数据传输的标准。UDP 即用户数据报协议，在 OSI 模型中它与 TCP 同处于传输层，与 TCP 面向连接不同，UDP 是一种面向无连接的协议。TCP 与 UDP 相比具备更高的安全性，但在传输速率上有所欠缺。实际使用中一般在网络视频传输等对数据完整性要求较低的场合使用 UDP，在对错误和中断等异常处理要求较高的场合使用 TCP。HTTP 是互联网上应用最为广泛的一种网络协议，采用请求/响应模型定义了网络通信过程中客户端和服务器端请求和应答的标准。

SOCKET 套接字是网络通信的基石，是支持 TCP/IP 的网络通信的基本操作单元。它是网络通信过程中端点的抽象表示，在使用中一般成对出现。组态软件的网络通信一般采用 SOCKET 方式实现。SOCKET 套接字之间的连接过程可以分为三个步骤：服务器监听、客户端请求和连接确认。服务器监听指服务器端套接字处于等待连接的状态，实时监控网络状态；客户端请求指由客户端的套接字提出连接请求；连接确认指服务器端套接字响应客户端套接字的连接请求，并向客户端回送连接确认消息，完成连接过程。

SOCKET 套接字在多种操作语言中具备不同的封装，在设计过程中形成了多种套接字模型，为设计人员的设计工作提供了便利。SOCKET 在 C/C++、C#、Delphi 和 Java 等语言中均有具体的封装和实现，为计算机软件间的通信提供了途径。SOCKET 主要有 Select 模型、WSAAsyncSelect 模型、WSAEventSelect 模型和重叠 I/O 模型等。

4. 脚本引擎技术

脚本引擎又称为脚本解释器，其功能是解释执行用户的程序文本，构成脚本运行所需的框架，并提供可供脚本调用的二进制代码。如用于建网站的 asp、php 等脚本引擎，它们的功能是解释执行用户的程序文本，将脚本语言译成计算机能执行的机器代码，完成一系列的功能。常用的面向对象的脚本有 VBScript、JavaScript 和 PerlScript，分别对应不同的脚本引擎。以 JavaScript 脚本为例，常用脚本引擎有 Google V8、Node. js 和 SpiderMonkey。

Google V8 是由美国 Google 公司开发的开源 JavaScript 引擎，使用 C++ 语言开发并用于 Google Chrome 中。V8 将脚本语言编译成原生机器码，贴近硬件平台特性，并且使用了如内联缓存等方法来提高性能。除此之外，V8 还引入了新的属性访问机制，降低新增属性的资源消耗，并使用高效的资源管理机制解决内存问题，这些机制的引入使 JavaScript 程序在 V8 引擎下达到了二进制程序的运行速度。

Node. js 是一个基于 Chrome V8 引擎建立的 JavaScript 脚本引擎，目的在于提升网络应用的响应速度和可扩展性。Node. js 使用事件驱动的非阻塞 I/O 模型，采用事件轮询方式实现并行操作，为文件系统、数据库之类的资源提供接口，适合于分布式设备上运行的数据密集型的实时应用。与 Chrome V8 相比，Node 更新了一些特殊用例下的 API 函数，增强了 JavaScript 脚本在非浏览器环境下的性能表现。

SpiderMonkey 是一个用 C 语言实现的 JavaScript 脚本引擎，该引擎分析、编译和执行脚本，根据 JS 数据类型和对象的需要进行内存分配及释放操作。它由原来的 NetScape 公司开发，目前源代码已经开放，随着著名的开源浏览器项目 Mozilla 一起发布。SpiderMonkey 支持 JS1. 4 和 ECMAScript-262 规范，提供了一套定义清晰、高效稳定的 API 库，目前已有若干个知名项目采用 SpiderMonkey 引擎，包括 K-3D、WebCrossing、WebMerger 等。

7.5　组态软件数据库系统设计

数据管理是 DCS 组态软件的核心部分。本节在分析组态软件如何进行数据管理的基础上，介绍了数据管理的中心——数据库系统（包括组态数据库系统和实时运行数据库系统）的设计与实现。

7.5.1　组态软件中的数据管理

DCS 实现对工业过程的控制功能，首先是从采集现场设备的数据开始的，现场控制站作为现场数据的采集站，将采集的数据进行相关处理后通过通信网络上传到 DCS 的组态软件。组态软件的监控功能也是围绕着对数据的存储、分析、转换和显示来运行的，因此数据是贯穿整个 DCS 硬件和软件系统的主线，组态软件中的数据管理就显得尤为重要。

软件设计中采用了文件管理和数据库管理相结合的数据管理方式。在组态软件中数据包括工程组态的配置信息和运行时的实时数据信息，针对组态软件的数据表现形式的不同，采取不同的数据处理方法。

用户组态的流程图、控制回路和报表数据由于其数据结构的复杂性和组态对象整体性的要求，造成使用数据库管理的难度很大；而且这类组态数据只有在组态时会被经常访问到，在运行环境下，也只在初始化时一次性读取这些组态数据；另外这类组态数据只会被生成它们的模块调用（如报表数据只会被报表模块调用），不存在被其他模块交叉调用的问题，因此对这类数据不需要采用通用（数据库）的存储方式，而是采用文件方式管理，一个文件对应一个流程图、控制回路或报表，文件管理方式也为系统运行时以文件为单位进行监控提供了便利。

表示工业现场数据源对象的是在组态软件中定义的数据点，由于现场控制站的智能测控模板负责现场数据的采集，因此这些数据点与智能测控模板上的 I/O 通道一一对应。对这些数据点采用文件管理和数据库管理相结合的方式，以数据库管理为主，文件管理为辅。在系统组态平台下，所有的组态操作都是围绕数据点展开的，所有的组态功能模块都会访问这些数据点的各种组态参数，系统进入运行后，对数据点的实时快速更新和访问更是频繁，因此提供对此类数据点的通用访问接口、提高数据访问和检索的快速性是非常必要的，所以在组态和运行过程中都采用数据库进行管理。另外，点的组态信息也会以文件方式存储到磁盘上，系统通过读取该文件可查询已组态的信息，并在此基础上进行修改。

对于一些系统环境配置信息，例如：当前工程的名称和工程路径信息，报表、报警、实时趋势、历史趋势的数据源配置信息，历史趋势的目标时间段配置信息等，都具有数据量小、访问少的特点，采用文件管理就可以满足要求。

从上面的分析可以看出，组态软件的数据库系统总体上可分为组态数据库和实时运行数据库两部分，组态数据库用来在系统组态阶段保存组态信息，实时运行数据库用来在系统运行阶段处理实时数据。整个数据库系统的设计以微软公司的 SQL Server 2000 为基础，在该基础之上进行一些改进，以满足系统要求。

7.5.2　数据库系统结构

数据库系统的结构如图 7-9 所示。方框内的各部分构成组态软件数据库系统。

组态数据库负责在系统开发环境下，将相关组态数据存储到关系数据库 SQL Server 2000 的数据表中。实时运行数据库是系统运行环境下组态软件的核心和引擎，历史数据的存储与检索、报警处理与存储、数据的运算处理、I/O 数据连接都是由监控实时运行数据库系统完成的。图形界面系统、脚本模块、I/O 驱动程序等组件以监控实时运行数据库为核心，通过高效的内部协议相互通信，共享数据。对实时运行数据库内数据点的定期保存形成历史数据

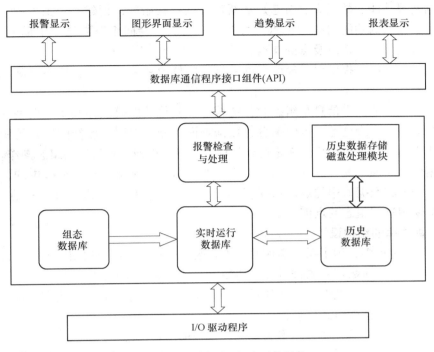

图 7-9   组态软件数据库系统结构

库，通过历史数据磁盘存储处理模块，将历史数据库中的数据以天为单位定期存储到磁盘上，完成历史数据保存的功能。通过 I/O 驱动程序上传的实时数据，在写入数据库之前都要进行报警检查，并将报警记录写入报警数据表，报警组件和图形界面通过查询报警数据表，将报警记录以可视化方式展示给用户。

7.5.3   组态数据库的设计与实现

1. 组态数据库的功能分析

组态数据库是在系统开发环境下，为保存数据点和系统配置信息，利用关系数据库的快速检索、插入和修改的特点创建的数据库系统。

组态数据库的主要功能在于为实时运行数据库配置各种点信息，这里的"点"是一个抽象的概念，是对数据信息进行面向对象分析的结果，是组态软件表示数据对象的基本单元，一个点由若干个参数组成，参数表示数据对象拥有的属性，系统以点的参数作为存放信息的基本单位。表定义为列的集合，针对具有相同属性的点，取其共性，将这些相同的属性与表中的列一一对应，表的每行代表唯一的记录，而每列代表记录中的一个字段。这样，点的一个参数相当于关系数据库中的一个字段（Field），而这个点则相当于由多个字段组成的其中一条记录，一个表代表了具有相同属性的一类点的集合。这些点使用一个全局唯一的"点名"字段进行标识，通过点名能够引用该点对象和该点对象的具体属性，点的属性决定了点在组态数据库和实时运行数据库中的结构、存储方式、行为特点等。

组态数据库是为了保存组态信息设计的，根据点组态配置的要求，需要完成以下几个功能：

273

- 数据新建功能。数据库的组态是从新建数据点开始的，创建一个工程后，需要利用新建数据点的功能组态数据点，每新建一个点就会向组态数据库中插入一条记录，围绕数据库对新建点及点的参数配置信息进行保存。
- 数据编辑功能。提供对已经配置的数据点的修改或删除操作，以不断满足工程应用的需求。
- 数据查询功能。点信息是组态软件的核心，其他功能模块如画图、报表等在进行组态时都需要查询已配置点的信息，数据查询功能可以列举已经配置好的所有数据点的所有属性，方便用户快速定位到目标点信息，以便进行后续的组态操作。
- 数据保存功能。配置点的过程中，所有的点信息都是保存在数据库中的，配置完成后，需要将数据库中的点信息保存到磁盘文件上，以便下次对该工程进行组态时，继续使用这些组态的点信息。

2. 组态数据库的结构设计

在软件设计过程中，为了系统实现的简单方便，尽量会降低数据结构的复杂性，采用面向对象的分析方法，对数据对象进行分类和抽象，分类要尽量少，抽象出来的结构要尽可能涵盖对象的所有属性。对数据结构的分析来源于现实中的对象。首先对组态数据库中存储的信息内容进行分析。这些组态信息包括：

（1）现场控制站主控制卡模块和智能测控模板的配置信息

主控卡的配置信息包括主控卡的名称、IP 地址、主控卡与操作员站和工程师站的通信方式、是否冗余等信息。智能测控模块的配置信息包括模块的名称、地址（指模块与主控卡通过现场总线进行通信的地址）、模块类型、是否冗余等。

（2）智能测控模板各 I/O 通道的配置信息

I/O 变量的配置信息包括数据源定义、参数配置和针对变量的处理配置。

（3）组态软件定义的中间变量

中间变量是指在组态软件中定义的没有数据源连接的变量。在 DCS 组态软件中，常常需要一些变量用来进行计算或者是保存某种计算的中间结果等，应系统要求出现了中间变量，它可以定义为浮点型、整型、离散型、字符串型。中间变量的作用域为整个应用程序，在本组态软件中中间变量的最大作用是配合脚本模块，作为整个应用程序动作控制的变量。

针对描述的实体对象不同，将数据分为现场控制站系统配置数据、I/O 通道的配置数据和中间变量配置数据三类。

智能测控模板各 I/O 通道的配置信息是组态数据库存储的主要配置信息。现场控制站上的智能测控模块用来采集现场设备信息，不同类型的测控模块负责采集不同类型的现场数据，DCS 的智能测控模板分为模拟量输入智能测控模板、模拟量输出智能测控模板、热电偶输入智能测控模板、热电阻输入智能测控模板、数字量输入智能测控模板、数字量输出智能测控模板和脉冲量输入智能测控模板等。按照通道接入的信号类型的不同，可将 I/O 变量分为 I/O 模拟量输入点、I/O 模拟量输出点和 I/O 数字量点，I/O 模拟量输入点用来描述模拟量输入模块、热电偶输入模块、热电阻输入模块和脉冲量输入模块的通道输入情况；I/O 模拟量输出点用来表示模拟量输出模块的通道输出情况；I/O 数字量点用来描述数字量输入/输出模块的通道情况。

7.6 组态软件驱动程序设计

I/O 驱动程序是组态软件与现场控制站相互通信、交换数据的桥梁。现场控制站负责采集现场数据，设备驱动程序负责从现场控制站的主控制卡采集实时数据并将操作命令下达给主控制卡模块，驱动程序执行的效率与稳定性将直接影响到组态软件的实时性能与可靠性。新型 DCS 组态软件与现场控制站通过工业以太网进行通信，下面简要介绍驱动程序采用的技术、设计和实现。

7.6.1 驱动程序采用的技术

1. 工业以太网

新型 DCS 现场控制站、工程师站和操作员站采用工业以太网通信，网络通信采用 TCP 方式。TCP 是面向连接的通信协议，提供数据的可靠传输。

Windows Sockets 规范是一套开放的、支持多种协议的 Windows 下的网络编程接口，经过不断完善，已经成为 Windows 网络编程事实上的标准。Socket 实际在计算机中提供了一个通信端口，可以通过这个端口与任何一个具有 Socket 接口的计算机通信。Socket 是网络的 I/O 基础，在应用开发中就像使用文件句柄一样，可以对 Socket 句柄进行读写操作，通过从 Socket 中读取数据以及写入数据来与远程应用程序进行通信。

利用 Socket 进行通信，有两种方式：流方式和数据报方式。流方式又称面向连接方式，提供了双向的、有序的、无重复并且无记录边界的数据流服务。数据报方式又称无连接方式，支持双向的数据流，但并不保证是可靠、有序、无重复的。也就是说，一个从数据报 Socket 接收信息的进程有可能发现信息重复了，或者和发出时的顺序不同。数据报 Socket 的一个重要特点是它保留了记录边界。对于这一特点，数据报 Socket 采用了与现在许多包交换网络（例如以太网）非常类似的模型。所有的 WinSockets 都支持流 Socket 和数据报 Socket。WinSockets 使得在 Windows 下开发性能良好的网络通信程序成为可能。

一个网络连接需要五种信息：本地协议端口指出接收报文或数据报的进程；本地主机地址指出接收数据包的主机；远地协议端口指出目的进程或程序；远地主机地址指出目的主机；协议指出程序在网络上传输数据时使用的协议。Socket 数据结构包含了这五种信息。

总的来说，使用 Socket 接口（面向连接或无连接）进行网络通信时，必须按下面简单的四步进行处理：

1）程序必须建立一个 Socket。

2）程序必须按要求配置此 Socket。也就是说，程序要么将此 Socket 连接到远方的主机上，要么给此 Socket 指定一个本地协议端口。

3）程序必须按要求通过此 Socket 发送和接收数据。

4）程序必须关闭此 Socket。

2. 动态链接库技术和多线程

驱动程序同组态软件的其他模块一样是采用面向对象的方法和思想进行设计的，代码重用是面向对象的方法最重要的一个思想，即所有程序共享已经做好程序模块，而不需要在程序中重新编写该模块代码。而且驱动程序作为组态软件的一部分，不应该在出现问题时对整个系统造成很大影响，仅限制在模块内部修改，这也是目前开发大型应用软件的一个重要思想。

动态链接库（DLL）是一个程序模块，它包含代码、数据和资源，可以被其他应用程序共享。DLL 的优点之一是应用程序能够在运行期间动态地调入代码，而不是在编译期间静态地链接代码；这样多个应用程序可以同时共享同一个 DLL 代码；DLL 的另一个优点是有利于程序的模块化，当程序出现问题时，可以只在 DLL 程序内部进行修改，并将新的 DLL 投入使用，而不必重新编译此前编写的所有应用程序；另外，由于动态链接库不必一次放入内存，而只在需要时载入所需的模块，一旦用完可从内存移走，软件运行时所占系统资源较少。

基于以上优点，组态软件的驱动程序采用动态链接库技术实现。这样的驱动程序能够保证软件的开放性和可扩展性，为用户对软件进行二次开发提供便利。

由于 DCS 实时多任务的要求，在驱动程序开发过程中采用了多线程的设计思想。驱动程序为组态软件连接的每一个现场控制站都开辟一个读写线程，加快了数据通信速度，提高了系统运行效率。另外，模块化设计思想也在驱动程序设计中得到了很好的体现。

7.6.2 驱动程序的分析与设计

1. 驱动程序的数据流分析

分析驱动程序的工作原理，首先应该对实时数据在驱动程序中的数据流向进行分析。驱动程序的数据流图如图 7-10 所示。

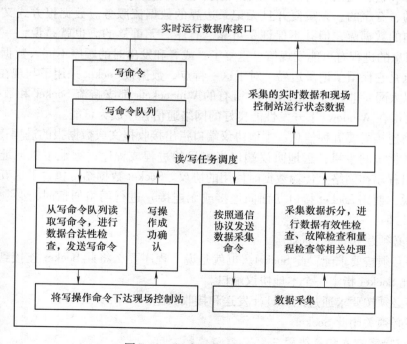

图 7-10　驱动程序的数据流图

在 DCS 中，驱动程序是实时数据库与现场控制站的中间层，它作为组态软件的一部分，与运行环境具有密切的联系，只有在系统进入运行后，驱动程序才被实时运行数据库系统调用，其运行起始于数据库系统调用驱动程序接口创建的通信线程，这些通信线程会读取开发环境下生成的组态参数，进行数据采集，同时接受用户对人机界面的操作指令，并根据通信协议将其翻译成主控制卡能够识别的通信指令，主控制卡对通信指令进行解析后，通过CAN总线将指令发送给智能测控模板，通过I/O通道下达给现场设备，完成人机交互。

由此可见，驱动程序的工作过程是围绕数据读写展开的。

它的主要任务如下：

1）根据组态软件和现场控制站的数据通信协议，对采集数据进行拆分、故障检查和现场控制站主控制卡模块和智能测控模板的运行情况检查；对写操作进行数据合法性检查，对写操作命令按照规定的数据格式打包。

2）在同一通信线程内，对数据采集和写操作的合理调度，写操作具有优先权。

3）协调各通信线程之间的资源分配和优先级调度问题。

2. 驱动程序的设计与实现

根据模块化设计思想，将驱动程序分为组态参数管理模块、I/O通信模块、写操作管理模块和驱动管理模块。

组态参数管理模块负责对系统的组态参数进行处理；I/O通信模块负责完成利用Socket进行通信的任务；写操作管理模块负责对用户下达的写操作命令进行管理；驱动管理模块负责通信线程的创建、管理和关闭，提供对以上三个模块的初始化和管理接口，完成驱动程序资源调度。驱动管理模块是驱动程序的对外输出接口，数据库系统对驱动程序的调度就是通过该模块实现的。

DCS中，I/O通道采集到的实时数据发生的变化必须反映到实时运行数据库中的I/O变量上，该变化通过驱动程序对现场控制站进行数据访问实现。利用I/O变量组态的参数如变量名称、所连接的I/O通道、通道所在的智能测控模板和主控制卡地址等，驱动程序可以识别该变量的数据来源，定位到特定的现场控制站，进行数据采集。系统的组态信息都存放在组态数据库中，驱动程序运行过程中，需要根据组态信息，对上传的实时数据进行拆包处理，如果每次从组态数据库中读取这些参数，将会浪费很多时间在SQL Server数据库访问上，这对实时性要求很高的组态软件来说是不可取的。因此，可以专门设计一个组态参数管理模块对这些组态参数进行管理，提高驱动程序的运行效率。

7.7 组态软件可视化环境设计

DCS组态软件平台中，直接面对用户的部分被称作人机接口（Human Machine Interface，HMI），它以直观的可视化方式将组态软件展现给用户，因此将它称之为组态软件的可视化环境，可视化环境的易用性是组态软件追求的目标之一。组态框架和运行框架共同组成了系统的可视化环境。下面介绍如何将已经实现的组态软件功能模块集成在一起，搭建成一个友好的用户界面环境。

7.7.1 组态框架和运行框架

1. 组态框架与运行框架的关系

设计组态软件的主要目的是满足自动化工程师在不需要修改软件程序的源代码情况下，

生成自己需要的应用系统，这就包含了系统设计和系统运行两个阶段。因此设计组态软件时将其分为组态框架和运行框架两部分。

从组态环境到运行环境，系统的数据流向以及框架平台与各模块的调用和通信机制如图 7-11 所示。

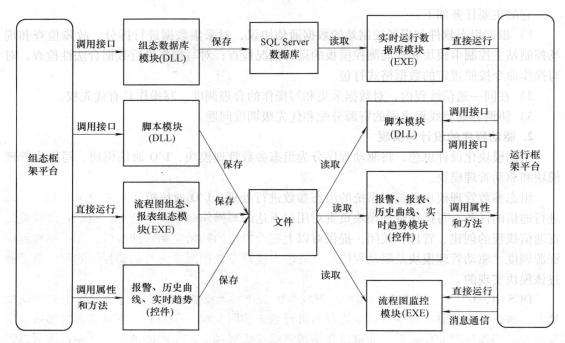

图 7-11　系统从组态到运行的数据流向和框架平台与各模块的通信机制

在组态框架下，利用系统组态完成 DCS 现场控制站的配置，利用可视化组态界面生成不针对具体应用的图形文件、报表文件、实时趋势和控制回路文件等数据文件。在运行框架下，读取组态框架下生成的数据文件，读取现场实时数据，生成能反应工业现场工作情况的动画效果，并能通过实时趋势控件、报表控件、报警控件等显示和分析从现场控制站采集的数据，实时监控控制站的工作情况，对故障板卡进行及时报警，对历史数据进行保存，实施控制方案。

2. 组态软件的工作流程

组态软件从组态到运行的工作流程如图 7-12 所示。组态从现场控制站的配置开始，然后进行流程图绘制，利用脚本模块实现相关控制，组态报表趋势控件，最终进入运行状态。

7.7.2　组态信息的文件管理

组态信息的保存是运行在工程师站上的组态软件必须解决的问题。组态完成后，系统组态配置信息要保存为文件，以便下载到主控制站模块，有了正确的软件配置主控制站才能运行。组态的流程图、报表、脚本控制也要保存到文件中，一方面可以让工程师组态时了解以前的组态情况，甚至可以直接调用以前的组态文件，节省系统组态设计时间；另一方面组态软件进入运行后需要从这些组态数据文件中读取组态数据，实现监控目的。

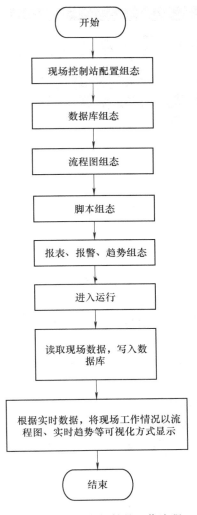

图 7-12　组态软件的工作流程

1. 工程管理器的设计

工程师在运行组态软件时，希望组态生成文件的存储更加系统化，使得操作更加方便。工程的建立是工程师进行组态的前提，任何组态操作都是在一个工程内进行的，任何组态数据都是属于特定工程的。一个工程可能包含控制站配置组态、流程图画面组态、控制组态、脚本组态等组态信息，各种组态信息以一定的文件格式保存在以该工程命名的特定文件夹下，供运行系统调用。DCS 监控组态软件的工程可单独运行。

因此，开发一个管理工程的集成环境是非常必要的。利用工程管理器可以使用户集中管理本机上的所有工程。工程管理器界面如图 7-13 所示。

工程管理器的主要功能包括：新建、删除工程，工程的备份、恢复，切换到开发或运行环境等。工程管理器的设计为组态数据备份、引用已有组态数据及搜索本机上的所有工程提供了便利，消除了通过手工方式完成这些常用操作的弊端，提高了开发效率。

系统通过自动生成一个名为 appconfig.cfg 的文件保存已创建的所有工程的工程名和路

图 7-13　工程管理器界面

径，该文件由工程管理器进行管理。利用工程管理器新建一个工程，就将该工程的工程名和路径保存到 appconfig. cfg 文件中。此外，系统还定义了一个环境变量用来保存当前工程的工程名和工程路径，并将这一环境变量保存在名为 curapp. dat 的文件中。组态系统只要读取这个环境变量便可得到当前工程的组态信息存放的路径。

2. 组态信息文件的目录结构

由于构成组态平台的模块很多，各模块生成的组态信息的数据结构和文件格式各不相同，导致工程师配置的信息种类繁多、结构复杂。因此设计文件的目录结构时，既要考虑到用户操作方便，又要考虑到各模块设计者存储文件的方便。

虽然组态平台界面是一个集成的平台，包括了很多功能模块，但各功能模块生成的组态数据结构和组态文件格式却是固定的。因此，目录结构的设计考虑以功能模块为主体。组态软件的目录结构如图 7-14 所示。

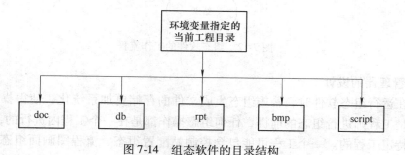

图 7-14　组态软件的目录结构

其中，doc 文件夹下存放流程图组态文件；db 文件夹下存放系统配置组态文件、I/O 点参数组态文件（txt）和数据源配置文件（ini）；rpt 文件夹下存放报表组态文件（. rpx），script 文件夹下存放脚本组态文件；bmp 文件夹下存放组态的流程图中用到的各种格式的图片。组态数据都保存在工程目录下。

3. 组态信息文件的文件类型

Visual C ++ 6.0 支持多种类型的文件读写，如文本文件（. txt）、系统配置设置文件（. ini）、位图文件（. bmp）等。根据不同组态数据的特点选取合适的文件格式。

（1）组态系统配置数据存储

配置设置文件是 Windows 操作系统下的一种特殊化的 ASCII 文件。通常应用程序可以拥有自己的配置设置文件来存储自己的状态，一般来说私有的配置设置文件比较小，可以减少程序在初始化时读取配置文件时的信息量，从而可以提高程序的启动速度、提高应用程序和系统性能。

对组态软件的系统配置信息如：系统数据库和数据库中表的设置信息、报警控件连接的数据源配置、报表连接的数据源配置、历史曲线控件的时间配置等，这些配置信息数据量较少，采用系统配置文件实现可提高程序的运行效率。

（2）大数据量的点参数设置存储

一个 DCS 有几百个 I/O 点是很正常的，所有的 I/O 点都会进行参数设置组态，将这些参数配置信息全部存储到文件中，数据量是比较大的，因此采用文本文件的方式存储。Visual C ++ 6.0 提供了 CFile 和 CStdioFile 类对文件进行读写操作。考虑到 CStdioFile 类提供了对文件进行整行读取的功能，加快了文件读取效率，因此，采用了这一个工具类对文本文件进行读写操作。

（3）现场控制站配置组态的存储

序列化（Serialization）是 MFC 的一个重要概念，它把应用程序的数据转换成一个独立的数据元素的顺序列表，然后把它们保存到磁盘上或者传输给另外一个应用程序。当应用程序载入使用序列化技术保存到磁盘上的文件或者接受别的程序传来的序列化数据时，它可以把这些数据流还原成一个个结构化的基于内存进行交互的对象。

使用序列化技术对数据存取，尤其针对对象进行存取非常方便。MFC 提供 CArchive 对象实现序列化操作。通过使用 CArchive 类并由其对 CFile 成员函数进行调用来执行文件 I/O 操作。MFC 定义了一个虚函数 Serialize( )实现序列化，用户使用时需重载此函数。现场控制站的配置信息是利用序列化技术保存的。

7.7.3　组态框架设计和实现

1. 组态框架平台

组态框架是 DCS 提供给用户的可视化开发框架平台，在此框架下集成了所有的组态模块，是整个组态软件的用户操作接口之一，通过此平台完成控制方案的配置。本组态框架采用的是 Visual C ++ 6.0 单文档视图结构（Single Document Interface，SDI）。使用 Visual C 的工程开发向导（Class Wizard），得到一个单文档视图开发框架，并将开发框架设计为容器（Container）类型的应用程序，使之成为 ActiveX 控件的良好载体。系统整体组态框架总貌如图 7-15 所示。

DCS 组态软件的组态平台是一个"所见即所得编辑器"。图 7-15 中显示的为一个已经配置有组态数据的工程应用。整个开发环境大体可分为三个区域。顶部分别为标题栏、菜单栏和工具栏；左边为组态导航区，集成了所有的组态功能，包括系统配置组态（DCS 控制站组态）、流程图组态、报表组态、报警组态、变量组态、操作小组、脚本配置、用户管理等；右边为节点信息显示区，显示左边导航栏被选中节点的组态信息，图中显示的即为一个已组态的控制站主控制卡的信息。

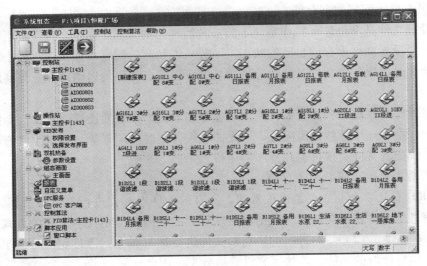

图 7-15　组态框架总貌

2. 系统总体配置组态

系统总体配置组态是对 DCS 控制站的组态，是整个应用系统组态的第一步，是对整个 DCS 进行配置，只有在系统总体配置完成后，才能进行其他功能组态。DCS 控制站硬件设计完成后，需按照生产过程和工艺要求进行资源配置，才能进入运行。在组态框架上完成控制站配置后，组态软件通过工业以太网将配置信息下载到现场控制站，完成控制站的硬件资源配置。

DCS 需要由用户确定的系统组态信息包括：

1）确定系统规模。确定控制站的个数、类型等。

2）确定主控站、操作员站的配置信息。

在新型 DCS 中，主控站通过 CAN 总线与智能测控模板通信，通过以太网与工程师站或操作员站通信，因此对主控站的描述主要包括主控站的 IP 地址、主控站与工程师站或操作员站的通信协议、主控站是否冗余、访问主控站的操作员站以及主控站所配置的智能测控模板的信息等。

3）确定各智能测控模板的配置信息，对连接现场设备的 I/O 通道进行组态。

新型 DCS 中，智能测控模板能准确快速地完成对工业现场数据的测量、运算、输出及报警等功能。主控站模板和智能测控模板都是插在控制柜的机笼插槽中，一旦智能测控模板的插槽固定，它们的地址也就固定，该地址用来与主控站进行通信。因此智能测控模板的配置参数包括地址、模板类型、包含的通道组态信息等。系统总体配置组态流程如图 7-16 所示。

3. 组态软件的用户管理

DCS 有工程师和操作员之分，两者的区别在于权限不同。在组态软件系统中，为方便管理，将用户分为工程师、操作员、观察、特权四个等级。不同级别的用户拥有不同的授权设置，即拥有不同的操作权限。系统权限主要包括系统登录退出权限、组态（包括系统配置、控制回路组态、流程图组态）权限、参数（如模拟量的报警限值参数）修改权限、组态文件修改权限、流程图画面操作权限、流程图画面和控制方案切换权限、报表打印权限及画面监视权限等。

几乎所有的组态参数和数据信息都保存在数据库中，所有以上这些权限大多数可归结到对数据库中点参数的操作权限限制上。基于这点考虑，可以充分利用数据库对数据访问权限的强大管理功能，在数据库中设置对数据的读写权限的限制，采用基于角色的用户管理方案实现权限管理。

4. 脚本组态

脚本（Script）是通过文本编辑器创建、并被保存为特定文件扩展名的普通文本文件，可通过特定的脚本引擎来执行。脚本语言是扩充组态系统功能的重要手段，脚本程序使用起来相当灵活，触发形式多种多样，当某些控制、计算任务通过常规的组态方法难以完成时，脚本程序保证能够解决问题。动作脚本是一种基于对象和事件的类 Basic 编程语言，利用开发系统编制完成的动作脚本，可以在运行系统中执行，运行系统通过脚本对变量、函数的操作，便可完成对现场数据的处理和

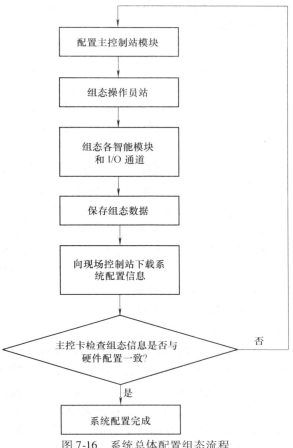

图 7-16 系统总体配置组态流程

控制，进行图形化监控。组态软件的脚本主要分为窗口脚本、键动作脚本、数据改变脚本、条件脚本和应用程序脚本。

组态软件脚本模块实质上就是一个脚本命令解释器，用以解释用户组态的脚本命令文件。脚本模块以动态链接库的形式实现，目标应用程序为 JSConfig.dll。组态系统和运行系统通过调用脚本模块外留的接口和脚本模块进行数据通信和数据共享。脚本模块与系统的交互关系如图 7-17 所示。

图 7-17 脚本模块与系统的交互关系

7.7.4 运行框架设计和实现

1. 运行框架的通信机制

当一个程序开始运行时，它就是一个进程。Windows 中一个进程的地址空间内的数据是私有的，对别的进程不可见。目前基于 Visual C++ 的进程间通信（Inter-Process Communication，IPC）技术主要有 WM_COPYDATA 消息、剪贴板（Clipboard）、文件映射（File Mapping)、动态链接库（DLL）、管道（Pipe）、动态数据交换（DDE）、远程过程调用（RPC）和 COM/DCOM 等。

运行系统各模块的实现表现为三种形式的应用程序：数据库系统模块、流程图监控窗口为独立运行的应用程序（.exe）；脚本模块、实时趋势采用了动态链接库技术；历史趋势、历史报警、实时报警、报表监视做成 ActiveX 控件。

对于不同实现形式的模块，采用不同的通信方式。系统中可以独立运行的应用程序具有独立窗口，交换的数据相对较少，因此采用窗口消息的形式进行通信，流程图组态文件赖以运行的监控运行程序和报表监控程序与运行框架之间的通信均采用消息通信；本身实现形式为动态链接库和 ActiveX 控件的功能模块，采用基于 COM 的接口。运行框架可以调用这些模块的外部接口进行通信，另外，运行框架本身需要提供一个自动化接口（IDispatch），供其他模块调用。

脚本组态时有很多函数供工程师选择，完成特定控制功能，这些函数分为几大类：数学函数、系统函数、字符串操作函数、自定义字符串操作函数、日期操作函数和 SQL 查询函数。其中的系统函数主要涉及指定模块启动/停止、指定组态文件打开/关闭等，是运行框架必须提供的对外接口。这些系统函数可以被包括脚本模块在内的所有模块调用，实现进程间通信。

2. 运行框架的软件实现

运行框架是组态软件的可视化运行平台，在此框架下集成了所有的组态软件运行程序模块，实现系统的运行环境。

系统进入运行后，组态软件运行系统通过 I/O 驱动程序与主控制站模块进行通信获得实时数据，在对实时数据进行必要的加工后，数据进入数据库，以数据库为中心，实时数据通过组态软件软总线系统，一方面以流程图方式直观地显示在计算机屏幕上，另一方面按照组态要求和操作人员的指令将控制命令传送给主控制站模块，通过控制站对执行机构实施控制或调整控制参数。存储历史数据，对历史数据检索请求给予响应。当系统发生报警时及时将报警以声音、图像的方式通知给操作员，并记录报警的历史信息，以备检索。

运行框架的设计同组态框架一样，仍然采用 Visual C++ 6.0 单文档视图结构，并将运行框架设计成容器应用程序，提供对 ActiveX 控件支持。

运行框架在软件实现时采用以下两种技术：

（1）分割视图的设计

多视图设计是基于运行系统分块显示的需要而选用的。创建多视图的方法很多，切分窗口是其中一种。它可以把一个框架分成几个窗格，每个窗格包括一个独立的视图。窗口实现切分后相邻窗口会出现切分条，通过鼠标拖动切分条可改变各个视图的大小，方便用户进行界面调整。

（2）视图切换技术的采用

运行系统尽管采用了窗口切换技术，基于窗口大小确定的限制，在一个窗口内对所有画面进行显示在物理实现上是不可能的。因此，采用固定窗口视图个数、由用户操作在各个画面之间进行切换显示的方式。

采用以上设计方法的运行框架窗口有以下特点：被分割为三个小窗口，分别拥有各自的视图，实现系统分块显示的需求；顶部的系统实时报警窗口和左边的导航区可以自由地显示/隐藏，这样设计的目的是为了尽可能提供给主显示区最大的显示区域，方便用户灵活操作；右边的主显示区窗口必须具有视图切换功能，用来切换显示流程图画面、报警、报表、历史趋势等组态画面。左边的系统树形导航区列出了工程师组态的所有操作小组，操作小组的子节点下是其具有操作权限的流程图和报表文件列表，方便用户在操作小组之间切换。另外，为保证操作员对系统报警的及时发现、及时纠正，设置了顶部报警区，动态显示最新的报警情况。

7.8 OPC 技术

7.8.1 OPC 技术概述

OPC 是 OLE for Process Control 的简称，即用于过程控制的对象连接与嵌入，是用于工业控制自动化领域的信息通信接口技术。随着计算机技术的发展，工控领域中计算机控制系统的硬件设备具备较高的异构性，软件开发商需要开发大量的专用驱动程序，降低了程序的可复用性，不仅造成系统驱动的冗余庞大，而且增加了人力成本和开发周期。

自 OPC 提出以后，计算机控制系统的异构性和强耦合性问题得到了解决。OPC 在硬件供应商和软件开发商之间建立一套完整的"接口规则"。在 OPC 规范下，硬件供应商只需考虑应用程序的多种需求和硬件设备的传输协议，开发包含设备驱动的服务器程序；软件开发商也不必了解硬件的实质和操作过程，只需要访问服务器即可实现与现场设备之间的通信。开发 OPC 的最终目标是在工业控制领域建立一套数据传输规范，现有的 OPC 规范涉及以下几个领域。

① 在线数据监测。OPC 实现了应用程序和工业控制设备之间高效、灵活的数据读写。

② 报警和事件处理。OPC 提供了 OPC 服务器发生异常及 OPC 服务器设定事件到来时，向 OPC 客户发送通知的一种机制。

③ 历史数据访问。OPC 实现了对历史数据库的读取、操作和编辑。

④ 远程数据访问。借助 Microsoft 的 DCOM（Distributed Component Object Model）技术，OPC 实现了高性能的远程数据访问能力。

除此之外，OPC 实现的功能还包括安全性、批处理和历史报警事件数据访问等。

OPC 的开发一般使用 ATL 和 STL 工具，ATL（Active Template Library，活动模板库）是由微软提供的专门用于开发 COM/DCOM 组件的工具，它提供了对 COM/DCOM 组件内核的支持，自动生成 COM/DCOM 组件复杂的基本代码。因此，ATL 极大地方便了 OPC 服务器的开发，使编程人员把注意力集中到 OPC 规范的实现细节上，简化了编程，提高了开发效率。WTL（Windows Template Library，窗口模板库）是对 ATL 的拓展，其对字符串类以及界面制作的支持，使 OPC 服务器的开发更加方便。

7.8.2 OPC 关键技术

1. 组件与接口

把一个庞大的应用程序分成多个模块，每一个模块保持一定的功能独立性，在协同工作时，通过相互之间的接口完成实际的任务，这些模块称为组件。这些组件可以单独地开发、编译，甚至单独地调试和测试。因此只需要对相应组件进行修改，再重新组合即可完成产品的功能升级或者适应硬件环境的变化。

接口是组件与外部程序进行通信的桥梁，外部程序通过接口访问组件的属性和方法。在同一个软件系统中，组件与外部程序之间必须使用相同的接口标准才能保证相互通信。

2. COM/DCOM

COM（Component Object Model，组件对象模型）提供了外部程序与组件之间交互的接口标准以及组件程序顺利运行所需要的环境。同时，COM 引入了面向对象的思想，这在 COM 标准中的具体体现为 COM 对象。COM 组件程序由一个或者多个组件对象组合而成，同时组件对象之间的交互规范不受任何语言的制约，因而 COM 组件也可以由不同语言进行开发。

提供 COM 对象的程序叫作服务器，使用 COM 对象的程序叫作客户端。在客户端看来，COM 对象是封装好的，客户端无需知道访问对象的数据结构和内部实现方法，只要通过 COM 接口访问服务器中相应的 COM 对象即可实现该服务器所提供的功能。

DCOM 是对 COM 的分布式拓展，使其能够支持在局域网、广域网甚至 Internet 上不同计算机的对象之间的通信。

3. OPC 与 COM/DCOM 的关系

COM/DCOM 是 OPC 的基础与核心，OPC 是 COM/DCOM 在工业控制自动化领域的应用规范。

客户端为了实现服务器提供的某种功能，必须要知道服务器上对应的 COM 接口。OPC 规范定义了特定的 COM 接口，规定了 OPC 服务器提供给客户端程序的接口所应该具有的行为特征，而把实现的方法交给 OPC 服务器的提供者，设计人员根据自身情况进行实现。在 OPC 规范下，客户端只需要访问这些标准的 COM 接口，来调用服务器上 OPC 规范所规定的行为，即可完成特定的功能，实现了硬件开发与软件开发的分离。

7.8.3 OPC DA 规范

OPC 规范分很多种，每一种规范都针对不同的问题提供对应的解决方案，其中 OPC DA 规范在 OPC 各种规范中最为重要。OPC 规范包括定制接口和自动化接口两种规范，其中前者是 OPC 服务器必须实现的部分，是开发 OPC 数据存取服务器的主要依据；后者使解释性语言和宏语言访问 OPC 服务器成为可能。本节只研究 OPC 数据存取定制接口规范。

1. OPC DA 的对象

基于 OPC DA 规范的 OPC 服务器一般包括三个对象：服务器（Server）对象、组（Group）对象和项（Item）对象。

服务器对象用于提供它本身的信息，也是组对象的容器，每个服务器对象可以包含多个组对象。服务器对象主要负责管理和创建组对象，同时为客户端提供访问服务器的接口函数。

组对象提供它本身的信息，同时用于创建、组织和管理项对象，客户端可对其进行读写，还可设置客户端的数据更新速率。组对象和服务器对象是比较复杂的 COM 对象，具有定义完备的 COM 接口，是 OPC 服务器必须实现的两个组件对象。一个组对象可以包含若干个数据项。

OPC 数据项是服务器端定义的对象，通常指向设备的一个寄存器单元，OPC 客户端对设备寄存器的操作都是通过数据项来完成的。数据项不能独立于组存在，必须隶属于某一个组。

2. OPC DA 的接口

OPC DA 规范定义的对象接口及客户端调用过程如图 7-18 所示，星号接口表示 OPC DA 3.0 规范的新接口。

OPC 接口规范规定了各接口内必须包含特定的方法与属性，供客户端调用以实现特定的功能。

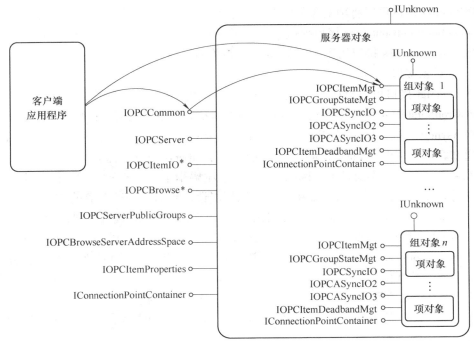

图 7-18　OPC DA 规范定义的对象接口及客户端调用过程

例如：IOPCServer 接口可以动态创建及管理组对象，该接口包含 AddGroup、GetError-String、GetStatus、GetGroupByName、CreateGroupEnumerator、RemoveGroup 六个接口函数。AddGroup 添加服务器对象的组对象，GetErrorString 返回错误信息，GetStatus 可获得 OPC 服务器的当前状态，GetGroupByName 可以通过 Group 名称来查询需要的接口，Create Group Enumerator 用于创建 OPC Group 枚举器，RemoveGroup 用于删除 Group 对象。

数据通信是通过 OPC 客户端对 OPC 服务器的多次调用完成的。

以同步读写为例，OPC 客户端首先创建 OPCServer 服务器对象，由该对象的 IUnknown 接口查询到 IOPCServer 接口，再通过调用 IOPCSever 接口成员函数 AddGroup，根据客户端需要增加多个 OPCGroup 组对象。

然后 OPC 客户端调用 OPCGroup 组对象的 IOPCItemMgt 接口成员函数 AddItems，增加实际数量的项对象，即创建 OPCItem 项对象。

接着调用 OPCGroup 组对象的 IOPCSyncIO 接口成员函数 Read 和 Write 读写该组所包含的 OPCItem 项对象的属性，即实际数据值。

最后 OPC 客户端在退出时释放所有的接口并依次删除 OPCItem、OPCGroup 和 OPCServer 对象。

下面对部分重要接口进行简单介绍，具体规则参考相应的 OPC 规范。

（1）服务器对象接口

IUnknown 接口要实现接口查询和生存期控制这两个 COM 接口必备功能，OPC 服务器对象与 OPC 组对象必须提供 IUnknown 接口。该接口的函数实现一般由 Microsoft 公司提供。

IOPCCommon 接口提供设置和查询 LocaleID 的功能。

IOPCServer 接口是 OPC 服务器对象的主要接口，它可以动态创建及管理组对象。

IOPCBrowse 接口用来浏览服务器地址空间与获取项对象的属性。

IOPCItemIO 接口可以将项对象的时间邮戳和品质信息直接写进 OPC 服务器。

IConnectionPointContainer 接口提供了相对于 IOPCShutdown 出接口连接点的访问支持。

IOPCItemProperties 接口用于浏览与 ItemID 相关的属性。

（2）组对象接口

IOPCItemMgt 接口可以提供客户程序添加、删除和控制组对象内的项对象的功能。

IOPCGroupStateMgt 接口用于获得组对象的当前状态和设置组对象的状态和属性。

IOPCAsyncIO2 接口用于对 OPC 服务器进行异步读写操作时，当操作完成时以回调消息的形式通知客户端 IOPCDataCallback 接口，并返回该事务的操作结果。

IOPCAsyncIO3 接口继承 IOPCAsyncIO2 接口，主要用于把品质信息和时间邮戳以异步方式写入支持该项功能的 OPC 服务器中，也可以异步读取组对象中项对象的信息。

IOPCSyncIO 接口允许客户端对服务器执行同步读写操作，至读写完毕才会返回。

IOPCSyncIO2 能够实现把品质信息和时间邮戳写到支持该功能的 OPC 服务器中。

IConnectionPointContainer 接口管理出接口 IOPCDataCallback，可使客户端与服务器连接并进行最有效的数据传送。

3. OPC 的数据访问方式

在 OPC DA 3.0 规范中有三种可用的数据交互的方式：同步数据访问、异步数据访问以及订阅式数据访问。

同步数据访问方式下，OPC 客户端程序对 OPC 服务器进行相关操作时，必须等到 OPC 服务器对应的操作全部完成以后才能返回，在此期间 OPC 客户端程序一直处于等待状态。因此，同步数据访问方式适用于 OPC 客户端程序较少、数据量较小的场合。

异步数据访问方式下，OPC 客户端程序向服务器发出请求后立即返回，继续进行其他操作，OPC 服务器在完成该请求后再通知 OPC 客户端程序。因此，异步数据访问方式适用于 OPC 客户端程序较多、数据量较大的场合。

订阅式数据访问方式是 OPC 客户端与 OPC 服务器通信方式中的一种比较特殊的异步读取方式，当 OPC 客户端通过订阅后，OPC 服务器会通过一定的机制将变化的数据主动传送给客户端程序，客户端得到通知后再进行必要的处理，而无需浪费大量的时间进行查询。

7.8.4 工业控制领域中的 OPC 应用实例

OPC 在工业控制领域得到了广泛的应用，在集散控制系统、现场总线控制系统以及楼宇自动化系统中，利用 OPC 可以实现远程监控管理。OPC 服务器可以分为以下两种模式。

1. 数据采集与控制 OPC 服务器

数据采集与控制 OPC 服务器与智能仪表通信并提供数据接口，该服务器由智能仪表生产厂商提供。智能仪表与 PC 之间通过 RS-485 或者现场总线进行通信，监控系统不需要驱动程序，OPC 服务器本身集成了对智能仪表的读取与控制功能。智能仪表数据以 COM 接口的方式呈递给用户，这样用户就可以使用统一的 OPC 规范开发相应的 OPC 客户端程序将智能仪表数据存入数据库，这时本地数据库不再局限于特定的对应于硬件厂商驱动程序的数据库。当用户控制仪表时，PC 将控制命令通过 COM 接口传送给数据采集与控制 OPC 服务器，然后由此 OPC 服务器向仪表发送控制命令。这种模式的 OPC 服务器相当于数据采集与控制通用接口，方便实现不同厂商设备的集成。

使用这种模式的 OPC 服务器，用户可以根据需要组态智能仪表的类型、串口和地址并配置相应串口信息（波特率、数据位、校验位、停止位及 OPC 服务器采集数据的周期）。组态后 OPC 服务器根据所选仪表类型自动组态全部 AI、DI、DO 参数信息（如 AIO101_CT 代表串口 1 地址 1 下智能仪表的 CT 比参数）。多个串口可以同时进行监控，分别扫描相应地址的智能仪表，读取智能仪表的实时数据或控制智能仪表。

2. 远程 OPC 服务器

用户 OPC 客户端和应用程序将智能仪表数据写入本地数据库（历史数据库和实时数据库）后，远程 OPC 服务器读取 PC 数据库并进行远程传输，或者接收远程客户端的控制命令并将控制命令传送给数据采集与控制 OPC 服务器。远程 OPC 服务器按照 OPC 规范经由 DCOM 与远程 OPC 客户端通信。这种模式的 OPC 服务器充当 PC 与远程客户端的通信媒介。

两种模式的 OPC 服务器在监控系统中的应用如图 7-19 所示，该系统实现了将智能仪

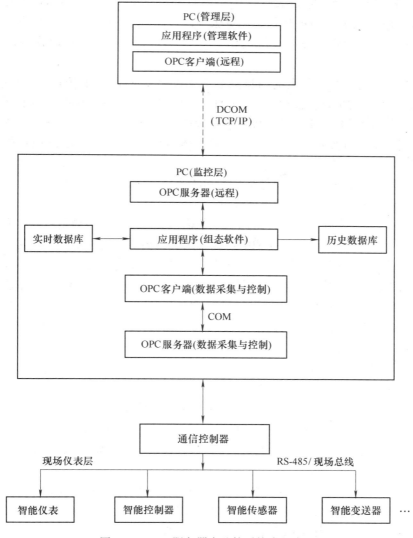

图 7-19　OPC 服务器在监控系统中的应用

表、智能传感器、智能控制器和智能变送器等不同厂商设备的数据进行远程传输和远程控制的功能。硬件厂商提供数据采集与控制 OPC 服务器,用户开发相应的 OPC 客户端,并使之集成在自己的组态软件中,用户软件系统可有自己的一套远程 OPC 服务器和客户端,实现数据的远程传输,远程 PC 运行用户的管理软件。整套系统分为现场仪表层、监控层和管理层,系统结构清晰,通用性强,用户不再关心具体的通信协议,只要理解 OPC 规范,会使用 COM 编程,就可以实现远程监控管理。

7.9 Web 技术

7.9.1 Web 技术概述

Web 中文名为万维网,它是无数个网络站点和网页的集合,是 Internet 的主要组成部分。由于 Web 提供面向 Internet 的信息浏览服务,实现信息的广泛共享,因此被应用于计算机控制系统中,负责计算机控制系统的信息发布任务,并为分布式计算机控制系统提供支持。

在 Web 产生之前,互联网上的信息只能以文本格式显示,而 Web 可以将图像、音频、视频等元素进行有机的集合,使得 Internet 的呈现形式更加丰富。Web 还具有图形化、与平台无关、分布式、动态和强交互性等优点,其应用架构由蒂姆·伯纳斯·李于 1989 年提出,并于 1993 年进入免费开放的阶段。Web 技术大体可以分为三个发展阶段:静态、动态和Web2.0 阶段。

- 静态阶段:网页表现形式为静态文本和图像。
- 动态阶段:网页能够实现动态的显示。
- Web2.0 阶段:交互性增强,采用双向传输模式,用户可主导信息产生和传播。

Web 通过"统一资源标识符"(URL)或者超链接浏览网络资源,并利用超文本传输协议(HTTP)将网页文件等资源传输给浏览器。用户在浏览器中键入想要访问网页的 URL,域名系统中的因特网数据库会定位服务器所在位置。服务器会根据 HTTP 请求将网页文件发送给用户,网络浏览器把接收到的网页文件呈现给用户,实现信息的浏览。Web 的开发技术主要包括 Web 服务端技术和 Web 客户端技术,分别指服务端和客户端的开发技术。

7.9.2 Web 服务端技术

Web 服务端负责响应客户端的请求,是 Web 的重要部分。Web 服务端技术主要包括CGI(通用网关接口)、服务器端脚本技术、服务器端插件技术和 Servlet 等,这些技术都能生成动态网页,承载 Web 发布的信息,响应客户端的操作和请求。设计人员需根据所用平台、服务器和应用兼容性等因素进行选择合适的开发技术,最常用的 Web 服务端技术是服务器端脚本技术和 Servlet。

① CGI 是根据服务器运行时的具体情况动态生成网页的技术,其根据请求生成动态网页返回客户端,实现两者动态交互。CGI 可以在任何平台上运行,兼容性很强,但是每次对其请求会产生新进程,限制了服务器进行多请求的能力。CGI 的编写可以采用 Perl、C、C++ 语言等完成。

② 服务器端脚本技术即在网页中嵌入脚本，由服务器解释执行页面请求，生成动态内容。服务器端脚本技术可采用的技术包括：ASP（动态服务器网页）、PHP（超文本预处理器）等，其执行速度和安全性均高于 CGI，但在跨平台性方面表现不佳，只能局限于某类型的产品或操作系统。PHP 编译器可以采用 NetBeans、Dreamweaver 等，ASP 编辑器可以使用ASPMaker 等。

③ 服务器端插件技术是遵循一定规范的 API 编写的插件，服务器可直接调用插件代码，处理特定的请求，其中最著名的 API 是 NSAPI 和 ISAPI。服务器插件可以解决多线程的问题，但是其只能用 C 语言编写，并且对平台依赖性较高。

④ Servlet 是一种用 Java 编写的跨平台的 Web 组件，运行在服务器端。Servlet 可以与其他资源进行交互，从而生成动态网页返回给客户端。Servlet 只能通过服务器进行访问，其安全性较高，但其对容器具有依赖性，对请求的处理有局限性。Servlet 采用 Java 编辑器进行编程和设计，如 JCreator、J2EE 等。

7.9.3 Web 客户端技术

Web 客户端的主要任务是响应用户操作，展现信息内容。Web 客户端设计技术主要包括：HTML 语言、Java Applets 和插件技术、脚本程序、CSS（级联样式表）技术等。这几种技术具有不同的作用，用户可以综合利用几种技术，使得网页更加美观、实用。

① HTML（超文本标记语言）是编写 Web 页面的主要语言。HTML 实际是一种文本，网页的本质即经过约定规则标记的脚本文件。网页的编写可采用记事本、EditPlus 以及 Dreamweaver 等文本编辑器。

② Java Applets 和插件技术均可提供动画、音频和音乐等多媒体服务，丰富了浏览器的多媒体信息展示功能。两者均可被浏览器下载并运行。Java Applets 使用 Java 语言进行编写，插件例如 ActiveX 控件可使用C ++语言进行编写。设计人员可根据应用平台选择合适的开发技术。

③ 脚本程序是嵌入在 HTML 文档中的程序，使用脚本程序可以创建动态页面，大大提高交互性。脚本程序可采用 JavaScript 和 VBScript 等语言编写。其编辑器可使用 Sublime Text、Notepad ++、WebStorm 等编辑器。

④ CSS 通过在 HTML 文档中设立样式表，统一控制 HTML 中对象的显示属性，提高网页显示的美观度。其编辑器可以使用记事本、Word、Visual CSS 和国外的 TopStyle 系列编辑器。

7.9.4 SCADA 系统中的 Web 应用方案设计

1. Web 的应用优势

传统的 SCADA 系统采用"主机/终端"或者"客户机/服务器"的通信模式，但是该模式开放性较差、系统开发和维护工作量大、系统扩展性和伸缩性较差，该模式已经不能适应集团企业网络化分布式管理的要求。随着计算机、Internet/Intranet 的发展，基于 B/S（浏览器/服务器）多层架构成为了 SCADA 系统流行的应用方式。

国内外著名的工控领域的软硬件制作商，陆续推出了基于 Web 的 SCADA 系统，如 Siemens 公司的 WinCC V7.2、Advantech 公司的 Advantech Studio、BroadWin 公司的 WebAccess 等。

基于 Web 的 SCADA 系统采用 Web2.0 技术，以标准 Web 浏览器为操作工具，以 Web 网页的方式显示监控画面的实时数据。系统除了具备传统的 SCADA 系统的数据采集与处理、报警处理、同步时钟、人机界面、数据报表、设备管理、控制调节、二次开发等功能外，还实现了 SCADA 系统的远程监控、远程故障诊断、远程指挥调度、远程设备管理等功能。

与传统的 C/S 模式相比，基于 Web 的 SCADA 系统的优点如下：

① 利用浏览器实现远程监控，通过浏览器实现现场设备的图形化监控，报警以及报表等功能。

② 实现多用户监控，同一过程可被多个用户同时查看，同一用户也可监控多个过程，实现数据的透明化。

③ 实现远程诊断和维护，并可以实现多方对同一问题的会诊，使得广泛的技术合作成为可能。

④ 具有很强的扩展性和继承性，可以方便地与其他系统进行集成。

⑤ 随着 Web 技术的日趋成熟，在 B/S 结构下的客户端程序简单，稳定性强。

2. Web 的应用方案设计

基于 Web 的 SCADA 系统的分层框架结构如图 7-20 所示。它主要由数据库、Web 服务器、监控系统、现场设备、通信设施、浏览器等组成。监控系统通过与 PLC、PAC 等现场设备的通信，将设备的实时数据等信息存储在数据库中。远程用户通过 Internet/Intranet 访问 Web 服务器查看现场设备的运行状况，对设备进行监控和管理。

基于 Web 的 SCADA 系统的分层框架结构采用 B/S 模式，Web 服务器以 Windows 或者 Linux 为平台，选用 IIS 或者 Apache 服务器。在浏览器中采用嵌入 Java Applet 或者 ActiveX 控件等方式实现监控画面的显示，并利用双缓冲技术解决图像刷新过程中的闪烁问题。服务器端采用 ASP 和脚本等方式实现对数据库中实时数据的读取并生成动态文本，传输到浏览器中，显示现场设备的运行状况，实现 SCADA 系统的远程监控。

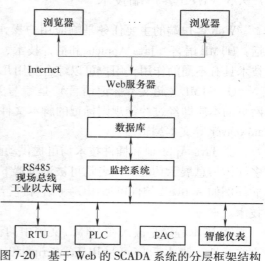

图 7-20　基于 Web 的 SCADA 系统的分层框架结构

用户在使用 SCADA 系统的 Web 功能时，需要在浏览器中输入由服务器所在的 IP 地址和 Web 站点名所组成的 URL，例如 202.194.201.66/SCADA。其中 "202.194.201.66" 为 SCADA 系统的 Web 服务器所在的 IP 地址，"SCADA" 为 SCADA 系统的站点名称，该名称由用户在设置 Web 站点时定义。在网页中完成身份信息的验证后，进入监控界面，监控现场设备的状态。

7.10　双机热备技术

随着组态软件功能的不断完善，组态软件的可靠性与高可用性越来越受到重视，也成为衡量组态软件性能的重要指标。组态软件在工业监控系统中扮演的重要角色也促使人们不得不把目光进一步聚焦在系统的高可用性上，以避免由于系统宕机等意外而带来的巨大经济损失。双机热备是实现系统冗余，提高 DCS 系统可用性的一种行之有效的方法。

7.10.1　双机热备技术概述

双机热备（Hot Standby）是高可用系统的一种实用技术，指两台服务器间的动态备份。

双机热备概念具有广义和狭义之分：广义的双机热备是指对于关键性的服务，使用两台服务器或者主机，互为备份，共同执行同一种服务。当其中一台服务器发生故障时，可以由另一台备用服务器接替主服务器工作，保证服务的连续性；从狭义上讲，双机热备特指基于主备（Active – Standby）方式的热备系统，即在同一时间只有一台服务器运行，另一台服务器处于备用状态。当处于工作状态的服务器出现故障时，系统将会激活另一台备份服务器，接替主服务器继续工作，从而保证系统服务在短时间内恢复正常状态。

7.10.2　双机热备系统的工作模式

双机热备技术是一种采用软硬件相结合的具有较高容错能力的应用方案。按其工作方式可分为三种：主备（Active/Standby）方式、双机互备（Dual – Active）方式和双机双工方式。双机热备系统通过对服务器及其相关软件的冗余配置，保证系统服务的连续性。

1. 主备方式

主备方式是双机热备系统中应用最为广泛的一种工作模式。在正常工作情况下，主服务器处于工作状态，备用服务器（Standby）处于监控状态，通过双机热备软件的"心跳"信号实时监控主服务器的运行状态，并且通过专用线路同步主服务器的数据。当主服务器发生故障，不能继续对外提供服务时，备用服务器会接替故障主机，保证系统的高可用性和服务的连续性。当主服务器从故障中恢复时，系统可以根据预设的命令自动或人工地将服务切换回主服务器（一般主服务器的性能高于备用服务器时，采用此种方式，保证服务性能不受影响），或者主服务器转化为备用服务器，不再进行服务的切换（一般主备服务器的性能相同或相近时采用此种方式，可以减少服务切换的次数）。

2. 双机互备方式

双机互备的工作方式，是指两个相对独立的服务分别运行在两台服务器上，两台服务器彼此互为备用。当其中一台服务器发生故障时，另一台服务器立即将故障服务器上的应用接管过来，从而保证了应用的连续性。但是此时正常工作的服务器会由于负载的突然增加而导致服务性能的下降。因此采用互备方式工作的系统，要求系统维护人员在服务器发生故障时应尽快进行修复，防止正常工作的服务器发生过载导致系统服务中断。

相比于主备方式，采用互备方式工作的系统能够最大限度地利用硬件资源，减少资源的闲置。但是双机互备的工作方式也存在不足，即当发生故障时，正常服务器接替所有的应用服务，会导致服务器的负载过大，不可避免地降低服务器的性能。

3. 双机双工方式

以双机双工方式工作的双机热备系统，实际上是集群（Cluster）的一种特殊形式。双机双工的工作模式是指，两台服务器均为活动主机，并同时运行着相同的应用程序。优点是：由于双机同时运行着相同的应用程序，因此在发生故障时，不存在服务的切换问题。因此从理论上讲单一服务器发生故障对系统服务的影响为零。

但是由于双机同时工作，增加了设备的通信开销，并且两套系统同时运行，无法保证计算与逻辑控制的统一。对于需要进行逻辑控制的系统来说，这种工作方式并不适用，而且不能满足"数出一源"的原则。

7.10.3　双机热备系统的数据存储方式

数据是保证系统正常运行的基础。维护数据的准确性以及完整性是双机热备系统的主要功能之一。在热备系统中，数据的存储方式主要分为两种：共享存储方式和非共享的全冗余存储方式。

1. 共享存储方式

共享存储方式是指，两台服务器或者主机共同使用同一个数据存储器（如磁盘阵列柜）。系统正常工作时，主服务器拥有对磁盘阵列柜进行读写的操作权限。当备用服务器检测到主服务器发生故障时（通过心跳信号），会立即发出报警信息并接替主服务器对外提供服务，同时获取对磁盘阵列柜的操作权限。由于主备服务器使用同一个数据存储设备，因此二者使用的数据是完全一致的。这样就很好地保证了系统切换时系统数据的完整性和准确性，不会因为系统切换导致数据的丢失和破坏。

共享存储方式是双机热备系统的标准方案。它能够在最大程度上保障数据的完整性、准确性和连续性。而且对于敏感数据的安全性也比较容易保障。但是由于整套系统只有一个数据存储器，当磁盘阵列柜发生"单点故障"时，往往导致系统数据的不可恢复性破坏。

2. 非共享全冗余存储方式

非共享全冗余存储方式（双机双存储）是指，在双机热备系统中，主备服务器均带有独立的数据存储器。在系统运行过程中，所有的数据同时保存在两个独立的存储单元中。当系统发生切换时，备用服务器不仅接替主服务器保持服务的连续性，同时还要完成数据存储器的切换。

由于共享存储方式确实存在单点故障的问题，因此采用双机双存储的数据冗余方式也越来越受客户的青睐。采用非共享全冗余存储方式的双机热备系统具有以下三个优点：

① 消除了单点故障的隐患。应用双机热备系统的目的就是为了防止单个设备故障导致系统宕机的风险。而采用共享存储方式恰恰给系统增加了一个新的单点。因此采用双机双存储的冗余存储方式可以有效提高系统的可用性，降低单点故障导致系统的宕机风险。

② 具备良好的可扩展性。采用磁盘阵列柜的共享存储方式的双机热备系统，由于主备服务器使用同一个存储介质，受 SCSI 接口的限制（最大传输距离为25m），两台服务器必须就近部署。而采用双机双存储的热备系统，由于不受 SCSI 接口的限制，两台服务器可以远距离部署，不仅可以完成热备的功能，甚至可以为客户提供容灾的能力。

③ 由于不使用价格昂贵的磁盘阵列，可以显著地降低系统的成本。

7.10.4　DCS 中的双机热备方案设计

多线程技术、网络通信技术和进程间通信机制是双机热备在 DCS 中实现的关键技术，在此基础上，以功能模块化的思想将数据文件备份等功能封装为独立的模块，从而高效地实现了双机热备在 DCS 中的应用。

DCS 中的双机热备采用 Active/Standby 方式工作，主服务器处于工作状态，而备用服务器处于监控状态。系统总体设计如图 7-21 所示。

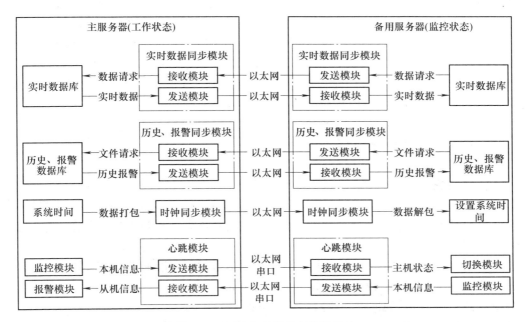

图 7-21 DCS 中双机热备总体设计

根据主服务器与备用服务器之间的信号交互，整个系统可分为以下四个主要模块：

（1）实时数据同步模块

实时数据同步是指，主备服务器内存数据库之间的数据同步。在系统运行时，主服务器端的上位机监控软件接管通信网络，负责与现场设备进行通信，备用服务器端的实时数据由主服务器负责传送。

备用服务器通过以太网发送实时数据请求，主服务器接收备用服务器请求并进行解析，从而判断所请求的数据点名称，然后从当前实时数据库中读取所请求的数据点值，并通过以太网回送给备用服务器，再由备用服务器存储到其实时数据库。

（2）历史、报警同步模块

DCS 软件在运行时，会保存相关的历史文件信息和系统运行的报警文件信息。维持主备服务器历史、报警文件的一致性是双机热备的主要功能之一。

备用服务器通过以太网发送历史、报警文件请求，由主服务器接收该请求并进行解析，获取所请求文件名及文件路径，然后从对应路径读取相应文件数据并通过以太网回传给备用服务器，再由备用服务器存储到本地相应路径。

（3）时钟同步模块

在 DCS 组态软件的报警信息中，报警时间是最重要的属性之一。当主备服务器的时间不一致时，极易造成报警信息的混乱，从而导致系统发生故障。

双机热备系统进行时钟同步时，由主服务器获取本地系统时间并将其打包，然后通过以太网发送给备用服务器，备用服务器将从主服务器端接收到的数据包进行解析，根据解析出

295

的时间设定本地系统时间。

（4）心跳模块

心跳模块是主备服务器之间进行周期性状态信息交互的主要方式，也是保证主服务器故障时能够及时进行状态切换的重要条件。主备服务器都以监控模块来对各自运行进程状态进行监测，并将监测结果通过心跳模块以以太网或串口的方式发送给对方。当备用服务器接收到主服务器状态并判断出主服务器异常时，启动切换模块，切换自身为主服务器状态，代替原先的主服务器进行正常工作。当主服务器接收到备用服务器状态并判断出其状态异常时，主服务器通过报警模块产生备用服务器异常报警信息。

7.11 常用数字滤波算法与程序设计

由于工业对象的环境比较恶劣，干扰源比较多，如环境温度、电磁场等，当干扰作用于模拟信号之后，使 A-D 转换结果偏离真实值。如果仅采样一次，无法确定该结果是否可信，为了减少对采样值的干扰，提高系统可靠性，在进行数据处理和 PID 调节之前，首先对采样值进行数字滤波。

所谓数字滤波，是通过一定的计算程序对采样信号进行平滑加工，提高其有用信号，消除和减少各种干扰和噪声，以保证计算机系统的可靠性。

数字滤波与模拟 RC 滤波器相比其优点如下：

- 不需增加任何硬件设备，只要在程序进入数据处理和控制算法之前，附加一段数字滤波程序即可。
- 由于数字滤波器不需要增加硬件设备，所以系统可靠性高，不存在阻抗匹配问题。
- 模拟滤波器通常是每个通道都有，而数字滤波器则可多个通道共用，从而降低了成本。
- 可以对频率很低的信号进行滤波，而模拟滤波器由于受电容容量的影响，频率不能太低。
- 使用灵活、方便，可根据需要选择不同的滤波方法，或改变滤波器的参数。

正因为数字滤波器具有上述优点，所以在计算机控制系统中得到了越来越广泛的应用。

7.11.1 程序判断滤波

当采样信号由于随机干扰和误检测或者变送器不稳定而引起严重失真时，可采用程序判断滤波。

程序判断滤波的方法，是根据生产经验，确定出两次采样输出信号可能出现的最大偏差 ΔY，若超过此偏差值，则表明该输入信号是干扰信号，应该去掉，若小于此偏差值，可将信号作为本次采样值。

根据滤波方法不同，程序判断滤波可分限幅滤波和限速滤波两种。

1. 限幅滤波

所谓限幅滤波就是把两次相邻的采样值进行相减，求出其增量（以绝对值表示），然后与两次采样允许的最大差值（由被控对象的实际情况决定）ΔY 进行比较，如果小于或等于 ΔY，则取本次采样值。如果大于 ΔY，则仍取上次采样值作为本次采样值，即

$$\begin{cases} |Y_n - Y_{n-1}| \leqslant \Delta Y, \text{则 } Y_n = Y_n, \text{取本次采样值} \\ |Y_n - Y_{n-1}| > \Delta Y, \text{则 } Y_n = Y_{n-1}, \text{取上次采样值} \end{cases} \qquad (7\text{-}1)$$

式中，Y_n 为第 n 次采样值；Y_{n-1} 为第 $n-1$ 次采样值；ΔY 为两次采样值所允许的最大偏差，其大小取决于采样周期 T 及 Y 值的变化动态响应。

2. 限速滤波

设顺序采样时刻 t_1、t_2、t_3 所采集的参数分别为 Y_1、Y_2、Y_3，则当

$$\begin{cases} |Y_2 - Y_1| \leqslant \Delta Y, \text{则 } Y_2 \text{输入计算机} \\ |Y_2 - Y_1| > \Delta Y, \text{则 } Y_2 \text{不采用，但仍保留，再继续采样一次，得 } Y_3 \end{cases} \qquad (7\text{-}2)$$

$$\begin{cases} |Y_3 - Y_2| \leqslant \Delta Y, \text{则 } Y_3 \text{输入计算机} \\ |Y_3 - Y_2| > \Delta Y, \text{则取} \dfrac{Y_3 + Y_2}{2} \text{输入计算机} \end{cases} \qquad (7\text{-}3)$$

这是一种折中的方法，既照顾了采样的实时性，又照顾了不采样时的连续性。

程序判断滤波算法可用于变化较缓慢的参数，如温度、液位等，关于程序设计从略。

7.11.2 中值滤波

对目标参数连续进行若干次采样，然后将这些采样进行排序，选取中间位置的采样值为有效值。本算法为取中值，采样次数应为奇数，常用 3 次或 5 次。对于变化很慢的参数，有时也可增加次数，例如 15 次。对于变化较为剧烈的参数，此法不宜采用。

中值滤波算法对于滤除脉动性质的干扰比较有效，但对快速变化过程的参数，如流量，则不宜采用。

关于中值滤波程序设计可参考由小到大排序程序的设计方法。

7.11.3 算术平均滤波

对目标参数进行连续采样，然后求其算术平均值作为有效采样值。计算公式为

$$Y_n = \frac{1}{n} \sum_{i=1}^{n} X_i \qquad (7\text{-}4)$$

式中，Y_n 为 n 次采样值的算术平均值；X_i 为第 i 次采样值；n 为采样次数。

该算法主要对压力、流量等周期脉动的采样值进行平滑加工，但对脉冲性干扰的平滑尚不理想。因此它不适用于脉冲性干扰比较严重的场合。平均次数 n，取决于平滑度和灵敏度。随着 n 值的增大，平滑度提高，灵敏度降低。通常流量取 12 次，压力取 4 次，温度如无噪声可不平均。

7.11.4 加权平均滤波

在算术平均滤波中，对于 n 次采样所得的采样值，在其结果的比重是均等的，但有时为了提高滤波效果，将各次采样值取不同的比例，然后再相加，此方法称为加权平均法。一个 n 项加权平均式为

$$Y_n = \sum_{i=1}^{n} C_i X_i \qquad (7\text{-}5)$$

式中，C_1，C_2，$\cdots$，C_n 均为常数项，应满足下列关系：

$$\sum_{i=1}^{n} C_i = 1 \qquad\qquad (7\text{-}6)$$

式中，C_1，C_2，$\cdots$，C_n 为各次采样值的系数，可根据具体情况而定，一般采样次数越靠后，取得比例越大，这样可以增加新的采样值在平均值中的比例。其目的是突出信号的某一部分，抑制信号的另一部分。

7.11.5 低通滤波

上述几种滤波方法基本上属于静态滤波，主要适用于变化过程比较快的参数，如压力、流量等。但对于慢速随机变化采用在短时间内连续采样求平均值的方法，其滤波效果是不太好的。为了提高滤波效果，通常可采用动态滤波方法，即一阶滞后滤波方法，其表达方式为

$$Y_n = (1 - \alpha)X_n + \alpha Y_{n-1} \qquad\qquad (7\text{-}7)$$

式中，X_n 为第 n 次采样值；Y_{n-1} 为上次滤波结果输出值；Y_n 为第 n 次采样后滤波结果输出值；α 为滤波平滑系数 $\alpha = \dfrac{\tau}{\tau + T}$；$\tau$ 为滤波环节的时间常数；T 为采样周期。

通常采样周期远小于滤波环节的时间常数，也就是输入信号的频率快，而滤波环节时间常数相对地大，这是一般滤波器的概念，所以这种滤波方法相当于 RC 滤波器。

τ，T 的选择可根据具体情况确定，程序设计从略。

7.11.6 滑动平均滤波

以上介绍的各种平均滤波算法有一个共同点，即每取得一个有效采样值必须连续进行若干次采样，当采样速度较慢（如双积分型 A-D 转换）或目标参数变化较快时，系统的实时性不能得到保证。滑动平均滤波算法只采样一次，将这一次采样值和过去的若干次采样值一起求平均，得到的有效采样值即可投入使用。如果取 n 个采样值求平均，RAM 中必须开辟 n 个数据的暂存区。每新采集一个数据便存入暂存区，同时去掉一个最老的数据。保持这 n 个数据始终是最近的数据。这种数据存放方式可以用环形队列结构方便地实现，每存入一个新数据便自动冲去一个最老的数据，程序设计从略。

7.11.7 各种滤波方法的比较

以上介绍了几种常用的数字滤波程序。随着计算机测控技术的发展，数字滤波方法将越来越完善，读者可根据需要编写出更多的数字滤波程序。每种滤波程序都各有其特点，可根据具体的测量参数进行合理的选用。

在选用时可以从以下两个方面考虑：

1. 滤波效果

一般来说，对于变化较缓慢的参数，如温度，选用程序判断滤波以及一阶滞后滤波方法比较好，而对于变化比较快的脉冲参数，如压力、流量等，则可选用算术平均和加权平均滤波方法，特别是加权平均滤波比算术平均滤波更好。对于要求比较高的系统可选用复合滤波方法。另一方面，在算术平均滤波和加权平均滤波中，其滤波效果与所选择的采样次数 n 有关，n 越大，则效果越好，但花费的时间也越长。

2. 滤波时间

在考虑滤波效果的前提下，尽量采用执行时间比较短的程序，如果计算机的时间允许，则可采用更好的复合滤波程序。

值得说明的是，数字滤波固然是消除计算机控制系统干扰的好办法，但一定注意，并不是任何一个系统中都需要进行数字滤波。有时不适当地采用数字滤波反而适得其反，造成不良影响。如在自动调节系统中，采用数字滤波有时会把偏差值滤掉，因而使系统失去调节作用。因此，我们在对计算机控制系统进行设计时，到底采用哪一种滤波，或者要不要数字滤波，一定要在实验后确定，切不可千篇一律，或生搬硬套。

7.12 数字滤波器的算法与程序设计

本节与 7.11 节讲解的数字滤波不同，本节将介绍的数字滤波是指在频域上对信号进行分析与处理，利用离散系统特性改变输入序列的频谱，让有用频率的信号分量通过，抑制无用频率的信号分量。本节将首先介绍此类数字滤波器的分类与特点，然后以 IIR 滤波器的间接设计方法为例，对数字滤波器的原理与实现进行详细介绍。

7.12.1 数字滤波器的分类与特点

数字滤波器按单位抽样响应可分为有限脉冲响应滤波器（FIR 滤波器）和无限脉冲响应滤波器（IIR 滤波器）。

1. FIR 滤波器

FIR 数字滤波器是对理想数字滤波器单位抽样响应 $H_d(n)$ 的逼近，只取决于当前时刻的输入与有限个过去的输入，与过去的输出值无关。FIR 滤波器具有严格的线性相位，并且是绝对稳定的。但是，为取得好的滤波效果需使用较高的阶数，这导致内存占用较高、信号延时较大。它适用于对线性相位要求较高的图像信号处理、数据传输等系统。

2. IIR 滤波器

IIR 数字滤波器是对模拟滤波器的模仿，取决于当前时刻的输入、有限个过去的输入以及有限个过去的输出。IIR 滤波器可用较低的阶数获得高的选择性，所用的存储单元较少，计算量与信号延时较小。但是，IIR 滤波器并不具有线性相位，频率选择性越好，则相位非线性越严重。它适用于对线性相位要求不高的场合。

7.12.2 IIR 数字滤波器的设计原理

IIR 数字滤波器的设计方法分为直接设计法和间接设计法。直接设计法是通过计算机迭代运算直接设计数字滤波器。间接设计法是借助模拟滤波器设计方法进行设计的，先根据数字滤波器设计指标设计相应的过渡模拟滤波器，再将过渡模拟滤波器转换为数字滤波器。本节以将巴特沃斯滤波器作为过渡模拟滤波器、利用双线性变换法实现数字化的间接设计法为例，讲解 IIR 数字滤波器的设计原理。

1. IIR 过渡模拟滤波器的设计原理

本节选择通带频率响应曲线最为平坦的巴特沃斯滤波器作为 IIR 数字滤波器的过渡模拟滤波器。由于 IIR 滤波器不具有线性相位特性，因此不必考虑过渡模拟滤波器的相位特性，

直接考虑其振幅特性 $|H_a(j\Omega)|$。巴特沃斯滤波器的振幅特性如下：

$$|H_a(j\Omega)| = \frac{1}{\sqrt{1 + \left(\frac{\Omega}{\Omega_c}\right)^{2N}}}, \quad \Omega = -\infty \sim +\infty \tag{7-8}$$

式中，N 是滤波器的阶数（阶数越大，频带边缘下降越陡峭，越接近理想特性）；Ω 是模拟角频率；Ω_c 是截止频率。

（1）求取满足指标要求的阶数 N

巴特沃斯滤波器有三项指标：截止频率 Ω_c、阻带边界频率 Ω_s 与阻带衰减 A_s。巴特沃斯滤波器的幅频特性在 Ω_c 处衰减恒为 $-3\mathrm{dB}$，在 Ω_s 处衰减恒为 A_s。式（7-8）中只有两个参数：Ω_c 与 N，而前者是三项指标之一。为满足指标要求，必须选取合适的阶数 N。

阶数 N 的计算公式如下：

$$N = \frac{1}{2} \frac{\lg(10^{\frac{A_s}{10}} - 1)}{\lg\left(\frac{\Omega_s}{\Omega_c}\right)} \tag{7-9}$$

阶数 N 只能为正数。若结果为小数，需要向上取整，以保证满足指标要求。

（2）求取 s 的有理分式形式的传递函数

为了使模拟滤波器的传递函数能够变换成系统的差分方程，需要获得其 s 的有理分式形式。本节将利用系统的稳定极点进行处理。

已知巴特沃斯低通滤波器的幅度平方函数为

$$|H_a(s)|^2 = H_a(s)H_a(-s) = \frac{1}{1 + (-1)^N \left(\frac{s}{\Omega_c}\right)^{2N}} \tag{7-10}$$

令式（7-10）的分母等于零，通过解方程可求得 s 的解即系统 $H_a(s)H_a(-s)$ 的极点 p_k 为

$$p_k = \begin{cases} \Omega_c \cdot e^{\left(j\frac{2k+1}{2N}\pi\right)} & N \text{ 为偶数} \\ \Omega_c \cdot e^{\left(j\frac{k}{N}\pi\right)} & N \text{ 为奇数} \end{cases} \tag{7-11}$$

其中 $k = 0, 1, 2, \cdots, 2N-1$。为了保证 IIR 滤波器系统的稳定性，只能选取 s 左半平面的极点 p_i'，其中 $i = 0, 1, 2, \cdots, N-1$。此时模拟滤波器的传递函数可由下式求得

$$H_a(s) = \prod_{i=0}^{N-1} \frac{\Omega_c}{s - p_i'} \tag{7-12}$$

将式（7-12）的分母展开成多项式的形式，即可得到满足要求的传递函数为

$$H_a(s) = \frac{b_N}{a_0 s^N + a_1 s^{N-1} + \cdots + a_{N-1}s + a_N} \tag{7-13}$$

2. IIR 滤波器的数字化设计

将模拟滤波器转换为数字滤波器的方法较多，下面介绍双线性变换法。

（1）离散差分方程

已知在采样周期为 T 时，z 平面到 s 平面的近似映射关系为

$$s = f(z) = \frac{2}{T}\frac{1 - z^{-1}}{1 + z^{-1}} \tag{7-14}$$

将式（7-14）代入式（7-13），经过整理可得到 IIR 滤波器传递函数的 z 变换形式为

$$H(z) = \frac{\sum_{r=0}^{N} b'_r z^{-r}}{1 + \sum_{k=1}^{N} a'_k z^{-k}} \qquad (7\text{-}15)$$

式中，b'_r 与 a'_k 分别为式（7-15）的分子与分母多项式的系数。将 $H(z) = Y(z)/X(z)$ 代入式（7-15），整理后进行 z 反变换，可得到 IIR 滤波器的差分方程为

$$y(n) = \sum_{r=0}^{N} b'_r x(n-r) - \sum_{k=1}^{N} a'_k y(n-k) \qquad (7\text{-}16)$$

（2）设计指标的转换

将关系式 $z = \cos\omega + j\sin\omega$ 与 $s = \delta + j\Omega$ 代入式（7-14），可以得到原型滤波器的模拟角频率 Ω 与目标滤波器的数字角频率 ω 的对应关系为

$$\Omega = \frac{2}{T}\tan\frac{\omega}{2} \qquad (7\text{-}17)$$

利用式（7-17），可将数字滤波器指标转换为模拟滤波器指标，以此设计模拟滤波器。

7.12.3 基于 C 语言的 IIR 数字滤波器程序设计

1. IIR 过渡模拟滤波器的程序设计

（1）阶数 N 的计算

巴特沃斯滤波器的阶数可由式（7-9）求得。利用 C 语言的数据类型转换规则对结果进行向上取整：将浮点型数据转换成整型数据时，会将小数点之后的部分去掉，如果此时仍与原数据相同，则表示原数据为整数，不做处理；若与原数据不同，表示原数据为小数，将经转换得到的整型数据加一作为最终的结果。

（2）稳定极点 p'_k 的求取

由于涉及复数的操作，因此可定义一个复数结构体来对实部虚部分开处理。

式（7-11）中极点的计算含有自然指数函数，不便于 C 语言处理，可将其替换为三角函数；同时为合并 N 为奇数或偶数这两种情况，本节引入一个变量 d_k，N 为偶数时，$d_k = 1/2$；N 为奇数时，$d_k = 0$。可得到极点的计算公式为

$$p_k = \Omega_c \cos\frac{k+d_k}{N}\pi + j\Omega_c \sin\frac{k+d_k}{N}\pi \qquad (7\text{-}18)$$

式中，$k = 0，1，2，\cdots，2N-1$。为保证系统稳定，需要保证极点在 s 左半平面，即舍弃实部不小于零的极点，即可得到稳定极点 p'_k。

由于三角函数的运算对程序的执行效率影响较大，因此可在 C 语言程序中定义二维数组来存储 N 到稳定极点的 $\cos\frac{k+d_k}{N}\pi$ 值与 $\sin\frac{k+d_k}{N}\pi$ 值的映射表，并根据 N 的计算结果通过查表法来获得正弦、余弦值，求取稳定极点 p'_k。

（3）传递函数各阶系数的计算

为了将式（7-12）展开得到式（7-13）的各阶系数，需要将式（7-12）的分母由 N 个因式的乘积展开成 s 的 N 阶多项式。为了便于 C 语言程序的实现，本节采用迭代的方法进行复数多项式展开。

设 $p'_i = a_i + jb_i$，其中 a_i、b_i 为实数，$i = 0，1，2，\cdots，N-1$。把第一项因式 $s - p'_0$ 即 $s -$

$(a_0 + jb_0)$ 作为第一个中间多项式，使其乘以第二个因式 $s - p_1'$ 即 $s - (a_1 + jb_1)$，将所得结果 $s^2 + (b_1 + jb_2) s + (a_1 + ja_2)$ 作为新的中间多项式并与下一个因式相乘，如此循环至全部展开。在 C 语言程序中，可自行设计复数中间多项式与一阶复数因式相乘的迭代函数，循环调用 $N - 1$ 次，可将式（7-12）展开，得到巴特沃斯滤波器传递函数的各阶系数。

2. IIR 滤波器数字化的程序设计

将式（7-14）代入式（7-13），可得

$$H(z) = H_a(s) \big|_{s = \frac{2}{T}\frac{1-z^{-1}}{1+z^{-1}}} = \frac{b_N (1 + z^{-1})^N}{\sum_{m=0}^{N} a_m \left(\frac{2}{T}\right)^{N-m} (1 - z^{-1})^{N-m} (1 + z^{-1})^m} \tag{7-19}$$

为得到滤波器离散系统传递函数中多项式的系数，需将式（7-19）的分子与分母展开以得到式（7-15）。其中，采样周期 T 会在之后的计算中消掉，为方便计算可取为 1s。展开方法参照前文所介绍的迭代方法。

通过 z 反变换可得到滤波器的差分方程，而 z 反变换不改变原方程系数，因此可直接利用式（7-15）的系数构建差分方程式（7-16）。在 C 语言程序中，定义数组以队列的形式保存历史输入输出值，将原始数值与保留的历史输入输出值代入式（7-16），即可求得滤波后的数值 $y(n)$，并将其存入历史值队列以进行下一个输出值的计算。

7.12.4 IIR 数字滤波器的滤波效果分析

在无创呼吸机的设计中，采用流量传感器采集人体呼吸流量信号，其波形如图 7-22 所示。

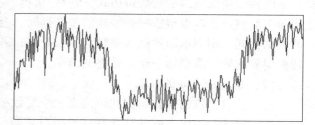

图 7-22 人体呼吸流量信号的波形

从图 7-22 中可以看出，采集的呼吸流量信号存在高频噪声，影响呼吸机系统对呼吸状态的判断，同时呼吸机系统对实时性要求较高，而对信号的线性相位没有要求，适合采用 IIR 滤波器进行滤波处理。下面将其作为 IIR 滤波器的输入信号，分析 IIR 滤波器的滤波效果。

IIR 滤波器在 $\omega_c = 0.15$、$\omega_s = 0.9$、$A_s = 50\mathrm{dB}$ 参数下的滤波效果如图 7-23 所示。

图 7-23 人体呼吸流量信号经过 IIR 滤波器的滤波效果

由图 7-22 与图 7-23 对比可知，IIR 滤波器对波形有较好的平滑作用，可以消除高频"毛刺"对信号的影响，能够达到防止误诊断的目的；同时 IIR 滤波器能够及时反映波形的变化，具有良好的实时性。

7.13 标度变换程序

被测物理参数，如温度、压力、流量、液位、气体成分等，通过传感器或变送器变成模

拟量，送往 A-D 转换器，由计算机采样并转换成数字量，该数字量必须再转换成操作人员所熟悉的工程量，这是因为被测参数的各种数据的量纲与 A-D 转换的输入值是不一样的。例如：温度的单位为℃，压力的单位为 Pa 或 Mpa 等。这些数字量并不一定等于原来带有量纲的参数值，它仅仅对应于参数值的大小，故必须把它转换成带有量纲的数值后才能运算、显示、记录和打印，这种转换称为标度变换。标度变换有各种类型，它取决于被测参数的传感器或变送器的类型，应根据实际情况选用适当的标度变换方法。

7.13.1 线性标度变换程序

1. 标度变换原理

这种标度变换的前提是参数值与 A-D 转换结果之间为线性关系，是最常用的标度变换方法，标度变换公式为

$$A_x = A_0 + (A_m - A_0) \frac{N_x - N_0}{N_m - N_0} \tag{7-20}$$

式中，A_0 为一次测量仪表的下限；A_m 为一次测量仪表的上限；A_x 为实际测量值（工程量）；N_0 为仪表下限所对应的数字量；N_m 为仪表上限所对应的数字量；N_x 为测量值所对应的数字量。

式中，A_0、A_m、N_0、N_m 对于某一个固定的被测参数来说，它们是常数，不同的参数有着不同的值。

为了使程序简单，一般设被测参数的起点 A_0（输入信号为 0）所对应的 A-D 转换值为 0，即 $N_0 = 0$，这样式（7-20）又变为

$$A_x = \frac{N_x}{N_m}(A_m - A_0) + A_0 \tag{7-21}$$

式（7-20）和式（7-21）即为参量标度变换的公式。

例 7-1 某热处理炉温测量仪的量程为 200～1300℃。在某一时刻计算机采样并经数字滤波后的数字量为 2860，求此时的温度值是多少？（设该仪表的量程是线性的，A-D 转换器的位数为 12 位。）

解 根据式（7-20）知，$A_0 = 200$℃，$A_m = 1300$℃，$N_x = 2860$，$N_m = 4095$。所以此时的温度为

$$A_x = \frac{N_x}{N_m}(A_m - A_0) + A_0 = \frac{2860}{4095} \times (1300 - 200)℃ + 200℃ = 968℃$$

在计算机控制系统中，为了实现上述转换，可把它们设计成专门的子程序，把各个不同参数所对应的 A_0、A_m、N_0、N_m 存放在存储器中，然后当某一参数需要进行标度变换时，只调用标度变换子程序即可。

2. 标度变换子程序

被转换的参量的常数 A_0、A_m、N_0、N_m 分别存放于 ALOWER、AUPPER、NLOWER、NUPPER 为首址的单元中（为提高转换精度以及更带有普遍性，本程序采用双字节运算）。

被转换后的参量经数字滤波后的数值 N_x 存放在 DBUFFER 字单元。标度变换结果存在 ENBUF 单元。

其计算式可用式（7-20），即

$$A_x = A_0 + \frac{N_x - N_0}{N_m - N_0}(A_m - A_0)$$

式（7-20）适用于下限不为零点的参数，一般参数采用量程压缩后，标度可用式（7-21）进行标度变换。

程序清单如下：

SCALPR	PROC		
	PUSH	AX	；保护现场
	PUSH	BX	
	PUSH	CX	
	PUSH	DX	
	MOV	AX,[AUPPER]	；$A_m \rightarrow$AX
	MOV	BX,[ALOWER]	；$A_0 \rightarrow$BX
	SUB	AX,BX	；计算 $A_m - A_0$
	PUSH	AX	；压栈保存 $A_m - A_0$
	MOV	AX,[DBUFFER]	；$N_x \rightarrow$AX
	MOV	BX,[NLOWER]	；$N_0 \rightarrow$BX
	SUB	AX,BX	；计算 $N_x - N_0$
	POP	CX	；$A_m - A_0 \rightarrow$CX
	MUL	CX	；计算$(N_x - N_0)(A_m - A_0) \rightarrow$DX·AX
	MOV	BX,[NUPPER]	；$N_m \rightarrow$BX
	MOV	CX,[NLOWER]	；$N_0 \rightarrow$CX
	SUB	BX,CX	；计算 $N_m - N_0 \rightarrow$BX
	DIV	BX	；计算$(N_x - N_0)$·$(A_m - A_0)/(N_m - N_0) \rightarrow$AX
	MOV	BX,[ALOWER]	；$A_0 \rightarrow$BX
	ADD	AX,BX	；求 $A_x = A_0 + (N_x - N_0)$·$(A_m - A_0)/(N_m - N_0)$
	MOV	[ENBUF],AX	；结果存入 ENBUF 单元
	POP	DX	；恢复现场
	POP	CX	
	POP	BX	
	POP	AX	
	RET		；返回
SCALPR	ENDP		

7.13.2　非线性标度变换程序

必须指出，上面介绍的标度变换程序，它只适用于具有线性刻度的参量，如被测量为非线性刻度时，则其标度变换公式应根据具体问题具体分析，首先求出它所对应的标度变换公式，然后再进行设计。

例如，在流量测量中，其流量与压差的公式为

$$Q = K\sqrt{\Delta P} \tag{7-22}$$

式中，Q 为流量；K 为刻度系数，与流体的性质及节流装置的尺寸有关；ΔP 为节流装置的压差。

根据式（7-22），流体的流量与被测流体流过节流装置时，前后的压力差的平方根成正比，于是得到测量流量时的标度变换公式为

$$\frac{Q_x - Q_0}{Q_m - Q_0} = \frac{K\sqrt{N_x} - K\sqrt{N_0}}{K\sqrt{N_m} - K\sqrt{N_0}}$$

$$Q_x = \frac{\sqrt{N_x} - \sqrt{N_0}}{\sqrt{N_m} - \sqrt{N_0}}(Q_m - Q_0) + Q_0 \tag{7-23}$$

式中，Q_x 为被测量的流量值；Q_m 为流量仪表的上限值；Q_0 为流量仪表的下限值；N_x 为差压变送器所测得的差压值（数字量）；N_m 为差压变送器上限所对应的数字量；N_0 为差压变送器下限所对应的数字量。

式（7-23）则为流量测量中标度变换的通用表达式。

对于流量测量仪表，一般下限均取零，所以此时 $Q_0 = 0$，$N_0 = 0$，故式（7-23）变为

$$Q_x = Q_m \sqrt{\frac{N_x}{N_m}} = Q_m \frac{\sqrt{N_x}}{\sqrt{N_m}} \tag{7-24}$$

程序设计从略。

习　题

1. 计算机控制系统的软件有哪些功能？
2. 什么是实时多任务系统？
3. μC/OS-Ⅱ实时操作系统有什么特点？
4. 组态软件有什么特点？
5. 组态软件的关键技术是什么？
6. 组态软件中为什么使用脚本语言？
7. 什么是 OPC 技术？
8. 什么是 Web 技术？
9. 什么是双机热备技术？
10. 什么是数字滤波？
11. 数字滤波与模拟 RC 滤波器相比有什么优点？
12. 采用 C 语言，编写 IIR 数字滤波器的程序。
13. 什么是标度变换？
14. 试写出线性标度变换的计算公式，并采用某一汇编语言编写线性标度变换程序。

第8章　现场总线与工业以太网控制网络技术

8.1　现场总线技术概述

现场总线是 20 世纪 80 年代中后期随着计算机、通信、控制和模块化集成等技术发展而出现的一门新兴技术，代表自动化领域发展的最新阶段。现场总线的概念最早由欧洲人提出，随后北美和南美也都投入巨大的人力、物力开展研究工作，目前流行的现场总线已达 40 多种，在不同的领域各自发挥重要的作用。关于现场总线的定义有多种。IEC 对现场总线（Fieldbus）一词的定义为：现场总线是一种应用于生产现场，在现场设备之间、现场设备与控制装置之间实行双向、串行、多节点数字通信的技术。这是由 IEC/TC65 负责测量和控制系统数据通信部分国际标准化工作的 SC65/WG6 定义的。现场总线是当今自动化领域发展的热点之一，被誉为自动化领域的计算机局域网。它作为工业数据通信网络的基础，建立了生产过程现场级控制设备之间及其与更高控制管理层之间的联系。它不仅是一个基层网络，而且还是一种开放式、新型全分布式的控制系统。这项以智能传感、控制、计算机、数据通信为主要内容的综合技术，已受到世界范围的关注而成为自动化技术发展的热点，并将导致自动化系统结构与设备的深刻变革。

8.1.1　现场总线的产生

在过程控制领域中，从 20 世纪 50 年代至今一直都在使用着一种信号标准，那就是 4 ~ 20mA 的模拟信号标准。20 世纪 70 年代，数字式计算机引入到测控系统中，而此时的计算机提供的是集中式控制处理。20 世纪 80 年代微处理器在控制领域得到应用，微处理器被嵌入到各种仪器设备中，形成了分布式控制系统。在分布式控制系统中，各微处理器被指定一组特定任务，通信则由一个带有附属"网关"的专有网络提供，网关的程序大部分是由用户编写的。

随着微处理器的发展和广泛应用，产生了以 IC 代替常规电子线路，以微处理器为核心，实施信息采集、显示、处理、传输及优化控制等功能的智能设备。一些具有专家辅助推断分析与决策能力的数字式智能化仪表产品，其本身具备了诸如自动量程转换、自动调零、自校正、自诊断等功能，还能提供故障诊断、历史信息报告、状态报告、趋势图等功能。通信技术的发展，促使传送数字化信息的网络技术开始得到广泛应用。与此同时，基于质量分析的维护管理、与安全相关系统的测试记录、环境监视需求的增加，都要求仪表能在当地处理信息，并在必要时允许被管理和访问，这些也使现场仪表与上级控制系统的通信量大增。另外，从实际应用的角度出发，控制界也不断在控制精度、可操作性、可维护性、可移植性等方面提出新需求。由此，导致了现场总线的产生。

8.1.2　现场总线的本质

由于标准并未统一，所以对现场总线也有不同的定义。但现场总线的本质含义主要表现在以下 6 个方面。

1. 现场通信网络

用于过程以及制造自动化的现场设备或现场仪表互连的通信网络。

2. 现场设备互连

现场设备或现场仪表是指传感器、变送器和执行器等，这些设备通过一对传输线互连，传输线可以使用双绞线、同轴电缆、光纤和电源线等，并可根据需要因地制宜地选择不同类型的传输介质。

3. 互操作性

现场设备或现场仪表种类繁多，没有任何一家制造商可以提供一个工厂所需的全部现场设备，所以，互相连接不同制造商的产品是不可避免的。用户不希望为选用不同的产品而在硬件或软件上花很大气力，而希望选用各制造商性能价格比最优的产品，并将其集成在一起，实现"即接即用"；用户希望对不同品牌的现场设备统一组态，构成所需要的控制回路。这些就是现场总线设备互操作性的含义。现场设备互连是基本的要求，只有实现互操作性，用户才能自由地集成 FCS。

4. 分散功能块

FCS 废弃了 DCS 的输入/输出单元和控制站，把 DCS 控制站的功能块分散地分配给现场仪表，从而构成虚拟控制站。例如，流量变送器不仅具有流量信号变换、补偿和累加输入模块，而且有 PID 控制和运算功能块。调节阀的基本功能是信号驱动和执行，还内含输出特性补偿模块，也可以有 PID 控制和运算模块，甚至有阀门特性自检验和自诊断功能。由于功能块分散在多台现场仪表中，并可统一组态，供用户灵活选用各种功能块，构成所需的控制系统，实现彻底的分散控制。

5. 通信线供电

通信线供电方式允许现场仪表直接从通信线上摄取能量，对于要求本征安全的低功耗现场仪表，可采用这种供电方式。众所周知，化工、炼油等企业的生产现场有可燃性物质，所有现场设备都必须严格遵循安全防爆标准。现场总线设备也不例外。

6. 开放式互连网络

现场总线为开放式互连网络，它既可与同层网络互连，也可与不同层网络互连，还可以实现网络数据库的共享。不同制造商的网络互连十分简便，用户不必在硬件或软件上花太多精力。通过网络对现场设备和功能块统一组态，把不同厂商的网络及设备融为一体，构成统一的 FCS。

8.1.3 现场总线的特点和优点

1. 现场总线的结构特点

现场总线打破了传统控制系统的结构形式。

传统模拟控制系统采用一对一的设备连线，按控制回路分别进行连接。位于现场的测量变送器与位于控制室的控制器之间，控制器与位于现场的执行器、开关、电动机之间均为一对一的物理连接。

现场总线控制系统由于采用了智能现场设备，能够把原先 DCS 中处于控制室的控制模块、各输入输出模块置入现场设备中，加上现场设备具有通信能力，现场的测量变送仪表可以与阀门等执行机构直接传送信号，因而控制系统功能能够不依赖控制室的计算机或控制仪表，直接在现场完成，实现了彻底的分散控制。现场总线控制系统（FCS）与传统控制系统（如 DCS）结构对比如图 8-1 所示。

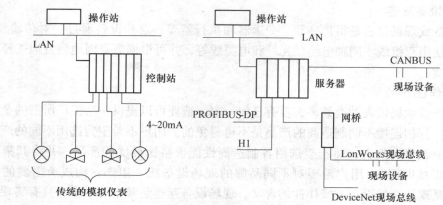

图 8-1　FCS 与 DCS 结构对比

由于采用数字信号替代模拟信号，因而可实现一对电线上传输多个信号，如运行参数值、多个设备状态、故障信息等，同时又为多个设备提供电源，现场设备以外不再需要模拟/数字、数字/模拟转换器件。这样就为简化系统结构、节约硬件设备、节约连接电缆与各种安装、维护费用创造了条件。

2. 现场总线的技术特点

（1）系统的开放性

开放系统是指通信协议公开，各不同厂家的设备之间可进行互连并实现信息交换，现场总线开发者就是要致力于建立统一的工厂底层网络的开放系统。这里的开放是指对相关标准的一致性、公开性，强调对标准的共识与遵从。一个开放系统可以与任何遵守相同标准的其他设备或系统相连。一个具有总线功能的现场总线网络系统必须是开放的，开放系统把系统集成的权利交给了用户，用户可按自己的需要和对象，把来自不同供应商的产品组成大小随意的系统。

（2）互可操作性与互用性

这里的互可操作性，是指实现互连设备间、系统间的信息传送与沟通，可实行点对点、一点对多点的数字通信。而互用性则意味着不同生产厂家的性能类似的设备可进行互换而实现互用。

（3）现场设备的智能化与功能自治性

它将传感测量、补偿计算、工程量处理与控制等功能分散到现场设备中完成，仅靠现场设备即可完成自动控制的基本功能，并可随时诊断设备的运行状态。

（4）系统结构的高度分散性

由于现场设备本身已可完成自动控制的基本功能，使得现场总线已构成一种新的全分布式控制系统的体系结构。从根本上改变了现有 DCS 集中与分散相结合的集散控制系统体系，简化了系统结构，提高了可靠性。

（5）对现场环境的适应性

工作在现场设备前端，作为工厂网络底层的现场总线，是专为在现场环境工作而设计的，它可支持双绞线、同轴电缆、光缆、射频、红外线、电力线等，具有较强的抗干扰能力，能采用两线制实现送电与通信，并可满足安全防爆要求等。

3. 现场总线的优点

由于现场总线的以上特点，特别是现场总线系统结构的简化，使控制系统从设计、安装、投运到正常生产运行及检修维护，都体现出优越性。

（1）节省硬件数量与投资

由于现场总线系统中分散在设备前端的智能设备能直接执行多种传感、控制、报警和计算功能，因而可减少变送器的数量，不再需要单独的控制器、计算单元等，也不再需要DCS的信号调理、转换、隔离技术等功能单元及其复杂接线，还可以用工控PC作为操作站，从而节省了一大笔硬件投资，由于控制设备的减少，还可减少控制室的占地面积。

（2）节省安装费用

现场总线系统的接线十分简单，由于一对双绞线或一条电缆上通常可挂接多个设备，因而电缆、端子、槽盒、桥架的用量大大减少，连线设计与接头校对的工作量也大大减少。当需要增加现场控制设备时，无需增设新的电缆，可就近连接在原有的电缆上，既节省了投资，也减少了设计、安装的工作量。据有关典型试验工程的测算资料，可节约安装费用60%以上。

（3）节约维护开销

由于现场控制设备具有自诊断与简单故障处理的能力，并通过数字通信将相关的诊断维护信息送往控制室，用户可以查询所有设备的运行和诊断维护信息，以便及时分析故障原因并快速排除，缩短了维护停工时间，同时由于系统结构简化、连线简单而减少了维护工作量。

（4）用户具有高度的系统集成主动权

用户可以自由选择不同厂商所提供的设备来集成系统，从而避免因选择了某一品牌的产品被"框死"了设备的选择范围，不会为系统集成中不兼容的协议、接口而一筹莫展，使系统集成过程中的主动权完全掌握在用户手中。

（5）提高了系统的准确性与可靠性

由于现场总线设备的智能化、数字化，与模拟信号相比，它从根本上提高了测量与控制的准确度，减少了传送误差。同时，由于系统的结构简化，设备与连线减少，现场仪表内部功能加强；减少了信号的往返传输，提高了系统的工作可靠性。

此外，由于设备标准化和功能模块化，因而还具有设计简单、易于重构等优点。

8.1.4　现场总线的现状

国际电工技术委员会/国际标准协会（IEC/ISA）自1984年起着手现场总线标准工作，但统一的标准至今仍未完成。同时，世界上许多公司也推出了自己的现场总线技术。但太多存在差异的标准和协议，会给实践带来复杂性和不便，影响开放性和互可操作性。因而在最近几年里开始标准统一工作，减少现场总线协议的数量，以达到单一标准协议的目标。各种协议标准合并的目的是为了达到国际上统一的总线标准，以实现各家产品的互操作性。

IEC TC65（负责工业测量和控制的第65标准化技术委员会）于1999年底通过的8种类型的现场总线作为IEC 61158最早的国际标准。

最新的 IEC61158 Ed. 4 标准于 2007 年 7 月出版。

IEC 61158 第四版由多个部分组成，主要包括以下内容：

IEC 61158-1 总论与导则；

IEC 61158-2 物理层服务定义与协议规范；

IEC 61158-300 数据链路层服务定义；

IEC 61158-400 数据链路层协议规范；

IEC 61158-500 应用层服务定义；

IEC 61158-600 应用层协议规范。

IEC61158 Ed. 4 标准包括的现场总线类型如下：

类型 1　IEC 61158（FF 的 H1）；

类型 2　CIP 现场总线；

类型 3　PROFIBUS 现场总线；

类型 4　P-Net 现场总线；

类型 5　FF HSE 现场总线；

类型 6　SwiftNet 被撤销；

类型 7　WorldFIP 现场总线；

类型 8　INTERBUS 现场总线；

类型 9　FF H1 以太网；

类型 10　PROFINET 实时以太网；

类型 11　TCnet 实时以太网；

类型 12　EtherCAT 实时以太网；

类型 13　Ethernet Powerlink 实时以太网；

类型 14　EPA 实时以太网；

类型 15　Modbus-RTPS 实时以太网；

类型 16　SERCOS Ⅰ、Ⅱ现场总线；

类型 17　VNET/IP 实时以太网；

类型 18　CC-Link 现场总线；

类型 19　SERCOS Ⅲ 现场总线；

类型 20　HART 现场总线。

每种总线都有其产生的背景和应用领域。总线是为了满足自动化发展的需求而产生的，由于不同领域的自动化需求各有其特点，因此在某个领域中产生的总线技术一般对这一特定领域的满足度高一些，应用多一些，适用性好一些。

工业以太网的引入成为新的热点。工业以太网正在工业自动化和过程控制市场上迅速增长，几乎所有远程 I/O 接口技术的供应商均提供一个支持 TCP/IP 的以太网接口，如 Siemens、Rockwell、GE FANUC 等，他们销售各自的 PLC 产品，但同时提供与远程 I/O 和基于 PC 的控制系统相连接的接口。

8.1.5　现场总线网络的实现

现场总线的基础是数字通信，通信就必须有协议，从这个意义上讲，现场总线就是一个定义了硬件接口和通信协议的标准。国际标准化组织（ISO）的开放系统互连（OSI）协议，是为计算机互联网而制定的七层参考模型，它对任何网络都是适用的，只要网络中所要处理的要素是通过共同的路径进行通信。目前，各个公司生产的现场总线产品没有一个统一的协议标准，但是各公司在制定自己的通信协议时，都参考 OSI 七层协议标准，且大多采用了其中的第 1 层、第 2 层和第 7 层，即物理层、数据链路层和应用层，并增设了第 8 层，即用户层。

1. 物理层

物理层定义了信号的编码与传送方式、传送介质、接口的电气及机械特性、信号传输速率等。现场总线有两种编码方式：Manchester 和 NRZ，前者同步性好，但频带利用率低，后者刚好相反。Manchester 编码采用基带传输，而 NRZ 编码采用频带传输。调制方式主要有 CPFSK 和 COFSK。现场总线传输介质主要有有线电缆、光纤和无线介质。

2. 数据链路层

数据链路层又分为两个子层，即介质访问控制层（MAC）和逻辑链路控制层（LLC）。MAC 功能是对传输介质传送的信号进行发送和接收控制，而 LLC 层则是对数据链进行控制，保证数据传送到指定的设备上。现场总线网络中的设备可以是主站，也可以是从站，主站有控制收发数据的权力，而从站则只有响应主站访问的权力。

关于 MAC 层，目前有三种协议：

（1）集中式轮询协议

其基本原理是网络中有主站，主站周期性地轮询各个节点，被轮询的节点允许与其他节点通信。

（2）令牌总线协议

这是一种多主站协议，主站之间以令牌传送协议进行工作，持有令牌的站可以轮询其他站。

（3）总线仲裁协议

其机理类似于多机系统中并行总线的管理机制。

3. 应用层

应用层可以分为两个子层，上面子层是应用服务层（FMS 层），它为用户提供服务；下面子层是现场总线存取层（FAS 层），它实现数据链路层的连接。

应用层的功能是进行现场设备数据的传送及现场总线变量的访问。它为用户应用提供接口，定义了如何应用读、写、中断和操作信息及命令，同时定义了信息、句法（包括请求、执行及响应信息）的格式和内容。应用层的管理功能在初始化期间初始化网络，指定标记和地址。同时按计划配置应用层，也对网络进行控制，统计失败和检测新加入或退出网络的装置。

4. 用户层

用户层是现场总线标准在 OSI 模型之外新增加的一层，是使现场总线控制系统开放与可互操作性的关键。

用户层定义了从现场装置中读、写信息和向网络中其他装置分派信息的方法，即规定了供用户组态的标准"功能模块"。事实上，各厂家生产的产品实现功能块的程序可能完全不同，但对功能块特性描述、参数设定及相互连接的方法是公开统一的。信息在功能块内经过处理后输出，用户对功能块的工作就是选择"设定特征"及"设定参数"，并将其连接起来。功能块除了输入输出信号外，还输出表征该信号状态的信号。

8.1.6　现场总线技术的发展趋势

发展现场总线技术已成为工业自动化领域广为关注的焦点，国际上现场总线的研究、开发，使测控系统冲破了长期封闭系统的禁锢，走上开放发展的征程，这对我国现场总线控制系统的发展是个极好的机会，也是一次严峻的挑战。现场总线技术是控制、计算机、通信技术的交叉与集成，涉及的内容十分广泛，应不失时机地抓好我国现场总线技术与产品的研究与开发。

自动化系统的网络化是发展的大趋势，现场总线技术受计算机网络技术的影响是十分深刻的。现在网络技术日新月异，发展十分迅猛，一些具有重大影响的网络新技术必将进一步融合到现场总线技术之中，这些具有发展前景的现场总线技术包括：

- 智能仪表与网络设备开发的软硬件技术。
- 组态技术，包括网络拓扑结构、网络设备、网络互连等。
- 网络管理技术，包括网络管理软件、网络数据操作与传输。
- 人机接口、软件技术。
- 现场总线系统集成技术。

现场总线属于尚在发展的技术，我国在这一技术领域还刚刚起步。了解国际上该项技术的现状与发展动向，对我国相关行业的发展，对自动化技术、设备的更新，无疑具有重要的作用。总体来说，自动化系统与设备将朝着现场总线体系结构的方向前进，这一发展趋势是肯定的。既然是总线，就要向着趋于开放统一的方向发展，成为大家都遵守的标准规范，但由于这一技术所涉及的应用领域十分广泛，几乎覆盖了所有连续、离散工业领域，如过程自动化、制造加工自动化、楼宇自动化、家庭自动化等。大千世界，众多领域，需求各异，一个现场总线体系下可能不止容纳单一的标准。另外，从以上介绍也可以看出，几大技术均具有自己的特点，已在不同应用领域形成了自己的优势。加上商业利益的驱使，它们都正在十分激烈的市场竞争中求得发展。

8.2　工业以太网的产生与发展

8.2.1　以太网引入工业控制领域的技术优势

随着工业自动化系统向分布化、智能化控制方面发展，开放的、透明的通信协议是必然的要求。以太网（Ethernet）具有传输速度高、低耗、易于安装、兼容性好、软硬件产品丰富和支持技术成熟等方面的优势。它几乎支持所有流行的网络协议，所以在商业系统中被广泛采用。因此，近几年来以太网逐渐进入工业控制领域，形成了新型的以太网控制网络技术。

1. 以太网引入工业控制领域的技术优势

以太网技术引入工业控制领域，具有非常明显的技术优势：

1）以太网是全开放、全数字化的网络，遵照网络协议，不同厂商的设备可以很容易实现互连。

2）以太网能实现工业控制网络与企业信息网络的无缝连接，形成企业级管控一体化的全开放网络，如图 8-2 所示。

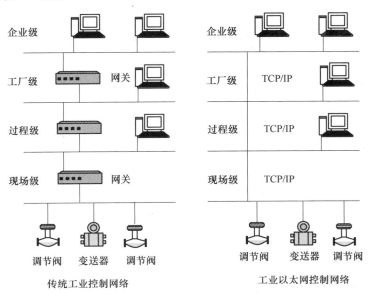

图 8-2　传统工业控制网络和工业以太网控制网络

3）软硬件成本低廉。由于以太网技术已经非常成熟，支持以太网的软硬件受到厂商的高度重视和广泛支持，有多种软件开发环境和硬件设备供用户选择。

4）通信速度高。随着企业信息系统规模的扩大和复杂程度的提高，对信息量的需求也越来越大，有时甚至需要音频、视频数据的传输，目前标准以太网的通信速率为 10Mbit/s，100Mbit/s 的快速以太网已广泛应用，千兆以太网技术也逐渐成熟，10Gbit/s 的以太网也正在研究，其速率比目前的现场总线快很多。

5）可持续发展潜力大。在这信息瞬息万变的时代，企业的生存与发展在很大程度上依赖于一个快速而有效的通信管理网络。随着信息技术与通信技术的发展更加迅速，也更加成熟，保证了以太网技术不断地持续向前发展。

2. 以太网引入工业控制领域存在的问题

以太网进入工业控制领域，同样也存在一些问题：

1）实时性问题。以太网采用载波监听多路访问/冲突检测（CSMA/CD）的介质访问控制方式，其本质上是非实时的。一条总线上有多个节点平等竞争总线，等待总线空闲。这种方式很难满足工业控制领域对实时性的要求。这成为以太网技术进入工业控制领域的技术瓶颈。

2）对工业环境的适应性与可靠性。以太网是按办公环境设计的，抗干扰能力、外观设计等应符合工业现场的要求。

3）适用于工业自动化控制的应用层协议。目前，信息网络中应用层协议所定义的数据结构等特性不适合应用于工业过程控制领域现场设备之间的实时通信。因此，还需定义统一的应用层规范。

4）本质安全和网络安全。工业以太网如果用在易燃易爆的危险工作场所，必须考虑本质安全问题。另外，工业以太网由于使用了 TCP/IP，因此可能会受到包括病毒、黑客的非法入侵与非法操作等网络安全威胁。

5）服务质量（QoS）问题。随着技术的进步，工厂控制底层的信号已不局限在单纯的数字和模拟量上，还可能包括视频和音频，网络应能根据不同用户需求及不同的内容适度地保证实时性的要求。

8.2.2　工业以太网与实时以太网

现代自动控制的发展与现代通信技术的发展紧密相关，无论是现场总线还是工业以太网都对工业控制系统的分散化、数字化、智能化和一体化起了决定性的作用。将现代通信技术应用到工业自动化控制领域成为必然趋势。实时以太网就是考虑到现场总线的实时性与以太网通信技术的结合，建立了适合工业自动化并有实时能力的以太网总线。

实时的含义是指对一个给定的应用保证在一个确定的时间内，控制系统能对信号做出响应，而以太网由于采用 CSMA/CD 的介质访问控制机制，而具有通信不确定性的特点。将高速以太网技术应用到实时工业控制网络中，用以提高网络传输速度，其中的关键问题在于提高以太网的实时性与可靠性。

对于工业自动化系统来说，目前根据不同的应用场合，将实时性要求划分为三个范围，它们是信息集成和较低要求的过程自动化应用场合，实时响应时间要求是 100ms 或更长；绝大多数的工厂自动化应用场合，实时响应时间要求最少为 5~10ms；对于高性能的同步运动控制应用，特别是在 100 个节点下的伺服运动控制应用场合，实时响应时间要求低于 1ms，同步传送和抖动时间小于 $1\mu s$。工业控制网络的实时性还规定了许多技术指标，如交付时间、吞吐量、时间同步、时间同步精度冗余恢复时间等，并且对于这些性能指标都有详细的规定。

通常，人们习惯上将用于工业控制系统的以太网统称为工业以太网，但是按照国际电工委员会 SC65C 的定义，工业以太网是用于工业自动化环境，符合 IEEE 802.3 标准，按照 IEEE 802.1D——"介质访问控制（MAC）网桥"规范和 IEEE 802.1Q——"局域网虚拟网桥"规范，对其没有进行任何实时扩展而实现的以太网。因此，工业以太网主要是通过采用交换式以太网、全双工通信、流量控制及虚拟局域网等技术，减轻以太网负荷，提高网络的实时响应时间，与商用以太网兼容的控制网络。

对于响应时间小于 5ms 的应用，通常意义上的工业以太网已不能胜任，为了满足高实时性能应用的需要，各大公司和标准组织纷纷提出各种提升工业以太网实时性的技术解决方案。这些方案都建立在 IEEE 802.3 标准的基础上，通过对其和相关标准的实时扩展提高实时性，并且做到与标准以太网的无缝连接，这就是实时以太网（Real-Time Ethernet，RTE）。实际上实时以太网也是工业以太网的一种。

8.2.3　IEC61786-2 标准

2003 年 5 月，IEC/SC65C 成立了 WG11 工作组，旨在适应实时以太网市场应用需求，制定实时以太网应用行规国际标准。根据 IEC/SC65C/WG11 定义，所谓实时以太网是指不改变 ISO/IEC 8802-3 的通信特征、相关网络组件或 IEC 1588 的总体行为，但可以在一定程度上修改，满足实时行为，包括确保系统的实时性，即通信确定性；现场设备之间的时间同步行为；频繁的较短长度的数据交换。因此，实时以太网标准首先需要解决实时通信问题。同时，还需要定义应用层的服务与协议规范，以解决开放系统之间的信息互通问题。

IEC 61786-2 是在 IEC 61158（工业控制系统中现场总线的数字通信标准）的基础上制定的实时以太网应用行规国际标准。IEC 61786-2 定义了系列实时以太网的性能指标以及一致性测试参考指标。实时以太网性能指标包括传输时间、终端节点数、网络拓扑结构、网络中交换机数目、实时以太网吞吐量、非实时以太网带宽、时间同步精度、非时间性能的同步精度以及冗余恢复时间等。

2005 年 3 月 IEC 实时以太网系列标准作为 PAS 文件通过了投票，并于 2005 年 5 月在加拿大将 IEC 发布的实时以太网系列 PAS 文件正式列为实时以太网国际标准 IEC 61786-2。

IEC 61786-2 中的实时以太网通信行规见表 8-1。包括中国的 EPA、西门子的 PROFINET、美国的 Rockwell 的 Ethernet/IP、丹麦的 PNetTCP/IP、德国倍福的 EtherCAT、欧洲开放网络联合会的 Powerlink 与 SERCOS_Ⅲ、施耐德的 MODBUS_RTPS、日本横河的 Vnet、日本东芝的 TCnet 等 15 种实时以太网协议。这些不同的实时以太网协议都是在 802.3 以太网协议的基础上，提高网络的传输效率，改进其实时性能，达到不同工业控制网络的应用需求。

表 8-1　IEC 发布的实时以太网系列 PAS 文件

Family#	Technology Name	IEC/PAS NP #
CPF2	Ethernet/IP	IEC/PAS 62413
CPF3	PROFINET	IEC/PAS 62411
CPF4	P-NET	IEC/PAS 62412
CPF6	INTERBUS	
CPF10	Vnet/IP	IEC/PAS 62405
CPF11	TCnet	IEC/PAS 62406
CPF12	EtherCAT	IEC/PAS 62407
CPF13	EthernetPowerlink	IEC/PAS 62408
CPF14	EPA	IEC/PAS 62409
CPF15	MODBUS_RTPS	IEC/PAS 62030
CPF16	SERCOS_Ⅲ	IEC/PAS 62410

8.2.4　工业以太网技术的发展现状

由于 Ethernet 技术和应用的发展，使其从办公自动化走向工业自动化。首先是通信速率的提高，Ethernet 从 10M、100M 到现在的 1000M、10G，速率提高意味着网络负荷减轻和传输延时减少，网络碰撞概率下降；其次由于采用双工星形网络拓扑结构和 Ethernet 交换技术，使以太网交换机的各端口之间数据帧的输入和输出不再受 CSMA/CD 机制的制约，避免了冲突；再加上全双工通信方式使端口间两对双绞线（或两根光纤）上分别同时接收和发送数据，而不发生冲突。这样，全双工交换式 Ethernet 能避免因碰撞而引起的通信响应不确定性，保障通信的实时性。同时，由于工业自动化系统向分布式、智能化的实时控制方向发展，使通信已成为关键，用户对统一的通信协议和网络的要求日益迫切。技术和应用的发展使 Ethernet 进入工业自动化领域成为必然。

所谓工业以太网，一般来讲是指技术上与商用以太网（即 IEEE802.3 标准）兼容，但在产品设计时，在材质的选用、产品的强度、适用性以及实时性、可互操作性、可靠性、抗干扰性和本质安全等方面能满足工业现场的需要。

随着互联网技术的发展与普及推广，Ethernet 技术也得到了迅速的发展，Ethernet 传输速率的提高和 Ethernet 交换技术的发展，给解决 Ethernet 通信的非确定性问题带来了希望，并使 Ethernet 全面应用于工业控制领域成为可能。目前工业以太网技术的发展体现在以下几个方面。

1. 通信确定性与实时性

工业控制网络不同于普通数据网络的最大特点在于它必须满足控制作用对实时性的要求，即信号传输要足够快和满足信号的确定性。实时控制往往要求对某些变量的数据准确定时刷新。由于 Ethernet 采用 CSMA/CD 碰撞检测方式，网络负荷较大时，网络传输的不确定性不能满足工业控制的实时要求，因此传统以太网技术难以满足控制系统要求准确定时通信的实时性要求，一直被视为非确定性的网络。

然而，快速以太网与交换式以太网技术的发展，给解决以太网的非确定性问题带来了新的契机，使这一应用成为可能。首先，Ethernet 的通信速率从 10M、100M 增大到如今的 1000M、10G，在数据吞吐量相同的情况下，通信速率的提高意味着网络负荷的减轻和网络传输延时的减小，即网络碰撞概率大大下降。其次，采用星形网络拓扑结构，交换机将网络划分为若干个网段。Ethernet 交换机由于具有数据存储、转发的功能，使各端口之间输入和输出的数据帧能够得到缓冲，不再发生碰撞；同时交换机还可对网络上传输的数据进行过滤，使每个网段内节点间数据的传输只限在本地网段内进行，而不需经过主干网，也不占用其他网段的带宽，从而降低了所有网段和主干网的网络负荷。再次，全双工通信又使得端口间两对双绞线（或两根光纤）上分别同时接收和发送报文帧，也不会发生冲突。因此，采用交换式集线器和全双工通信，可使网络上的冲突域不复存在（全双工通信），或碰撞概率大大降低（半双工），因此使 Ethernet 通信确定性和实时性大大提高。

2. 稳定性与可靠性

Ethernet 进入工业控制领域的另一个主要问题是，它所用的接插件、集线器、交换机和电缆等均是为商用领域设计的，而未针对较恶劣的工业现场环境来设计（如冗余直流电源输入、高温、低温、防尘等），故商用网络产品不能应用在有较高可靠性要求的恶劣工业现场环境中。

随着网络技术的发展，上述问题正在迅速得到解决。为了解决在不间断的工业应用领域，在极端条件下网络也能稳定工作的问题，美国 Synergetic 微系统公司和德国 Hirschmann、Jetter AG 等公司专门开发和生产了导轨式集线器、交换机产品，安装在标准 DIN 导轨上，并有冗余电源供电，接插件采用牢固的 DB - 9 结构。台湾四零四科技（Moxa Technologies）在 2002 年 6 月推出工业以太网产品 - MOXA EtherDevice Server（工业以太网设备服务器），特别设计用于连接工业应用中具有以太网络接口的工业设备（如 PLC、HMI、DCS 等）。

3. 工业以太网协议

由于工业自动化网络控制系统不单单是一个完成数据传输的通信系统，而且还是一个借助网络完成控制功能的自控系统。它除了完成数据传输之外，往往还需要依靠所传输的数据和指令，执行某些控制计算与操作功能，由多个网络节点协调完成自控任务。因而它需要在应用、用户等高层协议与规范上满足开放系统的要求，满足互操作条件。

对应于 ISO/OSI 七层通信模型，以太网技术规范只映射为其中的物理层和数据链路层；而在其之上的网络层和传输层协议，目前以 TCP/IP 为主（已成为以太网之上传输层和网络层"事实上的"标准）。而对较高的层次如会话层、表示层、应用层等没有做技术规定。目前商用计算机设备之间是通过 FTP（文件传送协议）、Telnet（远程登录协议）、SMTP（简单邮件传送协议）、HTTP（WWW 协议）、SNMP（简单网络管理协议）等应用层协议进行信息透明访问的，它们如今在互联网上发挥了非常重要的作用。但这些协议所定义的数据结构等特性不适合应用于工业过程控制领域现场设备之间的实时通信。

为满足工业现场控制系统的应用要求，必须在 Ethernet + TCP/IP 之上，建立完整的、有效的通信服务模型，制定有效的实时通信服务机制，协调好工业现场控制系统中实时和非实时信息的传输服务，形成为广大工控生产厂商和用户所接受的应用层、用户层协议，进而形成开放的标准。为此，各现场总线组织纷纷将以太网引入其现场总线体系中的高速部分，利用以太网和 TCP/IP 技术，以及原有的低速现场总线应用层协议，从而构成了所谓的工业以太网协议，如 HSE、PROFInet、Ethernet/IP 等。

从目前的趋势看，以太网进入工业控制领域是必然的，但会同时存在几个标准。现场总线目前处于相对稳定时期，已有的现场总线仍将存在，并非每种总线都将被工业以太网替代。伴随着多种现场总线的工业以太网标准在近期内也不会完全统一，会同时存在多个协议和标准。

8.2.5 工业以太网技术的发展趋势与前景

由于以太网具有应用广泛、价格低廉、通信速率高、软硬件产品丰富、应用支持技术成熟等优点，目前它已经在工业企业综合自动化系统中的资源管理层、执行制造层得到了广泛应用，并呈现向下延伸直接应用于工业控制现场的趋势。从国际、国内工业以太网技术的发展来看，工业以太网在制造执行层已得到广泛应用，并成为事实上的标准。未来工业以太网将在工业企业综合自动化系统中的现场设备之间的互连和信息集成中发挥越来越重要的作用。总的来说，工业以太网技术的发展趋势将体现在以下几个方面。

1. 工业以太网与现场总线相结合

工业以太网技术的研究还只是近几年才引起国内外工控专家的关注，而现场总线经过十几年的发展，在技术上日渐成熟，且得到了全面推广，形成了一定的市场。就目前而言，全面代替现场总线还存在一些问题，需要进一步深入研究基于工业以太网的全新控制系统体系结构，开发出基于工业以太网的系列产品。因此，近一段时间内，工业以太网技术的发展将与现场总线相结合，具体表现在以下几个方面：

1）物理介质采用标准以太网连线，如双绞线、光纤等。

2）使用标准以太网连接设备（如交换机等），在工业现场使用工业以太网交换机。

3）采用 IEEE 802.3 物理层和数据链路层标准、TCP/IP 协议组。

4）应用层（甚至是用户层）采用现场总线的应用层、用户层协议。

5）兼容现有成熟的传统控制系统，如 DCS、PLC 等。

这方面比较典型的应用有如法国施耐德公司推出"透明工厂"的概念，即将工厂的商务网、车间的制造网络和现场级的仪表、设备网络构成畅通的透明网络，并与 Web 功能相结合，与工厂的电子商务、物资供应链和 ERP 等形成整体。

2. 工业以太网技术直接应用于工业现场设备间的通信已成大势所趋

随着以太网通信速率的提高、全双工通信、交换技术的发展，为以太网的通信确定性的解决提供了技术基础，从而消除了以太网直接应用于工业现场设备间通信的主要障碍，为以太网直接应用于工业现场设备间通信提供了技术可能。为此，国际电工委员会 IEC 正着手起草实时以太网标准，旨在推动以太网技术在工业控制领域的全面应用。针对这种形势，以浙江大学、浙大中控、中科院沈阳自动化研究所、清华大学、大连理工大学、重庆邮电学院等单位为主，在国家"863 计划"的支持下，开展了 EPA（Ethernet for Plant Automation）技术的研究，重点是研究以太网技术应用于工业控制现场设备间通信的关键技术，通过研究和攻关，取得了以下成果：

1）以太网应用于现场设备间通信的关键技术获得重大突破。针对工业现场设备间通信具有实时性强、数据信息短、周期性较强等特点和要求，经过认真细致的调研和分析，采用以下技术基本解决了以太网应用于现场设备间通信的关键技术：

① 实时通信技术。其中采用以太网交换技术、全双工通信、流量控制等技术，以及确定性数据通信调度控制策略、简化通信栈软件层次、现场设备层网络微网段化等针对工业过程控制的通信实时性措施，解决了以太网通信的实时性。

② 总线供电技术。采用直流电源耦合、电源冗余管理等技术，设计了能实现网络供电或总线供电的以太网集线器，解决了以太网总线的供电问题。

③ 远距离传输技术。采用网络分层、控制区域微网段化、网络超小时滞中继以及光纤等技术解决以太网的远距离传输问题。

④ 网络安全技术。采用控制区域微网段化，各控制区域通过具有网络隔离和安全过滤的现场控制器与系统主干相连，实现各控制区域与其他区域之间的逻辑上的网络隔离。

⑤ 可靠性技术。采用分散结构化设计、EMC 设计、冗余、自诊断等可靠性设计技术等，提高基于以太网技术的现场设备可靠性，经实验室 EMC 测试，设备可靠性符合工业现场控制要求。

2）起草了 EPA 国家标准。以工业现场设备间通信为目标，以工业控制工程师（包括开发和应用）为使用对象，基于以太网、无线局域网、蓝牙技术 + TCP/IP，起草了"用于工业测量与控制系统的 EPA 系统结构和通信标准"（草案），并通过了由 TC124 组织的技术评审。

3）开发基于以太网的现场总线控制设备及相关软件原型样机，并在化工生产装置上成功应用。针对工业现场控制应用的特点，通过采用软、硬件抗干扰、EMC 设计措施，开发出了基于以太网技术的现场控制设备，主要包括：基于以太网的现场设备通信模块、变送器、执行机构、数据采集器、软 PLC 等成果。

在此基础上开发的基于 EPA 的分布式网络控制系统在杭州某化工厂的联碱炭化装置上成功应用，该系统自 2003 年 4 月投运一直稳定运行至今。

3. 发展前景

据美国权威调查机构 ARC（Automation Research Company）报告指出，今后 Ethernet 不

仅继续垄断商业计算机网络通信和工业控制系统的上层网络通信市场，也必将领导未来现场总线的发展，Ethernet 和 TCP/IP 将成为器件总线和现场总线的基础协议。美国 VDC（Venture Development Corp.）调查报告也指出，Ethernet 在工业控制领域中的应用将越来越广泛，市场占有率的增长也越来越快。

由于以太网有"一网到底"的美景，即它可以一直延伸到企业现场设备控制层，所以被人们普遍认为是未来控制网络的最佳解决方案，工业以太网已成为现场总线中的主流技术。

目前，在国际上有多个组织从事工业以太网的标准化工作，2001 年 9 月，我国科技部发布了基于高速以太网技术的现场总线设备研究项目，其目标是：攻克应用于工业控制现场的高速以太网的关键技术，其中包括解决以太网通信的实时性、可互操作性、可靠性、抗干扰性和本质安全等问题，同时研究开发相关高速以太网技术的现场设备、网络化控制系统和系统软件。

工业以太网技术最近的一个新进展是向机箱级的"背板总线"延伸。EtherCAT 利用这一技术开发了用于现场控制柜的 E - bus，I/O 机箱的第一个模块使用总线耦合器，该耦合器将标准的双绞线或光缆电气信号转换为 E - bus 信号，I/O 模块之间信息通过 E - bus 传送。E - bus 是基于 LVDS（Low Voltage Differential Signal）的信号传输，传输距离为 10m。这样一来，以太网帧可以不受影响地传送到 I/O 输入的端口，从某种意义上讲，以太网已经延伸到现场设备级。

另外，IEEE 1415《用于传感器和执行器的智能转换器接口》标准，它在控制网络和传感器之间定义一个标准接口，通过一种称作管道的简单传递机构，使用 Ethernet 传送报文。这种方法简单可行，现场装置保持不变，只需一个专用 ASIC 的 Ethernet 网络接口取代原来的驱动器就可以完成与以太网的连接，从而使网络传感器成为工业以太网系统现场级的数字传感器。

我国起草的 EPA 实时以太网标准也体现了"e 网到底"的思想。EPA 由过程监控级网和现场设备级网构成。现场设备网分置于控制现场，控制现场可划分为若干个控制区域，各个控制区域内相关的诸如变送器、执行器和现场控制器等现场设备均通过 EPA 网络连接在一起，按照组态相互协调工作，从而完成一定的控制功能。

每个控制区域内的 EPA 子系统由 EPA 现场控制器、EPA-HUB、EPA 变送器和 EPA 执行器等组成，通过 EPA 现场设备通信模块可实现相互之间的通信，并可独立完成控制系统中某一部分的测量与控制功能。EPA 现场设备通信模块通过 EPA 现场设备网供电。目前，EPA 正在研制用于现场设备通信模块的专用 ASIC 芯片。

实时以太网的另一个发展趋势是实时通过无线技术进行的延伸。近年来，大量商业领域的无线技术正在移植到工厂级应用。无线应用已经成为工业以太网强有力的延伸手段。这是因为在一些条件苛刻的现场会有无法布线的区域，另外在高速旋转设备和工业机器人等应用中无法使用有线网络，还有一些现场使用无线方案反而可以节省时间、材料及人工。目前，无线方案基于三个无线协议：IEEE 802.11 无线局域网协议，该标准使用 CSMA/CA 载波侦听多路访问/冲突防止技术，工作于 2.4GHz 频段，其物理层有跳频扩展频谱（FHSS）方式和直接序列扩展频谱（DSSS）方式；IEEE 802.15.1 蓝牙协议，它采用高速跳频、短分组及快速确认方式，其载频选用 2.45GHz ISM 频带；IEEE 802.15.4 Zigbee 技术，它是一种近距离、低功耗、低速和低成本的双向无线技术，物理层基于 DSSS 方式，工作于 2.4GHz 和 868/915MHz 频带。我国 EPA 实时以太网国家标准包括了上述前两种无线通信技术。在 EPA 标准中规定通过一个局域网接入点（AP）将 IEEE 802.11 局域网与 EPA 网络相连；同时规定，在 RFCOMM 上采用 PPP 的局域网接入方式，将蓝牙无线设备与 EPA 网连接。

8.3 现场总线与企业网络

企业网络主要由处理企业管理与决策信息的信息网络和处理企业现场实时测控信息的控制网络两部分组成。信息网络处于企业的上层，处理大量的、变化和多样的信息，具有高速、综合的特点；控制网络采用现场总线技术，处于企业的底层，处理实时的、现场传感器和执行器等设备的现场信息，具有协议简单、安全可靠、容错性强及低成本等特点。

8.3.1 企业网络

企业网络一般是指在一个企业范围内将信号检测、数据传输、处理、存储、计算、控制等设备或系统连接在一起，将企业范围内的网络、计算、存储等资源连接在一起，提供企业内的信息共享、员工间的便捷通信和企业外部的信息访问，提供面向客户的企业信息查询及业务伙伴间的信息交流等多方面功能的一个计算机网络。企业网能够实现企业内部的资源共享、信息管理、过程控制、经营决策，并能够访问企业外部的信息资源，使得企业的各项事务能协调运作，从而实现企业集成管理和控制的一种网络环境。

企业网络是众多新技术的综合应用的结果。企业网络在技术上涉及其集成和实现，在应用上要考虑企业网络本身，而且要考虑企业网络周围的环境。企业网络组成技术和企业网络实现技术是支撑构成企业网络应用的基础。企业网络结构如图 8-3 所示。

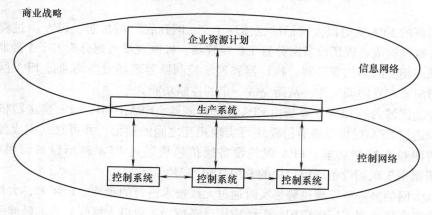

图 8-3　企业网络结构

企业网络组成技术包括：计算机技术、数据库技术、网络与通信技术、控制技术、现场总线技术、多媒体技术和管理技术。企业网络实现技术包括：局域网、广域网、网络互连、系统集成、Internet、Intranet 和 Extranet。企业网络支持下的应用包括：管理信息系统 MIS（基于 Web 的现代管理信息系统 WMIS）、办公自动化（OA）系统、计算机支持的协同工作 CSCW 系统、计算机集成制造系统 CIMS、制造资源计划 MRP Ⅱ和客户关系管理系统 CRM 等。

8.3.2 企业网络技术

1. 企业网络技术的需求

目前，企业网络已渗透到国民经济的各个领域，对企业的产业结构、产品结构、经营管理、服务方式等带来了革命性的影响，并成为衡量一个企业科技水平和综合力量的重要指标。企业网络的应用不仅可以改造传统产业，提高产品的附加值，而且对推动企业的发展，促进产业经济信息化也将起到关键性的作用。

企业要想在激烈的市场竞争中求得生存和发展，必须改善其过程控制和产品制造模式，依靠虚拟制造、虚拟企业和提高自动化水平来实现规模经营和灵活经营，从而降低产品成本，提高企业经营效益。而企业网络实现了企业各部门之间以及企业与外界之间的有效联系，实现了现场控制网络与管理信息网络之间的有效联系，为虚拟制造和虚拟企业的建立创造了条件。

因此，企业信息化是企业在 21 世纪取得信息经济成功的必由之路。

2. 企业网络技术

计算机技术、通信技术和控制技术的飞速发展，推动着企业网络技术的产生和发展。企业网络正是这三种技术在企业中的融合和应用。

（1）计算机技术

计算机技术，特别是微型计算机技术，在最近几年获得了突飞猛进的发展，其运算速度越来越快，存储容量越来越大，软件资源越来越丰富，应用领域越来越广泛。同时，伴随着多媒体技术的发展，计算机已被用于教育、科研、生产、商业、娱乐等领域，走进了人们生活的每个角落。

（2）通信技术

高速宽带网的出现大大提高了通信效率，交换以太网、快速以太网、千兆位以太网（吉比特以太网）、FDDI 和 ATM 等网络技术逐渐成熟和完善，使得人们可以传输数据、文本、声音、图像、视频等多媒体信息。更重要的是，飞速发展的 Internet 对人们的生活观念、生活方式、工作方式产生了巨大的影响，人们已经离不开网络。

（3）控制技术

20 世纪 80 年代问世的现场总线是过程控制技术、仪表技术和计算机网络技术结合的产物。由于通信协议参照了 OSI 参考模型，使得现场总线可以与上层企业信息网集成到一起，从而使过程自动化、楼宇自动化、家庭自动化等成为可能。现场总线作为 21 世纪现场控制系统的基础，代表着未来测量与控制领域技术发展的方向，它将产生的影响和发挥的作用是难以估量的。目前，现场总线技术的研究、开发和应用成为一个十分复杂的课题。

3. 企业网络的特性

企业网络具有四种特性。

（1）范围确定性

企业网络是在有关企业范围内为实现企业的集成管理和控制而建成的网络环境，具有特定的地域和服务范围，并能实现从现场实时控制到管理决策支持的功能。

（2）集成性

企业网络通过对计算机技术、信息与通信技术和控制技术等技术的集成，达到了现场信号监测、数据处理、实时控制到信息管理、经营决策等功能上的集成，从而构成了企业信息基础设施的基本骨架。

（3）安全性

企业网络区别于 Internet 和其他网络。它作为相对独立单位的某个企业的内部网络，在企业信息保密和防止外部入侵方面要求高度的安全性，要确保企业能通过企业网络获取外部信息和发布内部公开信息，相对独立和安全地处理内部事务。

（4）相对开放性

企业网络是连接企业各部门的桥梁和纽带，它是一个广域网，并与 Internet 连通，以实现企业对外联系的职能。也就是说，企业网络是作为 Internet 的一个组成部分出现的，它具有开放性，但这种开放性是在高度安全措施保障下的相对的开放性。

企业网络应该具有高效率、高效益、高柔性的特点。

4. 企业信息化与自动化的层次模型

企业信息化与自动化的典型三层模型是：设备层、自动化层和信息层。

（1）设备层

设备层的设备种类繁多，有传感器、启动器、驱动器、I/O 部件、变送器、执行机构、变换器、阀门等。设备的多样性要求设备层满足开放性要求，各厂商遵循公认的标准，保证产品满足标准化；来自不同厂家的设备在功能上可用相同功能的同类设备互换，实现可互换性；不同厂家的设备可以相互通信，在多厂家的环境中完成功能，实现可互操作性。

（2）自动化层

自动化层实现控制系统的网络化，控制网络遵循开放的体系结构与协议；对设备层的开放性，允许符合开放标准的设备方便地接入；对信息层的开放性，允许与信息层互连、互通、互操作。

自动化层控制网络的出现与发展为实现自动化层开放性策略打下了良好的基础。

（3）信息层

信息层较好地实现开放性策略，各类局域网满足 IEEE 802 标准，信息网络的互连遵循 TCP/IP。

8.3.3 企业网络的体系结构

根据计算机集成制造系统 CIM-OSA 模型和 PUDU 模型，企业的控制管理层次大致可分为五层，如图 8-4 所示。

图 8-4 企业的控制管理层次

322

底层的单元控制层和设备层是企业信息流和物流的起点。以控制为主，能否实现高柔性、高效率、低成本的控制管理，直接关系到产品的质量、成本和市场前景；而传统的 DCS、PLC 控制系统由于其控制的相对集中，导致了可靠性的下降和成本的增加，且无法实现真正的互操作性。另外，由于其自身系统的相对封闭，与上层管理信息系统的信息交换也存在一定困难。因此，进入 20 世纪 90 年代以来，现场总线控制系统正逐渐成为该控制领域的主流。

1. 体系结构

应用需求的提高和相关技术的发展，要求企业网络能同时处理数据、声音、图像、视频等多媒体信息，满足企业从管理决策到现场控制自上而下的应用需求，实现对多种媒体、多种功能的集成。

企业网络的结构按功能可分为信息网络和控制网络上下两层，其体系结构如图 8-5 所示。

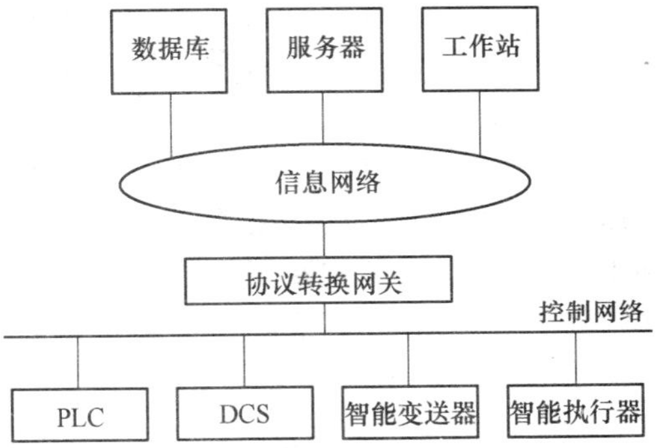

（1）信息网络

信息网络位于企业网络的上层，是企业数据共享和传输的载体，它需满足如下要求：

- 是高速通信网络。
- 能够实现多媒体的传输。
- 与 Internet 互连。
- 是一个开放系统。
- 满足数据安全性要求。
- 易于技术扩展和升级/更新。

图 8-5　企业网络的体系结构

（2）控制网络

控制网络位于企业网的下层，与信息网络紧密地集成在一起，服从信息网络的操作，同时又具有独立性和完整性。它的实现既可以用工业以太网，也可以采用自动化领域的新技术——现场总线技术，或者工业以太网与现场总线技术的结合。

（3）信息网络与控制网络互连的逻辑结构

传统的企业模型具有分层结构，然而随着信息网络技术的不断发展，企业为适应日益激烈的市场竞争的需要，已提出分布化、扁平化和智能化的要求。

信息网络和控制网络互连主要基于以下目的：

- 将测控网络连接到更大的网络系统中，如 Intranet、Extranet 和 Internet。
- 提高生产效率和控制质量，减少停机维护和维修的时间。
- 实现集中管理和高层监控。
- 实现远程异地诊断和维护。
- 利用更为及时的信息，提高控制管理及决策的水平。

信息网络与控制网络互连的逻辑结构如图 8-6 所示。

图 8-6　信息网络与控制网络互连的逻辑结构

2. 控制网络系统与信息管理系统的关系

企业网络是在企业以及与企业相关的范围内，为了实现资源共享、优化调度和辅助管理决策，通过系统集成的途径建立的网络环境，是一个企业的信息基础设施。企业网络是网络化企业组织的管理理念的体现。目前，企业网络的主流实现形式基本上是以 Intranet 为中心，以 Extranet 为补充，依托 Internet 建立的。

工业企业网络是企业网络中的一个重要分支，是指应用于工业领域的企业网络，是工业企业的管理和信息基础设施。它在体系结构上包括信息管理系统和控制网络系统，体现了工业企业管理－控制一体化的发展方向和组织模式。控制网络系统作为工业企业网络中一个不可或缺的组成部分，除了完成现场生产系统的监控以外，还实时地收集现场信息与数据，并向信息管理系统传送。控制网络系统便是在控制网络的基础上实现的控制系统。控制网络系统与信息管理系统的关系如图 8-7 所示。

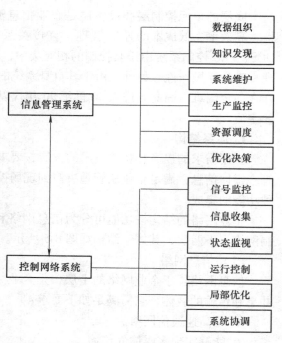

图 8-7 控制网络系统与信息管理系统的关系

8.3.4 信息网络与控制网络

1. 信息网络与控制网络的区别

信息网络与控制网络的主要区别如下：

① 控制网络中数据传输的及时性和系统响应的实时性是控制系统最基本的要求。一般来说，过程控制系统的响应时间要求为 0.01~0.5s，制造自动化系统的响应时间要求为 0.5~2.0s，信息网络的响应时间要求为 2.0~6.0s。在信息网络的大部分使用中实时性是忽略的。

② 控制网络强调在恶劣环境下数据传输的完整性、可靠性。控制网络应具有在高温、潮湿、振动、腐蚀、电磁干扰等工业环境中长时间、连续、可靠、完整地传送数据的能力，并能抗工业电网的浪涌、跌落和尖峰干扰。在易燃易爆场合，控制网络还具有本质安全性能。

③ 在企业自动化系统中，由于分散的单一用户要借助控制网络进入某个系统，通信方式多使用广播或组播方式；在信息网络中某个自主系统与另一个自主系统一般都使用一对一通信方式。

④ 控制网络必须解决多家公司产品和系统在同一网络中的互操作问题。

2. 信息网络与控制网络的互连

只要给智能设备进行 IP 地址编址，并安装上 Web 服务器，便可以获得测量控制设备的参数，人们也就可以通过 Internet 与智能设备进行交互。

在计算机网络技术的推动下，控制系统向开放性、智能化与网络化方向发展，产生了控制网络 Infranet。在此之前，基于 Web 的信息网络 Intranet 成为企业内部信息网的主流。相对而言，控制网络是一个新技术，其相关技术还正在发展中。

控制网络不同于一般的信息网络，控制网络主要用于生产、生活设备的自动控制，对生产过程状态进行检测、监视与控制。它有自身的技术特点：

- 要求节点有高度的实时性。
- 容错能力强，具有高可靠性和安全性。
- 控制网络协议实用、简单、可靠。
- 控制网络结构的分散性。
- 现场控制设备的智能化和功能自治性。
- 网络数据传输量小和节点处理能力需要减小。
- 性能价格比高。

3. 信息网络与控制网络的集成

控制网络与信息网络集成的目标是实现管理与控制一体化的、统一的、集成的企业网络。企业要实现高效率、高效益、高柔性，必须有一个高效的、统一的企业网络支持。

此外，分布式控制网络已呈快速发展的势头，迅速在各类工程应用中发展。但目前尚有一些技术问题有待解决。实现分布式控制网络的关键是研究分布式控制网络的工业标准和满足分布式控制网络技术要求的路由器和网关。

8.4 流行现场总线简介

目前，国际上影响较大的现场总线有 40 多种，比较流行的主要有 FF、PROFIBUS、CAN、DeviceNet、LonWorks、ControlNet、CC-Link 等现场总线。

8.4.1 基金会现场总线（FF）

基金会现场总线，即 Foundation Fieldbus，简称 FF，这是在过程自动化领域得到广泛支持和具有良好发展前景的技术。其前身是以美国 Fisher – Rousemount 公司为首，联合 Foxboro、横河、ABB、西门子等 80 家公司制订的 ISP 协议，以及以 Honeywell 公司为首、联合欧洲等地的 150 家公司制订的 WorldFIP 协议。屈于用户的压力，这两大集团于 1994 年 9 月合并，成立了现场总线基金会，致力于开发出国际上统一的现场总线协议。它以 ISO/OSI 开放系统互连模型为基础，取其物理层、数据链路层、应用层为 FF 通信模型的相应层次，并在应用层上增加了用户层。

基金会现场总线分低速 H1 和高速 H2 两种通信速率。H1 的传输速率为 31.25kbit/s，通信距离可达 1900m（可加中继器延长），可支持总线供电，支持本质安全防爆环境。H2 的传输速率为 1Mbit/s 和 2.5Mbit/s 两种，其通信距离为 750m 和 500m。物理传输介质可支持双绞线、光缆和无线发射，协议符合 IEC1158-2 标准。

其物理媒介的传输信号采用曼彻斯特编码，每位发送数据的中心位置或是正跳变，或是负跳变。正跳变代表 0，负跳变代表 1，从而使串行数据位流中具有足够的定位信息，以保持发送双方的时间同步。接收方既可根据跳变的极性来判断数据的 "1"、"0" 状态，也可根据数据的中心位置精确定位。

为满足用户需要，Honeywell、Ronan 等公司已开发出可完成物理层和部分数据链路层协议的专用芯片，许多仪表公司已开发出符合 FF 协议的产品，H1 总线已通过 α 测试和 β 测试，完成了由 13 个不同厂商提供设备而组成的 FF 现场总线工厂试验系统。H2 总线标准也已形成。1996 年 10 月，在芝加哥举行的 ISA96 展览会上，由现场总线基金会组织实施，向世界展示了来自 40 多家厂商的 70 多种符合 FF 协议的产品，并将这些分布在不同楼层展览大厅不同展台上的 FF 展品，用醒目的橙红色电缆，互连为七段现场总线演示系统，各展台现场设备之间可实地进行现场互操作，展现了基金会现场总线的成就与技术实力。

8.4.2 PROFIBUS

PROFIBUS 是作为德国国家标准 DIN19245 和欧洲标准 EN50170 的现场总线，ISO/OSI 模型也是它的参考模型。由 PROFIBUS-DP、PROFIBUS-FMS、PROFIBUS-PA 组成了 PROFIBUS 系列。

DP 型用于分散外设间的高速传输，适合于加工自动化领域的应用。FMS 为现场信息规范，适用于纺织、楼宇自动化、可编程序控制器、低压开关等一般自动化，而 PA 型则是用于过程自动化的总线类型，它遵从 IEC1158-2 标准。该项技术是由西门子公司为主的十几家德国公司、研究所共同推出的。它采用了 OSI 模型的物理层、数据链路层，由这两部分形成了其标准第一部分的子集，DP 型隐去了 3～7 层，而增加了直接数据连接拟合作为用户接口，FMS 型只隐去第 3～6 层，采用了应用层，作为标准的第二部分。PA 型的标准目前还处于制定过程之中，其传输技术遵从 IEC1158-2 （H1） 标准，可实现总线供电与本质安全防爆。

PROFIBUS 支持主-从系统、纯主站系统、多主多从混合系统等几种传输方式。主站具有对总线的控制权，可主动发送信息。对多主站系统来说，主站之间采用令牌方式传递信息，得到令牌的站点可在一个事先规定的时间内拥有总线控制权，并事先规定好令牌在各主站中循环一周的最长时间。按 PROFIBUS 的通信规范，令牌在主站之间按地址编号顺序，沿上行方向进行传递。主站在得到控制权时，可以按主-从方式，向从站发送或索取信息，实现点对点通信。主站可采取对所有站点广播（不要求应答），或有选择地向一组站点广播。

PROFIBUS 的传输速率为 9.6kbit/s～12Mbit/s，最大传输距离在 9.6kbit/s 时为 1200m，1.5Mbit/s 时为 200m，可用中继器延长至 10km。其传输介质可以是双绞线，也可以是光缆，最多可挂接 127 个站点。

PROFIBUS 与以太网相结合，产生了 PROFINET 技术，取代了 PROFIBUS-FMS 的位置。1997 年 7 月在北京成立了我国的 PROFIBUS 专业委员会（CPO），挂靠在中国机电一体化技术和应用协会。PROFIBUS 现场总线已于 2001 年成为我国的机械行业标准 JB/T 10308.3—2001《测量和控制数字数据通信工业控制系统用现场总线第 3 部分：PROFIBUS 规范》，2002 年 3 月 1 日开始实施。

8.4.3 CAN

CAN 是控制器局域网 Controller Area Network 的简称，最早由德国 Bosch 公司提出，用于汽车内部测量与执行部件之间的数据通信。其总线规范现已被 ISO 国际标准组织制订为国际标准，得到了 Motorola、Intel、Philips、Siemens、NEC 等公司的支持，已广泛应用在离散控制领域。

CAN 协议也是建立在国际标准组织的开放系统互连模型基础上的，不过，其模型结构只有 3 层，只取 OSI 的物理层、数据链路层和应用层。其信号传输介质为双绞线，通信速率最高可达 1Mbit/s/40m，直接传输距离最远可达 10km/5kbit/s，可挂接设备最多可达 110 个。

CAN 的信号传输采用短帧结构，每一帧的有效字节数为 8 个，因而传输时间短，受干扰的概率低。当节点严重错误时，具有自动关闭的功能以切断该节点与总线的联系，使总线上的其他节点及其通信不受影响，具有较强的抗干扰能力。

CAN 支持多主方式工作，网络上任何节点均可在任意时刻主动向其他节点发送信息，支持点对点、一点对多点和全局广播方式接收/发送数据。它采用总线仲裁技术，当出现几个节点同时在网络上传输信息时，优先级高的节点可继续传输数据，而优先级低的节点则主动停止发送，从而避免了总线冲突。

已有多家公司开发生产了符合 CAN 协议的通信芯片，如 Intel 公司的 82527，Motorola 公司的 MC68HC908AZ60Z，Philips 公司的 SJA1000 等。还有插在 PC 上的 CAN 总线适配器，具有接口简单、编程方便、开发系统价格便宜等优点。

8.4.4 DeviceNet

DeviceNet 是一种低成本的通信连接，它将工业设备连接到网络，从而免去了昂贵的硬接线。DeviceNet 又是一种简单的网络解决方案，在提供多供货商同类部件间的可互换性的同时，减少了配线和安装工业自动化设备的成本和时间。DeviceNet 的直接互连性不仅改善了设备间的通信，而且同时提供了相当重要的设备级诊断功能，这是通过硬接线 I/O 接口很难实现的。

DeviceNet 是一个开放式网络标准。规范和协议都是开放的，厂商将设备连接到系统时，无需购买硬件、软件或许可权。任何人都能以少量的复制成本从开放式 DeviceNet 供货商协会（ODVA）获得 DeviceNet 规范。任何制造 DeviceNet 产品的公司都可以加入 ODVA，并参加对 DeviceNet 规范进行增补的技术工作组。

DeviceNet 规范的购买者将得到一份不受限制的、真正免费的开发 DeviceNet 产品的许可。寻求开发帮助的公司可以通过任何渠道购买使其工作简易化的样本源代码、开发工具包和各种开发服务。关键的硬件可以从世界上最大的半导体供货商那里获得。

在现代的控制系统中，不仅要求现场设备完成本地的控制、监视、诊断等任务，还要能通过网络与其他控制设备及 PLC 进行对等通信，因此现场设备多设计成内置智能式。基于这样的现状，美国 Rockwell Automation 公司于 1994 年推出了 DeviceNet 网络，实现低成本高性能的工业设备的网络互连。DeviceNet 具有如下特点：

1）DeviceNet 基于 CAN 总线技术，它可连接开关、光电传感器、阀组、电动机起动器、过程传感器、变频调速设备、固态过载保护装置、条形码阅读器、I/O 和人机界面等，传输速率为 125 ~ 500kbit/s，每个网络的最大节点数是 64 个，干线长度 100 ~ 500m。

2）DeviceNet 使用的通信模式是：生产者/客户（Producer/Consumer）。该模式允许网络上的所有节点同时存取同一源数据，网络通信效率更高；采用多信道广播信息发送方式，各个客户可在同一时间接收到生产者所发送的数据，网络利用率更高。"生产者/客户"模式与传统的"源/目的"通信模式相比，前者采用多信道广播式，网络节点同步化，网络效率高；后者采用应答式，如果要向多个设备传送信息，则需要对这些设备分别进行"呼"、

"应"通信，即使是同一信息，也需要制造多个信息包，这样增加了网络的通信量，网络响应速度受限制，难以满足高速的、对时间苛求的实时控制。

3）设备可互换性。各个销售商所生产的符合 DeviceNet 网络和行规标准的简单装置（如按钮、电动机起动器、光电传感器、限位开关等）都可以互换，为用户提供灵活性和可选择性。

4）DeviceNet 网络上的设备可以随时连接或断开，而不会影响网上其他设备的运行，方便维护和减少维修费用，也便于系统的扩充和改造。

5）DeviceNet 网络上的设备安装比传统的 I/O 布线更加节省费用，尤其是当设备分布在几百米范围内时，更有利于降低布线安装成本。

6）利用 RS Network for DeviceNet 软件可方便地对网络上的设备进行配置、测试和管理。网络上的设备以图形方式显示工作状态，一目了然。

现场总线技术具有网络化、系统化、开放性的特点，需要多个企业相互支持、相互补充来构成整个网络系统。为便于技术发展和企业之间的协调，统一宣传推广技术和产品，通常每一种现场总线都有一个组织来统一协调。DeviceNet 总线的组织机构是"开放式设备网络供货商协会"，简称"ODVA"，其英文全称为 Open DeviceNet Vendor Association。它是一个独立组织，管理 DeviceNet 技术规范，促进 DeviceNet 在全球的推广与应用。

ODVA 实行会员制，会员分供货商会员（Vendor Member）和分销商会员（Distributor Member）。ODVA 现有供货商会员 310 个，其中包括 ABB、Rockwell、Phoenix Contact、Omron、Hitachi、Cutler-Hammer 等几乎所有世界著名的电器和自动化元件生产商。

ODVA 的作用是帮助供货商会员向 DeviceNet 产品开发者提供技术培训、产品一致性试验工具和试验，支持成员单位对 DeviceNet 协议规范进行改进；出版符合 DeviceNet 协议规范的产品目录，组织研讨会和其他推广活动，帮助用户了解掌握 DeviceNet 技术；帮助分销商开展 DeviceNet 用户培训和 DeviceNet 专家认证培训，提供设计工具，解决 DeviceNet 系统问题。

DeviceNet 是一个比较年轻的、也是较晚进入中国的现场总线。但 DeviceNet 价格低、效率高，特别适用于制造业、工业控制、电力系统等行业的自动化，适合于制造系统的信息化。

DeviceNet 现场总线被批准为国家标准。DeviceNet 中国国家标准编号为 GB/T 18858.3—2002，名称为《低压开关设备和控制设备 控制器——设备接口（CDI）第 3 部分：DeviceNet》。

8.4.5 LonWorks

LonWorks 是又一具有强劲实力的现场总线技术，它是由美国 Echelon 公司推出并由它们与 Motorola、Toshiba 公司共同倡导，于 1990 年正式公布而形成的。它采用了 ISO/OSI 模型的全部七层通信协议，采用了面向对象的设计方法，通过网络变量把网络通信设计简化为参数设置，其通信速率从 300bit/s 至 1.5Mbit/s 不等，直接通信距离可达到 2700m（78kbit/s，双绞线），支持双绞线、同轴电缆、光纤、射频、红外线、电源线等多种通信介质，被誉为通用控制网络。

LonWorks 技术所采用的 LonTalk 协议被封装在称为 Neuron 的芯片中并得以实现。集成芯片中有 3 个 8 位 CPU，一个用于完成开放互连模型中第 1~2 层的功能，称为媒体访问控制处理器，实现介质访问的控制与处理；第二个用于完成第 3~6 层的功能，称为网络处理器，进行网络变量的寻址、处理、背景诊断、函数路径选择、软件计量、网络管理，并负责网络通信控制、收发数据包等；第三个是应用处理器，执行操作系统服务与用户代码。芯片中还具有存储信息缓冲区，以实现 CPU 之间的信息传递，并作为网络缓冲区和应用缓冲区。如 Motorola 公司生产的神经元集成芯片 MC143120E2 就包含了 2KB RAM 和 2KB EEPROM。

LonWorks 技术的不断推广促成了神经元芯片的低成本（每片价格约 5~9 美元），而芯片的低成本又反过来促进了 LonWorks 技术的推广应用，形成了良性循环。据 Echelon 公司的有关资料，到 1996 年 7 月，已生产出 500 万片神经元芯片。

LonWorks 公司的技术策略是鼓励各 OEM 开发商运用 LonWorks 技术和神经元芯片，开发自己的应用产品。据称目前已有 4000 多家公司在不同程度上采用 LonWorks 技术；1000 多家公司已经推出了 LonWorks 产品，并进一步组织起 LonMark 互操作协会，开发推广 LonWorks 技术与产品。它被广泛应用在楼宇自动化、家庭自动化、保安系统、办公设备、运输设备、工业过程控制等行业。为了支持 LonWorks 与其他协议和网络之间的互连与互操作，该公司正在开发各种网关，以便将 LonWorks 与以太网、FF、Modbus、DeviceNet、PROFIBUS 等互连为系统。

另外，在开发智能通信接口、智能传感器方面，LonWorks 神经元芯片也具有独特的优势。

LonWorks 技术已经被美国暖通工程师协会 ASHRE 定为建筑自动化协议 BACnet 的一个标准。美国消费电子制造商协会已经通过决议，以 LonWorks 技术为基础制定了 EIA-709 标准。这样，LonWorks 已经建立了一套从协议开发、芯片设计、芯片制造、控制模块开发制造、OEM 控制产品、最终控制产品、分销、系统集成等一系列完整的开发、制造、推广、应用体系结构，吸引了数万家企业参与到这项工作中来，这对于一种技术的推广、应用有很大的促进作用。

8.4.6　ControlNet

工业现场控制网络的许多应用不仅要求控制器和工业器件之间的紧耦合，还应有确定性和可重复性。在 ControlNet 出现以前，没有一个网络在设备或信息层能有效地实现这样的功能要求。

ControlNet 是由在北美（包括美国、加拿大等）地区的工业自动化领域中技术和市场占有率稳居第一位的美国罗克韦尔自动化公司（Rockwell Automation）于 1997 年推出的一种新的面向控制层的实时性现场总线网络。

ControlNet 是一种最现代化的开放网络，它提供如下功能：

1）在同一链路上同时支持 I/O 信息，控制器实时互锁以及对等通信报文传送和编程操作。

2）对于离散和连续过程控制应用场合，均具有确定性和可重复性。

ControlNet 采用了开放网络技术一种全新的解决方案——生产者/消费者（Producer/Consumer）模型，它具有精确同步化的功能。ControlNet 是目前世界上增长最快的工业控制网络之一（网络节点数年均以 180% 的速度增长）。

ControlNet 是一个高速的工业控制网络，在同一电缆上同时支持 I/O 信息和报文信息（包括程序、组态、诊断等信息），集中体现了控制网络对控制（Control）、组态（Configuration）、采集（Collect）等信息的完全支持，ControlNet 基于生产者/消费者这一先进的网络模型，该模型为网络提供更高有效性、一致性和柔韧性。

ControlNet 协议的制定参照了 OSI 7 层协议模型，并参照了其中的 1、2、3、4、7 层。既考虑了网络的效率和实现的复杂程度，没有像 LonWorks 一样采用完整的 7 层；又兼顾到协议技术的向前兼容性和功能完整性，与一般现场总线相比增加了网络层和传输层。这对于和异种网络的互连和网络的桥接功能提供了支持，更有利于大范围的组网。

ControlNet 中网络和传输层的任务是建立和维护连接。这一部分协议主要定义了 UCMM（未连接报文管理）、报文路由（Message Router）对象和连接管理（Connection Management）对象及相应的连接管理服务。以下将对 UCMM、报文路由等分别进行介绍。

ControlNet 上可连接以下典型的设备：

- 逻辑控制器（例如可编程逻辑控制器、软控制器等）。
- I/O 机架和其他 I/O 设备。
- 人机界面设备。
- 操作员界面设备。
- 电动机控制设备。
- 变频器。
- 机器人。
- 气动阀门。
- 过程控制设备。
- 网桥/网关等。

近年来，ControlNet 广泛应用于交通运输、汽车制造、冶金、矿山、电力、食品、造纸、石油、化工、娱乐及很多其他领域的工厂自动化和过程自动化。世界上许多知名的大公司，包括福特汽车公司、通用汽车公司、巴斯夫公司、柯达公司、现代集团公司等，以及美国宇航局等政府机关都是 ControlNet 的用户。

8.4.7 CC-Link

在 1996 年 11 月，以三菱电机为主导的多家公司以"多厂家设备环境、高性能、省配线"理念开发、公布和开放了现场总线 CC-Link，第一次正式向市场推出了 CC-Link 这一全新的多厂商、高性能、省配线的现场网络。并于 1997 年获得日本电机工业会（JEMA）颁发的杰出技术成就奖。

CC-Link 是 Control & Communication Link（控制与通信链路系统）的简称。即在工控系统中，可以将控制和信息数据同时以 10Mbit/s 高速传输的现场网络。CC-Link 具有性能卓越、应用广泛、使用简单、节省成本等突出优点。作为开放式现场总线，CC-Link 是唯一起源于亚洲地区的总线系统，CC-Link 的技术特点尤其适合亚洲人的思维习惯。

汽车行业的马自达、五十铃、雅马哈、通用、铃木等均为 CC-Link 的用户，而且 CC-Link 已进入中国市场。

为了使用户能更方便地选择和配置自己的 CC-Link 系统，CC-Link 协会（CC-Link Partner Association，CLPA）在日本成立。主要负责 CC-Link 在全球的普及和推进工作。为了全球化的推广能够统一进行，CLPA（CC-Link 协会）在全球设立了众多的驻点，分布在美国、欧洲、中国（含台湾地区）、新加坡、韩国等国家，负责在不同地区推广和支持 CC-Link 用户和成员的工作。

CLPA 由"Woodhead"、"Contec"、"Digital"、"NEC"、"松下电工"和"三菱电机"6个常务理事会员发起。

一般情况下，CC-Link 整个一层网络可由 1 个主站和 64 个子站组成，它采用总线方式通过屏蔽双绞线进行连接。网络中的主站由三菱电机 FX 系列以上的 PLC 或计算机担当，子站可以是远程 I/O 模块、特殊功能模块、带有 CPU 的 PLC 本地站、人机界面、变频器、伺服系统、机器人以及各种测量仪表、阀门、数控系统等现场仪表设备。如果需要增强系统的可靠性，可以采用主站和备用主站冗余备份的网络系统构成方式。

CC-Link 具有高速的数据传输速度，最高可以达到 10Mbit/s，其数据传输速度随距离的增长而逐渐减慢。

鉴于 CC-Link 的实际特点和功能，它适用于许多控制系统，同时其自身的功能也在不断完善和改进，可挂接现场设备的合作厂商也在不断增加，以便更有利于实际的生产现场。

总之，CC-Link 是一个技术先进、性能卓越、应用广泛、使用简单、成本较低的开放式现场总线，其技术发展和应用有着广阔的前景。

8.4.8　CompoNet

随着制造业自动化、信息化的快速发展，生产现场越来越多地采用智能设备，其中大量的是传感器和执行器。它们不需要高度的智能，也没有大容量的数据。然而，为了获得生产现场的设备信息，这些设备需要连接到网络上，同时要求网络具备如下特点：

- 能够高效地处理位和字节数据。
- 单个网络能够连接几百个节点。
- 高度灵活的网络拓扑结构。
- 安装简单，成本低廉。

为了满足这些要求，ODVA 以 OMRON 公司原有的 CompoBus/S 为基础，采用 CIP 协议作为其应用层，推出了一种新的现场总线——CompoNet。由于共享 CIP（Common Industrial Protocol），CompoNet 可以很容易地集成到现有的 CIP 网络构架中。CIP 是 ODVA 以前推出的工业网络 DeviceNet、ControlNet、EtherNet/IP 公用的应用层协议。

CompoNet 是一个底层网络，它提供较高层设备（如控制器）和简单工业设备（如传感器和执行器）之间的高速通信。

CompoNet 连接控制器、传感器和执行器。控制器作为主站，传感器和执行器作为从站。它提供两种类型的从站：一种是位从站，最多是 4 点数据；另一种是字从站，带有 16 点数据。中继器用来扩展通信长度。

8.5　工业以太网简介

8.5.1　工业以太网的主要标准

工业以太网是按照工业控制的要求，发展适当的应用层和用户层协议，使以太网和

TCP/IP 技术真正能应用到控制层，延伸至现场层，而在信息层又尽可能采用 IT 行业一切有效而又最新的成果。因此，工业以太网与以太网在工业中的应用全然不是同一个概念。

目前，4 种主要的工业以太网除了在物理层和数据链路层都服从 IEEE802.3 外，在应用层和用户层协议均无共同之处。这主要是因为它们的应用领域和发展背景的不同。如果我们把应用领域分为离散制造控制和连续过程控制，而又把网络细分为设备层、I/O 层、控制层和监控层，那么各种工业以太网及其相关现场总线的应用定位一目了然，如图 8-8 所示。其中主要用于离散制造领域且最有影响的，当推 ModBus TCP/IP、EtherNet/IP、IDA 和 PROFI-NET。在全球 PLC 市场居领先地位的 Siemens 不遗余力地推动 PROFINET/PROFIBUS 组合；Rockwell Automation 和 Omron 以及其他一些公司致力于推进 EtherNet/IP 及其姐妹网络 - 基于 CIP 的 DeviceNet 和 ControlNet；Schneider 则加强它与 IDA 的联盟。而在过程控制领域只有 FF HSE 一家。看来，它成为过程控制领域中唯一的工业以太网标准已成定局。在监控级，OPC DX 可作为 EtherNet/IP、FF HSE 和 PROFINET 数据交换的"软件网桥"。现场总线基金会 FF、ODVA 和 PROFIBUS International（PI）这 3 大国际性工业通信组织，合力支持 OPC 基金会的 DX 工作组正在制订的规范。由于它们各有不同的侧重点，无法也不会愿意寻求统一的协议。折中的办法就是宣布支持 OPC DX，找到一种进行有效的数据交换的中间工具——软件网桥。

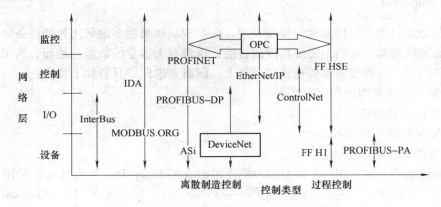

图 8-8　工业以太网与相关现场总线协议的应用定位

看起来，INONA（工业自动化联网联盟）和 OPC 基金会一直在试图缓和与调节这场潜在的标准之争。但这场工业以太网协议之争并未因此停息。这就是有些人说的工业以太网大战取代了现场总线大战。不同的是，当年现场总线之争的焦点集中在物理层和数据链路层；而当前工业以太网最大的差异，即竞争的焦点却集中在应用层和用户层。

此外，还有一个显著的特点是一般工业以太网都有与之互补的设备层现场总线，见表 8-2。

表 8-2　工业以太网和与其互补的设备层现场总线

工业以太网	互补的设备层现场总线
EtherNet/IP	DeviceNet、ControlNet
PROFINET	PROFIBUS DP、Asi PROFIBUS PA
Foundation Fieldbus HSE	Foundation Fieldbus H1
IDA	IDA、ModBus TCP/IP

其中最为简单、实用的是 ModBus TCP/IP。它除了在物理层和数据链路层用以太网标准，与 ModBus 采用 RS232C/RS422/RS485 不同外，在应用层二者基本是一致的，都使用一样的功能代码。它属于设备层中的工业以太网协议。目前在 MODICON 的 PLC 中用得很多。同时，由于大多数工业以太网的竞争者都有与之互补的设备层网络，IDA 是后来的参与者，没有适合的设备层协议，所以它增加了一个与 ModBus TCP/IP 的接口，在其网络结构中采用 ModBus TCP/IP 作为设备层。

具有大型自动化设备公司背景的工业以太网，无例外地在控制级使用，现场级仍然采用现场总线。原因是什么？有人说是在保护自己的投资利益，这也许没错。但是，如果我们从过程控制对现场仪表的要求来看却不难发现，以太网要用到现场层目前还存在一些技术壁垒。这主要是回路供电、低功耗、实时性、本安防爆、电磁兼容性和环境适应性。这也许是更实际的一些技术原因。低功耗是用于过程控制现场设备层仪表的关键技术，牵涉到仪表的以下性能：回路供电（传输距离、现场总线分支可挂仪表数量、导线截面积大小）；本安防爆；电磁敏感性。目前以太网收发器的功耗较大，一般均在 60mA 以上。现场设备（如工业以太网的交换式集线器）、基于以太网的现场仪表的低功耗设计难以实现。而获得本安防爆的最高传输频率为 1Mbit/s，远低于以太网的传输频率。可见，目前基于以太网的现场仪表尚不能完全满足上述要求。从成本上说，基于以太网的现场仪表若满足上述要求，不比现场总线仪表便宜。

8.5.2 IDA

IDA（Interface for Distributed Automation）是一种完全建立在以太网基础上的工业以太网规范，它将一种实时的基于 Web 的分布自动化环境与集中的安全体系结构加以结合，目标是创立一个基于 TCP/IP 的分散自动化的解决方案。作为一个单纯的工业以太网协议，IDA 涵盖自动化结构中所有层次，包括设备层。它曾致力于开发一个供机器人、运动控制和包装用的目标/功能块库。这些应用与 PLC 控制的显著差别在于它们要求微秒级的同步（PLC 的控制只要求毫秒级的确定性）。IDA 通过因特网协议在以太网总线上用 RTI 公司的中间件 NDDS 来实现微秒级的实时性。NDDS 采用发布方/预订方模型。

ModBus TCP/IP 将与 FTP 或 HTTP 一样在其公共的操作系统中作为一个标准，ModBus 将占端口 502——前 1000 个已定义的端口中的一个。因为 ModBus TCP/IP 是完全透明的，所以很好地符合 IDA。IDA 协议建立在组件的基础上，该组件包括了 IEC 61449 的第一部分体系结构功能块标准，但用 IDA 的体系结构替代了 IEC 61499 的模型。除了支持以太网 TCP、UDP 和 IP 有关的 Web 服务的完整套件外，IDA 协议规范还包括：基于 RTI 公司的中间件 NDDS（网络数据传送服务）的 RTPS（实时发布方/预订方），ModBus TCP/IP 作为工业因特网消息传输协议，IDA 通信目标库，实时和安全 API。IDA 的协议栈如图 8-9 所示。

8.5.3 Ethernet/IP

1998 年年初，ControlNet 国际组织 CI 开发了由 ControlNet 和 DeviceNet 共享的、开放的和广泛接收的基于 Ethernet 的应用层规范。利用该技术，2000 年底 CI、工业以太网协会（IEA）和开放的 DeviceNet 供应商协会（Open DeviceNet Vendor Association，ODVA）组织提

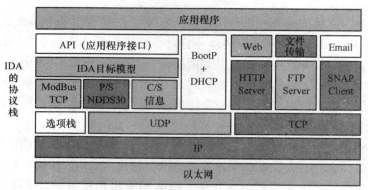

BootP—Bootstrap Protocol,(因特网)自引导协议
DHCP—Dynamic Host Configuration Protocol
[TCP/IP]动态主机配置协议

图 8-9　IDA 的协议栈

出 Ethernet/IP 的概念，以后 SIG（Special Interest Groups）进行了规范工作。Ethernet/IP 技术采用标准的以太网芯片，并采用有源星形拓扑结构，将一组装置点对点地连接至交换机，而在应用层则采用已在工业界广泛应用的开放协议——控制和信息协议（CIP），CIP 控制部分用来实现实时 I/O 通信，信息部分用来实现非实时的报文交换。

Ethernet/IP 的一个数据包最多可达 1500B，数据传输率达 10/100Mbit/s，因而能实现大量数据的高速传输。基于 Ethernet TCP 或 UDP_IP 的 Ethernet/IP 是工业自动化数据通信的一个扩展，这里的 IP 表示为 Industrial Protocol。Ethernet/IP 的规范是公开的，并由 ODVA 组织提供，另外除了办公环境上使用的 HTTP、FTP、IMTP、SNMP 的服务程序，Ethernet/IP 还具有生产者/客户服务，允许有时间要求的信息在控制器与现场 I/O 模块之间进行数据传送。非周期性的信息数据的可靠传输（如程序下载、组态文件）采用 TCP 技术，而有时间要求和同期性控制数据的传输由 UDP 的堆栈来处理。Ethernet/IP 实时扩展在 TCP/IP 之上附加 CIP，在应用层进行实时数据交换和实时运行应用，其通信协议模型，如图 8-10 所示。实际

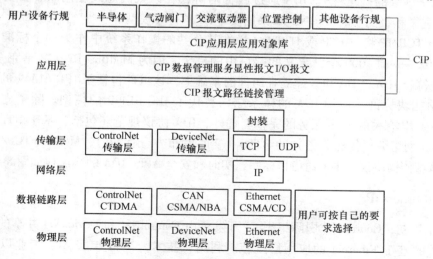

图 8-10　Ethernet/IP 通信协议模型

334

上，CIP 除了作为 Ethernet/IP 的应用层协议外，所有的 Ethernet/IP 的 CIP 已运用在 Control-Net 和 DeviceNet 上，可以作为 ControlNet 和 DeviceNet 的应用层，三种网络共享相同的对象库、对象和用户设备行规使得多个供应商的装置能在上述三种网络中实现即插即用。

Ethernet/IP 的成功是在 TCP/UDP/IP 上附加了 CIP，提供了一个公共的应用层，其目的是为了提高设备间的互操作性。CIP 一方面提供实时 I/O 通信；另一方面实现信息的对等传输。其控制部分用来实现实时 I/O 通信，信息部分用来实现非实时的信息交换，并且采用控制协议来实现实时 I/O 报文传输或者内部报文传输，采用信息协议来实现信息报文交换和外部报文交换。CIP 采用面向对象的设计方法，为操作控制设备和访问控制设备中的数据提供服务集，运用对象来描述控制设备中的通信信息、服务、节点的外部特征和行为等。

为了减少 Ethernet/IP 在各种现场设备之间传输的复杂性，Ethernet/IP 预先制定了一些设备的标准，如气动设备等不同类型的规定。目前，CIP 协议进行了以太网标准实时性和安全总线的实施工作，如采用 IEEE 1588 标准的分散式控制器同步机制的 CIPsync、基于 Ethernet/IP 的技术结合安全机制实现的 CIPSafety 安全控制等。

8.5.4 EtherCAT

EtherCAT 是由德国 Beckhoff 公司开发的，并且在 2003 年年底成立了 ETG（Ethernet Technology Group）。EtherCAT 是一个可用于现场级的超高速 I/O 网络，它使用标准的以太网物理层和常规的以太网卡，介质可为双绞线或光纤。

一般常规的工业以太网的传输方法都采用先接收通信帧，进行分析后作为数据送入网络中各个模块的通信方式，而 EtherCAT 的以太网协议帧中已经包含了网络中各个模块的数据。EtherCAT 协议标准帧结构如图 8-11 所示。

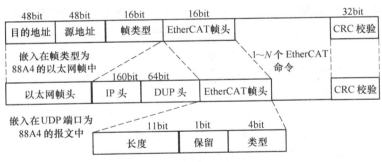

图 8-11 EtherCAT 协议标准帧结构

数据的传输采用移位同步的方法进行，即在网络的模块中得到其相应地址数据的同时，数据帧可以传送到下一个设备，相当于数据帧通过一个模块时输出相应的数据后，马上转入下一个模块。由于这种数据帧的传送从一个设备到另一个设备延迟时间仅为微秒级，所以与其他以太网解决方法相比，性能得到了提高。在网络段的最后一个模块结束了整个数据传输的工作，形成了一个逻辑和物理环形结构。所有传输数据与以太网的协议相兼容，同时采用双工传输，提高了传输的效率。

EtherCAT 的通信协议模型如图 8-12 所示。EtherCAT 通过协议内部可区别传输数据的优先权（Process Data），组态数据或参数的传输是在一个确定的时间中通过一个专用的服务通道进行（Acyclic Data），EtherCAT 系统的以太网功能与传输的 IP 兼容。

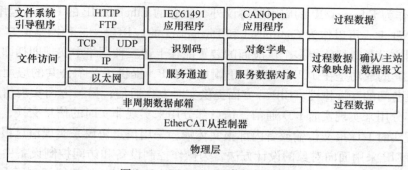

图 8-12　EtherCAT 通信协议模型

EtherCAT 技术已经完成，专门的 ASIC 芯片也在实现之中。目前市场上已提供了从站控制器。EtherCAT 的规范也成为了 IEC/PAS 文件 IEC/PAS 62407。

8.5.5　Ethernet Powerlink

EthernetPowerlink 是由奥地利 B&R 公司开发的，2002 年 4 月公布了 Ethernet Powerlink 标准，其主攻方向是同步驱动和特殊设备的驱动要求。Powerlink 通信协议模型如图 8-13 所示。

Powerlink 协议对第 3 和第 4 层的 TCP（UDP）/IP 栈进行了实时扩展，增加的基于 TCP/IP 的 Async 中间件用于异步数据传输，Isochron 等时中间件用于快速、周期的数据传输。Powerlink 栈控制着网络上的数据流量。Ethernet Powerlink 避免网络上数据冲突的方法是采用时间片网络通信管理机制（Slot Communication Network Management，SCNM）。SCNM 能够做到无冲突的数据传输，专用的时间片用于调度等时同步传输的实时数据；共享的时间片用于异步的数据传

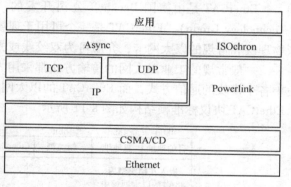

图 8-13　Powerlink 通信协议模型

输。在网络上，只能指定一个站为管理站，它为所有网络上的其他站建立一个配置表和分配的时间片，只有管理站能接收和发送数据，其他站只有在管理站授权下才能发送数据，因此，Powerlink 需要采用基于 IEEE 1588 的时间同步。

8.5.6　PROFINET

PROFINET 是由 PROFIBUS 国际组织（PROFIBUS International，PI）提出的基于实时以太网技术的自动化总线标准，将工厂自动化和企业信息管理层 IT 技术有机地融为一体，同时又完全保留了 PROFIBUS 现有的开放性。

PROFINET 支持除星形、总线型和环形之外的拓扑结构。为了减少布线费用，并保证高度的可用性和灵活性，PROFINET 提供了大量的工具帮助用户方便地实现 PROFINET 的安装。特别设计的工业电缆和耐用连接器满足 EMC 和温度要求，并且在 PROFINET 框架内形成标准化，保证了不同制造商设备之间的兼容性。

PROFINET 满足了实时通信的要求，可应用于运动控制。它具有 PROFIBUS 和 IT 标准的

开放透明通信，支持从现场级到工厂管理层通信的连续性，从而增加了生产过程的透明度，优化了公司的系统运作。作为开放和透明的概念，PROFINET 亦适用于 Ethernet 和任何其他现场总线系统之间的通信，可实现与其他现场总线的无缝集成。PROFINET 同时实现了分布式自动化系统，提供了独立于制造商的通信、自动化和工程模型，将通信系统、以太网转换为适应于工业应用的系统。

1. PROFINET 的系统结构

PROFINET 提供标准化的独立于制造商的工程接口。它能够方便地把各个制造商的设备和组件集成到单一系统中。设备之间的通信链接以图形形式组态，无需编程。最早建立自动化工程系统与微软操作系统及其软件的接口标准，使得自动化行业的工程应用能够被 Windows NT/2000 所接收，将工程系统、实时系统以及 Windows 操作系统结合为一个整体，如图 8-14 所示。

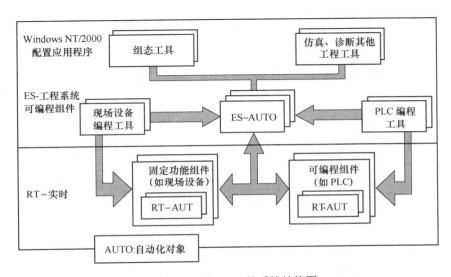

图 8-14　PROFINET 的系统结构图

PROFINET 为自动化通信领域提供了一个完整的网络解决方案，包括诸如实时以太网、运动控制、分布式自动化、故障安全以及网络安全等当前自动化领域的热点问题。PROFI-NET 包括 8 大主要模块，分别为实时通信、分布式现场设备、运动控制、分布式自动化、网络安装、IT 标准集成与信息安全、故障安全和过程自动化。同时 PROFINET 也实现了从现场级到管理层的纵向通信集成，一方面，方便管理层获取现场级的数据，另一方面，原本在管理层存在的数据安全性问题也延伸到了现场级。为了保证现场网络控制数据的安全，PROFI-NET 提供了特有的安全机制，通过使用专用的安全模块，可以保护自动化控制系统，使自动化通信网络的安全风险最小化。

PROFINET 是一个整体的解决方案，PROFINET 的通信模型如图 8-15 所示。

RT 实时通道能够实现高性能传输循环数据和时间控

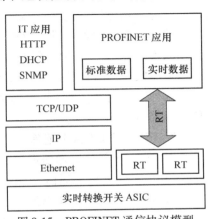

图 8-15　PROFINET 通信协议模型

制信号、报警信号，IRT 同步实时通道实现等时同步方式下的数据高性能传输。PROFINET 使用了 TCP/IP 和 IT 标准，并符合基于工业以太网的实时自动化体系，覆盖了自动化技术的所有要求，能够实现与现场总线的无缝集成。更重要的是 PROFINET 所有的事情都在一条总线电缆中完成，IT 服务和 TCP/IP 开放性没有任何限制，它可以满足用于所有客户从高性能到等时同步可以伸缩的实时通信需要的统一的通信。

PROFINET 现场总线支持开放的、面向对象的通信，这种通信建立在普遍使用的 Ethernet TCP/IP 基础上，优化的通信机制还可以满足实时通信的要求。PROFINET 的对象模型如图 8-16 所示。

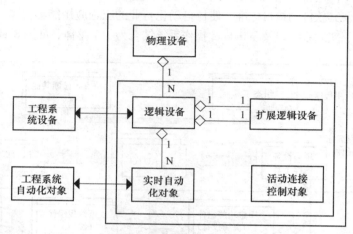

图 8-16   PROFINET 的对象模型

基于对象应用的 DCOM 通信协议是通过该协议标准建立的，以对象的形式表示的 PROFINET 组件根据对象协议交换其自动化数据。自动化对象即 COM 对象作为 PDU 以 DCOM 协议定义的形式出现在通信总线上。活动连接控制对象（ACCO）确保以组态的互相连接的设备间通信关系的建立和数据交换。传输本身是由事件控制的，ACCO 也负责故障后的恢复，包括质量代码和时间标记的传输、连接的监视、连接丢失后的再建立以及相互连接性的测试和诊断。

在实时对象模型中，物理设备（Physical Device），即硬件设备允许接入一个或多个 IP 网络，每个物理设备包含一个或多个逻辑设备（Logical Device），但每个逻辑设备只能表示一个软件。逻辑设备可以作为执行器、传感器、控制器的组成部分，通过 OLE 自动控制的调用来实现分布式自动化系统。物理设备通过标签或者索引来识别逻辑设备。通过活动连接控制对象实现实时自动控制对象之间的连接。扩展逻辑设备（Extended Logical Device）对象或者其他对象用来实现不同制造商生产的逻辑设备之间的互连，并且实现通用对象模型中的所有附加服务。

2. PROFINET 实时通信

PROFINET 的实时通信根据响应时间不同，分为三种通信方式。

（1）TCP/IP 标准通信

PROFINET 基于工业以太网技术，使用 TCP/IP 和 IT 标准。TCP/IP 是 IT 领域关于通信协议方面事实上的标准，其响应时间大概在 100ms 的量级。TCP/IP 只提供了基础通信，用于以太网设备通过面向连接和安全的传输通道在本地分布式网络中进行数据交换。在较高层上则需要其他的规范和协议（也称为应用层协议），而不是 TCP 或 UDP。那么，在设备上使用相同的应用层协议时，只能保证互操作性。典型的应用层协议有 HTTP、SNMP、DHCP 等。

（2）实时（RT）通信

对于传感器和执行器设备之间的数据交换，系统对响应时间的要求更为严格，因此，PROFINET 提供了一个优化的、基于以太网第二层（Layer 2）的实时通信通道，通过该实时通道，极大地减少了数据在通信栈中的处理时间，PROFINET 实时通信的典型响应时间是 5～10ms。该解决方案使通信栈上的吞吐时间减为最小，提高了过程数据刷新率方面的性能。由于去除了几个通信协议层，信息帧的长度缩减。此外，数据得到更快的传输，或者应用准备就绪需要更少的时间。同时，这样极大地减少了设备通信所需的处理器功能。除了最小化自动化设备的通信栈，PROFINET 网络中数据传输也被优化。为获得最佳的结果，PROFINET 中的数据包按照 IEEE 802.1Q 规范被分配传输优先级。网络组件使用这种优先级来控制设备间的数据流，操作其他应用的优先级。

（3）同步实时（IRT）通信

在现场级通信中，对通信实时性要求最高的是运动控制（Motion Control），PROFINET 的同步实时（Isochronous Real-Time，IRT）技术可以满足运动控制的高速通信需求，在 100 个节点下，其响应时间要小于 1ms，抖动误差要小于 1μs，以此来保证及时的、确定的响应。PROFINET 在第二层上为实时以太网定义了 IRT 时间槽控制传送过程。通过设备（网络组件和 PROFINET 设备）的同步，时间槽能够制定对时间要求苛刻的数据传输。通信循环被分离为实时通道和标准通道。循环传输的实时信息帧在实时通道中分配，而 TCP/IP 信息帧在标准通道中传输。就如同在高速公路上，预留左车道用于实时通信传递，并且禁止其他的公路使用者（TCP/IP 通信）切换到这个车道。这样一来即使右车道发生通信堵塞，也不会影响到左车道的实时通信传递。这种传输模式由实时转换开关 ASIC ERTEC 实现，该芯片为实时数据提供了循环同步和时间槽预留功能。循环同步化将时间点通知给要通过 RT 帧传递的转换器。

3. PROFINET IO

简单的现场设备使用 PROFINET IO 集成到 PROFINET，并用 PROFIBUS-DP 中熟悉的 IO 来描述。这种集成的本质特征是使用分散式现场设备的输入和输出数据，然后由 PLC 用户程序进行处理。PROFINET IO 模型与 PROFIBUS-DP 中的模型类似，设备属性用基于 XML 的描述文件（GSD）来描述。PROFINET IO 设备的系统集成方法与 PROFIBUS-DP 的系统集成是相同的，包括在组态过程中将分散式现场设备分配给一个控制器。这样过程数据就能在控制器和现场设备间交换。分散式现场设备在以太网中直接通过使用 PROFINET IO 实现集成。为实现该方案，PROFIBUS-DP 系统中常见的主/从规程被移植到供应商/消费者规程。以太网上所有的设备有同等的通信权利，因而组态时要明确哪些现场设备被分配给主控制器。在这种方式下，PROFIBUS 系统中常见的运作方法转变为 PROFINET IO 模式，I/O 信号读入 PLC，并在其中得到处理，然后传送给分散的现场设备。

PROFINET 网络节点分为 4 种类型：I/O 设备、I/O 控制器、I/O 监视器和网络组件设备。I/O 设备是指分配给 I/O 控制器的分散式现场设备，如远程 I/O、终端设备、频率转换器等；I/O 控制器即 PLC，自动化程序在其中运行；I/O 监视器是指拥有代理和诊断功能的编程设备或 PC；网络组件设备是连接各节点的网络设备，如交换机、路由器等。循环用户数据和事件触发中断（诊断）通过实时通道传输。参数分配、组态或读取诊断信息通过基于 UDP/IP 的标准通道实现通信进行时，在基于非循环 UDP/IP 通道中的 I/O 控制器与 I/O 设备间建立被称为应用关联（IO-AR）的通信关系。接着 I/O 控制器通过该稳定信道为 I/O 设备传输组态信息。组态信息决定正确的操作模式，如 I/O 设备得到独一无二的设备识别号。基于组态信息，高速、循环的过程数据通过实时信道（I/O - CR）执行互换。如果有故障发生（如电缆断裂），中断信息通过高速、非循环的实时通道（中断 CR）传送给 I/O 控制器，该中断信息在 I/O 控制器的 PLC 程序中进行处理。

4. PROFINET 系统集成

PROFINET 系统集成如图 8-17 所示。

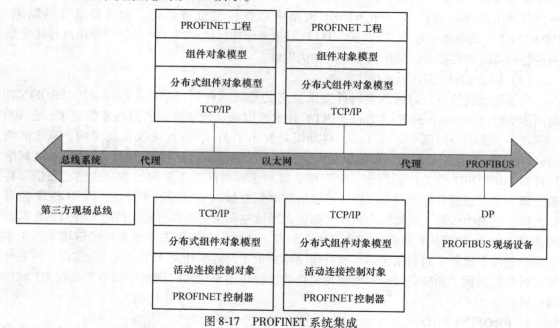

图 8-17　PROFINET 系统集成

PROFINET 节点之间的通信是通过 Microsoft DCOM 实现的，通过以太网 TCP/IP 传输和寻址。PROFINET 不需要考虑下层的总线系统而直接运用 TCP（UDP）/IP 作为通信接口，尽管可以使用不同类型的现场总线系统，但 PROFINET 为了提高系统的数据传输速度，采用了以太网连接现场设备。PROFINET 可以通过代理服务器（Proxy）很容易地实现与 PROFI-BUS 或者其他现场总线系统的集成。

PROFINET 为集成现场总线系统提供两个解决方案：

1）现场总线设备通过代理服务器集成。每台现场设备代表一个独立的 PROFINET 组件。通过代理服务器规范，PROFINET 提供一个从已有的工厂单元到新安装的工厂单元完全透明的转换。

2）现场总线应用的集成。每个现场总线段代表一个自成体系的组件。而这种组件又成为 PROFINET 中的设备，使 PROFIBUS DP 系统在 PROFINET 系统中处于较低的级别。因此，低级别现场总线功能以代理服务器的组件形式得以实现。

8.5.7 HSE

现场总线基金会于 1998 年开始起草 HSE，2003 年 3 月，完成了 HSE 的第一版标准。HSE 主要利用现有商用的以太网技术和 TCP/IP 族，通过错时调度以太网数据，以达到工业现场监控任务的要求。

1. HSE 协议的体系结构

HSE 协议的体系结构如图 8-18 所示。

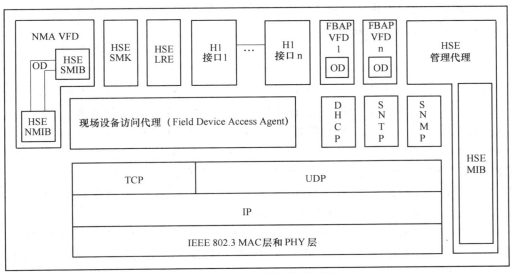

图 8-18　HSE 协议的体系结构

HSE 的物理层、数据链路层采用了 100Mbit/s 标准。网络层和传输层则充分利用现有的 IP 和 TCP、UDP。当应用对实时要求非常高时，通常采用 UDP 来承载测量数据，对非实时的数据，则可以采用 TCP。在应用层，HSE 也引入了目前现有的 DHCP、SNTP、SNMP，但为了和 FMS 兼容，还特意设计现场设备访问（Field Device Access，FDA）层，负责如何使用 UDP/TCP 传输系统（SM）和 FMS 服务。DHCP 的目的就是在一个 HSE 系统里为现场设备动态地分配 IP 地址。显然，HSE 系统设备想要协调一起工作，那么各网络设备保持一个时间基准的同步，是十分重要的，这个工作就由 SNTP 来完成。SNTP 主要用来监控 HSE 现场设备的物理层、数据链路层、网络层、传输层的运行情况。位于 FDA 和用户层之间的是 FMS，它主要是定义通信的服务和信息格式。功能块应用进程主要是通过 FMS 服务来实现对网络设备的访问。

用户层主要包含系统管理、网络管理、功能块应用进程，以及与 H1 网络的桥接接口。系统管理功能主要通过系统管理内核（SMK）和它的服务来完成设备，SM 用到的数据组被称为系统管理信息库（SMIB），网络上可见的 SMK 管理的数据被整理到设备 NMA VFD 的对象字典中。网络管理也共享这个对象字典。网络管理允许网络管理者（HSE NMgr）通过使用与他们相关的网络管理代理（HSE NMA）在 HSE 网络上执行管理操作。HSE NMA 负责管理 HSE 设备中的通信栈。HSE NMA 充当了 FMS VFD 的角色，HSE NMgr 使用 FMS 服务访问 HSE NMA 内部的对象。

2. HSE 的网络拓扑结构

FF 支持以下拓扑结构：

1）一个或多个 H1 网段。H1 现场总线可由一个或多个 H1 网段经 H1 桥互连而成。物理设备之间的通信由 H1 物理层和数据链路层提供。

2）由标准以太网设备连接的一个或多个 HSE 网段。

3）由 HSE 连接设备连接 H1 网段和 HSE 网段。

4）被一个 HSE 网段分开的两个 H1 网段，每个 H1 网段通过 HSE 连接设备和 HSE 网段连接。

每个物理设备通过提供一个或多个应用进程，来执行整个系统的一部分工作，应用进程之间的通信通过应用层协议实现。

8.5.8 EPA

由浙江大学牵头、重庆邮电大学作为第 4 核心成员制定的新一代现场总线标准——《用于工业测量与控制系统的 EPA 通信标准》（简称 EPA 标准）成为我国第一个拥有自主知识产权并被 IEC 认可的工业自动化领域国际标准（IEC/PAS 62409）。

EPA（Ethernet for Plant Automation）系统是一种分布式系统，它是利用 ISO/IEC 8802-3、IEEE 802.11、IEEE 802.15 等协议定义的网络，将分布在现场的若干个设备、小系统以及控制、监视设备连接起来，使所有设备一起运作，共同完成工业生产过程和操作过程中的测量和控制。EPA 系统可以用于工业自动化控制环境。

EPA 标准定义了基于 ISO/IEC 8802-3、IEEE 802.11、IEEE 802.15 以及 RFC 791、RFC 768 和 RFC 793 等协议的 EPA 系统结构、数据链路层协议、应用层服务定义与协议规范以及基于 XML 的设备描述规范。

1. EPA 的网络拓扑结构

EPA 采用逻辑隔离式微网段化技术形成了"总体分散、局部集中"的控制系统结构，如图 8-19 所示。

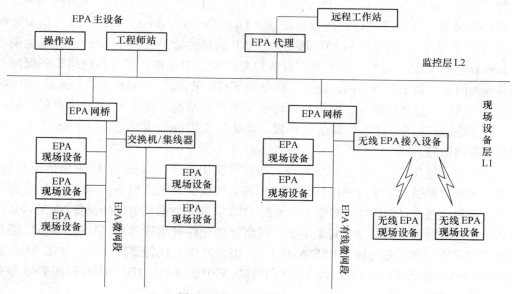

图 8-19　EPA 的网络拓扑结构

L1 网段和 L2 网段是按照它们在控制系统中所处的网络层次关系的不同而划分的，它们本质上都遵循同样的 EPA 通信协议。处于现场设备级 L1 网段在物理接口和线缆特性上必须满足工业现场应用的要求。

无论是监控级 L2 网段还是现场设备级 L1 网段，均可分为一个或几个微网段。

一个微网段即为一个控制区域，用于连接几个 EPA 现场设备。在一个控制区域内，EPA 设备之间互相通信，实现特定的测量和控制功能。一个微网段通过一个 EPA 网桥与其他微网段相连。

一个微网段可以由以太网、无线局域网或蓝牙三种类型网络中的一种构成，也可以由其中的两种或三种类型的网络组合而成，但不同类型的网络之间需要通过相应的网关或无线接入设备连接。

EPA 控制系统中的设备有 EPA 主设备、EPA 现场设备、EPA 网桥、EPA 代理、无线接入设备等几类。

2. EPA 的通信协议

（1）EPA 通信协议模型

EPA 通信系统的分层结构与 OSI 基本通信模型相比较，主要在应用层之上添加了用户层；在应用层除了使用 HTTP、FTP 等常用通信协议之外，加入了 EPA 应用协议；同时在数据链路层采用了 EPA 通信调度管理实体，见表 8-3。

表 8-3　EPA 对 OSI 模型的映射

OSI 各层	EPA 各层
	（用户层）用户应用进程
应用层	HTTP、FTP、DHCP、SNTP、SNMP 等 EPA 应用层协议
表示层	未使用
会话层	
传输层	TCP/UDP
网络层	IP
数据链路层	EPA 通信调度管理实体 ISO/IEC 8802-3/IEEE 802.11/IEEE 802.15

EPA 通信协议模型如图 8-20 所示。除了 ISO/IEC 8802-3/IEEE 802.11/IEEE 802.15、TCP（UDP）/IP、SNMP、SNTP、DHCP、HTTP、FTP 等协议组件外，还包括了以下几个部分：

1）EPA 系统管理实体。

2）EPA 应用访问实体。

3）EPA 通信调度管理实体。

4）EPA 管理信息库。

5）EPA 套接字映射实体。

（2）EPA 应用进程

在 EPA 中，所有的应用进程分为两类，即 EPA 功能块应用进程和非实时应用进程，它们可以在一个 EPA 中并行运行。非实时应用进程是指基于 HTTP、FTP 以及其他 IT 应用协

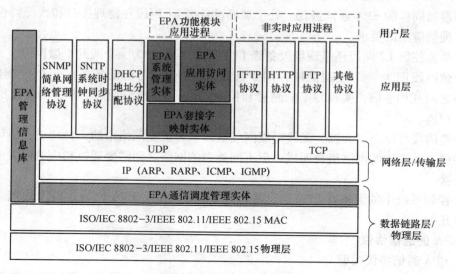

图 8-20 EPA 通信协议模型

议的应用进程，如 HTTP 服务应用进程、电子邮件应用进程、FTP 应用进程等，也就是通用的以太网通信应用进程。

8.6 netX 网络控制器

netX 是德国赫优讯公司生产的一种高度集成的网络控制器。该公司由 Hans-Jürgen Hilscher 于 1986 年创建，总部位于德国 Hattersheim。公司最初由一个致力于电子和控制技术的专家团队组成，在这个领域的成功奠定了公司在系统工程领域的服务供应商资格。该公司基于早期所取得的经验，在 20 世纪 90 年代初将重点转向现场总线与工业以太网市场。目前公司从事工业通信技术，并成为该领域首屈一指的工业通信产品制造商和技术服务供应商。

netX 具有全新的系统优化结构，适合工业通信和大规模的数据吞吐。

每个通信通道由三个可自由配置的 ALU 组成，通过命令集和其结构可以实现不同的现场总线和实时以太网系统。内部以 32 位 ARM 为 CPU 核，主频 200MHz，netX 的特点如下：

- 统一的通信平台。
- 现场总线到实时以太网的全集成策略。
- 集成通信控制器的单片解决方案。
- 开放的技术。

netX 作为一个系统解决方案的主要组成部分，包含了相关的软件、开发工具和设计服务等。客户可以根据其产品策略、功能或资源决定选择 netX 的相关产品。

8.6.1 netX 系列网络控制器

netX 系列网络控制器根据其性能的不同，具有不同的型号，面向的应用场合也不一样。netX 网络控制器的功能及适用场合见表 8-4。

344

表 8-4　netX 网络控制器的功能及适用场合

型　号	功能及适用场合
netX 5	带有两个通信接口，需外接 CPU
netX 50	带有两个通信接口 可作为 IO-Link，网关和 IO 提供协议堆栈，适合小型应用
netX 100	带有三个通信接口 可作为 IO/运动控制/识别系统 提供协议堆栈，适合大型应用
netX 500	带有四个通信接口 可作为 HMI 提供协议堆栈，适合大型应用

每一种现场总线或工业以太网都有其专用的通信协议芯片，只有 netX 是目前唯一一款支持所有通信系统的协议芯片。现场总线和工业以太网的传统解决方案如图 8-21 所示，现场总线和工业以太网的 netX 解决方案如图 8-22 所示。

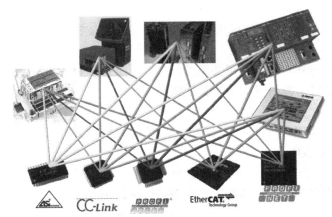

图 8-21　现场总线和工业以太网的传统解决方案

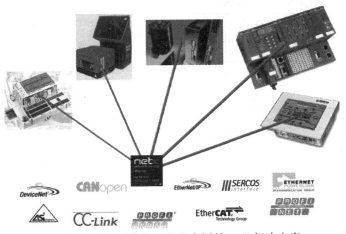

图 8-22　现场总线和工业以太网的 netX 解决方案

netX 作为一种最优的网络控制器只需外接时钟、外部内存和物理网络接口即可。针对以太网的应用，片上已经集成了 PHY（模拟以太网驱动），因此只需外接少量的元器件。详细的设计开发文档可以从赫优讯公司网站的 netX 板块中下载。

8.6.2 netX 系列网络控制器的软件结构

netX 系列网络控制器的基本理念就是提供一种开放的解决方案。通过定义好的接口，用户可以在 netX 上实现不同的应用。它可以是单片的解决方案，所有的应用都在 netX 上实现；也可以将 netX 作为一个模块，应用通过双端口内存接口访问 netX。

1. 配置工具

主站协议的一个主要功能就是要实现整个网络配置，这可以通过网络配置工具 SYCON.net 来实现，该网络配置工具基于标准的 FDT/DTM 技术。此外，还定义了其他工具的接口。

2. 驱动

面向可加载的标准固件，提供双端口内存的驱动。用户也可以根据提供的 Toolkit 开发自己的驱动。

3. 操作系统

所有的协议堆栈都是基于赫优讯公司针对 netX 开发的实时操作系统 rcX 的，该操作系统是免费的。针对其他操作系统的应用，提供相应的板级支持包。

4. 协议堆栈

协议堆栈提供的方式有三种：可加载的固件、可链接的目标模块或源码。这三种方式都支持 rcX 实时操作系统。源码可应用于其他操作系统。

5. 硬件抽象层

通过抽象层可以实现与 ALU 的数据交换，以 C 源码的方式提供，定义了相关的接口，适合所有型号的 netX 芯片。

6. Micro Code

不同通信通道实现不同网络的配置是由 Micro Code 来实现的，是一个二进制文件。在初始化阶段，由协议堆栈下载到 ALU。用户不能改变或创建 Micro Code。

netX 软件结构原理图如图 8-23 所示。

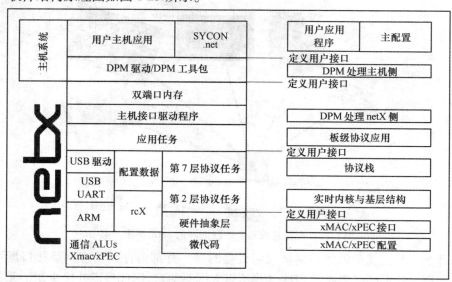

图 8-23　netX 软件结构原理图

8.6.3 netX 可用的协议堆栈

netX 可用的协议堆栈见表 8-5。

表 8-5 netX 可用的协议堆栈

技 术	设 备	状 态	备 注
AS-Interface	主站		
CANopen	从站	正式版发布	
	主站	正式版发布	
CC-Link	Slave V1.1	正式版发布	
DeviceNet	从站	测试版发布	正式版于 2008 年 3 月发布
	主站	测试版发布	正式版于 2008 年 3 月发布
EtherCAT	从站	正式版发布	
	主站	正式版发布	
Ethernet/IP	Adapter	正式版发布	
	Scanner	正式版发布	
IO-Link	主站		正式版于 2008 年 1 月发布
IDA	Server	正式版发布	
MPI		正式版发布	
Powerlink		测试版发布	正式版于 2008 年 1 月发布
PROFIBUS	从站	正式版发布	
	主站	正式版发布	
PROFINET	Device	正式版发布	
	Controller	正式版发布	
SERCOS	从站	正式版发布	
	主站	正式版发布	

8.6.4 基于 netX 网络控制器的产品分类

赫优讯公司可以为各种现场总线和工业以太网技术研究和开发提供解决方案。产品种类丰富，包括 PROFIBUS、DeviceNet、CANopen、InterBus、CC-Link、ControlNet、ModbusPlus、AS-Interface、IO-Link、SERCOS、EtherCAT、PROFINET 和 Ethernet/IP 等各种主流现场总线与工业以太网系统。该公司还生产和销售各种通用网关、计算机通信板卡、小背板嵌入式通信模块以及工业网络 ASIC 芯片等，并提供相应的软件工具等辅助产品。赫优讯公司的产品如图 8-24 所示。

图 8-24　赫优讯公司的产品

习　题

1. 什么是现场总线？
2. 现场总线的特点和优点是什么？
3. 国内外常用的现场总线有哪几种？
4. 简述企业网络的结构。
5. 信息网络与控制网络的主要区别是什么？
6. CAN 现场总线的主要应用领域有哪些？
7. netX 网络控制器有什么特点？
8. 什么是工业以太网？
9. 工业以太网的主要标准有哪些？
10. 以太网用于工业控制需要解决哪些问题？
11. 以太网用于工业控制有哪些优势？

第9章 计算机控制系统的电磁兼容与抗干扰设计

在实验室运行良好的一个实际计算机控制系统安装到工业现场，由于现场存在各种干扰等原因，导致系统不能正常运行，严重者将造成不良后果，因此对计算机控制系统采取抗干扰措施是必不可少的。

干扰可以沿各种线路侵入计算机控制系统，也可以以场的形式从空间侵入计算机控制系统，供电线路是电网中各种浪涌电压入侵的主要途径。系统的接地装置不良或不合理，也是引入干扰的重要途径。各类传感器、输入输出线路的绝缘不良，均有可能引入干扰，以场的形式入侵的干扰主要发生在高电压、大电流、高频电磁场（包括电火花激发的电磁辐射）附近。它们可以通过静电感应、电磁感应等方式在控制系统中形成干扰，表现为过电压、欠电压、浪涌、下陷、降出、尖峰电压、射频干扰、电气噪声、天电干扰、控制部件的漏电阻、漏电容、漏电感、电磁辐射等。

9.1 电磁兼容性概述

9.1.1 电磁兼容技术的发展

电磁兼容是通过控制电磁干扰来实现的，因此电磁兼容学是在认识电磁干扰、研究电磁干扰、对抗电磁干扰和管理电磁干扰的过程中发展起来的。

电磁干扰是一个人们早已发现的古老问题，1881年英国科学家希维塞德发表了《论干扰》一文，从此拉开了电磁干扰问题研究的序幕。此后随着电磁辐射、电磁波传播的深入研究以及无线电技术的发展，电磁干扰控制和抑制技术也有了很大的发展。

显而易见，干扰与抗干扰问题贯穿于无线电技术发展的始终。电磁干扰问题虽然由来已久，但电磁兼容这一新的学科确是到近代才形成的。在干扰问题的长期研究中，人们从理论上认识了电磁干扰产生的问题，明确了干扰的性质及其数学物理模型，逐渐完善了干扰传输及耦合的计算方法，提出了抑制干扰的一系列技术措施，建立了电磁兼容的各种组织及电磁兼容系列标准和规范，解决了电磁兼容分析、预测设计及测量等方面一系列理论问题和技术问题，逐渐形成了一门新的分支学科——电磁兼容学。

早在1993年IEC就成立了国际无线电干扰特别委员会（CISPR），后来又成立了电磁兼容技术委员会（TC77）和电磁兼容咨询委员会（ACEC）。

20世纪60年代以后，电气与电子工程技术迅速发展，其中包括数字计算机、信息技术、测试设备、电信、半导体技术的发展。在所有这些技术领域内，电磁噪声和克服电磁干扰产生的问题引起人们的高度重视，促进了在世界范围内的电磁兼容技术的研究。

进入20世纪80年代以来，随着通信、自动化、电子技术的飞速发展，电磁兼容学已成为十分活跃的学科，许多国家（如美国、德国、日本、法国等）在电磁兼容标准与规范、分析预测、设计、测量及管理等方面均达到了很高水平，有高精度的EMI及电磁敏感度

（EMS）自动测量系统，可进行各种系统间的 EMC 试验，研制出系统内及系统间的各种 EMC 计算机分析程序，有的程序已经商品化，形成了一套较完整的 EMC 设计体系。

9.1.2 电磁干扰

1. 电磁干扰的定义

（1）电磁骚扰（Electro Magnetic Disturbance，EMD）

电磁骚扰是指"任何可能引起装置、设备或系统性能降级或对有生命或无生命物质产生作用的电磁现象。电磁骚扰可能是电磁噪声、无用信号或传播媒介自身的变化"。

（2）电磁干扰（Electro Magnetic Interference，EMI）

电磁干扰是指"电磁骚扰引起的设备、传输通道或系统性能的下降"。电磁骚扰仅仅是电磁现象，即客观存在的一种物理现象，它可能引起设备性能的降级或损害，但不一定已经形成后果。而电磁干扰是由电磁骚扰引起的后果。

2. 电磁干扰（骚扰）源的分类

电磁干扰的分类可以有许多种分法，例如，按传播途径分，有传导干扰和辐射干扰，其中传导干扰的传输性质有电耦合、磁耦合及电磁耦合；按辐射干扰的传输性质分，有近区场感应耦合和远区场辐射耦合；按频带分，有窄带干扰和宽带干扰；按实施干扰者的主观意向分，可分为有意干扰源和无意干扰源；按干扰源性质分，有自然干扰和人为干扰。电磁干扰源的分类如图 9-1 所示。

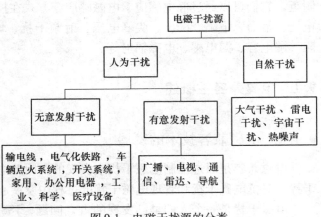

图 9-1　电磁干扰源的分类

对于传导干扰按其传导模式分为串模干扰和共模干扰。

（1）串模干扰

所谓串模干扰是指叠加在被测信号上的干扰噪声。这里的被测信号是指有用的直流信号或者变化缓慢的交变信号，而干扰噪声是指无用的变化较快的杂乱交变信号，如图 9-2 和图 9-3 所示。

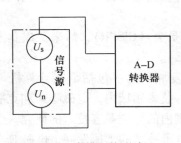

图 9-2　串模干扰形式 1

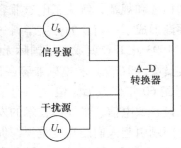

图 9-3　串模干扰形式 2

由图 9-2 和图 9-3 可知，串模干扰和被测信号在回路中所处的地位是相同的，总是以两者之和作为输入信号。

（2）共模干扰

被控制和被测试的参量可能很多，并且分散在生产现场的各个地方，一般都用很长的导线把计算机发出的控制信号传送到现场中的某个控制对象，或者把安装在某个装置中的传感器所产生的被测信号传送到计算机的A-D转换器。因此被测信号 U_s 的参考接地点和计算机输入端信号的参考接地点之间往往存在着一定的电位差 U_{cm}，如图9-4所示。

由图9-4可见，对于转换器的两个输入端来说，分别有 $U_s + U_{cm}$ 和 U_{cm} 两个输入信号。显然，U_{cm} 是转换器输入端上共有的干扰电压，故称共模干扰。

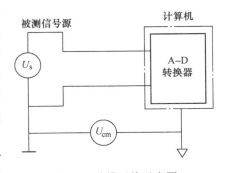

图9-4　共模干扰示意图

3. 电磁干扰的三要素

所有的电磁干扰都是由3个基本要素组合而成的，它们是电磁干扰源、对该干扰能量敏感的设备、将电磁干扰源传输到敏感设备的媒介（即传输通道或耦合途径）。电磁干扰源作用于敏感设备的耦合途径如图9-5所示。

对抑制所有电磁干扰的方法也应由这三要素着手解决。

① 电磁干扰源：指产生电磁干扰的任何元件、器件、设备、系统或自然现象。

② 耦合途径（或称传输通道）：指将电磁干扰能量传输到受干扰设备的通道或媒介。

③ 敏感设备：指受到电磁干扰影响，或者说对电磁干扰发生响应的设备。

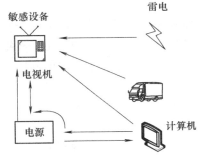

图9-5　电磁干扰源作用于敏感设备的耦合途径

4. 自然干扰（噪声）

自然电磁干扰源存在于地球和宇宙，自然电磁现象会产生电磁噪声。自然干扰主要分为宇宙干扰、大气干扰、雷电干扰和热噪声。

（1）宇宙干扰

宇宙干扰是来自太阳系、银河系及河外星系的电磁骚扰，主要包括太空背景噪声和太阳、月亮、木星等发射的无线电噪声。

（2）雷电干扰

雷电干扰主要是由夏季本地雷电和冬季热带地区雷电放电所产生的。

（3）大气干扰

大气干扰是指除雷电放电外大气中的尘埃、雨点、雪花、冰雹等微粒在高速通过飞机、飞船表面时，由于相对摩擦运动而产生电荷迁移从而沉积静电，当电势升高到1MV时，就发生火花放电、电晕放电。

（4）热噪声

热噪声是指处于一定热力学状态下的导体中所出现的无规则电起伏，它是由导体中自由电子的无规则运动引起的，例如电阻热噪声、气体放电噪声、有源器件的散弹噪声。

5. 人为干扰（噪声）

人为干扰分别来自有意发射干扰源和无意发射干扰源。

（1）有意发射干扰源

有意发射干扰源是专用于辐射电磁能的设备，例如广播、电视、通信、雷达、导航等发射设备，是通过向空间发射有用信号的电磁能量来工作的，它们对不需要这些信号的电子系统或设备将构成功能性干扰，而且是电磁环境的重要污染源。

（2）无意发射干扰源

有许多装置都无意地发射电磁能量，例如汽车的点火系统，各种不同的用电装置和带电动机的装置，照明装置，霓虹灯广告，高压电力线，工业、科学和医用设备以及接收机的本机振荡辐射等都在无意地发射电磁能量。这种发射可能是向空间的辐射，也可能是沿导线的传导发射，所发射的电磁能量是随机的或是有规则的，一般占有非常宽的频带或离散频谱，所发射的功率可从皮瓦到兆瓦量级。

9.2 电磁兼容性设计

9.2.1 电磁兼容的含义

随着各种电子电路和电力电子技术在家庭、工业、交通、国防领域日益广泛的应用，电磁干扰和电磁敏感度（Electromagnetic Susceptibility，EMS）已成为现代电气工程设计和研究人员在设计过程中必须考虑的问题。

一方面，这是因为当前电子技术正朝着高频、高速、高灵敏度、高可靠性、多功能、小型化的方向发展，导致了现代电子设备产生和接受电磁干扰的概率大大增加。

另一方面，随着电力电子装置本身功率容量和功率密度的不断增大，电网及其周围的电磁环境遭受的污染也日益严重，所以 EMI 已成为许多电子设备与系统能否在应用现场正常可靠运行的主要障碍之一。

为此，世界各国对电气设备的电磁兼容性（Electromagnetic Compatibility，EMC）均制定了相应的标准。今天对 EMI 和 EMC 的研究已不再像以前那样，主要局限于通信领域和军用设备与系统，而是已经或正在迅速地扩展到与电子技术应用相关的工业、民用的各个领域。

电磁兼容性（EMC）包括两方面的含义：

1）电子设备或系统内部的各个部件和子系统、一个系统内部的各台设备乃至相邻几个系统，在它们自己所产生的电磁环境及它们所处的外界电磁环境中，能按原设计要求正常运行。换句话说，它们应具有一定的电磁敏感度，以保证它们对电磁干扰具有一定的抗扰度（Immunity to Disturbance）。

2）该设备或系统自己产生的电磁噪声（Electromagnetic Noise，EMN）必须限制在一定的电平，使由它所造成的电磁干扰不致对它周围的电磁环境造成严重的污染和影响其他设备或系统的正常运行。下面以无线电接收为例，进一步具体地阐明 EMC 的含义。

9.2.2 电磁兼容控制技术

在控制技术上，除了采用众所周知的抑制干扰传播的技术，如屏蔽、接地、搭接、合理布线等方法以外，还可以采取回避和疏导的技术处理。

1. 空间分离法

电磁屏蔽是电磁兼容控制的重要手段。电磁屏蔽就是以金属隔离的原理来控制电磁干扰由一个区域向另一个区域感应和辐射传播的方法。

屏蔽一般分为两种类型：一类是静电屏蔽，主要用于防止静电场和恒定磁场的影响；另一类是电磁屏蔽，主要用于防止交变电场、交变磁场以及交变电磁场的影响。

静电屏蔽应具有两个基本要点，即完善的屏蔽体和良好的接地。电磁屏蔽不但要求有良好的接地，而且要求屏蔽体具有良好的导电连续性，对屏蔽体的导电性要求要比静电屏蔽高得多。因而为了满足电磁兼容性要求，常常用高导电性的材料作为屏蔽材料，如铜板、铜箔、铝板、铝箔、钢板或金属镀层、导电涂层。

2. 频率管理法

频率管理法是指运用干扰抑制滤波技术来选择信号和抑制干扰。为实现这两大功能而设计的网络都称为滤波器。通常按功能可把滤波器分为信号选择滤波器和电磁干扰（EMI）滤波器两大类。信号选择滤波器可有效去除不需要的信号分量，同时是对被选择信号的幅度相位影响最小的滤波器。电磁干扰滤波器是以能够有效抑制电磁干扰为目标的滤波器。电磁干扰滤波器常常又分为信号线 EMI 滤波器、电源 EMI 滤波器、印制电路板 EMI 滤波器、反射 EMI 滤波器、隔离 EMI 滤波器等几类。

线路板上的导线，是最有效的接收和辐射天线。由于导线的存在，往往会在线路板上产生过强的电磁辐射。同时，这些导线又能接受外部的电磁干扰，使电路对干扰很敏感。在导线上使用信号滤波器是解决高频电磁干扰辐射和接收很有效的方法。脉冲信号的高频成分很丰富，这些高频成分可以借助导线辐射，使线路板的辐射超标。信号滤波器的使用可使脉冲信号的高频成分大大减少，由于高频信号的辐射效率较高，这个高频成分的减少，使线路板的辐射大大改善。

3. 电气隔离法

电源线是电磁干扰传入设备和传出设备的主要途径。通过电源线，电网上的干扰可以传入设备，干扰设备的正常工作。同样，设备的干扰也可以通过电源线传到电网上，对电网上其他设备造成干扰。为了防止这两种情况的发生，必须在设备的电源入口处安装一个低通滤波器，这个滤波器只允许设备的较低工作频率（50Hz、60Hz、400Hz）通过，而对较高频率的干扰有很大的损耗，由于这个滤波器专门用于设备电源线上，所以称为电源线滤波器。

电源线上的干扰电路以两种形式出现：一种是在相线、中性线回路中，其干扰被称为串模干扰；另一种是在和相线、中性线与地线和大地的回路中，称为共模干扰。通常 200Hz 以下时，串模干扰为主要成分。1MHz 以上时，共模干扰占主要成分。电源滤波器对串模干扰和共模干扰都有抑制作用，但由于电路结构不同，对串模干扰和共模干扰的抑制效果不一样，所以滤波器的技术指标中有串模插入损耗和共模插入损耗之分。

4. 传输通道抑制法

在一个电子系统中，通道之间的信号辐射会产生电磁干扰。如果是两个图像通道的信号干扰，会产生图像叠加、背景虚像等现象。如果是两个音频通道的信号干扰，则会出现串音现象。

在印制电路板上，信号线长距离高密度平行，就有可能出现传输通道干扰。改善传输通

353

道干扰的方法是在设计 PCB 时，高频信号之间的布线尽量少平行，有条件的要插入地线，传输通道干扰的抑制方法有滤波、屏蔽、搭接、接地、改善布线等方法。

5. 时间分隔法

让电子设备工作在干扰源的时间间隙里，从而避免了电磁干扰。时间分隔法有雷达脉冲同步方法、主动时间分隔方法、被动时间分隔方法等。

9.3 干扰的耦合方式

干扰源产生的干扰是通过耦合通道对计算机控制系统发生电磁干扰作用的。因此，需要弄清干扰源与被干扰对象之间的传递方式和耦合机理。

干扰的传递几乎都是通过导线，或者通过空间和大地传递的，见表 9-1。在实际工程中，要避免从电磁场角度研究干扰传递的复杂性，可以采用简化电路模型的处理方法。采用集中参数回路分析，就是将耦合通道用集中参数的电容 C、电感 L 及互感 M 表示。

表 9-1 干扰的传递方式

传递途径	传递方式	决定因素		噪声表现方式
导线	传导	经导线侵入	传导的模式	串模干扰：叠加于往返两线间的干扰
				共模干扰：叠加于线路和地线间的干扰
			侵入的线路	电源线：从电源电路侵入的干扰
				信号线：从信号输入线、输出线侵入的干扰
				控制线：从控制线侵入的干扰
空间	辐射	辐射电磁场距离辐射源的波长		电磁波
	感应	平行配线和多芯电缆等近距离电磁场		静电感应：高阻抗电场静电耦合
				电磁感应：低阻抗磁场电磁耦合
大地和接地电路	地线传导地线感应	地线上出现的干扰电压		静电耦合：由地线侵入的噪声电磁耦合
				电导耦合：外电流流入裸线
				天线效应：接地线成为天线，辐射出干扰
	接地干扰	地电流		共模干扰：接地点间的电位差

9.3.1 直接耦合方式

电导性耦合最普遍的方式是干扰信号经过导线直接传导到被干扰电路中而造成对电路的干扰。在计算机控制系统中，干扰噪声经过电源线耦合进入计算机电路是最常见的直接耦合现象。对这种耦合方式，可采用滤波去耦的方法有效地抑制或防止电磁干扰信号的传入。

9.3.2 公共阻抗耦合方式

公共阻抗耦合方式是干扰源和信号源具有公共阻抗时的传导耦合。公共阻抗随元件配置和实际器件的具体情况而定。例如，电源线和接地线的电阻、电感在一定的条件下会形成公共阻抗；一个电源电路对几个电路供电时，如果电源不是内阻抗为零的理想电压源，则其内

354

阻抗就成为接受供电的几个电路的公共阻抗。只要其中某一电路的电流发生变化，便会使其他电路的供电电压发生变化，形成公共阻抗耦合。公共阻抗耦合一般发生在两个电路的电流流经一个公共阻抗时，一个电路在该阻抗上的电压降会影响到另一个电路。

常见的公共阻抗耦合有公共地和电源阻抗两种。为了防止公共阻抗耦合，应使耦合阻抗趋近于零，通过耦合阻抗上的干扰电流和产生的干扰电压将消失。此时，有效回路与干扰回路即使存在电气连接（在一点上），它们彼此也不再互相干扰，这种情况通常称为电路去耦，即没有任何公共阻抗耦合的存在。

9.3.3 电容耦合方式

电容耦合方式是指电位变化在干扰源与干扰对象之间引起的静电感应，又称静电耦合或电场耦合。计算机控制系统电路的元件之间、导线之间、导线与元件之间都存在着分布电容。如果某一个导体上的信号电压（或噪声电压）通过分布电容使其他导体上的电位受到影响，这样的现象就称为电容性耦合。

9.3.4 电磁感应耦合方式

电磁感应耦合又称磁场耦合。在任何载流导体周围空间中都会产生磁场。若磁场是交变的，则对其周围闭合电路产生感应电动势。在设备内部，线圈或变压器的漏磁是一个很大的干扰；在设备外部，当两根导线在很长的一段区间架设时，也会产生干扰。

9.3.5 辐射耦合方式

电磁场辐射也会造成干扰耦合。当高频电流流过导体时，在该导体周围便产生电力线和磁力线，并发生高频变化，从而形成一种在空间传播的电磁波。处于电磁波中的导体便会感应出相应频率的电动势。

9.3.6 漏电耦合方式

漏电耦合是电阻性耦合方式。当相邻的元件或导线间的绝缘电阻降低时，有些电信号通过这个降低了的绝缘电阻耦合到逻辑元件的输入端而形成干扰。

干扰耦合到计算机控制系统的主要途径有电源系统、传导通路和空间电磁波的感应三个方面，如图9-6所示。

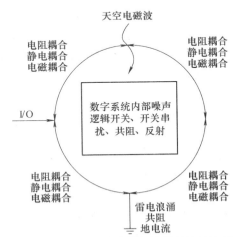

图9-6 干扰耦合到计算机控制系统的途径

9.4 计算机控制系统可靠性设计

计算机控制系统的可靠性技术涉及生产过程的多个方面，不仅与设计、制造、检验、安装、维护有关，而且还与生产管理、质量监控体系、使用人员的专业技术水平及素质有关。下面主要是从技术的角度介绍提高计算机控制系统可靠性的最常用的方法。

9.4.1 可靠性设计任务

影响计算机控制系统可靠性的因素有内部与外部两方面。针对内外因素的特点，采取有效的软硬件措施，是可靠性设计的根本任务。

1. 内部因素

导致系统运行不稳定的内部因素主要有以下三点：

1）元器件本身的性能与可靠性。元器件是组成系统的基本单元，其特性好坏与稳定性直接影响整个系统的性能与可靠性。因此，在可靠性设计当中，首要的工作是精选元器件，使其在长期稳定性、精度等级方面满足要求。

2）系统结构设计。包括硬件电路结构设计和运行软件设计。元器件选定之后，根据系统运行原理与生产工艺要求将其连成整体，并编制相应软件。电路设计中要求元器件或线路布局合理，以消除元器件之间的电磁耦合相互干扰；优化的电路设计也可以消除或削弱外部干扰对整个系统的影响，如去耦电路、平衡电路等；也可以采用冗余结构，当某些元器件发生故障时，也不影响整个系统的运行。软件是计算机控制系统区别于其他通用电子设备的独特之处，通过合理编制软件可以进一步提高系统运行的可靠性。

3）安装与调试。元器件与整个系统的安装与调试是保证系统运行和可靠性的重要措施。尽管元件选择严格，系统整体设计合理，但安装工艺粗糙，调试不严格，仍然达不到预期的效果。

2. 外部因素

外因是指计算机所处工作环境中的外部设备或空间条件导致系统运行的不可靠因素，主要包括以下几点：

1）外部电气条件，如电源电压的稳定性、强电场与磁场等的影响。

2）外部空间条件，如温度、湿度、空气清洁度等。

3）外部机械条件，如振动、冲击等。

为了保证计算机系统可靠工作，必须创造一个良好的外部环境。如采取屏蔽措施、远离产生强电磁场干扰的设备，加强通风以降低环境温度，安装紧固以防止振动等。

元器件的选择是根本，合理安装调试是基础，系统设计是手段，外部环境是保证，这是可靠性设计遵循的基本准则，并贯穿于系统设计、安装、调试、运行的全过程。为了实现这些准则，必须采取相应的硬件或软件方面的措施，这是可靠性设计的根本任务。

9.4.2 可靠性设计技术

1. 元器件级

元器件是计算机系统的基本部件，元器件的性能与可靠性是整体性能与可靠性的基础。因此，元器件的选用要遵循以下原则：

（1）严格管理元器件的购置、储运

元器件的质量主要是由制造商的技术、工艺及质量管理体系保证的。采购元器件之前，应首先对制造商的质量信誉有所了解。这可通过制造商提供的有关数据资料获得，也可以通过调查用户来了解，必要时可亲自做试验加以检验。制造商一旦选定，就不应轻易更换，尽量避免在一台设备中使用不同厂家的同一型号的元器件。

（2）老化、筛选和测试

元器件在装机前应经过老化筛选，淘汰那些质量不佳的元件。老化处理的时间长短与所用的元件量、型号、可靠性要求有关，一般为24h或48h。老化时所施用的电气应力（电压或电流等）应等于或略高于额定值，常为额定值的110%~120%。老化后测试应注意淘汰那些功耗偏大、性能指标明显变化或不稳定的元器件。老化前后性能指标保持稳定的是优选的元器件。

（3）降额使用

所谓降额使用，就是在低于额定电压和电流条件下使用元器件，这将能提高元器件的可靠性。

降额使用多用于无源元件（电阻、电容等）、大功率器件、电源模块或大电流高压开关器件等。

降额使用不适用于TTL器件，因为TTL电路对工作电压范围要求较严，不能降额使用。

MOS型电路因其工作电流十分微小，失效主要不是功耗发热引起的，故降额使用对于MOS集成电路效果不大。

（4）选用集成度高的元器件

近年来，电子元器件的集成化程度越来越高。系统选用集成度高的芯片可减少元器件的数量，使得印制电路板布局简单，减少焊接和连线，因而大大减少故障率和受干扰的概率。

2. 部件及系统级

部件及系统级的可靠性技术是指功能部件或整个系统在设计、制造、检验等环节所采取的可靠性措施。元器件的可靠性主要取决于元器件制造商，部件及系统的可靠性则取决于设计者的精心设计。可靠性研究资料表明，影响计算机可靠性因素，有40%来自电路及系统设计。

（1）冗余技术

冗余技术也称容错技术，是通过增加完成同一功能的并联或备用单元数目来提高可靠性的一种设计方法。如在电路设计中，对那些容易产生短路的部分，以串联形式复制；对那些容易产生开路的部分，以并联的形式复制。冗余技术包括硬件冗余、软件冗余、信息冗余、时间冗余等。

硬件冗余是用增加硬件设备的方法，当系统发生故障时，将备份硬件顶替上去，使系统仍能正常工作，硬件冗余结构主要用在高可靠性场合。

（2）电磁兼容性设计

电磁兼容性是指计算机系统在电磁环境中的适应性，即能保持完成规定功能的能力。电磁兼容性设计的目的是使系统既不受外部电磁干扰的影响，也不对其他电子设备产生影响。

（3）信息冗余技术

对计算机控制系统而言，保护信号信息和重要数据是提高可靠性的重要方面。为了防止系统因故障等原因而丢失信息，常将重要数据或文件多重化，复制一份或多份"拷贝"，并存于不同的空间。一旦某一区间或某一备份被破坏，则自动从其他部分重新复制，使信息得以恢复。

（4）时间冗余技术

为了提高计算机控制系统的可靠性，可以采用重复执行某一操作或某一程序，并将执行结果与前一次的结果进行比较对照来确认系统工作是否正常。

（5）故障自动检测与诊断技术

对于复杂系统，为了保证能及时检验出有故障装置或单元模块，以便及时把有用单元替换上去，就需要对系统进行在线的测试与诊断。这样做的目的有两个：一是为了判定动作或功能的正常性；二是为了及时指出故障部位，缩短维修时间。

（6）软件可靠性技术

计算机运行软件是系统欲实行的各项功能的具体反映。软件可靠性的主要标志是软件是否真实而准确地描述了欲实现的各种功能。因此，对生产工艺的了解熟悉程度直接关系到软件的编写质量。提高软件可靠性的前提条件是设计人员对生产工艺过程的深入了解，并且使软件易读、易测和易修改。

为了提高软件的可靠性，应尽量将软件规范化、标准化和模块化，尽可能把复杂的问题化成若干较为简单明确的小任务。把一个大程序分成若干独立的小模块，这有助于及时发现设计中的不合理部分，而且检查和测试几个小模块要比检查和测试大程序方便得多。

9.5 抗干扰的硬件措施

干扰对计算机控制系统的作用可以分为以下部位：

- 输入系统。它使模拟信号失真，数字信号出错，控制系统根据这种输入信息做出的反应必然是错误的。
- 输出系统。它使各输出信号混乱，不能正常反应控制系统的真实输出量，从而导致一系列严重后果。如果是检测系统，则其输出的信息不可靠，人们据此信息做出的决策也必然出差错。如果是控制系统，其输出将控制一批执行机构，使其做出一些不正确的动作，轻者造成一批废次产品，重者引起严重事故。
- 控制系统的内核。它使三总线上的数字信号错乱，从而引发一系列后果。CPU 得到错误的数据信息，使运算操作数失真，导致结果出错，并将这个错误一直传递下去，形成一系列错误。CPU 得到错误的地址信息后，引起程序计数器 PC 出错，使程序运行离开正常轨道，导致程序失控。

在与干扰做斗争的过程中，人们积累了很多经验，有硬件措施，有软件措施，也有软硬结合的措施。硬件措施如果得当，可将绝大多数干扰拒之门外，但仍然有少数干扰窜入控制系统，引起不良后果。故软件抗干扰措施作为第二道防线是必不可少的。由于软件抗干扰措施是以 CPU 的开销为代价的，如果没有硬件抗干扰措施消除绝大多数干扰，CPU 将疲于奔命，没有时间来正常工作，严重影响到系统的工作效率和实时性。因此，一个成功的抗干扰系统是由硬件和软件相结合构成的。硬件抗干扰有效率高的优点，但要增加系统的投资和设备的体积。软件抗干扰有投资低的优点，但会降低系统的工作效率。

9.5.1 抗串模干扰的措施

串模干扰通常叠加在各种不平衡输入信号和输出信号上，还有很多情况下是通过供电线路窜入系统的。因此，抗干扰电路通常便设置在这些干扰必经之路上。

1. 光电隔离

在输入和输出通道上，采用光耦合器进行信息传输，它将控制系统与各种传感器、开关、执行机构从电气上隔离开来，很大一部分干扰（如外部设备和传感器的漏电现象）将被阻挡。

2. 继电器隔离

继电器的线圈和触点之间没有电气上的联系，所以可利用继电器的线圈接收信号，通过触点发送和输出信号，从而避免强电和弱电信号之间的直接接触，达到了抗干扰的目的。

3. 变压器隔离

脉冲变压器可实现数字信号的隔离。脉冲变压器的匝数较少，而且一次和二次绕组分别缠绕在铁氧体磁心的两侧，分布电容仅几皮法，所以可作为脉冲信号的隔离器件。

4. 布线隔离

合理布线，满足抗干扰技术的要求。控制系统中产生干扰的电路主要如下：

1）指示灯、继电器和各种电动机的驱动电路，电源线路、晶闸管整流电路、大功率放大电路等。

2）连接变压器、蜂鸣器、开关电源、大功率晶体管、开关器件等的线路。

3）供电线路、高压大电流模拟信号的传输线路、驱动计算机外部设备的线路和穿越噪声污染区域的传输线路等。

将微弱信号电路与易产生噪声污染的电路分开布线，最基本的要求是信号线路必须和强电控制线路、电源线路分开走线，而且相互间要保持一定距离。配线时应区分开交流线、直流稳压电源线、数字信号线、模拟信号线、感性负载驱动线等。配线间隔越大，离地面越近，配线越短，则噪声影响越小。但是，实际设备的内外空间是有限的，配线间隔不可能太大，只要能够维持最低限度的间隔距离便可。信号线和动力线之间应保持的最小间距见表9-2。

表9-2　动力线和信号线之间的最小间距

动力线容量	与信号线的最小间距
125V　10A	30cm
250V　50A	45cm
440V　200A	60cm
5KV　800A	120cm 以上

5. 硬件滤波电路

滤波是为了抑制噪声干扰，在数字电路中，当电路从一个状态转换成另一个状态时，就会在电源线上产生一个很大的尖峰电流，形成瞬变的噪声电压。当电路接通与断开电感负载时，产生的瞬变噪声干扰往往严重妨害系统的正常工作。所以在电源变压器的进线端加入电源滤波器，以削弱瞬变噪声的干扰。

滤波器按结构分为无源滤波器和有源滤波器。由无源元件电阻、电容和电感组成的滤波器为无源滤波器；由电阻、电容、电感和有源元件（如运算放大器）组成的滤波器为有源滤波器。

在抗干扰技术中，使用最多的是低通滤波器，其主要元件是电容和电感。

采用电容的无源低通滤波器如图 9-7 所示。

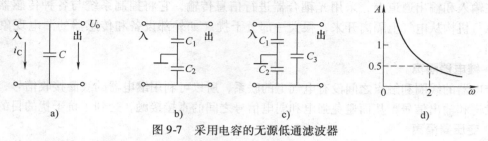

图 9-7　采用电容的无源低通滤波器

图 9-7a 结构可抗串模干扰；图 9-7b 结构可抗共模干扰；图 9-7c 结构既可抗串模干扰，又可抗共模干扰；图 9-7d 为其频率特性。

6. 过电压保护电路

如果没有采用光电隔离措施，在输入输出通道上应采用一定的过电压保护措施，以防引入过高电压，侵害控制系统。过电压保护电路由限流电阻和稳压管组成，限流电阻选择要适宜，太大了会引起信号衰减，大小了起不到保护稳压管的作用。稳压管的选择也要适宜，其稳压值以略高于最高传送信号电压为宜，太低了对有效信号起限幅效果，使信号失真。对于微弱信号（0.2V 以下），通常用两只反并联的二极管来代替稳压管，同样也可以起到电压保护作用。

9.5.2　抗共模干扰的措施

共模干扰通常是针对平衡输入信号而言的，抗共模干扰的方法主要有以下几种：

1. 平衡对称输入

在设计信号源（通常是各类传感器）时，尽可能做到平衡和对称，否则有可能产生附加的差模干扰，使后续电路不易对付。

2. 选用高质量的差动放大器

高质量差动放大器的特点为高增益、低噪声、低漂移、宽频带。由它构成的运算放大器将获得足够高的共模抑制比。

3. 控制系统的接地技术

（1）浮地—屏蔽接地

在计算机控制系统中，通常是把数字电子装置和模拟电子装置的工作基准地浮空，而设备外壳或机箱采用屏蔽接地。浮地方式可使计算机系统不受大地电流的影响，提高了系统的抗干扰性能。由于强电设备大都采用保护接地，浮空技术切断了强电与弱电的联系，系统运行安全可靠。计算机系统设备外壳或机箱采用屏蔽接地，无论从防止静电干扰和电磁感应干扰的角度，或是从人身设备安全的角度，都是十分必要的措施。

（2）接地点的种类

在计算机控制系统和其他电子设备中，安全接地一般均采用一点接地，工作接地分一点接地和多点接地。

9.5.3　采用双绞线

对来自现场信号开关输出的开关信号，或从传感器输出的微弱模拟信号，最简单的办法是采用塑料绝缘的双平行软线。但由于平行线间分布电容较大，抗干扰能力差，不仅静电感应容易通过分布电容耦合，而且磁场干扰也会在信号线上感应出干扰电流。因此在干扰严重的场合，一般不简单使用这种双平行导线来传送信号，而是将信号线加以屏蔽，以提高抗干扰能力。

屏蔽信号线的办法有两种：一种是采用双绞线，其中一根用作屏蔽线，另一根用作信号传输线；另一种是采用金属网状编织的屏蔽线，金属编织作屏蔽外层，芯线用来传输信号。一般的原则是：抑制静电感应干扰采用金属网的屏蔽线，抑制电磁感应干扰应该用双绞线。

1. 双绞线的抗干扰原理

双绞线对外来磁场干扰引起的感应电流情况如图9-8所示。双绞线回路空间的箭头表示感应磁场的方向。

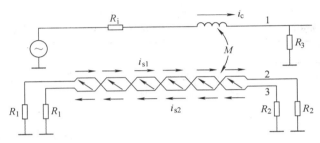

图9-8　双绞线间电路磁场感应干扰情况

由于感应电流流动方向相反，从整体上看，感应磁通引起的噪声电流互相抵消。不难看出，两股导线长度相等，特性阻抗以及输入、输出阻抗完全相同时，抑制噪声效果最好。

把信号输出线和返回线两根导线拧合，其扭绞节距的长短与该导线的线径有关。线径越细，节距越短，抑制感应噪声的效果越明显。实际上，节距越短，所用的导线的长度便越长，从而增加了导线的成本。一般节距以5cm左右为宜。

2. 双绞线的应用

在计算机控制系统的长线传输中，双绞线是比较常用的一种传输线。另外，在接指示灯、继电器等时，也要使用双绞线。但由于这些线路中的电流比信号电流大很多，因此这些电路应远离信号电路。

在数字信号的长线传输中，除对双绞线的接地与节距有一定要求外，根据传送的距离不同，双绞线使用方法也不同。

9.5.4　反射波干扰及抑制

电信号（电流、电压信号）在沿导线传输过程中，由于分布电感、电容和电阻的存在，导线上各点的电信号并不能马上建立，而是有一定的滞后，离起点越远，电压波和电流波到达的时间越晚。这样，电波在线路上以一定的速度传播开来，从而形成行波。

反射噪声干扰对电路的影响，依传输线长度、信号频率高低、传输延迟时间而定。在计算机控制系统中，传输的数字信号为矩形脉冲信号。当传输线较长，信号频率较高，以至于使导线的传输延迟时间与信号宽度相接近时，就必须考虑反射的影响。

影响反射波干扰的因素有两个：其一是信号频率，传输信号频率越高，越容易产生反射波干扰，因此在满足系统功能的前提下，尽量降低传输信号的频率；其二是传输线的阻抗，合理配置传输线的阻抗，可以抑制反射波干扰或大大削弱反射次数。

9.5.5 正确连接模拟地和数字地

1. 地线连接方式

A-D、D-A 转换电路要特别注意地线的正确连接，否则干扰影响将很严重。A-D、D-A芯片及采样保持芯片均提供了独立的数字地和模拟地，分别有相应的引脚。在线路设计中，必须将所有器件的数字地和模拟地分别相连，但数字地与模拟地仅在一点上相连。应特别注意，在全部电路中的数字地和模拟地仅仅连在一点上，在芯片和其他电路中不可再有公共点。地线的正确连接方法如图 9-9 所示。

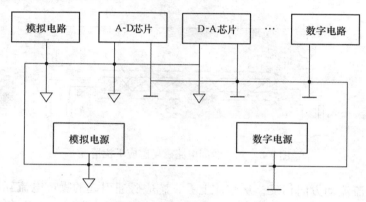

图9-9 地线的正确连接方法

A-D、D-A 转换电路中，供电电源电压的不稳定性要影响转换结果。一般要求纹波电压小于 1%。可采用钽电容或电解电容滤波。为了改善高频特性，还应使用高频滤波电容。在布线时，每个芯片的电源线与地线间要加旁路电容，并应尽量靠近 A-D、D-A 芯片，一般选用 $0.01 \sim 0.1\mu F$。

A-D、D-A 转换电路是模拟信号与数字信号的典型混合体。当数字信号前沿很陡，频率较高的情况下，数字信号可通过印制电路板线间的分布电容和漏电耦合到模拟信号输入端而引起干扰。印制电路板布线时应使数字信号和模拟信号远离，或者将模拟信号输入端用地线包围起来，以降低分布电容耦合和隔断漏电通路。

2. PCB 布线原则

PCB 布线原则如下：

1）应尽量缩短传输导线长度。

2）数字信号与模拟信号线尽量远离。

3）电源线和地线的电流密度不应太大，以减少电源线和地线引入的干扰。印制电路中的导线宽度一般按 2A/mm 来确定。

9.5.6 电源的抗干扰措施

在计算机控制系统中，为了保证各部分电路的工作，需要一组或多组直流电源。直流电源是由交流电（如市电 AC 220V）经过变压、整流、滤波、稳压后向控制系统提供的。由于直流电源的输入直接接在电网上，因此电网上的各种干扰便会通过直流电源引入控制系统，对控制系统内部造成影响。同时，直流电源又是一个严重的干扰源，所以必须对电源采取抗干扰措施。

1. 电源干扰的类型

（1）电源线中的高频干扰

供电电力线相当于一个接收天线，能把雷电、开闭荧光灯、起停大功率的用电设备、电弧、广播电台等辐射的高频干扰信号通过电源变压器一次侧耦合到二次侧，形成对计算机的干扰。

（2）感性负载产生的瞬变噪声

切断大容量感性负载时，能产生很大的电流和电压变化率，从而形成瞬变噪声干扰，成为电磁干扰的主要原因。

（3）晶闸管通断时所产生的干扰

晶闸管由截止到导通，仅在几微秒的时间内使电流由零很快上升到几十甚至几百安培，因此电流变化率 di/dt 很大。这样大的电流变化率，使得晶闸管在导通瞬间流过一个具有谐波的大电流，在电源阻抗上产生很大的压降，从而使电网电压出现缺口。这种畸变了的电压波形含有谐波，可以向空间辐射，或者通过传导耦合，干扰其他电子设备。

（4）电网电压的短时下降干扰

当起动如大电动机等大功率负载时，由于起动电流很大，可导致电网电压短时大幅度下降。这种下降值超出稳压电源的调整范围时，也将干扰电路的正常工作。

（5）拉闸过程形成的高频干扰

当计算机与电感负载共用一个电源时，拉闸时产生的高频干扰电压通过电源变压器的一、二次侧间的分布电容耦合到控制系统，再经该装置与大地间的分布电容形成耦合回路。

2. 电源抗干扰的基本措施

计算机控制系统有大部分干扰是通过电源耦合进来的。因此，提高电源系统的供电质量，对确保系统安全可靠运行是非常重要的。电源抗干扰的基本措施如下：

1）采用交流稳压器。当电网电压波动范围较大时，应使用交流稳压器。若采用磁饱和式交流稳压器，对来自电源的噪声干扰也有很好的抑制作用。

2）电源滤波器。交流电源引线上的滤波器可以抑制输入端的瞬态干扰。直流电源的输出也接入电容滤波器，以使输出电压的纹波限制在一定范围内，并能抑制数字信号产生的脉冲干扰。

3）在要求供电质量很高的特殊情况下，可以采用发电机组或逆变器供电，如采用在线式 UPS 供电。

4）电源变压器采用屏蔽措施。利用几毫米厚的高导磁材料（如坡莫合金）将变压器严密地屏蔽起来，以减小漏磁通的影响。

5）在每块印制电路板的电源与地之间并接去耦电容，即 $5 \sim 10\mu F$ 的电解电容和一个 $0.01 \sim 0.1\mu F$ 的电容，这可以消除电源线和地线中的脉冲电流干扰。

6）采用分立式供电。整个系统不是统一变压、滤波、稳压后供各单位电路使用，而是变压后直接送给各单元电路的整流、滤波、稳压。这样可以有效地消除各单元电路间的电源线、地线间的耦合干扰，又提高了供电质量，增大了散热面积。

7）分开供电方式。把空调、照明、动力设备分为一类供电方式，把计算机控制系统分为一类供电方式，以避免强电设备工作时对控制系统的干扰。

9.5.7 压敏电阻及其应用

压敏电阻是一种非线性电阻性元件，它对外加的电压十分敏感，外加电压发生微小变动，其阻值会发生明显变化。因此，电压的微增量便可引起大的电流增量。

压敏电阻可分为氧化锌（ZnO）压敏电阻、碳化硅压敏电阻和硅压敏电阻等。

ZnO 压敏电阻器的电气特性曲线如图 9-10 所示。由此可看出，ZnO 压敏电阻具有类似稳压管的非线性特性。在一般正常工作电压（外加电压低于临界电压值）时，压敏电阻为高阻状态，仅有 μA 数量级的漏电流流过压敏电阻，相当于开路状态。当有过电压（当电压到临界值以上）时，压敏电阻即迅速变为低阻抗（响应时间为纳秒数量级），电流急剧上升，电阻急剧下降，过电压以放电电流的形式被压敏电阻吸收掉，相当于过电压部分被短路。当浪涌过电压过后，电路电压恢复到正常工作电压，压敏电阻又恢复到高阻状态。

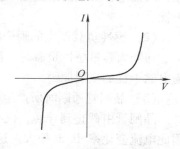

图 9-10 ZnO 压敏电阻 I-V 特性曲线

可以利用压敏电阻的上述特性吸收各种干扰的过电压。由于 ZnO 压敏电阻特性曲线较陡，具有漏电流很小，平均功耗小，温升小，通流容量大，伏安特性对称，电压范围宽，体积小等优点，可广泛用于直流和交流回路中吸收不同极性的过电压。

1. 压敏电阻的电气参数

（1）压敏电压

压敏电压又称标称电压。当几何形状一定时，1mA 电流相对应的电压为压敏电压。

（2）残压比

残压是指压敏电阻器流过某一脉冲电流时元件两端的电压峰值。残压比是这个峰值电压与压敏电压的比值。显然，对同一脉冲电流而言，残压比越小，说明元件非线性强；反之，则元件非线性差。

（3）C 值

在一定电流下，C 值大的压敏电阻器所对应的电压值也高，所以有时称 C 为非线性电阻值。对一定的材料来说，C 值与器件的几何尺寸有关。为了比较不同材料的 C 值，把压敏电阻器上流过 $1mA/cm^2$ 电流时，在电流通路上每毫米长上的电压降定义为压敏材料的 C 值。它反映了该材料的特性和压敏电压的高低，所以也称 C 为材料常数。

（4）漏电流

压敏电阻在正常工作电压下应是高阻态，也即是使其漏电流越小越好。因此，习惯上把 ZnO 压敏电阻器正常工作时流过的电流称漏电流。要使漏电流尽可能地小，既与材料的成分和工艺有关，也与正确选用压敏电压有关。

（5）通流容量

又称通流能力或通流量。把满足 V_{1mA} 要求下，压敏电阻所能承受的最大冲击电流（按规定波形）叫压敏电阻器的通流容量。

2. 压敏电阻的应用

ZnO 压敏电阻与被保护的设备或过电压源并联，而且安装部位应尽可能靠近被保护的设备。压敏电阻的主要作用是抑制浪涌电压干扰。

将压敏电阻并联在开关电源输入端的电路如图 9-11 所示。

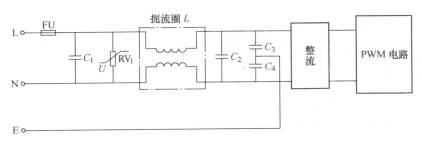

图 9-11　压敏电阻应用电路

在图 9-11 中，FU 为熔丝，RV_1 为压敏电阻，L 为共轭扼流圈，它与电容 C_1、C_2、C_3、C_4 组成滤波电路。当 L、N 输入电压为 AC 220V 时，可选 RV_1 为 TVR10471，直径为 10mm，压敏电压为 470V。

9.5.8　瞬变电压抑制器及其应用

瞬变电压抑制器（Transient Voltage Suppression Diode）又称作瞬变电压抑制二极管，是普遍使用的一种高效能电路保护器件，一般简称 TVS，也可简称 TVP 等。它的外形与普通二极管无异，但却能"吸收"高达数千瓦的浪涌功率。当 TVS 两端经受瞬间高能量冲击时，它能以极高的速度把两端间的阻抗值由高阻抗变为低阻抗，吸收一个大电流，从而把它两端间的电压钳位在一个预定的数值上，保护后面的电路元件不因瞬态高电压的冲击而损坏。

TVS 对静电、过电压、电网干扰、雷击、开关打火、电源反向及电动机/电源噪声振动保护尤为有效。TVS 具有体积小、功率大、响应快、无噪声、价格低等优点。目前广泛应用于家用电器、电子仪表、通信设备、电源、计算机系统等领域。

1. TVS 的特性

TVS 的 V-I 特性曲线如图 9-12 所示。

TVS 的正向特性与一般二极管没有什么区别，反向特性为典型的 PN 结雪崩器件。在瞬态峰值脉冲电流作用下，流过 TVS 的电流由 I_R 上升到 I_T 时，其两极呈现的电压由额定反向关断电压 V_R 上升到击穿电压 V_B，TVS 被击穿。随着峰值脉冲电流的出现，流过 TVS 的电流达到峰值电流 $I_{P\text{-}P}$，在其两极的电压被钳位到预定的最大钳位电压 V_C 以下。随着脉冲电流的衰减，TVS 两端的电压也不断下降，最后恢复到起始状态。这就是 TVS 抑制浪涌功率，保护电子元件的过程。

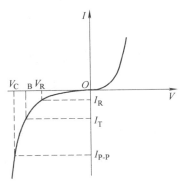

图 9-12　TVS 的 V-I 特性曲线

TVS 按极性可分为单极性及双极性两种。单极性只对一个方向的浪涌电压起保护作用，对相反方向的浪涌电压它相当于一只正向导通的二极管。双极性可以对任何方向的浪涌电压起钳位作用。

2. TVS 的电气参数

（1）最大反向漏电流 I_R 和额定反向关断电压 V_R

V_R 是 TVS 最大连续工作的直流或脉冲电压，TVS 在这个反向电压作用下处于反向关断状态，流过它的电流应小于或等于其最大反向漏电流 I_R。

（2）最小击穿电压 V_B 和击穿电流 I_T

V_B 是 TVS 最小的击穿电压（又称雪崩电压）。25℃ 时，当 TVS 两极间电压小于 V_B 时，保证 TVS 是不导通的。当规定流过 TVS 的电流为 1mA（I_T）时，加于 TVS 两极间的电压定义为最小击穿电压 V_B。

（3）最大钳位电压 V_C 和最大峰值脉冲电流 I_{P-P}

当脉冲峰值电流 I_{P-P} 流过 TVS 持续 20μs 时，在其两极间出现的最大峰值电压 V_C 称为钳位电压，是在峰值电流 I_{P-P} 下测得的最大电压值。V_C、I_{P-P} 反映了 TVS 的浪涌抑制能力。

（4）最大峰值脉冲功耗 P_m

P_m 是 TVS 能承受的最大峰值脉冲功率耗散。在给定的最大钳位电压下，功耗 P_m 越大，其浪涌电流的承受能力越大；在给定的功耗 P_m 下，钳位电压 V_C 越低，其浪涌电流的承受能力越大。

（5）钳位时间 t_C

t_C 是从零到最小击穿电压 V_B 的时间。单极性 TVS 小于 1×10^{-12} s；而双极性 TVS 小于 1×10^{-9} s。

3. TVS 选取原则

选取 TVS 应遵循以下原则：

1）若 TVS 有可能承受来自两个方向的浪涌电压冲击，就应当选用双极性的，否则就选用单极性的。

2）所选用的 TVS 的 V_C 值应低于被保护元件的最高电压。

3）TVS 在正常工作状态下不要处于击穿状态，最好处于 V_R 以下，综合考虑 V_R 和 V_C 两方面的要求，选择合适的 TVS。

4）如果知道比较准确的浪涌电流 I_{P-P}，可以利用 $V_C \cdot I_{P-P}$ 来确定功率；如果无法确定 I_{P-P} 的大致范围，可选择功率大些的 TVS 为好。

4. TVS 的应用

TVS 的应用电路如图 9-13 所示。

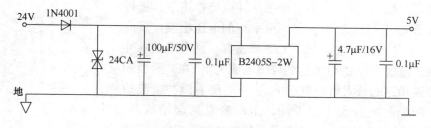

图 9-13　TVS 的应用电路

图 9-13 所示电路为智能测控节点常用电源电路，采用 24V 供电，通过 DC-DC 模块 B2405S-2W 变成隔离 5V 电源。其中 24CA 为双极性 TVS 二极管，1N4001 二极管为防止接反

电源极性损坏 DC-DC 模块。

9.6 抗干扰的软件措施

9.6.1 数字信号输入输出中的软件抗干扰措施

如果 CPU 工作正常，干扰只作用在系统的 I/O 通道上，可用如下方法减少干扰对数字信号的输入输出影响。

1. 数字信号的输入方法

干扰信号多呈毛刺状，作用时间短，利用这一特点，在采集某一数字信号时，可多次重复采样，直到连续两次或两次以上采集结果完全一致方为有效。若多次采集后，信号总是变化不定，可停止采集，给出报警信号。由于数字信号主要是来自各类开关型状态传感器，如限位开关和操作按钮等，对这些信号的采集不能用多次平均法，必须绝对一致才行。

2. 数字信号的输出方法

计算机的输出中，有很多是数字信号。例如显示装置、打印装置、通信、各种报警装置、步进电动机的控制信号、各种电磁装置（电磁铁、电磁离合器、中间继电器等）的驱动信号，即便是模拟输出信号，也是以数字信号形式给出的，经 D-A 转换后才形成的。计算机给出正确的数据输出后，外部干扰有可能使输出装置得到错误的数据。

不同的输出装置对干扰的耐受能力不同，抗干扰措施也不同。首先，各类输出数据锁存器尽可能和 CPU 安装在同一电路板上，使传输线上传送的都是已锁存好的电位控制信号。有时这一点不一定能做到，例如用串行通信方式输出到远程显示器，一条线送数据，一条线送同步脉冲，这时就特别容易受干扰。其次，对于重要的输出设备，最好建立检测通道，CPU 可以通过检测通道来检查输出的结果是否正确。

在软件上，最为有效的方法就是重复输出同一个数据。只要有可能，其重复周期尽可能短。外部设备接收到一个被干扰的错误信息后，还来不及做出有效的反应，一个正确的输出信息又传送到，因此可及时防止错误的动作产生。

另外，由于带有复位端的可编程芯片复位，周期比 CPU 长，所以在初次上电时，不要立即对这些可编程芯片初始化，延时几个毫秒即可。

9.6.2 CPU 的抗干扰技术

上面所介绍的抗干扰措施是针对输入输出通道的，干扰还未作用到 CPU 本身，这时 CPU 还能正确无误地执行各种抗干扰程序，消除或削弱干扰对输入输出通道的影响。当干扰通过三总线等作用于 CPU 本身时，CPU 将不能按正常状态执行程序，从而引起混乱。如何发现 CPU 受到干扰，如何拦截失去控制的程序流向，如何使系统的损失减小，如何尽可能无扰动地恢复系统正常状态，这将是 CPU 抗干扰技术所要研究的内容。CPU 的抗干扰技术除指令冗余，设置软件陷阱外，主要是建立程序运行监视系统，这便是常说的看门狗电路（Watch Dog Timer，WDT）。这种电路有些已做在 CPU 内部，有些 CPU 内部没有这种电路，因此需要外加。每一种 CPU 均有一个复位引脚，有些是低电平有效，有些是高电平有效。当外加 WDT 电路时，可采用前面介绍的 MAX705、MB3773 等专用集成电路。

为了保证系统出故障后 WDT 电路工作，必须采取软硬件相结合的方法。由微控制器或微处理器内部定时器或外部定时器产生时钟中断。当系统出现故障，WDT 电路工作后，系统进入初始状态，如果 RAM 区内容没有丢失，要保留现在运行参数，必须跳过 RAM 区初始化程序。判断 RAM 区内容是否丢失，设置五个单元，不妨设为 7F00H、7F01H、7F02H、7F03H、7F04H，在系统初始化之前，用程序判断这五个单元内容是否为 "0"，如果为全 "0"，则跳过 RAM 区初始化。另外设置一计数单元 7F05H，在中断服务程序内对时钟中断进行计数，该计数值乘以中断时间常数 T0 等于 T3。在键盘扫描主程序中，判 7F05H 单元计数值，是否大于等于 T3 所对应的计数值，即是否时钟到，如到，发出一脉冲，重复触发 WDT。其程序框图如图 9-14 所示。

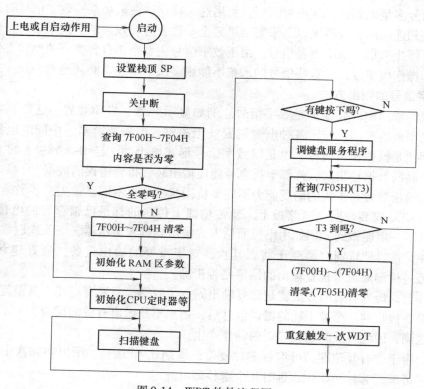

图 9-14　WDT 软件流程图

这样，当固化的软件停止执行或键锁时，此时不论定时器是否发中断，由于停止执行主程序，不进行 WDT 再触发，经暂稳态时间 T1 后，WDT 回到稳态，WDT 电路工作。当定时器不发中断，7F05H 停止计数，其内容保持不变，主程序一直认为时钟 T3 不到，也不再触发 WDT，同样，经 T1 后，WDT 电路也开始工作，上述情况都使系统进入初始状态。

9.7　计算机控制系统的容错设计

计算机控制系统能否正常运行是由很多因素决定的。其外因为各类干扰，其内因即为该系统本身的素质。上节讨论了计算机控制系统抗干扰的各种措施，从而基本上克服了外因的影响。如何提高计算机控制系统自身的素质，这就是本节要讨论的问题。

计算机控制系统本身的素质可分为两方面：硬件系统和软件系统。构成计算机控制系统的各种芯片、电子元件、电路板、接插件的质量，电路设计的合理性、布线的合理性、工艺结构设计等决定了系统的硬件素质，任何一个出了问题，都有可能使系统出错。硬件容错设计研究如何提高系统硬件的可靠性，使其能长期正常工作，即使出了问题，也能及时诊断出硬件故障类型，甚至诊断出故障位置，协助维修人员进行修复，并能及时采取相应的措施，避免事态扩大。

一个计算机控制系统的软件是不可能没有错误的，更不要说没有不足之处了。软件容错设计可以帮助我们尽可能减少错误，使系统由于软件问题而出错的概率低到人们完全可以接受的程度。

9.7.1 硬件故障的自诊断技术

自诊断俗称"自检"。通过自诊断功能，使人们增加了对系统的可信度。对于具有模拟信息处理功能的系统，自诊断过程往往包括自动校验过程，为系统提供模拟通道的增益变化和零点漂移信息。供系统运算时进行校正，以确保系统的精度。自检过程有三种进行方式：

- 上电自检：系统上电时自动进行，自检中如果没有发现问题，则继续执行其他程序，如发现问题，则及时报警，避免系统带病运行。
- 定时自检：由系统时钟定时启动自检功能，对系统进行周期性在线检查，可以及时发现运行中的故障，在模拟通道的自检中，及时发现增益变化和零点漂移，随时校正各种系数，为系统精度提供保证。
- 键控自检：操作者随时可以通过键盘操作来启动一次自检过程。这在操作者对系统的可信度下降时特别有用，可使操作者恢复对系统的信心或者发现系统的故障。

事实上，在有些 I/O 操作过程中，系统软件往往要对效果进行检测。在闭环控制系统中，这种检测本身已经是必不可少的了，但并不把这种检测叫自检。自诊断功能是指一个全面检查诊断过程，它包括系统力所能及的各项检查。

1. CPU 的诊断

CPU 是控制系统的核心，如果 CPU 有问题，系统也就不能正常工作了。对于 CPU 来说，诊断程序若在片外 Flash 中，则 CPU 的诊断过程必须以三总线（包括地址锁存器74HC373）没有问题和 Flash 中的诊断程序也正确为前提。

指令系统能否被正确执行是诊断 CPU 中指令译码器是否有故障的基本方法。首先编制一段程序，将执行后的结果与预定结果进行比较，如果不同，则证明 CPU 有问题。如果和预定结果相同，证明本段程序可以正确执行，并不能绝对保证没有问题。由测试理论可知，想要证明它绝对没有问题，需要进行的测试次数是人们无法接受的。理论归理论，实际上由于芯片工艺的提高，当进行一组测试后如果能通过，其可信度已经完全满足一般控制系统的需要了。为了使测试的效果大一些，应设计一段涉及指令尽可能多一些的测试程序，起码应将各种基本类型的指令都涉及。

2. Flash 的诊断

用户程序通过编程器写入 Flash 后，一般是不会出错的。当 Flash 受到环境中的干扰时，均有可能使 Flash 中的信息发生变化，从而使系统运行不正常。由于这种出错总是个别单元零星发生，不一定每次都能被执行到，故必须主动进行检查。

3. RAM 的诊断

RAM 的诊断分破坏性诊断及非破坏性诊断，一般采用非破坏性诊断。非破坏性的诊断方法是先读出某一单元的内容暂存，然后可进行破坏性诊断，诊断完毕，恢复原来单元的内容。

在进行 RAM 的诊断时，通过对其进行读写操作进行诊断，如果无误即认定正常。在上电自检时，RAM 中无任何有意义的信息，可以进行破坏性的诊断，可以任意写入。一个 RAM 单元如果正常，其中的任何一位均可任意写"0"或"1"。因此，常用 55H 和 0AAH 作为测试字，对一个字节进行两次写两次读，来判别其好坏。一般不能用 0FFH 作为测试字，因为外部存储空间没有安装 RAM 时，经常读取的值为 0FFH。

4. A-D 通道的诊断与校正

对 A-D 通道的诊断方法如下：在某一路模拟输入端加上一个已知的模拟电压，启动 A-D 转换后读取转换结果，如果等于预定值，则 A-D 通道正常，如果有少许偏差，则说明 A-D 通道发生少许漂移，应求出校正系数，供信号通道进行校正运算。如果偏差过大，则为故障现象。

5. D-A 通道的诊断

D-A 通道诊断的目的是为了确保模拟输出量的准确性，而要判断模拟量是否准确又必须将其转变为数字量，CPU 才能进行判断。因此，D-A 的诊断离不开 A-D 环节。

在已经进行 A-D 诊断，并获知其正常后，就可以借助 A-D 的一个输入通道来对 D-A 进行诊断了。

将 D-A 转换器的模拟输出接到 A-D 转换器的某一输入端，D-A 输出一固定值，即可在 A-D 输入端得到一对应值，达到诊断的目的。

除上述介绍的硬件故障诊断技术外，还有数字 I/O 通道的诊断。

9.7.2 软件的容错设计

当设计一段短的程序，用来完成某些特定的功能时，一般并不难。但把很多程序段组成一个应用系统时，往往会出问题。当发现一个问题，并将它解决之后，另一段本来"没有问题"的程序又出了问题。系统越大，各段程序之间的关联就越多，处理起来就越要小心。如果能养成一些良好的程序设计习惯，遵守若干程序设计的基本原则，就能少走弯路，减少程序出错的机会。下面讨论一些常见的软件设计错误，有些错误是明显的，有些错误是隐蔽的，孤立分析是发现不了的，有些错误是在特定条件下才有可能发生的。

1. 防止堆栈溢出

堆栈区留得太大，将减少其他的数据存放空间，留得太少，很容易溢出。所谓堆栈溢出，是指堆栈区已经满了，还要进行新的压栈操作，这时只好将压栈的内容存放在非堆栈区。

系统程序对堆栈的极限需求量即为主程序最大需求量加上低级中断的最大需求量，再加上高级中断的最大需求量。

中断子程序是在主程序完全没有准备的情况下运行的，故对主程序的现场必须加以保护，这和一般子程序不同。当中断子程序本身对主程序现场完全没有影响时，也不必保护现场。另外，影响范围有多大就保护多大，不必什么都压栈保护，增加堆栈的开销。防止堆栈溢出的另一个办法是在监控程序中重复设置栈指针，每执行一次监控循环程序，初始化堆栈一次。

2. 中断中的资源冲突及其预防

在中断子程序执行的过程中，要使用若干信息，处理后，还要生成若干结果。主程序中也要使用若干信息，产生若干结果。在很多情况下，主程序和中断子程序之间要进行信息的交流，它们有信息的"生产者"和"消费者"的相互关系。主程序和普通的子程序之间也有这种关系，但由于它们是在完全清醒的状态下，各种信息的存放读取是有条有理的，不会出现冲突。但中断子程序可以在任何时刻运行就有可能和主程序发生冲突，产生错误的结果。

由于前台程序和后台程序对同一资源（RAM中若干单元）有"生产者"和"消费者"的关系，故不能用保护现场的措施来避免冲突。如果中断时将冲突单元的内容保护起来，返回时再恢复原状态，则中断子程序所做的工作也就没意义了。资源冲突发生的条件如下：

- 某一资源同时为前台程序和后台程序所使用，这是冲突发生的前提。
- 双方之中至少有一方为"生产者"，对该资源进行写操作，这是冲突发生的基础。
- 后台程序对该资源的访问不能用一条指令完成。这是冲突发生的实质。

这三个条件都满足时，即有可能发生冲突而导致错误结果。

3. 正确使用软件标志

软件标志就是程序本身所使用的，表明系统的各种状态特点，传递各模块之间的控制信息，控制程序流向等的某一个或几个寄存器或其中的某位。

在程序设计过程中，往往要使用很多软件标志，软件标志一多，就容易出错。要正确使用软件标志，可从两个方面做好工作。在宏观上，要规划好软件标志的分配和定义工作，有些对整个软件系统都有控制作用的软件标志必须仔细定义，如状态变量。有些只在局部有定义的软件标志也必须定义好它的使用范围和意义。在微观上，对每一个具体的充当软件标志的位资源必须分别进行详细记录，编制软件标志的使用说明书。软件标志的说明是否完备详尽，在很大程度上影响到整个软件的质量。

习　题

1. 电磁干扰的定义是什么？
2. 电磁兼容的含义是什么？
3. 电磁干扰的三要素是什么？
4. 干扰耦合的方式有哪些？
5. 计算机控制系统可靠性设计任务是什么？
6. 什么是共模干扰和串模干扰？
7. 抗串模干扰的措施有哪些？
8. 抗共模干扰的措施有哪些？
9. 双绞线抗干扰的原理是什么？
10. 压敏电阻的作用是什么？
11. TVS瞬变电压抑制器的作用是什么？
12. 什么是WDT？简述其工作原理。

第 10 章　计算机控制系统设计

10.1　基于现场总线与工业以太网的新型 DCS 的设计

10.1.1　新型 DCS 概述

新型 DCS 的总体结构如图 10-1 所示。

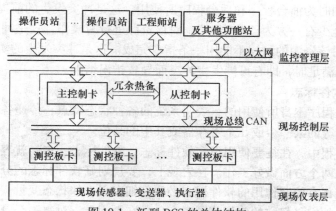

图 10-1　新型 DCS 的总体结构

DCS 现场控制层是整个新型 DCS 的核心部分，控制卡处于监控管理层与现场控制层内测控板卡之间的位置，是整个 DCS 的通信枢纽和控制核心。控制卡的功能主要集中在通信和控制两个方面，通信方面需要确定系统的通信方式，构建系统的通信网络，满足通信方面的速率、可靠性和实时性等要求；控制方面需要确定系统的应用场合、控制规模、系统的容量和控制速度等。具体而言，控制卡应满足如下要求。

1. 通信网络的要求

① 控制卡与监控管理层之间的通信：控制卡与监控管理层之间通信的下行数据包括测控板卡及通道的配置信息、直接控制输出信息、控制算法的新建及修改信息等，上行数据包括测控板卡的采样信息、控制算法的执行信息以及控制卡和测控板卡的故障信息等。由于控制卡与监控管理层之间的通信信息量较大，且对通信速率有一定的要求，所以选择以太网作为与监控层的通信网络。同时，为提高通信的可靠性，对以太网通信网络做冗余处理，采用两条并行的以太网通信网路构建与监控管理层的通信网络。

② 控制卡与测控板卡之间的通信：控制卡与测控板卡之间的通信信息包括测控板卡及通道的组态信息、通道的采样信息、来自上位机和控制卡控制算法的输出控制信息，以及测控板卡的状态和故障信息等。由于 DCS 控制站内的测控板卡是已经开发好的模块，且固定采用现场总线 CAN 进行通信，所以与控制站内的测控板卡间的通信采用现场总线 CAN 进行。同样为提高通信的可靠性需对通信网络做一定的冗余处理，但测控板卡上只有一个

CAN 收发器，无法设计为并行冗余的通信网络。对此，将单一的 CAN 通信网络设计为双向的环形通信网络，这样可以有效避免通信线断线对整个通信网络的影响。

2. 控制功能的要求

① 系统的点容量：为满足系统的通用性要求，系统必须允许接入多种类型的信号，目前的测控板卡类型共有 7 种，分别是 8 通道模拟量输入板卡（支持 0～10mA、4～20mA 电流信号，0～5V、1～5V 电压信号）、4 通道模拟量输出板卡（支持 0～10mA、4～20mA 电流信号）、8 通道热电阻输入板卡（支持 Pt100、Cu100、Cu50 共 3 种类型的热电阻信号）、8 通道热电偶输入板卡（支持 B 型、E 型、J 型、K 型、R 型、S 型、T 型共 7 种类型的热电偶信号）、16 通道开关量输入板卡（支持无源类型开关信号）、16 通道开关量输出板卡（支持继电器类型信号）、8 通道脉冲量输入板卡（支持脉冲累计型和频率型两种类型的数字信号）。

这 7 种类型测控板卡的信号可以概括为 4 类：模拟量输入信号（AI）、数字量输入信号（DI）、模拟量输出信号（AO）、数字量输出信号（DO）。

在板卡数量方面，本系统要求可以支持 4 个机笼，64 个测控板卡。根据前述各种类型的测控板卡的通道数可以计算出本系统需要支持的点数：512 个模拟输入点、256 个模拟输出点、1024 个数字输入点和 1024 个数字输出点。点容量直接影响到本系统的运算速度和存储空间。

② 系统的控制回路容量：系统的控制功能可以经过通信网络由上位机直接控制输出装置完成，但更重要的控制功能则由控制站的控制卡自动执行。自动控制功能由控制站控制卡执行由控制回路构成的控制算法来实现。设计要求本系统可以支持 255 个由功能框图编译产生的控制回路，包括 PID、串级控制等复杂控制回路。控制回路的容量同样直接影响到本系统的运算速度和存储空间。

③ 控制算法的解析及存储：以功能框图形式表示的控制算法（即控制回路）通过以太网下载到控制卡时，并不是一种可以直接执行的状态，需要控制卡对其进行解析。而且系统要求控制算法支持在线修改操作，且掉电后控制算法信息不丢失，在重新上电后可以加载原有的控制算法继续执行。这要求控制卡必须自备一套解析软件，能够正确解析以功能框图形式表示的控制算法，还要拥有一个具有掉电数据保护功能的存储装置，并且能够以有效的形式对控制算法进行存储。

④ 系统的控制周期：系统要在一个控制周期内完成现场采样信号的索要和控制算法的执行。本系统要满足 1s 的控制周期要求，这要求本系统的处理器要有足够快的运算速度，与底层测控板卡间的通信要有足够高的通信速率和高效的通信算法。

3. 系统可靠性的要求

① 双机冗余配置：为增加系统的可靠性，提高平均无故障时间，要求本系统的控制装置要做到冗余配置，并且冗余双机要工作在热备状态。

考虑到目前本系统所处 DCS 控制站中机笼的固定设计格式及对故障切换时间的要求，本系统中将采用主从式双机热备方式。这要求两台控制装置必须具有自主判定主从身份的机制，而且为满足热备的工作要求，两台控制装置间必须要有一条通信通道完成两台装置间的信息交互和同步操作。

② 故障情况下的切换时间要求：处于主从式双机热备状态下的两台控制装置，不但要运行自己的应用，还要监测对方的工作状态，在对方出现故障时能够及时发现并接管对方的工作，保证整个系统的连续工作。本系统要求从对方控制装置出现故障到发现故障和接管对

方的工作不得超过 1s。此要求涉及双机间的故障检测方式和故障判断算法。

4. 其他方面的要求

① 双电源冗余供电：系统工作的基础是电源，电源的稳定性对系统正常工作至关重要，而且现在的工业生产装置都是工作在连续不间断状态，因此，供电电源必须要满足这一要求。所以，控制卡要求供电电源冗余配置，双线同时供电。

② 故障记录与故障报告：为了提高系统的可靠性，不仅要提高平均无故障时间，而且要缩短平均故障修复时间，这要求系统要在第一时间发现故障并向上位机报告故障情况。当底层测控板卡或通道出现故障时，在控制卡向测控板卡索要采样数据时，测控板卡会优先回送故障信息。所以，控制卡必须能及时地发现测控板卡或通道的故障及故障恢复情况。而且，构成控制卡的冗余双机间的状态监测机制也要完成对对方控制装置的故障及故障恢复情况的监测。本系统要求在出现故障及故障恢复时，控制卡必须能够及时主动地向上位机报告此情况。这要求控制卡在与监控管理层上位机间的通信方面，不仅仅是被动地接收上位机的命令，而且要具有主动联系上位机并报错的功能。同时，在进行故障信息记录时，要求加盖时间戳，这就要求控制卡中必须要有实时时钟。

③ 人机接口要求：工作情况下的控制卡必须要有一定的状态指示，以方便工作人员判定系统的工作状态，其中包括与监控管理层上位机的通信状态指示、与测控板卡的通信状态指示、控制装置的主从身份指示、控制装置的故障指示等。这要求控制卡必须要对外提供相应的指示灯指示系统的工作状态。

10.1.2　现场控制站的组成

新型 DCS 分为 3 层：监控管理层、现场控制层、现场仪表层。其中监控管理层由工程师站和操作员站构成，也可以只有一个工程师站，工程师站兼有操作员站的职能。现场控制层由主从控制卡和测控板卡构成，其中控制卡和测控板卡全部安装在机笼内部。现场仪表层由配电板和提供各种信号的仪表构成。控制站包括现场控制层和现场仪表层。一套 DCS 可以包含几个控制站，包含 2 个控制站的 DCS 结构图如图 10-2 所示。

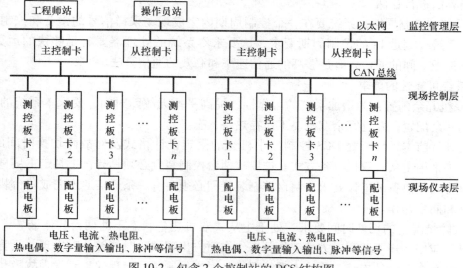

图 10-2　包含 2 个控制站的 DCS 结构图

374

现场控制层由控制卡和测控板卡组成，根据需要控制卡可以是冗余配置的主控制卡和从控制卡，也可以只有主控制卡。测控板卡也是根据具体的需要进行安装配置。

目前，1 个控制站中最多有 4 个机笼，64 个测控板卡（即图 10-2 中的 "n" 最大为 64）。1 个机笼中共有 18 个卡槽，2 个控制卡卡槽用于安装主从控制卡，16 个测控板卡卡槽用于安装各种测控板卡。1 个控制站中只有其中一个机笼中安装有控制卡，其他机笼中只有测控板卡，控制卡的卡槽空置，不安装任何板卡。每个机笼内的测控板卡根据需要进行安装，数量任意，但最多只能安装 16 个。安装有主从控制卡的满载机笼如图 10-3 所示。

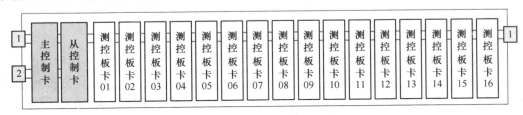

图 10-3　安装有主从控制卡的满载机笼

每个机笼都有自己的地址设定位，地址并不是在出厂时设定好的，而是由机笼内背板上的跳线帽设定，每次安装配置时都必须进行地址设定，机笼中的 16 个测控板卡的卡槽也都有自己的地址。

每种类型的测控板卡都有相对应的配电板，配电板不可混用。各种测控板卡允许输入和输出的信号类型见表 10-1。

表 10-1　各种测控板卡允许输入和输出的信号类型

板 卡 类 型	信 号 类 型	测 量 范 围	备 注
8 通道模拟量输入板卡（8AI）	电压	0 ~ 5V	需要根据信号的电压、电流类型设置配电板的相应跳线
	电压	1 ~ 5V	
	Ⅱ 型电流	0 ~ 10mA	
	Ⅲ 型电流	4 ~ 20mA	
8 通道热电阻输入板卡（8RTD）	Pt100 热电阻	− 200 ~ 850℃	无
	Cu100 热电阻	− 50 ~ 150℃	
	Cu50 热电阻	− 50 ~ 150℃	
8 通道热电偶输入板卡（8TC）	B 型热电偶	500 ~ 1800℃	无
	E 型热电偶	− 200 ~ 900℃	
	J 型热电偶	− 200 ~ 750℃	
	K 型热电偶	− 200 ~ 1300℃	
	R 型热电偶	0 ~ 1750℃	
	S 型热电偶	0 ~ 1750℃	
	T 型热电偶	− 200 ~ 350℃	
8 通道脉冲量输入板卡（8PI）	计数/频率型	0 ~ 5V	需要根据信号的量程范围设置配电板的跳线
	计数/频率型	0 ~ 12V	
	计数/频率型	0 ~ 24V	

板卡类型	信号类型	测量范围	备 注	(续)
4 通道模拟量输出板卡（4AO）	Ⅱ型电流	0～10mA	无	
	Ⅲ型电流	4～20mA		
16 通道数字量输入板卡（16DI）	干接点开关	闭合、断开	需要根据外接信号的供电类型设置板卡上的跳线帽	
16 通道数字量输出板卡（16DO）	24V 继电器	闭合、断开	无	

10.1.3 新型 DCS 通信网络

通信方面，上位机与控制卡间的通信方式为以太网，实现与工程师站、操作员的通信，这也是上位机与控制卡之间唯一的通信方式；控制卡与底层测控板卡间的通信方式为通过现场总线 CAN 实现与底层测控板卡的通信，这也是控制卡与测控板卡之间唯一的通信方式。

为了增加通信的可靠性，对通信网络做了冗余处理。上位机与控制卡之间的以太网通信网络由两路以太网网络构成，这两路网络相互独立，都可独立完成控制卡与上位机之间的通信任务，这两路网络也可同时使用。控制卡与测控板卡之间的 CAN 通信网络由控制卡上的两个 CAN 收发器构成非闭合环形通信网络，可有效解决通信线断线造成的断线处后方测控板卡无法通信的问题。新型 DCS 通信网络如图 10-4 所示。

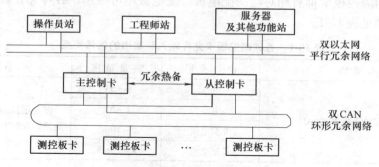

图 10-4 新型 DCS 通信网络

控制卡与上位机之间的以太网通信网络除了需要网线外，还需要一台集线器。将上位机和控制卡的所有网络接口全部接入集线器。以太网实际连接网络如图 10-5 所示。

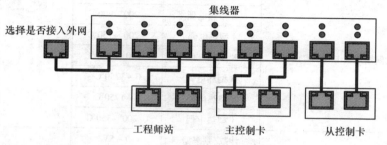

图 10-5 以太网实际连接网络

在图 10-5 中只画出了工程师站，没有画操作员站，操作员站的连接与工程师站类似。

集线器可选择是否接入外网，接入外网可以实现更多的上位机对控制卡的访问。但接入外网会导致网络上的数据量增加，影响对控制卡的访问，降低通信网络的实时性。

双 CAN 组建的非闭合环形通信网络主要是为了应对通信线断线对系统通信造成的影响。在只有一个 CAN 收发器组建的单向通信网络中，当通信线出现断线时，便失去了与断线处后方测控板卡的联系。双 CAN 组建的环形通信网络可以实现双向通信，当通信线出现断线时，之前的正向通信已经无法与断线处后方的测控板卡联系，此时改换反向通信，便可以实现与断线处后方测控板卡的通信。双 CAN 组建的非闭合环形通信网络原理图如图 10-6 所示。

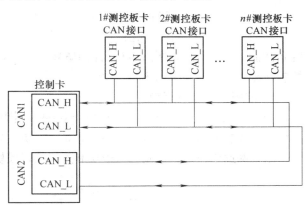

图 10-6　双 CAN 组建的非闭合环形通信网络原理图

采用双 CAN 组建的环形通信网络，要求对通信队列中的测控板卡进行排序，按地址由小到大排列。约定与小地址测控板卡临近的 CAN 节点为 CAN1，与大地址测控板卡临近的 CAN 节点为 CAN2。在进行通信时，首先由 CAN1 发起通信，按地址由小到大的顺序进行轮询，当发现通信线断线时，改由 CAN2 执行通信功能，CAN2 按地址由大到小的顺序进行轮询，直到线位置结束。实际的双 CAN 网络连线图如图 10-7 所示。

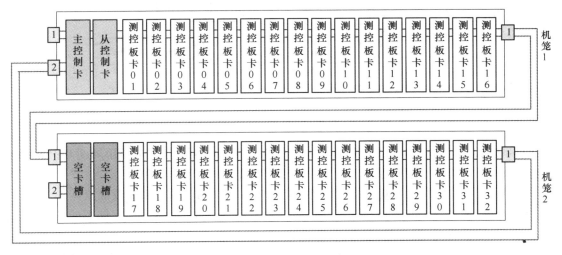

图 10-7　双 CAN 网络连线图

10.1.4　新型 DCS 控制卡的硬件设计

控制卡的主要功能是通信中转和控制算法运算，是整个 DCS 现场控制站的核心。控制卡可以作为通信中转设备实现上位机对底层信号的检测和控制，也可以脱离上位机独立运行，执行上位机之前下载的控制方法。当然，在上位机存在时控制卡也可以自动执行控制方案。

通信方面，控制卡通过现场总线 CAN 实现与底层测控板卡的通信，通过以太网实现与上层工程师站、操作员的通信。

系统规模方面，控制卡默认采用最大系统规模运行，即 4 个机笼、64 个测控板卡和 255 个控制回路。系统以最大规模运行，除了会占用一定的 RAM 空间外，并不会影响系统的速度和性能。255 个控制回路运行所需 RAM 空间大约为 500kB，外扩的 SRAM 有 4MB 的空间，控制回路仍有一定的扩充裕量。

1. 控制卡的硬件组成

控制卡以 ST 公司生产的 ARM Cortex-M4 微控制器 STM32F407ZG 为核心，搭载相应外围电路构成。控制卡的构成大致可以划分为 6 个模块，分别为供电模块、双机余模块、CAN 通信模块、以太网通信模块、控制算法模块和人机接口模块。控制卡的硬件组成如图 10-8 所示。

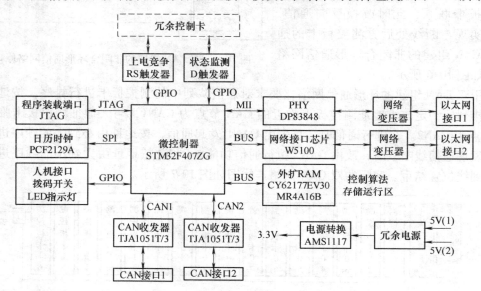

图 10-8　控制卡的硬件组成

STM32F407ZG 内核的最高时钟频率可以达到 168MHz，而且还集成了单周期 DSP 指令和浮点运算单元（FPU），提升了计算能力，可以进行复杂的计算和控制。

STM32F407ZG 除了具有优异的性能外，还具有如下丰富的内嵌和外设资源：

- 存储器：拥有 1MB 的 Flash 存储器和 192KB 的 SRAM；并提供了存储器的扩展接口，可外接多种类型的存储设备。
- 时钟、复位和供电管理：支持 $1.8 \sim 3.6V$ 的系统供电；具有上电/断电复位、可编程电压检测器等多个电源管理模块，可有效避免供电电源不稳定而导致的系统误动作情况的发生；内嵌 RC 振荡器可以提供高速的 8MHz 的内部时钟。
- 直接存储器存取（DMA）：16 通道的 DMA 控制器，支持突发传输模式，且各通道可独立配置。
- 丰富的 I/O 端口：具有 A~G 共 7 个端口，每个端口有 16 个 I/O，所有的 I/O 都可以映射到 16 个外部中断；多个端口具有兼容 5V 电平的特性。
- 多类型通信接口：具有 3 个 I²C 接口、4 个 USART 接口、3 个 SPI 接口、2 个 CAN 接口、1 个 ETH 接口等。

控制卡的外部供电电源为 5V，而且为双电源供电。由 AMS1117 电源转换芯片实现 5V 到 3.3V 的电压变换。

在 CAN 通信接口的设计中，控制卡使用的 CAN 收发器均为 TJA1051T/3，STM32F407ZG 上有两个 CAN 模块：CAN1 和 CAN2，支持组建双 CAN 环形通信网络。

在以太网通信接口的设计中，STM32F407ZG 上有一个 MAC（媒体访问控制）接口，通过此 MAC 接口可以外接一个 PHY（物理层接口）芯片，这样便可以构建一路以太网通信接口。另一路以太网通信接口通过扩展实现，选择支持总线接口的三合一（MAC、PHY、TCP/IP 协议栈）网络接口芯片 W5100，通过 STM32F407ZG 的存储器控制接口实现与其连接。

控制算法要实现对 255 个基于功能框图的控制回路的支持，根据功能框图中各模块结构体的大小，可以计算出 255 个控制回路运行所需的 RAM 空间，大约是 500KB。而 STM32F407ZG 中供用户程序使用的 RAM 空间为 192KB，所以需要外扩 RAM 空间。在此扩展两片 RAM：一片是 CY62177EV30，是 4MB 的 SRAM，属于常规的静态随机存储器，断电后数据会丢失；还有一片是 MR4A16B，是 2MB 的 MRAM，属于磁存储器，具有 SRAM 的读写接口、读写速度，同时还具有掉电数据不丢失的特性，但在使用中需要考虑电磁干扰的问题。系统要求对控制算法进行存储，所以外扩的 RAM 必须划出一定空间用于控制算法的存储，即要求外扩 RAM 具有掉电数据不丢失的特性，MRAM 已经具有此特性，SRAM 选择使用后备电池进行供电。

时间信息的获取通过日历时钟芯片 PCF2129A 完成，此时钟芯片可以提供年 - 月 - 星期 - 日 - 时 - 分 - 秒形式的日期和时间信息。PCF2129A 支持 SPI 和 I^2C 两种通信方式，可以选择使用后备电池供电，内部具有电源切换电路，并可对外提供电源。

上电竞争电路实现上电时控制卡的主从身份竞争与判定，通过一个由与非门组建的基本 RS 触发器实现。状态监测电路用于两个控制卡间的工作状态监测，通过 D 触发器的置位与复位实现此功能。

在人机接口方面，由于控制站一般放置于无人值守的工业现场，所以人机接口模块设计相对简单。通过多个 LED 指示灯实现系统运行状态与通信情况的指示，通过拨码开关实现 IP 地址设定及系统特定功能的选择设置。

控制卡上共有 7 个 LED 指示灯。各个 LED 指示灯的运行状态见表 10-2。

表 10-2 各个 LED 指示灯的运行状态

序 号	LED	颜 色	名 称	功 能
1	LED_FAIL	红	故障指示灯	当控制卡本身复位或故障时常亮
2	LED_RUN	绿	运行指示灯	在系统运行时以每秒 1 次的频率闪烁
3	LED_COM	绿	CAN 通信指示灯	CAN 通信时发送时点亮，接收后熄灭
4	LED_PWR	红	电源指示灯	控制卡上电后常亮
5	LED_M/S	绿	主从状态指示灯	主控制卡常亮，从控制卡常灭
6	LED_STAT	红	对方状态指示灯	当对方控制卡死机时该灯常亮，正常时熄灭
7	LED_ETH	绿	以太网通信指示灯	暂未对以太网通信指示灯定义

控制卡的组成如图 10-9 所示。

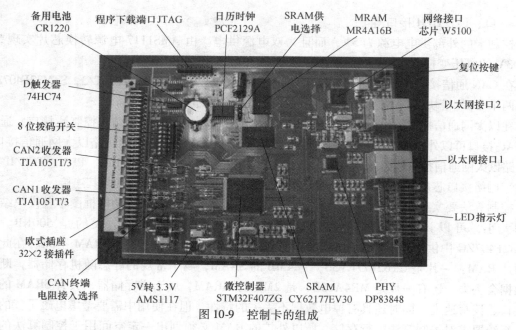

图 10-9　控制卡的组成

图中标注：
- 备用电池 CR1220
- 程序下载端口 JTAG
- 日历时钟 PCF2129A
- SRAM供电选择
- MRAM MR4A16B
- 网络接口芯片 W5100
- D触发器 74HC74
- 8位拨码开关
- CAN2收发器 TJA1051T/3
- CAN1收发器 TJA1051T/3
- 欧式插座 32×2 接插件
- 复位按键
- 以太网接口2
- 以太网接口1
- LED指示灯
- CAN终端电阻接入选择
- 5V转3.3V AMS1117
- 微控制器 STM32F407ZG
- SRAM CY62177EV30
- PHY DP83848

2. 双机冗余电路的设计

为增加系统的可靠性，控制卡采用冗余配置，并工作于主从模式的热备状态。两个控制卡具有完全相同的软硬件配置，上电时同时运行，并且一个作为主控制卡，一个作为从控制卡。主控制卡可以对测控板卡发送通信命令，并接收测控板卡的回送数据；而从控制卡处于只接收状态，不得对测控板卡发送通信命令。

在工作过程中，两个控制卡互为热备。一方控制卡除了执行自身的功能外，还要监测对方控制卡的工作状态。在对方控制卡出现故障时，一方控制卡必须能够及时发现，并接管对方的工作，同时还要向上位机报告故障情况。当主控制卡出现故障时，从控制卡会自动进行工作模式切换，成为主控制卡，接管主控制卡的工作并控制整个系统的运行，从而保证整个控制系统连续不间断地工作。当从控制卡出现故障时，主控制卡会监测到从控制卡的故障并向上位机报告这一情况。当故障控制卡修复后，可以重新加入整个控制系统，并作为从控制卡与仍运行的主控制卡再次构成双机热备系统。

双机冗余电路包括上电竞争电路和状态监测电路。上电竞争电路用于完成控制卡的主从身份竞争与确定。状态监测电路用于主从控制卡间的工作状态监测，主要是故障及故障恢复情况的识别。控制卡的双机冗余电路如图 10-10 所示。

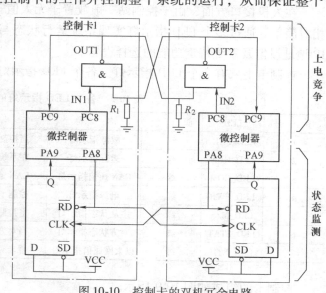

图 10-10　控制卡的双机冗余电路

上电竞争电路部分由两个与非门（每个控制卡各提供一个与非门）构成的基本 RS 触发器实现，利用此 RS 触发器在正常工作（两个输入端 IN1 和 IN2 不能同时为 0）时具有互补输出 0 和 1 的工作特性实现上电时两个控制卡的主从身份竞争与确定。输出端（OUT1、OUT2）为 1 的控制卡将作为主控制卡运行，输出端为 0 的控制卡将作为从控制卡运行。

上电竞争电路除了要实现两个控制卡的主从竞争外，还要考虑到单个控制卡上电运行的情况，要求单个控制卡上电运行时作为主控制卡。如果要通过软件实现，可以让上电运行的单一控制卡在监测到冗余控制卡不存在时再切换为主控制卡；如果通过硬件实现，要求单个控制卡上电运行时强制该控制卡上的 RS 触发器的输出端为 1，即该控制卡上的与非门的输出端为 1。根据与非门的工作机制，只需使两个输入端中的任意一个输入 0 即可。图 10-10 中下拉电阻 R_1 和 R_2 正是为满足这一要求而设计的。这种通过硬件来保证单一控制卡上电运行时作为主控制卡的方式显然要比先监测后切换的软件方式要快要好。

处于热备状态的两个控制卡必须要不断地监测对方控制卡的工作状态，以确保能够及时发现对方控制卡的故障，并对故障做出处理。常用的故障检测技术是心跳检测，心跳检测技术的引入可有效提高系统的故障容错能力。通过心跳检测可有效地判断对方控制卡是否出现死机，及死机后是否重启等情况。

心跳检测线一般采用串口线或以太网，采用通信线的心跳检测存在心跳线本身出现故障的可能，在心跳检测时也需要将其考虑在内。有时为了可靠地判断是否是心跳线出现故障会对心跳线做冗余处理，这在一定程度上增加了系统的复杂度。在本控制卡的设计中，采用的是可靠的硬连接方式，两个控制卡间通过背板 PCB 上的连线连接，连接更加可靠。在保证状态监测电路可靠工作的同时也不会增加系统的复杂度。

状态监测电路由两个 D 触发器实现，利用 D 触发器的状态转换机制可有效地完成两个控制卡间的状态监测。

具体工作过程如下：控制卡上的微控制器定期在 PA8 引脚上输出一个上升沿，就可以使本控制卡上的 D 触发器因为 $\overline{RD}$ 引脚上的一个低电平而使输出端 Q 为 0，同时使对方控制卡上的 D 触发器因为 CLK 引脚上的一个上升沿而使输出端 Q 为 1（因为每个 D 触发器的 D 端接高电平，CLK 引脚上的上升沿使输出端 Q = D = 1）。这一操作类似于心跳检测中的发送心跳信号的过程。在此操作之前，要检测本控制卡上的 D 触发器的输出端状态，如果输出端 Q 为 1，则说明接收到对方控制卡发送来的心跳信号，判定对方控制卡工作正常；如果输出端 Q 为 0，则说明没有接收到对方控制卡发送的心跳信号，判定对方控制卡故障。

3. 存储器扩展电路的设计

由于控制算法运行所需的 RAM 空间已经远远超出 STM32F407ZG 所能提供的用户 RAM 空间，而且，控制算法也需要额外的空间进行存储。所以，需要在系统设计时做一定的 RAM 空间扩展。

在电路设计中扩展了两片 RAM：一片 SRAM 为 CY62177EV30；另一片 MRAM 为 MR4A16B。设计之初，将 SRAM 用于控制算法运行，将 MRAM 用于控制算法存储。但后期通过将控制算法的存储态与运行态结合后，要求外扩的 RAM 要兼有控制算法的运行与存储功能，所以，必须对外扩的 SRAM 做一定的处理，使其也具有数据存储的功能。

CY62177EV30 属于常规的静态随机存储器，具有高速、宽范围供电和静默模式低功耗的特点。一个读写周期为 55ns，供电电源可以从 2.2V 到 3.7V，而且静默模式下的电流消耗只有 3 μA。CY32177EV30 具有 4MB 的空间，而且数据位宽可配置，既可配置为 16 位数据宽度，也可配置为 8 位数据宽口。CY62177EV30 通过三总线接口与微控制器连接，CY62177EV30 与 STM32F407ZG 的连接图如图 10-11 所示。

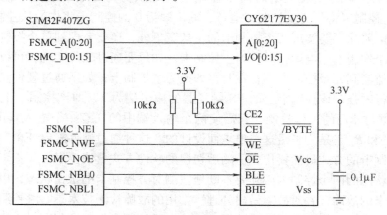

图 10-11　CY62177EV30 与 STM32F407ZG 的连接图

功能选择引脚 $\overline{\text{BYTE}}$ 是 CY62177EV30 的数据位宽配置引脚，$\overline{\text{BYTE}}$ 接 Vcc 时，CY62177EV30 工作于 16 位数据宽度；$\overline{\text{BYTE}}$ 接 Vss 时，工作于 8 位数据宽度。

扩展的第二个 RAM 为 MR4A16B，属于磁存储器，具有 SRAM 的读写接口与读写速度，同时具有掉电数据不丢失的特性，既可用于控制算法运行，也可用于控制算法的存储。

MR4A16B 的读写周期可以做到 35ns，而且读写次数无限制，在合适的环境下数据保存时间长达 20 年。在电路设计中，可以替代 SRAM、Flash、EEPROM 等存储器以简化电路设计，增加电路设计的高效性。而且，作为数据存储设备时，MR4A16B 标称比后备电池供电的 SRAM 具有更高的可靠性，甚至可用于脱机存档使用。

MR4A16B 的数据宽度是固定的 16 位，其电路设计与 CY62177EV30 类似，而且比 CY62177EV30 的电路简单，因为 MR4A16B 的供电直接使用控制卡上的 3.3V 电源，不需要使用后备电池。MR4A16B 也是通过三总线接口与微控制器 STM32F407ZG 的 FSMC 模块连接，而且连接到 FSMC 的 Bank1 的 region2。

其他电路的详细设计限于篇幅就不再赘述了。

10.1.5　新型 DCS 控制卡的软件设计

1. 控制卡软件的框架设计

控制卡采用嵌入式操作系统 μC/OS-Ⅱ，该软件的开发具有确定的开发流程。软件的开发流程甚至与任务的多少、任务的功能无关。在 μC/OS-Ⅱ 环境下，软件的开发流程如图 10-12 所示。

在该开发流程中，除了启动任务及其功能是确定的之外，其他任务的任务数目及功能甚至可以不确定。但是开发流程中的开发顺序是确定的，不能随意更改。

控制卡软件中涉及的内容除操作系统 μC/OS-Ⅱ 外，应用程序大致可分为 4 个主要模块，分别为双机热备、CAN 通信、以太

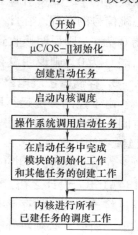

图 10-12　μC/OS-Ⅱ 环境下
软件的开发流程

网通信、控制算法。控制卡软件涉及的主要模块如图 10-13 所示。

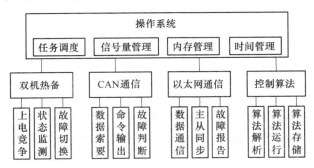

图 10-13 控制卡软件涉及的主要模块

嵌入式操作系统 μC/OS-Ⅱ中程序的执行顺序与程序代码的位置无关，只与程序代码所在任务的优先级有关。所以，在嵌入式操作系统 μC/OS-Ⅱ环境下的软件框架设计，实际上就是确定各个任务的优先级安排。优先级的安排会根据任务的重要程度以及任务间的前后衔接关系来确定。以 CAN 通信任务与控制算法运行任务为例，控制算法运行所需要的输入信号是由 CAN 通信任务向测控板卡索要的，所以 CAN 通信任务要优先于控制算法任务执行，所以 CAN 通信任务拥有更高的优先级。控制卡软件中的任务及优先级见表 10-3。

表 10-3　控制卡软件中的任务及优先级

任　　务	优　先　级	任　务　说　明
TaskStart	4	启动任务，创建其他用户任务
TaskStateMonitor	5	主从控制卡间的状态监测
TaskCANReceive	6	接收 CAN 命令并对其处理
TaskPIClear	7	计数通道值清零
TaskAODOOut	8	模拟量/数字量输出控制
TaskCardConfig	9	板卡及通道配置
TaskCardUpload	10	测控板卡采样数据轮询
TaskLoopRun	11	控制算法运行
TaskLoopAnalyze	12	控制算法解析
TaskNetPoll	13	网络事件轮询
TaskDataSyn	14	故障卡重启后进行数据同步
OS_TaskIdle	63	系统空闲任务

确定了各个任务的优先级就确定了系统软件的整体框架。但是使用嵌入式操作系统 μC/OS-Ⅱ，并不表示所有的事情都要以任务的形式完成。为了增加对事件响应的实时性，部分功能必须通过中断实现，如 CAN 接收中断和以太网接收中断。而且，μC/OS-Ⅱ也提供对中断的支持，允许在中断函数中调用部分系统服务，如用于释放信号量的 OSSemPost( )等。

2. 双机热备程序的设计

双机热备可有效提高系统的可靠性，保证系统的连续稳定工作。双机热备的可靠实现需要两个控制卡协同工作，共同实现。本系统中的两个控制卡工作于主从模式的双机热备状态中，实现过程涉及控制卡的主从身份识别，工作中两个控制卡间的状态监测、数据同步，故障情况下的故障处理，以及故障修复后的数据恢复等方面。

（1）控制卡主从身份识别

主从配置的两个控制卡必须保证在任一时刻、任何情况下都只有一个主控制卡与一个从控制卡，所以必须在所有可能的情况下对控制卡的主从身份做出识别或限定。这些情况包括，单控制卡上电运行时如何判定为主控制卡，两个控制卡同时上电运行时主从身份的竞争与识别，死机控制卡重启后判定为从控制卡。控制卡的主从身份以 RS 触发器输出端的 0/1 状态为判定依据，检测到 RS 触发器输出端为 1 的控制卡为主控制卡，检测到 RS 触发器输出端为 0 的控制卡为从控制卡。

（2）状态监测与故障切换

处于热备状态的两个控制卡必须不断地监测对方控制卡的工作状态，以便在对方控制卡故障时能够及时发现并做出故障处理。

状态监测所采用的检测方法已经在双机冗余电路的设计中介绍过，控制卡通过将自身的 D 触发器输出端清 0，然后等待对方控制卡发来信号使该 D 触发器输出端置 1 来判断对方控制卡的正常工作。同时，通过发送信号使对方控制卡上的 D 触发器输出端置 1 来向对方控制卡表明自己正常工作。

控制卡间的状态监测采用类似心跳检测的一种周期检测的方式实现。同时，为保证检测结果的准确性，只有在两个连续周期的检测结果相同时才会采纳该检测结果。为避免误检测情况的发生，又将一个检测周期分为前半周期与后半周期，如果前半周期检测到对方控制卡工作正常则不进行后半周期的检测，如果前半周期检测到对方控制卡出现故障，则在后半周期继续执行检测，并以后半周期的检测结果为准。周期内检测结果判定见表 10-4。控制卡工作状态判定见表 10-5。

表 10-4　周期内检测结果判定

前半周期检测结果	后半周期检测结果	本周期检测结果
正常	X	正常
故障	正常	正常
故障	故障	故障

注：X 表示无需进行后半周期的检测。

表 10-5　控制卡工作状态判定

第一周期检测结果	第二周期检测结果	综合检测结果
正常	正常	正常
正常	故障	维持原状态
故障	正常	维持原状态
故障	故障	故障

在检测过程中，对自身 D 触发器执行先检测，再清 0 的操作顺序，如果对方控制卡发送的置 1 信号出现在检测与清 0 操作之间，将导致无法检测到此置 1 操作，也就是说本次检测结果为故障，误检测情况由此产生。如果两个控制卡的检测周期相同，这种误检测情况将

持续出现，最后必然会错误地认为对方控制卡出现故障。相同周期下连续误检测情况分析如图 10-14 所示。

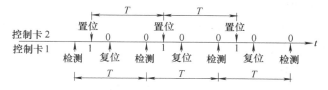

图 10-14　相同周期下连续误检测情况分析

为了避免连续误检测情况的发生，必须使两个控制卡的检测周期不同。并且，基于如下考虑：尽可能不增加主控制卡的负担，并且在主控制卡故障时，希望从控制卡可以较快发现主控制卡的故障并接管主控制卡的工作，所以决定缩短从控制卡的检测周期，加速其对主控制卡的检测。在本系统的设计中，从控制卡的检测周期为 380ms，主控制卡的检测周期 T 为 400ms。

由于故障的随机性，故障出现的时刻与检测点间的时间也是随机的，导致从故障出现到检测到故障的时间是一个有确定上下限的范围，该范围为 $1.5T \sim 2.5T$。以从控制卡出现故障到主控制卡检测到此故障为例，需要的时间是 $600 \sim 1000ms$。

两个控制卡工作于主从方式的热备模式下，内置完全相同的程序，但只有主控制卡可以向测控板卡发送命令，进行控制输出。在程序中，主从控制卡通过一个标志变量 MasterFlag 来标示主从身份，从而控制程序的执行。当从控制卡检测到主控制卡出现故障时，只需将 MasterFlag 置 1 就可实现由从控制卡到主控制卡的身份切换，就可以在程序中执行主控制卡的功能。

在从控制卡检测到主控制卡故障后，不但要进行身份切换，接管主控制卡的工作，还要向上位机进行故障报告。当主控制卡检测到从控制卡故障时，仅需要向上位机进行故障报告。故障报告通过以太网通信模块实现。

（3）控制卡间的数据同步

处于热备状态的两个控制卡不但要不断地监测对方的工作状态，还要保证两个数据卡间数据的一致性，以保证在主控制卡故障时，从控制卡可以准确无误地接管主控制卡的工作并保证整个系统的连续运行。

要保证两个控制卡间数据的一致性，要求两个控制卡间必须进行数据同步操作。数据的一致性包括测控板卡采样数据的一致、控制算法的一致以及运算结果的一致。下载到两个控制卡的控制算法信息是一致的，在保证测控板卡采样数据一致且同步运算的情况下，就可以做到运算结果一致。所以两个控制卡间需要就测控板卡的采样信息和运算周期做一定的同步处理。

关于测控板卡采样信息的同步，由于只有主控制卡可以向测控板卡发送数据索要命令，从控制卡不可以主动向测控板卡索要采样信息。但是在与测控板卡进行通信时，可以利用 CAN 通信的组播功能实现主从控制卡同步接收来自测控板卡的采样数据，这样就可以做到采样数据的同步。

两个控制卡的晶振虽然差别不大，但不可能完全一致，在经过一段较长时间的运行后，系统内部的时间计数可能有很大的差别，所以通过单纯地设定相同的运算周期，并不能保证

385

两个控制卡间运算的同步。在本设计中从控制卡的控制算法运算不再由自身的时间管理模块触发，而是由主控制卡触发，以保证主从控制卡间控制算法运算的同步。主控制卡在完成测控板卡采样数据索要工作后，会通过 CAN 通信告知从控制卡进行控制算法的运算操作。

除了正常工作过程中要进行数据同步外，死机控制卡重启后，正常运行的主控制卡必须要及时帮助重启的从控制卡进行数据恢复和同步，以保证两者间数据的一致性。此情况下需要同步的信息主要是控制算法中与时间或运算次数密切相关的信息，以及一些时序控制回路中的时间信息。如 PID 模块的运算结果，PID 的运算结果是前面多次运算的一个累积结果，并不是单次运算就可得出的；如时序控制回路中的延时开关，其开关动作的触发由控制算法的时间决定。

在正常运行的主控制卡监测到死机的从控制卡重启后，主控制卡会主动要求与从控制卡进行信息同步，并且同步操作在主控制卡执行完控制算法的运算操作后执行。部分信息的同步操作要求在一个周期内完成，否则同步操作就失去了意义，同步的信息甚至是错误的。部分信息允许分多个周期完成同步操作。部分信息要求在一个周期内完成同步操作，但并不要求在开始的第一个周期完成同步。如信息 A 和 B 关系紧密，需要在一个周期内完成同步操作，信息 C 和 D 关系密切，也需要在一个周期内完成同步操作。此时却并不一定要在一个周期内共同完成 A、B、C、D 的同步，可以将 A 和 B 的同步操作放在这个周期，将 C 和 D 的同步操作放到下个周期执行，只要保证具有捆绑关系的信息能够在一个周期内完成同步即可。

主控制卡肩负着系统的控制任务，主从控制卡间的数据恢复与同步操作会占用主控制卡的时间，增加主控制卡上微控制器的负担。为了保证主控制卡的正常运行，不过多的增加主控制卡的负担，需要将待同步的数据合理分组并提前将数据准备好，以便主从控制卡间的同步操作可以快速完成。

3. CAN 通信程序的设计

控制卡与测控板卡间的通信通过 CAN 总线进行，通信内容包括将上位机发送的板卡及通道配置信息下发到测控板卡、将上位机发送的输出命令或控制算法运算后需执行的输出命令下发到测控板卡、将上位机发送的累积型通道的计数值清零命令下发到测控板卡、周期性向测控板卡索要采样数据等。此外，CAN 通信网络还肩负着主从控制卡间控制算法同步信号的传输任务。

CAN 通信程序的设计需要充分利用双 CAN 构建的环形通信网络，实现正常情况下高效、快速的数据通信，实现故障情况下及时、准确的故障性质确定和故障定位。

STM32F407ZG 中的 CAN 模块具有一个 CAN2.0B 的内核，既支持 11 位标志符的标准格式帧，也支持 29 位标志符的扩展格式帧。控制卡的设计中采用的是 11 位的标准格式帧。

（1）CAN 数据帧的过滤机制

主控制卡向测控板卡发送索要采样数据的命令，主控制卡会依次向各个测控板卡发送该命令，不存在主控制卡同时向多个测控板卡发送索要采样数据命令的情况。测控板卡向主控制卡回送数据时，只希望主控制卡和从控制卡可以接收该数据，不希望其他的测控板卡接收该数据，或者说目前的系统功能下其他的测控板卡不需要该数据。主控制卡向从控制卡发送控制算法同步运算命令时，也只希望从控制卡接收该命令，不希望测控板卡接收该命令。

由于 CAN 通信网络共用通信线，所以从硬件层次上讲，任何一个板卡发送的数据，连接在 CAN 总线上的其他板卡都可以接收到。如果让非目标板卡在接收到该数据包后，通过对数据包中的目标 ID 或数据信息进行分析来判断是否是发送给自己的数据包，这种方式虽然可行，但是却会让板卡接收到大量无关数据，而且还会浪费程序的数据处理时间。通过使用 STM32F407ZG 中的 CAN 接收过滤器可有效解决这一问题，过滤器可在数据链路层有效拦截无关数据包，使无关数据包无法到达应用层。

STM32F407ZG 中的 CAN 标志符过滤机制支持两种模式的标志符过滤：列表模式和屏蔽位模式。在列表模式下，只有 CAN 报文中的标志符与过滤器设定的标志符完全匹配时报文才会被接收。在屏蔽位模式下，可以设置必须匹配位与不关心位，只要 CAN 报文中的标志符与过滤器设定的标志符中的必须匹配位是一致的，该报文就会被接收。因此，列表模式适用于特定某一报文的接收，而屏蔽位模式适用于标志符在一段范围内的一组报文的接收。当然，通过设置所有的标志符位为必须匹配位后，屏蔽位模式就变成了列表模式。

（2）CAN 数据的打包与解包

每个 CAN 数据帧中的数据场最多容纳 8 个字节的数据，而在控制卡的 CAN 通信过程中，有些命令的长度远不止 8 个字节。所以，当要发送的数据字节数超出单个 CAN 数据帧所能容纳的 8 个字节时，就需要将数据打包，拆解为多个数据包，并使用多个 CAN 数据帧将数据发送出去。在接收端也要对接收到的数据进行解包，将多个 CAN 数据帧中的有效数据提取出来并重新组合为一个完整的数据包，以恢复数据包的原有形式。

为了实现程序的模块化、层次化设计，控制卡与测控板卡间传输的命令或数据具有统一的格式，只是命令码或携带的数据多少不同。控制卡 CAN 通信数据包的格式见表 10-6。

表 10-6　控制卡 CAN 通信数据包的格式

位　置	内　容	说　明
[0]	目的节点 ID	接收命令的板卡的地址
[1]	源节点 ID	发送命令的板卡的地址
[2]	保留字节	预留字节，默认 0
[3]	数据区字节数	N，数据区字节数，可为 0
[4]	命令码	根据不同功能而定
[4+1]	数据 1	
[4+2]	数据 2	数据区，包含本命令携带的具体数据可为空，依具体命令而定
[4+3]	数据 3	
……	……	
[4+N]	数据 N	

通信命令中的目的节点 ID 可以放到 CAN 数据帧中的标志符中，其余信息则只能放到 CAN 数据帧中的数据场中。当命令携带的附加数据较多，超出一个 CAN 数据帧所能容纳的范围时，就需要将命令分为多帧进行发送。当然，也存在只需一帧就能容纳的命令。为了对命令进行统一处理，在程序中将所有的命令按多帧情况进行发送，只不过对于只需一帧就可以发送完的命令，我们将其第一帧标注为最后一帧即可。

将命令分为多帧进行发送时，需要对命令做打包处理，并需要包含必要的包头信息：目的节点 ID、源节点 ID、帧序号和帧标志。其中，帧序号用于计算信息在命令中的存放位置，帧标志用于标志此帧是否是多帧命令中的最后一帧。目的节点 ID 和帧标志可以放到标志符中，源节点 ID 和帧序号只能放到数据场中。CAN 通信数据包的分帧情况见表 10-7。该表显示了带有 10 个附加数据的命令的分帧情况。

表 10-7　CAN 通信数据包的分帧情况

区　　域	信 息 类 型	第 1 帧		第 2 帧		第 3 帧	
标志符	标志符高 8 位	目的节点 ID		目的节点 ID		目的节点 ID	
	标志符低 3 位	001		001		000	
数据场	帧头信息	[0]	源节点 ID	[0]	源节点 ID	[0]	源节点 ID
		[1]	帧序号 0	[1]	帧序号 1	[1]	帧序号 2
	发送数据	[2]	保留字节	[2]	附加数据 4	[2]	附加数据 10
		[3]	数据区字节数	[3]	附加数据 5	[3]	×
		[4]	命令码	[4]	附加数据 6	[4]	×
		[5]	附加数据 1	[5]	附加数据 7	[5]	×
		[6]	附加数据 2	[6]	附加数据 8	[6]	×
		[7]	附加数据 3	[7]	附加数据 9	[7]	×

在组建具体的 CAN 数据帧时，除了上述标志符和数据场外，还要对 RTR（帧类型）、IDE（标志符类型）和 DLC（数据场中的字节数）做好填充。

（3）双 CAN 环路通信工作机制

在只有一个 CAN 收发器的情况下，当通信线出现断线时，便失去了与断线处后方测控板卡的联系。但两个 CAN 收发器组建的环形通信网络可以在通信线断线情况下保持与断线处后方测控板卡的通信。

在使用两个 CAN 收发器组建的环形通信网络的环境中，当通信线出现断线时，CAN1只能与断线处前方测控板卡进行通信，失去与断线处后方测控板卡的联系；而此时，CAN2仍然保持与断线处后方测控板卡的连接，仍然可以通过 CAN2 实现与断线处后方测控板卡的通信。从而消除了通信线断线造成的影响，提高了通信的可靠性。

（4）CAN 通信中的数据收发任务

在应用嵌入式操作系统 μC/OS-Ⅱ 的软件设计中，应用程序将以任务的形式体现。

控制卡共有 4 个任务和 2 个接收中断完成 CAN 通信功能。它们分别为 TaskCardUpload、TaskPIClear、TaskAODOOut、TaskCANReceive、IRQ_CAN1_RX、IRQ_CAN2_RX。

4. 以太网通信程序的设计

以太网是上位机与控制卡进行通信的唯一方式，上位机通过以太网周期性地向主控制卡索要测控板卡的采样信息，向主控制卡发送模拟量/数字量输出命令，向控制卡下载控制算法信息等。在测控板卡或从控制卡故障的情况下，主控制卡通过以太网主动连接上位机的服务器，向上位机报告故障情况。

在网络通信过程中经常遇到的两个概念是客户端与服务器。在控制卡的设计中，在常规的通信过程中，控制卡作为服务器，上位机作为客户端主动连接控制卡进行通信。而在故障报告过程中，上位机作为服务器，控制卡作为客户端主动连接上位机进行通信。

在控制卡中，以太网通信已经构成双以太网的平行冗余通信网络，两路以太网处于平行工作状态，相互独立。上位机既可以通过网络 1 与控制卡通信，也可以通过网络 2 与控制卡通信。第一路以太网在硬件上采用 STM32F407ZG 内部的 MAC 与外部 PHY 构建，在程序设计上采用了一个小型的嵌入式 TCP/IP 栈 uIP。第二路以太网采用的是内嵌硬件 TCP/IP 栈的 W5100，采用端口编程，程序设计要相对简单。

（1）第一路以太网通信程序设计及嵌入式 TCP/IP 栈 uIP

第一路以太网通信程序设计，采用了一个小型的嵌入式 TCP/IP 栈 uIP，用于网络事件的处理和网络数据的收发。

uIP 是由瑞典计算机科学学院的 Adam Dunkels 开发的，其源代码完全由 C 语言编写，并且是完全公开和免费的，用户可以根据需要对其做一定的修改，并可以容易地将其移植到嵌入式系统中。在设计上，uIP 简化了通信流程，裁剪掉了 TCP/IP 中不常用的功能，仅保留了网络通信中必须使用的基本协议，包括 IP、ARP、ICMP、TCP、UDP，以保证其代码具有良好的通用性和稳定的结构。

应用程序可以将 uIP 看作一个函数库，通过调用 uIP 的内部函数实现与底层硬件驱动和上层应用程序的交互。uIP 与系统底层硬件驱动和上层应用程序的关系如图 10-15 所示。

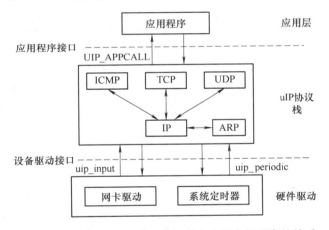

图 10-15　uIP 与系统底层硬件驱动和上层应用程序的关系

（2）第二路以太网通信程序设计及 W5100 的 socket 编程

W5100 内嵌硬件 TCP/IP 栈，支持 TCP、UDP、IPv4、ARP、ICMP 等。W5100 还在内部集成了 16KB 的存储器作为网络数据收发的缓冲区。W5100 的高度集成特性使得以太网控制和协议栈运作对用户应用程序是透明的，应用程序直接进行端口编程即可，而不必考虑细节的实现问题。

在完成了 W5100 的初始化操作之后，即可以开始基于 W5100 的以太网应用程序的开发。W5100 中的应用程序开发是基于端口的，所有网络事件和数据收发都以端口为基础。启用某一端口前需要对该端口做相应设置，包括端口上使用的协议类型、端口号等。

（3）网络事件处理

以太网通信程序主要用于实现控制卡与上位机间的通信，及主从控制卡间的数据同步操作。控制卡与上位机间的通信采用 TCP，并且正常情况下，控制卡作为服务器，接受上位机的访问，或回送上位机的数据索要请求，或处理上位机传送的输出控制命令和控制算法信息;在控制卡或测控板卡或通信线出现故障时,控制卡作为客户端,主动连接上位机的服务器,并向上位机报告故障情况。主从控制卡间的数据同步操作使用 UDP,以增加数据传输的效率,当从控制卡死机重启后,主控制卡会主动要求与从控制卡进行信息传输,以实现数据的同步。主控制卡以太网程序功能见表 10-8。

表 10-8　主控制卡以太网程序功能

协议类型	模　　式	源端口	目 的 端 口	功 能 说 明
TCP	服务器	随机	1024	上位机索要测控板卡采样信息 上位机传送测控板卡及通道配置信息
		随机	1025	上位机传送控制算法信息 上位机修改 PID 模块参数值 上位机索要控制算法模块运算结果
		随机	1026	上位机传送控制输出命令 上位机传送累计型通道清零命令
	客户端	随机	1027	连接上位机的 1027 端口,报告控制卡或测控板卡或通信线故障情况
UDP	客户端	1028	1028	向从控制卡的 1028 端口传送同步信息

注:源端口为客户端的端口,目的端口为服务器端的端口。

主控制卡与从控制卡的以太网功能略有不同,如故障信息的传输永远由主控制卡完成,因为某一控制卡死机后,依然运行的控制卡一定会保持或切换成主控制卡。从控制卡死机重启后,在进行同步信息的传输时,主控制卡作为客户端主动向作为服务器的从控制卡传输同步信息。

10.1.6　控制算法的设计

通信与控制是 DCS 控制站控制卡的两大核心功能,在控制方面,本系统要提供对上位机基于功能框图的控制算法的支持,包括控制算法的解析、运行、存储与恢复。

控制算法由上位机经过以太网通信传输到控制卡,经控制卡解析后,以 1s 的固定周期运行。控制算法的解析包括算法的新建、修改与删除,同时要求这些操作可以做到在线执行。控制算法的运行实行先集中运算再集中输出的方式,在运算过程中对运算结果暂存,在完成所有的运算后对需要执行的输出操作集中输出。

1. 控制算法的解析与运行

在上位机将控制算法传输到控制卡后,控制卡会将控制算法信息暂存到控制算法缓冲区,并不会立即对控制算法进行解析。因为对控制算法的修改操作需要做到在线执行,并且不能影响正在执行的控制算法的运行。所以,控制算法的解析必须选择合适的时机。本系统中将控制算法的解析操作放在本周期的控制算法运算结束后执行,这样不会对本周期内的控制算法运行产生影响,新的控制算法将在下一周期得到执行。

本系统中的控制算法以回路的形式体现,一个控制算法方案一般包含多个回路。在基于功能框图的算法组态环境下,一个回路又由多个模块组成。一个回路的典型组成是输入模块+功能模块+输出模块。其中功能模块包括基本的算术运算(加、减、乘、除)、数学运算(指数运算、开方运算、三角函数等)、逻辑运算(逻辑与、或、非等)和先进的控制运算

（PID 等）等。功能框图组态环境下一个基本 PID 回路如图 10-16 所示。

在图 10-16 中没有看到反馈的存在，但在实际应用中该反馈是存在的。图 10-16 中的 INPUT 模块是一个输入采样模块，OUTPUT 模块是一个输出控制模块，在实际应用中 INPUT 与 OUTPUT 之间存在一个隐含的连接，即 IN-PUT 模块用于对 OUTPUT 模块的输出结果进行采样。

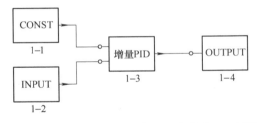

图 10-16　功能框图组态环境下一个基本 PID 回路

图 10-16 中功能模块下方的标号标示了该模块所在的回路，及该模块在回路中的流水号。如 INPUT 模块下方的 1 − 2 表示该模块在 1 号回路中，该模块在回路中的流水号为 2。上位机在将控制算法整理成传输给控制卡的数据时，会按照回路号由小到大，流水号由小到大的顺序依次整理，而且是以回路为单位逐个回路整理。回路号和流水号不仅在信息传输时需要使用，在控制算法运行时也决定了功能模块被调用的顺序。

上位机下发给控制卡的控制算法包含控制算法的操作信息、回路信息和回路中各功能模块信息。操作信息包含操作类型，如新建、修改、删除；回路信息包含回路个数、回路号、回路中的功能模块个数；功能模块信息包含模块在回路中的流水号、模块功能号、模块中的参数信息。控制卡在接收到该控制算法信息后便将其放入缓冲区，等待本周期的控制算法运行结束后就可以对该控制算法进行解析。

控制算法的解析过程中涉及最多的操作就是内存块的获取、释放，以及链表操作。理解了这两个操作的实现机制就理解了控制算法的解析过程。其中内存块的获取与释放由 μC/OS-Ⅱ 的内存管理模块负责，需要时就向相应的内存池申请内存块，释放时就将内存块交还给所属的内存池。一个新建回路的解析过程如图 10-17 所示。

对回路的修改过程与新建过程类似，只是没有申请新的内存块，而是找到原先的内存块，然后用功能模块的参数重新初始化该内存块。对回路的删除操作就是根据回路新建时的链表，依次找到回路中的各个功能模块，然后将其所占用的内存块交还给 μC/OS-Ⅱ 的内存池，最后将回路头指针清空，标示该回路不再存在。

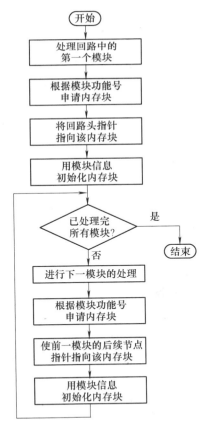

图 10-17　一个新建回路的解析过程

功能模块对应内存块的初始化操作就是按照该功能模块结构体中变量的位置和顺序对内存块中的相应单元赋予对应的数值。本系统中共有 32 个功能模块，每个功能模块的结构体由功能模块共有部分和功能模块特有部分组成。以输入模块为例，输入模块的结构体定义如下所示：

```
typedef struct
{ //共有部分,也是 ST_MOD 结构体的定义
    FP64            Result;                //模块运算结果
    struct          ST_MOD * pNext;        //指向该回路下一模块的指针
    OS_MEM          * pMem;                //指向所属内存池的指针
    INT8U           FuncID;                //模块功能号
    INT8U           SerialNum;             //模块流水号
    //输入模块特有部分
    INT8U           CageNum;               //机笼号
    INT8U           CardNum;               //卡槽号
    INT8U           ChannelNum;            //通道号
    FP64            UpperLimit;            //输入上限
    FP64            LowerLmit;             //输入下限
    INT8U           Type;                  //输入模块类型
} FB_MOD_IN;
```

每个功能模块都有一个功能号，用于标示该模块的功能和与该模块相对应的功能函数。在执行控制算法运算时，会根据此功能号调用对应的功能函数对各个功能模块进行运算处理。

控制算法的执行以 1s 为周期，在执行控制算法时，实行先集中运算，将运算结果暂存，再对运算结果集中输出的方式。控制算法的运算即依次执行各个回路，通过对回路头指针的检查，判断该回路是否存在，如果存在则按照回路解析时创建的链表，依次找到该回路中的功能模块，并按照功能模块中的模块功能号找到对应的功能函数，通过调用功能函数对该功能模块进行运算，并将结果暂存到模块的 Result 中，以便后续模块对该结果的访问。在一条回路执行完毕后，如果该回路需要执行输出操作，则将对应的输出操作加入到输出队列中，等待所有的运算完成后再集中输出。如果检查到回路头指针为空，则表明该回路已经不存在，继续检查下一回路，直至完成对 255 个控制回路的检查和执行[54]。

2. 控制算法的存储与恢复

在系统的需求分析中曾经提到，系统要求对控制算法的信息进行存储，做到掉电不丢失，重新上电后可以重新加载原有的控制算法。

对于控制算法的存储，如果以控制算法的原始形态进行存储，即以控制算法信息解析之前的形态存储，控制卡需要在接收到上位机的控制算法信息后逐条存储。以此种方式进行存储，如果存在频繁的控制算法修改操作，就会造成控制算法存储信息的激增，并且存储的信息量没有上限。而且，以原始形态存储控制算法，在重新加载时需要对控制算法重新解析，这也需要一定的时间。在本系统设计中没有采用这种方式，而是采用解析后控制回路的形式进行存储。

以解析后控制回路的形式进行控制算法的存储，不存在信息激增和信息量无上限的情况，因为对回路的修改操作只是对已有回路的修改，并不会产生新的回路。并且在系统设计

时限定最多容纳 255 个控制回路，所以控制算法的信息量不会是无限制的。而且，以此种形式存储的控制算法，再次加载时不需要重新解析。

解析后的控制回路实际上就是一种运行状态的控制回路，以此种方式存储的控制算法兼有运行时的形态，只是模块内部具体数值不同而已。如果再将控制算法信息分为存储信息与运行信息，会造成一定的重复，产生双倍的 RAM 需求。

既然控制算法的存储态与运行态是一致的，那就可以将控制算法的运行区与存储区相结合，将运行信息作为存储信息。这要求控制算法运行信息存放的介质兼有数据存储功能，即掉电数据不丢失。外扩的 RAM 中，无论是具有后备电池供电的 SRAM，还是磁存储器 MRAM 都具有数据存储特性，都可满足将控制算法存储区与运行区相结合的基本要求。

除了保证存储介质的数据保存功能外，还要保证数据不会被破坏。本系统中的控制算法存储在一个个的内存块中，这些内存块由 μC/OS-Ⅱ 的内存管理模块进行分配与回收，如果μC/OS-Ⅱ 的内存管理模块不知道之前分配的内存块中存储着控制算法信息，在程序再次运行时，没有记录原先的内存块的使用情况，当再次向 μC/OS-Ⅱ 的内存管理模块进行内存块的申请或交还操作时，就会对原有的内存块造成破坏。所以，μC/OS-Ⅱ 内存管理模块的相关信息也必须得到存储。

要使 μC/OS-Ⅱ 内存管理模块的信息得到有效存储，涉及整个 μC/OS-Ⅱ 中内存的规划。而且要使存储的信息有效，还要保证 μC/OS-Ⅱ 内存规划的固定性，比如内存池的个数、内存池的大小、内存池管理空间的起始地址、内部内存块的大小、内存块的个数等信息都必须是固定的，即每次程序重新加载时，上述信息都是固定不变的。因为，一旦上述信息发生了变化，之前存储的信息也就失去了意义。

在 μC/OS-Ⅱ 内存初始规划阶段，就必须确定内存池的个数，严格限定每个内存池的起始地址与大小，以及内部内存块的大小和个数，并且不得更改。只有这样，记录的内存池内部内存块的使用信息才会有意义。

其实，存储只是一种手段，恢复才是最终目的。保证存储介质的数据保存能力和控制算法信息不会被破坏，仅仅是使控制算法信息得到了存储，但仍不足以在程序再次运行时使控制算法信息得到恢复。要使控制算法信息能够得到有效恢复，必须提供能够重建之前控制算法运行环境的信息。为此，必须单独开辟一块区域，作为备份区，以用于存储能够重建之前控制算法运行环境的信息。这些信息包括内存池使用情况信息和回路头指针信息。在每次完成控制算法的解析工作后，就需要将这些信息复制一份存储到备份区中。在程序再次运行时，再次加载控制算法就是将备份区中的信息恢复到内存池中和回路头指针中。这样原先的控制算法运行环境就得以重建。以回路头指针为例，在本系统中控制算法以回路的形式表示，而且回路就是串接着各个功能模块的链表。对于一个链表而言，得到了头指针，就可以依次找到链表中的各个节点，在本系统中就是有了回路头指针，就可以依次找到回路中的各个功能模块。

经过数次运算后的功能模块的信息与刚解析完成时的功能模块的信息是不一样的，主要是模块运算结果不再是 0。在重新加载控制算法信息后，希望能够重新开始控制算法的运行，所以需要设立控制算法初始运行标志，在各功能模块运算时需要根据此标志选择性地将模块暂存的运算结果清除，以产生功能模块与刚解析完成时一样的效果。

10.1.7 8 通道模拟量输入板卡（8AI）的设计

1. 8 通道模拟量输入板卡的功能概述

8 通道模拟量输入板卡（8AI）是 8 路点点隔离的标准电压、电流输入板卡。可采样的信号包括标准Ⅱ型、Ⅲ型电压信号，标准的Ⅱ型、Ⅲ型电流信号。

通过外部配电板可允许接入各种输出标准电压、电流信号的仪表、传感器等。该板卡的设计技术指标如下：

1）信号类型及输入范围：标准Ⅱ、Ⅲ型电压信号（0~5V、1~5V）及标准Ⅱ、Ⅲ型电流信号（0~10mA、4~20mA）。

2）采用 32 位 ARM Cortex M3 微控制器，提高了板卡设计的集成度、运算速度和可靠性。

3）采用高性能、高精度、内置 PGA 的具有 24 位分辨率的 Σ-Δ 模数转换器进行测量转换，传感器或变送器信号可直接接入。

4）同时测量 8 通道电压信号或电流信号，各采样通道之间采用 PhotoMOS 继电器，实现点点隔离的技术。

5）通过主控站模块的组态命令可配置通道信息，每一通道可选择输入信号范围和类型等，并将配置信息存储于铁电存储器中，掉电重启时，自动恢复到正常工作状态。

6）板卡设计具有低通滤波、过电压保护及信号断线检测功能，ARM 与现场模拟信号测量之间采用光电隔离措施，以提高抗干扰能力。

2. 8 通道模拟量输入板卡的硬件组成

8 通道模拟量输入板卡用于完成对工业现场信号的采集、转换、处理，其硬件组成框图如图 10-18 所示。

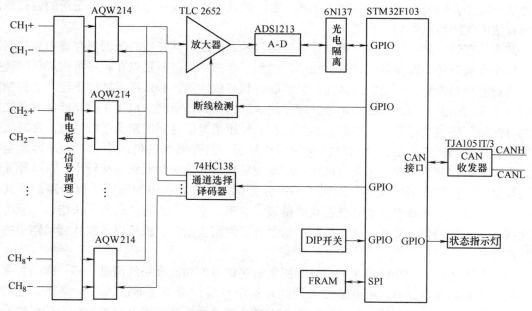

图 10-18　8 通道模拟量输入板卡硬件组成框图

硬件电路主要由 ARM Cortex M3 微控制器、信号处理电路（滤波、放大）、通道选择电路、A-D 转换电路、故障检测电路、DIP 开关、铁电存储器 FRAM、LED 状态指示灯和 CAN 通信接口电路组成。

该板卡采用 ST 公司的 32 位 ARM 控制器 STM32F103VBT6、高精度 24 位 Σ-Δ 模数转换器 ADS1213、LinCMOS 工艺的高精度斩波稳零运算放大器 TLC2652CN、PhotoMOS 继电器 AQW214EH、CAN 收发器 TJA1051T/3 等器件设计而成。

现场仪表层的电流信号或电压信号经过端子板的滤波处理，由多路模拟开关选通一个通道送入 A-D 转换器 ADS1213，由 ARM 读取 A-D 转换结果，A-D 转换结果经过软件滤波和量程变换以后经 CAN 总线发送给控制卡。

板卡故障检测中的一个重要的工作就是断线检测。除此以外，故障检测还包括超量程检测、欠量程检测、信号跳变检测等。

8 通道模拟量输入板卡的外形如图 10-19 所示。

图 10-19　8 通道模拟量输入板卡的外形

3. 8 通道模拟量输入板卡的程序设计

8 通道模拟量输入板卡的程序主要包括 ARM 控制器的初始化程序、A-D 采样程序、数字滤波程序、量程变换程序、故障检测程序、CAN 通信程序、WDT 程序等。

10. 1. 8　8 通道热电偶输入板卡（8TC）的设计

1. 8 通道热电偶输入板卡的功能概述

8 通道热电偶输入板卡是一种高精度、智能型的、带有模拟量信号调理的 8 路热电偶信号采集卡。该板卡可对 7 种毫伏级热电偶信号进行采集，检测温度最低为 -200℃，最高可达 1800℃。

通过外部配电板可允许接入各种热电偶信号和毫伏电压信号。该板卡的设计技术指标如下：

1）热电偶板卡可允许 8 通道热电偶信号输入，支持的热电偶类型为 K、E、B、S、J、R、T，并带有热电偶冷端补偿。

2）采用 32 位 ARM Cortex M3 微控制器，提高了板卡设计的集成度、运算速度和可靠性。

3）采用高性能、高精度、内置 PGA 的具有 24 位分辨率的 Σ-Δ 模/数转换器进行测量转换，传感器或变送器信号可直接接入。

4）同时测量 8 通道电压信号或电流信号，各采样通道之间采用 PhotoMOS 继电器，实现点点隔离的技术。

5）通过主控站模块的组态命令可配置通道信息，每一通道可选择输入信号范围和类型等，并将配置信息存储于铁电存储器中，掉电重启时，自动恢复到正常工作状态。

6）板卡设计具有低通滤波、过电压保护及热电偶断线检测功能，ARM 与现场模拟信号测量之间采用光电隔离措施，以提高抗干扰能力。

2. 8 通道热电偶输入板卡的硬件组成

8 通道热电偶输入板卡用于完成对工业现场热电偶和毫伏信号的采集、转换、处理，其硬件组成框图如图 10-20 所示。

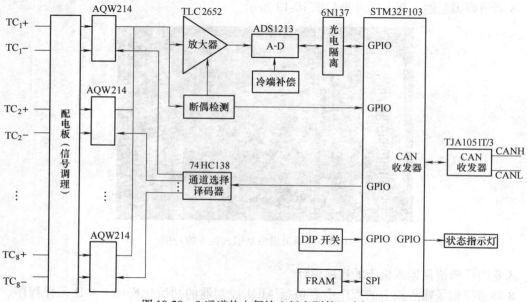

图 10-20　8 通道热电偶输入板卡硬件组成框图

硬件电路主要由 ARM Cortex M3 微控制器、信号处理电路（滤波、放大）、通道选择电路、A-D 转换电路、断偶检测电路、热电偶冷端补偿电路、DIP 开关、铁电存储器 FRAM、LED 状态指示灯和 CAN 通信接口电路组成。

该板卡采用 ST 公司的 32 位 ARM 控制器 STM32F103VBT6、高精度 24 位 Σ-Δ 模/数转换器 ADS1213、LinCMOS 工艺的高精度斩波稳零运算放大器 TLC2652CN、PhotoMOS 继电器 AQW214EH、CAN 收发器 TJA1051T/3 等器件设计而成。

现场仪表层的热电偶和毫伏信号经过端子板的低通滤波处理，由多路模拟开关选通一个通道送入 A-D 转换器 ADS1213，由 ARM 读取 A-D 转换结果，A-D 转换结果经过软件滤波和量程变换以后经 CAN 总线发送给控制卡。

8 通道热电偶输入板卡的外形如图 10-21 所示。

3. 8 通道热电偶输入板卡的程序设计

8 通道热电偶输入板卡的程序主要包括 ARM 控制器的初始化程序、A-D 采样程序、数字滤波程序、热电偶线性化程序、冷端补偿程序、量程变换程序、断偶检测程序、CAN 通信程序、WDT 程序等。

图 10-21   8 通道热电偶输入板卡的外形

10.1.9   8 通道热电阻输入板卡（8RTD）的设计

1. 8 通道热电阻输入板卡的功能概述

8 通道热电阻输入板卡是一种高精度、智能型的、带有模拟量信号调理的 8 路热电阻信号采集卡。该板卡可对 3 种热电阻信号进行采集，热电阻采用三线制接线。

通过外部配电板可允许接入各种热电偶信号和毫伏电压信号。该板卡的设计技术指标如下：

1）热电阻板卡可允许 8 通道三线制热电阻信号输入，支持热电阻类型为 Cu100、Cu50 和 Pt100。

2）采用 32 位 ARM Cortex M3 微控制器，提高了板卡设计的集成度、运算速度和可靠性。

3）采用高性能、高精度、内置 PGA 的具有 24 位分辨率的 Σ-Δ 模/数转换器进行测量转换，传感器或变送器信号可直接接入。

4）同时测量 8 通道热电阻信号，各采样通道之间采用 PhotoMOS 继电器，实现点点隔离的技术。

5）通过主控站模块的组态命令可配置通道信息，每一通道可选择输入信号范围和类型等，并将配置信息存储于铁电存储器中，掉电重启时，自动恢复到正常工作状态。

6）板卡设计具有低通滤波、过电压保护及热电阻断线检测功能，ARM 与现场模拟信号测量之间采用光电隔离措施，以提高抗干扰能力。

2. 8 通道热电阻输入板卡的硬件组成

8 通道热电阻输入板卡用于完成对工业现场热电阻信号的采集、转换、处理，其硬件组成框图如图 10-22 所示。

硬件电路主要由 ARM Cortex M3 微控制器、信号处理电路（滤波、放大）、通道选择电路、A-D 转换电路、断线检测电路、热电阻测量恒流源电路、DIP 开关、铁电存储器 FRAM、LED 状态指示灯和 CAN 通信接口电路组成。

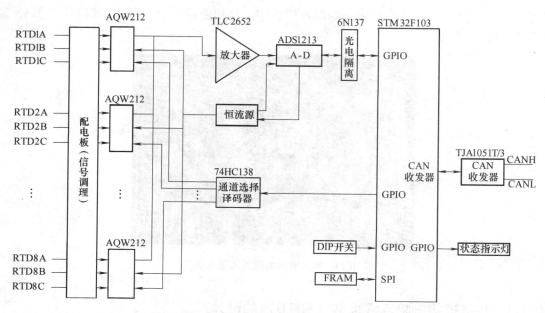

图 10-22　8 通道热电阻输入板卡硬件组成框图

该板卡采用 ST 公司的 32 位 ARM 控制器 STM32F103VBT6、高精度 24 位 Σ-Δ 模数转换器 ADS1213、LinCMOS 工艺的高精度斩波稳零运算放大器 TLC2652CN、PhotoMOS 继电器 AQW212、CAN 收发器 TJA1051T/3 等器件设计而成。

现场仪表层的热电阻经过端子板的低通滤波处理，由多路模拟开关选通一个通道送入 A-D 转换器 ADS1213，由 ARM 读取 A-D 转换结果，A-D 转换结果经过软件滤波和量程变换以后经 CAN 总线发送给控制卡。

8 通道热电阻输入板卡的外形如图 10-23 所示。

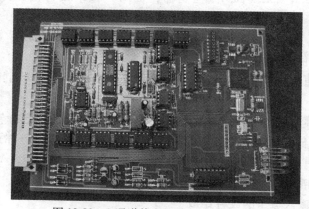

图 10-23　8 通道热电阻输入板卡的外形

3. 8 通道热电阻输入板卡的程序设计

8 通道热电阻输入板卡的程序主要包括 ARM 控制器的初始化程序、A-D 采样程序、数字滤波程序、热电阻线性化程序、断线检测程序、量程变换程序、CAN 通信程序、WDT 程序等。

398

10.1.10 4通道模拟量输出板卡（4AO）的设计

1. 4通道模拟量输出板卡的功能概述

此卡为点点隔离型电流（Ⅱ型或Ⅲ型）信号输出卡。ARM与输出通道之间通过独立的接口传送信息，转换速度快，工作可靠，即使某一输出通道发生故障，也不会影响到其他通道的工作。由于ARM内部集成了PWM功能模块，所以该板卡实际是采用ARM的PWM模块实现D/A转换功能。此外，模板为高精度智能化卡件，能实时检测实际输出的电流值，以保证输出正确的电流信号。

通过外部配电板可输出Ⅱ型或Ⅲ型电流信号。该板卡的设计技术指标如下：

1）模拟量输出板卡可允许4通道电流信号，电流信号输出范围为0~10mA（Ⅱ型）、4~20mA（Ⅲ型）。

2）采用32位ARM Cortex M3微控制器，提高了板卡设计的集成度、运算速度和可靠性。

3）采用ARM内嵌的16位高精度PWM构成D/A转换器，通过两级一阶有源低通滤波电路，实现信号输出。

4）同时可检测每个通道的电流信号输出，各采样通道之间采用PhotoMOS继电器，实现点点隔离的技术。

5）通过主控站模块的组态命令可配置通道信息，将配置通道信息存储于铁电存储器中，掉电重启时，自动恢复到正常工作状态。

6）板卡设计具有低通滤波、断线检测功能，ARM与现场模拟信号测量之间采用光电隔离措施，以提高抗干扰能力。

2. 4通道模拟量输出板卡的硬件组成

4通道模拟量输出板卡用于完成对工业现场阀门的自动控制，其硬件组成框图如图10-24所示。

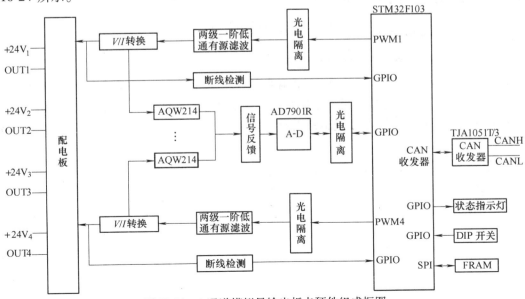

图10-24　4通道模拟量输出板卡硬件组成框图

硬件电路主要由 ARM Cortex M3 微控制器、两级一阶有源低通滤波电路、*V/I* 转换电路、输出电流信号反馈与 A-D 转换电路、断线检测电路、DIP 开关、铁电存储器 FRAM、LED 状态指示灯和 CAN 通信接口电路组成。

该板卡采用 ST 公司的 32 位 ARM 控制器 STM32F103VBT6、高精度 12 位模/数转换器 ADS7901R、运算放大器 TL082I、PhotoMOS 继电器 AQW214、CAN 收发器 TJA1051T/3 等器件设计而成。

ARM 由 CAN 总线接收控制卡发来的电流输出值，转换成 16 位 PWM 输出，经光电隔离，送往两级一阶有源低通滤波电路，再通过 *V/I* 转换电路，实现电流信号输出，最后经过配电板控制现场仪表层的执行机构。

4 通道模拟量输出板卡的外形如图 10-25 所示。

图 10-25　4 通道模拟量输出板卡的外形

3. 4 通道模拟量输出板卡的程序设计

4 通道模拟量输出板卡的程序主要包括 ARM 控制器的初始化程序、PWM 输出程序、电流输出值检测程序、断线检测程序、CAN 通信程序、WDT 程序等。

10. 1. 11　16 通道数字量输入板卡（16DI）的设计

1. 16 通道数字量输入板卡的功能概述

16 通道数字量信号输入板卡，能够快速响应有源开关信号（湿接点）和无源开关信号（干接点）的输入，实现数字信号的准确采集，主要用于采集工业现场的开关量状态。

通过外部配电板可允许接入无源输入和有源输入的开关量信号。该板卡的设计技术指标如下：

1）信号类型及输入范围：外部装置或生产过程的有源开关信号（湿接点）和无源开关信号（干接点）。

2）采用 32 位 ARM Cortex M3 微控制器，提高了板卡设计的集成度、运算速度和可靠性。

3）同时测量 16 通道数字量输入信号，各采样通道之间采用光耦合器，实现点点隔离的技术。

4）通过主控站模块的组态命令可配置通道信息，并将配置信息存储于铁电存储器中，掉电重启时，自动恢复到正常工作状态。

5）板卡设计具有低通滤波、通道故障自检功能，可以保证板卡的可靠运行。当非正常状态出现时，可现场及远程监控，同时报警提示。

2. 16 通道数字量输入板卡的硬件组成

16 通道数字量输入板卡用于完成对工业现场数字量信号的采集，其硬件组成框图如图 10-26 所示。

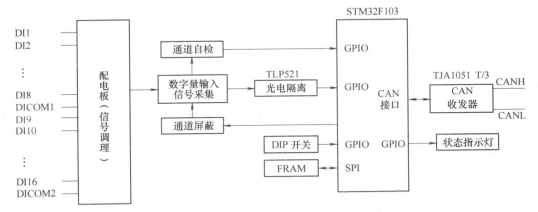

图 10-26　16 通道数字量输入板卡硬件组成框图

硬件电路主要由 ARM Cortex M3 微控制器、数字量信号低通滤波电路、输入通道自检电路、DIP 开关、铁电存储器 FRAM、LED 状态指示灯和 CAN 通信接口电路组成。

该板卡采用 ST 公司的 32 位 ARM 控制器 STM32F103VBT6、TLP521 光耦合器、TL431 电压基准源、CAN 收发器 TJA1051T/3 等器件设计而成。

现场仪表层的开关量信号经过端子板低通滤波处理，通过光电隔离，由 ARM 读取数字量的状态，经 CAN 总线发送给控制卡。

16 通道数字量输入板卡的外形如图 10-27 所示。

图 10-27　16 通道数字量输入板卡的外形

3. 16 通道数字量输入板卡的程序设计

16 通道数字量输入板卡的程序主要包括 ARM 控制器的初始化程序、数字量状态采集程序、数字量输入通道自检程序、CAN 通信程序、WDT 程序等。

10.1.12　16通道数字量输出板卡（16DO）的设计

1. 16通道数字量输出板卡的功能概述

16通道数字量信号输出板卡，能够快速响应控制卡输出的开关信号命令，驱动配电板上独立供电的中间继电器，并驱动现场仪表层的设备或装置。

该板卡的设计技术指标如下：

1）信号输出类型：带有一常开和一常闭的继电器。

2）采用32位ARM Cortex M3微控制器，提高了板卡设计的集成度、运算速度和可靠性。

3）具有16通道数字量输出信号，各采样通道之间采用光耦合器，实现点点隔离的技术。

4）通过主控站模块的组态命令可配置通道信息，并将配置信息存储于铁电存储器中，掉电重启时，自动恢复到正常工作状态。

5）板卡设计每个通道的输出状态具有自检功能，并监测外部配电电源，外部配电范围为22～28V，可以保证板卡的可靠运行。当非正常状态出现时，可现场及远程监控，同时发出报警提示。

2. 16通道数字量输出板卡的硬件组成

16通道数字量输出板卡用于完成对工业现场数字量输出信号的控制，其硬件组成框图如图10-28所示。

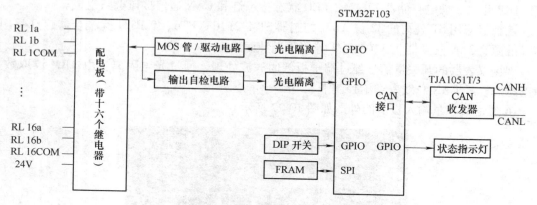

图10-28　16通道数字量输出板卡硬件组成框图

硬件电路主要由ARM Cortex M3微控制器、光耦合器、故障自检电路、DIP开关、铁电存储器FRAM、LED状态指示灯和CAN通信接口电路组成。

该板卡采用ST公司的32位ARM控制器STM32F103VBT6、TLP521光耦合器、TL431电压基准源、LM393比较器、CAN收发器TJA1051T/3等器件设计而成。

现场仪表层的开关量信号经过端子板低通滤波处理，通过光电隔离，ARM通过CAN总线接收控制卡发送的开关量输出状态信号，经配电板送往现场仪表层，控制现场的设备或装置。

16通道数字量输出板卡的外形如图10-29所示。

图 10-29　16 通道数字量输出板卡的外形

3. 16 通道数字量输出板卡的程序设计

16 通道数字量输出板卡的程序主要包括 ARM 控制器的初始化程序、数字量状态控制程序、数字量输出通道自检程序、CAN 通信程序、WDT 程序等。

10.1.13　8 通道脉冲量输入板卡（8PI）的设计

1. 8 通道脉冲量输入板卡的功能概述

8 通道脉冲量信号输入板卡，能够输入 8 通道阈值电压在 0～5V、0～12V、0～24V 的脉冲量信号，并可以进行频率型和累积型信号的计算。当对累积精度要求较高时使用累积型组态，而当对瞬时流量精度要求较高时使用频率型组态。每一通道都可以根据现场要求通过跳线设置为 0～5V、0～12V、0～24V 电平的脉冲信号。

通过外部配电板可允许接入 3 种阈值电压的脉冲量信号。该板卡的设计技术指标如下：

1）信号类型及输入范围：阈值电压在 0～5V、0～12V、0～24V 的脉冲量信号。

2）采用 32 位 ARM Cortex M3 微控制器，提高了板卡设计的集成度、运算速度和可靠性。

3）同时测量 8 通道脉冲量输入信号，各采样通道之间采用光耦合器，实现点点隔离的技术。

4）通过主控站模块的组态命令可配置通道信息，并将配置信息存储于铁电存储器中，掉电重启时，自动恢复到正常工作状态。

5）板卡设计具有低通滤波。

2. 8 通道脉冲量输入板卡的硬件组成

8 通道脉冲量输入板卡用于完成对工业现场脉冲量信号的采集，其硬件组成框图如图 10-30 所示。

硬件电路主要由 ARM Cortex M3 微控制器、数字量信号低通滤波电路、输入通道自检电路、DIP 开关、铁电存储器 FRAM、LED 状态指示灯和 CAN 通信接口电路组成。

该板卡采用 ST 公司的 32 位 ARM 控制器 STM32F103VBT6、6N136 光耦合器、施密特反相器 74HC14、CAN 收发器 TJA1051T/3 等器件设计而成。

利用 ARM 内部定时器的输入捕获功能，捕获经整形、隔离后的外部脉冲量信号，然后

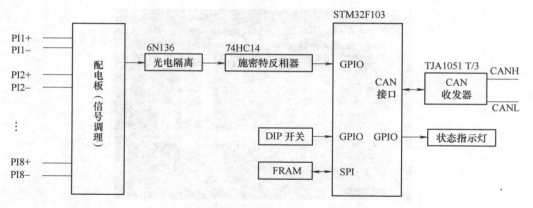

图 10-30　8 通道脉冲量输入板卡硬件组成框图

对通道的输入信号进行计数。累积型信号持续计数，频率型信号每秒计算一次。

由 ARM 读取脉冲量的计数值，经 CAN 总线发送给控制卡。

8 通道脉冲量输入板卡的外形如图 10-31 所示。

图 10-31　8 通道脉冲量输入板卡的外形

3. 8 通道脉冲量输入板卡的程序设计

8 通道脉冲量输入板卡的程序主要包括 ARM 控制器的初始化程序、脉冲量计数程序、数字量输入通道自检程序、CAN 通信程序、WDT 程序等。

10.2　工业锅炉计算机控制系统的设计

10.2.1　工业锅炉的工作过程

工业锅炉已被广泛地应用于国民经济各个部门。通常蒸发量较小的用来供热或提供循环热水，蒸发量大的用来驱动汽轮机和蒸汽机，使热能转换为机械能，或进而转换为电能。其炉型有链条炉、煤粉炉、抛煤炉、油炉及煤气炉等。

10t/h 锅炉结构和工艺流程示意图如图 10-32 所示。

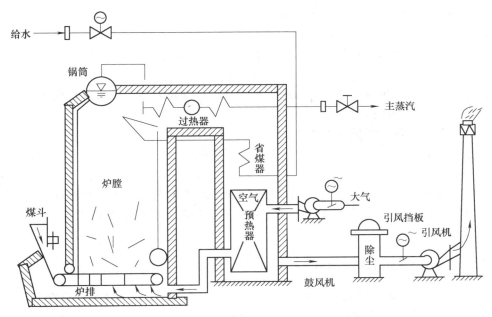

图 10-32　10t/h 锅炉结构和工艺流程示意图

1. 锅炉的主要设计参数

蒸发量：10t/h；　　　　　　　　主蒸汽压力：$13 \times 10^5 Pa$；

主蒸汽温度：350℃；　　　　　　给水温度：60~105℃；

热风温度：170℃；　　　　　　　冷风温度：20℃；

排烟温度：180℃；　　　　　　　设计效率：78%。

燃烧的煤层厚度通过闸板控制，炉排转速可由滑差电动机控制或交流变频调速控制。尾部受热面有省煤器和空气预热器。

给水通过省煤器预热后给锅炉上水，空气经空气预热器后由炉排左右两侧 6 个风道进入，烟气通过除尘器除尘，由引风机送至烟囱排放，主蒸汽经过过热器（有的无过热器）送至汽柜和用汽部门。

2. 能量转换和转移过程

在锅炉中进行的能量转换和转移过程如下：

• 燃料在炉内燃烧，燃料的化学能以热能的形式释放出来，使火焰和烟气具有高温。

• 高温火焰和烟气的热量通过"受热面"向被加热介质传递。

• 水被加热至沸腾而汽化，成为饱和蒸汽，进而过热而成过热蒸汽。

燃料燃烧、火焰和烟气向工质（蒸汽用于动力应用时，称之为"工质"）传热、工质的加热和汽化是三个互相关联而又同时进行的过程，是锅炉工作中的主要过程。

能量转换和转移过程是与物质运动相结合的：

1）给水进入锅炉，最后以饱和蒸汽或过热蒸汽（对于热水锅炉则为热水）形式输出。

2）煤进入炉内燃烧，其可燃部分燃烧后连同原含水分转化为烟气，原含灰分则残存为灰渣。

3）风送入炉内参加燃烧反应，过剩的空气也混入烟气中排出。

水汽系统、煤灰系统、风烟系统是锅炉的主要系统，这三个系统的工作是同时且连续地进行的。

工业锅炉自动控制，其实质就是针对上述三个过程进行自动操作，以实现四个基本要求：

1）保产保质——按质（压力、温度、净度）按量（蒸发量、供热量）地供出蒸汽或热水，满足生产和采暖需要。

2）安全耐用，延长锅炉使用寿命。

3）节能高效省材。

4）消烟除尘，降低劳动强度。

显然要达到上面4个要求，首先取决于锅炉本体和各种辅机的合理设计和制造，但还必须要有最佳的自动控制系统与之配套。工业锅炉自动控制是工业锅炉技术进步的重要标志，工业锅炉已离不开自动化。

10.2.2　工业锅炉计算机控制的意义

使用单元组合仪表来控制工业锅炉的运行已是一项完全成熟的技术，这在国际上是20世纪60年代的水平。由于使用单元组合仪表投资较大，仪表使用、维修技术要求高，因此仍不能推广到蒸发量较小的锅炉中。到了20世纪70年代，国外因微电子技术的迅猛发展，导致计算机的推广应用。目前，我国工业锅炉基本已实现计算机自动控制。

工业锅炉采用计算机控制具有以下明显优势：

1）能直观而集中地显示画面和运行参数。能快速计算出机组在正常运行和起停过程中的有用数据，并能在CRT上同时显示锅炉运行的水位、压力、炉膛负压、烟气含氧量、测点温度、燃煤量等数十个运行参量的瞬时值、累计值及给定值，以便于操作人员观察和比较。同时还可以按需要在锅炉的结构示意画面的相应位置上显示出参数值，给人直观形象，减少观察的疲劳和失误。

2）可以按需要随时打印或定时打印，能对运行状况进行准确的记录，这也便于一旦需要进行事故处理时，能追忆打印并记录事故前的参数，供有关部门分析研究。

3）在运行中能随时快速而简便地修改各种运行参数的控制值（给定值），并能修改系统的控制参数（变量）。

4）减少了显示仪表，还可利用软件来代替许多仪表单元（例如加减器、微分器、滤波器、限幅报警器等），从而减少了投资，也减少了故障率。

5）在运行监督指导方面，计算机控制系统可以对起动、停炉、运行过程中的工况进行计算和监控，对主要参数变化趋势进行分析，进行操作程序的监视等。

6）提高锅炉的热效率。从已在运行的锅炉来看，采用计算机控制可普遍提高热效率，原来运行状态较好的锅炉至少可提高3%，而对于一些原来自动化运行欠佳的锅炉，这个值将更大些，节能更明显。

7）锅炉是一个多输入多输出、非线性的动态对象，诸多调节量和被调量之间存在着耦合通道。例如当锅炉的负荷变化时，所有的被调量都会发生变化。故而理想控制应该采用多变量解耦控制方案。

8）锅炉计算机控制系统经扩展后，可构成分级控制系统，可与计算机网联网工作，这对于企业的现代化管理也是必不可少的。

随着我国计算机技术应用的普及、可靠性的提高及价格下降，锅炉的微机控制将日益广泛，特别对于一些容量较大的锅炉更是如此。同时应看到，这也将推动仪表行业的某些检测仪表的迅速发展，使其适应锅炉上各种不同工艺参数自动检测的需要。

10.2.3　工业锅炉计算机控制系统的基本功能

1. 实时控制功能

工业锅炉计算机控制系统的主要功能是能对影响锅炉运行安全性和经济性的重要参数，诸如上锅筒水位、锅炉出口蒸汽压力、炉膛负压和炉烟含氧量进行实时控制。

1）给水调节系统：用给水调节阀门作为调节机构，以给水流量作为调节量。当锅炉蒸发量改变时，调节系统改变给水流量使之与蒸汽流量相平衡，从而将锅筒水位控制在正常水位（正常水位为锅筒中间水位或称"0"水位）上。

2）汽压调节系统：汽压调节系统控制两个副回路，即燃料量调节回路及送风量调节回路。因此有两个调节量，即送风量和炉排转速，以及两个调节机构，即送风调节挡板和炉排直流电动机。当锅炉蒸发量改变时，调节系统改变送风量和燃料量，使之与蒸发量相适应，从而将锅炉出口汽压控制在额定值。

3）炉膛负压调节系统：用引风调节挡板作为调节机构，以烟气量作为调节量。当送风量随锅炉负荷量改变而改变时，调节系统改变烟气量使之与送风量相平衡，从而将炉膛负压控制在额定值上。

4）烟气含氧量调节系统：用送风量与燃料量的比值作为该系统的粗调，而以氧量调节作为校正调节。用滑差电动机或炉排直流电动机作为调节机构，以燃料量作为调节量。当烟气含氧量离开额定值时，调节系统改变炉排转速，使燃料量改变，从而将氧量控制在额定值。值得注意的是，当燃料量改变时，将使锅炉出口汽压发生变化，从而导致汽压调节系统动作而改变送风量与燃料量。当汽压恢复额定值时，也随之改变了燃料量与送风量的比值，因此可以说氧量调节系统动作的结果不是改变燃料量，而是改变了燃料量与送风量的比值。

2. 显示功能

工业锅炉计算机控制在 CRT 上显示一幅锅炉的结构示意图，在该图相应位置上显示了各点参数，共 18 点。1s 刷新一次参数值。显示是直接数字显示，以此代替众多的动圈仪表，它较之动圈仪表精度高，且有维修少的优点。尤其当参数信号中有高频周期性波动时，计算机可以很容易地实现数字滤波，使显示值稳定而不波动。

3. 打印功能

1）用打印机打印蒸汽流量、锅炉出口汽压、锅筒水位三曲线，2min 打一点，可取代 3 个记录表。

2）时打印：按时打印锅炉运行的重要参数与重要的经济性指标，如蒸汽量与燃料量的比值，蒸汽量与给水量的比值，蒸汽量与耗电量比值及锅炉的平衡效率。上述指标是重要的经济考核指标。

3）班打印、日打印：打印一班（8h）的总耗汽量、总耗煤量、用水量、耗电量、打印一日（24h）的总产汽量、总耗煤量、耗电量。

4. 键盘功能

用以设置键盘命令。键盘命令分以下几种类型。

（1）软手操命令

当调节回路因各种原因发生故障时，调节回路退出自动，此时可由指定的按键开大或关小该调节回路所对应的调节机构。相对于4个调节机构，有相应的4个开大键、4个关小键。还设置了一个停止操作键。调节机构操作后的位置改变值在CRT上显示出来。

（2）改变各调节回路给定值的键盘命令

可用此键盘命令改变锅筒水位、锅炉出口汽压、炉膛负压、烟气含氧量、送风量及燃料量的给定值。这里改变燃料量和送风量的给定值，实际上就是改变燃料量与送风量的比值。锅炉操作人员可根据燃料的品种及其颗粒度，适当改变燃料量与送风量的比例，也即改变了烟气含氧量给定值。但直接改变比例，可以避免汽压和氧量调节系统的一次调节过程，在改变上述给定值时，可先加入某一回路的代号，然后增减给定值，其给定值数值在CRT上显示出来，直至所需值时，按停止操作键即可。

（3）改变各调节回路的调节参数命令

可用此键盘命令改变各反馈调节器的比例值、积分时间、前馈调节器的比例值、微分增益、微分时间等，还可改变蒸汽量与给水量的比例系数、燃料量与送风量的比例系数。在改变上述参数时，可先打入某一回路的代号，然后直接打入所需的参数值。其参数值也可在CRT上显示出来。

（4）各调节回路的切、投键盘命令

用此键盘命令切、投各调节回路。在操作时，键入某一回路的代号及切、投代号，然后观察各相应回路的投入标志出现是什么颜色即可。

（5）其他命令

其他命令包括时间输入、燃料低位发热值输入、煤闸门开度输入、操作班代号输入，声、光报警校验、打印机启停及各模拟量输入监视等命令。使用模拟量输入监视命令时，可键入此模拟量代号，然后在CRT即可显示此模拟量经过A-D转换后的数字量值。

5. 显示屏功能及监控功能

在该工业锅炉计算机控制系统中，另有一台智能重要参数显示仪。它有独立的A-D转换装置和电源，锅炉运行的8个重要参数（蒸汽流量、汽压、锅筒水位等）经该机的A-D转换装置转换为数字量信号，用七段数码管在屏上显示出来。对载有高频周期性波动的信号，该机还有数字滤波功能及蒸汽流量压力补偿功能。

当主机出现故障时，主机的所有功能全部失效，此时该显示仪的8个参数显示功能仍然有效，操作工人仍可根据此8个参数，对锅炉进行硬手操（直接用DFD-09操作器进行操作或ZKJ-QS进行操作），维持锅炉正常运行。

6. 报警

为了维持工业锅炉的正常运行，当锅炉出现某些异常情况时，计算机相应发出声、光报警信号，提醒操作工人引起注意并及时进行处理，避免事故的发生。如当某些重要参数超越允许限度以前都应报警。当调节机构处于允许最小开度或最大开度时也应报警。这样就提高了工业锅炉运行的安全可靠性。

7. 联锁功能

某些调节系统投入自动是需要条件的。当与之有关的其他调节系统未投入时，该系统是不应投入自动的，否则将会威胁锅炉的安全运行。如炉膛负压调节系统未投入自动时，送风量调节系统乃至于燃料量、锅炉出口汽压、氧量各调节系统都不应该投入自动。同样，当炉膛负压调节系统因故障切除自动时，上述各调节系统也应同时切除自动。计算机控制工业锅炉系统应具有上述调节系统之间的联锁功能。

10.2.4 直接数字控制（DDC）系统的设计

本系统是一个以计算机代替模拟调节仪表，面向 CRT 操作对工业锅炉生产过程在线地进行直接控制的闭环系统。

在对锅炉现场仪表送来的温度、流量、压力、液位、成分等各种工艺参数电信号进行检测后，由过程输入通道转换成数字量信息，经工业 PC 对各种不同工艺参数信息分别进行滤波、函数、延时等功能运算处理后，再由给水、汽压、炉膛负压、烟气含氧量等调节回路的控制程序，按各自的控制模型和控制规律处理后，由过程输出通道将控制信息输出至给水、炉排、送风和引风调节回路的执行机构，以控制锅炉生产运行中所需要的燃料量、给水量、送风量和引风量。

键盘、CRT 字符显示器、打字机是系统中人机联系的输入输出设备，操作员通过 CRT 显示画面和打印记录报表，可直观地了解系统运行状况；通过键盘操作指令，可调用系统的各种功能和人工干预系统的运行，由此来实现系统的综合管理功能。

一台锅炉要能安全、可靠、有效地运行，运行参数达到设计值，除了锅炉本身设备和各种辅机完好外，还必须要求自动化仪表工作正常和自动控制系统方案正确。

对各种热工参数，应根据锅炉类型的不同和控制要求的差异采取相应的控制方案。在工业锅炉计算机控制系统中一般采用直接数字控制方式。

1. 锅炉给水调节系统

（1）给水调节系统的任务

给水自动调节的任务是使给水流量适应锅炉的蒸发量，以维持锅筒水位在允许的范围内。给水自动调节的另一个任务是保持给水稳定。在整个调节系统中要全面考虑这两方面的任务。

（2）给水调节对象

给水调节系统的被调参数是锅筒水位（H），调节机构是给水调节阀，调节量是给水流量（W）。

（3）给水自动调节系统方案

由于给水调节对象没有自平衡能力，又存在滞后。因此应采用闭环调节系统。常用的给水调节系统有以下几种：

① 以水位为唯一调节信号的单冲量调节系统。

② 以蒸汽流量和水位作为调节信号的双冲量调节系统。

③ 以给水流量、蒸汽流量、水位作调节信号的三冲量调节系统。三冲量调节系统最常用的是单级三冲量给水调节系统，其中也有用串级的三冲量调节系统。

（4）三冲量调节系统框图

三冲量调节系统框图如图 10-33 所示。

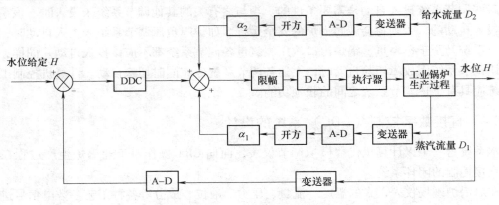

图 10-33　三冲量调节系统框图

　　蒸汽流量和给水流量用流量孔板取得差压信号，采用差压变送器将差压信号转换成电流信号。蒸汽流量和给水流量的电流信号经过电流/电压变换，送往 A-D 采样，采样结果经数字滤波和开方并乘以各自相应的比例系数，就得到了与各自流量成比例的相应的信号 $\alpha_1 D_1$ 和 $\alpha_2 D_2$。水位信号经差压变送器取得，并经数字滤波作为调节主信号 H。

　　在上述四个信号中，若有一个或一个以上信号发生变化，平衡状态被破坏，输出必将发生变化。当水位升高时，输出信号减小，使得给水调节阀关小。反之，当水位降低时，输出值增大，使给水调节阀开大。

　　三冲量给水单级自动调节系统，能保持水位稳定，且给水调节阀动作平稳。

2. 锅炉燃烧调节系统

（1）燃烧过程自动调节的任务

　　燃烧过程自动调节系统的选择虽然与燃料的种类和供给系统、燃烧方式以及锅炉与负荷的连接方式都有关系，但是燃烧过程自动调节的任务都是一样的。归纳起来，燃烧过程自动调节系统有三大任务。

　　第一个任务是维持汽压恒定。如果一台锅炉运行，则维持过热器出口汽压恒定。如果几台锅炉并列运行，则维持母管汽压。汽压的变化表示锅炉蒸汽量和负荷的耗汽量不相适应，必须相应地改变燃料量，以改变锅炉的蒸汽量。

　　第二个任务是保证燃烧过程的经济性。当燃料量改变时，必须相应地调节送风量，使它与燃料量相配合，保证燃烧过程有较高的经济性。

　　第三个任务是调节引风量与送风量相配合，以保证炉膛压力不变。

　　对于一台锅炉，燃烧过程的这三项调节任务是不可分割的，对调节系统设计时应加以注意。

（2）燃烧调节系统的调节对象

　　燃烧调节系统一般有三个被调参数，即汽压 P_1、过剩空气系数 α（或最佳含氧量 O_2）和炉膛负压 P_2。一般有三个调节量，它们是燃料量 M、送风量 F 和引风量 Y。燃烧调节系统的调节对象对于燃料量，根据燃料种类的不同可能是炉排电动机，也可能是燃料阀。对于送风量和引风量一般是挡板执行机构。

410

（3）燃烧调节系统方案

燃烧过程自动调节系统根据燃料的不同，应有不同的要求，因此，往往采取不同的调节方式。常用燃烧调节系统有以下几种：

① "燃料-空气" 燃烧调节系统。

② 利用热量信号的燃烧调节系统。

③ 采用氧量信号的调节系统。

下面介绍采用氧量信号的调节系统。

（4）采用氧量信号的调节系统框图

采用氧量信号的调节系统框图如图 10-34 所示。

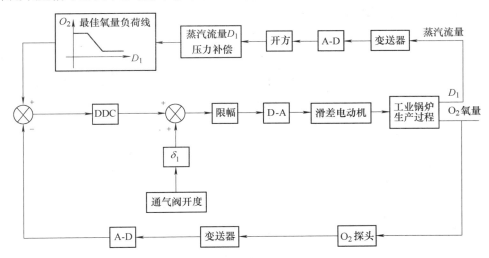

图 10-34　锅炉燃烧调节系统框图

在图 10-34 中，送风阀开度乘以系数 δ_1 与数字控制器的输出相加，然后经限幅，送往 D-A 转换器去控制滑差电动机的转速。

另外，还有送风和引风调节系统。

10.2.5　系统总体设计

计算机控制系统设计一般应从工艺要求、确定控制任务开始，然后选择主机机型，确定控制算法，系统总体方案设计、硬件设计、软件设计，选择传感器、变送器、执行器等工业自动化仪表，系统调试，最后进行生产现场调试，直到控制系统正式投入运行，并达到所要求的性能指标为止。同时应遵循安全可靠、操作维护方便、实时性和通用性强、经济效益好的设计原则。

1. 测控任务的确定

在进行系统设计之前，必须对测控对象的工作过程进行深入的调查、分析，熟悉其工艺过程，才能根据实际应用中的问题提出具体的要求，确定系统所要完成的任务，一般分以下几步。

（1）熟悉工艺过程和控制要求，构思控制系统的整体方案

首先应考虑要构成一个什么样的系统，是开环控制，还是闭环控制，或者只检测不控

制。当采用闭环控制时，应选用何种测量元件，测量精度有何要求。

（2）系统是否有特殊控制要求

如高可靠性、高精度或快速性的要求，为满足这些要求，应采取什么措施。

（3）计算机承担的任务

计算机在整个控制系统中所起的作用，是数据处理，还是直接控制等。

（4）编写设计任务书

编写完整设计任务说明书，画出系统组成粗框图，作为整个控制系统设计的基础和依据。

2. 系统硬件设计

工业锅炉计算机控制系统硬件结构如图 10-35 所示。

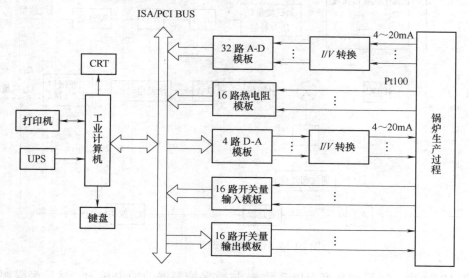

图 10-35　工业锅炉计算机控制系统硬件结构

本系统主要由工业 PC、过程输入输出通道、外部设备、现场工业自动化仪表、UPS 等组成，它是对工业锅炉生产进行实时控制的基础。

（1）工业 PC

研华工控机 610L　763VG 或以上，CPU E5300 或以上，内存 1GB，硬盘 160GB 或以上，光驱 DVD。

（2）过程输入输出通道

系统中过程输入输出通道分别由模拟量输入通道 AI、模拟量输出通道 AO 和开关量输入输出通道 DI、DO 组成。

① 模拟量输入通道 AI：系统中共设置 48 路模拟量输入通道。它可将现场仪表检测的各种工艺参数模拟量电信号，经 A-D 转换成 12 位二进制的数字量信息。

② 模拟量输出通道 AO：系统中设置 4 路模拟量输出通道，它可将 8 位二进制控制信息，经 D-A 转换成 DC 4～20mA 电流信号，传送给控制回路的执行机构。

③ 开关量输入输出通道 DI、DO：系统中共设置 16 点带光电隔离的开关量输入通道 DI、16 点带光电隔离的开关量输出通道 DO 和 16 点非隔离开关量输出通道 DO。

（3）外部设备

系统中设置了人机进行信息交换的输入输出设备，有CRT彩色显示器、打印机和键盘三种。

① CRT彩色显示器：人机对话用的图形和字符显示输出设备，能显示锅炉全貌图、定值数据和直示图等系统显示画面；在人机对话时还可随机地显示有关的操作命令和数据。

② 打印机：可记录打印锅炉生产过程中的重要工艺参数曲线，实时地制作时、班、日各种生产运行记录报表。

③ 键盘：操作员可通过键盘操作命令来调用系统功能，干预系统的运行，参与系统的控制，如修改系统的调节参数、切换调节回路、对现场执行机构的软手操功能。

（4）现场工业自动化仪表

锅炉生产过程中的各种工艺参数信息，由现场的工业自动化仪表来检测，并转换成模拟量电信号送入系统的过程输入通道；同时亦接受输出通道的控制信息，以便控制锅炉的生产设备的运行。

（5）UPS

当停电时，能够保存重要数据。

3. 系统软件设计

系统软件主要包括：数据采集程序，数字滤波程序，标度变换程序，蒸汽流量温压补偿程序，PID控制算法程序，D-A输出程序，报警程序，调节参数修改程序，报表、图形、曲线显示程序，通信程序，数据库管理等程序。

4. 工业自动化仪表的选取

在工业锅炉计算机控制系统中，除进行硬件、软件设计外，还要选取如下工业自动化仪表。

（1）温度测量仪表

一般选用热电偶、热电阻，用来测量温度。

（2）压力变送器

锅炉运行中，需要测量的压力有锅筒压力、给水压力、送风压力、炉膛压力、蒸汽母管压力等。一般采用压力变送器将各种压力信号转换成标准的电流信号（0～10mA 或 4～20mA）。

（3）差压变送器

锅炉系统中需用差压变送器测量的热工参数有锅筒水位、蒸汽流量、给水流量等，应用差压变送器将上述信号转换成标准的电信号（0～10mA 或 4～20mA）。

（4）氧量变送器

在测量烟道含氧量时，采用氧化锆变送器。

（5）执行器

执行器是自动控制系统不可缺少的重要部分。它在系统中的作用是根据计算机发出的命令，直接控制能量或物料等被调介质的输送量，以达到调节温度、压力、流量、液位等工艺参数的目的。

参考文献

[1] 李正军. 计算机控制系统 [M]. 2版. 北京：机械工业出版社，2009.

[2] 李正军. 现场总线与工业以太网及其应用技术 [M]. 北京：机械工业出版社，2011.

[3] 李正军. 计算机测控系统设计与应用 [M]. 北京：机械工业出版社，2004.

[4] 李正军. 现场总线及其应用技术 [M]. 北京：机械工业出版社，2005.

[5] 李正军. 现场总线与工业以太网及其应用系统设计 [M]. 北京：人民邮电出版社，2006.

[6] 何克忠，李伟. 计算机控制系统 [M]. 北京：清华大学出版社，2000.

[7] 孙增圻. 计算机控制理论及应用 [M]. 北京：清华大学出版社，1989.

[8] 谢剑英. 微型计算机控制技术 [M]. 北京：国防工业出版社，2001.

[9] 曹承志. 微型计算机控制新技术 [M]. 北京：机械工业出版社，2001.

[10] 高金源，等. 计算机控制系统——理论、设计与实现 [M]. 北京：北京航空航天大学出版社，2001.

[11] 张玉明. 计算机控制系统分析与设计 [M]. 北京：中国电力出版社，2000.

[12] 岳东，彭晨，Qinglong Han. 网络控制系统的分析与综合 [M]. 北京：科学出版社，2007.

[13] 严盈富. 触摸屏与PLC入门 [M]. 北京：人民邮电出版社，2006.

[14] 于海生，等. 微型计算机控制技术 [M]. 北京：清华大学出版社，1999.

[15] 诸静. 模糊控制原理与应用 [M]. 北京：机械工业出版社，1999.

[16] 席裕庚. 预测控制 [M]. 北京：国防工业出版社，1993.

[17] 刘松强. 计算机控制系统的原理与方法 [M]. 北京：科学出版社，2007.

[18] 潘新民. 微型计算机控制技术 [M]. 北京：人民邮电出版社，1988.

[19] 刘宝坤. 计算机过程控制系统 [M]. 北京：机械工业出版社，2001.

[20] 王常力，廖道文. 集散型控制系统的设计与应用 [M]. 北京：清华大学出版社，1993.

[21] 俞金寿，何衍庆. 集散控制系统原理及应用 [M]. 北京：化学工业出版社，1995.

[22] 温钢云，黄道平. 计算机控制技术 [M]. 广州：华南理工大学出版社，2001.

[23] 王慧. 计算机控制系统 [M]. 北京：化学工业出版社，2000.

[24] 李士勇. 模糊控制·神经控制和智能控制论 [M]. 哈尔滨：哈尔滨工业大学出版社，1996.

[25] 刘家军. 微机远动技术 [M]. 北京：中国水利水电出版社，2001.

[26] 宋万杰，罗丰，吴顺君. CPLD技术及其应用 [M]. 西安：西安电子科技大学出版社，1999.

[27] 郭培源. 电力系统自动控制新技术 [M]. 北京：科学出版社，2001.

[28] Andrew S Tanenbaum. 计算机网络 [M]. 熊桂喜，王小虎，译. 北京：清华大学出版社，2000.

[29] Tom Shanley，Don Anderson. PCI系统结构 [M]. 刘晖，冀然然，夏意军，等译. 4版. 北京：电子工业出版社，2000.

[30] 董渭清，王换招. 高档微机接口技术及应用 [M]. 西安：西安交通大学出版社，1996.

[31] 应根裕，胡文波，邱勇，等. 平板显示技术 [M]. 北京：人民邮电出版社，2002.

[32] 苏铁力，关振海，孙继红，孙彦卿. 传感器及其接口技术 [M]. 北京：中国石化出版社，1998.

[33] 周东华，叶银忠. 现代故障诊断与容错控制 [M]. 北京：清华大学出版社，2000.

[34] 胡道元. 计算机局域网 [M]. 北京：清华大学出版社，1997.

[35] 阳宪惠. 现场总线技术及其应用 [M]. 北京：清华大学出版社，2001.

[36] 邬宽明. CAN 总线原理和应用系统设计 [M]. 北京：北京航空航天大学出版社，1996.

[37] 杨育红. LON 网络控制技术及应用 [M]. 西安：西安电子科技大学出版社，1999.

[38] 戴梅萼，史嘉权. 微型计算机技术及应用 [M]. 北京：清华大学出版社，2000.

[39] 王幸之，王雷，翟成，王闪. 单片机应用系统抗干扰技术 [M]. 北京：北京航空航天大学出版社，2000.

[40] 王庆斌，刘萍，尤利文，林啸天. 电磁干扰与电磁兼容技术 [M]. 北京：机械工业出版社，2002.

[41] 蔡仁钢. 电磁兼容原理、设计和预测技术 [M]. 北京：北京航空航天大学出版社，1997.

[42] 杨克俊. 电磁兼容原理与设计技术 [M]. 2 版. 北京：人民邮电出版社，2011.

[43] 王黎明，闫晓玲，夏立，卜乐平. 嵌入式系统开发与应用 [M]. 北京：清华大学出版社，2013.

[44] 刘波文. ARM Cortex-M3 应用开发实例详解 [M]. 北京：电子工业出版社，2011.

[45] ADS1212/ADS1213 22-Bit ANALOG-TO-DIGITAL CONVERTER. Burr-Brown，1996.

[46] AD7091R Datasheet. Analog Devices，Inc.，2011.

[47] AD5410/AD5420. Analog Devices，Inc.，2009－2013.

[48] LonWorks Technology Device Data. Motorola，Inc.，1996.

[49] ASPC2/HARDWARE User Description. Siemens AG，1997.

[50] 李正军. LON 总线在毫伏信号测量智能节点设计中的应用 [J]. 山东大学学报：工学版，2002，32（4）.

[51] 李正军. 基于 CAN 总线的分布式测控系统智能节点的设计 [J]. 自动化仪表，2003，24（6）：25-28.

[52] 李正军，蒋攀峰. 基于 LonWorks 技术的热电阻温度测量智能节点的设计 [J]. 自动化仪表，2002，23（10）：48-52.

[53] 李正军. 基于 LonWorks 技术的热电偶温度测量智能节点的设计 [J]. 自动化博览，2002，增刊（5）.

[54] 李正军. 基于 PCI 总线的 LON 网络智能适配器 [J]. 计算机工程与科学，2004，26（6）.

[55] 李正军. 基于 PROFIBUS-DP 现场总线的智能数据采集节点的设计 [J]. 山东大学学报：工学版，2003，33（4）：429-432.

[56] 李正军，薛凌燕，杨洪军. 现场总线控制系统智能测控模板的设计与实现 [J]. 自动化仪表，2007，28（6）：14-16.

[57] 李正军，杨关锁，张春宏. 分布式控制系统中控制卡的双机热备实现 [J]. 工业控制计算机，2015，18（4）.

[58] 李正军，高显扬，崔嵩. OPC 技术在数字化变电站智能电子装置中的应用 [J]. 工业控制计算机，2015，19（5）.